GOLDMANN

Die in diesem Band enthaltenen Romane
sind außerdem in Einzelausgaben
als Goldmann-Taschenbücher erschienen:

Fremde Gäste (3866)
Verlieb dich nie in einen Tierarzt (3516)
Oh, diese Verwandtschaft! (3663)

Von Mary Scott liegen als Goldmann-Taschenbücher
außerdem vor:

Das waren schöne Zeiten. Mary Scott erzählt aus ihrem Leben (2782) · Es ist ja so einfach. Heiterer Roman (1904) · Es tut sich was im Paradies. Heiterer Roman (730) · Flitterwochen. Heiterer Roman (3482) · Fröhliche Ferien am Meer. Heiterer Roman (3361) · Frühstück um sechs. Heiterer Roman (1310) · Geliebtes Landleben. Heiterer Roman (3705) · Hilfe, ich bin berühmt! Heiterer Roman (3455) · Das Jahr auf dem Lande. Heiterer Roman (3882) · Ja, Liebling. Heiterer Roman (2740) · Kopf hoch, Freddie! Heiterer Roman (3390) · Lauter reizende Menschen. Heiterer Roman (1465) · Macht nichts, Darling. Heiterer Roman (2589) · Mittagessen Nebensache. Heiterer Roman (1636) · Na endlich, Liebling. Heiterer Roman (3913) · Onkel ist der Beste. Heiterer Roman (3373) · Das Teehaus im Grünen. Heiterer Roman (3758) · Tee und Toast. Heiterer Roman (1718) · Truthahn um Zwölf. Heiterer Roman (2452) · Übernachtung – Frühstück ausgeschlossen. Heiterer Roman (6316) · Und abends etwas Liebe. Heiterer Roman (2377) · Wann heiraten wir, Freddie? Heiterer Roman (2421) · Zärtliche Wildnis. Heiterer Roman (3677) · Zum weißen Elefanten. Heiterer Roman (2381)

Von Mary Scott und Joyce West
sind als Goldmann-Taschenbücher erschienen:

Das Geheimnis der Mangroven-Bucht. Roman (3354) · Lauter reizende Menschen. Roman (1465) · Das Rätsel der Hibiskus-Brosche. Roman (3492) · Tod auf der Koppel. Roman (3419) · Der Tote im Kofferraum. Roman (3369)

Mary Scott

Fremde Gäste
Verlieb dich nie in einen Tierarzt
Oh, diese Verwandtschaft!

Drei heitere Romane in einem Band

GOLDMANN VERLAG

Aus dem Englischen von Nora Wohlmuth (Fremde Gäste), Annemarie Krikor und Christian Sturm (Verlieb dich nie in einen Tierarzt) und Nora Wohlmuth (Oh, diese Verwandtschaft!)

Titel der Originalausgaben: Strangers For Tea – First Things First – If I Don't, Who Will?

Made in Germany · 1. Auflage · 7/86

Umschlagentwurf: Design Team, München
Farbige Umschlagzeichnung: Ulrik Schramm, Feldafing
Druck: Elsnerdruck, Berlin
Verlagsnummer: 10056
MV · Herstellung: Klaus D. Voigt
ISBN 3-442-10056-9

Fremde Gäste

I

»Ich bin völlig deiner Meinung«, sagte Paul.

Ich war überrascht. Mein Mann stimmt selten mit Larry, unserer nächsten Nachbarin und Freundin, überein. Obwohl die beiden einander gut leiden können, scheinen sie ein seltsames Vergnügen darin zu finden, über jedes Ding in dieser Welt verschiedener Meinung zu sein. Ich kam gerade ins Zimmer, als Paul das sagte, und fragte gleich, in welcher Angelegenheit sie übereinstimmten.

»Wegen der Anhalter«, sagte Larry. »Da ist wieder mal so ein Fall, wo eine Frau von einem Kerl überfallen wurde, den sie mitgenommen hatte. Es ist einfach ein Blödsinn, wenn eine Frau Tramper mitnimmt, jedenfalls wenn es Männer sind.«

Da mußte ich ihr recht geben. Ich bin zwar auf unseren ruhigen Landstraßen noch nie angehalten worden, aber ich würde es mir zweimal überlegen, ehe ich so ein männliches Wesen mitnähme, wie sie in den Straßen der Stadt herumlungern und nach einem geeigneten Autofahrer Ausschau halten.

Mit Mädchen ist das natürlich etwas anderes. Wenn man sie so müde und schwer bepackt dastehen sieht, hält man selbstverständlich und erklärt sich bereit, sie mitzunehmen, vorausgesetzt, daß sie keinen männlichen Begleiter haben.

»Ich kann einfach nicht begreifen«, sagte Sam – er ist Pauls Freund und Larrys Mann –, »warum manche Frauen es doch tun. Immer wieder werden sie davor gewarnt; trotzdem werden sie das Opfer solcher Halunken, die ihnen ihr Geld wegnehmen oder sie aus dem Auto werfen und dann damit abhauen.«

In unserer Mißbilligung waren wir uns absolut einig; das war doch mal eine Sache, in der wir alle vier von Grund auf einer Meinung waren. Denn obwohl wir seit zwölf Jahren befreundet waren, schien die Verbindung meist gerade durch die Meinungsverschiedenheiten zu gedeihen, besonders bei Paul und Larry. Schon jetzt störte mein Mann fast wieder den Frieden, als er, zwar taktvoll, aber ehrlich sagte: »Es freut mich, nun endlich doch einmal gesunden Menschenverstand bei dir feststellen zu können, Larry! Es gab ja Zeiten, wo ihr beide, du und Susan, für jedes närrische Abenteuer zu haben wart. Jetzt aber . . .«

»Jetzt«, unterbrach ihn Larry und imitierte genau Pauls Art und seinen Tonfall, wenn er uns eine Lektion für angemessenes Verhalten junger Mütter gibt, »jetzt bemerke ich zu meiner Freude, daß ihr beide doch einen gewissen Schimmer von Einsicht zeigt. Es war aber auch höchste Zeit!«

Damit war der Krieg wieder einmal erklärt, und wir kamen von dem Thema »Anhalter« immer weiter ab. Doch zum Schluß meinte Paul: »Wenn du auch noch soviel Unsinn redest, Larry, ich bin sehr erleichtert, daß ihr, du und Susan, einseht, wie dumm es ist, wenn eine Frau so ein Mannsbild im Auto mitnimmt.«

Nach alledem war es wohl ziemlich unverständlich, daß ich das drei Tage später doch tat. Ich nahm einen Anhalter nicht nur im Auto mit, ich bot ihm sogar meine Gastfreundschaft an!

Das kam so: Ich wollte von Te Rimu aus die Heimfahrt antreten. Da sah ich am Stadtrand eine müde Gestalt den fahrenden Autos zuwinken. Es war ein naßkalter Tag, der überhaupt nicht in die hochsommerliche Zeit paßte, aber ein solches Wetter schien für dieses Jahr typisch zu sein. Das bedauernswerte Geschöpf stand im Regen; aus den langen, goldblonden Haaren liefen die Tropfen herab. Diesem Haar konnte ich nicht widerstehen. »Wie schön muß es sein, wenn es trocken ist«, dachte ich. Jetzt war es so lang und triefnaß; irgendwie sah es mitleiderregend aus.

Ich stoppte den Wagen und sagte: »Ich fahre aufs Land. Kann ich Sie irgendwo absetzen?«

Sie nickte kurz und kletterte ins Auto. Ihr Schweigen wunderte mich, und ich fragte: »Wo wollen Sie denn hin? Kann ich Sie hinbringen?«

Ich fuhr hoch, als die Antwort kam: »Ach, irgendwohin, je weiter, desto besser. Ich suche Arbeit auf einer Farm.«

Nicht diese Worte überraschten mich so sehr, daß ich den Motor abstellte, obgleich es seltsam genug schien, daß sich eine Arbeitslose nach einem Job auf dem Lande umsah. Es war die Stimme, die sicherlich nicht einem jungen Mädchen gehörte. Ehe ich den Motor wieder anließ, besah ich mir meinen Mitfahrer, der mir jetzt sein Gesicht zuwandte. Er hatte nicht nur lange Haare, sondern auch ein dünnes, goldblondes Bärtchen. Tatsächlich! Ich hatte das Verbot übertreten und einem jungen Mann von etwa zweiundzwanzig Jahren und vermutlich gewalttätiger Art einen Platz in meinem Auto angeboten. Die Bestürzung war mir wohl anzusehen, denn er fragte: »Was ist denn? Habe ich was Dummes gesagt?«

»Ja ... nein ... es ist nur ... Ihre Stimme ... Die hat mich überrascht.«

»Das verstehe ich nicht. Es ist doch eine ganz normale Stimme, oder? Es ist wohl mein Bart. Aber heutzutage lassen ihn doch alle wachsen! Bisher hat sich noch niemand über meine Stimme oder meinen Bart gewundert.«

»Darüber vielleicht nicht«, erwiderte ich schlagfertig. »Aber vielleicht hat Sie noch niemand nur von hinten gesehen. Diese Haare ... Ich glaubte natürlich, Sie wären ein Mädchen.«

Er lachte kurz auf. »Tut mir leid. Das muß wohl ein Schock gewesen sein. Auf dem Land ist man an lange Haare ja wohl nicht so gewöhnt wie in der Stadt.«

Das klang ziemlich gönnerhaft, und ich sagte schroff: »Natürlich gibt es die bei uns auch, sogar in Te Rimu, aber nicht so lang und so blond!« Und dann mußten wir beide lachen.

Er wurde wieder ernst und legte die Hand auf den Türgriff. »Möchten Sie, daß ich aussteige? Geht es gegen die Vorschrift, niemals einen männlichen Anhalter mitzunehmen? Müssen Sie es einem zornigen Eheherrn eingestehen? Nein! Fahren Sie nicht los! Ich will aussteigen und wieder winken.«

Ich startete den Wagen mit einem Ruck. Sein Ton ärgerte mich, denn die Strafpredigt amüsierte ihn sichtlich. Vor ihm brauchte ich keine Angst zu haben. Es war nichts Furchterregendes an ihm. Er war ein gebildeter junger Mann, der mich, eine Landfrau, von oben herab anredete. Seltsam, seine Art und seine gebildete Ausdrucksweise beruhigten mich. Dabei werden Verbrechen von gebildeten Leuten genauso begangen wie von den ordinären. Sogar noch häufiger! Ich wagte jedoch nicht, meinem selbstbewußten Fahrgast meine Überlegungen zu eröffnen, und sagte nur: »Seien Sie nicht albern! Ich nehme Sie natürlich mit. Es wäre mir allerdings eine große Hilfe, wenn ich wüßte, wohin Sie wollen.«

Ich verschwieg unseren einmütigen Beschluß, niemals einen fremden Mann mitzunehmen; aber der verflixte Bengel hatte das wohl erraten. Lachend meinte er: »Nett von Ihnen, daß Sie mich nicht rauswerfen und dem Gestrengen daheim die Stirn bieten wollen. Wo ich hin will? Das ist mir gleich. Ich habe mein Examen hinter mir und bin sozusagen frei. Ich dachte, ich könnte einen Job finden bei der Heuernte oder so und mir Geld verdienen für eine Reise. Glauben Sie, daß man in der Wildnis wohl so einen Studiker ohne praktische Erfahrung anstellen wird?«

Wieder irritierte mich sein herablassender Ton, aber ich überging das und meinte: »Gerade jetzt gibt's genug Arbeit auf dem Land, bei der Heuernte, in den Wollschuppen . . . In unserer Gegend fehlt es überall an Hilfskräften.«

»Aber nicht an Geld, da die Wollpreise ja wieder steigen.«

»Das stimmt, aber vergessen Sie nicht, daß die letzten Jahre mehr als schlecht waren. Die meisten von uns müssen sich noch immer davon erholen. Es gibt wohl im Umkreis ein paar Farmer, die gut dran sind. Zum Beispiel Peter und der Colonel. Ich glaube schon, daß Sie einen Job finden können. Das heißt, wenn Sie harte Arbeit nicht scheuen.«

Ich fand, er hatte diesen kleinen Seitenhieb durchaus verdient, weil er mich so herablassend behandelte; jetzt war ich an der Reihe. Zu meiner Verwunderung nahm er das gelassen hin. Er lachte. »Sie haben mich natürlich für ein schwächliches, verregnetes Pflänzchen gehalten. Das war mein Glück! Sie hätten mich nicht mitgenommen, wenn Sie geahnt hätten, daß ich so ein fauler Anhalter bin, wie sie überall herumstehen und mitgenommen werden wollen.«

Das deckte sich so genau mit dem, was wir vor kurzem zu Hause gesagt hatten, daß ich ganz verlegen wurde.

Der Frechdachs sah mich scharf an und lachte wieder. »Ja, ja, so ist Ihre Einstellung! Übrigens, wie weit entfernt von der Stadt wohnen Sie – vorausgesetzt, Sie nennen Te Rimu eine Stadt?«

»Allerdings! Wenn wir in Te Rimu Besorgungen machen müssen, sagen wir: Wir müssen in die Stadt. Wie weit? Ungefähr fünfzig Kilometer, aber die Zufahrtstraße ist sehr schlecht.«

»Lieber Himmel! Fünfzig Kilometer bis zum nächsten Laden?«

»Nein, so ist es nun auch wieder nicht. Unser Dorf heißt Tiri und liegt zwölf Kilometer in der anderen Richtung, mehr nach der Küste zu. Da gibt's einen Laden und einen Supermarkt und eine Poststelle. Alles liegt in den Händen einer reizenden Frau, die wir Tantchen nennen.«

»Mehr brauchen Sie mir von der nicht zu erzählen! Der Name genügt. Sie ist wacker und leutselig. Sie sagt ›Meine Liebe‹ zu Ihnen, liest Ihre Postkarten und hat ihre Not mit den Akontozahlern, weil sie nie weiß, wieviel sie ihr gerade schulden.«

Ich lachte. Vor Zeiten hatte ich mir »Tantchen« auch so vorgestellt. »Da liegen Sie aber völlig falsch! Miß Adams – wagen Sie ja nicht, etwa ›Tantchen‹ zu ihr zu sagen! – ist ungefähr fünfzig, aber sie ist fesch und gescheit und modern. Der Colonel stellt sie den Neulingen so vor: ›Eine Prachtfrau! Kann nicht begreifen, warum sie einen Laden führt. Sie ist nicht wie die üblichen Geschäftsfrauen, eher wie von unserer Art.‹«

Ich mag den Colonel sehr gern und hatte eigentlich kein Recht, seinen Tonfall und seine Art so zu imitieren. Aber irgendwie beschreibt er Tantchen sehr gut; sie ist genau, wie er sie schildert – und noch viel mehr.

Der Junge grinste. »Wenigstens den alten Knaben kann ich mir richtig vorstellen! Ein echter Colonel, erfüllt mit Geschichten aus dem Ersten Weltkrieg und voller Zorn über die langen Haare und das dekadente Aussehen der jungen Männer von heute.«

Ich wollte es nicht zugeben, denn so waren tatsächlich die Ansichten meines alten Freundes über die heutige Jugend. Ich überlegte, was er wohl von diesem Burschen halten würde, wenn der bei ihm um Arbeit nachfragte.

Beim Anblick dieser Haare würde er ihn wohl gleich wieder fortschicken. Andererseits brauchte er eine Hilfskraft, ebenso wie Peter Anstruther, dessen alter Schäfer ein halbes Jahr Urlaub machte, um sein geliebtes Schottland wiederzusehen. Dieser Peter war übrigens lange in meine Nichte Tony verliebt gewesen; oder sie schien in ihn verliebt zu sein. –

Als wir aus der Ebene von Te Rimu auf die Höhen hinauffuhren, sagte mein Fahrgast plötzlich: »Jetzt muß ich mich wohl endlich vorstellen. Mein Name ist David, David Hepburn. Ich bin einundzwanzig, geistig normal, soweit man das von einem sagen kann, der gerade fürs Examen gebüffelt hat. Wollen Sie auch noch etwas über meine Eltern wissen?«

»Ganz gewiß nicht!« sagte ich. Dieser junge Dachs mußte kurzgehalten werden! »Wir brauchen nicht den Stammbaum eines jeden zu kennen, der hier arbeitet.«

Ich dachte, das würde ihn etwas dämpfen, aber er machte sich nichts daraus und meinte grinsend: »Das ist gut, denn meine Eltern interessieren mich nicht im geringsten. Aber um den Anstand zu wahren, will ich Ihnen doch kurz berichten: Mein Vater ist Arzt; er möchte, daß ich das auch werde. Ich bin anderer Meinung, aber ich kam ihm entgegen mit dem Vorschlag, mein Vordiplom für Naturwissenschaften zu machen, was den Weg zum Medizinstudium ebnet, falls ich das eines Tages doch ergreifen möchte. Aber ich sehne mich nicht im mindesten danach, Kranke zu versorgen und Leidenden zu helfen. Das ist ganz und gar nicht meine Sache.«

Er war wirklich kein liebenswerter junger Mann. Er wußte wohl, daß ich das dachte, denn er sagte: »Jetzt möchten Sie mich bestimmt an die Luft setzen. Aber warum sollte ich nicht ehrlich sein? Der Drang zum Heilen fehlt nun einmal bei meinen Anlagen, und ich mag mich nicht mit Gewalt in einen Beruf hineinboxen lassen. Es gibt viel zu viele Ärzte, was die Statistiker auch sagen mögen. Meine Eltern wohnen in Auckland, in Remuera, das ist bekanntlich das Paradies der Snobs.«

»Unsinn! Viele meiner Freunde leben in Remuera; sie sind bestimmt keine Snobs. Übrigens wohnen meine Eltern auch dort. Und Snobismus kann ich nicht ausstehen.«

»Das war ein Hieb. Ja, es war blöd von mir, so zu reden, aber ich bin nun mal ein Dissident, ein Protestler, wie man das heute nennt, der sich nicht artgemäß entwickelt hat. All diese Vorschriften und Konventionen habe ich gründlich satt, samt dem Zwang, einen einträglichen Beruf zu ergreifen; das nämlich ist die eigentliche Auffassung vieler hingebungsvoll praktizierender Ärzte. Alldem möchte ich entfliehen, um diesen übertriebenen Ausdruck zu gebrauchen ... Himmel, das scheint mir jetzt wirklich zu gelingen!« Wir waren nämlich auf unserer Straße quer durch den Busch; weit und breit war kein Haus zu sehen.

»Nur keine Aufregung!« sagte ich boshaft. »Bald sehen Sie das Tal drunten liegen und können sich wieder beruhigen. Es ist durchaus zivilisiert, wenn es auch abseits liegt. Nach dem Krieg wurde die Niederlassung zum Zweck der Wiedereingliederung entlassener Soldaten gegründet. Damals haben sich mein Mann – ich heiße übrigens Susan Russell, mein Mann heißt Paul – und zwei seiner Kriegskameraden um benachbarte Farmen beworben und sie auch bekommen. Paul und Sam und Tim sind eine Einheit: Wenn Sie mit einem von ihnen nicht zurechtkommen, werden die beiden anderen Ihnen auch die kalte Schulter zeigen.«

»Also schon wieder so eine Art Kastengeist, und ich dachte gerade, dem wäre ich entkommen! Hier ist es der Kastengeist der alten Krieger. Motto: Nur wir haben im Krieg etwas geleistet. Nun, mein Vater war auch so ein Held; er gab seine Praxis auf und verbrachte die meiste Zeit in Übersee. Wird mir das einen Platz in diesem erlauchten Kreise sichern?«

»Wie albern sind Sie eigentlich? Unsere Männer sind gar nicht so. Mit dem Krieg haben sie abgeschlossen. Sie verurteilen keinen, der zu Hause blieb; das haben sie nie getan. Sie wissen, daß viele zu Hause bleiben mußten.«

Jetzt lachte David, herzlich und aus voller Kehle, was ich ihm gar nicht zugetraut hatte.

»Sie haben eine köstliche Ausdrucksweise, Mrs. Russell! Ist es wohl gestattet, Susan zu Ihnen zu sagen? Nachnamen sind so fad, und man hört sie heutzutage kaum. Man gibt sich nicht mit ihnen ab. Außerdem sind Sie doch nicht viel älter als ich, nicht wahr?«

Eigentlich war er doch ein ganz netter Bursche!

»Ich bin vierunddreißig und Mutter von zwei Kindern! Eins ist noch zu Hause, das andere auswärts in der Schule. Ich finde, Sie sollten noch etwas warten, ehe Sie mich mit Vornamen nennen. Mein Mann ist ziemlich altmodisch; es könnte ihm mißfallen.«

»So ein Konventioneller? Schon recht. Bleiben wir bei Mrs. Russell! Glauben Sie wirklich, daß ich in Ihrer Wildnis einen Job finden kann?«

»Davon bin ich überzeugt. Ob Sie ihn annehmen, das steht bei Ihnen. Aber reden Sie nicht von Wildnis. Das ist doch nur Angeberei.«

Man konnte ihn einfach nicht kleinkriegen! »Sie sind kein schlechter Fahrer, Mrs. Russell!« sagte er liebenswürdig. »Auf dieser kurvenreichen Strecke kommen Sie jedenfalls sehr gut zurecht.«

»Ich fühle mich hier sicherer als in der Stadt. In Auckland bin ich richtig aufgeregt. Ich fahre allerdings auch nicht oft hin.«

»Das kann ich verstehen. Ich hasse diese gräßliche Fahrerei auch.«

»Aber wie lange wohl noch?«

»Bis ich genug Moneten zusammen habe, um damit um den ganzen Erdball zu kommen.«

»Und dann?«

»Fragen Sie mir nur kein Loch in den Bauch! Das paßt nicht zu Ihnen. Was dann? Wer weiß! Vielleicht bin ich mir nach einem

Wanderjahr klar über alles, kann mich für einen Job entscheiden oder schufte für ein medizinisches Examen. Wie auch immer, eine Zeitlang will ich mein eigenes Leben leben.«

»Dieses ewige Gerede vom eigenen Leben! Waren Sie zu Hause so unterdrückt? Nein, fangen Sie nicht von der Kluft zwischen den Generationen an! Das kenne ich zur Genüge von mir selbst.«

»Aber nicht so wie wir heutzutage. Ja, das Generationsproblem mit der Notwendigkeit, sich anzupassen: Ich bin der Sohn eines Arztes, sollte in Vaters Fußstapfen treten und so weiter und so weiter. Leider habe ich keine Geschwister. Es ist Pech, wenn man der einzige ist.«

»Für die Eltern auch. Für die muß es arg sein, daß Sie von zu Hause fort sind. Oder wollen Sie wieder zurück?«

»Wahrscheinlich werde ich wohl noch mal nach Hause fahren. Das muß ich ja, um meine Sachen zu holen. Na, na, Sie brauchen nicht gleich düstere Schlüsse zu ziehen, ›verlorener Sohn!‹ und so. Ich mag meine Eltern, und sie mögen mich auch. Meine Mutter versteht meinen Standpunkt und macht keinen großen Wirbel. Mein Vater ist schon schwieriger: diese Möglichkeit, einen hochangesehenen Beruf zu ergreifen und all der Quatsch!«

Der Vater tat mir leid, obwohl der Junge nicht viel anders redete als viele, die ich kannte. Wie sie war auch er voller Unruhe; aber er begnügte sich nicht damit, Protestfahnen zu schwenken und lauthals darüber zu reden. Er wollte aus allem heraus, Geld verdienen und die Welt sehen. Das war eigentlich in Ordnung.

Auf dem letzten Stück unserer Fahrt unterhielten wir uns ganz freundlich. Ich überlegte, daß David diese Nacht in unserem Haus schlafen mußte, denn es würde dunkel werden, ehe wir ankamen.

Morgen würden Paul (so hoffte ich!) oder ich (so fürchtete ich!) unsere Nachbarn anrufen und feststellen, wer einen aufmüpfigen, aber gesunden Studenten als Helfer in den Ställen oder auf dem Feld brauchte. Als wir die Anhöhe erreicht und das weite Tal vor uns hatten, das sich so fruchtbar und wohlbestellt vor uns ausbreitete, sagte ich: »Da sind wir! Eine geteerte Straße, eine Post, Elektrizität, alle Annehmlichkeiten. Das können Sie doch nicht als Wildnis bezeichnen!«

Er blickte hinüber auf das blaue Band des Meeres, das der Horizont begrenzte, und ich spürte, daß es ihm gefiel. Das veranlaßte mich, ihm die Übernachtung anzubieten. Er nahm gelassen an, ohne sich der Frau besonders dankbar zu zeigen, die ihm, einem wildfremden Menschen, immerhin eine große Freundlichkeit erwies.

»Sie sollten von uns und unseren Nachbarn doch einen Begriff haben, wenn Sie hier arbeiten wollen«, sagte ich etwas kühl. »Ich erzählte schon, wir sind die Russells, unsere Farm liegt am höchsten. Paul hat zwei Kumpel: Sam, der mit unserer Freundin Larry verheiratet ist, und Tim. Dessen Frau ist jünger, aber auch eine liebe Freundin von uns. Ihr Vater, Colonel Gerard, ist der reichste von den Siedlern. Ihm gehörte faktisch der größte Teil des Grund und Bodens, bevor die Regierung ein gewisses Areal davon für die Heimkehrer beanspruchte. Er besitzt immer noch viele Ländereien. Sie werden von seinem jungen Vetter namens Peter Anstruther verwaltet. Böse Zungen lästern über den ›trauten Kreis‹. Aber unsere Männer sind nun mal alte Kameraden und waren so schlau, Frauen zu heiraten, die sich gegenseitig mögen. Solange Sie nicht von Wildnis und Hinterwäldlern reden, werden Sie gut mit allen auskommen.«

»Vielen Dank für die Information und die Vorwarnung! Gibt's auch Kinder in dieser noblen Gesellschaft?«

»Da sind einmal meine beiden: Christopher geht in Te Rimu zur Schule, ich erwähnte es schon. Er wohnt bei einer Tante von Larry; dort wohnt auch Larrys Tochter Christina. Die Kleineren gehen in die Dorfschule. Anne, Tims Frau, hat Zwillinge. Auch sie gehen in diese Schule. Anne hat auch noch ein Zweijähriges zu Hause. So, das wär's. Wenn Sie aber bei dem Colonel oder bei Peter arbeiten, werden Sie nicht viel von den Kindern sehen.«

»Soll ich das bedauern? Mit Kindern habe ich nie viel zu tun gehabt, ich mag sie aber trotzdem ganz gern. Gibt's denn gar keine jungen Leute hier?«

»O ja, einige sehr attraktive junge Mädchen; aber die sind mehr oder weniger schon gebucht.«

»Schade! Niemand zum Spaß haben!«

»Das kommt auf den Spaß an. Tony, eine Nichte von Paul, wohnt und arbeitet bei Mrs. Adams, kommt aber an den Wochenenden zu uns. Sie ist gerade von einer Reise nach Japan zurück.«

»Großartig, was diese berufstätigen Mädchen sich zusammensparen! Möchte wissen, wie sie das machen!«

»Tony kann Ihnen das leider kaum beibringen. Mit Geld kann sie überhaupt nicht umgehen. Glücklicherweise hat sie aber einen wohlhabenden Vater; er veranstaltet Gesellschaftsreisen. Sie arbeitet nur, weil es ihr Spaß macht.«

»In einem Siedlerladen? Unglaublich! Ist sie das einzige hübsche Mädchen?«

»Nein, es gibt noch mehr. Da ist Tonys Freundin Miranda, die auch in dem Geschäft tätig ist. Aber machen Sie sich keine falschen Hoffnungen! Beide Mädchen haben einen festen Freund. Sie werden auch noch andere kennenlernen, die nicht gebunden und vielleicht zugänglicher sind ... Hier ist nun unsere Farm; bis zu den Rinderkoppeln sind es nur fünfhundert Meter. Ist es nicht herrlich grün hier im Vergleich zu den Farmen weiter draußen?«

Ich konnte meinen Besitzerstolz einfach nicht verbergen. Plötzlich fiel mir ein, wie er mir an Paul aufgefallen war, als er mich vor zwölf Jahren hierherbrachte. Jetzt redete ich genauso selbstbewußt. Kein Zweifel, der Stolz der Pioniere hatte auch mich gepackt.

Der Junge schien nicht sehr beeindruckt. Unbekümmert, wenn auch zutreffend, meinte er: »Natürlich ist das Klima in dieser Höhe viel feuchter. Wir fahren ja schon die ganze Zeit bergauf.«

»Jawohl, wir haben hier mehr Regen, aber auch äußerst tüchtige Farmer. Als sie das Land übernahmen, sah alles noch ganz anders aus.«

»Wie lange ist das her?«

Ich mußte zugeben, daß es bald nach Kriegsende gewesen war, und er bemerkte nur: »So viele Jahre an diesem gottverlassenen Ort! Trotzdem sind Sie alle noch geistig normal?«

»Das werden Sie wohl bald feststellen können!« gab ich bissig zurück. »Hier ist die Einfahrt; es ist nur ein Viehgatter. Sie brauchen sich also nicht die Mühe zu machen auszusteigen, um das Tor zu öffnen.« Das war eigentlich ungerecht, denn bisher hatte ich noch kein Anzeichen von Faulheit an meinem Fahrgast entdecken können.

Wir fuhren die Auffahrt hinauf, und jetzt gefiel David mir wieder besser, denn er rief: »Himmel! Was müssen Sie hier für eine Aussicht haben! Bei Tage muß das ja famos sein!« Seine Worte bewiesen, daß er die feste Absicht hatte, meine Gastfreundschaft anzunehmen.

Paul kam uns entgegen, und unsere achtjährige Tochter Patience lief hinter ihm her. Wenn Paul zu Hause ist, kommt er stets heraus, wenn er den Wagen hört; angeblich, um die Pakete in Empfang zu nehmen. Ich behaupte jedoch, daß der männliche Zweifel an weiblicher Fahrkunst dahintersteckt: Für Beulen und Kratzer hat er einen scharfen Blick. Er öffnete die Wagentür, entdeckte meinen Fahrgast und zögerte. Ich hoffte, Paul würde dem gleichen Irrtum verfallen wie ich, aber der Bursche schaute ihm gerade ins Gesicht, und so entdeckte Paul den Bart. Er fuhr zurück und zeigte die schroffe Ablehnung, die die jungen Leute unserer Generation so sehr verübeln.

Ich suchte zu vermitteln: »Paul, das ist David Hepburn. Er ist Student und sucht einen Job. Ich dachte, daß Peter oder der Colonel vielleicht froh über einen Helfer wären. Ich habe ihn eingeladen, bei uns zu übernachten, bis wir für ihn etwas gefunden haben.«

Das war ein richtiges Geschnatter, aber ich wollte das alles gesagt haben, bevor Paul die Länge der Haare festgestellt hatte. Sie waren jetzt trocken und locker und weniger auffällig als zuvor, als sie wie ein nasser Umhang bis über den Rücken fielen. Paul zögerte, und ich konnte erkennen, wie in seinem Innern die gute alte Gastfreundschaft der Neusiedler (Gib jedem was zu essen und, wenn nötig, ein Bett für die Nacht!) mit einem stillen Widerwillen gegen diese Haar- und Barttracht im Kampf lag. Der Neusiedler behielt die Oberhand. »Das ist eine gute Idee«, meinte er. »Aber wo seid ihr euch denn begegnet?«

Das war eine kitzlige Frage. Es war nicht der rechte Augenblick für das Geständnis, daß ich einen Anhalter aufgelesen hatte. Ich fand es auch albern zu erklären, daß mich das nasse lange Haar getäuscht hatte. Leichthin sagte ich: »Ach, das war ein Zufall. Ich erzähle es dir später.«

In diesem Moment trat David ins volle Licht der Scheinwerfer, und Paul fuhr entsetzt vor dieser Erscheinung zurück. »Mein Gott!« sagte er. Da er aber von Natur aus ein höflicher und freundlicher Mensch ist, tat er so, als habe ihn der Anblick meiner Pakete zu diesem Ausruf veranlaßt. »Wenn Frauen einkaufen, braucht man eigentlich einen Schubkarren«, sagte er witzig. »Aber wenn Sie auch einen Teil übernehmen, David, können wir's auf einen Schlag bewältigen. Sind Sie in Te Rimu zu Hause?«

Ich spürte, daß David eine empörte Ablehnung auf den Lippen hatte, und fuhr schnell dazwischen: »Nein, nein, er ist nur durch den Ort gebummelt. Er hat gerade sein Examen gemacht. Jetzt möchte er Geld verdienen und auf Reisen gehen.«

Paul nahm meine Vorstellung nachsichtig hin. Aber David war kaum im Badezimmer verschwunden, da fauchte er mich grimmig an: »Wo in aller Welt hast du denn dieses Subjekt aufgelesen?«

Jetzt war die Stunde der Wahrheit gekommen. Ich versuchte, das Lachen zu unterdrücken, und legte mein Geständnis ab. »Ich sah ihn auf der Straße im Regen stehen, aber nur von hinten. Die nassen Haare sahen so mitleiderregend aus, und erst, als er schon einstieg, erblickte ich sein Gesicht und merkte, daß ich verbotenerweise einen Mann aufgenommen hatte. Das war wohl ein arger Fehler, aber du hättest ihn selbst begangen, wenn du David nur von hinten gesehen hättest. Trotzdem – er scheint ein anständiger Kerl zu sein. Ein bißchen selbstbewußt, aber das sind heutzutage die meisten. Er sucht wirklich Arbeit. Vor kurzem erst sagte der Colonel, er müsse sich wohl nach einem Landstreicher (so drückte er sich aus) umsehen, und wenn es nur für einen Monat wäre.«

Paul lachte. »Das Gesicht von dem Alten möchte ich sehen, wenn er diesen Landstreicher erblickt. Aber du hast jetzt doch nicht die Courage, ihn hinzubringen und vorzustellen.«

Er hatte recht; den Mut besaß ich nicht. Deshalb meinte ich: »Ich könnte den Colonel heute abend anrufen und ihm von David erzählen.«

»Aber erzähle ihm dann auch von den Haaren und dem Bart! Es ist nicht zu fassen, worauf die jungen Leute verfallen!«

Das ist die aufrichtige Meinung unserer Generation, aber ich hatte doch noch etwas einzuwenden. »Lange Haare und Bärte gibt's jetzt überall. Über einen kurzen Haarschnitt macht man sich höchstens lustig. In Wahrheit seid *ihr* jetzt die Absonderlichen. Die Normalen sehen wie David aus!«

Bei dem Gedanken, zu den Absonderlichen zu gehören, flammten Pauls Augen empört auf, aber da gerade David ins Zimmer trat, konnte er mir das nicht heimzahlen.

Der junge Mann gewann bei der näheren Bekanntschaft. Vielleicht war er auch der Typ, der sich im Umgang mit einer Frau von der unangenehmen Seite zeigt, jedenfalls benahm er sich Paul gegenüber weder überheblich noch frech. Er betonte, daß ihm die Gegend, soweit er sie bis jetzt gesehen habe, recht gut gefalle. Er bat sogar Paul um eine Erklärung, warum die Landwirtschaft auf der Höhe so anders betrieben werde als im Flachland. Das war ein vorzüglicher Anfang, und da ich einen anstrengenden Tag und eine lange Fahrt hinter mir hatte, bestanden die beiden Männer nach dem Essen netterweise darauf, den Abwasch zu erledigen. Das machte mir unseren Gast gleich noch sympathischer. Ich schlüpfte auf den Flur hinaus, schloß sorgfältig die Tür hinter mir und wählte Larrys Nummer, um ihr meine Neuigkeit zu berichten.

»Du wirst nie erraten, was ich mitgebracht habe!«

»Hoffentlich einen jungen Hund!« sagte meine Freundin. Sie hat einen feinen Riecher, und der führt sie unweigerlich zu den Vierbeinern.

»Keine Spur! Etwas viel Aparteres. Einen Anhalter.«

»Ein nettes Mädchen? Eine Studentin, die einen Job sucht?«

»Das letztere stimmt, aber das erste nicht. Einen Burschen.«

»Du liebe Güte! Nach allem, was du über die Anhalter gesagt hast?«

»Es war ein verständlicher Irrtum. Er wandte mir den Rücken zu und . . .« In diesem Moment kamen Paul und David über den Flur, und ich legte den Hörer auf. Doch zuvor sagte ich noch schnell: »Du wirst alles verstehen, wenn du ihn siehst!«

Zu meinem großen Vergnügen fragte sie: »Hatte er ein Baby auf dem Arm? Oder trug er einen Schottenrock?«

2

Wie zu erwarten, meinte Paul: »An deiner Stelle würde ich den Colonel anrufen. Zu dir hat er gesagt, daß er einen Helfer braucht. Du kommst mit dem alten Herrn so gut zurecht, daß du ihn vielleicht dazu überreden kannst, so einen langhaarigen Bengel zu engagieren.«

Das war natürlich eine Ausrede, denn Paul und Colonel Gerard sind gut befreundet. Als ich aber darauf hinwies, brummte Paul nur: »Schließlich ist es ja *dein* Findling!« Und das konnte ich nicht abstreiten.

Das war nun eine heikle Aufgabe. Ich kam zu dem Schluß, es sei das beste, mit dem Wagen hinunterzufahren, sobald Patience zur Schule gegangen war, und in Ruhe alles mit dem Colonel zu bereden. Er verabscheute nämlich Frauen, die irgendwelche fremden Männer im Wagen mitnehmen, und außerdem bestand das heikle Problem der langen Haare. Ich fand, daß beides besser unter vier Augen zu besprechen sei, um so mehr, als der liebe Colonel am Telefon ziemlich schlecht hört.

Es gab eine Zeit, da Larry ihm den Spitznamen »Der Großfürst« angehängt hatte. Damals schien er in unseren Augen auch wirklich einer zu sein. Aber das war schon lange her. Inzwischen hatten wir ihn lieben und verstehen gelernt. Er hatte noch immer etwas von einem Feudalherrn an sich, doch uns hatte er nicht als seine Untergebenen, sondern als seine Familie angenommen. Als ich David mitteilte, ich wolle seinen künftigen Brotherrn aufsuchen, wollte er gleich mitfahren.

»Da kann er sofort das Ärgste feststellen«, meinte er keck. Er war beinah beleidigt, als ich das kategorisch ablehnte, weil ich gerade das dem Colonel ersparen wollte.

Heute morgen sah der junge Mann besonders hübsch aus mit dem reichen, über die Schultern fallenden Blondhaar und in dem sauberen, wenn auch verknitterten Hemd, das er aus seinem Bündel hervorgezogen hatte.

Ich blieb fest; er durfte mich nicht begleiten. »Es ist einfacher, alles zu erklären, wenn ich allein bin; ich kenne ihn so gut, verstehen Sie?«

In diesem Fall könne er nicht einsehen, weshalb dem Herrn alles so schonend beigebracht werden müsse, erwiderte David.

Das ärgerte mich. »Es ist aber besser! Nicht die Tatsache Ihrer Ankunft muß ich ihm schonend beibringen, sondern die Sache mit Ihren Haaren. Im Ernst, David, ich weiß ja, ich bin altmodisch, aber ist Ihre Haartracht nicht etwas übertrieben? Für die Uni mag's ja noch gehen, aber hier in der Wildnis, wie Sie das nennen, wird man schwerlich Verständnis dafür aufbringen. Wie wär's, wenn Sie mich die Haare wenigstens bis zur Schulter abschneiden ließen? Dann wäre es . . . na, es wäre weniger auffallend.«

Zuerst wollte er nichts davon hören. »Nach all den Monaten, wo ich sie wachsen ließ? Sie sind wirklich unbarmherzig, Mrs.

Russell! Was ist denn so Schlimmes daran?«

»An den Haaren ist nichts Schlimmes; aber in den Augen so ungebildeter Wilder wie wir passen sie nicht für einen Mann, der ernsthaft Arbeit sucht.«

Schließlich rang ich ihm die Zusage ab, daß er es sich noch einmal überlegen wolle, »wenn die Moneten und alles übrige« stimmten.

»Sehen Sie aber zu, daß er mich samt meinen langen Haaren nimmt!« Das war sein letztes Wort.

Es war nicht einfach. Anfangs war der Colonel begeistert von dem Gedanken, einen Helfer zu bekommen, und gar noch den Sohn eines Arztes! Der gute Mann ist nicht gerade ein Snob, aber er hat nach seiner eigenen Meinung »ein Gefühl für Werte«. Dann kam die peinliche Frage: »Wie kommen Sie eigentlich an diesen vielversprechenden jungen Mann, Susan? Kennt Ihre Mutter die Familie?«

Der Colonel hat eine hohe Meinung von meiner Mutter; sie ist seit langem mit ihm befreundet. Ich wünschte, ich hätte seine Frage bejahen können, aber es schien doch besser, jetzt mit der Wahrheit herauszurücken.

»Sie wissen ja, daß wir alle fest entschlossen waren, niemals einen Anhalter mitzunehmen«, begann ich. Stockend fuhr ich fort: »Es regnete, und ich hielt ihn für ein Mädchen, bis er sich umwandte. Lieber Colonel, er hat nämlich lange Haare, das ist der Kummer, und ich hatte Angst, Sie würden ihn deswegen nicht einstellen. Aber er ist wirklich ein netter Mensch. Heutzutage haben sie ja alle lange Haare«, schloß ich etwas kleinlaut.

Niemand kann dem Colonel Mangel an Humor vorwerfen. Er lachte über meinen Reinfall und meinte, es sei ein Glück, daß ich wenigstens einen anständigen Kerl erwischt hätte. Doch dann ging ihm der Grund meines Irrtums auf. Er starrte mich an und fragte: »*Wie* ist das mit den Haaren? Ich kenne solche albernen Schnösel, die wie Mädchen aussehen und sich auf die Länge ihrer Locken noch etwas einbilden. Sie wollen doch nicht behaupten, daß ein Bursche, der Arbeit sucht, ein Student, der Sohn eines angesehenen Arztes – Sie wollen doch nicht sagen, Susan, daß so einer wirklich lange Haare hat?«

Doch ich mußte diese betrübliche Tatsache zugeben. Der Colonel schnaufte ablehnend. »So einen schwächlichen Jüngling will ich hier nicht haben!« begann er in höchst großfürstlichem Ton. »Ich verlange, daß ein Mann wie ein Mann aussieht. Dieses weibische Getue kann ich nicht ausstehen.«

»Aber sind denn lange Haare unbedingt weibisch?« Wie schon so oft verwies ich auf die Herren zu Zeiten Maria Stuarts. Doch mein alter Freund meinte, daß sei etwas völlig anderes. Er wünsche nur, daß einige dieser Jungen vom selben Geist beseelt wären wie jene tapferen Männer.

»Vielleicht sind sie das«, wandte ich ein. »Sie hatten bisher nur keine Gelegenheit, es zu beweisen.«

Nicht ganz zu Unrecht bedeutete der Colonel, daß ihre Tapferkeit sich meist im Diebstahl von Automobilen und im Einbruch in Milchbars erschöpfe. Ich beharrte jedoch auf meinem Standpunkt. »David Hepburn ist bestimmt nicht feminin. Er ist ein ganz normaler junger Mann und kann bei der Heuernte und in den Ställen harte Arbeit leisten. Lieber Colonel, Sie wissen ja selbst, daß Sie gerade jetzt eine zusätzliche Arbeitskraft brauchen«, versuchte ich ihn zu überreden. »Warum sollten Sie David nicht eine Chance geben? Wenn es Ihnen lieber ist, kann er ja bei uns wohnen bleiben.«

Nun gab er natürlich doch nach, lehnte es aber kategorisch ab, uns mit seinem neuen Farmhelfer zu belästigen. Der werde bei gutem Lohn auf einen Monat eingestellt und könne mit den drei anderen Arbeitern im Küchengebäude wohnen; dort werde das Essen für sie von der Frau des Traktorfahrers zubereitet. »Ich hoffe, daß der junge Mann nicht etwa beleidigt ist, wenn er mit Arbeitern gemeinsam zu Tisch gehen soll. Bildet er sich vielleicht auf sein Examen etwas ein?«

Ich versicherte, daß David sich sehr gern den anderen Männern anschließen würde. Das sei ihm vermutlich sogar lieber. Ich erklärte mich bereit, ihn zu überreden, seine Haarpracht zu kürzen, damit seine Locken ihm bei der Arbeit nicht im Wege seien und im Umgang mit den Maschinen nicht gefährlich werden könnten. Dann tranken wir einen guten Kaffee miteinander, und ich bekam die letzten Neuigkeiten zu hören. Zum Schluß dankte ich dem Colonel, weil er es mit meinem Findling versuchen wollte, und fuhr heim, um mit David den Kampf um seine Haare aufzunehmen. Es wurde ein hitziges Gefecht, aber ich blieb Sieger. David hatte diese lächerlichen Strähnen wohl wachsen lassen, um seine Bekannten und Verwandten in der Stadt zu ärgern und in Erstaunen zu versetzen; vielleicht hatte er nun diese Pose satt. Es wurde mir gestattet, die Pracht bis zum Rockkragen abzuschneiden.

»Der Himmel möge Ihnen verzeihen und mich trösten!« sagte David wehmütig. Es war der einzige etwas gemilderte Ausdruck, den er von sich gab. Obwohl ich mich an eine Sprache, die meine Mutter als »nicht sehr fein« bezeichnet, gewöhnt habe, muß ich gestehen, daß ich in der folgenden halben Stunde doch einige reizende Neuheiten dazulernte. Der Jüngling entdeckte alsbald, daß ich gegen seine milden und blumigen Flüche ziemlich abgehärtet war. Als er die erste goldene Strähne fallen sah, fluchte er noch halblaut und entschuldigte sich gleich danach.

»Ach, kümmern Sie sich nicht um mich!« sagte ich. »Ich lebe seit zwölf Jahren auf einer Schaffarm. Außerdem habe ich einen zehnjährigen Sohn. Was ich an phantasievollen Flüchen nicht von seinem Vater gehört habe, kenne ich von ihm. Machen Sie nur weiter, wenn es Sie erleichtert. Wenn es nur nicht unanständig wird!«

Er lachte und meinte, soviel weibliche Toleranz hätte er nicht erwartet in . . . na ja, in . . .

»Sie meinen wohl in der Wildnis, wie Sie sich gestern ausdrückten? Gegen diese Bezeichnung muß ich protestieren!«

»Der Protest wird vermerkt, aber jetzt dachte ich weniger daran. Ich meinte eine Frau in Ihren Jahren.«

»Kurz gesagt, eine Alte!« gab ich giftig zurück und schnitt wütend eine blonde Strähne ganz kurz ab. »Ich bin schon daran gewöhnt, daß man zu den Alten gehört oder sogar zu den Verkalkten, sobald man die Fünfundzwanzig überschritten hat.«

»Und das nehmen Sie jetzt krumm.« Es war gräßlich, wie rasch er einen durchschaute. Natürlich nahm ich das krumm. Trotzdem lachte ich, wenn auch etwas gezwungen, und teilte ihm mit, daß ich mich persönlich weder verwelkt noch verkalkt fühlte. Da ertönte von der Veranda her eine helle Stimme: »Wer ist da verwelkt und verkalkt? Du gewiß nicht, Susan! Aber, du meine Güte – so ein junger Blondling! Kein Wunder, daß du da an deine Jahre denkst!«

Das war natürlich Larry. Sie sah so schön aus und viel jünger als ich, obwohl sie in Wahrheit zwei Jahre älter ist. Ich machte die beiden miteinander bekannt. Ich bemerkte, daß David sie kritisch musterte, anstatt von ihrem Anblick überwältigt zu sein, wie ich erwartet hatte. Er schien den »jungen Blondling« übelzunehmen. Larry merkte das auch und amüsierte sich darüber. »Offen gesagt komme ich, um mir deinen Findling anzuschauen, Susan. Sie sehen, David, wir sind hier ein wenig altmodisch und schon welk und vergilbt und ziemlich voreingenommen gegen Anhalter. Noch vor zwei Tagen kamen wir überein, nie so einen faulen Lümmel im Auto mitzunehmen. Das können die Männer tun, denn die können sich wehren, wenn so ein Kerl seinem Retter eins auswischt und mit seinem Wagen davonfährt.«

David blieb die Antwort nicht schuldig: »Was ihr Leute hier im Hinterland nur für merkwürdige Vorstellungen habt! Ich bin schon unzählige Male per Anhalter gefahren, und es ist mir noch nie in den Sinn gekommen, den Fahrer in den Straßengraben zu werfen und mit seiner Karre abzuhauen. Welche Möglichkeiten habe ich da verpaßt!«

In Larrys Augen blitzte es gefährlich; das überraschte mich nicht. Ich selbst war gegen eine gewisse Überheblichkeit Davids uns gegenüber schon etwas abgehärtet. Für ihn waren wir Leute in der hintersten Provinz und natürlich naiv und voll sonderbarer Vorstellungen. Aber Larry war nicht gesonnen, das so einfach hinzunehmen.

»Welch ein enormes Opfer, sich hier im Hinterland nach Arbeit umzusehen!« rief sie. »Ich hätte erwartet, daß Sie Ihre langen Haare behalten und einen Job in der Stadt nehmen würden. Die gibt's dort zur Genüge, und außerdem Streiks und Protestversammlungen, an denen man sich beteiligen kann.«

Das war eine Herausforderung und paßte eigentlich nicht zu Larry, die sonst weder gegen die Großstadt noch gegen die Landarbeit Vorurteile hat. David spürte ihre mutwillige Absicht und meinte: »Ja, Sie haben recht. Glänzende Möglichkeiten für einen hoffnungsvollen jungen Mann! Mrs. Russell, wenn Sie noch einen Zentimeter mehr abschneiden, fahre ich per Anhalter zurück in die Stadt und nehme den angenehmen Job, von dem Mrs. Lee redet.«

»Mrs. Russell . . . Mrs. Lee . . .!« mokierte sich Larry. »Ich dachte, ihr jungen Leute macht von Familiennamen keinen Gebrauch. Sind Sie nur deshalb so respektvoll, weil wir hier im Hinterland wohnen? Oder weil wir schon so alt sind?«

Zu meiner Erleichterung überging David die Herausforderung und entgegnete ganz freundlich: »Tatsache ist, daß ich in der ersten halben Stunde bereits über das ›Mrs. Russell‹ gestolpert bin. Aber meine Gastgeberin blieb eisern dabei.«

Larry merkte, daß der Jüngling ein guter Gegner war, und gab die Stichelei auf. Sie lachte und meinte: »Sie sind ganz schön schlagfertig, mein Bester! Zur Belohnung können Sie ›Larry‹ zu mir sagen. Ich bin auf das ›Mrs.‹ nicht versessen.« Durch die Blume bedeutete das: »Außerdem fangen Sie an, mir zu gefallen!«

David erkannte das Friedensangebot und zeigte sich der Situation gewachsen. »Vielen Dank, Larry! Das freut mich. Leider bin ich im Moment etwas verwirrt. Der arme Simson! Früher hatte ich nie besonders viel Verständnis für ihn. Haben Sie Ihr Teufelswerk nun beendet, Dalila?«

Obgleich sein Haar jetzt auf Kragenlänge gekürzt war, war ich noch nicht ganz fertig. Ich hatte nämlich noch einen weiteren Vorstoß im Sinn. »Was ist jetzt mit dem Bart? Der ist längst nicht so schön wie die Haare. Er ist eigentlich ziemlich schäbig. Findest du nicht auch, Larry?«

Larry betrachtete ihn eingehend mit schiefgeneigtem Kopf und gab dann ihre Meinung kund. »Rasieren Sie ihn ab! Im Prinzip bin ich nicht gegen Bärte. Es gibt viele junge Leute, die gut daran tun, einen weichlichen Mund oder ein fliehendes Kinn zu verdekken. Aber beides haben Sie nicht nötig, David. Und Ihr Bart läßt sich nicht mit den Haaren vergleichen. Er ist eher mies und armselig.«

Er lachte, und das imponierte mir im Grunde. Mit Pauls Rasierapparat und meiner schärfsten Schere trollte er sich ins Badezimmer. Ehe er die Tür schloß, rief er über die Schulter zurück: »Da sieht man mal wieder die Gewaltherrschaft der Frauen!«

Als er im Bad verschwunden war, meinte Larry: »Ich wollte es natürlich nicht zugeben, aber er ist der erste von dieser Sorte, den ich zu Gesicht kriege, einer von der modernen Generation!«

»Trotzdem ist er wirklich ein netter Bursche«, sagte ich. »Unter all diesen Äußerlichkeiten steckt ein hochanständiger Charakter. Und gerade das bringt uns erst recht auf die Palme. Du kamst schon sehr in Fahrt, Larry.«

»Stimmt. Und das beweist, daß ich viel zu empfindlich bin, wenn's um unser Hinterland geht; genau wie die Männer, und bei einer Frau ist so was noch schlimmer. Gerade noch zur rechten Zeit erkannte ich die Versuchung. Er wird mich nie so gern mögen wie dich, Susan, aber wir werden schon miteinander auskommen können, ohne uns anzufauchen. Er ist so ein Typ, den ich immer für schwierig hielt, aber das ist vielleicht nur seine törichte Eitelkeit. Er möchte an der Kluft zwischen den Generationen nicht auf der falschen Seite stehen. Eines spricht für den Jungen: Diese Kluft hat er überhaupt nicht erwähnt. Ich habe darauf gewartet, aber es kam nicht.«

»Ich glaube, David hat Sinn für Humor. In meinen Augen ist es aber noch wichtiger, daß er im Umgang nett und bescheiden ist und sich gut mit Patience versteht. Er behandelt sie wie eine Gleichaltrige, nicht so herablassend, wie er es mit uns versuchte. Ich hoffe, er ist eine Bereicherung für uns alle. Das wird eine

Überraschung geben, wenn er mit Tony zusammentrifft!«

Tony ist, wie schon erwähnt, Pauls Nichte und eine Art Adoptivtochter von uns. Ihre Eltern lebten getrennt und sind jetzt geschieden. Tony hängt mehr an ihrem Vater. Ihre Mutter hat wieder geheiratet, einen geistreichen Professor, der besser zu ihr paßt als Tonys Vater. Das Mädchen arbeitet, wie ich David erzählte, zum Vergnügen und um sich zu beschäftigen, in dem Supermarkt von Miß Adams. Am Wochenende kommt sie nach Hause und bringt immer viel Frohsinn und Heiterkeit in unser Leben. Sie hatte schon verschiedene Verehrer, die aber alle nicht zu ihr paßten. Schließlich wagte ich zu hoffen, daß sie die menschlichen Werte von Peter Anstruther erkennen würde; er ist ein lieber Freund und Nachbar von uns. Daß der hübsche David ihr gefallen würde, war nicht zu befürchten. Solche Männer wie ihn hatte sie auf den Reisen mit ihrem Vater gewiß schon oft genug kennengelernt.

David sah wirklich attraktiv aus, als er bartlos, mit gestutzten Koteletten und vernünftig geschnittenem Haar wieder erschien. Der Colonel würde zwar nicht ganz einverstanden sein, aber er würde bei seinem Anblick nicht erschrecken und gleich erklären, daß er diesen Typ nicht brauchen könne. Im ganzen würde der anspruchsvolle alte Herr sich mit David abfinden, besonders wenn der es verstand, unauffällig einen gewissen Respekt zu bezeigen.

Wir hatten beschlossen, daß er sich nach dem Lunch dort vorstellen und, wenn alles gutging, gleich dort bleiben solle. (Gott sei Dank im Küchengebäude und nicht bei dem Allmächtigen!) Larry wohnt weiter unten im Tal, näher am Haus des Colonels; sie erbot sich, David im Auto mitzunehmen. Ich war sehr froh, daß er das einigermaßen dankbar annahm.

»Sehr nett sehen Sie aus«, sagte Larry neckend. »Und Susan ist sichtlich höchst erleichtert. Sie will doch Ehre mit Ihnen einlegen. Das ist das Schwierige an den netten Frauen: Sie sind von Verantwortungsgefühl gegen jedermann erfüllt. Sie werden gut mit Justin auskommen, und der Colonel wird sich mit Ihnen abfinden.

Zum Glück werden Sie ihn nur selten sehen, denn jetzt betreibt Justin die Farm. Susan, ich gratuliere dir zu deinem Findling!«

Ich ärgerte mich ein wenig, und das hatte sie wohl auch beabsichtigt. David behagte es auch nicht, er wollte nicht bemuttert werden, und schon gar nicht von einer Frau, die er zufällig auf der Landstraße getroffen hatte. Aus diesem Grund bot ich ihm auch nicht, wie ich beabsichtigt hatte, an, das Wochenende bei uns zu verbringen, wenn auf der Farm des Colonels nichts zu tun war. Ich wollte es ihm selbst überlassen und keinen Druck ausüben, nur weil ich ihn im Regen aufgelesen hatte. Ich war fest davon überzeugt, daß er das neue Leben lieben und sich ohne weiteres den drei Männern anschließen würde, die dort angestellt waren. Alles würde ganz anders sein als das Leben und die Menschen, die er kannte und deren er überdrüssig war. Das Leben auf einer so großen Farm würde ihn interessieren.

Nach dem Lunch brach er mit Larry auf. Ich hörte noch, wie sie sagte: »Denken Sie daran, daß der Colonel eine höchst wichtige Persönlichkeit ist. Nehmen Sie sich keinerlei Freiheiten heraus!« Ich meinerseits gab ihm keine Ratschläge; ich hielt ihn für klug genug, daß er unserem »Großen Mann« den nötigen Respekt erweisen würde, ohne seine eigene Unabhängigkeit zu gefährden. Zu meiner Überraschung bedankte er sich sehr höflich und beinah formell, daß ich ihn in unserem Haus aufgenommen und ihm einen Job verschafft hatte.

»Es war nett von Ihnen, daß Sie mir geholfen haben, sogar als Sie feststellten, daß ich kein Mädchen bin.«

»Heute würde ich diesen Fehler nicht machen. Sie sehen so aus, wie es sich gehört. Ihren Haaren brauchen Sie nicht nachzutrauern. Sie waren vielleicht modern, aber doch ziemlich läppisch.«

Er grinste. »Sie halten mich natürlich für einen Außenseiter«, sagte er, doch ich unterbrach ihn energisch. »Nein, auf keinen Fall! Die Leute, die uns altmodisch nennen und sich selbst für etwas Besonderes halten, kann ich nicht ausstehen. Ihnen ist wohl noch nicht klar, daß die Langhaarigen heutzutage zu den Konventionellen gehören. Wirklich originell sind jetzt die, die für kurzes Haar und Bartlosigkeit eintreten.«

Damit wollte ich ihn trösten, aber er lachte nur und meinte: »Das ist ein witziger Einfall; es sollte mich aber nicht wundern, wenn Sie recht haben. Ein Mann wie Ihr Gatte sieht wirklich origineller aus als einer wie ich. Es war mir noch nicht aufgegangen, daß es mein Schicksal ist, im Grunde zu den Normalen zu gehören.«

Dann startete Larry den Wagen, und David winkte freundlich zurück. Beim Haus des Colonel Gerard würde er meine Existenz vermutlich schon vergessen haben.

Ich aber vergaß ihn nicht so schnell. Einerseits besaß er eine gewisse unbekümmerte Liebenswürdigkeit, die jede Frau anspricht; andererseits war er der erste progressive Intellektuelle, der mir begegnete. Er gefiel mir, und ich wunderte mich über die seltsame Unruhe, die einen jungen Mann mit aussichtsreicher Zukunft nach bestandenem Examen veranlaßte, sich jeden Gedanken an einen Beruf aus dem Sinn zu schlagen und den »Bummel um die Welt« zu wählen, bis er davon genug hatte. Ich war so altmodisch, daß ich das bedauerte; ich fand, David sei vom Leben so begünstigt durch eine glückliche Kindheit und eine gute Ausbildung auf Kosten des Staates; er sollte nun auch bereit sein, dafür etwas zu leisten.

Als ich zu diesem Schluß kam, mußte ich über mich selbst lachen, denn ich konnte mir Davids Reaktion vorstellen. Es war mir ein Trost, daß Larry, der ich das alles später telefonisch anvertraute, mit mir weitgehend übereinstimmte.

»Aber er meint natürlich, daß so etwas gar nicht in sein System paßt. Dennoch nehme ich an, daß er, eher als er glaubt, im Leben das Seinige tun wird. Er ist kein Dummkopf und nicht selbstsüchtiger als die meisten jungen Leute seines Alters. Ehrlich gesagt, auch nicht mehr, als wir selbst es in diesem Alter waren, Susan. Ja, ich weiß schon, wir verhielten uns anders. Wir zogen nicht mit ein paar Pfennigen in der Tasche los, wie es die Jugend heute macht, die Mädchen genauso wie die Jungen. Dazu waren wir, offen gesagt, zu ängstlich. Wir blieben daheim, gingen zum

Tanzen und zum Schwimmen und dachten nicht im geringsten daran, für das, was wir empfangen hatten, etwas zu leisten. Wir waren nicht einmal dankbar dafür. Ebensowenig wie David. Daß er bisher ein recht angenehmes Leben hatte, ist ihm überhaupt nicht bewußt.«

»Richtig. Er meint, das stehe ihm zu. Als ich ihm mit meinen altmodischen Überlegungen kam, daß man seine Eltern zufriedenstellen müsse, fragte er: ›Warum? Was haben sie denn für mich getan?‹«

»Und du gingst in die Falle und sagtest, daß sie ihn aufgezogen und ihm alles gegeben hätten. Und er – nein, unterbrich mich nicht, Susan! –, ich wette, er sagte ungefähr: ›Alles, was sie getan haben, war die Zeugung, und das war ihr eigenes Vergnügen. Und als ich einmal auf der Welt war, waren sie gesetzlich verpflichtet, für mich zu sorgen.‹ Und dann hast du darauf hingewiesen, daß er eine gute Schule und die Universität besuchen durfte, wozu seine Eltern nicht verpflichtet gewesen seien.«

Ich mußte gestehen, daß unsere Unterhaltung so gelaufen war, und fügte Davids abschließende Worte hinzu: »›Natürlich mußten sie mir alle Möglichkeiten geben. Das taten all ihre Bekannten für ihre Kinder. Sie mußten doch mit den anderen Schritt halten.‹«

Larry lachte. »Du hast mir sozusagen die Worte aus dem Mund genommen. Etwas Wahres ist ja schließlich auch daran. Wenn du mich mal zu Christina oder Mark sagen hörst, sie sollten mir dankbar sein, mußt du mich daran erinnern. Aber David ist doch ein ganz netter Kerl. Es war ein Glück, daß du ihn mitgenommen hast. Er ist eben ganz anders als unsere braven, soliden Männer. Er ist großartig keck. – Diesmal ist ja noch alles gutgegangen, aber du hättest auch einen Schlag auf den Schädel kriegen und dein Auto lossein können. Es war meine feste Überzeugung, als ich damals sagte, ich würde nie einen mitnehmen.«

Um so größer war meine Überraschung, als sie am nächsten Abend anrief und verkündete: »Susan, ich hab' was mitgebracht!«

Ich wußte, daß sie in die Stadt gefahren war, um Tomaten zum Einmachen zu kaufen, und riet: »Geh vorsichtig damit um! Bei diesem Wetter halten sie nicht lange!«

Ich hörte sie lachen. Nach einer Pause sagte sie: »Keine Tomaten, Susan! Einen Anhalter!«

Ich war ehrlich erstaunt. Hatte Larry denn nichts aus meinem Fehler gelernt? »O Larry, wie leichtsinnig!« begann ich vorwurfsvoll. »Vor so einem Langhaarigen solltest du dich in acht nehmen!«

Wieder Pause. Dann kam es ganz leise: »Es waren nicht die langen Haare, Susan. Es war ein Hund.«

3

Ein Hund. Natürlich konnte nur ein Hund sie ihren Entschluß und all die Gefahren vergessen lassen, in die man sich begibt, wenn man einen Anhalter mitnimmt. Doch ich sagte nur ärgerlich: »Einen Hund? Ich dachte, du meinst einen Burschen!«

»Freilich, Susan! Beide. Am Straßenrand stand ein Bursche; er hob die Hand hoch; zu seinen Füßen saß ein Hund, der mich flehend ansah. Der törichte Junge versuchte, samt seinem Hund per Anhalter zu fahren.«

»Und das gelang ihm denn auch, denn er fand eine, die genauso töricht ist wie er selbst.«

»Du bist gemein, Susan. Du tust, als ob du es nicht selbst so gemacht hättest. Es ist wirklich ein goldiger Hund, er sah so verloren aus und so hungrig. Der Junge übrigens auch.«

»Aber Larry, wo wollte er denn hin? Du hast ihn doch nicht etwa mit nach Hause genommen?«

»Warum nicht? Du bist nicht die einzige, die mit einem echten

Anhalter heimkommen kann, gar nicht zu reden von dem süßesten Hund, den man sich vorstellen kann.«

»Sams Gesicht kann ich mir jedenfalls gut vorstellen.«

»Na ja. Zuerst war er ein bißchen verwirrt, der Empfang, meine ich, nicht Sam. Aber als der Junge, der natürlich Thomas heißt, erzählte, er wolle für geringen Lohn arbeiten, wenn er nur seinen Hund bei sich behalten könne, schmolz das Herz meines Mannes.«

»Das kann ich mir denken. Aber warum heißt er *natürlich* Thomas?«

»Das wirst du begreifen, wenn du ihn siehst. Er sieht aus wie Thomas und benimmt sich auch so. Ganz und gar nicht wie dein Findling, Susan. Er ist nicht so ein überheblicher, herablassender junger Herr, der von Wildnis redet. Dieser Junge ist ein einfacher Mensch.«

»Ich dachte, du fändest auch David leicht zu begreifen. Jedenfalls schien es mir so.«

»Ja, ja, aber doch wieder ganz anders. Wenn man mit David gerade in Fahrt kommt, steckt er zurück. Thomas ist anders. Man möchte ihn um keinen Preis verletzen.«

»Das hört sich an, als ob er so weichlich wäre, wie wir zuerst David eingeschätzt hatten. Ich nehme an, er hat auch lange Haare und so weiter.«

»Keine Spur. Ich glaube, sein Haar wächst überhaupt nicht in die Länge.«

»Er ist doch nicht etwa kahl? Wieso redest du dann von einem Jungen, wenn es ein älterer Mann ist?«

»Das ist er gar nicht. Er ist ungefähr einundzwanzig. Ich weiß gar nicht, was heute mit dir los ist, Susan! Du bist heute so fad! Hast du Ärger? Ist dein David beim Colonel rausgeflogen? Das sollte mich nicht wundern. Na, Thomas gehört zu den Ausdauernden.«

»David – übrigens nicht *mein* David! – ist noch an Ort und Stelle, und alles ist bestens in Ordnung. Nach dem Abendessen rief er mich an und berichtete, daß ihm dort alles gut gefalle, besonders die Leute, mit denen er arbeitet. Wie du siehst, ist er nicht so weichlich wie dein Thomas.«

»Weichlich!! Nein, warte erst mal ab, bis du ihn gesehen hast. Ein großer starker Kerl wie ein Fußballer! So weichlich wie ein Felsbrocken, wenigstens, solange es nicht um seinen Hund geht.«

»Gut, er ist eben ein völlig anderer Typ. Die Haare braucht man ihm nicht abzuschneiden, da er keine hat.«

»Du willst schon wieder eine Mißgeburt aus ihm machen. Selbstverständlich hat er Haare, aber so dicke, daß sie ihm nie über den Rücken fallen würden, und wenn er sie noch so lang wachsen ließe. Sie würden weit weg stehen, ganz anders als Davids seidiger Schopf. Thomas' Haare passen zu seinem Namen, sie sind stark und widerspenstig und stehen ihm in ihrer ganzen Länge starr um den Kopf . . . Er soll in der Hütte des Schafscherers wohnen; da kann er nachts seinen Hund bei sich behalten. Tagsüber kann er den Männern bei den Zäunen helfen. Das ist doch eine famose Idee.«

»Das bedeutet, daß dein Thomas seinen Hund wenigstens behalten kann. Was ist es denn für eine Rasse? Hoffentlich kein Wolfshund. Die kann ich zwar ganz gut leiden, aber bei anderen Hunden sind sie gar nicht beliebt, und auf einer Schaffarm können sie gefährlich sein.«

»Ein Wolfshund ist er bestimmt nicht, obwohl er spitze Ohren hat. Er ist ein Mischling; er hat etwas von einem Labrador, das erinnert mich an den guten alten Mouse; und dann hat er etwas von einem Spaniel. Jedenfalls ist er einfach goldig. Er ist mächtig intelligent und hängt sehr an Thomas, und der ist rührend mit ihm. Natürlich hat ihm der Hund die Suche nach Arbeit sehr erschwert, denn die Menschen sind so dumm und engherzig. Einen Mann mit Hund nehmen sie nicht mal im Auto mit. Ich dagegen habe lieber einen Hund im Wagen als so einen haarigen, bärtigen Kerl, wie sie überall herumlungern. Er hatte schon eine volle Stunde an der Ecke gestanden, wo ich ihn auflas, und wollte gerade zu Fuß losmarschieren.«

»Wohin wollte er denn? Er ist hoffentlich nicht auch einer, der Arbeit auf dem Lande sucht? Das wäre ja fast ein bißchen viel Zufall.«

»Ich glaube nicht, daß Thomas speziell an Landarbeit gedacht hat. Er hat zwar schon einmal auf einer Farm gearbeitet, und es hat ihm gut gefallen. Er hatte vorher eine Stelle in einer Fabrik, aber der widerliche Vermieter hat ihn aus seiner elenden Bude rausgeworfen, als er den netten Rufus entdeckte. Weißt du, Thomas hatte ihn tagsüber in seinem Zimmer versteckt, nachts machte er mit ihm große Spaziergänge. Aber ein boshaftes Ehepaar in der Nachbarschaft hat sich beschwert. Was gibt es doch für böse Menschen auf der Welt, Susan!«

»Na, ich hätte auch nicht gern einen Hund in der Nachbarwohnung in der Stadt. Aber sie hätten Thomas ja warnen können.«

»Das haben sie auch getan, aber er hat es wohl nicht so ernst genommen. Als ihm der Vermieter kündigte, wollte er sich nach Landarbeit umsehen. Der arme Junge, er ahnte ja nicht, daß viele Farmer sich schlimmer anstellen als die Stadtleute, wenn ein fremder Hund auf ihrer Farm erscheint. Das hat er bald oft genug erleben müssen. Er hätte ein halbes Dutzend Stellen haben können, aber niemand wollte ihn mitsamt dem Hund. Dann hörte er von den Straßenarbeiten im Hinterland und meinte, dort würde man an dem Hund nichts auszusetzen haben, weil er wohl einen Verschlag für sich allein kriegen könnte. Doch er stellte fest, daß die Arbeiter alle gemeinsam im Küchengebäude aßen; Hunde durften dort nicht hinein. Der arme Thomas! Er muß wohl am Ende seiner Kraft gewesen sein, als ich ihn mitnahm.«

»Aber nun ist vermutlich alles in Freude verwandelt, und Thomas und sein Hund haben ein Heim gefunden. Und wie stellt sich Sam dazu?«

»Ganz gut, denn Thomas ist so ein einfacher, offener Charakter. Er ist das genaue Gegenteil zu deinem David, Susan.«

»Zum letztenmal: Er ist nicht *mein* David! Übrigens ist mir so ein Bursche mit langen Haaren und Studentenjargon lieber als einer, der überall mit einem Hund herumzieht und ihn in einer Mietwohnung versteckt. Er muß wirklich sehr einfältig sein.«

»Das ist er, und das macht ihn gerade so anziehend. Er erzählte, er hätte genau gewußt, daß er für sich und Rufus ein Zuhause finden würde. Und wie du siehst, ist das auch in Erfüllung gegangen.«

»Weil er der einzigen Farmersfrau begegnete, die so mutig war, ihren Mann zu bitten, er solle doch einen ungelernten Arbeiter samt seinem Straßenköter bei sich aufnehmen. Ich muß schon sagen, Larry: Nach dem Tod des braven alten Mouse hast du geschworen, nie solch einen großen Hund zu halten. Höchstens einen Spaniel wie Mick.«

Larry hatte mehrere Labrador-Hunde gehabt, die alle »Mouse« hießen, und nacheinander drei Spaniels namens »Mick«. Sie hielt es für durchaus notwendig, daß ein Hund, der an Altersschwäche starb, einen Nachfolger bekam, der ihm möglichst ähnlich sah. Der mußte dann auch den gleichen Namen haben. Ich verstand das einfach nicht, denn sie betrauerte den Tod ihres Lieblings immer sehr. Aber sie erklärte, der Dahingegangene solle einiges von seinem Geist dem Nachfolger vermachen, und das werde dadurch erreicht, daß er denselben Namen bekam. Larrys Überlegungen gingen stets andere Wege als die meinen, besonders wenn es sich um Tiere handelte. Pferden und Hunden war sie außerordentlich zugetan. Aber ihre Tiere waren immer reinrassig gewesen, und jetzt hatte sie einen Bastard ins Herz geschlossen. Sie hatte mancherlei Gründe, Thomas und seinen Hund aufzunehmen; keiner davon war sehr überzeugend. Aber Sam verstand sie, weil er seine Frau liebte. »Er verwöhnt sie«, meinte Paul. Doch wie man es auch ansehen mochte, es war eine großartige Ehe.

Natürlich wollte ich mir Thomas anschauen und gab vor, Larry beim Einmachen der Tomaten helfen zu wollen. Die Männer waren in der Nähe bei der Arbeit an den Weidezäunen; zum Lunch kamen sie alle ins Haus, auch Thomas. Zum Mißfallen des Colonels herrscht nämlich bei uns der Brauch, die Mahlzeiten stets gemeinsam einzunehmen.

Wie ich erwartet hatte, war Thomas ein großer, starker Mensch. Er war nicht so feingliedrig und geistreich wie David. Sein Haar stand starr vom Kopf ab, obwohl er es offensichtlich mit einer nassen Bürste zu bändigen versucht hatte. Er hatte ein angenehmes, fast kindliches, aber keineswegs dummes Gesicht; seine kleinen Augen waren sehr blau. Aber wenn er selbst auch so aussah, wie ich ihn mir vorgestellt hatte – einen solchen Hundemischling hatte ich noch nie gesehen. Von dem goldfarbenen Spaniel, den Larry erwähnte, hatte er das Fell, und Thomas erzählte, er habe ihn nach einem König aus vergangenen Zeiten genannt, von dem er einmal gehört hatte. Der Hund war so groß wie ein Labrador, hatte auch dessen kleine Ohren und den mächtigen Schweif. Er mußte an der Tür sitzen bleiben, denn Thomas meinte: »Wir wollen gleich so anfangen, wie es in Zukunft bleiben soll.« Von dort aus beobachtete Rufus mit seinen großen braunen Augen jede Bewegung seines Herrn. Miteinander bildeten sie ein nettes, friedliches Gespann, und ich konnte mir gut vorstellen, daß Larry sie gern für längere Zeit in ihren Haushalt aufnehmen würde. Ob allerdings Thomas intelligent genug war, um den Beruf eines Farmers zu ergreifen, und ob er mit dem hier üblichen Lohn zufrieden sein würde, war eine andere Frage.

Er sprach wenig und nur, wenn er angeredet wurde. Er hatte eine angenehme Stimme, aber seinen Dialekt hätte der Colonel mit Bedauern als »typisch kolonial« bezeichnet. Im Hinblick auf die Redewendungen meines eigenen Sohnes und auch die des Colonelschen Enkels störte mich das nicht sonderlich. In einer kurzen Gesprächspause fragte ihn Sam: »Hat man Sie wohl schon mal mit ›Tom‹ angeredet? Oder muß man immer ›Thomas‹ zu Ihnen sagen?«

Es war rührend, wie freudig und verwirrt der Junge errötete. »Ich wurde immer ›Thomas‹ genannt«, antwortete er. »Sie – sie hielten nichts von Abkürzungen. Aber ich fände es sehr nett, wenn Sie ›Tom‹ zu mir sagten; es klingt so vertraulich.«

Wer waren »sie«, und warum bestanden »sie« auf dem vollen

Namen? Als wir allein waren, fragte ich Larry, was Tom von seinen eigenen Leuten erzählt hätte. »Nur ganz wenig. Ich habe das Gefühl, daß eine Tragödie dahintersteckt.«

Das machte mir keinen tiefen Eindruck, da ich Larrys »Gefühle« kenne. »Der arme Kerl hat nur gesagt, daß er keine Verwandten habe«, fuhr sie mitleidig fort. »Man brauche also auch niemanden von seinem jetzigen Aufenthalt hier zu benachrichtigen. Es hörte sich schrecklich einsam an.«

»Na, na, das ist nicht so sicher. Die meisten jungen Leute verleugnen heutzutage ihre Angehörigen. Ich erwarte nicht, daß David vor Ablauf einer Woche an seine Mutter schreibt. Und dann wird er ihr höchstens mitteilen, daß er ›in der Wildnis‹ ist und für ›einen komischen alten Heini‹ arbeitet.«

»Ach, aber David ist ganz anders. Der hat kein Herz. Er kommt mir vor wie ein großer Schmetterling.«

Ich mußte diesen Abstecher ins Reich der Naturkunde erst kurz verdauen, um zu verstehen, was sie meinte: David sei ein Typ, der überall herumschwirrt, von jedem nimmt, was er bekommen kann, um dann alles wieder zu vergessen. Zu meinem Ärger meinte Larry, sie sei froh, daß ich mir keine Illusionen über diesen Jüngling mache. Aber sei es nicht seltsam, daß Tom noch nie auf einem Pferd gesessen habe?

»Nicht besonders. Die meisten Stadtjungen kennen das nicht. Die Mädchen reiten, die Buben aber sind wild auf Motorräder oder altmodische Riesenautos. Ich glaube auch nicht, daß David reiten kann.«

»Bestimmt nicht, darauf kannst du dich verlassen. Er sieht ganz so aus, als ob er überhaupt nichts von Tieren verstünde und eher Angst vor ihnen hätte.«

Einige Tage später mußte sie das zurücknehmen. Da kam David ganz gemütlich über die Koppeln angeritten. Vor sich im Sattel hielt er einen Sack voll Grassamen, den der Colonel Larry versprochen hatte. »Es war nur so ein Gaul von der Farm, nicht gerade einer von den ruhigsten. Und dazu mußte er noch den großen Sack balancieren. Ums Haar hätte ich ihm meine Verwunderung gezeigt.«

»Und warum tatest du das nicht?«

»Ach, ich wollte ihm nicht die Möglichkeit geben zu sagen: ›Ihr Frauen vom Lande bildet euch ein, einen Burschen zu kennen, wenn ihr ihn ein paarmal gesehen habt.‹ Du weißt ja, wie er ist.«

»Vermutlich war es bei ihm das Übliche: Als Sohn eines Arztes war er in einem Ponyklub und hatte sein eigenes Pferd, das irgendwo untergebracht war.«

»Das glaube ich auch. Ich fragte ihn nicht weiter, weil ich ihm nicht zu seiner Befriedigung zeigen mochte, wie überrascht ich war. Er wartete schon darauf.«

»Ich glaube, du irrst dich. Ich bin überzeugt, daß David sich nicht im geringsten darum kümmert, was wir von ihm denken.« Trotzdem mußte ich im stillen zugeben, daß zwischen Larry und David von Anfang an eine seltsame Mischung aus Wohlwollen und Feindseligkeit bestand. Ihr gegenüber war er stets ausweichend und sehr reserviert. Mir selbst erzählte er bereitwillig, wie er zum Reiten gekommen sei.

»In der Schule hatten die meisten Jungen ein kleines Motorrad oder ein Pony. Meine Eltern hatten die verrückte Idee, daß Maschinen für einen jungen Menschen schädlich seien. Deshalb schenkten sie mir ein Pony und meldeten mich in einem Klub an. Ob es mir gefiel? O ja, es gefiel mir ganz gut, besonders weil ich mich den anderen gegenüber großtun konnte, die kein Pony hatten, sondern nur ein Motorrad. In Wahrheit beneidete ich sie anfangs, denn mit einem Pony kommt man nicht so schnell vom Fleck, und das war ärgerlich. Aber dann gewann ich das Pony lieb, das sie mir geschenkt hatten.«

Er schwieg, und ich fragte ganz harmlos: »Und wie ging es weiter?«

Er stand auf und wandte sich ab, so daß ich sein Gesicht nicht sehen konnte. »Nach einem Jahr fanden sie, das Pony sei für mich zu klein. Als reizendes Geburtstagsgeschenk verehrten sie mir einen viel größeren Gaul und verkauften das Pony.«

Ich war betroffen. Ein Unterton in seiner Stimme verriet, daß das ein schrecklicher Schlag für ihn gewesen war. So beiläufig wie möglich fragte ich: »Und was wurde aus dem Pony?«

»Das weiß der Himmel. Ich konnte es nicht feststellen. Ich nehme an, daß ein anderer Junge damit beglückt wurde. Sie sagten, es hätte einen guten Platz gefunden.«

»Und das neue Pferd, haben Sie das auch liebgewonnen?« fragte ich schüchtern.

»Ich habe es nie geritten«, sagte er kurz und brachte dann das Gespräch auf meinen Sohn Christopher. Solch einem Thema kann keine Mutter widerstehen, und vom Reiten war nicht mehr die Rede. Es war Sonntag nachmittag; unaufgefordert war er bei uns erschienen, saß mit mir auf der Veranda und plauderte, heute weniger steif und zurückhaltend als sonst. Larrys Kinder verbrachten den Tag bei uns; sie und meine Kinder beehrten unsere Häuser abwechselnd mit ihrer Gegenwart. Jetzt waren alle zu Pferd unterwegs. Mein Christopher und Larrys Christina (eine alberne Verbindung christlicher Vornamen, an der Larry schuld ist, denn ihr Kind ist neun Monate jünger als meines!) kamen immer zum Wochenende aus Te Rimu nach Hause. Auf diese Weise hatte Tante Kate eine Verschnaufpause. Sie schien das zwar nicht nötig zu haben; diese unglaubliche Person behauptete, sich am Samstag und Sonntag zu langweilen. Sie war eine Tante von Sam, eine alte Jungfer, aber altjüngferlich an ihr waren nur ihre Kleidung und ihr Umgangston. Sie war in unsere Gegend gezogen und ein heißgeliebtes Mitglied unserer Familie geworden. Sie hatte in Te Rimu in der Nähe der Grundschule ein Haus gekauft. Mit rührendem Opfermut erbot sie sich, unsere Kinder von Montag bis Freitag bei sich aufzunehmen. So ersparte sie uns die Suche nach einem Internat, das wir uns auch kaum hätten leisten können. Wenn wir zu sagen wagten, daß sie da ein Opfer bringe, wurden wir energisch abgefertigt. »Das wahre Opfer bringen die Eltern, die sich von ihren Kindern trennen und mir so eine – nein, zwei neue Lebensaufgaben verschaffen.«

So schien es wirklich. Sie beklagte sich niemals über die Arbeit, die ihr die Kinder machten, noch je über Müdigkeit. Sie schien immer Herr der Situation zu sein. Dennoch fand Christopher, sie sei kein Schulmeister, im Gegensatz zu seinen Eltern, leider! Es war die glücklichste Lösung für alle Beteiligten; Tante Kates Haus war für uns ein zweites Zuhause in Te Rimu.

Aber heute waren die Kinder bei uns und nun mit ihren Ponys unterwegs. Von David hatten sie beiläufig Notiz genommen, und er hatte das genauso beiläufig hingenommen. Ich glaube, gerade das gefiel den Kindern an ihm. Er machte kein Aufhebens von ihnen und schien sie als Gleichberechtigte zu betrachten.

Sein Bericht von seinen Erlebnissen im Pony-Klub hatte mich interessiert. Zum erstenmal hatte er von seiner Kindheit erzählt; das gab mir Gelegenheit, ihn zu fragen: »Wissen Ihre Eltern eigentlich, wo Sie jetzt sind, David?«

»Ich glaube kaum«, erwiderte er leichthin. »Wenn sie nicht Tiri auf der Landkarte gesucht haben, wo es aber wohl nicht angegeben ist. Ich habe ihnen gestern ein Telegramm geschickt, denn ich dachte mir schon, daß Sie mich heute ins Kreuzverhör nehmen würden.«

Niemand mag sich vorwerfen lassen, einen anderen ins Kreuzverhör zu nehmen. Ich war beleidigt. »Vermutlich haben Sie ihnen nur mitgeteilt, daß es Ihnen hier gutgeht?«

»Wenn Sie's ganz genau wissen wollen«, entgegnete er bissig, »ich telegrafierte: ›Alles in Ordnung. Habe einen Job. Grüße.‹ Na, sind Sie jetzt zufrieden?«

»Seien Sie doch nicht so eklig! Ich bin nicht neugierig, aber eine Mutter möchte doch gern wissen, wo sich ihr Nachwuchs befindet.«

»Richtig. Und Sie *sind* eine Mutter, nicht wahr, Susan? Oh, Verzeihung, das rutschte mir so raus! Mrs. Russell klingt so fad; Larry ist doch auch nicht so formell. Können wir das ›Mrs.‹ nicht weglassen, da ich doch für ein paar Monate hier installiert bin?«

Ich war natürlich einverstanden. Ich bin nicht auf Formalitäten versessen, hatte aber erst abwarten wollen, ob er länger dablieb.

»Schon gut«, sagte ich. »Aber erzählen Sie doch: Haben Sie unsere Posthalterin kennengelernt, als Sie das Telegramm aufgaben?

Tantchen war für Sie doch gewiß eine Überraschung?«

»Ich habe das Telegramm telefonisch aufgegeben, ich habe sie also nicht gesehen. Ich glaube nicht, daß es Ihr Tantchen war, die es aufnahm. Es war eine jugendliche, sehr angenehme Stimme.«

»Das müßte Miranda gewesen sein. Sie hat eine klangvolle Stimme, ein Erbteil von ihrer Mutter. Ihr Vater ist gestorben, er war ein ziemlicher Taugenichts, hatte aber einen typisch englischen Klang in der Stimme. Miranda ist ein sehr apartes Mädchen.«

»Kann es nicht Ihre Nichte Tony gewesen sein? Sie sagten doch, daß sie bei Miß Adams arbeitet.«

»Das stimmt; sie ist aber mehr im Supermarkt beschäftigt, nicht soviel im Postamt oder im Laden. Außerdem hätte Ihnen Tonys Stimme nicht solchen Eindruck gemacht. Sie klingt auch angenehm, aber nicht so weich und singend wie die von Miranda. So ein kleiner Schuß Maoriblut kann sehr zur Schönheit einer Stimme beitragen, und der fehlt bei Tony.«

Während wir von ihr sprachen, erschien meine Nichte. Sie kam zu Pferd, und Peter Anstruther begleitete sie. Er ist der Bruder von Justins Frau und der Freund, dem sich Tonys Wohlwollen schließlich zugewandt hatte – das hoffte ich wenigstens. Sie hatten das junge Fohlen besichtigt, das während Tonys Reise nach Japan zur Welt gekommen war. Eine weitere Zuchtstute hatte Peter vor kurzem gekauft, vielleicht weil Tony sich so für Pferde begeisterte. Sie sah besonders hübsch aus mit ihrem rotgoldenen, ein wenig zerzausten Haar, den glühenden Wangen und den munteren braunen Augen. Sie sprang vom Pferd und kam die Auffahrt heraufgelaufen; dabei redete sie ununterbrochen.

»Susan, das Fohlen ist einfach wonnig! Es ist ganz schwarz und hat einen wunderschönen Kopf. Die Stute gefällt mir auch; sie wird ein fabelhaftes Pferd zur Welt bringen . . . Ach, ist das dein Findling David Hepburn? So heißen Sie doch?«

David hatte sich erhoben; er betrachtete Tony mit Interesse, aber nicht so bewundernd, wie ich erwartet hatte. In dem gleichen heiteren Ton wie sie gab er zur Antwort: »Ja, ich bin David. Aber für Susan ist es peinlich, wenn Sie mich als ihren Findling bezeichnen. Ich habe mich nun hier etabliert. David der Landarbeiter, nicht David der Anhalter.«

»Und die wunderschönen Haare, die Susan so täuschten, sind abgeschnitten. Schändlich! Aber das macht nichts. Ehe Sie von hier weggehen, sind sie schon längst nachgewachsen! – Das ist Peter Anstruther, dem hier eine gutgehende Farm gehört, und der einen Job für Sie hätte, wenn Sie bei dem Colonel fertig sind. Meinst du nicht auch, Peter? Denk doch, dieser junge Mann ist einer von den interessanten Leuten, die von alledem wegkommen möchten. Solche gibt's in Massen, und ich hoffe nur, daß nicht allzu viele hierherkommen.«

Jetzt schien David ärgerlich zu werden, aber Peter rettete die Situation. »Gerade jetzt wäre ich froh um eine Hilfe«, sagte er. »Mein Tierpfleger will nach Schottland reisen; seit zwanzig Jahren träumt er schon davon. Und ich habe hier einige Stuten, die versorgt werden müssen. Aber vielleicht verstehen Sie nicht viel von Pferden, David?«

Über Davids hübsches Gesicht lief ein leichtes Zucken, doch er antwortete nur: »Mit Zuchtstuten habe ich allerdings wenig Erfahrung, aber ich würde das gern lernen.« Das klang aus seinem Munde ungewöhnlich bescheiden.

»Sie wollen erst was von der Welt sehen, nicht wahr, David?« mischte sich Tony wieder ins Gespräch. »Sie müssen aber wohl älter sein, als Sie aussehen. Sie haben doch schon einen akademischen Grad erreicht, und der wird wohl kaum an Kinder vergeben, oder doch?«

Ich mußte lachen. Jetzt bekam David seinerseits eine gewisse Herablassung zu spüren. Das paßte ihm sicher nicht.

Merkwürdig: Er machte auf Tony nicht mehr Eindruck als sie auf ihn . . . Beide hatten eben schon so viele junge, nette Leute kennengelernt, daß deren Charme sie eher langweilte.

Um fünf Uhr kam Larry vorgefahren, und es überraschte mich nicht, daß sie Tom mitbrachte. Paul war auf der Farm unterwegs. Mich interessierte, wie die drei jungen Männer wohl aufeinander reagieren würden. Der beinahe dreißigjährige Peter schien schon fast einer anderen Generation anzugehören, und David rechnete ihn, ohne unhöflich zu sein, sichtlich schon zu den »Alten«. Das war zu erwarten. Ich war gespannt, wie unser hochgebildeter Jüngling sich zu Tom stellen würde. Sein Benehmen Larry gegenüber war höflich, aber kühl. Zu ihrem Schützling verhielt er sich einwandfrei. Ich bemerkte, daß Tom auf seiner Hut war. Da war einer, den man als »Fatzke« bezeichnen konnte, und Tom war schon seiner Herablassung gewärtig. Aber David zerstreute diese Bedenken im Nu. Er schien Toms Schüchternheit nicht zu bemerken und verstrickte ihn sogleich in eine heitere Unterhaltung über das »Anhalten«.

»Sobald ich aus der Stadt heraus war, fing ich es ganz schlau an. Im Ort selbst gab es ja wenig Aussicht. Da waren zu viele wie ich, die mitgenommen werden wollten. Aber weiter draußen fiel mir was ein. Ich stellte mich mit dem Rücken zur Straße, warf meine langen Haare, die leider jetzt abgeschnitten sind, breit über die Schultern – und schon fuhren die meisten Autos langsamer. Das Kunststück war nur, in den Wagen zu klettern, ehe man mein Gesicht gesehen hatte.«

Ich schnappte nach Luft. »Sie schrecklicher Mensch! So haben Sie's also mit mir gemacht? Sie drehten mir absichtlich den Rükken zu, so daß ich meinte, Sie seien ein Mädchen?«

»War es denn nicht so, Susan?« Doch ganz ernsthaft fügte er gleich hinzu: »Gerade in dem Augenblick hatte ich's eigentlich nicht so beabsichtigt. Ich war viel zu naß und zu kalt, um mich auch noch so raffiniert zu verhalten. Es stand auch bei Ihnen, mich hinauszuwerfen, wenn Sie mich für gefährlich hielten. Aber Sie behielten mich netterweise im Auto.«

Ich lehnte sein Friedensangebot ab und erklärte, daß nur mein Stolz mich davor zurückgehalten hätte. Ich wollte doch nicht zugeben, daß ich vor einem Anhalter Angst hatte. »Ich hatte das Gefühl, daß das albern sei, noch dazu in meinem Alter«, schloß ich etwas unbeholfen.

»Es ist höchst merkwürdig«, stellte David fest und gab sich dabei das Air ungeheurer Weisheit, »wie das weibliche Geschlecht sich verändert hat. Früher versuchten die Frauen, jünger zu erscheinen, als sie waren. Heutzutage tun sie das Gegenteil; schon nach kürzester Zeit geben sie ihr Alter bekannt. Das ist auch so eine Art von Angeberei.«

Wie üblich lachten sie nun alle über mich. Nur Tom blickte etwas verwirrt drein; er hatte wohl nicht ganz folgen können. David merkte das sofort und zog ihn ins Gespräch. »Wie hast du es denn beim Anhalten mit deinem Hund angefangen?« fragte er. »Riefen da nicht alle Fahrer: ›Potzblitz!‹ und fuhren auf die andere Straßenseite?«

»Das nicht, denn da darf man ja nicht fahren«, entgegnete Tom ernsthaft. »Aber die meisten schüttelten den Kopf, als sie Rufus sahen. Bis Mrs. Lee anhielt und sagte: ›Das ist aber ein schöner Hund!‹«

»Und da wußtest du, jetzt ist alles gut. – Einmal hatte ich ein herrliches Erlebnis . . .«

Unversehens hatte sich die Gesellschaft geteilt. Tony und die beiden Burschen kicherten miteinander über eine komische Geschichte von David, während Peter, Larry und ich uns über die Aussichten für die Wintersaat und die Wollpreise unterhielten.

Plötzlich fing Larry an zu lachen. »Warum redet keiner von der Kluft zwischen den Generationen, die sich hier auftut?« Sogleich lenkten Tom und David ein, und die Unterhaltung ging wieder ins allgemeine. Aber zwischen den beiden jungen Männern war das Eis gebrochen. In Toms Gesicht sah ich die ungeheure Erleichterung: Der andere gehörte nicht zu den eingebildeten Pinseln. Der war schon in Ordnung. Wenn sie beisammen sein würden, würde Tom nicht von Minderwertigkeitskomplexen überwältigt werden.

Schließlich brach die Gesellschaft auf; die beiden Jünglinge verschwanden in Richtung der Pferdekoppeln. Andere Burschen in ihrem Alter hätten mehr für Motorräder übriggehabt. Peter und Tony begannen ohne rechte Lust Tennis zu spielen. Sie fanden es dann aber bald zu heiß und gingen zum Schwimmen im nahen Fluß.

»Und jetzt sitzen wir beide zusammen wie zwei alte Tanten, Susan! Da wollen wir uns auch so verhalten und über die jungen Leute reden. Vor allem: Ich wette, deine Ängste um Tony haben nun ein Ende. Peters neue Stute hat nach drei Jahren treuer Ergebenheit den Ausschlag gegeben.«

»Hoffentlich, Larry! Es gab schon allzuviel Hin und Her.«

»Das stimmt, und was Tony betrifft, so ist das noch nicht vorbei. Aber das Ärgste ist überstanden. Bald wird sie zu dir kommen und dir ins Ohr flüstern: ›Susan, kannst du raten, was geschehen ist?‹ Und du wirst Überraschung heucheln und deine Erleichterung verbergen.«

»Ich hoffe sehr, daß es so kommt . . . Doch nun von etwas anderem: Tom ist ein netter Kerl; ich freue mich, daß David und er so gut miteinander auskommen. Ich möchte wohl wissen, was die beiden jetzt treiben. Tom versteht überhaupt nichts von Pferden, und David kann zwar reiten, aber von einem Pferdeverstand zeigt sich da nichts.«

Er besaß aber doch einen, denn jetzt tönte ein Ruf von der Koppel herüber: »Mami, komm! Schau, was David mit unseren Ponys macht!«

Neugierig gingen wir hinüber. Vielleicht hatte der junge Herr schließlich doch ein gewisses Interesse an den Pferden gewonnen. Auf das, was nun folgte, waren wir nicht vorbereitet. David hatte offensichtlich einen der ausrangierten Gäule des Colonels geritten. Dieser kaufte solche Tiere stets in der frommen Hoffnung, es könnte eines Tages ein Rennpferd daraus werden – das geschah aber nie. Diesen Gaul mit dem wenig schönen Namen »Jock« hatte man als hoffnungslos aufgegeben und ihm gestattet, nach seinem eigenen Willen umherzustreifen, da er sich keinem anderen beugen wollte. Ich wunderte mich, daß es David gelungen war, ihn zu erwischen und gar auch zu besteigen. Noch mehr überraschte mich, daß er nun neben David stand, an seinem Hemd herumschnupperte und ihm sichtlich ergeben war. Der junge Mann selbst schien nichts dabei zu finden.

»Kein schlechter Gaul. Er braucht nur jemanden, der ihn zur Räson bringt.«

Aber den Kindern genügte das noch nicht. »Sieh nur, was er mit Lindy macht!« riefen sie alle zugleich.

Lindy war eine kleine, vielversprechende Stute, in ferner Zukunft für Christopher bestimmt, aber jetzt noch unbändig und wenig handsam. David wollte die ungewöhnliche Szene beenden, aber die Kinder ließen ihm keine Ruhe, bis er einen hohen, seltsam klingenden Pfiff von sich gab. Lindy warf den schönen Kopf hoch und stellte die Ohren, rührte sich aber nicht. Noch zweimal wiederholte David den Pfiff, dann wandte sich Lindy langsam um und trabte über die Koppel zu ihm hin. Leise wiehernd umkreiste sie ihn, doch er schien sie nicht zu beachten. Dann ging sie gerade auf ihn los, schob den widerwilligen Jock zur Seite und stand nun dicht neben David. Er streckte die Hand aus und klopfte leicht ihre Schulter, doch sie wandte sich nicht ab.

Alle hielten den Atem an, dann sagte Larry: »David, Sie sind ja ein Tausendsassa, der mit den Pferden alles machen kann. Warum haben Sie das nicht erzählt?«

»Warum sollte ich? In unser Zeitalter der Technik scheint so was nicht zu passen. Niemand mag zugeben, daß er, wie Sie es so freundlich ausdrücken, ein ›Tausendsassa‹ ist.«

»Aber es ist wunderbar«, sagte ich. »Damit könnten Sie Ihr Glück machen. Wann haben Sie zum erstenmal festgestellt, daß Sie eine solche Macht über Pferde besitzen?«

»Macht! Das klingt schon besser! Ich merkte es gleich am ersten Tag, als ich in den Pony-Klub kam. Aber ich bewahrte Stillschweigen darüber, denn die anderen wurden ganz wild, weil ihre Ponys mich lieber mochten als sie. Man sollte nicht soviel Aufhebens davon machen. Auf mancher Farm mag es ganz nützlich sein, aber meistens ist es vorteilhafter, wenn man etwas von Motorrädern versteht. Es ist so, wie wenn man Sommersprossen auf der Nase oder eine Warze an der Hand hat: Es ist kein Verdienst. Vielleicht hat meine Mutter in der Nacht, als sie mich empfing, von Pferden geträumt.«

Vorwurfsvoll blickte ich von ihm zu den Kindern hin, doch er lachte herausfordernd. »Reden Sie mir nicht ein, daß die Kinder nichts von den Ursprüngen des Lebens wissen, da sie doch auf einer Farm aufwachsen . . . So, Lindy, jetzt reicht's! Es ist warm, und du bist verschwitzt.« Und er schob das sabbernde Pony zur Seite wie ein Hündchen.

»'s ist mächtig komisch, aber man kriegt das Gefühl, daß man eines Tages auch auf einem Gaul reiten könnte«, meinte Tom. »Ich hab' David erzählt, daß ich Angst davor hätte. Da sagte er: ›Vor den Pferden brauchst du keine Angst zu haben, die sind harmlos und dumm‹, und dann holte er mit dem komischen Pfiff eines herbei, und damit fing alles an. Nächsten Sonntag zeigt er mir, wie man reitet. Mrs. Lee hat's doch mit den Pferden; da muß sich unsereiner ja sonst schämen.« Nach diesen Worten zog er, wie immer halblaut mit seinem Hund redend, davon.

Larry freilich ging die Sache weiter im Kopf herum. »Ich habe ja schon immer gewußt, daß es Menschen mit dieser geheimnisvollen Anlage gibt, aber getroffen habe ich noch keinen. Ich dachte immer, solche Leute kennten nichts anderes als ihre Tiere. Irgendwie ist David der letzte, von dem ich das vermutet hätte . . . Ich meine . . .«

»Machen Sie sich keine Mühe, Sie brauchen nichts zu erklären! Sie verlieren den Zusammenhang. Wie ich schon sagte: Es ist nicht mein Verdienst. Ich weiß ganz genau, daß es eine Anlage ist und daß ich selbst nichts dafür kann.«

»Aber ich verstehe nicht, warum Sie nicht Ihr Leben danach einrichten. Ein Gestüt würde Ihnen mit Vergnügen ein enormes Gehalt zahlen. Es ist doch eine sehr seltene Gabe.«

»Ich mache mir nichts aus Rennen oder Springreiten. Mir ist es am liebsten, wenn die Pferde frei auf ihrer Koppel herumlaufen, dafür sind sie geschaffen. Schließlich sind sie arme Geschöpfe mit wenig Hirn. Ihre eigentliche Aufgabe ist es, die Beine eines Mannes zu schonen, wenn er einen weiten Weg machen muß. Im übrigen haben sie das Recht, ihr eigenes Leben zu leben.«

»Kurz – zu tun, was ihnen beliebt. Genau wie Sie.«

»Genau so«, sagte dieser merkwürdige junge Mann. Offensichtlich dieses Themas überdrüssig, ging er davon.

Als wir allein waren, kam Larry immer wieder darauf zurück. »Und wenn er noch sowenig Wirbel darum macht – das ist mir gleich. Es *ist* etwas Besonderes an ihm. Es muß etwas in ihm stekken, was andere nicht haben. Unser David ist ein Mirakel.«

Ich bemerkte, daß er auf einmal nicht mehr *mein* David war; er war in unsere kleine Gemeinschaft aufgenommen.

4

Was Tony und Peter anging, so behielt Larry recht. Ihre Prophezeiung ging sogar früher in Erfüllung, als sie erwartet hatte. An demselben Abend, an dem wir Davids Macht über die Pferde entdeckt hatten, kamen die beiden in der Dämmerung von einem offenbar sehr weiten Spaziergang zurück. Die Kinder schnatterten noch aufgeregt über David, der nun ihr Held geworden war. Larry wollte gerade mit ihren beiden Sprößlingen aufbrechen, als das junge Paar durch das Tor kam. Ein Blick auf ihre Gesichter genügte, und Larry raunte mir zu: »Es geht schon los mit der feierlichen Eröffnung. Denk daran, Susan, kein Luftsprung vor Freude und Erleichterung!« Dann rief sie ihre Kinder. »Wir müssen gehen! Ihr müßt heute bald ins Bett, damit ihr morgen früh um neun Uhr fertig seid, um zu Tante Kate und in die Schule zu fahren.«

Widerwillig zogen die Kinder los; auf Tante Kate freuten sie sich, aber sie waren betrübt, daß die beiden ungebundenen Tage schon wieder zu Ende waren. Mit der ihr eigenen Bestimmtheit sagte Christina zu ihrer Mutter: »Wenn ich groß bin, heirate ich David. Dann mache ich mit ihm einen Zirkus auf.«

Es war gut, daß David nicht da war. Ich konnte mir sein Gesicht vorstellen, das er bei dem Wort »Zirkus« gemacht hätte, denn diese Institution ist bei allen Pferdefreunden am wenigsten beliebt.

Aber war er denn wirklich ein Freund der Pferde? Ich war da keineswegs sicher. In seiner Haltung den Tieren gegenüber, die ihm sichtlich sklavisch ergeben waren, schien er völlig gelassen. Doch diese Wahrung eines Abstands war vielleicht eine Art von Selbstschutz, den er immer einhielt, auch wenn es sich um Menschen handelte.

Die Leeschen Kinder ritten über die Koppeln nach Hause; Larry, Tom und Rufus fuhren im Auto davon. Erst als alle fort waren, wagte ich, Tony anzuschauen. Jawohl, Larry hatte recht: Ihr Antlitz leuchtete vor Glück, wie ich es nie gesehen hatte bei ihren verschiedenen Experimenten mit der Liebe. Da war jetzt nichts von Experimenten zu entdecken. Da war alles bestimmt und endgültig. Ich ließ mich wieder auf meinem Verandastuhl nieder und suchte den Ausdruck zufriedenen Wohlgefallens nicht gar zu deutlich zu zeigen. Nichts konnte Tony mehr reizen als das Gefühl, nun all unsere Hoffnungen erfüllt zu haben.

Sie stahl sich nicht herbei, um mir etwas ins Ohr zu sagen. Sie ergriff Peters Hand und sagte ganz ruhig: »Meine liebe Susan, du bist wohl kaum überrascht, aber du freust dich bestimmt! Natürlich lag mir Peter immer im Sinn, aber richtig klargeworden ist mir das erst jetzt. Grund dafür waren wohl all diese dummen Seitensprünge. Aber du bist klug. Du hast sicherlich geahnt, daß wir eines Tages heiraten würden.«

Ich zählte in Gedanken bis zehn, ehe ich antwortete. »Das ist herrlich, mein Liebling! Du wirst bestimmt sehr glücklich werden.«

Ich sagte nicht, daß, wenn ihr wirklich stets Peter im Sinn gelegen hatte, sie äußerst geschickt in der Kunst des Verschweigens sei. Ich dachte an ihre kindliche Verehrung für Norman Craig, unseren frommen Vikar, der aber viel älter als sie gewesen war. Ich erinnerte mich an die zahlreichen kleinen Flirts, die mich oft in Unruhe versetzt hatten. Der Gipfel war ihre Verlobung mit dem jungen Arzt, der sicherlich unter ihren Pantoffel geraten wäre, wenn er in unserer Gegend geblieben wäre. Ich gedachte all dieser aufregenden Fälle und begegnete kurz Peters Blick; schnell sahen wir beide in eine andere Richtung. Aber es beruhigte mich doch, denn es bewies, daß auch Peter sich all der Krisen erinnerte und daß er Tonys leichtherziges Geständnis ihrer »Seitensprünge« anerkannte. Wir konnten beide lächeln, obwohl es Zeiten gegeben hatte, wo das nicht so leicht war. Peter würde der richtige Mann für unsere stürmische kleine Tony sein. Er würde zuhören und lächeln, zuweilen ein wenig schelten, aber er würde sie immer verstehen und lieben.

»Ich sollte wohl an Mr. Smale schreiben, Susan«, meinte er jetzt. »Muß ich auch Mrs. Maclean um ihr Einverständnis bitten?«

Ich überlegte. Wie gesagt, Tonys Mutter, eine Schwester von Paul, hatte wieder geheiratet, einen bekannten Professor; sie verkehrte in ausgesprochen intellektuellen Kreisen und zeigte wenig Interesse oder Sympathie für ihre Tochter. Die beiden waren freilich sehr verschieden, was ihre Anlage und ihren Umgang betraf. Das war aber nicht allein Claudias Schuld. Bei den seltenen Besuchen ihrer Mutter hatte sich Tony sehr übel benommen. Bei einem Zusammensein von Mutter und Tochter schienen Reibereien unvermeidlich. Wenn Claudia von der Verlobung Tonys erfuhr, würde ihre erste Reaktion Erleichterung sein, das schwierige Kind nun endlich loszuwerden. Sogleich würde die Enttäuschung folgen über die Phantasielosigkeit, einen neuseeländischen Schafzüchter zu heiraten. Aber schließlich war sie eben doch die Mutter; deshalb sagte ich: »Ja, Peter, ich finde, du solltest ihnen beiden schreiben. Natürlich, Tony ist zwanzig Jahre; genaugenommen brauchst du also nicht ihre Einwilligung. Außerdem haben Paul und Claudia einen Vertrag gemacht, als Tony zu uns kam. Danach ist Paul Tonys Vormund.«

Tony meinte, sie wolle Peter nicht bei seinen Briefen helfen. Er solle sich nur allein damit plagen.

»Mit geschiedenen Ehepaaren ist es wohl immer schwierig«, sagte ich, »aber mach dir keine Sorgen, Peter! Ich werde dir beistehen; die Briefe müssen ja nicht so lang sein.« Und als ein rechter Farmer meinte Peter, er würde es schon schaffen.

Es wurde dann ein recht vergnügter Abend. Als Paul heimkam, lief Tony ihm entgegen und wollte ihm unbedingt einen Kuß geben – doch wie immer zeigte er sich völlig abgeneigt. »Liebster Paul«, sagte sie, »du bist kein so scharfer Beobachter wie Susan. Du bist sicher überrascht, daß Peter und ich heiraten wollen.«

»Überrascht?« rief mein Gemahl mit einem bedauerlichen Mangel an Diplomatie. »Sei doch nicht albern, Mädchen! Darauf haben wir schon gewartet, seit . . . na, seit . . .« Ich unterbrach ihn schleunigst, denn dieser schreckliche Mensch würde gleich sagen: »Seit dieser dämlichen Geschichte mit dem Arzt!«

»Seit du dich so sehr für Peters Pferde interessierst«, sagte ich rasch und krampfhaft lustig. »Na, Paul, ist das nicht gut?«

Man hätte meinen sollen, daß es darauf nur eine einzige Antwort geben konnte, aber Paul fand eine andere: »Allgemein riesige Erleichterung!« sagte er. Darauf konnte man am besten nur lachen, und zu meiner Freude stimmte Tony ein.

Dann erinnerte sich Paul, was sich in einem solchen Fall schickt. Er drückte Peter die Hand mit der Bemerkung, er hoffe zu Gott, daß er auf die kleine Hexe aufpassen und sie vor Unheil bewahren könne. Eine solche Bemerkung war zu erwarten von einem liebevollen, aber etwas besorgten Vater. Was Tony betraf, war Paul das wohl.

Peters Überlegungen mußten in die gleiche Richtung gehen, denn er sagte nachdenklich: »In Wahrheit sehe ich in euch beiden immer die nächsten Angehörigen von Tony. Deshalb kommt es mir komisch vor, daß ich an ihre Eltern schreiben soll.«

»Paul und Susan sind auch meine liebsten Verwandten«, meinte Tony schnell. »Du mußt nicht glauben, daß ich Daddy nicht liebhabe. Er ist so lustig, und wenn wir zusammen verreisen, ist's einfach himmlisch. Aber er ist mir eher wie ein Bruder, mit dem man spielen und lachen kann. Er fühlt sich nicht eigentlich wie ein Vater.«

Sie überdachte diese immerhin etwas betrübliche Bemerkung und fügte hinzu: »Allerdings ist er eigentlich weder wie ein richtiger Vater noch wie ein älterer Bruder. Daddy kann manchmal direkt Dummheiten machen, und dann muß ich ihm aus der Patsche helfen.«

Paul und ich wechselten einen Blick. Pauls Augen sagten: »Habe ich das nicht schon immer behauptet?« Und in den meinen lag wohl eine stille, belustigte Sympathie für Alistair Smale, eine Zuneigung, die Paul nie geteilt hatte. Ich wußte zwar, daß Alistair sehr leichtsinnig war und daß Tony, seit sie erwachsen war, einiges über seine vielfältigen Abenteuer erfahren hatte; trotz alledem konnte ich ihn gut leiden. Er war ein typischer Ire, höchst charmant, und wenn es um Tony ging, stand er mir immer bei. Eine ernste Verantwortung für das Kind hatte er freilich nie übernommen, nachdem es von seiner Mutter davongelaufen und zu uns gekommen war. Doch er hatte stets liebevolle Anteilnahme an ihren mannigfachen Abenteuern gezeigt. Und als Tony glaubte, es müsse ihr wegen dem Arzt das Herz brechen, war er mit einem wundervollen Reisevorschlag zur Stelle.

Im großen und ganzen hatte sich Alistair, wenigstens was seine Tochter betraf, so anständig verhalten, wie man es von ihm erwarten konnte.

Nicht so seiner Frau gegenüber. Ich persönlich mochte Pauls Schwester nicht besonders, und ihre Besuche waren für mich immer eine Strafe; aber die Art, wie ihr Mann sie hintergangen hatte, konnte ich doch nicht gutheißen. In Wahrheit hatte sie wohl zuviel von ihm erwartet, und so war er ihr einfach davongelaufen. Er hatte ihr einen Scheidungsgrund gegeben, als sie es verlangte, Tony ihrer Obhut überlassen und war leichten Herzens seiner Wege gegangen. Als Tony dann bei uns lebte, ließ er sich's angelegen sein, sie auf seinen Geschäftsreisen durch das ganze Land mitzunehmen. Ich hatte aber sehr den Eindruck, daß es ihm nicht so wichtig gewesen wäre, wenn sie nicht ein so hübsches und reizvolles Mädchen wäre.

Alsbald kam das Gespräch auf die Hochzeit. Tonys größter Wunsch war es, in der kleinen Kirche von Tiri getraut zu werden. »Hier müßte auch die Hochzeitsfeier stattfinden, Susan! Ich weiß, ein Mädchen sollte dort heiraten, wo seine Mutter wohnt. Aber stell dir vor: die Fahrt nach Melbourne und die Hochzeit dort unter lauter langweiligen alten Professoren, ohne eine einzige befreundete Seele! Das könnte ich einfach nicht!«

»Natürlich! Und das brauchst du auch nicht!« rief ich gerührt. Paul behauptet, daß ich schon mit meinen eigenen Kindern sehr zartfühlend umgehe, daß ich mich aber Tony gegenüber ganz närrisch gebärde. Ich glaube, er hat recht. Aber von dem Tage an, wo sie aus dem Planwagen des Lebensmittelkaufmanns vor unserem Tor ausstieg, fühlte ich, daß sie alle Liebe brauchte, die wir ihr nur geben konnten. Sie war so unglücklich, so verloren, und ich wußte, daß Paul genauso fühlte, wenn er es auch nicht zugab.

Ich glaube nicht, daß ich von Natur aus ein eifersüchtiger Mensch bin. Es hat mich nie bekümmert, daß meine beiden Schwestern hübscher sind als ich. An Larrys Schönheit habe ich mich immer gefreut; aber die Vorstellung, daß Claudia Tonys Hochzeit ausrichten könnte, gab mir einen seltsam schmerzhaften Stich. »Es ist vielleicht das Althergebrachte, Tony«, stimmte ich zu. »Meistens heiraten die Mädchen am Wohnort ihrer Mutter. Aber du bist schon so lange bei uns und nun hier daheim. Und Claudia wohnt so weit; sie hat so viele andere Interessen . . .«

»Ja, ja, die hat sie!« rief Tony aus. »Sie würde heulen bei dem Gedanken, meine Hochzeit ausrichten zu müssen. Für sie ist's viel besser, wenn alles hier stattfindet. Dann kann sie kommen, wenn sie Lust hat. Oder sie kann ihren Bekannten erzählen, daß Antonia nun ein echter Kiwi geworden ist und einen neuseeländischen Schafzüchter heiratet.« Mit den letzten Worten imitierte sie die Stimme und die Redeweise ihrer Mutter so treffend, daß Peter und ich lachen mußten.

Peter rettete die Situation. »Ja, wirklich, nur um eine alte Sitte aufrechtzuerhalten, müßte man doch eine sehr weite Reise machen. Es wäre schon einfacher, wenn Mrs. Maclean hierherkäme.«

Sogleich überfiel uns der lähmende Gedanke, daß Claudia und ihr geschiedener Mann bei dieser Gelegenheit einem Wiedersehen nicht entgehen konnten. Tony mit dem ihr eigenen Mangel an Zurückhaltung brachte das zur Sprache.

»Du liebe Güte, daran habe ich noch gar nicht gedacht! Stellt euch vor, wie sie sich da begegnen und jeder so tut, als ob der andere Luft wäre. O Susan, das wird ein Spaß! Ich muß sagen, meine Heirat bringt besondere Sensationen mit sich.«

Paul sah mißbilligend drein, und als wir später allein waren, meinte er verdrießlich, es schicke sich nicht für eine Braut, so daherzureden. Selbstverständlich könnten Claudia und Alistair einander einmal wiedersehen – und dabei blickte er mich an, als ob er meine Zustimmung erwarte.

Ich antwortete nicht. Ein Wiedersehen zwischen Claudia und Alistair hatte mich von jeher beunruhigt. Es war vernünftig gewesen, daß sie sich hatten scheiden lasssen, denn offensichtlich konnten sie nicht in Frieden miteinander leben; aber warum konnten sie ihre einstigen Fehler nicht zugeben und einander freundlich und nachsichtig begegnen?

Plötzlich ging mir auf, welch ein Damoklesschwert nun über mir hing: Ich mußte eine große Hochzeit ausrichten! Als ich das sagte, meinte Paul natürlich: »Weshalb eine große Hochzeit? Nur unsere Freunde hier und die Verwandten von Tony. Für große Hochzeiten hab' ich keine Zeit. Das kostet nur eine Menge Arbeit und viel Geld, und was hat man davon? Ein Mädchen mit einer Masse Konfetti in den Haaren und einen jungen Mann, der aufgeregt einen ruhigen Fleck auf der Straße sucht, wo er die alten Stiefel und die Blechtöpfe abschneiden kann, die ihm ein paar junge Esel an seinen Wagen gebunden haben.«

Im stillen war ich ganz seiner Meinung. Aus unserem Haus heraus hatte nur Edith Freeman geheiratet. Damals hatte der gute Colonel darauf bestanden, daß die Party bei ihm gefeiert wurde. Obwohl eine Menge Leute zugegen waren, war es doch mehr eine lokale Angelegenheit gewesen: lauter Menschen, die Edith kannten und Mitleid mit ihr hatten, weil ihr erster Mann sie so schlecht behandelt hatte. Zum Schluß hatte sich herausgestellt, daß der Mann auch noch ein Heiratsschwindler war, der heimlich das Land verlassen hatte! Das war dann eine stille und einfache, aber glückliche Hochzeit gewesen, bei der nur die hiesigen Freunde vertreten waren.

Bei Tony würde das anders sein. Abgesehen von ihren Eltern, ihrem Stiefvater und dem hochbegabten jüngeren Bruder, mit dem sie sich nie verstanden hatte, gab es in Te Rimu viele Freunde, die ihr zugetan waren und manche heitere Stunde mit ihr verbracht hatten. Außerdem hatte Alistair vermutlich unzählige Bekannte und Geschäftsfreunde, die seine Tochter kannten und auf ihren Reisen mit ihr ausgegangen waren.

Ich fand, es sei besser, Paul auf das Ärgste vorzubereiten, und sagte nachsichtig: »Bei Tony wird's eine große Hochzeit werden. Sie hat ja eine Unmenge Freunde.«

Doch Paul zeigte sich wenig beeindruckt: »Ja, ja, hier in unserer Gegend. Es wird wie damals, als Edith wieder heiratete.«

Ich konnte ihm nicht recht geben. »Nein, hier liegen die Dinge anders. Schließlich wurde Ediths Hochzeitsfeier mit Ted solch ein Erfolg, weil der Colonel alles so großzügig übernommen hatte. Du weißt schon, was ich meine: Da wurde nirgends gespart.«

Paul nickte und wurde nachdenklich. Das konnte ich verstehen. So eine Hochzeitsfeier ist eine teure Sache. Grob geschätzt würden wir mit mindestens dreihundert Gästen rechnen müssen. Freilich, wir waren nicht gerade arm; in letzter Zeit war unser Einkommen gestiegen. Aber wir hatten viele magere Jahre hinter uns und wußten, was es bedeutete, wieder knapp zu sein. Auch Sam war es so gegangen, ebenso Tim. Diesem hatte zwar der Colonel seine Hilfe angeboten, doch er war eisern abgewiesen worden. Es gab noch mehr Farmer, die bei der Aktion zur Eingliederung heimkehrender Kriegsteilnehmer Land übernommen hatten. Von den ersten waren nicht mehr viele da; aber ihre Nachfolger hatten das Land zu einem ansehnlichen Preis gekauft; sie mußten dann erleben, wie die Preise für die Wolle und das

Vieh durch Jahre hindurch immer weiter zurückgingen.

Jetzt hatte uns die Konjunkturwelle wieder emporgetragen, aber es war auch mancherlei nachzuholen. Solch ein Fest für Tony würde nicht viel weniger als tausend Dollar kosten, und Paul hatte kaum Bargeld zur Verfügung. Was einkam, mußte wieder investiert werden; da war in den schlimmen Zeiten viel versäumt worden.

Vorsichtig sagte ich: »Ich finde, daß das für dich eine große Ausgabe bedeutet, Paul. Es wäre nicht gerecht, dich allein für alles aufkommen zu lassen. Alistair Smale ist sehr großzügig und auch recht wohlhabend. Er sollte auch seinen Teil übernehmen. Er wird es sicherlich anbieten.«

Wie schon erwähnt, hat Paul nie meine Sympathie für Alistair geteilt, obwohl er ihn stets freundlich bei uns willkommen hieß. Trotz der Differenzen mit seiner Schwester bestand wohl doch noch ein gewisses Familiengefühl. Er hatte wohl den Eindruck, daß sie schlecht behandelt worden und ihr erster Mann durch ihre Wiederverheiratung und Tonys Übersiedlung zu uns gar zu leicht davongekommen sei. Tatsächlich hatte Alistair heiter und sorglos seiner Wege gehen können. Er war wohl eingesprungen, wenn es nötig war und es ihm gerade einfiel, Tony vergnüglich zu unterhalten, aber allen wichtigen und weniger angenehmen Verpflichtungen dem jungen Mädchen gegenüber war er doch entgangen.

Was Paul empfand, zeigte er, als er sofort entgegnete: »Nein, Susan, das will ich nicht. Alistair mag ja ganz nett sein, obwohl er nicht mein Typ ist. Aber ich möchte nicht, daß er hier plötzlich auftritt und sich als Gastgeber aufspielt, wenn sie einen Mann heiratet, der ein guter Freund von uns ist, den er selbst aber kaum kennt.«

»Aber Paul, das ist doch eigentlich seine Aufgabe. Diese Verantwortung haben Eltern doch.«

»Die hat ihn bisher nicht sonderlich bedrückt«, meinte Paul trocken. »Kein Grund, ihn jetzt auf einmal eine große Rolle spielen zu lassen, nur weil was Besonderes los ist. Und *wenn* er es tut, was ist dann mit Claudia? Soll er sie bitten, die Gastgeberin zu spielen? Oder kannst du dir vorstellen, daß du an seiner Seite diese Rolle übernimmst? Das wäre dir auch nicht recht.«

»Aber das würde er doch nicht tun. Er würde als Gast kommen und dir vorher einen saftigen Scheck für die Kosten der Feier zukommen lassen. Das ist schließlich seine Pflicht.«

»Ob das nun stimmt oder nicht – es hat alles seine Grenzen, auch bei mir. Das Geld würde ich niemals annehmen. Ich will jede Pulle Sekt selbst bezahlen.«

»Liebster, ist dir eigentlich klar, was das kosten wird? Die Lieferanten verlangen unverschämte Preise für die Speisen, und die Getränke kommen auch noch hinzu. Die kosten sogar noch mehr. Du solltest Alistair wenigstens für die Getränke aufkommen lassen.«

»Nein, Susan, ich will nichts mehr davon hören. Deine Einstellung überrascht mich. Immer hast du gesagt, Tony sei unsere Tochter, und jetzt jammerst du über die Ausgaben für ihre Hochzeit.«

Das war so maßlos ungerecht, daß ich nur noch lachen konnte. »Als ob ich dabei an mich dächte! Ich habe ja gar kein Geld, du mußt alles bezahlen! Dabei führt Alistair das schönste Leben, wohnt in den besten Hotels, und der Himmel mag wissen, was er in seiner Freizeit treibt! Er wäre der erste, der hier seine Verpflichtung anerkennt.«

»Ich würde ihm sagen, er solle sich um seine eigenen Angelegenheiten kümmern.«

»Aber Tony *ist* ja seine Angelegenheit!«

»Damit ist er aber herzlich spät dran. Hör zu, Susan: Ich will nicht mehr davon reden. Und vor allem wünsche ich, daß du dir keine Gedanken machst, was das alles kostet. Das ist meine Sache, und damit Schluß! Ich habe das Geld – oder ich verschaffe es mir. Ich verbitte mir jede weitere Erwähnung. Und wenn Alistair davon anfängt, erwarte ich, daß du ihn abweist.«

Das war typisch Mann! Er beendete einfach das Thema und überließ mir die schwierige Aufgabe, mit dem Brautvater fertig zu werden. Ich hielt mich an sein Wort und sagte nichts mehr. Paul selbst fing wieder davon an. »Selbstverständlich ist es Alistairs Plicht, als Brautvater aufzutreten. Er ist schließlich ihr richtiger Vater, und ich bin gern bereit, ihm diese Rolle abzutreten.«

Das sagte er so großmütig, daß mir erst später klarwurde: So edel ist mein Paul doch nicht. Er wollte nur das Scheinwerferlicht und die neugierigen Blicke vermeiden, die Tony bei dem Gang zum Altar folgen würden. Ich mußte lachen und sagte: »Du alter Schwindler! In Wahrheit willst du nur keine Rede halten und nicht für die Fotografen posieren!«

Jetzt sah er richtig schuldbewußt aus. Er grinste. »Ich zieh' nicht gern eine Show ab, das weißt du ja. Aber der eigentliche Grund ist doch der, daß ich ihrem Vater nicht im Wege stehen will, wenn er seinen Verpflichtungen nachkommt.«

Eine Bemerkung konnte ich nicht unterdrücken: »Mit dem gleichen Opfergeist werde ich Claudia den Platz als Gastgeberin und Brautmutter abtreten. Mir scheint, es wird doch eine recht aufregende Sache werden.«

Nun wurde Paul aber wild. Dieses sei mein Haus, ich hätte bei Tony Mutterstelle zu vertreten, und die ganze Arbeit mit den Hochzeitsvorbereitungen falle mir zu. Als ob Claudia daran dächte, auch nur drei Tage eher aus Melbourne zu kommen und die Verantwortung für alles zu übernehmen, und so fort.

Ich sagte, wir sollten die Dinge auf uns zukommen lassen und uns aufregen, wenn es soweit sei.

Ich machte mir aber doch Gedanken, denn ich erkannte, welch gewaltiges Unternehmen uns mit dieser Hochzeit bevorstand. Die erste Schwierigkeit bestand schon in dem Verhalten der beiden Eltern. Dann kamen da eine Unmenge Gäste von höchst unterschiedlicher Art. Wie würden die zueinander passen? Tony hatte einen riesigen Freundeskreis. Sie war allen in gleicher Weise zugetan, ob es nun der alte Caleb aus dem Laden war oder der Direktor von Alistairs Betrieb, der sich ihnen offenbar in Japan eng angeschlossen und Tony gründlich verwöhnt hatte. Und trotz Pauls selbstbewußten Äußerungen quälte mich der Gedanke an die enormen Kosten und den noch größeren Arbeitsberg.

Doch es hatte schließlich wenig Sinn, sich schon ein halbes Jahr vorher darüber aufzuregen. Aus verschiedenen Gründen hatten Tony und Peter beschlossen, nicht vor dem September zu heiraten. Der erste Grund war folgender: Peters verantwortlicher und zuverlässiger Tierpfleger hatte nach langen Jahren genügend Geld zusammengespart, um seine Heimat in Schottland besuchen zu können. Peter hatte ihm sechs Monate Urlaub während der kalten Jahreszeit zugesagt; im August würde er zurückkommen. Ihm konnte man die Sorge für die Farm anvertrauen, während das junge Paar seine Hochzeitsreise machte – eine längere Fahrt über die Inseln bis Brisbane. Melbourne, wo Mrs. Maclean wohnte, sollte umgangen werden. Peter konnte seinen Tierpfleger, der schon alles vorbereitet hatte, nicht enttäuschen, und Tony wollte keinesfalls, daß die Farm einem anderen anvertraut würde. »Stell dir vor, wenn den Stuten etwas zustieße oder dem goldigen Fohlen! Ich kann meine Flitterwochen nicht genießen, wenn er nicht da ist, um auf alles aufzupassen.« Das gab den Ausschlag.

Natürlich gab es auch noch andere Gründe. »Wenn die kalte Jahreszeit vorbei ist, ist der Garten so bezaubernd! Alles sieht dann so schön aus«, sagte meine optimistische Nichte. Ich meinerseits dachte an die Septemberstürme und die Verwüstungen, die sie im Garten anrichten. Doch ich sagte nichts, denn ich wollte nicht, daß Tony auch nur ahnte, wie sehr ich mich vor der gewaltigen Arbeit fürchtete, die die Hochzeit mit sich brachte.

Ein weiterer Grund für den Aufschub war folgender: Miranda, das Mädchen mit der angenehmen Stimme und dem schönen braunen Gesicht, würde, wenn Tony ausschied, die gesamte Arbeit in dem Supermarkt übernehmen. »Und sie wird es besser machen als ich, denn sie hat jetzt viel mehr Geschäftsverstand. Die Schwierigkeit besteht darin, daß sie auch in der Poststelle helfen muß, weil es dort sonst für Tantchen zuviel wird. Nicht, daß Tantchen zu alt ist«, fügte Tony hinzu, »aber der Betrieb im

Laden und in der Post und die Überwachung des Supermarkts, das alles ist für jeden eine schwere Aufgabe, trotz Calebs Hilfe und Mirandas Tüchtigkeit. Aber sie hat noch nie in der Post gearbeitet; sie ist auch nicht vereidigt. Das alles braucht seine Zeit. Miranda ist äußerst tüchtig, aber sie hat wenig Selbstvertrauen. Sie braucht da etwas Unterstützung. Solange ich da bin, geht's ausgezeichnet. Aber sie geriete in Panik, wenn sie plötzlich den Supermarkt Caleb überlassen müßte, um selbst die Postsendungen zu sortieren, die Telegramme aufzugeben und all die blöden Formulare auszufüllen. Sie wird sich daran gewöhnen, wenn ich ihr helfe und die Dinge von der heiteren Seite nehme. Für sie allein wäre der Anfang zu schwer. Wenn ich weggehe, möchte ich, daß für Tantchen alles gut geregelt ist und wie am Schnürchen läuft. In den nächsten Monaten will ich mich kräftig ins Zeug legen, und vier Wochen vor der Hochzeit machen wir dann einen großen Einkaufsbummel. Daddy wird mir einen saftigen Scheck zustecken; darauf werde ich bestehen, und er tut das auch gern. Und dann fahren wir in die Stadt, du, Susan, Larry und ich. Wir wohnen in einem Motel und kaufen viele, viele Kleider, die ich später auf der Farm vermutlich nie anziehe. Länger als eine Woche könntest du wohl nicht verreisen, deshalb machen wir das Anfang August, ehe die Schafe lammen. Und dann setzen wir uns hin und warten mit gefalteten Händen auf den großen Tag.« Sie schien wahrhaftig zu glauben, daß sie alles bestens geordnet habe.

Die Hauptsache war, sie in der Meinung zu lassen, es ginge alles so einfach, wie es sich anhörte. Tatsächlich lagen mühevolle Monate vor mir: Das Haus mußte renoviert, der Garten tadellos hergerichtet werden; ich mußte ein Verzeichnis der Gäste anlegen, in der schwachen Hoffnung, daß sich die Anzahl etwas verringern ließe – kurz, unzählige Aufgaben waren zu erledigen, wie es nun einmal die Pflicht einer Brautmutter vor einer großen Hochzeit ist.

»Und dabei steigt die richtige Brautmutter drei Tage vorher aus dem Flugzeug und tut so, als ob sie das alles vollbracht hätte!«

dachte ich grimmig.

Aus alledem ist leicht zu erkennen, daß ich dieser Hochzeit nicht mit der Begeisterung der anderen entgegensah.

Und doch war ich glücklicher als die anderen über diese Ehe, wußte ich doch, daß meine liebe kleine Tony nun geborgen war. Peter war etwa neun Jahre älter als sie; das bedeutete, daß er einsichtig genug war, um sie vor vielen Irrtümern zu bewahren, in die Tony fröhlich hineinstolpern konnte. Er würde niemals versuchen, sie am Gängelband zu führen, sie aber liebevoll umsorgen, ohne daß sie es merkte. In Geldschwierigkeiten würden sie nicht geraten. Peter war nicht reich; er hatte die Farm seiner Mutter abgekauft, als sie zur allgemeinen Erleichterung ihren Kapitän zur See geheiratet hatte. Sie hatte uns von ihrer charmanten, aber anstrengenden Gegenwart durch eine Reise nach England mit ihrem Gatten befreit. Peter hatte noch die Hypothek abzuzahlen, aber seine Farm florierte, und er hatte während der schlechten Jahre keine fremde Hilfe in Anspruch nehmen müssen. Zweifellos würde Alistair auch weiterhin Tony ein Taschengeld zukommen lassen, und sie würde vermutlich auch seine einzige Erbin sein. Ihre Mutter war durch ihre zweite Ehe in einer sehr guten Situation, und ihr Bruder Robert hatte als erfolgreicher Medizinstudent seine Karriere bereits angetreten. Es zeigte sich also kein Wölkchen an ihrem Himmel. Ich selbst würde keinem von der kohlschwarzen Wolke erzählen, die bei dem Gedanken an die Hochzeitsfeier an meinem Himmel hing. Niemand sollte etwas davon ahnen. Nicht einmal Paul. Nicht einmal Larry.

Peter schrieb seine Briefe ohne meine Hilfe, brachte sie mir aber zur Begutachtung, ehe er sie abschickte. Sie waren kurz, aber sehr gut, und endeten mit dem Satz: »Ich hoffe auf ein Wiedersehen bei der Hochzeit.« Bei dem Schreiben an Mrs. Maclean hatte er noch hinzugefügt: ». . . um Sie dann noch näher kennenzulernen.« Bei Alistair hatte er das weggelassen, da er ihn schon oft bei uns gesehen hatte.

Die Antworten waren ganz so, wie ich es erwartet hatte. Alistair schickte ein ausführliches und teures Telegramm mit der Bestätigung und dem Dank für Peters Brief. Er freue sich sehr über diese Nachricht; endlich habe Tony ihren guten Geschmack bewiesen. Er schloß: »Auf Wiedersehen bei der schönsten aller Hochzeiten im September!« Ich las das Telegramm zweimal und verweilte bei den letzten Worten. Im Geiste sah ich die Feier bei miserablem Wetter: den aufgeweichten Rasen verschlammt, niedergeregnete, tropfnasse Blumen auf den Beeten, zwei undichte Markisen. So närrisch war ich schon! Dabei hätte ich erfüllt sein sollen von der Freude über Tonys Zukunft.

Claudias Brief an Peter war freundlich und kurz. Sie wünsche ihnen beiden viel Glück; sie habe den Eindruck, daß Tony eine gute Farmersfrau abgeben werde. Da ich ihre Ansicht über Landfrauen im allgemeinen und über ihre Tochter im besonderen kannte, wußte ich, daß das kein großes Lob war. Mrs. Maclean schloß mit einer wohlgemeinten Einladung an das junge Paar, sie bald in ihrem Heim zu besuchen. »Obwohl ich weiß, daß das Leben in den Kreisen einer Universität Antonia nicht sehr zusagt, hoffe ich doch, daß sie kommt und all meine Freunde kennenlernt.«

»Na, und ob!« sagte Tony aufsässig. »Sie will den Leuten nur zeigen, daß wir uns gebildet ausdrücken können und ihre Tochter keinen Bauernlümmel heiratet.«

Gutwillig wie stets entgegnete Peter, sie könnten auf der Rückreise von Queensland doch einmal bei ihr hereinschauen.

An dem eigensinnigen Zug um Tonys hübschen Mund erkannte ich, daß hier der Anlaß für den ersten Krach sein könnte. Aber dir wünsche ich den Sieg, mein Sohn, dachte ich im stillen.

Die Aufregung um Tonys Verlobung, die ich Larry am nächsten Morgen um sieben Uhr mitteilte, und das endlose Gespräch über die bevorstehende Hochzeitsfeier hatten unsere beiden Anhalter etwas aus unseren Gedanken verdrängt. Ihnen beiden war das nur angenehm: Tom wegen seiner persönlichen Schüchternheit, und David, weil er nicht gern »Susans Entdeckung« sein mochte.

Diesen Beinamen bekam er, als seine seltsame magische Gewalt über die Pferde bekannt wurde. Obwohl ihm diese Bezeichnung immer noch lieber war als »Susans Findling«, bemerkte ich doch, daß ihm der Wirbel um diese Sache unangenehm war. Immer wieder wurde er aufgefordert, seine Macht über ein unlenksames Pferd zu beweisen. Denn obgleich wir uns im Zeitalter der Technik befinden, gibt es immer noch erstaunlich viele Reiter bei uns. Das Motorrad gewinnt auf dem Lande an Beliebtheit – sogar der konservative Colonel hatte eines für seine Leute angeschafft –, aber in dem unwegsamen, steilen Gelände benutzen die Männer lieber ein Pferd.

Der Colonel war ein bekannter Pferdeliebhaber, und diese Eigenschaft hatte das Verhältnis zwischen ihm und Larry aus offenem Kampf in eine herzliche Freundschaft verwandelt. Auf Grund seiner Erfolge mit den Pferden stimmte der Colonel in die allgemeine Begeisterung über Davids Zauberkraft ein. Man hätte wahrhaftig meinen können, der alte Herr habe selbst diese Gabe in dem jungen Mann auf der Straße erkannt und ihn mitgenommen, um diese Kräfte vorzuzeigen.

Und das tat er nun auch. Ich glaube, jedem Besucher – und es kamen deren viele – wurde von diesem seltsamen Burschen erzählt. »Man sollte meinen, daß er mit Tieren überhaupt nicht umgehen kann. Dabei reitet er meine bockigsten Gäule. Er schlendert einfach an so einen Wildfang heran und klopft ihm aufs Hinterteil! Wollen mal sehen, ob wir ihn finden, dann kann er Ihnen zeigen, was er mit einem wilden Fohlen anstellt.«

Anfangs war David leicht zu finden und tat, allerdings ziemlich mürrisch, was man von ihm verlangte. Nachdem er aber einmal richtig ausfallend zu einem Bankdirektor geworden war, wurde es schwieriger, ihn aufzuspüren. Er hatte Justin, der die Farm seines Vetters verwaltete, gebeten, ihm einen Arbeitsplatz »außerhalb der Reichweite des alten Knackers« anzuweisen. Der verständnisvolle Justin tat das auch. Schließlich protestierte der Colonel. »Hatte heute den Chef unserer Viehhändlerfirma hier. Sie vermitteln viele Verkäufe von unseren Vollblütern. Ich wollte ihm zeigen, wie Sie mit den Pferden umgehen, konnte Sie aber nicht finden.«

»Ich hatte einen Zaun in der oberen Koppel zu richten.«

»Das brauchen Sie doch nicht zu machen. Es gibt genug Arbeit beim Haus. Da können Sie den Stadtfräcken zeigen, wie man einen Gaul behandeln muß.«

»Bedaure. Ich mag den Stadtleuten nichts zeigen. Ich mag nicht ausgestellt werden wie das Zweizentnerweib auf dem Jahrmarkt«, sagte David grob. Dann nahm er sich zusammen und sagte: »Tut mir leid, daß ich so widerborstig bin, Sir, aber das mit den Pferden ist meine Privatsache. Kein Grund zur Großtuerei. Der Trick ist mir vermutlich angeboren wie irgendeine andere Eigenschaft. Ich mag nicht, daß endlos drüber gequatscht wird.«

»Ich verstehe«, sagte der Colonel großzügig, denn er verstand es überhaupt nicht. »Der Umgang mit den Gäulen gehört zu Ihren Geheimnissen, und das soll so bleiben. Tut mir leid, mein Sohn, daß ich so langsam kapiere. Die Sache ist für mich eben doch ein Wunder«, und er brummelte weiter über Davids Kunststücke. Da aber der düstere Ausdruck im Gesicht des jungen Mannes nicht weichen wollte, setzte er hinzu: »Sie haben völlig recht. Keine Schaustellerei mehr. Aber wenn einer in der Klemme ist, dem werden Sie doch helfen, nicht wahr? Schließlich ist's ja eine Gottesgabe!«

David sah aus, als ob es eher ein Fluch als eine Gnade sei, entgegnete jedoch höflich, er wolle niemals ein Geschäft daraus machen. Er werde aber jedem beistehen, der Hilfe brauche. Fürs erste wolle er weiter als Farmhelfer arbeiten. Daraufhin riß der Colonel die Augen weit auf und stammelte: »Mein Gott! Diese jungen Leute . . .«

Und dabei blieb es.

5

Das Leben schien wieder seinen gewohnten Gang zu gehen; unsere Tramper hatten sich recht gut eingewöhnt. Über Tom äußerte sich Sam sehr wohlwollend. »Ein braver Kerl. Ein bißchen langsam, aber zuverlässig. Er tut nicht so, als ob er alles gleich beim erstenmal kapierte. Er sagt ganz freundlich: ›Wenn Sie's noch mal wiederholen, Mr. Lee, dann hab' ich's gefressen.‹ Ganz anders als die meisten Burschen, die alles besser wissen.«

Als ich mich noch weiter erkundigte, setzte Sam hinzu: »Er macht sich wirklich nützlich; er ist gerade das, was ich im Augenblick brauche. Zuverlässig und gutwillig, das gefällt mir. Und seinem komischen Hund sehr zugetan, das gefällt Larry.«

Der Colonel sah David jetzt nicht mehr so oft, und das war gut so. Ich hatte Bedenken, daß der junge Mann sonst früher oder später gegen diese Feudalherrenart aufmucken würde, die wir lachend hinnahmen. Justin gab David seine Anordnungen; er hatte genügend Erfahrung mit der modernen Jugend, um geschickt mit ihm umzugehen. Der Colonel bedauerte noch immer, daß David seine magische Gewalt über die Pferde nicht zur Schau stellen mochte; Justin aber verstand seine Zurückhaltung und gab ihm Gelegenheit, sich mit den verschiedenen Pferden auf der Farm zu beschäftigen. Der Colonel bestand darauf, einige »nützliche Gäule« zu halten, zu welchem Zweck, wußte niemand. Aber Justin deichselte alles taktvoll und ohne das auszunutzen, was er für eine stille Besessenheit des jungen Mannes hielt.

»Im ganzen haben Sie recht daran getan, den Burschen mitzunehmen, Susan, obwohl es sehr leichtsinnig war. Larry wollte Sie ja noch übertreffen, indem sie auch noch einen Hund mitbrachte. Im Grunde sind die beiden Kerls doch ein Gewinn für uns hier.«

Als wir eines Tages Tantchen besuchten, meinte diese: »Dein Tom gefällt mir, Larry, obwohl er bei mir den Mund überhaupt nicht auftut. Von David kenne ich nur seine Stimme am Telefon;

gesehen habe ich ihn noch nie. Allmählich werde ich richtig neugierig.«

»Seit seine Haare abgeschnitten sind, ist nichts Besonderes an ihm«, sagte ich. »Ein großer, blonder Mensch mit angenehmen Zügen. Er verfügt über beträchtlichen Charme, wenn er danach aufgelegt ist; das kommt aber nicht oft vor. Mirandas Stimme hat einen tiefen Eindruck auf ihn gemacht, als er ein Telegramm an seine Mutter aufgab.«

Miß Adams seufzte. »Schon wieder ein neuer Verehrer für Miranda! Da er aber sehr wenig Herzenswärme zu besitzen scheint, wird er wohl nichts Dummes anstellen«, setzte sie heiter hinzu.

»Er hat mir erzählt, was er telegrafierte; ich bin überzeugt, daß er inzwischen nicht geschrieben hat«, erwiderte ich. »Er schien der Auffassung, daß nun alles Nötige erledigt sei. Ich weiß ja, daß allerhand Getue dabei ist, aber diese Herzenskälte der jungen Leute beunruhigt mich.«

»Wie wird das sein, wenn Christopher mich eines Tages so behandelt!« mokierte sich Larry und ahmte dabei meine Stimme und meine Art nach. In der Tat hatte ich genau das gedacht. »Nein, Susan, das wird er gewiß nicht tun!« sagte sie gleich. »Ich möchte wetten, daß Davids Mutter so eine Dame der feinen Gesellschaft ist, die vor zwanzig Jahren ein Baby in die Welt gesetzt hat und seitdem diesen Fehler zu vergessen sucht.«

Gerade als ob wir Theater spielten und nun das Stichwort gefallen sei, fuhr in diesem Augenblick ein Auto vor Tantchens Haus vor. Eine große schlanke Dame stieg aus. Sie sah sehr gut aus, war elegant gekleidet, und irgendwie erkannte ich sofort, wer sie war. Einesteils war es die Ähnlichkeit mit David, andernteils dieses Zusammentreffen, das im Leben manchmal vorkommt. Außerdem hatte ich, seit David mir von seinem Telegramm berichtete, irgendein Lebenszeichen von ihr erwartet. Ich glaubte nicht wie Larry, daß sie herzlos sei. Ich dachte, sie sei eher ratlos und verwirrt.

Schon ihre ersten Worte gaben mir recht. Sie wandte sich an

Miß Adams, die ihr entgegengegangen war. »Verzeihen Sie bitte die Störung, aber dieses hier ist doch die Poststelle von Tiri, nicht wahr? Hier hat mein Sohn vor einiger Zeit ein Telegramm an mich aufgegeben. Mein Name ist Diana Hepburn, ich bin Davids Mutter. Kennen Sie ihn, oder können Sie mir sagen, wo ich ihn finden kann?«

Miß Adams zögerte. Sie hält sich eisern an die Vorschriften für Postbeamte. Eine dieser Vorschriften verbietet es, auf eine Anfrage eine Adresse anzugeben. Larry und ich erkannten die Zwickmühle, in der sie sich befand, und legten uns ins Mittel.

»Miß Adams ist hier der Postmeister und darf keine solchen Auskünfte geben«, sagte ich und versuchte dabei, Mrs. Hepburn beruhigend anzulächeln, denn sie sah sehr besorgt aus. »Ich selbst bin nur eine Farmersfrau und brauche mich nicht an die Vorschriften zu halten . . . Ja, David ist hier. Ich selbst brachte ihn her. Er stand auf der Landstraße und winkte, da habe ich ihn mitgenommen.«

Mrs. Hepburn seufzte tief und erleichtert auf. Im Geist hatte sie sich wohl vorgestellt, daß ihr Sohn sich bei düsteren Gesellen verborgen halte, bei denen er sich gewiß bald daheim fühlen würde.

»Sie – Sie nahmen ihn mit? Der schreckliche Junge war wohl wieder mal beim Trampen? Warum er das nur tut? Er hat genug Geld, um die Fahrtkosten zu bezahlen; außerdem hat er daheim ein ausgezeichnetes Motorrad stehen. Ich hätte ihn ja auch selbst hierherfahren können.«

Was konnte ich da sagen? Wie sollte ich ihr erklären, daß ihr Sohn »seine eigenen Wege gehen« wollte, was natürlich normale Transportmittel ausschloß. »Ich weiß nicht recht«, sagte ich schüchtern, »es war aber doch ein Glück, denn er scheint ganz in seinem Element zu sein. Er hat bei Colonel Gerard, ein paar Kilometer von hier, einen Job bekommen; der Colonel schätzt ihn sehr. Für David bedeutet das eine – eine Erfahrung, Mrs. Hepburn.«

»Bestimmt ist es das!« Sie nickte unsicher. »Aber . . .«

Sie tat mir leid, sie war so ratlos über ihren Sohn. Wem wäre das nicht so gegangen? Wie Larry bemerkt hatte: »Stell dir vor, es handelte sich um Christopher!«

Rasch sprach ich weiter: »Mein Name ist Susan Russell, und das ist Larry Lee, Mrs. Hepburn. Wir beide sind Farmersfrauen und haben beide kürzlich einen Anhalter mit heimgebracht.« Es sollte unbefangen klingen, aber das gelang mir nicht recht, und Larry sprang ein: »Es ist sonst bei uns nicht Sitte, einen Anhalter mitzunehmen und hierherzubringen, Mrs. Hepburn. Susan befand sich in einem Irrtum. Sie sah ihn von hinten, und diese langen Haare . . .« Sie stockte, und Mrs. Hepburn seufzte wieder. »Ich weiß! Dieser alberne Junge! Von hinten kann man ihn für ein Mädchen halten. Es tut mir schrecklich leid. Und Ihr Anhalter, hatte der auch so lange Haare?« fragte sie. Sie gab sich große Mühe, die Angelegenheit von der heiteren Seite zu nehmen.

»Keineswegs!« fuhr ich triumphierend dazwischen. »Aber er hatte einen Hund dabei, und das genügte Larry. Es erwies sich aber, daß der junge Mann recht brauchbar ist. In diesen arbeitsreichen Wochen sind wir froh um einen Helfer. Der Januar ist für uns einer der schlimmsten Monate wegen der Heuernte und der Schafschur und so weiter.« Ich wurde wohl etwas weitschweifig, und Miß Adams, die vergnüglich zugehört hatte, unterbrach: »Wie wäre es, wenn Mrs. Hepburn auf eine Tasse Tee zu mir ins Wohnzimmer käme? Da können wir uns gemütlich über die Jugend von heute unterhalten.«

Mrs. Hepburn nahm das dankbar an; ich sah, daß sie etwas verwirrt war. Tantchen war durchaus nicht der Typ, den sie bei den »Hinterwäldlern« erwartet hatte. Und mit Larry und mir ging es ihr wohl genauso. Für sie war das wohl eine Erleichterung, denn es bewies, daß David hier wenigstens in anständiger Gesellschaft war. Larry hat die fatale Neigung, den Charakter eines Menschen zu schildern, den sie gar nicht kennt. Sie täuscht sich dabei oft gewaltig, und bei Mrs. Hepburn hatte sie sich gründlich geirrt. Sicherlich war diese hübsch und modisch gekleidet, aber ihr Gesicht war weich, und ihre ganze Erscheinung machte einen sensiblen und verletzlichen Eindruck. Sie hatte ihren David mit seinen seltsamen Eigenschaften wohl schon oft verteidigen müssen und war jetzt besonders ärgerlich um seinetwillen. Er hatte seine Mutter gewiß nicht überschätzt, als er zu mir sagte, sie sei »schon recht«.

Für einen Fremden war Miß Adams' Wohnzimmer stets eine Überraschung. Ihre Privaträume grenzten an den Laden; sie waren riesig gemütlich. Das Wohnzimmer, mit einigen recht guten Bildern an der Wand, war ganz bezaubernd. Mrs. Hepburn war zu taktvoll, um ihre Verwunderung zu zeigen, aber sie sagte doch: »Welch ein wunderschöner Raum!« Dann nahm das einzige Foto im Zimmer ihr Interesse in Anspruch. Es stand auf einem antiken Schrank und zeigte Tantchens Mutter in jungen Jahren, ein entzückendes Mädchen mit der Grazie und der Haltung ihrer Generation. »Verzeihen Sie bitte!« sagte Mrs. Hepburn und nahm das Bild vom Schrank, um es genauer anzusehen. Sie wandte sich an Tantchen: »Bitte, Miß Adams, erklären Sie mir doch! Das ist nämlich die Cousine meiner Mutter, Elizabeth Adams, geborene Graham.«

Tantchen war überrascht. »Freilich ist das Elizabeth Adams, meine Mutter.«

»Dann sind Sie Lavinia Adams, meine Cousine!« schloß Mrs. Hepburn triumphierend.

Ein dramatischer Augenblick! Die beiden Damen sahen einander an, dann streckte Tantchen die Hand aus. »Sie heißen Diana Graham, wenigstens hießen Sie so, bevor Sie geheiratet haben. Unsere Mütter waren Cousinen. Das nenne ich eine Überraschung!«

Zu meinem Bedauern muß ich gestehen, daß Larry bei dieser ergreifenden und stimmungsvollen Szene einen halb unterdrückten, gurgelnden Ton von sich gab. Ich erkannte den Grund: Miß Adams hatte stets mit »L. A. Adams« unterschrieben. Wir wußten, daß das A für Anna stand. Das Geheimnis des L wurde nie gelüftet. Larry hatte einmal danach geforscht und war energisch zurechtgewiesen worden. Wir nahmen daher an, daß es ein in der

Familie gebräuchlicher Vorname sei, wie manche Eltern ihn ihren hilflosen Sprößlingen geben. Tantchen sah Larry strafend an, die sich krampfhaft zu beherrschen suchte, ein Kichern jedoch nicht unterdrücken konnte. Tantchen lächelte gezwungen.

»Ja, Larry, ich heiße Lavinia, und wenn Sie es je weitererzählen, ist's aus mit unserer Freundschaft und mit all meiner Nachsicht.«

»Aber Lavinia ist doch ein schöner Name!« stotterte ich verwirrt. »Weshalb haben Sie sich nie so genannt oder uns davon erzählt?«

»Aus einem einfachen Grund, den Sie vielleicht nicht verstehen, Larry aber bestimmt. Es reicht mir schon, daß ich für die ganze Gegend ›Tantchen‹ bin. ›Tantchen Lav‹ ist einfach zuviel, und wenn Sie jemals dieses Geheimnis verraten, Larry, verkaufe ich hier alles und ziehe weg. Sie stören jetzt überhaupt eine Familienzusammenkunft! – Diana Graham, es freut mich, dich kennenzulernen! Du siehst genauso aus wie das Foto von deiner Mutter, das meiner Mutter gehörte. David kenne ich noch nicht. Sieht er dir ähnlich?«

»Ich weiß nicht. Es kann wohl sein. Ach, meine Liebe, ich bin so froh und so aufgeregt«, sagte Mrs. Hepburn fast ein wenig hilflos. »Als du etwa sechzehn Jahre warst, habe ich dich aus den Augen verloren; damals zogen die Deinen auf die Südinsel. Irgendwann hörte ich, du seiest ›ins Geschäftsleben‹ eingetreten; aber Genaueres war nicht zu erfahren.«

»Nun wäre die Familie wohl entsetzt, daß ich einen Laden auf dem Lande betreibe.«

»Aber nein, du bist hier doch sehr erfolgreich! Sie wären riesig stolz auf dich. Endlich habe ich dich gefunden und . . . und . . .«

»Und das ist schön! – Nun, wenn Sie sich von Ihrem albernen Lachanfall erholt haben, Larry, könnten Sie vielleicht mit Susan den Tee machen. Wahrhaftig, es ist kaum zu glauben, daß Sie schon zwei Kinder haben . . . Susan, ich verlasse mich auf Sie, während Mrs. Hepburn und ich uns das Neueste aus den Familien erzählen.«

Ich war noch ganz verdreht, nahm die falschen Tassen aus dem Schrank und vergaß die Untertassen. Larry hatte ihre Fassung plötzlich wiedererlangt und war ganz vernünftig. Sie räumte alles richtig hin und fragte: »Susan, was ist denn mit dir los? Das hast du dir wohl auch nicht träumen lassen, daß Tantchen Lavinia heißt und noch andere Verwandte hat, außer ihrem Neffen in England; der zählt nicht. Eine Cousine ist schon etwas anderes. Die meisten Leute haben viele, aber bei Tantchen schien das nicht der Fall zu sein.«

»Warum eigentlich nicht? Das Besondere ist nur, daß ich einen jungen Mann auf der Straße mitgenommen habe, der ausgerechnet ein Verwandter von ihr ist. Er ist ganz anders, als man es von Tantchens Anhang erwartet hätte. So ultramodern und so weltfeindlich und – na ja, du kennst ja David.«

»Ich kenne ihn nicht und werde ihn wohl nie richtig kennenlernen. Für mich ist er ein Wunder mit seiner Macht über die Pferde.« Als sie dann den Tee einschenkte, brachte Larry das Gespräch auf dieses Thema, weil es ihr keine Ruhe ließ.

»Mrs. Hepburn, darf ich Sie etwas fragen? Wußten Sie eigentlich, daß David eine geheimnisvolle Macht über Pferde hat?«

Mrs. Hepburn sah ganz verlegen aus, als habe Larry sie gefragt, ob David öfters silberne Löffel stehle. »Ich wußte wohl etwas davon«, sagte sie. »Die anderen Mütter aus dem Pony-Klub erzählten mir davon. Und einmal verschwand er einen ganzen Tag und gestand uns später, er sei auf einem Gestüt gewesen. Aber mehr hat er uns nicht anvertraut; er wollte nie darüber reden. Er sagte, es sei eine rein zufällige Anlage und kein Grund, sich damit großzutun.«

»Aber er *kann* sich etwas darauf zugute tun! Es ist etwas, wovon man nur in Büchern liest. Ich wußte schon immer, daß es Menschen gibt, die eine Macht über Tiere haben. Bei David scheint es bei den Pferden der Fall zu sein. Mit Kühen kann er nichts anfangen, und der Bulle vom Colonel hat ihn neulich über die ganze Koppel gejagt; offensichtlich erstreckt sich also seine Macht nur über Pferde. Aber diese scheinen ihm völlig ergeben zu sein, obwohl er sich mit ihnen gar keine Mühe gibt.«

»Ich weiß. Es ist merkwürdig, denn meistens sind die Menschen, die diese Gabe besitzen, den betreffenden Tieren sehr zugetan. David schien nie eine besondere Vorliebe für Pferde zu haben. Aber das täuscht. Sein erstes Pony hat er zärtlich geliebt. Dann wurde er zu groß für ein Pony, und wir schenkten ihm zum Geburtstag ein anderes Pferd – das hat er nie geritten. In dieser Hinsicht ist er uns ganz unverständlich.«

Larry ging der Sache auf den Grund. »Aber was geschah mit dem Pony? Haben Sie es verkauft?«

»Das mußten wir ja. In der Großstadt kann man höchstens *ein* Pferd halten, und das ist schon schwierig genug. Was sollten wir auch damit anfangen, da es doch so klein war? Wir fanden eine gute Bleibe für das Tier, und die Dame sagte, David könne es besuchen, sooft er wolle. Aber er ist nie hingegangen und weigerte sich beharrlich, das andere schöne Pferd zu besteigen. Es war viel wertvoller als das erste, ein feuriges Vollblut. Wir hatten erwartet, daß unser Sohn begeistert wäre, aber er sagte nur: ›Das neue könnt ihr auch verkaufen; ich brauche es nicht.‹ Und dabei blieb es.«

»So war das also«, sagte Larry nachdenklich. »Er hatte sich geschworen, niemals ein anderes Pferd zu lieben. Armer David!«

»Sie glauben, ihn zu verstehen«, meinte Mrs. Hepburn unsicher. »Wir konnten das nicht verstehen. Mein Mann war ganz außer sich. ›Was wir auch für den Jungen tun, immer ist es falsch!‹ sagte er. So war es jedesmal. Er hätte Medizin studieren können, denn er war ein begabter Schüler und bekam diverse Preise, aber er wollte nicht Arzt werden. Nur weil er merkte, wie bekümmert wir waren, war er bereit, einige Semester Naturwissenschaft zu studieren – das war wenigstens ein erster Schritt. Jetzt, da er dieses Examen bestanden hat, läuft er davon . . . Verzeihen Sie, daß ich Sie mit all meinem Kummer belaste! Aber die Jugend von heute ist wirklich schwer zu begreifen. Was will David eigentlich?«

Sie blickte Larry an, als ob diese die Antwort wüßte. »Ich weiß es auch nicht«, antwortete Larry. »Mich mag er nicht besonders. Wenn er sich bei jemandem ausspricht, so ist es Susan. Es muß schon schlimm sein, wenn die Kinder erwachsen werden.«

»Das will ich meinen, vor allem, wenn man nur ein einziges Kind hat!« bekräftigte Mrs. Hepburn eifrig.

»Wenn ich als alte Jungfer dazu etwas sagen darf«, schaltete Tantchen sich ein, »ich glaube, daß die modernen jungen Leute alles mögliche versuchen möchten, bis sie wissen, was sie wirklich wollen. Ich habe deinen David bisher noch nicht kennengelernt, aber ist er denn wirklich soviel wankelmütiger als die meisten Jungen? Vielleicht ist er sogar klarer in seinen Entschlüssen als viele. Obendrein hat er auch noch verständnisvolle Eltern. Solche Menschen finden gewöhnlich rasch ihren Weg.« Und sie schlürfte ihren Tee mit der kritischen Miene, die sie stets aufsetzt, wenn wir ihn zubereitet haben.

Die Unterhaltung ging mehr ins allgemeine, und schließlich sagte Mrs. Hepburn zögernd: »Liebe Lavinia, es ist ja herrlich hier, aber . . .«

»Bitte, nenne mich nicht so! Seit Jahren habe ich diesen Namen verschwiegen. Wer mich hier nicht ›Tantchen‹ nennt, würde höchstens ›Anna‹ zu mir sagen, wie sie mich zu Hause riefen. Aber wenn ich mir das so recht überlege – niemand hier redet mich mit meinem Vornamen an. Immer heißt es ›Tantchen‹ oder korrekt ›Miß Adams‹. So der Colonel, der mich kennt, seit ich hierherkam. Der würde sich aber lieber umbringen, als sich eine Vertraulichkeit zu gestatten.«

»Und bei dem arbeitet David? Da kann ich nur hoffen, daß er einen so formellen Herrn nicht beleidigt. Korrekte Umgangsformen sind für meinen Sohn ein rotes Tuch.«

»Ich glaube, für die meisten Söhne«, suchte ich sie zu trösten, ehe wir ihr gestanden, daß David nicht im Haus des Colonels wohnte, sondern bei den Arbeitern. Ich mußte ihr das jetzt gleich beibringen, denn sie wollte doch ihren Sohn treffen. Doch Mrs. Hepburn überstand diesen Schock ganz gut. Sie sagte nur, David sei ein geselliger Mensch. Er habe von jeher an seiner Familie bemeckert, daß man sich nur in den eigenen Kreisen bewegte. Nun könne er ja seine Anpassungsfähigkeit beweisen.

»Es ist gleich fünf Uhr«, bemerkte Miß Adams. »Du könntest deinen Sohn in wenigen Minuten treffen, wenn er von der Arbeit heimkommt.«

»Ich dachte, die Farmer hätten keine feste Arbeitszeit! Arbeiten sie nicht von Tagesanbruch bis zur Dunkelheit? Deshalb dachten wir, daß ihm ein solches Leben nicht zusagen würde. Wir glaubten, daß jeder, der hier einen Job nimmt, ziemlich ausgenutzt wird.«

Wir mußten lachen. »Da seid ihr aber wirklich hinter der modernen Zeit zurück!« stellte Tantchen fest. »Farmhelfer sind heutzutage viel zu rar, als daß ihre Arbeitgeber sie auszunutzen wagten. Sie würden ihnen auf und davon gehen. Die Farmer selbst arbeiten gelegentlich wohl, ohne auf die Uhr zu schauen, und ihre Leute dann auch. Aber der Colonel ist in diesen Dingen übergenau. Er führt seine Farm nach militärischen Prinzipien: Um acht Uhr morgens gehen seine Leute ans Werk, um fünf Uhr oder nur wenig später kommen sie heim. Wenn du jetzt gehst, kannst du David gerade erwischen. Larry und Susan können dir den Weg zeigen. Und jetzt mache ich dir einen Vorschlag, Diana: Bring doch deinen Sohn mit hierher zum Essen, und du bleibst bei mir über Nacht. Susans Nichte Tony kommt auch. Mit ihr gibt es selten ein ernsthaftes Gespräch. Aber nach dem Essen könnt ihr, du und David, euch hier ungestört unterhalten. Meine andere Helferin geht zum Essen heim zu ihrer Mutter; dort wohnt sie auch.«

»Vielen Dank, La . . . ich meine Anna. Welches von den Mädchen ist Ihre Nichte, Mrs. Russell? In dem Supermarkt sah ich zwei; sie haben mich hierher gewiesen. Beide sind sehr anziehend; die eine ein hübsches junges Geschöpf mit schönen roten Haaren. Die andere ist eine klassische Schönheit, dunkelhaarig, mit ebenmäßigen Zügen und einer Stimme, die es verdiente, von einem Dichter besungen zu werden.«

»Die Rothaarige ist Tony, die andere heißt Miranda«, erklärte ich. »Ich muß Ihnen recht geben: Tony ist hübsch und sehr attraktiv; Mirandas Antlitz aber könnte man in Rom suchen. Und dazu diese Stimme! Ihre Mutter ist reizend, obwohl durch ein schweres Leben früh gealtert. Ihr Vater entstammte einer hochangesehenen Familie; seine Herkunft war allerdings das Beste an ihm. Er heiratete die bezaubernde Frau, die zu einem Viertel Maoriblut hat. Sie umsorgte ihn bis zu seinem Tod, der zum Glück noch eintraf, ehe sie völlig erschöpft war. Der arme Kerl hatte im Krieg viel mitgemacht, deshalb sollte man ihn nicht zu hart beurteilen. Aber er war selbstsüchtig und faul, wenn auch höchst charmant. Diesen Charme hat Miranda geerbt, seine anderen Eigenschaften aber nicht.« Richtig geschwätzig erzählte ich das alles; Miranda war ein Thema, das die meisten Leute interessierte, nicht nur die Männer. Tony war gewiß allerliebst, Miranda jedoch eine klassische Schönheit. Es war charakteristisch für Tony, daß sie jeden neuen Kunden, der den Laden betrat, auf Miranda aufmerksam machte.

Tantchen seufzte. »Sobald Tony verheiratet ist und Miranda unter ihren zahlreichen Verehrern gewählt hat, suche ich mir eine nette einfache Frau mittleren Alters zu meiner Unterstützung. Einstweilen freue ich mich an den beiden jungen Dingern und ihren Liebesgeschichten. Aber ich werde nun doch zu alt für ein Heiratsbüro, und was Miranda betrifft . . . Nun, sie kann wirklich nichts dazu; Tony sagt, daß sie keinen besonders ermutigt.«

Auch wir anderen mußten zugeben, daß Miranda wie ein Magnet wirkte. Der Supermarkt florierte dadurch, aber auch Tantchens Gefühl für ihre Verantwortung wuchs zusehends.

Mr. Hepburn, der seine Frau nur widerstrebend in diese gottverlassene Gegend hatte fahren lassen, wurde telefonisch benachrichtigt; sie werde bei Tantchen übernachten und erst am nächsten Morgen heimfahren. Vielleicht würde sie dann etwas über Davids weitere Zukunftspläne erfahren haben. Larry und ich brachten sie zu dem Haus des Colonels, wünschten ihr viel Glück und fuhren nach Hause. Wir dankten unserm Schöpfer, daß unsere eigenen Söhne erst elf und sieben Jahre alt waren.

Als Tony am nächsten Wochenende zu uns kam, hatte sie viel über Diana Hepburn zu berichten. »Sie ist so, wie sich die meisten Jungen ihre Mutter wünschen würden: freundlich und vernünftig, weder aufgeregt noch trübselig. David hat Glück. Er sollte andere Mütter kennen . . .«

Tony dachte jetzt wohl an ihre eigene schwierige Mama. »Aber David ist ein Ekel, er ist so unfreundlich, dauernd zeigt er, daß er am liebsten keine Eltern hätte. Lieber wäre er wohl in einer Retorte geboren worden! Das Ulkigste war seine Angst, Tantchen könnte verwandtschaftliche Gefühle von ihm erwarten. Aber das lag ihr völlig fern. Natürlich sagte sie ›David‹ zu ihm, verlangte aber nicht, daß er sie ›Cousine Anna‹ nennen solle. Sie behandelte ihn vollkommen sachlich. Es war deutlich zu bemerken, daß David dem Himmel dafür dankte und nach einem weiteren Blick feststellte, daß sie im Grunde doch ganz in Ordnung sei.«

Ich konnte mir diese Szene gut vorstellen: Tantchen kühl und sachlich, David etwas verlegen und sehr dankbar. Das hätte ich gern miterlebt.

Tony berichtete weiter, daß er es ablehnte, sich von seiner Mutter nach Hause fahren zu lassen; immer wieder habe er betont, daß er genauso gut zu Fuß gehen könne. Tony war richtig aufgebracht. »Das ist vielleicht eine Type! Er will auf jeden Fall unabhängig sein und seinen eigenen Weg gehen. Diese Sorte kann ich nicht ausstehen. Der Endeffekt war, daß der junge Herr fürs erste hierbleiben wird. Wenn die Arbeit beim Colonel geschafft ist, will er zu Peter übersiedeln und ihm helfen. Die Arbeit mit den Pferden wird ihm viel Spaß machen. Er wurde allerdings gleich sauer, als ich das zu sagen wagte. Auf keinen Fall will er jetzt in die Stadt zurück. Er will sich aber überlegen, ob er seinen Eltern gnädigst gestattet, seine Ausbildung als Arzt zu bezahlen. Als wir später das Geschirr abspülten, während die anderen sich unterhielten, sagte er zu mir: ›Sie haben schon recht, meine Mutter ist reizend, das war schon immer so. Mein Vater ist auch sehr nett und dazu ein tüchtiger Arzt, ein vorzüglicher Spezialist, nicht so ein Quacksalber wie sein Vorgänger. Trotzdem kann ich nicht verstehen, daß sich die beiden selber so prächtig finden und haben möchten, daß ich so werde wie sie.‹ Er meinte, es sei so ein Komplex – Narziß oder Narzisse oder so was Verrücktes«, schloß Tony. Mit der Gelehrsamkeit hatte sie's nicht.

Aber im großen und ganzen schien David doch nett zu seiner Mutter gewesen zu sein. Ich finde, heutzutage muß man dafür schon dankbar sein. »Sie war aber auch riesig verständnisvoll«, fand Tony. »Ich glaube, sie hätte viel darum gegeben, daß David zum Medizinstudium zurückkehrte. Aber sie trug es heldenhaft und sogar ohne ein entsagungsvolles Lächeln. Sie ist mächtig nett, und David weiß sein Glück nicht zu schätzen. Übrigens kam heute ein Brief von meiner Mutter. Sie haben sich endgültig entschlossen, zur Hochzeit zu kommen. Daddy meinte, keine zehn Pferde könnten ihn zurückhalten, vielleicht aber eine wildgewordene Ex-Gemahlin. Wir können uns also auf allerhand Spaß gefaßt machen.«

Ich konnte darüber nicht lächeln. Alistairs Haltung Claudia gegenüber mißfällt mir sehr, ebenso die Art, wie er Tony zu ihrem Benehmen im Umgang mit ihrer Mutter ermuntert. Aber wegen der Hochzeit war diese Nachricht ein Schlag; ich hatte gehofft, sie würden die weite Reise scheuen. Tonys Vorstellung von Spaß war eben ganz anders als meine.

6

Tony, die sich nun endlich über ihre Gefühle klargeworden und von Plänen für die Hochzeit und ihr künftiges Leben mit Peter erfüllt war, interessierte sich auch mehr denn je für Mirandas Verehrer. Es gab deren viele; zum einen, weil Mädchen in dieser Gegend rar waren, zum anderen wegen Mirandas anerkannter Schönheit und Anmut. Sie war das genaue Gegenteil von Tony, und die beiden Mädchen ergänzten einander vortrefflich. Wenn Tony von Leben und Übermut sprühte, war Miranda still und besinnlich. Tony plauderte drauflos, Miranda hörte zu. »Bei den Männern ist das ein großer Vorzug«, bemerkte meine Nichte scharfsinnig. »Miranda redet nicht von sich und ihren Gefühlen. Sie hört nur zu und sieht dabei goldig aus. Da kann kein Mann widerstehen, besonders nicht so ein einsamer Junggeselle, der hart arbeitet und niemand zur Ansprache hat.«

Joe Merton war so ein »einsamer Junggeselle«; mir persönlich gefiel er von allen Verehrern Mirandas am besten. Er war ein ziemlich stiller junger Mann, aber der Tropfen Maoriblut in seinen Adern verlieh ihm Charme und Humor. Er war nicht reich, denn er hatte fünfzehn Kilometer von Tiri entfernt eine kleine Farm gekauft. Es war hügeliges Gelände und vorher wenig gepflegt gewesen. Aber es lag herrlich in der Sonne und war all der Mühe und Arbeit, die Joe daran verwendete, wohl wert. Eines Tages würde es eine Musterfarm sein; dann würde das kleine Haus mit seinen vier einfachen, sauberen Zimmern, wo Joe jetzt hauste, durch einen modernen Bungalow ersetzt werden. Einstweilen kaufte Joe, was er brauchte, in dem Supermarkt von Tiri; seine Bewunderung für Miranda suchte er nicht zu verbergen.

Sein schärfster Rivale war sozusagen ein »Neuer« namens Graham Ford. Er betreute eine große Schaffarm in Abwesenheit des Besitzers. Es hieß, er sei äußerst geschickt und zuverlässig. Er war sehr nett, wenn auch für meinen Geschmack ein wenig zu selbstbewußt, und in unserer Gegend sehr beliebt. »Wenn er in den Laden kommt, vergißt man alle Müdigkeit und fängt gleich an zu lachen«, erzählte Tony. Er hatte eine großartige Mimik; ich hatte erlebt, wie er den Colonel noch besser als Larry imitierte und dann eine Strafpredigt von Tantchen haargenau in Art und Ton zum besten gab. Immer und überall war er auf Vergnügen aus, und der biedere, etwas schwerblütige Joe schien mir im Vergleich zu ihm bei den Mädchen wenig Chancen zu haben. Für unsere Gegend jedoch war er entschieden ein Gewinn, denn er überzeugte das junge Volk allmählich davon, daß man auch auf dem Lande Unterhaltung finden kann.

Larry mochte Ford gut leiden, sie war aber nicht der Meinung wie ich, daß Miranda sicherlich ihn wählen werde. »Mir persönlich gefällt Joe besser, aber das liegt an meiner altmodischen Auffassung: ›Der starke, ruhige Mann‹ und so weiter. Um der Wahrheit die Ehre zu geben: Graham arbeitet genauso tüchtig und betreut die Farm ausgezeichnet – und ohne Zweifel hat man mit ihm mehr Spaß als mit Joe.«

Ich selbst hätte auch dem starken, ruhigen Mann den Vorzug gegeben, doch konnte ich mir nicht vorstellen, daß auch ein junges Mädchen so dächte. Tony zum Beispiel sagte: »Joe ist ein feiner Kerl, aber ein bißchen still und ernsthaft. Und Graham bringt einen zum Lachen, wenn man ihn nur anschaut.«

»Aber genügt das auch für ein ganzes Leben?« fragte ich skeptisch. »Stell dir vor, dein Mann erzählt dir schon morgens um sechs Uhr Witze!« Tony erwiderte, ich sei zwar ein Schatz, aber wer mache sich schon Gedanken über die frühen Morgenstunden, wenn er verliebt sei? Dem mußte ich allerdings, wenn auch widerstrebend, zustimmen.

Es war ein Segen, daß Larrys und mein Anhalter hier nicht beteiligt waren. Sie hatten zwar die Gewohnheit angenommen, sich freitags abends mit Joe und Graham und einigen anderen Gleichgesinnten im Supermarkt zu treffen. Selbstverständlich bewunderten sie Miranda und Tony, hielten sich aber aus dem Wettstreit heraus, der zwischen Mirandas beiden ernsthaften

Verehrern entbrannte. Sie waren nett und unbeteiligt und neigten eher dazu, sich zeitig in Toms Häuschen zurückzuziehen. Mrs. Hepburn hatte David seinen Plattenspieler und eine Anzahl seiner Lieblingsplatten geschickt. Seltsamerweise festigte das die Freundschaft noch mehr, die zwischen ihnen gleich im ersten Augenblick entstanden war. Sehr oft kehrte David in Toms Kate ein; sie spielten Platten, manchmal moderne, manchmal klassische, und versanken in ein tiefes, glückliches Stillschweigen. Es war eine seltsame Bindung zwischen den beiden. Larry hatte einmal durchs Fenster geschaut und erzählte, die beiden Burschen seien beim Zuhören gänzlich vertieft gewesen. Tom hatte Rufus neben sich, und David sah nicht so spöttisch aus wie sonst. »Er sah aus, als sei er in weiter Ferne und irgendwie jung und verletzlich«, berichtete Larry. Sie hatte aber doch kein Fenstergucker sein mögen; sie hatte also angeklopft, war eingetreten und hatte auch zugehört.

»Sie machten keinerlei Anstalten, sich mit mir zu unterhalten, ehe die Musik zu Ende war. Dann wagte ich, David zu fragen, ob es wohl etwas Modernes gewesen sei. Er zuckte bloß die Achseln und sagte: ›Es war eine Haydn-Symphonie.‹ Eigentlich war ich gekränkt. Es sind doch wunderliche Kerle, findest du nicht?«

»Sie sind seltsam und nett«, gab ich zu. »Wie kommt David eigentlich so leicht zu Toms Häuschen?«

»Der Colonel überläßt ihm das Motorrad, wenn er nicht lieber reitet. Ohne Zweifel hält der alte Herr große Stücke auf ihn. Ein Segen, daß er nicht seine Schattenseiten kennt.«

David neckte Tony gern, und sie ging gewöhnlich auch darauf ein. Er bezeugte ihr eine leicht gönnerhafte Bewunderung, wies boshaft auf ihre Fehler hin und verglich diese würdevoll mit ihren guten Seiten, ihrer Vitalität und ihrem Charme.

»Nach längerer Überlegung kann ich Ihrem Peter wohl gratulieren. Er hat zwar ein ziemlich aufregendes Leben vor sich, aber manche mögen das ganz gern.«

»Sie wohl nicht?« fragte Tony herausfordernd, und ihre Augen funkelten vor Angriffslust.

»Ganz gewiß nicht. Ich mag zwar so ein lustiges Geplänkel mit Ihnen über den Ladentisch hinweg, aber wenn ich mich ernsthaft unterhalten will, ziehe ich Ihr Gegenstück vor.«

»Dann gefällt Ihnen also Miranda, obwohl Sie das so gut verbergen!« rief sie.

»Ja, vor einer schönen Statue falle ich immer aufs Knie. Es hat einen großen Vorteil: Man kann ihr noch so viele Elogen machen, man wird doch nie erhört.« –

»Ich finde wirklich, er ist ein kaltblütiges, berechnendes Ekel«, sagte Tony zu mir. »Er verteilt Belobigungen, als ob er der König selber wäre. Diese modernen Typen kann ich nicht ausstehen.«

Ich wagte zu entgegnen, daß sie selbst ganz schön modern sei. Aber sie behauptete, besonders diese Leute von der Universität gingen ihr auf die Nerven. »Die lassen nur sich selbst gelten und versuchen nicht, irgend etwas zu tun. Dabei analysieren sie alles und jeden.«

Ich stellte fest, daß ihre Erfahrungen mit Studenten doch eigentlich recht begrenzt seien, doch sie meinte: »Ach, die treiben sich überall herum, verfolgen ihre Ziele oder was sie dafür halten. Von der Sorte habe ich auf meinen Trips mit Daddy eine Menge kennengelernt.«

»Trotzdem. Wir wollen froh sein, daß wir vier so nette Burschen in der Umgebung haben. Joe hat natürlich immer hier gelebt, aber Graham ist doch eigentlich ein Zugereister, und noch dazu ein netter. Wir müssen uns nach ein paar Mädchen umschauen, dann kannst du ein paar kleine Partys veranstalten.«

»Das ist eine gute Idee! Das werde ich Peter erzählen; hoffentlich kommt er auch. Leider hat er nur jetzt gerade soviel zu tun.«

»Ach, er wird dir für den Winter ein bißchen Spaß gönnen. Ich hörte neulich, wie Graham sagte: ›Himmel, wenn man doch nur eine Party veranstalten könnte. Im Winter ist's hier sterbenslangweilig!‹«

Tatsächlich fanden wir leicht noch einige andere junge Leute, und alle miteinander gestalteten die winterliche Zeit höchst fidel. Graham Ford war der Spiritus rector. Es war sein erster Winter im Hinterland, und er wollte sich keinesfalls einfrieren lassen. Er hatte Trix Palmer kennengelernt und führte sie so triumphierend bei den anderen ein wie ein Zauberer, der ein Kaninchen aus seinem Hut hervorholt. Trix war eine nette kleine Person; sie kam gerade aus dem Internat und sehnte sich nach heiterer Unterhaltung. Sie war die Tochter eines neuen Farmers, der nur zehn Kilometer von Tiri entfernt eine Schaffarm gekauft hatte, und sie war fest entschlossen, den Beruf einer Krankenschwester zu ergreifen. Aber sie war erst siebzehn, und ihre Eltern hatten vorgeschlagen, sie solle vorher ein Jahr bei ihnen daheim verbringen, und Trix hatte großmütig zugestimmt. Sie war ein sehr nettes junges Ding und sehr bereit, die beiden Mädchen im Supermarkt anzuschwärmen.

David bewunderte sie anfangs aus der Ferne, aber mit den drei anderen Burschen stand sie bald auf sehr gutem Fuß. Sie erzählte ihnen auch von Beth Hardy. »Die ist so nett. Sie ist hierhergekommen, um die Landwirtschaft zu erlernen, und hilft Mrs. West bei den Kindern. Nächsten Freitagabend bringe ich sie zu Tony und Miranda. Da müßt ihr auch hinkommen!« Graham lachte, aber er kam.

Nun waren sie ein fester Kern von vier jungen Paaren; wie sie allerdings zusammenpaßten, konnte ich mir nicht recht vorstellen. Dann und wann kam ein neuer Bursche oder ein Mädchen hinzu, aber im Grunde blieben die acht eine Gruppe, die immer auf irgendwelche Unternehmungen aus war. Doch waren sie beinahe altmodisch in ihren bescheidenen Vergnügungen. Gleich anfangs erklärte Tony: »Peter kann öfter nicht mitkommen, aber es macht ihm nichts, wenn ich mich der Clique anschließe. Er stellt nur eine Bedingung: keine Saufgelage. Jeder kann mal ein Gläschen trinken, vielleicht auch zwei; aber wir wollen keine verrückten Heimfahrten um Mitternacht auf diesen miserablen Straßen. Wenn einem von euch das nicht paßt, soll er lieber gleich wegbleiben.«

Graham maulte ein wenig, und David lächelte spöttisch und nannte die Gesellschaft ›Mamas Lieblinge‹, aber im Grund hielten sie sich an die Regeln.

Sie gründeten eine Art Juniorenklub und kamen rundum in den verschiedenen Häusern zusammen, um zu plaudern, zu tanzen und gräßliche Platten anzuhören (keine von Davids Haydn-Symphonien). Auf einmal kam ihnen der Gedanke, sie wollten gemeinsam ein Theaterstück aufführen.

»Wozu?« fragte ich neugierig. Tony erwiderte ernst, es sei natürlich zum Besten des Roten Kreuzes, und wir müßten alle etwas dazutun. Gleich zu Anfang stellte ich eines klar: Einmal im Monat könnten sie unser großes Wohnzimmer für die Proben haben. Ich würde ihnen dann ein Abendessen stiften, aber mehr könnte ich nicht geben. Auch Larry stellte, meinem Beispiel folgend, einmal monatlich einen Raum zur Verfügung, ebenso Anne. Der Colonel war begeistert, als er von dem Plan hörte. »Das sind mal endlich nette, altmodische junge Leute! Nicht so albernes Volk, das sich im Garten herumtreibt. Alles schön ordentlich und anständig. Sie können jederzeit mein großes Wohnzimmer haben, und Mrs. Evans wird sie mit Vergnügen zum Abendessen einladen. Sie hat eine Vorliebe für junge Leute.«

Bei alledem stand Peter freundlich und gutwillig zur Seite. Sie fanden ein Theaterstück für acht Personen und versuchten alles, um ihm eine Rolle aufzudrängen. Er lehnte jedoch unerbittlich ab, obgleich es ihm die Möglichkeit gegeben hätte, seine Braut vor einem wohlwollenden Publikum zu umarmen. Dagegen bot er sich als Regisseur und Souffleur an.

David war ägerlich, als er das hörte. »Den Job hatte ich eigentlich selbst haben wollen. Nun werde ich wohl so eine alberne Rolle in dem blöden Stück kriegen.«

Er wählte für sich die zweitkleinste Rolle, in der er nur drei Sätze zu sagen hatte. Die allerkleinste reservierte er für Tom. Der mußte nur die Tür aufmachen und sagen: »Der General ist nicht daheim, Madam!« Er war sehr darauf bedacht, seinen Text richtig zu lernen und sein Stichwort nicht zu verpassen.

Ich persönlich bezweifelte, daß das vieldiskutierte und oft geprobte Stück je aufgeführt würde. Einstweilen aber gab es den jungen Leuten Gelegenheit, sich jeden Samstagabend in einem oder dem anderen Haus zu treffen. Meistens wurde nach all ihren eifrigen Bemühungen der Teppich aufgerollt, und es gab eine lustige kleine Tanzerei zu der Musik aus dem Plattenspieler. Daran nahm Peter immer teil, da er stets rechtzeitig erschien, um seine Tony nach Hause zu fahren.

David und Tom ihrerseits sahen gern zu, oder sie forderten Trix oder Beth zu einem zaghaften Tanz auf.

»Tom gehört nicht zu denen, die viel für Mädchen übrighaben«, sagte ich zu Tony. Sie wies mich aber gleich zurecht.

»Bitte kein vorschnelles Urteil, meine Liebe! Tom ist vermutlich genauso hinter den Mädchen her wie alle anderen, aber er fühlt sich hier nicht richtig daheim. David ist der einzige, der ihn versteht. Abgesehen davon, scheint er vom gleichen Holz geschnitzt zu sein wie er. Was machte er eigentlich, ehe er hierherkam?«

»Ich weiß es nicht; ich nehme aber an, daß Larry Bescheid weiß. Ich habe sie nicht genauer befragt, denn sie sagt immer, er sei sehr tüchtig, und das sei schließlich die Hauptsache.«

»Ich könnte mir denken, daß sie seine Geschichte kennt. Du und Larry, ihr gehört zu den Menschen, denen man vertraut. Wahrscheinlich hat es etwas damit zu tun, daß . . . daß . . .«

» . . . daß wir schon im vorgerückten Alter sind«, vollendete ich den Satz heiter, denn ich wußte, daß Tony uns beide schon für sehr gereift hielt.

Als ich Larry von diesem Gespräch berichtete, sagte sie: »Tom ist ein netter Kerl. Warum sollte er von seiner Kindheit berichten, wenn er das nicht gern tut?« Aber ich erriet, daß sie mehr von ihm wußte, als sie zugeben wollte. Wenn man einen Menschen so genau kennt, wie ich Larry kenne, versteht man, daß hier ein Geständnis respektiert wurde.

Während Tom auf der gleichen Wellenlänge schwamm, fühlte David sich seiner selbst sicher. Er kam mit allen Leuten gut aus und wäre höchst beliebt gewesen, wenn er nicht so zurückhaltend gewesen wäre. Jedermann konnte ihn gut leiden, und keiner fand ihn »hochgestochen« wegen seiner Bildung. Die Männer, mit denen zusammen er wohnte und arbeitete, erkannten ihn als einen der ihren an. Auch er selbst schien keinen Unterschied zu bemerken.

Inzwischen wurde er auf Peters Farm dringend gebraucht, doch der Colonel schien stets einen neuen Grund für sein Verbleiben zu finden. Der alte Herr zeigte keinerlei Neigung, ihn ziehen zu lassen. In Wahrheit entzückte es ihn so sehr, David im Umgang mit den Pferden zuzuschauen, daß ihn die dahingehende Zeit ebensowenig kümmerte wie Peters Bitte um Hilfe. Tatsächlich überredete David auch Tom, das Reiten zu erlernen, und der Colonel war begeistert, wenn er den beiden am Sonntagnachmittag zu Pferd begegnete. »Feine Kerle das! Brauchen kein Auto!« sagte er.

In Wirklichkeit hatte David eine Vorliebe für schnelle Wagen, während Tom die Pferde vorzog, sobald er mit ihnen vertraut war. Als Sam ihn bat, nach Tiri zu fahren, um etwas zu besorgen, zögerte er ein wenig und gestand dann: »Um Ihnen die Wahrheit zu sagen: Ich habe keinen Führerschein. Ich habe keine Fahrprüfung gemacht, weil ich keinen Wagen brauchte und vermutlich auch nie einen besitzen werde.«

»Ein seltsames Gespann von zwei modernen jungen Leuten!« bemerkte Paul, als Sam ihm das erzählte. »David hat keinerlei Interesse an Autos, und Tom hat nicht einmal einen Führerschein. Ich bin gespannt, was sonst noch Geheimnisvolles an ihnen ist.«

Das war nur so hingesagt, denn Paul haßt allen Klatsch. Larry und mir kam auch selten etwas zu Ohren, obwohl die Mädchen im Supermarkt erfuhren, was so los war. Aber Miß Adams sorgte energisch dafür, daß alle Verbreitung von Klatsch unterblieb, und achtete scharf darauf, daß auch das Postgeheimnis gewahrt wurde. Ihr Einfluß auf ihre Angestellten und sogar auf die gesamte Umgebung war so stark, daß die meisten von uns Alteingesessenen wenig Klatsch zu hören bekamen. Darüber waren wir alle froh.

So wirkte es wie ein Schock auf mich, als Larry mich eines Tages anrief. »Ich muß dich unbedingt sprechen, Susan! Es geht ein widerliches Gerede um, und ich möchte lieber, daß du es von mir hörst. Ich komme heute nachmittag zu dir!«

Sie war schöner denn je, als sie kam, trotz ihrer abgetragenen Schuhe und ihrer verschlissenen Jacke. Ihre Augen blitzten vor Zorn, um ihren Mund lag ein entschlossener Zug.

»Ein Glück, daß die Kinder noch nicht aus der Schule da sind!« brach sie los. »Susan, ich brauche dir wohl nicht erst zu sagen, daß ich dir vertraue und daß du nichts weitererzählen sollst. Es wissen zwar jetzt fast alle, aber wenigstens nicht von uns.«

»Was ist denn los? Komm, nun beruhige dich erst mal! Trink eine Tasse Kaffee! Es kann doch nichts Schlimmes sein, oder haben die Kinder etwas angestellt, so daß sie vors Jugendgericht müssen?«

Zu meiner Überraschung rief Larry: »Sag bitte nicht so was! Ausgerechnet Jugendgericht! Es gibt böse Dinge, die das Leben eines Kindes vergiften können und es zum Verbrecher machen.«

»Wovon redest du eigentlich? Weder du noch ich wissen etwas von Jugendgerichten, außer dem, was in der Zeitung steht.«

»Kümmere dich nicht um mich, ich bin einfach wütend. Wenn sich die Leute doch nur um ihre eigenen Angelegenheiten sorgen würden, aber das tun sie nicht. Und nun reden alle davon, daß der arme Tom früher mal in einer Besserungsanstalt war.«

»In einer Besserungsanstalt? Tom? Das kann ich nicht glauben. Ist das nicht nur Gerede?«

»Nein, nein, es ist leider nur zu wahr. Ich weiß es schon längst. Er hat es Sam bald nach seiner Ankunft erzählt. Er sagte, er könnte es Sam nicht verdenken, wenn er einen Anstaltszögling nicht auf seiner Farm haben wollte. Und er bat Sam, er solle es mir erzählen.«

»Na, das ist vielleicht ein Ding!«

»Natürlich hielt Sam sein Wort und erzählte es niemandem sonst. Er fand, was vergangen, ist vorbei, und Tom gefällt ihm. Und mir auch.«

»Was war denn geschehen? Was hat er getan?«

»Nichts Besonderes. Nur was die Jungen heutzutage öfter machen. Er hat ein fremdes Auto genommen und eine Fahrt damit gemacht. Dann hat er's noch mal getan und die Geschwindigkeit überschritten, wofür er eine Verwarnung bekam. Dann passierte es noch mehrere Male, und es hieß, er sei renitent, und er wurde in eine Besserungsanstalt geschickt. Nach geraumer Zeit erhielt er einen Vertrauensposten und freundete sich mit einem netten Pater an. Ich glaube, sie alle erkannten, daß bei ihm noch etwas zu hoffen war, weil er im Grunde ein anständiger Mensch ist. Sie hatten ein Auge auf ihn. Und ehe ihm der Aufenthalt in der Anstalt schaden konnte, verkürzten sie seine Zeit und ließen ihn zur Bewährung für ein Jahr frei. Sie suchten für ihn einen Arbeitsplatz bis zum Ende der Bewährungszeit. Damals erschien Rufus aus dem Nichts und hängte sich an Tom. Dann kam der Ärger mit dem Vermieter, von dem ich dir erzählt habe, und Tom saß auf der Straße, in der schwachen Hoffnung, jemanden zu finden, der ihn samt dem Hund anstellen würde.«

»Und den hat er gefunden, und seitdem lebt er hoffentlich glücklich und zufrieden.«

»Das hofften wir auch, aber leider ist es nun doch durchgesikkert. So geht's schließlich immer mit dem Klatsch.«

»Aber wie war das möglich? Wir wohnen doch ziemlich abgelegen.«

»Kein Ort ist so abgelegen, daß man für alle Zeit ein Geheimnis wahren könnte. Es war eben ganz großes Pech. Tom war im Laden, ebenso Mrs. Knight und ihre Freundin Mrs. Elder. Die beiden standen hinter einem Regal mit Konservendosen. Tantchen war hinausgegangen, um etwas zu holen; es sah daher so aus, als ob Tom allein im Laden sei. Da hielt draußen ein Wagen. Eine Frau kam herein; sie begrüßte Tom sehr freundlich und sagte: »Du hast dich brav gehalten, Tom! Ich habe immer gewußt, daß du anständig bist. – In dieser Gegend gibt es nicht so viele Autos, die einen in Versuchung führen könnten«, fügte sie hinzu. Da trat Tantchen wieder ein und gab sich große Mühe, die Frau zum Schweigen zu bringen. Sie gab Tom noch ihren Segen und ging fort. Sie wollte nichts Böses; sie war die Frau des netten Pfarrers. Sie hatte sich wirklich gefreut, Tom wiederzusehen – und die beiden boshaften Weiber kamen hinter dem Regal mit weit aufgerissenen Augen zum Vorschein. Sie konnten es kaum erwarten, überall herumzureden, daß Tom aus einer Besserungsanstalt kommt.«

»Das ist wirklich großes Pech, denn die beiden sind richtige Klatschbasen. Natürlich haben sie es gleich ausgetratscht?«

»Ja. Denn gestern riefen zwei Männer bei Sam an und fragten, zwar sehr liebenswürdig, ob er wohl wisse, daß sein Farmhelfer schon mal was angestellt habe und in einer Anstalt gewesen sei. Der eine hatte sogar die Stirn zu sagen, solche Typen wolle man hier nicht haben.«

»Und Sam antwortete sicherlich, daß er das längst wisse, und der andere solle sich gefälligst um seine eigenen Angelegenheiten kümmern.«

»So ungefähr. Bei dem ersten wurde er ziemlich wild. Ehe der zweite anrief, sprach er kurz mit Tantchen und erfuhr, wie alles zugegangen war. Als dann Joe Singer anrief, erzählte ihm Sam ausführlicher von Tom, daß es nur eine Dummheit gewesen war – nichts, was man ›ein Ding drehen‹ nennt – und daß Tom um nichts in der Welt wieder herumstreunen möchte. Er erzählte ihm, daß Tom keinen Führerschein besitzt und niemals das Auto benutzt hat. Sam bürgte mehr oder weniger dafür, daß alles gutgehen werde, wenn nur die Leute in der Gegend Stillschweigen bewahrten und den armen Kerl in Ruhe ließen.«

»Er übernahm also die Verantwortung für Tom? Paul und Tim würden das auch tun. Wir alle hassen böse Nachreden. Aber, Larry, wo waren denn seine Angehörigen, als all das passierte? Warum haben sie nicht auf ihn achtgegeben?«

»Weil er keine hat. Seine Eltern zählen nicht. Bald nach Toms Geburt zog der Vater davon. Die Mutter kämpfte noch eine Weile, versuchte zu arbeiten und für das Kind zu sorgen; schließlich schaltete sich die Wohlfahrt ein. Man steckte Tom in ein Heim – und dabei blieb es. Es war kein schlechtes Heim, aber du weißt ja ...«

»Ja, er wurde aufsässig und borniert und ließ sich nichts sagen. Der arme Kerl – und es gab keinen, der für ihn einstand. Na, jetzt hat er wenigstens Freunde. Jeder von uns würde ihn aufnehmen. Peter würde froh sein, wenn Sam keine Arbeit mehr für ihn hätte, und ihn gern bei sich arbeiten lassen.«

»Uns ist er gerade recht und im Augenblick auch eine große Hilfe. Anfangs war er ein wenig schwerfällig, und er schien Verantwortung zu scheuen. Aber Sam kannte den Grund und behandelte ihn mit Ruhe. David ist ein Segen für ihn, und mit Rufus ist er ganz glücklich – und da muß dieser Blödsinn passieren!«

»Möchte er nun fort von hier, irgendwohin, wo niemand seine Geschichte kennt?«

»Ich glaube nicht. Er sagte zu Sam, es würde doch überall herauskommen, und es wäre besser, hier damit fertig zu werden. Außerdem hat er doch den Hund. Der ist wirklich ein rührendes Tier, und wir freuen uns an ihm. Aber die meisten Farmer würden es sich zweimal überlegen, ehe sie einen Burschen samt seinem großen Hund einstellen. Die Menschen sind ja so dumm und engherzig. Als ob Rufus jemandem etwas zuleide täte!«

»Paul sagt immer, daß man da nie ganz sicher sein könne. Er weiß von einem Hund, der jahrelang gutmütig war, aber als er schlecht behandelt wurde, wurde er plötzlich bösartig und griff die Menschen an. Doch Rufus ist ja bei Tom gut aufgehoben.«

»Ja, wirklich. Er schläft sogar neben seinem Bett. Niemals würde er Tom nachts verlassen oder davonlaufen. Diese schlimmen Dinge passieren ja meist in der Nacht. Nein, wir trennen uns nicht so bald von Tom und Rufus. Wenn wir ihm nicht mehr genug zahlen können, gibt's viele andere, die ihn anstellen wollen; und übernachten kann er immer in der Hütte. Er hatte nie ein richtiges Zuhause, jetzt wollen wir ihm eines schaffen.«

Wir seufzten tief und mußten dann doch lachen. Es gab keinen Grund, die Dinge gar so schwer zu nehmen. Tom hatte nun ein Zuhause gefunden und gute Freunde dazu. Die dumme Geschichte, die da herausgekommen war, mußte irgendwie aus der

Welt geschafft werden.

»Sam meint, es wäre das beste«, sagte Larry, »mit allen Freunden, dem Colonel, mit Justin und Peter und jedem, der Tom Arbeit geben würde, darüber zu sprechen. Außerdem wollen wir die Sache herunterspielen.«

Impulsiv und ohne daran zu denken, daß man seinen Freunden keine indiskreten Fragen stellen soll, sagte ich: »Larry, ging es wirklich immer nur um Autos? Meistens führt das zu schlimmeren Sachen – zu Diebstahl. War das hier auch so?«

Larry zögerte und sagte dann langsam: »Susan, wenn ein Junge einmal so was anfängt, kommt er mit anderen in Berührung, die dasselbe tun oder Ärgeres. Tom war ein rechter Dummkopf, und er hat dafür gezahlt. Ist das nicht genug?«

»Mehr als genug!« rief ich. »Ich hätte das nicht fragen dürfen! Hoffentlich fragt das auch kein anderer. Ich glaube nicht, daß einer von den Männern sich danach erkundigen wird. In dieser Hinsicht sind sie uns über. Es tut mir leid.«

»Schon gut. Wenn Leute darüber reden, dann sag ihnen, sie sollten nur einmal an ihre eigene Jugend denken und an die vermutlich noch dümmeren Streiche, die sie vielleicht an ihren Kindern erleben. In der Bibel gefällt mir am besten die Stelle, wo es heißt: ›Zeigt mir den unter euch, der ohne Sünde ist‹, du weißt schon, welche ich meine.«

»Die Stelle gefällt mir auch; ebenso die, wo es heißt: ›Richtet nicht, auf daß ihr nicht gerichtet werdet!‹ – Jetzt sind wir ja auf einmal mächtig fromm und feierlich, aber es schadet nie, die Bibel zu zitieren. Trotzdem: Könntest du dir vorstellen, daß wir so etwas zu Mrs. Knight sagten?« Wir lachten.

Es war so leicht, über die Angelegenheit gemeinsam zu lachen. Aber die ganze Geschichte, die für Larry keine Überraschung war, war für mich doch ein arger Schock. Immer wieder mußte ich an Toms düstere Kindheit und Jugendzeit denken. Ich wünschte, daß weder ich noch irgend jemand anderes diese Geschichte je erfahren hätten.

7

Unsere düsteren Vorahnungen waren nur allzu berechtigt. Von Florence Knight und ihrer Freundin Maureen Elder konnte man wohl kaum erwarten, daß sie solch eine aufregende Neuigkeit für sich behielten. Sie taten das auch nicht, und binnen vierundzwanzig Stunden mußten wir, ebenso wie Sam und Larry, sehr bedauern, daß jene wohlmeinende Frau im Laden mit ihm gesprochen hatte.

Für die ganze Gegend war das eine große Aufregung. Nie zuvor hatten wir hier einen ehemaligen »Sträfling« gehabt, und »den hat Mrs. Lee auf der Straße mitgenommen und behandelt, als ob er zur Familie gehörte!« So drückte sich einer aus.

Ein Mensch, der soviel Charakter und Zivilcourage hat wie Larry und sowenig Neigung zu Klatsch und Äußerlichkeiten, konnte in unserem kleinen ländlichen Kreis allgemeine Anerkennung erhoffen. So hatte Larry, ebenso wie wir übrigen, ergebene Anhänger, aber auch scharfe Kritiker.

Die Reaktionen auf die ganze Angelegenheit waren verschieden, aber im ganzen doch so, wie wir erwartet hatten. Die drei Freunde, Paul, Sam und Tim, hielten wie stets fest zusammen und spielten die unseligen Vorkommnisse in Toms Vergangenheit herunter. Sie sprachen als »alte Soldaten«, womit sie die anderen Männer, die nicht im Feld gewesen waren, mundtot machten. »So eine verrückte Fahrerei mit dem Auto anderer Leute ist albern, aber es hat nicht viel zu sagen.« Paul erinnerte sich, wie er sich in Ägypten ein Militärfahrzeug ausgeliehen und eine famose Zeit damit verbracht hatte. Sam hatte für längere Zeit keinen Urlaub bekommen, weil er einen großen Fehler gegangen hatte: Er hatte sich ein Fahrzeug ausgeliehen, das seinem Vorgesetzten gehörte. Tim beauptete, er habe einmal einen ganzen Tank samt Besatzung »für eine Gaudi« ausgeliehen. Ob all diese Geschichten buchstäblich wahr oder nur Übertreibungen waren, das wußten die Ehefrauen nicht, aber sie brachten die Männer, die nicht am Krieg teilgenommen hatten, zum Schweigen.

Anne, Tims nette junge Frau und Tochter des Colonels, verhielt sich, wie ich es erwartet hatte. »Der arme Tom! Ohne Eltern ist er aufgewachsen in so einem gräßlichen Heim! Kein Wunder, daß er es mit fremden Autos nicht so genau genommen hat. Wir wollen lieber versuchen, das alles zu vergessen, Susan.«

Tony und Miranda reagierten ebenso, nur mit noch mehr Eifer und weniger Einsicht. »Soviel Trara wegen ein paar Autos. Man könnte meinen, Tom hätte ihre Kinder entführt. Aber ich glaube, über ihre Kinder hätten sie sich nicht so aufgeregt!« sagte Tony ungerecht.

»Aber die Wagenbesitzer haben ihn nicht in die Besserungsanstalt gesteckt. Die Sache lag in den Händen der Polizei.«

»Ach, ich finde immer, die Polizei macht zuviel Wirbel um anderer Leute Angelegenheiten. Trotzdem muß ich sagen, daß der junge Polizist neulich mächtig nett war, als ich dein Auto ausgeliehen und den weißen Strich auf der Fahrbahn nicht bemerkt hatte.«

Miranda sagte natürlich nicht viel. Sie seufzte nur und meinte: »Der arme Tom! Jetzt werden die Leute noch und noch klatschen!« Sie wußte, was das hieß, denn als ihr Vater noch lebte und viel Wirbel machte, hatte ihre Mutter sehr unter dem Gerede in dem kleinen Ort zu leiden gehabt. »Morgen abend ist der Ball, Tony«, sagte sie. »Wir wollen Tom einladen, und dann können wir den Leuten zeigen, daß wir uns nicht darum kümmern.« Und das taten sie dann auch.

In Wirklichkeit machten sie soviel Aufhebens um Tom, sie tanzten so häufig und auffällig mit ihm, daß sie erst recht die Aufmerksamkeit auf ihn und seine Schwierigkeiten lenkten. David war auch mitgekommen und stand zusammen mit Tom im Licht dieser plötzlichen Popularität. Während das eine Mädchen mit Tom tanzte, drehte sich das andere, oder Beth oder Trix, vor dem sich zurückhaltenden David. Daß dieser von Anfang an zu Tom hielt, muß nicht extra erwähnt werden.

Diese Sympathiebeweise führten leider dazu, daß David sich über die Angelegenheit lustig machte. Was bedeutete denn schon so eine Zeit in der Besserungsanstalt? Das hatte doch nichts zu sagen! Die Hälfte seiner Freunde war berechtigt, einen »Sträflingsanzug« zu tragen. Sie hatten über ihre »Dinger« gelacht. In Wahrheit hatten einige sogar mit der Niederschrift ihrer Erlebnisse in einer solchen Anstalt ein schönes Geld verdient. Und wer klaute denn nie ein Auto? Kurz ehe er aus der Stadt losgezogen war, hatte er sich um Mitternacht etwa fünf Kilometer von jeglicher menschlicher Behausung entfernt »eines unverschlossenen Autos bedient«. Dem Besitzer geschah ganz recht: hätte er besser auf seinen Wagen aufgepaßt!

Die Sympathiekundgebung Davids war für Tom nicht sehr günstig. Die Haltung der beiden anderen jungen Männer war entschieden vernünftiger. Sie ignorierten die Sache und verhielten sich wie zuvor.

Aber all das munterte Tom wenigstens auf. Anfangs war er äußerst niedergeschlagen. Er hatte sogar seinen Rucksack gepackt und wollte in aller Stille auf und davon, aber Larry hatte ihn noch erwischt. Und während sie ihn tüchtig ausschalt, packte sie alles wieder aus.

»Ich glaube, meine gepfefferte Strafpredigt tat ihm gut! Dann kam auch noch David auf dem Mofa des Colonels fröhlich und übermütig angefahren. In diesem Moment hatte ich den Kerl direkt gern. Er brachte mich zum Lachen, und sogar Tom mußte grinsen und packte die Hundedecke und die Leine wieder aus. Irgendwie rang David ihm das Versprechen ab, zu der Tanzerei zu kommen, und was da los war, hast du wohl gehört.«

Jawohl, davon hatte ich gehört. Diese kleinen Tanzvergnügen waren zu einem Teil unseres Lebens in Tiri geworden. Organisiert hatte sie der »gesellige Klub«, der wie in vielen abgelegenen Gegenden gegründet worden war, »um die Leute ein wenig zusammenzubringen«. Jeden zweiten Samstag gab es nicht nur einen kleinen Ball, sondern oft sogar einen Spielabend. Da fühlten sich auch die Älteren verpflichtet zu kommen, die Männer mit

50-Penny-Stücken als Eintrittsgeld bewaffnet, die Frauen leider(!) mit einer Platte. Mit anderen Worten – wir stifteten Sandwiches und Kuchen zum Abendessen nach den Kartenspielen. Einmal im Monat kamen so die Älteren und die Jungen wechselweise an die Reihe. Bei der nächsten Party war kein Kartenspiel angesetzt, deshalb waren meist junge Leute vertreten. Die Kartenabende waren eine echte Prüfung, sozusagen ein »Probierabend«, wie Paul es zu nennen pflegte. Ich selbst nannte gerechterweise die Sache beim Namen: Es handelte sich um ein Verspeisen von gräßlichen Kuchen, die nie so gut gelingen wie die von Mrs. Elder.

Wenn die Älteren nicht kamen, wurden die Platten von den jungen Mädchen hergerichtet. Tony gab sich keine Mühe; sie kaufte ihre Sachen im Supermarkt und machte auch keinen Hehl daraus. Miranda war eine vorzügliche Köchin und buk Törtchen und leckere Kuchen, die auf der Zunge zergingen.

An dem Samstag nach den Enthüllungen über Toms Vorleben war kein Kartenspiel angesetzt; darum sollten nur junge Leute zusammenkommen. Es war nur ein Tanzvergnügen, und das erleichterte die Sache für den armen Tom, der von Tony und David zur Teilnahme gedrängt worden war. Zur allgemeinen Überraschung und gegen jegliche Erwartung waren doch einige von den älteren Herrschaften erschienen. Offensichtlich hatten sich manche Papas und Mamas den jungen Mann einmal betrachten wollen.

Was sie sahen, erschreckte die einen und erheiterte die anderen. Paul und ich waren nicht hingegangen, aber David berichtete uns in einem seltenen Anfall von Mitteilungsbedürfnis. »Natürlich mußten so ein paar Greise auftauchen, um festzustellen, wie Tom sich benimmt und ob er auch kein Auto klaut. Sie waren sehr diskret, sie schnitten ihn nicht geradezu – sie begrüßten ihn eher betrübt als zornig, und die Damen rafften gleichsam ihre altmodischen Kleider hoch, um nur ja nicht einen Kerl zu berühren, der in einer Besserungsanstalt gewesen war. Einige Mädchen schwammen im Geleitzug ihrer Mutter und mieden Tom recht auffallend, aber die meisten jungen Burschen verhielten sich sehr anständig. Sie machten kein Getue, sondern ignorierten einfach Toms Vergangenheit. Tatsächlich hätte es eine ganz normale ländliche Party sein können, soweit ich das als Neuling beurteilen kann, wenn eure Mädchen nicht gewesen wären.«

»Warum? Was haben sie denn getan?«

»Nichts Besonderes. Sie gaben nur zu erkennen, daß Tom ihr liebster, ehrlichster Freund sei, und wehe dem, der ihn zu kritisieren wagte. Sie tanzten ununterbrochen mit ihm, außer wenn Beth oder Trix sie ablösten. Und zum Schluß jedes Tanzes gaben sie ihn nur betont ungern frei. Das Lustige ist, daß der Kerl ein guter Tänzer ist. Als ich nach dem Grund fragte, erzählte er, daß die Burschen, die sich einwandfrei aufführten, gelegentlich unter Aufsicht ein wenig tanzen durften. Jedenfalls war das Ergebnis ausgezeichnet, und er und Tony konnten sich schon sehen lassen. Zum Schluß lachte das Publikum und applaudierte. Natürlich wußten die meisten, was wir im Sinn hatten, und waren auf unserer Seite. Allerdings hörte ich Mrs. Elder sagen: ›Ein hübsches Bild, diese beiden, wenn man nicht wüßte . . .‹ Aber ich benahm mich sehr fein und versuchte nicht, sie zu erwürgen. Zum Schluß hat sie sich dazu aufgerafft, anständig mit Tom zu reden.«

»Und wie nahm Tom es auf, das alles?«

»Na ja, Sie kennen ihn ja. Er nimmt eben alles, wie es kommt. Er ist froh, wenn die Leute nett sind, wie er das bezeichnet. Und er meidet die Unruhestifter. Es schien ihn nicht zu interessieren, welchen Eindruck er machte; jedenfalls benahm er sich so natürlich wie immer.«

Zum Glück war Tom viel zu einfach und anspruchslos, um seine neue Popularität auszunützen. Er drängte sich nicht ins Licht der Öffentlichkeit, weder als heimgekehrter verlorener Sohn noch als Bösewicht mit düsterer Vergangenheit – er war einfach der Tom, der große Fehler gemacht und dafür gebüßt hatte. Er hatte sich in Larrys Haushalt eingefügt, anfangs mit leichter Nervosität, die mich beunruhigte, aber allmählich gewann er eine heitere Selbstverständlichkeit und die wohl erste Sicherheit seines Lebens. Mit Larrys Sohn Mark und meiner Tochter Patience hatte er sich sehr angefreundet, und diese Tatsache zusammen mit der herzlichen Freundschaft zu David schien ihn glücklich zu machen.

Inzwischen ging der neue gesellige Wirbel in Tiri weiter. Alle vierzehn Tage gab es Partys in der Stadthalle und freitagsabends ein Treffen im Supermarkt. »Um neun Uhr ist Schluß, und dann gehen noch ein paar von uns hinüber zu Tantchen auf eine Tasse Kaffee.«

»Das ist aber eine ziemliche Belastung für sie nach all der Arbeit in der Woche«, sagte ich.

»Aber sie kümmert sich nicht viel um uns. Sie geht zu Bett, wenn sie Lust hat, und Miranda bleibt, bis einer von den Burschen sie um zehn Uhr heimbringt. Meistens tut das Joe, aber letzthin war es manchmal Graham. Ich koche Kaffee – nicht aus dem Laden, meine Gute, sondern einen, den ich brav aus meiner eigenen Tasche bezahlt habe. Dann sitzen wir vergnügt noch ein wenig beisammen und reden über die letzten Neuigkeiten. Manchmal kommen auch Tom und David dazu. Aber meistens gehen sie in Toms Häuschen und hören Platten. So fades, hochgestochenes Zeug scheint ihnen am besten zu gefallen, doch besitzen sie auch ein paar lustige moderne Platten.«

Das alles hörte sich vergnügt und normal an. Ich konnte nur hoffen, daß es für Tantchen nicht zuviel würde. Als ich das zu ihr zu sagen wagte, wehrte sie ab. »Nein, nein, Susan. Sie sind mir nicht im Wege. Die beiden Mädchen sorgen für sich selbst und für die beiden jungen Männer, die sie manchmal mitbringen. ›Mit heimbringen‹ nennen sie das, und es gefällt mir, daß sie es so auffassen. Richtig daheim ist Tony natürlich bei euch auf dem Hügel, aber ihr Werktag hier macht ihr auch Freude. Und Miranda blüht und gedeiht. Man kann sich das schüchterne, hilflose Mädchen kaum mehr vorstellen, das vor einem Jahr hierherkam, um Tony zu entlasten. Sie ist noch so ruhig wie eh und je, aber sehr anstellig und völlig gelassen in allen Situationen. Wenn Tony verheiratet ist, werden wir gut miteinander weiterarbeiten, obwohl wir sie vermissen werden. Ihr übrigens auch.«

»Ich nehme an, daß sie einen Großteil ihrer Freizeit daheim verbringen wird oder auf der Farm. Peter ist fleißig, aber, vielleicht unter dem schlimmen Eindruck seiner Mutter, überhaupt nicht anspruchsvoll. Wovor ich Angst habe, ist die Hochzeit.«

»Das kann ich Ihnen nicht verdenken. Muß es denn eine so große Feier werden?«

»Ich kann mir nicht vorstellen, wie es eine große Hochzeit werden kann, wenn die Zeremonie in unserer kleinen Kirche und die Party in unserem Haus stattfinden soll. Man kann es schließlich nicht vergrößern. Und wenn ich mir noch solche Mühe gebe. Aber trotzdem wird es eine große Sache werden. Meine Liste ist ellenlang.«

»Ach, arme Susan! So habe ich Sie noch nie reden hören!«

»Ich sollte auch jetzt nicht klagen. Schließlich sind Hochzeiten ja eine fröhliche Sache. Nur nehmen sie heutzutage immer gleich so gewaltige Formen an. Ich habe schon versucht, die Zahl der Gäste herunterzudrücken. Aber unter dreihundert komme ich einfach nicht. Stellen Sie sich bitte dreihundert Leute in unserem Haus vor! Selbst wenn wir noch zwei große Zelte im Garten aufstellen, reicht der Platz nicht.«

»Das ist freilich ein Problem. Und weshalb wollen Sie die Party nicht in der Stadthalle abhalten? Das wäre doch auch für die Gäste einfacher, weil sie nach der kirchlichen Zeremonie nicht die zwölf Kilometer zu Ihrer Farm herauffahren müßten. Für Sie wäre es auch leichter, denn Sie könnten aus dem Haus gehen, ohne erst groß aufräumen zu müssen. Und wenn Sie heimkommen, können Sie gleich ins Bett gehen.

»Bitte reden Sie nicht so! Das klingt alles so einfach und verlokkend. Aber Tony möchte von ihrem richtigen Zuhause, wie sie es immer nennt, in den Ehestand treten, und ich möchte sie um alles in der Welt nicht merken lassen, wie schwierig das für mich ist. Nicht einmal Larry gegenüber war ich so offen, aber es ist sehr tröstlich, sich einmal alles von der Seele reden zu können, Tantchen.«

»Warum auch nicht? Ich hätte nicht zwanzig Jahre hier verbringen können, wenn ich anderer Leute Angelegenheiten, die mir anvertraut wurden, ausgeplaudert hätte. Reden Sie nur offen mit mir, Susan! Und jetzt erklären Sie mir bitte, warum es so eine riesige Veranstaltung sein muß.«

»Nun, zum ersten müssen wir alle Leute aus unserem Distrikt einladen. Auf gar keinen Fall möchte ich jemanden auslassen, obwohl ich Florence Knight und ihre Freundin, Mrs. Elder, nicht besonders gut leiden kann. Das sind schon mal fast fünfzig Personen, ausgenommen die Verpflichtungen, die wir in Tiri auch nicht übergehen dürfen. Weiterhin gibt es einige Leute in Te Rimu, die Tony gern und mit ihr verkehrt haben. Übrigens waren sie auch sehr nett zu mir. Folglich müssen wir sie auch einladen. Das sind schon eine ganze Menge; dazu kommen noch Alistairs Freunde – er ist ringsum genauso beliebt wie Tony. Da sind die Geschäftsleute, die mit ihm und Tony auf Reisen zusammen waren, ebenso ihre Frauen und oft auch ihre Schwestern. Und die vielen, die Tony zu Weihnachten Grüße und Geschenke schikken, können wir auch nicht auslassen. Alistair rechnet damit.«

Tantchen war ernst geworden. »Das ist ja schrecklich. Da wundert es mich nicht, wenn Sie auf dreihundert Personen kommen. Schade, daß Tony nicht heimlich davongelaufen ist. Das hätte das alles hinfällig gemacht.«

»Tony möchte wie die meisten modernen Mädchen eine große Hochzeit haben. Natürlich hat sie keine Ahnung, *wie* groß sie sein wird und welche Riesenarbeit das für mich bedeutet. Zwar werden Larry, Miranda und Anne und die anderen hiesigen Freundinnen mir helfen, doch an mir bleibt das meiste hängen, und ich kriege das Händeflattern, wenn ich nur daran denke.«

»Und wie steht's mit Paul? Für ihn ist das doch auch nicht so einfach, oder?«

Ich wußte, daß sie an die Kosten dachte; sie war aber zu diskret, um das deutlich auszusprechen. Mit Tantchen kann man immer offen reden in dem seltenen Bewußtsein, daß alle Geständnisse in einen tiefen Brunnen fallen. Deshalb gestand ich ihr: »Das alles bedeutet natürlich eine gewaltige Ausgabe. Auch das regt mich auf. Ich wünschte, Paul würde in dieser Hinsicht vernünftiger sein, aber das scheint aussichtslos. Alistair schrieb uns einen sehr netten Brief und fügte einen noblen Scheck bei. Das hätte die Angelegenheit sehr vereinfacht; aber Paul war zu stolz, um ihn anzunehmen, und sandte ihn zurück. Er sagte, Alistair hätte niemals eine echte Verantwortung für Tony übernommen, hätte sich nur um sie gekümmert, wenn es ihm gerade in den Kram paßte. Nun will Paul nicht, daß er sich plötzlich in Szene setzt und die ganze Geschichte in die Hand nimmt – als wenn Alistair das wollte! Aber Sie wissen ja, wie wenig Zweck es hat, mit Paul zu streiten, wenn er einmal einen Entschluß gefaßt hat. Deswegen gab ich's auf. Aber dann und wann träume ich voll Sehnsucht von dem Scheck. Ich weiß ja, daß Paul das alles nicht bezahlen kann. Die Lieferanten verlangen eine Unmenge, dann der Alkohol, und überhaupt das ganze Drum und Dran!«

Mir versagte schier die Stimme vor lauter Trübsal, und darüber mußten wir beide lachen. »Na ja, es ist ja noch nicht September«, meinte Tantchen. »Da wollen wir uns noch nicht heute allzu viele Gedanken machen. Bis dahin kann viel geschehen. Obwohl nicht anzunehmen ist, daß Tony ihren Sinn ändert, was Peter angeht. Es wäre ein echter Schlag für uns, wenn ihr das einfiele.«

»Nein, Gott sei Dank, das ist nicht zu befürchten. Sie hat schließlich doch den Richtigen gefunden. Sie ist zur Vernunft gekommen, wie Paul sich ausdrückt. Und lieber will ich gleich zweimal so eine gräßliche Riesenhochzeit ausrichten, als daß Tony ihr wahres Glück versäumt.«

Das kam gewiß nicht in Frage. Meine stürmische Nichte war völlig verändert. Die wahre Liebe hatte vollbracht, was keiner der zahlreichen Flirts erreicht hatte. Sie war überglücklich und verbrachte einen Teil ihrer Zeit an den Wochenenden damit, Peter bei seinem Ritt über die Viehkoppeln zu begleiten und bei der Versorgung der Mutterstuten zu helfen. Da Jock in Schottland war und der Colonel noch immer David so gegen alle Abmachung festhielt, hatte Peter viel Arbeit. Es überraschte mich daher nicht, daß Tony eines Tages ankündigte, sie werde David aus seinem bequemen Job loseisen und ihm zur Abwechslung eine richtige Arbeit verschaffen! Er sollte nicht soviel herumlungern und nur gelegentlich mal das eine oder andere Pferd dressieren. »Ich glaube, der Colonel hat ganz vergessen, daß er ihn nur für zwei bis drei Monate angestellt hat. Jetzt will ich ihn mal daran erinnern.«

»Das wird nicht so einfach sein.«

»Das weiß ich, aber es hat keinen Sinn, die Sache hängenzulassen. Ich werde ihn heute nachmittag besuchen. Du mußt mitkommen, um mir den Rücken zu stärken. Du weißt genau, wie nötig Peter Hilfe braucht, nachdem Jock fort ist.«

Ich willigte ein. Hauptsächlich aus dem Grund, weil ich gern einmal heraus wollte, um wenigstens für ein kleines Weilchen von meinen Hochzeitssorgen loszukommen. Tony hätte den Colonel auch ohne meine Hilfe überreden können; schließlich konnte er sie sehr gut leiden. Die Sache wurde noch dadurch erleichtert, daß der alte Herr nicht zu Hause, sondern bei Anne war. Er würde sich über unseren Besuch sehr freuen, und wir sollten nur ja die Kinder mitbringen.

Unsere Großen waren zum Wochenende daheim, und die Freude war allgemein. Nichts machte ihnen mehr Spaß als so ein Nachmittag bei Anne, wo sie tüchtig verwöhnt wurden. Da es für meine Kinder undenkbar war, irgend etwas ohne Larrys Sprößlinge zu unternehmen, fuhren wir mit vier lebhaften Kindern auf den Rücksitzen los. Ich selbst saß mit der bildhübschen und zu allem entschlossenen Tony vorn.

Annes Haus ist bezaubernd. Es ist nicht groß, aber der Colonel hatte seinen unabhängigen Schwiegersohn allmählich dazu gebracht, ein paar kleine Räume anzubauen; das gab der ganzen Wohnung mehr Freizügigkeit. Anne kam aus dem Haus, um uns zu begrüßen. Sie sah so jung und liebreizend aus wie immer. An jeder Hand hielt sie einen der Zwillinge. Im Hintergrund sah man den kleinen Gerald, der jede hilfreiche Hand abgelehnt hatte, sich an Großvaters Hosenbein festhielt und so auf uns zustapfte. Es sah entzückend aus. Anne hatte das Glück, das jeder Zwilling einem Elternteil glich. Die kleine Elizabeth hatte das runde Gesicht und die blauen Augen der Mutter, während Charles seinem hochgewachsenen, gutaussehenden Vater ähnelte. Gerald, der Kleine, versprach jetzt schon eines Tages das Ebenbild seines imponierenden Großvaters zu werden.

»Gerade als ob Anne es darauf angelegt hätte«, meinte Larry einmal. »Elizabeth ist süß, hat aber ein Bubengesicht; und Charles würde ein himmellanges, charakteristisches Mädchen abgeben. Von Gerald hingegen erwarte ich, gelegentlich einen der Ausdrücke seines Großvaters zu hören. Sie sind einfach eine Idealfamilie. Hoffentlich beläßt es Anne auch dabei.«

Wie ich wußte, hatte sie die feste Absicht, und ich fand das sehr vernünftig von ihr. Ganz abgesehen von dem Gerede, daß man aus Patriotismus nur zwei Kinder haben sollte, gibt es wahrhaftig genug Schwierigkeiten bei der Niederkunft, wenn der Arzt fünfzig Kilometer weit entfernt wohnt und es wenig Aussicht auf gute Hilfe gibt. Ich beruhigte mich bei dem Gedanken, daß schließlich Tim dafür die Verantwortung trug und er mit dem jetzigen Stand seiner Familie zufrieden schien.

In ihrer gewinnenden Art ging Tony bei dem Colonel sofort zum Angriff über. Sie tat so, als sei sie sehr müde, und sagte mit einem tiefen Seufzer, Peter habe so schrecklich viel Arbeit, daß sie ihm an ihren Wochenenden unbedingt zur Hand gehen müsse. Der Colonel billigte das keineswegs. »Der Platz einer Frau ist nicht draußen auf der Farm«, sagte er streng. »Ich muß sagen, das überrascht mich an Peter.«

»Ach, das ist nicht seine Schuld. Er kann es nicht ausstehen, wenn ich draußen arbeite. Er denkt genau wie Sie und findet, der Platz der Frau sei im Haus.«

Ich blickte starr zum Fenster hinaus. Wenn Peter so dachte, was ich allerdings bezweifelte, dann würde es für ihn nach seiner Heirat ein herbes Erwachen geben. Ich konnte mir Tony nicht allzulang in den vier Wänden der hübschen modernen Küche vorstellen, die seiner Mutter Stolz und Freude gewesen war.

Sehr diplomatisch verfolgte Tony weiter ihr Ziel. Sie trauere den Zeiten nach, als die Löhne in der Stadt noch nicht so hoch waren, so daß man für die Landarbeit leichter Leute bekommen konnte. »Aber heutzutage ist das natürlich aussichtslos«, schloß sie mit einem tiefen Aufseufzen.

Der Colonel war anderer Meinung. Er beschäftigte ständig drei Arbeiter auf der Farm und bezahlte sie so gut, daß sie keine Lust hatten, in die Stadt abzuwandern. Außerdem war ja auch noch David da. »Den kann man doch wohl als typischen Großstädter bezeichnen, und dennoch ist er auf dem Land glücklich«, meinte er triumphierend. »Er ist ein braver Kerl, ganz abgesehen von seinem Geschick im Umgang mit den Pferden. Ein bißchen zu selbstbewußt ist er vielleicht, aber er weiß, wie man mit Älteren umzugehen hat.«

»Davon bin ich überzeugt«, gab Tony zu. Sie vermied es dabei, mich anzusehen. Wahrscheinlich erinnerte sie sich an Davids letzten Besuch, wo er eine Unterhaltung mit dem Colonel genau nachgeahmt hatte, mit all den hochtrabenden Gemeinplätzen in der Redeweise des alten Herrn und seinen ergebenen Antworten. »Ich überlege mir oft«, fuhr Tony schmeichlerisch fort, »ob er überhaupt noch einwilligt, zu Peter zu kommen und auf einer ganz gewöhnlichen Farm zu arbeiten, nach dem Leben, das er bei Ihnen hatte. Aber wir haben da die beiden Mutterstuten, und ich wünsche mir immer, David wäre da, um sie zu versorgen«, schloß sie sinnend.

Auf einmal fiel der Groschen. Ich hörte ihn direkt klimpern und erkannte einen schuldbewußten Ausdruck in den Augen des Colonels. »David? Ach herrje, das hatte ich ja ganz vergessen. Als er in unsere Gegend kam, wurde ausgemacht, daß er erst einige Zeit für mich arbeiten und dann zu Peter gehen sollte. Der Junge gehört schon so zu uns, daß mir das ganz entfallen war.«

»Sicherlich ist er bei Ihnen glücklicher als anderswo. Er verträgt sich gut mit den anderen Arbeitern und hat in Ihnen einen großartigen Boß, Colonel.« (Das war übertrieben, denn in Wirklichkeit war ja Justin Davids Vorgesetzter. Aber David konnte den

Colonel gut leiden. Wenn das nicht der Fall gewesen wäre, hätte er ihn gewiß nicht imitiert. Merkwürdigerweise tat er das nie mit Leuten, die er nicht mochte. Er bezeichnete den Colonel immer als einen famosen alten Knaben. Und das war bei unserem David schon ein großes Lob.)

»Aber wenn Peter Hilfe braucht ... Klar, sein Tierpfleger ist nicht da, da muß er ja zuviel arbeiten. Daß ich nicht eher daran gedacht habe! Gleich heute abend werde ich mit David sprechen und feststellen, wie er über die Übersiedlung zu Peter denkt. Schließlich sind dort ja auch gute Pferde, und wenn er Lust hat, kann er jederzeit zu mir zurückkommen.«

Tony war voll überströmender Dankbarkeit, und Anne lachte später mit mir in der Küche. »Daddy ist goldig! Er hatte das wirklich vergessen! Aber er umgibt sich gern mit einem großartigen Gefolge und hatte David gern dabei.«

»Aber als er begriff, daß Tony darunter zu leiden hatte, hat er sofort darauf verzichtet. Er ist eine ritterliche Natur und läßt es auch alle Welt wissen.«

Alles war auf diese Weise schnell und leicht geregelt. Mit Bedauern verließ David die anderen Arbeiter und versprach dem Colonel, zu ihm zurückzukommen, sobald Peters Tierpfleger wieder da sei und Peter mit der Arbeit fertig würde, »ohne ein reizendes Mädchen zu überanstrengen«. In der nächsten Woche zog David in Peters Haus. Vorher stellte er aber fest, dieses Arrangement gelte nur so lange, »bis sie den schweren Irrtum der Eheschließung begehen«. Denn mit Tony wolle und könne er nicht im selben Haus wohnen. Über den Colonel gab er ein abschließendes Urteil ab: »Ja, ich habe gern für ihn gearbeitet. Er ist ein netter alter Knabe, obwohl er zu einer anderen Generation und zu einer anderen Welt gehört.«

Zu welcher Welt gehörte David? Von einer Rückkehr in sein Elternhaus war keine Rede. Zu seiner Entschuldigung hatte er mir zwar versichert, er habe dreimal an seine Mutter geschrieben. Tony lüftete sogar das Postgeheimnis und berichtete mir vertraulich, daß Mrs. Hepburn jede Woche schreibe. Gelegentlich komme auch ein dicker Brief, auf dem die Adresse so unleserlich geschrieben sei, daß er nur von einem Arzt kommen könne. »Aber David scheint sich nicht zu rühren«, ärgerte sich Tony.

Ich selbst war anderer Meinung. Ich war überzeugt, daß David eines tiefen Gefühls fähig war, welches er aber keinesfalls zeigen mochte. Er wollte nach seiner Art mit allen Problemen allein fertig werden. Er wollte mit den verschiedensten Menschen zusammen sein. Er wollte ungestört seinen eigenen Weg gehen. Seine Eltern waren klug genug, ihn in Ruhe zu lassen; aber es muß sie wohl hart angekommen sein, zuzusehen, wie er seine Chancen in einer akademischen Welt unbeachtet ließ. Doch die Zeit der heranwachsenden Kinder ist für Eltern wohl immer schwierig.

Als ich am nächsten Tag mit Larry darüber sprach, stimmte sie mir zu.

»Larry, ist es nicht herrlich, daß unsere Kinder noch zu jung sind, um da auch mitzumachen? Bis sie so alt sind, wird sich alles geändert haben.« Doch sie erwiderte mir sachlich: »Glaub doch das nicht, Susan! Es wird vielleicht anders sein, aber im Grunde wird es doch auf dasselbe hinauslaufen.«

Nach dieser ziemlich unlogischen Feststellung ließen wir das Thema fallen und kehrten zu den heißen Problemen der »Hochzeit« zurück.

8

Stets habe ich mich über Leute lustig gemacht, die sich zu sehr mit materiellen Dingen beschäftigen. Nun muß ich zu meiner Schande gestehen, daß ich viele nächtliche Stunden über die Schwierigkeiten im Hinblick auf Tonys Hochzeit grübelte. Der Herbst war in den Winter übergegangen; auf der Farm war anscheinend alles in Ordnung, so daß mich wenig davon ablenkte. Ich überlegte abwechselnd: Wie kann ich eine große Hochzeitsfeier ausrichten? Und: Wie könnte man die Feier kleiner gestalten? Natürlich behielt ich das alles für mich, denn Tony sollte auf keinen Fall erfahren, wie sehr mich die Angelegenheit umtrieb. Jeder kleinste Hinweis auf meine Befürchtungen brachte Paul in Aufruhr. »Wir wollen die ganze Sache in Te Rimu über die Bühne gehen lassen«, sagte er, »und die Party dort in der Stadthalle abhalten. Da brauchst du weiter nichts zu tun, als eine deiner Freundinnen zu veranlassen, die Halle und die Kirche mit Blumen zu schmücken. Das wird allerdings in der Menschenmenge keiner bemerken. Und dann kaufst du dir ein schönes Kleid, wie es sich für eine Brautmutter schickt.«

»Selbstverständlich werde ich passend angezogen sein«, versetzte ich. »Aber Tonys Herz hängt an der Vorstellung, daß die ganze Feier in Tiri und in unserem Haus stattfindet. Es ist das einzige Mal, daß sie eine Bitte an uns richtet, und die mag ich ihr nicht abschlagen – also wage ja nicht zu verraten, daß das wie ein Riesenberg vor mir liegt.«

Nach diesem Gespräch durfte ich mit meinen Problemen nicht mehr zu Paul kommen. Als ich einmal mitten in der Nacht unbewußt murmelte: »Werden zwei Zelte denn auch ausreichen?« grunzte er nur: »Wenn es so verflucht viel Arbeit ist, warum machst du es dann nicht in Te Rimu?« Dieses Mal wiederholte ich nicht Tonys Wunsch, zu Hause zu heiraten. Ich wußte ja, daß es keinen Sinn hatte, Paul mit meinen Sorgen zu behelligen. Er schlief gleich wieder tief ein, und ich hatte die größte Lust, ihn wachzurütteln.

Die praktischen Vorbereitungen für die Hochzeit waren leicht und schnell getan. Blumenstreuende und schleppetragende Kinder kamen nicht in Frage; wir hatten Tony überzeugt, daß sie nicht alle sechs Kinder zur Begleitung haben könne. Wir hatten unsere Sprößlinge bei Hochzeiten erlebt und wollten nichts mehr davon hören. Zur Ehrendame wurde Anne, zur Brautjungfer Miranda gewählt. Ein Freund von Peter aus Te Rimu sollte Anne und Joe Merton als Brautführer Miranda begleiten. Die Kleider stellten mich vor kein Problem: Anne und Miranda nahmen das in die Hand. Sie suchten einen bezaubernden Stoff aus und ließen alles bei einer guten Schneiderin in Te Rimu nähen. Sie wollten zusammen zur Anprobe fahren. Annes zarte, jugendliche Erscheinung und Mirandas dunkle Schönheit würden einander wundervoll ergänzen.

Da es in Te Rimu ein ausgezeichnetes Braut-Ausstattungsgeschäft gab, kaufte Tony ihr Kleid von der Stange, denn sie hatte eine Figur, der alles paßte. Sie war auch leicht zufriedenzustellen, fand ich, wohl selten hat eine Braut sowenig Nachdenken und Zeit an ihr Kleid verwendet. Mein eigenes Kleid konnte ich zum Glück auch fertig kaufen, so war es nur noch die Party, die mir Sorgen machte. Unser altmodisches Haus ist sehr geräumig, und über die Veranda konnte man geschützt leicht in die beiden großen Zelte gelangen, auch wenn das Wetter schlecht sein sollte; in optimistischer Stimmung hielt ich es sogar für möglich, daß es für alle Gäste ausreichen könnte – die schwachen unter ihnen würden allerdings niedergetrampelt werden.

Wenigstens tagsüber hielt ich es für ausreichend. In der Nacht schien der Raum einzuschrumpfen, und wahre Angstträume von einer schiebenden, stoßenden Menge beunruhigten mich. Ich begann schlecht zu schlafen und wußte doch, daß das nichts nützte. Also nahm ich mir eine warme Jacke, sah mir das Fernseh-Programm bis zum Schluß an, nahm mir noch ein Buch vor und schlief schließlich doch vor lauter Müdigkeit ein.

Inzwischen bedeutete das gesellige Treiben eine Abwechslung gegenüber unserer sonst um diese Jahreszeit üblichen Beschäftigung mit dem Wetter und dem Vieh. Wie ich schon erzählte, war unter der Führung von Graham Ford ein geselliger Jugendklub entstanden. Mit einem beträchtlichen Mangel an Originalität hatten sie sich den Namen »Die Gang« gegeben. Das geplante kleine Theaterstück war ein willkommener Anlaß, sich regelmäßig zu treffen und häufig Proben abzuhalten. Als ich Tony fragte, was denn Peter zu alledem sagte, meinte sie vergnügt, glücklicherweise sei er sehr modern eingestellt und mache kein Aufhebens um so unwichtige Kleinigkeiten.

»Ach, er ist sehr verständnisvoll. Oft kommt er vorbei und hilft uns – er bezeichnet sich selbst als Theaterleiter –, und dann bringt er mich immer nach Hause. Er hält es für ein ziemlich harmloses Stück, was ihn bei uns acht modernen jungen Leuten wundert ... Übrigens war neulich der Friede leicht gefährdet.«

»Durch wen?«

»Ausgerechnet durch die unschuldige kleine Trix! Sie fing nicht etwa einen Streit an – nein! –, viel schlimmer: Sie versuchte, ihren Anspruch auf die Freundschaft mit David geltend zu machen. Anscheinend kannte ihre Mutter Mrs. Hepburn, als Trix im Internat war. Sie war dort einmal eingeladen gewesen und traf bei dieser Gelegenheit mit David zusammen.«

»Das arme Ding! Und sie dachte, David würde es gefallen, wenn sie ihn daran erinnerte?«

»Ja. Ihre Mutter erinnerte sie an die Begegnung, und nun glaubte sie, David würde das interessieren.«

»Das war natürlich nicht der Fall.«

»Genau. Er war eher irritiert. Er wurde direkt ärgerlich, als sie sagte: ›Ihr habt so ein wunderschönes Haus, und deine Mutter ist einfach goldig.‹ Er schniefte nur und sprach von etwas anderem. Ich fürchte, die arme Trix geht ihm von nun an etwas auf die Nerven.«

Davon war ich überzeugt; die Kleine tat mir leid. Sie hätte die alte Bekanntschaft so gern erneuert. Ich konnte nur hoffen, daß diese Unstimmigkeit die »Gang« nicht zerstörte. Aber Tony beruhigte mich: »Graham ist so ein prima Kerl. Er stellte die gute Stimmung wieder her und war sehr nett zu Trix. Er ist für unsere Gegend wirklich eine größere Bereicherung als der widerliche David oder der arme Tom.«

Obwohl es mich ärgerte, daß unsere beiden Anhalter so herabgesetzt wurden, mußte ich doch zugeben, daß Graham bei jeder Komplikation viel Takt und Einsicht zeigte. Nur durch seinen Einsatz war die Begeisterung für das Theaterstück von solcher

Dauer; außerdem war er ein ausgezeichneter Schauspieler. Er spielte die Rolle des Ehemannes, und Peter war viel zu verständig, um die Vertraulichkeit übelzunehmen. Ich sprach mit Larry über das alles, und sie meinte: »Komisch, daß sie alle so vernünftig sind.« »Vielleicht ist die allzugroße Toleranz, von der wir immer hören, schon wieder abgesetzt«, überlegte ich.

»Wenn das der Fall ist, habe ich nichts von einem Übergang gemerkt«, meinte Larry. »Wir wollen dem lieben Gott danken, daß unsere neun jungen Leute sich so benehmen wie ihre Großeltern, so vernünftig und ohne sich irgendwelche Freiheiten herauszunehmen.«

Als ich etwas Ähnliches zu Tony sagte, lachte sie: »Wenn ich jetzt so darüber nachdenke, finde ich's auch merkwürdig. Keiner schlüpft mit einer ins Bett; es wird nicht einmal geschmust. Das kommt wahrscheinlich daher, daß Peter und ich ihnen so ein gutes Beispiel geben«, schloß sie höchst selbstgefällig. Da mußte ich nun doch lachen und sagte: »Ja, ja, ein Segen, daß du uns nicht mehr an der Nase herumführst.«

»Das ist aber eine Beleidigung! Ich habe nie jemanden an der Nase herumgeführt. Vielleicht habe ich gelegentlich eine kleine Dummheit begangen, aber das ist vorüber und vorbei. Und Peter weiß, daß er uns allen vertrauen kann. Er kann nicht an jedem Samstagabend kommen, aber er gönnt's mir, daß ich mit den jungen Leuten ausgehe.« (Zu dieser Zeit war Tony noch nicht ganz einundzwanzig Jahre.)

»Und gar erst Miranda«, fuhr sie fort, »die hat für Dummheiten gar nichts übrig. Bei ihr geht's entweder um Joe oder um Graham. Ich glaube, sie weiß selbst noch nicht, welcher es sein soll. Aber sie kokettiert niemals. Wenn man so aussieht wie sie, hat man das nicht nötig. Die beiden Jungen sind ihr in aller Stille und Treue ergeben.«

»Und wer wird siegen?«

»Das weiß der Himmel. Beide haben ihre großen Vorzüge, dabei sind sie doch grundverschieden. Graham ist riesig nett und so lustig; Joe ist eben nur so ein prima Kerl – da fällt die Wahl schwer. Möchtest du dein Leben lieber mit einem gutmütigen, leichtherzigen Gesellen verbringen oder mit einem charakterfesten prima Kerl? Zum Glück ist das Mirandas Problem, nicht meines. Sie spricht nicht darüber, nicht mal zu mir.«

»Und was ist mit den beiden anderen Mädchen?«

»Beth ist ein liebes Ding, und David hält sich an sie wegen der Pferde. Im übrigen kann er Mädchen nicht ausstehen, die sich an ihn klammern wollen wie die arme Trix. Beth ist ein prima Kamerad. Ich glaube, sie hat in Wirklichkeit irgendwo einen heimlichen Freund, deshalb ist sie nicht interessiert. Wenn die kleine Trix nur nicht immer von Davids schönem Zuhause reden wollte! Und sie fragt ihn auch noch, ob er es nicht vermißt!«

Das war also unser Junioren-Klub, eine Gesellschaft von vier Mädchen und einigen Burschen. Mit Joe und Graham konnte man stets rechnen; Peter kam, wenn er die Zeit erübrigen konnte. David kam mit Tom je nach Laune. Das eine Mal erschienen sie überraschend; in der nächsten Woche, wo man fest auf sie gezählt hatte, beschlossen sie, daheim zu bleiben. Es war eine vergnügte kleine Bande, die sich bei uns allen wohl fühlte. Sie nahmen, wie wir selbst in unserer Jugend, alles mit, ließen keine Tanzerei, kein Treffen in Tiri aus; sie fuhren nach Te Rimu ins Kino und zum einen oder anderen Ball. Sie besuchten alle möglichen Liebhaberaufführungen unter dem Vorwand, daß sie ihr eigenes lächerliches Theaterstück sehr ernst nähmen. Das war also trotz Regen und Kälte eine fröhliche Zeit.

Bis eines Tages das Unheil heraufzog. Ich wollte meinen Geldbeutel eines Morgens holen, den ich auf dem Tisch im Eßzimmer hatte liegenlassen, und stellte fest, daß zwei Zehndollarnoten fehlten. Ich suchte wie wild und redete mir ein, daß ich die Scheine verlegt hätte, im Innersten aber wußte ich genau, daß sie am Nachmittag, als ich Geld für eine wohltätige Sammlung herausnahm, noch in der Börse gewesen waren. Am Abend zuvor war eine Probe des Theaterstückes mit allen jungen Leuten bei uns gewesen.

Ich schob diese Gedanken energisch von mir, aber kurz danach ertappte ich mich, wie ich im Geist die einzelnen Leute durchging und mir überlegte, wo ich sie gesehen hatte. Die Antwort war einfach: Es waren eben alle überall gewesen. Auch Larry und Sam hatten hereingeschaut. Und Anne war gekommen, um zu sagen, daß die nächste Probe nicht in ihrem, sondern im Haus ihres Vaters sein solle. Ebenso war Peter erschienen, um bei der ausgelassenen Gesellschaft Regie zu führen. Kurzum – alle waren bei uns gewesen, und alle hatten sich überall aufgehalten.

Bei diesem Punkt beschloß ich, überhaupt nicht mehr an die Angelegenheit zu denken. Es *mußte* ja eine simple Erklärung geben. Vielleicht hatte Paul Geld wechseln wollen. Aber mein lieber Mann hatte eine unüberwindliche Abneigung, eine Damenhandtasche zu öffnen, und sei es auch die meine. Wäre es trotzdem notwendig gewesen, wäre er sofort zu mir gekommen, um sich überflüssigerweise zu entschuldigen. Die Hoffnung, daß so etwas geschehen war, war also Essig.

Das einzige, was ich tun konnte, war, alles zu vergessen und nicht einmal Paul etwas davon zu erzählen. Ich mußte einfach so tun, als ob ich in einem seltsamen Versehen das Geld für mich verbraucht hätte.

Der Entschluß war leicht gefaßt, aber die Sache beunruhigte mich doch. Eine Woche später nach einer weiteren Probe im Haus des Colonels tauchte das Rätsel wieder und noch viel peinlicher auf. Da sagte nämlich Anne zu mir: »Susan, ich muß dir im Vertrauen etwas erzählen. Bitte, sag es keinem, auch nicht Paul. Es ist etwas Unangenehmes passiert. Meinem Vater ist am Wochenende eine ziemliche Menge Geld abhanden gekommen; er weiß nicht genau, wieviel. Als er nach Hause gekommen war, hatte er sich umgezogen, seine Taschen ausgeleert und alles auf den Schreibtisch neben seiner Zimmertür gelegt. Er hatte in der Stadt einen Scheck eingelöst, und es müssen etwa dreißig bis vierzig Dollar gewesen sein. Erst am Sonntagmorgen fiel es ihm wieder ein. Er kam zu uns herüber und fragte mich, ob ich mir das erklären könnte. Das konnte ich natürlich nicht. Ich fürchte, es ist gestohlen worden – sicherlich von jemandem Fremden; aber es ist so fatal, weil alle jungen Leute an dem Abend in seinem Haus waren.«

Mir wurde das Herz schwer. »Hat er die Polizei benachrichtigt?« fragte ich.

»Nein, das will er auch nicht. Die gehen der Sache auf den Grund und fragen, wer im Haus war; und es waren ja alle da und – und – Susan, wir können nicht zur Polizei gehen, denn die denken natürlich, Tom sei's gewesen. Aber er war's bestimmt nicht.«

Ich beschloß, Anne zu erzählen, daß mir eine Woche zuvor gleichfalls Geld abhanden gekommen war und gerade in der Zeit, wo sich die jungen Leute überall in unserem Haus aufhielten. David hatte ich getroffen, als er nach einem Holzlöffel an Stelle eines Lorgnons suchte, und Joe hatte ein Tablett aus Zinn genommen, das als silberner Präsentierteller dienen sollte. Als ich Anne von alledem berichtete, wurde sie sehr ernst und sagte: »Das bedeutet doch, daß ein Außenseiter nicht in Frage kommt! Ach Gott, Susan, was sollen wir nur machen?«

Wir kamen zu dem Entschluß, gar nichts zu unternehmen. Wir wollten dem Colonel von meinem Verlust erzählen, im übrigen niemanden einweihen, nicht einmal unsere Männer. Anne hatte mit Widerstreben ihren Vater gebeten, Tim nichts zu sagen, und ich hatte es schon bisher fertiggebracht, mein schlimmes Geheimnis vor Paul zu verbergen.

Wir überlegten, daß es ja auch ein unglückliches Zusammentreffen sein konnte. Derselbe Mann konnte an beiden Häusern vorbeigekommen sein; er hatte das große Durcheinander genutzt, war eingedrungen und hatte alles mitgenommen, was er finden konnte. Aber wer sollte das gewesen sein? Wir hatten keine verdächtigen Typen in unserer Gegend, keinen mit einer einschlägigen Vergangenheit, außer Tom.

»In Daddys Fall war's noch ein Glück, daß nur Geld verschwand; er hat so viele wertvolle Dinge, und du ja auch, Susan«, meinte Anne schließlich ganz treuherzig. Das stimmte, denn es gab schon ein paar Habseligkeiten, die ich nur sehr ungern vermißt hätte. Aber zwanzig Dollar waren für mich auch eine Menge Geld, und im stillen hoffte ich gegen besseres Wissen noch immer, daß es doch irgendwo wieder zum Vorschein kommen würde. »Aber wo?« fragte Anne, als ich diesen schwachen Wunsch gestand, und ich mußte ihr leider recht geben.

Doch das war nur der Anfang aller Aufregungen. Gleich nach Ablauf der folgenden Woche kam Larry bekümmert zu mir. »Denk nur, Susan, in unserer Gegend muß es einen Dieb geben! Sams Brieftasche ist verschwunden. Ich versuchte ihm einzureden, daß er sie irgendwo habe fallen lassen oder daß ich sie verräumt habe. Aber das war alles Unsinn. Wir erinnerten uns beide nur allzu gut, daß er sie am Freitagabend, als er heimkam, auf der Küchenbank hatte liegenlassen. Es war eine Menge Geld darin, aber zum Glück keine wichtigen Papiere. Irgend jemand muß während der Probe hereingekommen sein und sich mit der Brieftasche fortgeschlichen haben.«

Wieder einmal war die gesamte »Gang« zusammen gewesen, dieses Mal in Larrys Haus, und wieder waren alle dagewesen. Wir redeten eine Zeitlang hin und her und überlegten, wohin die Brieftasche auf unerklärliche Weise geraten sein mochte, aber das führte zu nichts. Wir verfielen wieder auf die Theorie eines vorbeiziehenden Halunken.

Doch schließlich hielt ich es für das beste, mit der Sprache herauszurücken, und erzählte ihr meine Erfahrungen. Ich fühlte mich nicht berechtigt, ihr auch die des Colonels mitzuteilen. Aber Larry erzählte, daß sie auf dem Heimweg Anne besuchen wolle, und so hoffte ich, daß sie dort auch von dem anderen Diebstahl hören würde. Dann mußte sie genau wie ich zu der Erkenntnis kommen, daß es nicht jedesmal ein Außenseiter hatte sein können.

Aber wer dann wohl? Die naheliegendste Antwort war: irgend jemand von den jungen Leuten, die immer wieder in unsere Häuser kamen und zu unseren besten Freunden gehörten. Das war eigentlich undenkbar, und ich wunderte mich nicht, als einige Tage später Larry ausrief: »Es kann doch unmöglich einer von der ›Gang‹ gewesen sein. Alle sind so offen und harmlos und anständig. Überlege doch mal: Über die vier Mädchen brauchen wir uns nicht den Kopf zu zerbrechen. Dann Graham und Joe, beide ehrlich und freimütig und uns wohlgesonnen. Weiter: David und . . .«, sie zögerte einen Augenblick und sagte dann herausfordernd: » . . . und Tom. Ich könnte schwören, daß er es nicht war. Ach, Susan, werden das die Leute glauben – wegen der alten Dummheiten?« Sie klang ganz verzweifelt, und ich fühlte, daß Toms Rechtschaffenheit ihr ungeheuer viel bedeutete.

Und mir? Ich kannte ihn nicht so genau und hegte auch nicht solche Zuneigung für ihn wie Larry; bei ihr war diese auch noch mit einem starken Beschützerinstinkt verbunden. Ich mochte ihn gut leiden und glaubte, daß er über seine früheren Torheiten hinausgewachsen war. Ich war ehrlich bereit, ihm genauso zu vertrauen wie allen anderen. Doch fast gegen meinen Willen kam es mir über die Lippen: »Larry, ich habe dich schon einmal gefragt, ob es bei Tom sich immer nur um Autos gehandelt habe. An deinem Gesicht konnte ich damals sehen, daß es auch noch um andere Sachen gegangen ist, und hinterher schämte ich mich, daß ich dich gefragt hatte. Aber jetzt muß ich dich doch unverblümt fragen: Hat Tom gestohlen? Ich meine, andere Dinge gestohlen?«

»Susan, bevor ich dir antworte, denke bitte einmal nach. Wenn ein Junge einen Wagen stiehlt, warum tut er das? Doch weil er niemanden hat, der sich um ihn kümmert. Und natürlich schlittert er dann leicht auch in etwas anderes hinein. Ja, Tom hat sich ein paarmal etwas angeeignet. Er nahm nichts Wertvolles: eine alte Jacke, die in einem Kuhstall hing, einen Brotlaib und eine Flasche Milch vor einer Wohnungstür. In einer Farm zapfte er sich Benzin ab – ich glaube, das war alles. Lauter Kleinigkeiten, Susan! Kein Geld, und schon gar nicht von Leuten, die ihm vertrauten.«

Ihre Stimme zitterte, und ich fühlte, daß sie mir das alles nur widerwillig erzählte.

»Das sind ja nur Lappalien!« sagte ich rasch. »Das läßt sich nicht damit vergleichen, daß einer Geld stiehlt oder seine Freunde betrügt. Ich bin beinah genauso fest davon überzeugt wie du, daß Tom es nicht gewesen ist. Aber den anderen Leuten kann man es nicht verübeln, wenn sie glauben, daß er es doch war.«

Larry seufzte: »Wenn es erst herauskommt, werden sie alle auf Tom zeigen. Und das gerade jetzt, wo er sich mit seinem Rufus bei uns so glücklich und zu Hause fühlt.«

Larry, die meines Wissens sehr selten weint, war tatsächlich den Tränen nahe. Ich suchte sie zu beruhigen. »Muß es denn herauskommen? Der Colonel will das gewiß nicht, sowenig wie du und ich. Aber so kann es auch nicht weitergehen; wir müssen etwas unternehmen.«

»Aber was? Wir können doch kaum eine Versammlung der Jungen einberufen und verkünden: ›Hört mal zu: Da hat jemand Geld gestohlen. Wer von euch hat's getan?‹ Wir können nur unter diesem Druck weiterleben und allmählich jedem einzelnen mißtrauen.«

»Das sind ja gräßliche Aussichten!«

»Jawohl, aber das ist mir immer noch lieber, als daß der Verdacht an dem armen Tom hängenbleibt.«

»Wir wollen das Unglück nicht vorwegnehmen. Es ist eine schreckliche Sache. Keiner von uns kann es sich leisten, Geld zu verlieren, aber das ist immer noch besser, als unseren Freunden zu mißtrauen. Ich will nun aber doch Paul von meinen zwanzig Dollar erzählen; Anne soll sich die Einwilligung vom Colonel geben lassen, daß wir unseren Männern berichten können, was bei ihm passiert ist. Wir können die Angelegenheit in unserem engsten Kreis halten; wir sechs und der Colonel. Niemand sonst braucht etwas davon zu erfahren.«

So verblieben wir denn auch. Paul war zuerst verständlicherweise etwas gekränkt, daß ich ihm nicht schon längst alles erzählt hatte. Der Colonel war entsetzt, als er von den weiteren Verlusten hörte. Er war überzeugt, daß es sich dabei um keinen Einbrecher handelte. Es blieb uns nichts anderes übrig, als die Leute durchzugehen, die an allen drei Abenden anwesend waren. So lächerlich uns das vorkam, wir mußten auch die vier Mädchen in

Betracht ziehen.

»Aber doch nicht Tony und Miranda!« wandte Larry ein.

»Wir können niemanden auslassen, wenn wir fair sein wollen. Wer weiß: Vielleicht ist eines von den Mädchen ein bißchen verrückt geworden und steht unter dem Zwang, anderer Leute Geld einzusammeln! Du brauchst nicht zu lachen! Ich habe schon mal so etwas gelesen. Wenn wir wirklich korrekt sein wollen, dürfen wir keinen auslassen.«

»Gut. Das heißt also: alle acht Personen, die zu den Proben kommen. Zum Glück war Peter an dem Abend, an dem dein Geld verschwand, Larry, nicht da; also können wir ihn streichen. Da wären Tony und Miranda, die plötzlich übergeschnappt sein könnten. Dann Beth, das verständigste Mädchen, das mir je begegnet ist. Weiter ist da Trix; sie braucht nur einmal zu sagen, daß sie etwas haben möchte, um Mutters Portemonnaie weit zu öffnen. Das waren die Mädchen. Jetzt die Jungen – Joe, David, Graham und Tom.«

»Richtig. Wir dürfen keinen von vornherein ausschalten. Nicht einmal Joe, der mir stets äußerst rechtschaffen schien, oder Graham, der doch einen guten Ruf hat. Er hat ein sehr gutes Gehalt und braucht sicherlich kein Geld, noch weniger als Joe. Weder Tom noch David verdienen zwar so viel, aber sie brauchen auch nicht viel. Ach, ist das ein Kreuz! Es kommt immer wieder auf dasselbe heraus! Es *kann* einfach keiner von ihnen gewesen sein. Es *muß* ein Außenseiter getan haben.«

»Also, Susan, wir waren uns doch darüber einig, daß wir so nicht weiterkommen. Auch für einen Zufall gibt es begrenzte Möglichkeiten. Wie sollte ein Außenseiter von all unseren Unternehmungen wissen? Nein, nein, ich fürchte, wir müssen uns damit abfinden, daß einer von den jungen Leuten plötzlich verrückt geworden ist und in jedem Haus, wo er sich gerade aufhält, ganz einfach etwas stiehlt. Das Dumme ist nur«, sagte ich niedergeschlagen, »daß der einzige, der schon mal mit dem Gesetz in Konflikt geriet, Tom ist. Das bedeutet an sich ja noch nichts, aber man hat doch ein unangenehmes Gefühl. Besonders weil, wie du sagst, sein Verdienst nicht hoch ist – nicht zu vergleichen mit dem von Joe oder Graham oder gar von David. Und kein anderer hat eine Vorstrafe.«

»Woher willst du das wissen? Was weißt du in Wahrheit von Davids oder Grahams Vergangenheit? Joe hat immer hier gelebt; wenn bei dem etwas nicht in Ordnung gewesen wäre, hätten wir das erfahren. Mrs. Hepburn hätte uns aber bestimmt nicht gern von etwaigen Übergriffen Davids erzählt. Du weißt ja, wie er über die Geschichte von Tom und der Besserungsanstalt lächelte. Er behauptete, die Hälfte seiner Freunde sei dort gewesen, und er selbst auch – wenn sie ihn erwischt hätten. Er ist ein Mensch, der kein Gesetz anerkennen will, und so arrogant, daß er uns alle mit Vergnügen an der Nase herumführt, einfach aus Jux.«

Aber das war doch alles Unsinn, und sie gab das auch zu. Man konnte David nicht von der Liste streichen, aber er würde wohl kaum der Täter sein. Doch sie verfolgte ihren Gedankengang weiter:

»Und nun Graham, was wissen wir von seinem Vorleben? Der kann genausogut im Kittchen gesessen haben wie Tom; er hat es nur besser geheimhalten können.«

»Aber er kam mit den besten Referenzen zu Dan Cooper, dessen Farm er betreibt. Cooper hat sie Paul selbst gezeigt, denn er schwankte zwischen Graham und einem anderen Mann. Paul berichtete, Cooper habe gesagt: ›Ich werde doch lieber diesen Ford nehmen; er hat einen tadellosen Ruf. Zehn Jahre hat er auf verschiedenen Farmen gearbeitet und sich nie etwas zuschulden kommen lassen!‹ – Nein, ich glaube nicht, daß wir es Graham anhängen können, Larry!« sagte ich fast betrübt; schließlich war Graham doch nur ein »Zugereister«.

Zum Schluß kamen wir wieder auf Tom. Auch Larry konnte nicht leugnen, daß bei oberflächlicher Betrachtung auf ihn der stärkste Verdacht fiel. »Wenn es nicht doch ein völlig Fremder war, der an den Wochenenden in der Gegend herumgelungert und entdeckt hat, daß an den Samstagabenden in einem unserer Häuser ein allgemeines Treffen stattfindet. Möglich wäre das auch!« räumte ich ein, weil ich sah, wie der Gedanke an Tom Larry aufregte.

»Selbstverständlich ist das möglich!« stimmte Sam bei, in Wahrheit, um Larry und sich selbst zu trösten. »Irgendein Kerl könnte an einem Samstag nach Tiri gekommen sein und festgestellt haben, daß ein Haus voller Leute und im Grunde unbewacht war. Nachdem er einmal etwas geklaut hatte, konnte er's wieder versuchen. Er war vielleicht schlau genug, nur zu stehlen, weil viele Leute da waren, auf die der Verdacht fiel. Diese Möglichkeit besteht, aber ich kann nicht behaupten, daß sie mir sehr einleuchtet. Aber eines muß ich sagen – Tom ist es nicht. Wir kennen ihn nun schon gut, und niemand hätte ihm so etwas zugetraut, wenn nicht die Frau in Tantchens Laden die Katze aus dem Sack gelassen hätte.«

Wir gaben ihm nur allzugern recht. Keiner von uns mochte Tom verdächtigen, den gutmütigen, freundlichen Tom, der so an seinem komischen Hund hing und stets bereit war, jede schwere Arbeit zu übernehmen, der so nett zu den Kindern war und David so rührend bewunderte.

An diesem Punkt machten wir eine Pause. Larry und Sam kannten Tom sicherlich gut, aber David kannte ihn besser als alle anderen. Ob er es wohl für möglich hielt, daß Tom Geld gestohlen hatte? Am liebsten hätten wir uns ehrlich mit ihm ausgesprochen. Aber da hätten wir ihm die ganze Geschichte erzählen müssen und so einen der Verdächtigen gewarnt. Wir verabredeten, vorsichtig bei David vorzufühlen; wir hatten freilich wenig Hoffnung, mit ihm darüber reden zu können. Wir hatten auch keinen Erfolg. David war freundlich und hilfsbereit, aber er hatte keine Geheimnisse zu verraten.

»Tom? Ein prima Kerl. Er scheint jetzt ganz seinen Dreh gefunden zu haben.«

»War das nicht ein Jammer«, fragte ich, verzweifelt bemüht, sachlich zu bleiben, »daß die alte Geschichte herausgekommen ist?«

David zuckte die Schultern. »Das? Ach, ich glaube, die Leute haben das schon wieder vergessen. Schließlich gab's diverse saftige Skandälchen in unserer Gegend, seit diese blöde Person ihre Nase hier herein- und in Toms Angelegenheiten steckte. Aber ich denke, das macht jetzt nichts mehr aus.«

»Ja, das denke ich auch, besonders da Tom anscheinend einen neuen Anfang gemacht hat.«

Pause. Von David kam keine Hilfe.

Dann begann ich verzweifelt aufs neue. »Sie glauben doch auch, daß er sich geändert hat, David? Ich finde, jetzt kann man ihm vertrauen.«

Plötzlich wurde David ärgerlich und sagte böse: »Wer das nicht tut, ist ein verd . . . Narr.«

Wieder eine Pause, in der ich überlegte, wie ich das Thema wechseln könnte. Auf einmal sagte David: »Susan, Sie haben ein Gesicht, dem man es ansieht, wenn Sie etwas verbergen wollen. Was gibt's also für Hintergedanken? Wonach wollen Sie mich ausfragen?«

Ich versuchte mich herauszuwinden, aber er bestand auf seiner Frage, und schließlich sagte ich unbestimmt: »Na ja, ehrlich gestanden, es gehen Gerüchte um . . .« Das stimmte zwar nicht ganz genau, aber nur so konnte ich eine Andeutung machen.

»Was für Gerüchte? Was zum Teufel haben diese Trottel behauptet? Sie müssen schon entschuldigen, Susan, aber es ist Grund genug für eine harte Ausdrucksweise, wenn die Leute dem armen Tom etwas anhängen.«

»Ganz so schlimm ist's nicht, David. Nur ganz wenige wissen von unseren Kümmernissen. Keiner mag glauben, daß Tom es war. Aber irgend jemand hat in letzter Zeit allerlei Unfug angerichtet.« Ich ließ das Ganze bewußt so vage klingen. David ignorierte das und sagte: »Wenn einer meint, daß Tom was mit diesen Diebereien zu tun hat, dann ist er ein Holzkopf.« Ich schnappte nach Luft. Er wußte also alles.

Er sagte nichts; der Zorn hatte ihm schier die Rede verschlagen. *Ich* mußte sprechen: »Es waren nicht nur Autos, David, geben Sie's nur zu. Er hat auch andere Sachen genommen!«

»Na, was? Nichts von Bedeutung, eine alte Jacke und ein bißchen Benzin. Seien Sie doch nicht so kleinlich, Susan. Der Junge hatte kein Geld, er fror und hatte Hunger. Und er hat für alles gebüßt. Es ist gemein, wenn man ihm das wieder anlastet.«

»Aber das tun wir ja gar nicht. Das dürfen Sie nicht sagen. Aber da ist doch allerhand gestohlen worden – nur ein halbes Dutzend Leute wissen es, und . . .«

»Wenn Sie meinen, daß einige von uns Geld vermissen, dann ist es unsere eigene Schuld; weil wir es irgendwo liegenließen, wo es jeder finden konnte, der hereinkam.«

»*Unsere* Schuld? David, vermissen Sie etwa auch Geld?«

»Freilich. Ich wollte kein Geschrei machen. Jetzt haben Sie mich drangekriegt. Ja, ich vermisse ein paar Dollar; ich hatte sie auf dem Fensterbrett liegenlassen. Jeder konnte sie dort wegnehmen. Ein Dummkopf, der Geld aufs Fensterbrett legt, verdient, daß es verschwindet. Man sollte so was niemandem erzählen. Ich dachte erst am nächsten Tag wieder an das Geld. Inzwischen waren so ziemlich alle meine Bekannten mit irgendeiner Botschaft wegen dem blöden Theaterstück bei mir.«

»Alle Bekannten.« Da waren wir wieder. Gleichzeitig war nicht zu leugnen, daß Tom häufiger in Davids Zimmer war als irgendein anderer. Wenn aber David selbst der Dieb war, was konnte er Besseres tun, als vorzugeben, daß auch ihm Geld fehlte!

9

Plötzlich hatte sich in dieser vergnügten und geselligen Zeit Unruhe und Mißbehagen entwickelt. Obwohl wir es nicht wollten, wuchs das Mißtrauen und zerstörte unsere Freundschaft zu den jungen Leuten. Immer wieder wurden Diebstähle ausgeführt; manchmal änderte sich die Methode. Sobald ein Haus leer stand, schien es unvermeidlich, daß dort etwas abhanden kam.

Den Colonel traf es als ersten. Er mußte zu einer Versammlung nach Te Rimu fahren. Mr. und Mrs. Evans, das Ehepaar, das ihn versorgte, nahm die Gelegenheit wahr und fuhr mit ihm. Sie wollten sich dort einen Film ansehen, der gerade lief. Alle wußten das. Das war die große Schwierigkeit: Jeder wußte stets, was in den verschiedenen Familien vorging. Bei der letzten Probe im Haus des Colonels hatten wir von seinem Ausflug gesprochen. Wir hatten Mrs. Evans wegen ihrer leichten Zerstreutheit geneckt. Aber wenn wir auch nicht davon gesprochen hätten – jeder kannte die Pläne des anderen; wir waren einfach wie eine große Familie.

So war's bisher gewesen. Jetzt war das alles gestört, und es war uns klar, daß sich mitten unter uns ein Feind befand. Einer dieser netten jungen Leute, die wir so freundlich in unserem Haus und in unser Herz aufgenommen hatten, hatte unsere Freundschaft ausgenutzt.

An jenem Abend hatte Mr. Evans, als sie abfuhren, das Haus so nachlässig verschlossen, wie man das auf dem Lande tut. Das Fenster zum Badezimmer stand offen. Als sie heimkamen, fanden sie Schmutzspuren auf dem Fensterbrett. Dreißig Dollar waren verschwunden, und was noch ärger war, auch Evans' Gehalt, das er in bar erhalten hatte.

Es verstand sich von selbst, daß nun auch Evans und seine Frau bis zu einem gewissen Grad ins Vertrauen gezogen werden mußten. Der Colonel erzählte nicht im einzelnen von den früheren

Verlusten; er sagte nur, daß wir ungern die Polizei benachrichtigen wollten. Evans nickte.

»Ja, Colonel, das täte nicht gut. Sie würden den jungen Burschen verdächtigen, der bei Mr. Lee wohnt. Jedermann weiß, daß er schon mal in der Klemme war, und sie würden annehmen, daß er auch jetzt der Täter sei.« Mrs. Evans war entsetzt. »Ach nein, Cyril, das können sie doch nicht. Er war halt früher ein dummer Bub, aber das ist überwunden; jetzt macht er sich so gut.« Sie zögerte und blickte den Colonel an. »Sie denken doch auch so, nicht wahr, Sir?«

Auch in unserer jetzigen demokratischen Zeit gebrauchen die beiden Evans die altmodische Anrede »Sir«, obwohl das manche Leute schockiert. Sie tun das nicht aus Unterwürfigkeit, sondern nur aus Gewohnheit. Seltsamerweise vergaß sogar der aufsässige David seine sozialistische Auffassung und sprach den alten Herrn so an. Irgend etwas an Colonel Gerard verleitete dazu.

»Natürlich verdächtige ich niemand, Mrs. Evans«, entgegnete der Colonel jetzt freundlich. »Wir haben keinerlei Beweise. Wir hoffen, daß es ein Fremder war, aber diese Idee scheint doch etwas weit hergeholt. Was den jungen Tom angeht, gibt es nicht mehr Verdachtsmomente gegen ihn als gegen irgend jemand anderen. Aber irgendwie müssen wir den Schuldigen finden. Ich wäre heilfroh, wenn ich wüßte, wie.«

»Könnten Sie ihm nicht eine Falle stellen, Sir?« schlug Mrs. Evans schüchtern vor. Dann fiel ihr Blick auf mich; ich war gerade gekommen, um die Lage zu besprechen. »Ach, Mrs. Russell ist doch eine gescheite junge Dame. Bestimmt könnte sie sich mit Mrs. Lee etwas ausdenken.«

Ich fühlte, wie ich errötete. Ich war nicht besonders stolz auf Larrys und meine früheren Eskapaden und genierte mich, daß sich die nette Mrs. Evans noch daran erinnerte. Ich murmelte etwas Unbestimmtes und fügte hinzu, mir fiele genausowenig ein wie allen anderen. Ich konnte mir einfach nicht vorstellen, wie einer von diesen liebenswürdigen jungen Leuten in unserem Haus herumstöberte, um etwas zu stehlen, während sich die Aufmerksamkeit aller auf das Theaterstück konzentrierte. Oder daß einer in das Haus des Colonels einstieg und nicht nur ihn bestahl, sondern auch seine treuen Lehensleute, wie wir sie scherzhaft bezeichneten; sie gehörten ja auch zu unseren Freunden.

Ich schüttelte den Kopf, und die Besprechung endete mit der Feststellung, daß wir alle vier einfach keine Lösung fanden. »Der Kerl ist viel zu schlau, als daß er sich auf frischer Tat ertappen ließe«, sagte Evans.

Justin war bisher verschont geblieben; wir hatten ihm noch nichts erzählt. Er war das nächste Opfer; auch sein Haus war menschenleer, da Alison und er für eine Nacht auswärts gewesen waren. Auch dieses Mal hatten alle davon gewußt. Wieder war es nur allzuleicht gewesen, in das Haus einzudringen, und wir machten uns selbst den größten Vorwurf darob. Es war Zeit, unsere gesamte Altersklasse einzuweihen. Die acht jungen Leute, auf die der Verdacht fiel, brauchten noch nichts zu erfahren. David war ausgenommen, aber er würde nichts ausplaudern. Vorsichtig fragte ich Larry, ob sie wüßte, ob Tom bei den beiden letzten Vorfällen daheim gewesen sei; ich wurde gründlich zurechtgewiesen.

»Susan, wie du weißt, übernachtet Tom in seiner Hütte, und ich gucke nicht jeden Abend bei ihm durchs Fenster, ob er auch im Bett ist. Auch Sam geht nicht hin, um ihm gute Nacht zu sagen. Zufällig sah ich noch lange Licht bei ihm am Freitagabend. Allem Anschein nach war er also daheim und hat vermutlich im Bett einen Krimi gelesen.«

Das klang soweit recht gut. Aber einer, der einen Einbruch beabsichtigt und nur ein wenig Grütze im Kopf hat, wird bei sich Licht brennen lassen, um sich so ein Alibi zu verschaffen. Wenn Rufus in Toms Hütte eingeschlossen war, winselte er nicht, denn er war ein geduldiges Tier und daran gewöhnt, allein zu bleiben. Tom war jetzt auch Besitzer eines Fahrrades – ein Führerschein für Auto oder Motorrad wurde ihm nicht zugestanden. Er konnte ganz leicht die wenigen Kilometer bis zu Justins Haus radeln. Jetzt nahm ich mich aber zusammen; ich begann mich auf

Tom »festzulegen«, wie Larry das nennen würde. Trotzdem fragte ich sie unversehens: »Und was war an dem Abend, als in dem Haus des Colonels eingebrochen wurde?« Ich erwartete einen Sturm der Entrüstung, doch der blieb aus. Statt dessen meinte Larry: »Also, Susan, jetzt ist's genug. Endlich sind wir allein, wir können die Leute einen nach dem anderen durchgehen und sehen, wen wir streichen können; aber soweit ich sehen kann, gibt es keinen.«

Das mußte ich zugeben. »Allmählich wird unser Leben völlig vergiftet. Nächstens werden wir uns noch gegenseitig verdächtigen. Wir müssen uns etwas ausdenken, damit wir den Dieb erwischen.«

»Eines ist klar: Der oder die Betreffende versucht, Tom hineinzuziehen. Die wenigen Male, wo er bei der Probe oder einer Party nicht dabei war, ist nichts gestohlen worden. Der gemeine Schuft versucht, ihn vorzuschieben.«

Jetzt mußte es gesagt werden. »Ja, Larry, entweder ist es so, oder Tom ist wirklich der Täter. Ach, du mußt mich nicht gleich umbringen! Ich kann mir ja selbst nicht vorstellen, wer es ist. Sogar Tony und Miranda waren ja jedesmal da. Wenn wir jemand verdächtigen, können wir auch sie nicht ausschließen, so verrückt das auch sein mag.«

»Du mußt schon ganz schön durchgedreht sein, wenn du die beiden in Betracht ziehst«, meinte Larry grimmig.

»Ich mache keine Ausnahme, das ist nur gerecht. Wer weiß denn, ob nicht ein anständiger, normaler Mensch plötzlich einen Anfall von Kleptomanie bekommt und gleichsam nur aus Jux etwas klaut?« sagte ich entschlossen. Allerdings muß ich gestehen, die Vorstellung, unsere gute, sanfte Miranda oder unsere geliebte Tony seien plötzlich verrückt geworden, war doch etwas unglaubhaft. Trotzdem wollte ich streng neutral bleiben. Das war die einzige Möglichkeit, Tom gegenüber fair zu sein.

Ich brauche wohl nicht zu erwähnen, daß wir mit unserer Untersuchung und Aussonderung nicht weit kamen. Es war einfach ekelhaft, und wir hatten es bald satt. Seufzend sagten wir uns, daß der Dieb eines Tages hoffentlich einen Fehler machen oder sonst etwas geschehen würde, so daß sich diese gräßliche düstere Wolke von selbst auflöste.

Wir sprachen von unseren Kindern, die in Te Rimu in die Schule gehen und bei Tante Kate wohnen. Das war stets ein angenehmes Thema.

»Und jetzt wollen wir von Tony und Peter und der Hochzeit reden«, meinte Larry. »Übrigens: Ist es nicht komisch, daß Peter noch kein Geld gestohlen wurde?«

Da waren wir schon wieder an dem heiklen Punkt angelangt.

»Wenn du vielleicht damit andeuten willst, daß David bei ihm wohnt und seinen Arbeitgeber nicht bestiehlt . . .«

Larry unterbrach mich. »Susan, damit müssen wir aufhören. All die Jahre haben wir uns nicht gestritten, aber jetzt sind wir sehr nahe dran. Kannst du dich vielleicht daran erinnern, daß ich jemals etwas durch die Blume sagen wollte? Selbstverständlich denke ich nicht so über David. Ich muß aber darauf hinweisen, daß Tom sehr oft bei ihm ist, und, wenn er wirklich der Schuldige wäre, er dort die beste Gelegenheit hätte. Aber er ist es natürlich nicht. Lieber Himmel, ich muß bald heulen oder irrsinnig lachen! Komm, Susan, jetzt reden wir von der Hochzeit!«

Ich war wohl schon genauso hysterisch wie Larry, denn ich erwiderte: »Wenn du ein angenehmes Thema suchst, dann laß bitte die Hochzeit aus dem Spiel! Das ist mein größter Angsttraum!« Erschrocken hielt ich inne. Nicht einmal Larry hatte ich eingestehen wollen, wie sehr ich mich vor der Hochzeit im September fürchtete, von der uns jetzt nur noch zehn Wochen trennten.

Aber nun war es heraus, und Larry meinte mitleidig: »Mach dir nichts draus, Susan! Ich habe das natürlich schon längst gemerkt, obwohl du nie ein Wort darüber fallenließest. Aber ich weiß, wie mir zumute wäre, wenn ich Haus und Garten so piekfein herrichten müßte, um zwei- bis dreihundert Leute empfangen zu können. Eine entsetzliche Vorstellung!«

»Zwei- bis dreihundert?« stöhnte ich, am Ende meiner Selbstbeherrschung. »Larry, es werden bestimmt noch mehr als dreihundert werden! Ich versuche immer wieder, die Zahl herunterzudrücken, aber es geht einfach nicht. Es sind grausige Aussichten.«

»Das will ich glauben. Aber was sagt Tony denn dazu? Sieht sie das nicht ein? Versucht sie nicht, den Kreis enger zu ziehen?«

»Nicht um alles in der Welt möchte ich sie etwas merken lassen. Für ein junges Mädchen ist die Hochzeit ein großer Tag, und ich bin ja selbst froh, daß sie sie hier feiern möchte. Aber es ist doch eine schreckliche Aufgabe, Larry. Es geht ja nicht nur um die vielen Menschen und daß sie so verschieden von Art und Herkunft sind – du weißt ja, daß Tony überall Freunde hat! Auch nicht um ihre Eltern, die sich bestimmt in die Haare kriegen, was sehr peinlich sein wird. Es ist eben einfach physisch eine harte Arbeit.«

»Aber du hast doch sicher deine Lieferanten und brauchst dich um das Essen nicht zu kümmern?«

»Natürlich, das Essen wird geliefert. Aber bei einer Party im eigenen Haus muß alles drinnen und draußen tipptopp sein. Wenn die Einladung auswärts stattfindet, ist es gleichgültig, welches Durcheinander man hinterläßt, wenn man zur Kirche fährt. Nun aber kommt die ganze Gesellschaft hierher, und manche werden alles beschnuppern; außerdem ist unser Haus schon recht alt und ziemlich schäbig. Im Augenblick sieht der Garten auch scheußlich aus. Ich brauche viele Stunden für beides, und davor hab' ich Angst. Das kommt vermutlich vom Alter.«

»Susan, du bist übermüdet«, sagte Larry besorgt. »Das wundert mich nicht nach all der Aufregung mit Tonys Verlobung. Das Mädchen ist ein Schatz, aber sie kann einem schon auf die Nerven gehen. Dazu kommt die bevorstehende Hochzeit – und nun auch noch diese abscheuliche Diebesgeschichte! Natürlich stehe ich dir bei, so gut ich kann. Ich eigne mich zum Scheuern und Unkrautjäten, wenn auch nicht für die feinen Arbeiten. Doch die schwerste Last kann ich dir nicht abnehmen: die Verantwortung. Die macht dir Sorgen, denn die mußt du allein tragen. So eine Depression paßt gar nicht zu dir. Was, um Himmels willen, sagt denn Paul dazu?«

»Ach, du weißt ja, wie Männer bei häuslichen Schwierigkeiten sind: freundlich, aber ablehnend. ›Warum kann die Party nicht in der Stadthalle abgehalten werden? Weshalb können wir nicht nur einige wenige Leute einladen?‹ Nur auf einer Sache besteht er eisern: Er will Alistair keinen Pfennig bezahlen lassen, und ich finde gerade, daß der dazu verpflichtet ist.«

»Das finde ich auch, aber wie ich Paul kenne, kann man mit ihm darüber nicht streiten. Doch daß du soviel Arbeit hast, ist ihm sicher auch nicht recht.«

»Ich glaube, er ist sich gar nicht klar darüber. So weit denkt kein Mann. Er stellt sich vor, daß die Leute am Abend kommen, sich ins Haus drängen und dann in die Zelte hinausströmen. Er wird dafür sorgen, daß es genug zu essen und trinken gibt, und damit basta.«

»Das kenne ich. ›Warum macht ihr soviel Wirbel um die Gäste?‹ Das sagt Sam immer, wenn ich wie verrückt putze, ehe seine Mutter oder ein anderer kritischer Besuch kommt. Arme Susan, da hast du dir was aufgeladen!«

»Das scheint mir auch so, denn zum erstenmal in meinem Leben kann ich nicht schlafen. Immer geht mir diese verteufelte Gästeliste durch den Kopf und was alles bis zum September erledigt werden muß. Und wenn ich das abschalte, kommt die Diebstahlsaffäre hoch und macht mich vollends fertig.«

»Genauso geht es mir, wenigstens was diese Diebereien angeht. Ich kann es nicht ertragen, daß die Leute denken, Tom müsse es gewesen sein.«

Es waren zwei weitere Diebstähle vorgekommen: einmal bei Peter, als er und David unterwegs waren, das anderemal bei Anne, als sich die ganze Familie beim Colonel befand. In beiden Fällen konnte niemand Tom ein Alibi geben.

»Es gibt zwei Möglichkeiten«, sagte ich. »Entweder *war* es Tom (bitte, bring mich nicht gleich um, Larry!), oder es ist jemand, der den Verdacht auf Tom lenken will. Eines ist so entsetzlich wie das andere.«

»Ja, entsetzlich! Und – ist es dir eigentlich klar, daß wir dauernd von Alibis reden, und zwar von denen unserer nächsten Freunde? Damit muß jetzt endlich Schluß sein, sonst verständigt der Colonel doch noch die Polizei. Er hätte es schon längst getan, wenn es nicht um Toms Stellung ginge. Susan, wir haben genug geredet, jetzt *tun* wir etwas. Wir stellen eine Falle!«

»Meinst du, wir sollten ein paar Banknoten markieren, die wir dann irgenwo hinlegen?«

»Nein, das ist nichts. Der verflixte Dieb ist viel zu schlau, als daß er die Noten in Tiri ausgäbe, darauf kannst du Gift nehmen. Wir könnten sie also nicht wiederfinden. Nein, nein, wir müssen ihn auf frischer Tat ertappen. Das ist die einzige Möglichkeit, und ich habe viele schlaflose Stunden damit verbracht, wie wir das wohl anfangen könnten.«

»Auf frischer Tat ertappen? Wie sollen wir das denn anstellen? Wir können doch nicht überall herumschnüffeln, wenn alle versammelt sind?«

»Das nicht, aber denke an die Diebstähle in den Häusern, in denen zur Zeit des Diebstahls niemand war. Könnten wir nicht so tun, als ob wieder einmal alle fort wären, und uns im Haus verstecken und den Dieb so erwischen?« Das schien fast unmöglich, aber plötzlich fiel uns ein Ausweg ein.

In der folgenden Woche feierten Annes Zwillinge ihren Geburtstag mit einer Party, die wie üblich in dem großen Haus des Colonels stattfand. Mrs. Evans und Anne trafen die Vorbereitungen; Larrys und meine Kinder waren auch eingeladen, sie sollten anschließend über Nacht dort bleiben. Für sie war es das große Ereignis des Jahres – für uns heuer vielleicht auch. Zufällig wollten unsere Männer an dem gleichen Tag zu einer Versteigerung auf einer ziemlich weit entfernten Schaffarm. Tags darauf fand eine Milchvieh-Auktion in Te Rimu statt; sie hatten vor, dort zu übernachten, um den weiten Weg nicht zweimal machen zu müssen. Das bedeutete, daß Larry und ich in dieser Nacht allein zu Hause waren. Warum sollten wir nicht in einem Haus gemeinsam übernachten und das andere unbewacht lassen?

»Und das erzählen wir dann der ganzen Gesellschaft! Bestimmt, Susan, das ist *die* Masche! Es können ja Monate vergehen, bis unsere Männer wieder mal verreist und unsere Häuser leer sind!«

»Aber ist es denn auch vernünftig? Sollten wir nicht unseren Männern erzählen, was wir vorhaben?«

»Wirklich, du armes Schäfchen, heute bist du ein bißchen blöd! Stell dir vor, was Sam und Paul zu dem Plan ihrer Ehefrauen sagen würden, den Dieb in der Nacht in einem leeren Haus zu stellen! Wenn sie das wüßten, könnte sie nichts dazu bringen, in Te Rimu zu übernachten. Selbstverständlich müssen wir auch vor ihnen alles geheimhalten. Keine Seele darf etwas erfahren. Das ist die einzig richtige Methode, denn so gehen wir auf Nummer Sicher. Und wenn es nicht klappt, können wir uns sagen: Niemand hat's verraten, denn niemand hat's gewußt.«

So wurde also dieser Plan gefaßt. Mir selbst war ziemlich unheimlich zumute, aber Larry ließ sich nicht abschrecken und war voller Begeisterung. »Ich bin sowieso in Gefahr, richtig langweilig, alt und betulich zu werden«, sagte meine unternehmungslustige Freundin. »Aber du und ich versteckt in einem Schrank – der Gedanke macht mich wieder ganz jung!«

Ich selbst sah in der Angelegenheit nicht gerade eine Verjüngungskur, aber ich war ebenso überzeugt wie Larry, daß diese Verdächtigungen ein Ende haben und die Vorfälle aufgeklärt werden mußten. Das Wichtigste war, daß alle erfuhren, unser Haus werde in dieser Nacht leerstehen. Wir hatten uns auf das unsrige geeinigt, weil es geräumiger ist und wir uns deshalb leichter verstecken konnten. Wir wollten in aller Öffentlichkeit davon sprechen, daß unsere Männer verreist waren. Larry würde mich in Gegenwart der anderen bedrängen, bei ihr zu übernachten. Das alles sollte mit viel Gelächter und Neckerei geschehen und sich ganz natürlich anhören.

Das gelang uns denn auch. Wir besprachen die Sache, als alle beim Abendessen saßen, und sorgten dafür, daß alle zuhörten. Weder Paul noch Sam ahnten das geringste, und Anne sagte nur:

»Was werdet ihr für einen Spaß haben! Ich bin beinah ein bißchen neidisch!«

»Ja, wir wollen Sherry trinken und gehörig feiern. Ich wollte, du könntest auch kommen, Anne! Aber deine Zwillinge haben ja gerade Geburtstag, und da sind alle Kinder eingeladen. Na, macht nichts – wir werden dir genau berichten. Susan und ich werden von unseren früheren Abenteuern reden und mächtig fidel sein, Susan, nicht wahr?«

Alle hörten zu; sie lachten und zogen uns auf. Die ganze »Bande« war versammelt, und so wußte jeder, daß unser Haus in dieser Nacht unbewacht sein würde. Anne meinte seufzend: »Ich möchte wohl wissen, was ihr beide alles unternehmen werdet!« Ich blickte Larry nicht an; ich dachte, daß Anne nicht einverstanden wäre, wenn sie etwas wüßte.

»Ein komisches Gefühl in der Magengegend hab' ich schon«, stellte Larry fest, als wir beide am späten Nachmittag des bewußten Tages in Larrys Haus gingen. »Eigentlich kann nichts passieren. Wer der Dieb auch sein mag, er ist sicher kein Gewalttäter und wird uns nichts tun. Außerdem sind zwei Frauen nicht so leicht unterzukriegen wie eine. Was kann uns also geschehen? Ich bin mächtig gespannt auf alles!«

Wahrscheinlich würde gar nichts geschehen. Es war nur eine geringe Chance, aber wir mußten sie nutzen, und bis jetzt klappte alles wunderbar.

»Ich hoffe ja nur, daß der verflixte Dieb das auch für *seine* Chance hält. Ich habe meine Börse gut sichtbar auf meinen Toilettentisch gelegt; falls er nicht bis zum Schlafzimmer vordringt, liegt eine Zehndollarnote in einem Briefumschlag für die Lepra-Stiftung auf dem Küchentisch. Ein Aschenbecher steht oben drauf. Das *muß* er eigentlich sehen, denn er kommt sicherlich durch das Küchenfenster. Die Haustür habe ich zugeschlossen, damit es ganz echt wirkt, aber das Fenster ist nur angelehnt. Da wird er also einsteigen.«

»Das klingt gewaltig aufregend. Hoffentlich klappt alles. Es ist jetzt noch ziemlich früh, obwohl es schon dunkelt.«

Es war ein düsterer, nebliger Abend, gerade recht für jemand, der sich in aller Stille in ein Haus schleichen will. Ich war hin- und hergerissen zwischen dem glühenden Wunsch, den Dieb zu fangen und alles aufzuklären, und dem Schauder bei der Vorstellung, einen unserer Freunde beim Stehlen zu erwischen.

Wir wollten nur eine Kleinigkeit essen und gegen sieben Uhr zu unserem Haus aufbrechen. »Er kommt wahrscheinlich erst spät; das bedeutet, daß wir lange warten müssen, aber es ist doch am besten, wir gehen auf Nummer Sicher«, meinte Larry. Kurz nach sieben Uhr gingen wir schweigend unsere Auffahrt hinauf. Es war ein mühsamer, feuchter Fußmarsch über die Koppeln, aber wir hatten beschlossen, nicht das Auto zu nehmen. Sonst hätte am Ende Tom, der arme, in Verdacht geratene Tom, den Start hören können. Wir wollten auch keine Fahrspuren hinterlassen, damit der Täter unsere Rückkehr nicht erraten könnte. Im Waschhaus zogen wir unsere Gummistiefel aus und schlichen auf Zehenspitzen nach oben.

Wir hatten schon ausgemacht, wo wir uns verstecken wollten. Die beiden Lockmittel lagen in der Küche und im Schlafzimmer. Wir hielten den Köder in der Küche für verführerischer, und Larry bestand darauf, diesen zu bewachen. Nahe der Tür stand ein großer Besenschrank dicht neben dem Lichtschalter. Von dort konnte man die ganze Küche überblicken. Larry kroch hinein; die Tür blieb angelehnt, so daß sie, falls der Einbrecher käme, lautlos herausschlüpfen und das Licht anknipsen konnte. Ich selbst wählte den großen Kleiderschrank in unserem Schlafzimmer, der auch in der Nähe des Schalters stand. Für den Fall einer langen Wartezeit hatten wir beide eine Taschenlampe und ein Buch dabei.

»Ich glaube aber nicht, daß es länger als ein paar Stunden dauert«, meinte Larry. »Der Dieb fühlt sich bestimmt sehr sicher, weil kein Haus in der Nähe steht.«

Ich war nicht so guten Mutes. Obgleich Larry und ich mancherlei Abenteuer gemeinsam bestanden haben, geht mir doch ihr Vergnügen daran ab. Wenn der aufregende Moment da ist, bin ich eher wie ein ängstliches Kaninchen. Ich versuchte, mein Bibbern zu verbergen, als wir im Licht unserer Taschenlampen die beiden Schränke untersuchten.

»Alles in Ordnung. Ich nehme diesen Hocker für den Fall, daß der Kerl sehr spät kommt; aber mit dem Strahl meiner Lampe muß ich vorsichtig sein. Der Schimmer könnte unter der Tür zu sehen sein. Du bist da besser dran, denn er oder sie muß durch das ganze Haus gehen, ehe er in euer Schlafzimmer gelangt; so bist du schon gewarnt. Ich denke aber, es ist besser, nicht noch länger meinen Krimi zu lesen; ich will lieber ganz still sitzen und nachdenken. Schließlich brauche ich keinen Krimi, wenn ich selbst einen erlebe. Mach's gut, Susan! Denk daran, daß du ihn bei frischer Tat ertappen mußt, mit dem Geld in der Hand. Sonst kann er sich herausschwindeln: er hätte geglaubt, es brennt, und hätte das Feuer löschen wollen. Weidmanns Heil!« Damit schlüpfte sie lautlos in ihren Schrank.

Vorsichtshalber hatte ich einen Teil der Kleider und Anzüge aus meinem Schrank herausgenommen und ins Fremdenzimmer gehängt. So konnte ich ein kleines Stühlchen hineinstellen und mich auf eine längere Wartezeit gefaßt machen. Die Tür ließ ich einen Spalt offen stehen, so daß ich herausstürmen konnte, ohne mich an Pauls Hosenbeinen aufzuhängen. Ich knipste meine Lampe an und begann zu lesen.

Eine Stunde schlich vorüber; ich knipste die Lampe aus, um die Batterie zu schonen. Die nächste halbe Stunde verging entsetzlich langsam. Als einzige Ablenkung flogen mir die Dinge durch den Sinn, die noch vor der Hochzeit erledigt werden mußten. Das quälte mich ja Tag und Nacht. Dann dachte ich an die lange Nacht, die vor uns lag. Wie lange mußten wir noch in unserem Gefängnis ausharren? Ich bekam ein wenig Platzangst und stieß die Tür etwas weiter auf, um mehr Luft zu kriegen. Immer noch kein Geräusch, kein Lichtschein von der Küche her. Geradezu heldenhaft schien Larry im Dunkeln das Weitere abzuwarten.

Es vergingen nochmals anderthalb Stunden; ich begann, die Hoffnung aufzugeben. Wenn der Dieb beabsichtigt hatte, hierherzukommen, dann war es jetzt doch wohl an der Zeit. Wer der Verbrecher auch sein mochte, es mußte auffallen, wenn er noch so spät Licht hatte. Wenn es Tom war – und ich hoffte inbrünstig, daß er es nicht sei –, mußte er befürchten, erst recht aufzufallen, wenn es noch um Mitternacht hell in seiner Hütte war. Bei allen anderen wohnte noch jemand im selben Haus. Graham hatte einen Schäfer, David wohnte bei Peter, und Joe Merton lebte mit seiner Schwester zusammen. Keiner von ihnen konnte so spät noch unbemerkt etwas unternehmen. Und gar die Mädchen (verrückte Vorstellung!); jede lebte bei ihrer Familie und mußte sich schon eine plausible Erklärung ausdenken, um so spät in der Nacht noch allein auszugehen. Ich knipste meine Taschenlampe wieder an und sah auf die Uhr. Es war kurz vor zehn Uhr; beinahe drei Stunden hatten wir in diesen gräßlichen Schränken gelauert. Ich wollte noch bis zehn Uhr warten und dann Larry holen und mit ihr zu ihrem Haus gehen. Unser Plan war mißlungen und alle Hoffnung umsonst.

Gerade als ich zu diesem betrüblichen Schluß gekommen war, hörte ich ein Geräusch. War auch Larry des Wartens müde? Nein, das war nicht ihr leichter, schneller Schritt! Das war ein Mann, der zwar vorsichtshalber seine Schuhe ausgezogen hatte und nur leise auftrat, aber ich erkannte mit Sicherheit, daß sich da ein Mann näherte, und für einen kurzen Augenblick war ich ungeheuer erleichtert. Aber nur kurze Zeit. In Wahrheit hatte ich nie geglaubt, daß es ein Mädchen war. Doch wer war es? Mein Herz pochte, ich spähte durch den Türspalt nach einem Lebenszeichen aus der Küche.

Und da war es auch schon: Das Flackern einer Taschenlampe, ein behutsames Umhertasten, dann wieder Stille. Ich dachte: Jetzt hat er das Geld für die Lepra-Stiftung entdeckt! Wird er es nehmen oder weitergehen und zuerst hier herumsuchen?

Ich fröstelte vor Nervosität und Aufregung. Noch immer sah ich den gleichmäßigen Schein der Taschenlampe in der Küche. Von Larry kein Laut. Mir kam der närrische Gedanke, sie sei womöglich eingeschlafen. So war also ich an der Reihe!

Leise glitt ich aus meinem Schrank – da drang ein greller Lichtschein aus der Küche. Selbstverständlich war Larry nicht eingeschlafen. Sie hatte bis zum letzten Moment gewartet und dann das große Licht angedreht. Ich hörte ihre Stimme; vor Erregung bebend rief sie schrill und ungläubig: *Sie* sind das! Sie!!«

Das war alles. Ich zögerte feige. Ich fürchtete mich vor dem Anblick, der sich mir bieten würde. Wer stand dort mit dem Geld in der Hand, auf frischer Tat ertappt? Plötzlich wollte ich es gar nicht mehr wissen. Im Geiste standen die vier netten Männer vor mir. Einer von ihnen mußte es sein. Ja, sogar David ... Und dann rannte ich in die strahlend helle Küche.

Mit dem Rücken zur anderen Tür stand im vollen Licht Larry; ihre Wangen glühten vor Empörung. Am Tisch, den Geldschein in der Hand – die Taschenlampe war ihm entglitten –, stand mit einem von Furcht und Wut entstellten Gesicht Graham Ford.

10

Wenn wir später an diese Nacht zurückdachten, kam es uns so vor, als ob da kein Wort gesprochen worden sei. Natürlich blieb Graham nichts zu sagen; er war bei dem Diebstahl ertappt worden, und es hatte keinen Sinn, etwas zu leugnen. Der Gedanke an die Polizei bedrückte Larry und mich sehr, aber wir sagten nichts davon. Im Nu hatte Graham sich davongemacht. In der Garage stand unser Wagen, denn Paul und Sam waren mit Tim gefahren. Ich holte ihn heraus, und wir fuhren zu Larry – viel zu erregt, um miteinander zu sprechen.

Aber wir konnten nicht einschlafen. Schließlich gaben wir es auf; wir gingen in die Küche und kochten uns eine Tasse Tee. Wir tranken schweigend. Niedergeschlagen rauchten wir eine Zigarette; endlich meinte Larry: »Jedenfalls war es nicht Tom! Gott sei Dank! Aber dieser nette Graham . . . Er soll doch so ein tüchtiger Farmer sein; alle Männer mögen ihn gern.«

»Das ist wahr. Es scheint unfaßbar. Aber wenn man's recht überlegt: Wenn wir Trix und Beth ausnehmen und natürlich auch Tony und Miranda – denn die zogen wir doch nur scheinbar in Betracht –, wenn wir die alle auslassen, wer bleibt dann übrig? David käme in Betracht, denn der könnte es just für einen Schabernack halten, aber er würde doch keinen anderen in Verdacht bringen. Ferner Joe, den wir schon kannten, als er noch ein Schuljunge war, und der vermutlich Miranda heiraten will. Weiter Tom, der wohl, und zwar zu Unrecht, verdächtig schien, und schließlich Graham Ford. Den kennen wir am wenigsten, und obgleich wir so viel Gutes über ihn gehört haben, kann doch diese Neigung in seinem Charakter liegen.«

Wir beschlossen dann, am nächsten Morgen den Colonel aufzusuchen und die ganze Sache in seine Hand zu legen. Wir hofften inständig, daß er die Polizei nicht einschalten würde. Wir wollten seiner Auffassung von Recht und Ordnung unsere verzweifelte Gegenwehr und all unsere weibliche List entgegensetzen. Freilich, wenn er nicht nachgeben und es zu einem Prozeß kommen würde, mußten wir als Zeugen auftreten. Schon bei dem Gedanken daran überlief es uns kalt.

Als wir soweit gekommen waren, gingen wir schlafen. Larrys letzte Worte waren: »Ist es dir eigentlich schon mal aufgegangen, Susan, welch ein Segen es ist, daß wir den Colonel haben? Man kann ihm alles anvertrauen und versichert sein, daß er alles zum besten regelt.«

»Selbstverständlich bin ich mir dessen bewußt, und ich erinnere mich auch, daß du den ›Pascha‹ nicht leiden konntest!« So nannte ihn Larry nämlich in jener Zeit.

»Ja, wirklich, ich war eine dumme Gans. Genügt dir das? Du mußt aber auch bedenken, daß er sich sehr gebessert hat. Er schenkt sein Wohlwollen nicht nur uns; er hat auch ein offenes Ohr für die Sorgen aller anderen und nimmt sie ihnen ab, soweit er kann. Er ist ein lieber alter Knabe, und ich glaube, es würde ihm jetzt auch nichts ausmachen, wenn ich ihn so nennen würde ... Aber ach, dieser Graham, Susan! Hoffentlich hat Miranda ihn nicht allzu ernstgenommen. Ich möchte nur wissen, was ihn dazu veranlaßt hat. Er hat doch ein großes Gehalt und braucht eigentlich fast nichts.«

Doch stellte sich heraus, daß Graham sehr wohl etwas brauchte, und zwar mehr Geld. Es kam alles heraus, als der Colonel ihn kommen ließ und seine Beichtvater-Aktion abhielt, wie David das sarkastisch bezeichnete. Graham hatte begonnen, beim Turf hohe Wetten einzugehen. Es war die übliche Geschichte.

Kurz ehe er in unsere Gegend kam, hatte er damit angefangen. Zuerst hatte er gewonnen. Er war voller Zuversicht, und dementsprechend waren seine Einsätze. Ich hatte das Gefühl, daß seine Hoffnungen auch Miranda betrafen, aber genau habe ich das nie erfahren können. Dann kamen die ersten Verluste, und er brauchte mehr Geld, um sie zu decken. Dann folgte der übliche Zusammenbruch; er geriet in Schulden bei seinem Buchmacher in der Stadt. Es war anständig von ihm, daß er dessen Namen auch auf Drängen des Colonels nicht nannte. Und als er eines Tages ganz verzweifelt war, sah er mein Portemonnaie liegen. So war eigentlich meine Unachtsamkeit schuld an dem ganzen Elend. (Das wollte der gute Colonel freilich nicht zugeben.) Der erste gelungene Diebstahl blieb scheinbar unbemerkt, und so ging es nun immer weiter. Auf dem Lande nimmt man es mit dem Abschließen nicht so genau, und in einem so eng verbundenen Kreis wie dem unseren verbirgt man nicht seine Unternehmungen vor seinen Freunden und Nachbarn. Und hier, wo er sich schon auf der schiefen Ebene befand, gehörte er auch noch zu dem geselligen Klub und erfuhr dadurch allerlei. Jeder, der wie er zu unserer Clique gehörte, konnte leicht auskundschaften, wann und wo man ungefährdet etwas klauen konnte.

Es war eine traurige Geschichte, und ursprünglich war der Colonel entschlossen, alles der Polizei zu übergeben. Zweierlei hielt ihn davon ab: Der erste und wohl ausschlaggebende Grund war die Tatsache, daß Larry und ich nur Zeugen eines einzigen Diebstahls waren. Ein geschickter Anwalt konnte leicht alle übrigen als unbewiesen abtun. Wir verbargen auch nicht unser Entsetzen vor dem Gedanken, in einem überfüllten Gerichtssaal unsere Aussagen zu machen und so einen jungen Mann ins Gefängnis zu bringen.

Daran glaubte der Colonel allerdings nicht. »Das ist nicht zu befürchten. Solch ein erster Verstoß gegen das Gesetz durch einen jungen Mann mit tadellosem Vorleben würde mit einer hohen Geldstrafe und einer Bewährungsfrist geahndet. Man kann das allerdings vorher nicht so genau sagen. Aber ich kann verstehen, daß Sie auch vor solch einem Urteil zurückschrecken, vor allem da Sie den jungen Menschen immer gut leiden konnten und ihm sogar jetzt nichts Böses wünschen.«

»Höchstens aus einem Grund«, sagte Larry. »Er versuchte den Verdacht auf Tom zu lenken. Es kann nicht nur Zufall gewesen sein, daß immer, wenn so etwas geschah, Tom an der Party teilnahm. Oder wenn aus einem menschenleeren Haus etwas gestohlen wurde, hatte Tom kein Alibi.«

»Ich kann Ihre Empörung wegen Ihres Protegés begreifen«, begann der Colonel, und ich mußte mir das Lachen verbeißen. Das war doch eine viel feinere Bezeichnung als »Ihr Findling«. »Aber als Unparteiischer glaube ich doch, daß es meistens, wenn nicht immer, Zufall war. Ich meine, es war für Ford nicht möglich, jedesmal zu wissen, ob Tom gerade ein Alibi hatte. Ich denke eher, er wollte den Verdacht auf alle jungen Leute lenken. Als ich ihm vorwarf, er habe Tom in Verdacht bringen wollen, leugnete er es leidenschaftlich ab. Das war das einzige, was er abstritt.«

Ein weiterer Grund dafür, daß der Colonel die Polizei nicht verständigte, war der, daß Graham durch ein boshaftes Spiel des Schicksals am Tage nachdem er erwischt worden war, einen ansehnlichen Gewinn einstecken konnte. Er genügte, um einen Großteil des gestohlenen Geldes zurückzuzahlen.

»Leider zu spät«, sagte er bitter. »Das hätte zwei Tage eher kommen müssen.« Ich glaube, er meinte es auch so. Jedenfalls konnte er das meiste zurückgeben, und er unterzeichnete beim Colonel einen Schuldschein für den Rest, den er, sobald er wieder im Verdienst war, schnellstens abtragen wollte. Selbstverständlich mußte er seine Stellung gleich nach Ablauf der Kündigungsfrist aufgeben, doch er würde ohne Mühe einen ebenso guten anderen Job finden. »Meiner Meinung nach«, sagte der Colonel, »sind wir deshalb seinem künftigen Arbeitgeber gegenüber verpflichtet, die Tat anzuzeigen.« Doch bei dieser Vorstellung brachen Larry und ich schier in Tränen aus. Schließlich gab er nach, aber unter der Bedingung, daß Graham ihn über seine Unternehmungen auf dem laufenden hielt. Der alte Herr, dem alles Glücksspiel verhaßt war, hielt dem Missetäter eine gründliche Strafpredigt. Er müsse diese Leidenschaft unbedingt aufgeben. Der Colonel verwies darauf, daß nur sie zu dem Unheil geführt habe. Doch der junge Mann erwiderte ziemlich unbekümmert: »Es kam ja nur daher, daß ich so hoch gewettet habe. In Zukunft werde ich höchstens ein paar Dollar setzen, Sir! Aber ich kann Ihnen nicht versprechen, daß ich auf dieses kleine Vergnügen ganz verzichten werde.«

Damit mußte sich der alte Herr zufriedengeben. »Er hat es einmal getan, und ich fürchte, er wird es wieder tun«, meinte er.

Ich persönlich war anderer Meinung. Ich fand, daß es für Graham eine harte Lehre gewesen war, so entehrt dazustehen vor den Augen der Menschen, die ihn gern hatten. Das hatte ihn sicherlich kuriert. Ich glaubte nicht, daß er wieder stehlen würde. Kurz ehe er unsere Gegend verließ, entschuldigte er sich bei mir. »Es tut mir schrecklich leid, Mrs. Russell. Ihr Portemonnaie war der erste Fall.«

»Vielleicht war es auch meine Schuld, Graham. Ich hätte nicht so unordentlich sein sollen.«

Doch das wollte er nicht gelten lassen. »In Ihrem Haus sollten Sie Ihren Geldbeutel überall liegenlassen können«, entgegnete er hitzig. Mir schien, daß dieser Widerspruch einen Charakterzug enthüllte, der zum besseren Verständnis seiner Handlungsweise führen könnte. Da ich aber keine Psychologin bin, verfolgte ich diese Frage nicht weiter.

Die Reaktion unserer Männer brauche ich wohl nicht zu schildern, als sie erfuhren, Larry und ich hätten uns »mitten in der Nacht« und »allein in einem verlassenen Haus« in zwei Schränken versteckt und so den Dieb gefangen.

»Ich dachte, so etwas hättet ihr jetzt abgeschafft«, sagte Paul enttäuscht. »Für unsere Kinder in der Schule wäre es nicht gerade angenehm, wenn sie erführen, was ihre Mütter treiben«, fügte Sam hinzu. »Diese ganze Angelegenheit hättet ihr euren Ehemännern überlassen sollen.«

»Und was hättet ihr unternommen?« fragte Larry spitz. »Absolut nichts! Ihr hättet nur immer weiter jeden einzelnen verdächtigt. Und auf die Idee, dem Dieb eine Falle zu stellen und ihn darin zu fangen, wäret ihr nie gekommen.«

»Wir hätten vermutlich lieber gar nichts unternommen, als unsere Frauen als Lockvögel in die Falle zu setzen«, sagte Paul wütend, und wir beide hielten es für das beste, die Affäre auf sich beruhen zu lassen.

Was Miranda wußte oder ahnte, hat keiner von uns je erfahren. Sie besaß zuviel ruhige Würde, als daß sie ihre Empfindungen gezeigt hätte. Als ich Tony danach fragte, sagte sie: »Natürlich weiß keiner von uns genau, was eigentlich geschehen ist. Ihr Älteren seid alle so verschwiegen. Wir haben uns nur gedacht, daß der arme Graham irgend etwas Dummes gemacht hat, und deshalb habt ihr ihn mit vereinten Kräften vertrieben. Das war nicht nett von euch, denn jetzt wird nichts aus unserem Theaterstück, und wir könnten schier unseren ganzen geselligen Betrieb aufgeben. Miranda? Von der erfährt keiner was. Das muß ich an ihr richtig bewundern. Ich selbst trage mein Herz auf der Zunge; einmal muß ich vor Freude tanzen, ein andermal sind meine Augen dick verheult. Miranda aber läßt sich nie etwas anmerken; ihr schönes Gesicht bleibt stets unverändert.«

»Glaubst du, daß sie sich für Graham interessierte, oder hat sie Joe schon immer liebgehabt?«

»Ich bin mir nicht ganz sicher, aber ich denke schon, daß es ihr von jeher um Joe ging. Er hat einen vorzüglichen Charakter, und sie wollte schon immer einen heiraten, der ein paar Tropfen Maoriblut hat. Sie ist auf ihres unbändig stolz; das kann sie auch, denn ihre Mutter ist eine echte Maori.« Und Tony erging sich in Lobpreisungen über die stille, zurückhaltende Frau, und Graham war samt seinem Geheimnis vergessen.

Ich glaube nicht, daß einer von der jungen Gesellschaft die volle Wahrheit ahnte; sie alle wußten jedoch, daß wir »Alten« eine feste Front des Schweigens bildeten, die sie respektieren mußten.

Nur David war eine Ausnahme. Er wußte ja von den Diebstählen. Ich konnte nicht widerstehen und erzählte ihm, was ich von ihm dachte: Wenn er, David, der Dieb gewesen wäre, hätte er bestimmt behauptet, er sei ein armes Opferlamm.

Er lachte zustimmend. »Das hätte ich sicherlich gesagt. Aber ich bin doch verdammt froh, daß Sie nicht weitere Konsequenzen gezogen und die Angelegenheit noch mehr aufgebauscht haben. Der arme Teufel hat genug verloren – seine Stellung, seine Freunde und seine Angebetete.«

»Über ihn selbst scheinen Sie nicht sonderlich empört zu sein, David.«

»Warum auch? So etwas geschieht alle Tage, und nur die wenigsten werden erwischt. Der arme Kerl steckte tief in Schulden, und da sah er Ihr Portemonnaie, Susan. Wirklich, im Grunde sind Sie der Bösewicht!«

»Das weiß ich selbst, aber keiner außer Ihnen hat mir das vorgeworfen. Letzten Endes ist das ja auch Unsinn. Wenn es nicht *meine* Börse gewesen wäre, dann die eines anderen. Meine war eben zufällig die erste.«

»Und Sie gehören zu den Edelmütigen, die keinen großen Wirbel machen wollen. Sie taten das auch nicht, und so ging es eben weiter. Mir tut es leid, daß er weggeht. Keiner von uns wird Lust haben, sich noch mit dem Theaterstück abzugeben; für ihn aber ist's wirklich schlimm.«

»Und an unsere Aufregungen denken Sie gar nicht und daran, daß er es auf Tom schieben wollte?«

»Ich glaube nicht, daß er diese Absicht hatte. Er ist unvernünftig, aber nicht boshaft. Und wer dennoch meinte, Tom sei es gewesen, der ist ein Dummkopf.«

»Vielen Dank. Es war eine abscheuliche Zeit. Ich bin froh, daß sie vorbei ist.«

»Jawohl, und nun wollen wir's gut sein lassen. Es gibt eine neue Aufregung, aber eine harmlose. Nein, nein, ich verrate nichts. Das ist Peters Angelegenheit. Aber es ist etwas Gutes, Sie brauchen also kein so ängstliches Gesicht zu machen. Jetzt, wo die Diebstahlsaffäre beendet ist, sind Sie ganz frei und können sich mit den Sorgen um Tonys Hochzeit befassen.«

Er war wirklich ein schrecklicher Kerl und trotzdem viel verständnisvoller als irgendeiner aus meiner Umgebung!

Es war wahrhaftig eine gute Nachricht. Peter war in Tiri gewesen, um es Tony zu erzählen, und schaute auf dem Heimweg noch bei uns herein. »Ich will euch nicht auf die Folter spannen ... Meine gute Neuigkeit erfuhr ich durch einen Brief – oder besser gesagt durch eine Postkarte von Jock, die gestern ankam. Er schreibt: ›Ich bringe eine Frau mit! Jean ist ein tüchtiges Mädel, hat keine Angst vor harter Arbeit. Sie wird Ihnen gefallen. Die Hütte für die Schafscherer reicht uns für den Anfang, später können wir sie noch ein bißchen herrichten.‹ Na, was sagt ihr dazu? Jock hat doch immer behauptet, er halte nichts vom Heiraten, und war tagelang richtig deprimiert, als Tony und ich uns verlobten ... Nun seht mir doch den alten Schlaufuchs an! In einer Woche wird das junge Paar hier sein. Ich freue mich mächtig darüber, aber ich war doch einfach platt.«

»Wird denn die Hütte gut genug sein?«

»Natürlich nicht. Ich bestelle ein kleines Fertighaus, und bis das aufgestellt ist, werden sie schon 'rumkommen. Was mir am besten gefällt, ist, daß Jean, wie sie auch sonst sein mag, sich nicht vor der groben Arbeit fürchtet. Da kann sie einmal in der Woche zu Tony kommen und ihr einen Teil der Plackerei mit der Hausarbeit abnehmen. Ich hatte schon versucht, jemand zu bekommen, aber wer mag denn heute noch solch eine Beschäftigung?«

»Da bin ich aber froh, Peter! Und Tony wird erst recht begeistert sein, denn ich glaube nicht, daß sie auf die Dauer mit dem Beruf einer Hausfrau zufrieden sein wird. Sie wird bestimmt viel lieber mit dir zu Pferd unterwegs sein.«

»Das wäre mir auch lieber. Jetzt muß ich alle Tage bei der Baufirma anrufen, bis ich denen so auf die Nerven gehe, daß sie mir das Fertighaus hierherliefern . . . Macht's gut!« Und weg war er. Ich sah ihm erleichtert nach. »Jean« war die beruhigende Antwort auf meine skeptischen Vorstellungen von Tonys Zukunft. Sie würde nie eine Super-Hausfrau werden, und Jean würde Tony bestimmt gern haben. Alle hatten Tony gern.

Das erinnerte mich wieder an die Hochzeit. Jetzt, wo alles vorbei ist, gebe ich ohne weiteres zu, daß mich der Gedanke daran ganz fertiggemacht hat. Ich war richtig besessen davon, und das ärgste war, daß ich alles für mich behalten mußte. So war es vielleicht ganz gut, daß es erst einmal ein heiteres Zwischenspiel gab, obgleich ich es damals nicht so ansah.

Eines Morgens stürmte Larry herein. »Du kannst dir nicht vorstellen, was jetzt los ist: Ich muß zu einer feierlichen Dinner-Party gehen.«

»Wann, wo und bei wem?« fragte ich milde.

»Schuld daran ist Sam, weil er sich zum hiesigen Vertreter vom Bauernbund, oder wie das heißt, hat wählen lassen – ausgerechnet Sam, der abends absolut nicht ausgehen mag! Jetzt kommt so ein hohes Tier nach Te Rimu; sie wollen ihm ein großes Essen geben, und Sam sagt, ich muß hingehen!«

»Selbstverständlich gehst du hin! Er ist doch einer von den Gastgebern. Das gibt einen Hauptspaß: Cocktails vor Tisch, einen guten Wein zum Essen und eine Menge interessante Leute, mit denen man sich unterhalten kann.«

»Die Cocktails und das Essen würden mir nichts ausmachen, wenn ich das alles bei mir daheim haben könnte, aber ohne die pikfeinen Leute. Natürlich gehe ich hin«, fuhr sie fort. »Man muß ja seinem Ehemann in allen Lebenslagen beistehen, aber denkst du auch an das Drum und Dran, Susan? Was soll ich denn um

Himmels willen anziehen?«

Ich hätte mir gleich denken können, daß das mich anging. Larry kann nicht schneidern. Sie wollte es auch nicht lernen, und ich nähte also für uns beide. Aber Larry ist kein Schmarotzer. Sie tat ihrerseits viele mir unsympathischen Arbeiten für mich. Sie putzte die Fenster, kochte Obst ein und noch vieles andere. Aber der Gedanke, in aller Eile ein langes Abendkleid anfertigen zu müssen, erschreckte mich.

»Wie wäre es denn mit dem Dunkelblauen, Larry? Ich weiß, du hast es viel getragen, aber es ist immer noch sehr schön und für diese Gelegenheit gut geeignet.«

Larry sagte nichts. Sie kicherte nur und fragte dann: »Erinnerst du dich an das Kleid, Susan?«

»Aber sicher! Ich habe es doch selbst genäht!«

»Ja, und wie schön! Es hatte doch ein loses Unterkleid in der gleichen Farbe.«

»Natürlich, es ist ja durchsichtig. Das hat doch nicht etwa der Hund angefressen?« Larry hatte sich nämlich einen neuen jungen Hund gekauft, der auch wieder Mouse hieß und ihre größte Freude war. »Nein. Dazu ist er viel zu rücksichtsvoll. Aber du erinnerst dich doch an Miriam?«

»Allerdings. Eines unserer ungezogensten ehemaligen Lämmer; jetzt ist es wohl schon neun Jahre und ein rechter Teufel.«

»Also, das Tor war offen geblieben, da kam Miriam ins Haus und knabberte das Unterkleid an. Jetzt ist es kaputt, aber nur oben herum.«

Ich erblaßte, doch Larry redete ganz schnell weiter. »Susan, ich habe eine Idee! Könnte man nicht das Unterkleid an der Taille abschneiden und dann ein schönes Oberteil kaufen? Zweifarbig ist doch jetzt die große Mode. Bin ich nicht schlau, daß ich mir das ausgedacht habe?«

Ich fand sie sehr schlau, und das Ganze sah später so gelungen aus, daß Larry sehr töricht behauptete, Miriam müsse wohl ein Gefühl für Farben haben. »Jetzt ist alles in Ordnung«, meinte sie, und von da an ging alles schief.

Zunächst hatte Sam eine Verabredung mit »dem großen Tier« und fuhr mit einem Nachbarn nach Te Rimu. Das Auto überließ er Larry. Dann wurde der Goldhund namens Mouse schwer krank. Er hatte sich ein Pfund fetten Speck vom Küchentisch gestohlen. Als ich mich im Hinblick auf die hohen Speckpreise darüber aufregte, nannte Larry mich eine herzlose Materialistin. Das Geld sei nicht so wichtig, aber sie könne doch Mouse jetzt nicht allein zu Hause lassen. Sie müsse das Dinner absagen, denn sie könne auch unmöglich allein mit dem Tier nach Te Rimu fahren.

»Wer muß allein nach Te Rimu fahren?« fragte David, der gerade aus dem Garten hereinkam. Dort hatte ihm Paul soeben erklärt, wie froh er sei, nicht an dem Festmahl teilnehmen zu müssen.

Larry berichtete, und zum erstenmal zeigte sich David als Kavalier. »Ich begleite Sie. Nein, Sie brauchen mir nicht zu danken. Dort läuft ein Film, den ich mir gern ansehen möchte.«

Das war Schwindel, denn David hatte mir erzählt, daß er den Film schon vor längerer Zeit gesehen hatte. Aber im stillen tat ihm Larry leid; sie hatte die ganze Nacht mit der Sorge für den kranken Hund verbracht. Er versprach, sie um halb sechs Uhr abzuholen. »Aber Sie müssen mir das Vieh vom Hals halten, wenn's ihm wieder schlecht wird.«

Sie fuhren los; David chauffierte, und Larry bemühte sich, den Hund auf dem Rücksitz zu besänftigen. So sah ich sie beim Abschied, und am nächsten Tag kamen sie beide, um mir von dem großen Fest zu berichten. David war offensichtlich sehr erheitert, während Larry ein schlechtes Gewissen zu haben schien. »David ist ein Ekel!« begann sie sofort.

»Sooo? Das ist mir eine schöne Belohnung für meinen Edelmut, der auf meine eigenen Kosten ging!«

»Ich konnte ja nicht ahnen, daß dieser verflixte Kerl im gleichen Hotel zu Abend essen würde. Es gibt dort ja noch genug andere Lokale. Natürlich suchte er sich einen Platz im gleichen Saal, wo unsere Party stattfand, und ließ mich die ganze Zeit nicht aus den Augen. Ich wurde ganz nervös. Kein Wunder!«

»War es wirklich Nervosität, Teuerste?« fragte David ironisch. »Oder kam es daher, daß Sie den ganzen Tag nichts Richtiges gegessen hatten, weil dieser elende Hund so krank war? Es war nicht sehr klug, gleich zwei Cocktails in den leeren Magen zu gießen!«

»David Hepburn, wollen Sie damit sagen, daß ich betrunken war?«

»Aber ganz und gar nicht, meine Liebe! Es war nur bedauerlich, daß Sie einen Witz mit so lauter Stimme erzählten, als die anderen gerade das Tischgebet sprachen.«

Larry kicherte. »Und ich wunderte mich, daß niemand lachte . . . Es war eben Pech, daß Sam, der schreckliche Mensch, am anderen Ende der Tafel saß und mir keinen Schubs geben konnte. Und der alte Herr neben mir war stocktaub.«

»Ihre Stimme klang wie Trompetenton. Zum Beispiel, als Sie sagten: ›Ich wollte, wir hätten ein Bataillon, um den Israeli zu helfen!‹ Daraufhin fragte er: ›Ein Italiener? Was könnte ein Italiener schon ausrichten?‹ In dieser Art ging die Unterhaltung vor sich, Susan, und ich hatte viel Spaß daran. Zum Glück war Sam außer Hörweite. Als Larry von ihrem Hund erzählen wollte, sagte der alte Knabe: ›Eine Maus im Wagen? Das ist aber sehr leichtsinnig! Das könnte doch den Fahrer ablenken!‹« Jetzt brachen beide in wieherndes Gelächter aus.

»Aber das war noch gar nichts. Sie hätte noch viel größeres Aufsehen erregt, wenn ich ihr nicht zu Hilfe geeilt wäre. Ziemlich zum Schluß wollte sie nachsehen, ob der Goldhund noch am Leben sei. Sie schlich sich also hinaus, und das Biest legte seinen Kopf in ihren Schoß und übergab sich.«

»O Larry! Doch nicht etwa auf das Kleid?!«

»Natürlich nicht, Susan! Du weißt doch, wie vorsichtig ich bin. Ich schlug das Kleid zurück, und mein armer Schatz spuckte auf das Unterkleid.« Wieder lachte sie schallend. Ich aber war wütend. »Was hast du denn da gemacht?«

»Na, zum Glück ging es ja nur auf das Unterkleid. Das zog ich aus und steckte es in den Kofferraum. Nachher war es dem lieben

Tier viel besser.«

»Ach, das liebe Tier! Und was war mit dir? Das war wohl der Schluß vom großen Fest?«

»Leider nicht. Ich wollte, ich wäre heimgefahren, aber ich ging wieder hinein.«

»Wie konntest du nur? Das Kleid ist doch durchsichtig!«

»Siehst du, Susan, daran habe ich nicht gedacht. Ich hatte es doch immer mit dem Unterkleid getragen, so daß ich nun ganz vergaß, daß es nicht da war. Außerdem war es ja dunkel, also schimpf mich nicht. David, hören Sie doch endlich auf zu lachen!«

»Sie hätten sie sehen sollen, Susan, wie sie so in der Tür stand, ohne zu ahnen, welchen Anblick sie bot. Man erhob sich gerade von der Tafel, und bis zu ihrem Stuhl waren es nur drei Schritte – es hätte also schlimmer sein können. Aber ich schritt mit ungeheurer Geistesgegenwart und Ritterlichkeit ein – und dafür werde ich nun gescholten.«

»Was haben Sie denn getan? Eine entsetzliche Geschichte!«

»Kein Grund zur Aufregung. Nur einige wenige haben was gemerkt. Ich sprang rasch auf und lief zu ihr hinüber. Ich tat, als ob ich gestolpert wäre und mein Bier über ihr Kleid gegossen hätte. Große Entschuldigung und viel Trara. Dann zog ich wie der Blitz meine Jacke aus, bedeckte damit Larrys Blößen und brachte sie schleunigst zurück zum Wagen. Das war nun das Ende von Larrys großem Auftritt beim Festmahl. Zum Glück hat der brave Sam nichts bemerkt.«

Nun mußte ich aber doch auch lachen. »Das war wirklich clever von Ihnen, David!«

»Überhaupt nicht!« protestierte Larry. »Das alles wäre nicht passiert, wenn er mich nicht die ganze Zeit so neugierig angestarrt hätte. Kein Wunder, daß ich ganz verdreht war!«

»Das ist ein sehr milder Ausdruck. Ihr schwerhöriger Freund wollte noch nach ihr sehen und war sehr beunruhigt wegen der Maus in ihrem Auto. ›Bei dem Verkehr ist so etwas lebensgefährlich!‹«

Und nun fingen die beiden wieder an zu lachen.

Plötzlich jedoch wurde Larry ernst. »Weißt du, ich glaube, ich bin für solche feierlichen Gelegenheiten nicht geeignet. Ich werde Sam bitten, diesen Ausschüssen in Zukunft nicht mehr beizutreten.«

Nach Sams Gesichtsausdruck bei dem Bericht dieser Geschichte zu urteilen, war das als sicher anzunehmen.

Nachdem ich mich von Larrys »Offiziellem Dinner« etwas erholt hatte, fiel der Gedanke an die Hochzeit mir noch schwerer auf die Seele. Es waren nur noch sieben Wochen bis dahin. Den Garten hatte ich sehr schön gerichtet, aber im Haus blieb noch eine Menge zu tun: Der Anstrich der Türen und die Tapeten zogen meine Aufmerksamkeit auf sich und verfolgten mich bis in die Nachtstunden. In einer Nacht konnte ich überhaupt nicht schlafen; ich schämte mich bei dem Gedanken, wie unfreundlich ich tagsüber zu jedermann gewesen war, besonders gegen Paul. So ist es eben bei einer zärtlich liebenden Ehefrau, wenn alles schiefgeht. Aber auch Tony hatte ich angefaucht und gar wohl bemerkt, wie besorgt und gekränkt sie mich ansah. Ich fand mich selbst unausstehlich und gab die Hoffnung auf, doch noch einzuschlafen. Ich zog meinen Schlafrock an und beschloß, das müsse nun anders werden, auch wenn ich einen Teil meiner Aufgaben nicht würde erfüllen können. Das war immer noch besser, als ein böses Weib zu sein.

Am Küchentisch dicht neben der Heizung ließ ich mich mit einer Tasse Kaffee und ein paar Aspirin nieder. Ich holte die Liste mit den Arbeiten hervor, die noch vor der Hochzeit zu erledigen waren. Ich kam zu dem Schluß, daß ich wohl die Grippe bekäme und überhaupt nichts mehr machen könnte. Ich betrachtete die endlose Gästeliste, und eine dicke Träne rollte an meiner Nase herunter – eine Träne tiefsten Mitleids mit mir selbst. Da ging die Tür auf, und Tony trat ein. »Susan, was machst *du* denn hier? Ich bin aufgewacht und war durstig. Gibst du mir einen Schluck von deinem Kaffee? Was sind denn das für Listen? Nein, steck sie nicht weg. Laß doch mal sehen . . . Ach, das ist ja schrecklich! Wie konnten wir denn nur so viele Leute einladen? Kein Wunder, daß du dich aufregst und manchmal ein bißchen gereizt bist, du Ärmste!«

Sie war auch den Tränen nahe und hätte beinah richtig geweint; aber ich lachte gleich und sagte: »Natürlich werde ich kaum die Hälfte von alledem ausführen können, vielleicht sagen aber auch viele Leute ab. Mach dir keine Sorgen, Tony, es wird bestimmt ein Riesenspaß werden!« Und dann plauderten und lachten wir miteinander und tranken unseren Kaffee.

Während des ganzen Wochenendes sprachen wir nicht mehr von diesen nächtlichen Stunden. Wenn die Hochzeit erwähnt wurde, schien Tony alles Interesse verloren zu haben. Ich hoffte inständig, sie wisse nicht, welche Prüfung die Feier für mich bedeutete. Ich wollte ihr keinesfalls die Freude verderben! Den ganzen Sonntag über kam sie mir ungewöhnlich nachdenklich vor. Als sie am Montagmorgen zu ihrem Supermarkt fuhr, sagte sie, sie werde Mitte der Woche für eine Nacht heimkommen, um einiges zu erledigen.

Offenbar wollte sie diese geheimnisvollen Dinge mit Peter besprechen, denn dieser kam am nächsten Morgen auf dem Weg von Tiri kurz bei uns vorbei. Am Mittwoch dann kamen sie beide abends gleich nach dem Essen in seinem Auto zu uns. Ich hatte gerade mit Larry telefoniert; sie wollte am kommenden Freitag mit mir die Lieferanten aufsuchen, die Einladungskarten bestellen und mich ein wenig aufmuntern. »Wir fahren am Freitag in die Stadt«, sagte ich zu Tony, »um endgültig alles zu arrangieren. Jetzt ist also die letzte Gelegenheit, wenn du noch was geändert haben möchtest.«

Ich versuchte, einen möglichst heiteren Ton anzuschlagen, was mir, wie ich fand, auch recht gut gelang. Da sprang Tony plötzlich auf und blickte Paul und mich mit einem seltsam herausfordernden Ausdruck in ihrem hübschen Gesicht an. Aus unerfindlichem Grund erhob sich auch Peter und stellte sich neben sie.

»Meine Lieben, jetzt müßt ihr mal kurz zuhören und mich nicht unterbrechen. Paul, sag nicht: ›Das Mädel redet Unsinn!‹, und du, Susan, frag nicht, ob ich Kopfweh hätte. Ich bin körperlich vollkommen gesund und geistig auf der Höhe, außerdem bin ich fast einundzwanzig. Das ist jetzt ein endgültiger Entschluß: Die Hochzeitsfeier wird abgesagt! Macht keine so erschrockenen Gesichter! Ehe es zu spät war, haben Peter und ich die Wahrheit erkannt und uns entschlossen, die Feier abzublasen. Natürlich wollen wir heiraten, aber in aller Stille. Nur ihr beiden sollt dabei sein als Vertreter meiner Familie, und Alison und Justin von Peters Seite. Wir wollen eine ganz intime Trauung in der Kirche in Te Rimu haben und anschließend ein kleines Festmahl im Hotel – alles in der Stille. Niemand soll etwas erfahren außer Tantchen und Miranda, und die sind verschwiegen wie das Grab.«

»Aber – aber was soll mit deinen Bekannten werden, mit all deinen Freunden? O Gott, Tony . . .« Es fehlten mir die Worte; hilflos sah ich Paul an.

»Was soll das heißen, Tony?« sagte er ganz ruhig. »Das kannst du Susan doch nicht antun.«

Tony wurde feuerrot; es sah aus, als ob sie gleich in Tränen ausbrechen würde, und nun sprach Peter weiter. Er legte den Arm um Tonys Schultern und sagte: »Tony hat das nicht richtig erklärt. Sie will Susan nicht kränken, Paul. Sie will ihr im Gegenteil etwas zuliebe tun! Es ist ihr aufgegangen, welch ungeheure Arbeit die Vorbereitungen für Susan bedeuten. Abgesehen davon möchten wir im Grunde viel lieber eine stille Hochzeit mit nur vier Zeugen und ohne jeden Wirbel.«

»Aber das könnt ihr doch nicht machen!« stöhnte ich. »Überlegt doch mal: Was sollen denn die Leute denken! Was wird Alistair dazu sagen und gar erst Claudia?«

Jetzt lachte Tony – recht unpassend. »Wahrscheinlich werden alle denken, daß irgendein dunkler Anlaß dazu besteht. Aber das macht uns nichts – die Zeit wird das schon aufklären.«

Peter gab ihr einen mahnenden kleinen Stoß. »Hör doch auf, Schatz! Im Ernst, Susan, wir halten das wirklich für eine wichtige Angelegenheit. Wir finden, daß wir das Recht haben, unsere Hochzeit nach unserem eigenen Geschmack zu gestalten, vorausgesetzt, daß ihr beide dabei seid. Doch wir sehen ein, daß auch unsere Verwandten und Freunde gewisse Rechte haben. Deshalb haben wir beschlossen, wenn ihr beide damit einverstanden seid, nach unseren Flitterwochen eine große Party zu geben. Es soll genau wie eine Hochzeitsfeier werden mit allem Drum und Dran, aber in *unserem* Haus, nicht in eurem . . . Ja, ich weiß, das ist ungebräuchlich, aber gerade das gefällt Tony, das könnt ihr euch vorstellen. Es wird nicht großartig werden, aber mein Haus ist ganz schön groß und noch ziemlich leer, bis Tony nach unserer Heirat zum Einkaufen kommt. Noch zwei Zelte, und alle werden genugend Platz haben und zufrieden sein. Du, Susan, und Paul, ihr sollt die Gäste empfangen. Wir sind nur das junge Brautpaar. Anfangs werden die Leute ein wenig überrascht sein, aber das wird schnell vergehen; schließlich wird's allen gefallen, und es wird heißen: ›Gar keine schlechte Idee!‹«

Ich war so überwältigt, daß ich zuerst nicht wußte, was ich denken oder sagen sollte. Einesteils war ich enttäuscht, denn ich hatte mich von Herzen darauf gefreut, meine kleine Tony durch den Mittelgang der überfüllten Kirche zum Altar schreiten zu sehen, während die vielen Menschen sie bewunderten – und nun sollten nur wir vier dabei sein. Andererseits war ich erleichtert, denn die ganze gräßliche Angst vor der Party wurde mir von der Seele genommen. Es waren sehr gemischte Gefühle, und im Augenblick wußte ich nicht, welches stärker war. Aber im Innersten fühlte ich, daß die Erleichterung überwiegen würde. Doch mit der Idee einer verspäteten Hochzeitsfeier, die noch dazu vom Brautpaar selbst ausgerichtet werden sollte, konnte ich mich nicht anfreunden. Dergleichen hatte ich noch nie gehört, und ich konnte es mir auch nicht recht vorstellen.

»Das ist es ja gerade«, rief Tony, als ich das zur Sprache brachte. Sie war jetzt wieder meine redelustige Tony; sie hockte sich auf die Lehne meines Sessels. »Es ist mal etwas Neues und Originelles, und lustig ist's auch. Es wird alles ganz richtig: Ich ziehe mein Brautkleid an, es gibt deinen köstlichen Hochzeitskuchen und vielerlei Getränke, und du mußt mir überall beistehen, Susan.

Wir lassen Einladungen drucken, so wie wir es vorher geplant hatten. In drei Wochen wollen wir heiraten, so kann der Termin fast derselbe sein wie der, den wir zuvor festgesetzt hatten. Es werden viele Gäste kommen, einige aus Neugier, die meisten aber, weil sie mit uns befreundet sind und uns gern haben. Es schadet nichts, daß das Haus nicht komplett eingerichtet ist; Peter möchte ja, daß ich die neuen Sachen selbst aussuche. Und die Leute werden sagen, daß man von einer Braut, die gerade von der Hochzeitsreise kommt, nicht viel erwarten kann. Wenn Jocks Jean so tüchtig ist, wie er behauptet, wird sie das Haus und die Fenster vorher putzen, und das genügt. Unsere Freunde werden nachsichtig sein; kaum einer wird meckern, und wenn, ist es mir gleich. Wir lassen uns die Platten von denselben Lieferanten schicken. Am Freitag fahre ich mit dir und Larry hin und bestelle alles sechs Wochen im voraus. Das ist wohl nötig, denn diese Geschäfte stehen immer unter Zeitdruck. Wir wollen auch große Zelte aufstellen und alles genau so machen, wie du es geplant hast, aber *wir* werden die Verantwortung dafür tragen, nicht du und Paul. Deshalb brauchst du dir auch vorher keine Sorgen zu machen. Du richtest dafür das Mahl für sechs Personen nach der Trauung. Findest du nicht auch, daß das prima ist und eine blendende Idee von deiner gescheiten kleinen Tony?«

Ich wußte nicht, was ich sagen sollte. Es war mir klar, daß trotz ihrer gegenteiligen Behauptungen der eigentliche Grund der war, daß sie mir Arbeit und Aufregung ersparen wollte. »Aber all die Dinge, die zu einer Hochzeit gehören – Blumen und Tafelschmuck und so . . .«, gab ich zu bedenken.

»Das kriegen wir alles. Nun mach dir keine Sorgen mehr! Du brauchst nur zu sagen: ›Tonys Hochzeitsfeier wird wunderbar!‹, und dann wird's auch so sein.«

Besänftigend schlang sie den Arm um mich, so daß mir dummerweise fast die Tränen kamen. »Ich werde auch mein Brautkleid anziehen. Nach der Trauung werde ich's im Hotel gleich ausziehen, damit nichts drankommt, wie das die Bräute schon früher taten. Ich muß es ja zweimal tragen, bei der Trauung und bei der großen Hochzeitsfeier.«

Ich war besiegt; eigentlich war ich's schon, als sie sagte: »Das wird ein Riesenspaß werden!« Das gab bei Tony stets den Ausschlag, und ich mußte mich fügen. Doch eine kleine Enttäuschung konnte ich nicht verbergen. »Aber die Hochzeit sollte doch für jedes Mädchen der größte Tag seines Lebens sein!« sagte ich betrübt.

»So wird es auch für mich sein, Susan. Oder glaubst du wirklich, daß die vielen Menschen diesen Tag für mich noch beglükkender machen könnten? Ganz bestimmt nicht. Bei dieser Gelegenheit zählen nur Peter und ich und ihr vier. Die anderen sind nur Publikum; das habe ich dann auf der Party; das wird dann mein zweiter großer Tag werden. Du mußt das ganze von *unserem* Standpunkt aus betrachten, Susan. Wie sollten wir uns freuen können, wenn du soviel Arbeit und Aufregung dadurch hast? Und das alles nur wegen der Tradition, die eine Hochzeit gleichsam in eine große Show verwandelt.«

Sie hatte nicht unrecht. Im Grunde meines Herzens hatte ich nie begriffen, warum eine Hochzeit eine solch riesige Affäre sein mußte. Mir erschien sie immer als etwas Feierliches und ganz Privates, obgleich meine eigene Hochzeit nach der althergebrachten Art gefeiert wurde. Aber wenn ich mich zurückerinnere, so ging es mir nur um Paul und meine Eltern; die große Menschenmenge hätte ich leicht entbehren können, und bei Paul war es genauso.

»Wir wollen uns nichts vormachen, Tony«, sagte ich. »Du hast entdeckt, wie ich mitten in der Nacht über diesen Listen brütete. Ich weiß, da hast du gemerkt, wie mich das bedrückt. Aber ich wollte das Fest hier ausrichten; du solltest von der ganzen Gesellschaft bewundert werden, wenn es auch schwierig für mich gewesen wäre, alles richtig unter einen Hut zu bringen.«

»Das wissen wir, Susan«, sagte Peter. »Wir wissen, daß es dich hart ankommt, diese große Feier aufzugeben, aber wir bitten dich darum, und wir möchten, daß du das gern tust. Wir wollen keine große Hochzeit, wir wollen nicht so einen steifen Empfang, der von fünf Uhr am Nachmittag bis Mittternacht dauert oder gar noch länger. All die Aufregung und die Mühe wollen wir dir und uns ersparen. Wir möchten es nach unserem Sinn haben, und wir bitten dich um deine freudige Zustimmung – uns zuliebe!«

Mir blieb nichts anderes übrig, als mich mit ihren Plänen abzufinden. Wie anders sich mein Leben in den nächsten sechs Wochen gestalten würde, konnte ich mir kaum vorstellen. Sie wollten unbedingt in drei Wochen heiraten. Peter war bereits mit einem netten, verständnisvollen Pfarrer in Verbindung getreten und hatte die Trauung für Mitte September auf nachmittags vier Uhr festgesetzt. Für diese ungebräuchliche Stunde bestellte Paul ein delikates Essen im Hotel. Gleich danach wollten Tony und Peter auf die Hochzeitsreise gehen. Wir würden dann heimfahren in unser stilles Haus. Drei Wochen später würde das junge Paar zurückkehren, und drei Tage darauf sollte die riesige Party stattfinden, für die wir die etwas ungebräuchlichen Einladungen verschickten.

Das alles war sehr verwirrend, und für kurze Zeit schien alles ganz verdreht. Recht niedergeschlagen dachte ich an Tonys ausdrücklichen Wunsch, dort zu heiraten, wo sie zu Hause war, und von dort auf die Hochzeitsreise zu gehen. Und nun sollte das von einem Hotel in der Stadt aus geschehen. Doch es war mir klar, daß ich mich damit abfinden mußte, dafür würde für mich alles viel einfacher sein. Vorher allerdings hatte ich den Einladungen für die nächsten Freunde und Verwandten noch einige erklärende Zeilen beizufügen. »Natürlich ist's für mich so bedeutend leichter, aber eigentlich doch auch fad«, sagte ich zu Paul. »Vorher war es so spannend.«

»Bilde dir nur nicht ein, daß es fad wird! Tony erwartet von dir, daß du auf dieser komischen Party die Gäste empfängst. Es wird eher ein rechtes Tohuwabohu werden in dem ungepflegten Garten und einem Haus, das bisher eine Junggesellenwohnung war – fad und langweilig wird es keinesfalls!«

Und damit hatte er wieder einmal recht!

11

Eine kurze Zeit lang hatte ich ein Gefühl wie von einem Sturz ins Leere. Immerfort hatten sich meine Gedanken damit befaßt, was alles vor der Hochzeit erledigt werden müsse, und immer wieder war ich bei der Vorstellung verzagt. Nun hatte ich auf einmal ungeheuer viel freie Zeit. Natürlich gab es noch allerlei zu tun. Zum Beispiel fragte Tony beiläufig: »Meinst du nicht, daß man meiner Mutter und Daddy die Sache etwas erklären sollte? Das kannst du viel besser als ich. Und vielleicht auch den näheren Freunden?« fügte sie schnell hinzu. »Nur so ein kleines taktvolles Briefchen, wie sie keiner so gut fertigbringt wie du.«

Mit anderen Worten: Ich schrieb vier volle Tage lang taktvolle Briefchen, denn es gab eine Unmenge »näherer Freunde«. Viel schwieriger war es, Tonys großen Plan Claudia zu erklären. An Alistair zu schreiben, machte mir kein Kopfzerbrechen; er kannte seine Tochter und würde sicherlich darüber lachen. Und das tat er auch, als er meinen Brief erhalten hatte. Er rief mich umgehend an.

»Dem Kindskopf fällt doch immer ein besonderer Dreh ein!« rief er aufgeräumt. Und ich hörte ihn kichern, als er fortfuhr: »Möchte wohl wissen, was ihre Mutter dazu sagt!« Doch dann wurde er sachlich: »Tatsächlich hab' ich Respekt vor dem Mädel. Sonst wollen doch alle an ihrem Hochzeitstag eine große Rolle spielen, und Tony ist bestimmt eine schöne Braut. Aber ich weiß schon, worum es ihr geht: daß es nämlich gar zuviel Mühe für dich und Paul gibt. Und daß es zuviel Geld kostet – aber daran ist dein eigensinniger Herr Gemahl selber schuld. Doch mir gefällt die Idee einer Trauung in der Stille. Diese groß aufgemachten Feiern kommen mir vor wie ein Dankgottesdienst, weil der Vater seine Tochter unter die Haube gebracht hat. Und diese verspätete Party wird ein Riesenspaß werden ... Ja, ja, ich komme per Flugzeug, und ich möchte wetten, daß Claudia das auch tut. Es war ihr doch immer peinlich, daß die Leute denken, sie verstünde sich nicht mit ihrer Tochter. So wird sie beweisen, daß sie auf gutem Fuß miteinander stehen. Tony schrieb mir in einem kurzen Brief, daß ich bei ihnen wohnen soll, weil ›die arme Susan es schon mit Mutter und Macgregor aufnehmen muß‹. Daran werde ich mich also halten.«

Claudias Antwort war etwas steif. »Mir persönlich gefällt diese Idee einer stillen Hochzeit. Die plötzliche Änderung der Pläne ist allerdings unangenehm. Die Leute auf dem Lande haben eben so wenig zu tun, daß sie einfach ihren Einfällen freien Lauf lassen. Aber Antonia hat es so bestimmt, und schließlich ist es ja *ihre* Hochzeit. Die verspätete Party ist zwar ungebräuchlich, aber doch eine gute Idee. Sie beweist wenigstens, daß es nichts zu verbergen gibt.«

An dieser Stelle lachte Tony schallend und machte einige derbe Bemerkungen, die ich hier nicht wiederholen möchte.

»Ich werde selbstverständlich kommen«, fuhr Claudia fort, »obgleich es zu diesem Zeitpunkt für Macgregor schwierig ist, sich freizumachen. Es wird ein flüchtiger Besuch werden, aber wir müssen doch unserer eigenwilligen Tochter unseren Segen geben.«

»Ich glaube wirklich, Alistair hatte recht«, sagte ich zu Paul. »Claudia will der Welt beweisen, daß ihre Tochter sie zu ihrer Hochzeit herbeisehnt. Schon von jeher hat sie befürchtet, die Leute könnten meinen, sie sei mit Tony zerstritten. Ihre Anwesenheit bei der Feier wird ein glänzender Beweis für das Gegenteil sein. Sie schreibt, sie blieben nur drei Nächte. Du lieber Gott, solche geschiedenen Paare sind wirklich problematisch, wenn sie sich nicht vernünftig benehmen und einander wohlwollend begegnen können!«

»Ach, das ist doch Blödsinn!« sagte Paul mürrisch. »Du redest auch schon so modern daher – eine nette freundliche Scheidung und so weiter. So sind die Menschen nun mal nicht, und das weißt du ganz genau. Allerdings finde ich, daß Claudia und Alistair ihre Aversion übertreiben.«

»Ja, das tun sie, und ich habe jetzt schon Angst davor, wenn sie einander Auge in Auge gegenüberstehen.«

»Muß es denn unbedingt dazu kommen? Es werden doch zwei große Zelte aufgeschlagen, und Peters Haus hat auch genügend Räume«, meinte mein sachlich denkender Mann. »Es ist nicht einzusehen, warum sie einander nicht ausweichen könnten.«

Die Vorstellung, wie Claudia und Alistair drei Stunden lang rund um die Zelte Versteck spielten, reizte Larry und mich zu unziemlichem Gelächter.

Larry hatte die ganze Angelegenheit so aufgenommen, wie ich erwartet hatte: nämlich gutwillig und verständnisvoll. Sie hatte es nicht im mindesten verübelt, daß sie bei der kleinen Trauungsfeier übergangen worden war. Im Gegenteil gab sie Tony recht, daß sie Tantchen und sie selbst nicht eingeladen hatte.

»Wenn man einmal anfängt, weiß man nicht, wo aufhören. Tony hat so viele Freunde, und ehe man sich's versieht, ist man schon beim Colonel oder gar bei deinem David. Übrigens müßt ihr dem Colonel alles erklären, und das möglichst bald.«

Ich war sehr froh, daß Tony speziell Miß Adams und den Colonel von der Abänderung ihrer Pläne unterrichtete. Beide waren zwar etwas verblüfft, aber voller Verständnis. Miß Adams erzählte mir später: »Der Colonel war zum Postamt gekommen, und Tony zog gleich ihn und mich in eine Ecke. So früh am Morgen waren noch keine anderen Kunden da, deshalb konnte sie gleich loslegen. Wenn ich mich recht erinnere, sagte sie ungefähr folgendes: ›Nun hört mal gut zu, ihr beiden Goldschätze!‹ (Es gefällt mir immer wieder, wie der alte Herr sich in die Brust wirft, wenn Tony ihn ‚Goldschatz' nennt, während er andere Leute wegen einer solchen Vertraulichkeit gehörig anschnauzen würde.) ›Sie werden beide ein wenig erschrecken‹, sagte sie, ›deshalb setzen Sie sich am besten. Die große Hochzeitsfeier wird abgesagt, statt dessen findet nur eine im engsten Kreis statt. Wir konnten es nicht zulassen, daß es Susan bei dem Gedanken an die Riesenparty und allem, was es dafür zu tun gab, mitten in der Nacht aus dem Bett trieb. Weder Peter noch ich hatten uns ja im

Grunde unseres Herzens eine solche Festlichkeit gewünscht. Wir möchten zwar gern mit all unseren Freunden feiern, aber nicht in der Kirche. Es wird sonst eigentlich wie eine Show. Darum haben wir beschlossen, daß in der Kirche nur unsere Allernächsten dabei sein sollen. Natürlich haben wir Sie beide sehr gern, das wissen Sie, aber wir wollen nur Susan und Paul als meine Verwandten und Alison und Justin von Peters Seite. Anschließend gibt es für uns sechs ein kleines Mahl im Restaurant, und dann gehen wir auf Hochzeitsreise.‹

›Aber Tony, da werden all Ihre Freunde sehr enttäuscht sein!‹ warf ich ein.

›Nein, überhaupt nicht! Sie werden sehr lachen, denn die große Party mit allem, was dazu gehört, findet trotzdem statt, aber erst nach der Hochzeitsreise. Dadurch wird Susan die Riesenarbeit abgenommen. Es wird ein mächtig lustiges Fest werden. Bei uns ist zwar nicht alles so tadellos; von einer jungen Braut, die gerade von der Hochzeitsreise kommt, kann man ja nicht erwarten, daß Haus und Garten in makelloser Ordnung sind. – So wird es nicht der Endpunkt einer wilden Vorbereitungszeit sein. Susan wird mir als Gastgeberin zur Seite stehen und das Fest genießen, ohne die Verantwortung tragen zu müssen.‹

›Ich kann mir nicht vorstellen, wie das gehen soll. Susan wird sich verpflichtet fühlen, auf alles zu achten.‹

›Das wird sie gewiß tun, aber das ist auch alles, denn wir werden dieselben Lieferanten haben und Leute, die den Blumenschmuck arrangieren. Die arme Susan soll sich nicht mit der Dekoration plagen, bei ihren Freundinnen um Blumen betteln und dann mit dem großen Ordnen beginnen. Es wird alles nicht so hübsch werden, wie es bei Susan wäre, aber doch schön genug. Zu essen und zu trinken wird es genug geben. Es sollen keine langen Reden gehalten werden, aber *eine* gute Rede – und zwar von Daddy, denn der ist so witzig. Natürlich werden auch noch andere sprechen, aber nicht viele. Es wird gewiß vergnügt werden, und die Leute können sagen, was sie wollen über mich und meine verrückten Einfälle. Das tun sie sowieso, also was soll's?‹

Davon wollte der Colonel nichts hören. Er sagte väterlich wohlwollend: ›Alle haben die größte Achtung vor Ihnen, liebes Kind! Ich kann Ihnen versichern, daß niemand unfreundlich von Ihnen spricht!‹

Tony lachte und fiel ihm um den Hals. ›Sie sind goldig!‹ rief sie. ›Natürlich reden die Leute, wenn auch nicht zu Ihnen, aber ich mache mir nichts daraus. Jetzt werden sie reichlich Stoff haben und das richtig genießen, und ich hab' sie trotzdem gern, wenn sie sich zuflüstern: Habt ihr schon gehört, was das Mädchen jetzt wieder angestellt hat?‹

Wir mußten beide lachen, und der Colonel gab ihr den klugen Rat: ›Erklären Sie Ihren Freunden, daß Sie bei der kirchlichen Trauung niemanden dabei haben möchten, daß aber bei dem großen Fest alle herzlich willkommen sind.‹ Das war, so meine ich, ein vernünftiger Vorschlag. Einen Tag lang werden die Leute sich darüber aufhalten, dann werden sie's dabei bewenden lassen und der Sache nicht, wie Tony das nennt, eine dunkle Bedeutung geben.«

So nahmen denn die Dinge ihren Lauf. Tony erzählte überall von ihrem ungewöhnlichen Plan, aber außer Tantchen und dem Colonel gab sie wohl nirgends den eigentlichen Grund an: mir die Arbeit und Aufregung ersparen zu wollen. Sie sagte nur, nach ihrer Überzeugung gebe es auf diese Weise viel mehr Spaß. Zu einer Dame, die über ihre Idee erstaunt zu sein schien, hörte ich sie sagen: »Wissen Sie, es ist doch lustig, wenn wir die Party in unserem eigenen Haus geben. Das ist dann ein Anfang mit einem Knalleffekt! Es gibt keine Aufregung vor der Hochzeit, die so leicht alles verdirbt. Ich finde, es macht nichts, wenn mein Schleier ein wenig verknittert ist, wenn nur vier Personen dabei sind. Und keiner braucht darauf zu achten, daß alles streng nach Vorschrift geschieht, denn es werden keine Vorschriften gemacht.«

»Nein, sicherlich nicht!« stimmte die Dame mit einiger Schärfe zu. Und man fand sich mit Tonys Standpunkt ab.

»Eines Morgens fahren wir fort und lassen uns trauen, und dann treten wir gleich unsere Flitterwochen an. Es kommen auch keine Fotografen; das alles können wir nachholen, wenn wir wieder zurück sind. Dann werde ich zu der Party mein Brautkleid anziehen, so daß niemand etwas verpaßt, soweit ihm etwas daran liegt.«

Ob den anderen Leuten etwas daran lag, weiß ich nicht; mir selbst aber ging es nahe. Das war eigentlich recht unvernünftig. Es hatte mir vor der Hochzeit und allem, was damit verbunden war, gegraut. Dennoch war ich jetzt, da alles sich geändert hatte, enttäuscht. Peter erkannte das wohl, Tony jedoch nicht. Sie war gutherzig und liebevoll, hatte aber keine Phantasie. Sie würde sich nicht vorstellen können, daß es der innigste Wunsch einer Mutter war, ihrer Tochter eine »richtige« Hochzeit auszurichten. Sie dachte nur daran, wie sie mir Mühe und Arbeit ersparen konnte.

Und das hatte sie erreicht; ich schlief wieder besser. Nur in der ersten Nacht, nachdem sie uns von ihren neuen Plänen berichtet hatte, weinte ich zu Pauls Bestürzung im Schlaf. Dann aber sandte ich ein Dankgebet zum Himmel, nahm mich zusammen und machte mich an die zu dieser Jahreszeit fällige Routinearbeit mit Kälbern und Lämmern. Die waren entschieden nicht so wechselhaft wie Tony.

Eine Woche später nahm die Heimkehr von Jock Mackey und seiner neuen Frau uns ganz in Anspruch. Wir hatten auf Jocks Urteil vertraut und – wie sich zeigen sollte – mit Recht. Ich schätzte Jean auf etwa dreißig Jahre; eine kleine, rührige Person, die nicht gerade hübsch, aber, wie Paul sagte, recht anziehend war. Sie war verständig, stand mit beiden Füßen auf der Erde und war sofort bereit, aus der Hütte das beste zu machen, während ihr Fertighaus aufgestellt wurde. Zu Tony faßte sie gleich Zutrauen und erzählte ihr, daß es nicht die große Liebe auf den ersten Blick gewesen sei. Sie und Jock hatten einander schon vor seiner Auswanderung gekannt, aber damals habe er halt »den Mund nicht aufgetan«. So hatte Jean versucht, ihn zu vergessen. Das war ihr nicht gelungen. Das Wiedersehen hatte alsbald dazu geführt, daß Jock nun wohl »den Mund aufmachte« und sich deutlich aussprach. Sie war bereit, in ihrer neuen Heimat alles anzuerkennen, und gehörte zu dem Typ der Einwanderer, der hier stets willkommen ist. Ja, sie wollte gern an zwei oder drei Vormittagen pro Woche in dem »großen Haus« nach dem Rechten sehen, damit die junge Lady Zeit für die Beschäftigungen hatte, die ihr Spaß machten. So konnte sie sich etwas nebenher verdienen; Jean hatte schon immer Hausarbeit gemacht und wollte ihren Jock nicht um jeden Pfennig bitten müssen. Uns war, als habe sich ein schöner Traum verwirklicht, und wir konnten uns nur gratulieren.

Als wir uns später über die Pläne für das kommende große Fest unterhielten, fragte Tony: »Fändest du es komisch, wenn ich Mrs. Hepburn auch eine Einladung schickte? Ich hätte sie gern an diesem Tag dabeigehabt. Sie hätte so auch Gelegenheit, David zu sehen. Ich weiß, eigentlich sollte ich nicht einmal dir etwas von der Post erzählen; aber sie schreibt ihm jede Woche, und er antwortet höchstens einmal im Monat, und nach dem Gewicht des Briefes zu urteilen, nur sehr kurz. Tantchen hat sie auf ein paar Tage eingeladen, damit sie David sehen kann. Aber sie wollte lieber nicht kommen, denn in seiner jetzigen Gemütsverfassung könnte er glauben, sie wolle ihn überwachen. Das wäre ihm bestimmt unerträglich.«

»Der dumme Junge! Ich weiß schon: ›Ich will mein eigenes Leben leben. Die anderen kümmern mich nicht, am wenigsten meine Familie.‹«

»Wenn ich sie aber einlade, kann er nichts dagegen haben. Ich werde ihm sagen, daß ich sie einlade, weil ich sie gut leiden mag und weil sie Tantchens Cousine ist. Dann wird er sich bestimmt anständig benehmen.«

»Ja, das sollte er wirklich! Erzähl' mir später, wie es ausgegangen ist.«

Wie sie dann berichtete, hatte David die Einladung zwar betont gleichgültig, jedoch widerspruchslos vernommen. »Er meinte, es wäre wohl ganz nett für seine Mutter, ihre längst verlorene Cousine und ihren kürzlich verlorenen Sohn wiederzusehen. Für seine Verhältnisse war er noch ganz liebenswürdig.«

So wurde also eine formelle Einladung zugleich mit einigen kurzen Zeilen von Tantchen abgeschickt. Mrs. Hepburn nahm mit Vergnügen an. Auch ihr Mann wäre gern gekommen, schrieb sie, könne jedoch beruflich nicht abkommen. Sie richtete eine nette, sehr persönliche Karte an Tony und einen längeren Brief an Tantchen. Sie war gewiß froh um jeden Vorwand für ein Wiedersehen mit ihrem eigensinnigen Sohn. Es war aber doch lächerlich, daß man dafür einen Vorwand brauchte.

Hier stockte ich und murmelte seufzend: »In zehn Jahren wird es anders sein.« Dann verdrängte ich diese Angelegenheit aus meinen Gedanken. Es gab noch anderes zu überlegen als die Probleme der Familie Hepburn.

Zuerst kam die Hochzeit, genau drei Wochen nachdem Tony ihren Entschluß gefaßt hatte. Es war eine stimmungsvolle Trauung, die vielleicht gerade dadurch gewann, daß nur die vier Menschen zugegen waren, die dem Brautpaar wirklich innig verbunden waren. Einer solchen Hochzeit hatte ich noch nie beigewohnt. Ein einziges Mal war ich gegen meinen Willen Zeuge bei einer Blitztrauung auf dem Standesamt.

Tonys Hochzeit aber war ganz anders. Sie war sehr schön und feierlich.

Die Braut sah bildhübsch aus, wie sie da langsam den Mittelgang heraufkam und uns im Vorübergehen zulächelte. Paul befand sich im Vollgefühl seiner väterlichen Würde mit Tony an seiner Seite. Heimlich dachte ich: Er fühlt sich ganz in seinem Element, denn er brauchte keinen piekfeinen Anzug anzuziehen; die Blume in seinem Knopfloch genügte.

Tony hatte herrliche Blumen, auch ich; denn Peter hat sowohl Geschmack wie Geld, und Alison hatte ihn wohl auch beraten. Sie hatte darauf bestanden, für den Blumenschmuck bei dem kleinen Festmahl nach der Trauung zu sorgen. Sie wollte auch, unterstützt von Anne und Larry, die Dekoration von Peters Haus und der Zelte übernehmen. Ich war darüber froh und keineswegs beleidigt, daß man mich dabei übergangen hatte. Sie sagten, ich dürfe alles begutachten und auch Vorschläge machen, aber selbst, wie Tony sich ausdrückte, keinen Finger rühren. Das würde auch gewiß nicht nötig sein. Alison und Anne hatten beide viel Geschmack und gärtnerische Erfahrung. Anfang September gab es eine Unmenge Blumen, und bei den beiden lag alles in den besten Händen.

Da bei der Trauung nur sechs Personen anwesend waren, gab es kein Gedränge. Zum erstenmal in ihrem Leben war Tony pünktlich, nachdem Paul sie schon an ihrer Zimmertür gemahnt hatte. Einige Passanten blieben am Kirchenportal stehen, aber kein ungebetener Gast störte die Zeremonie. Bei dem anschließenden kleinen Mahl war nur der Pfarrer anwesend. Das Ganze verlief sehr feierlich und in gehobener Stimmung. Und wenn ich während der kirchlichen Handlung einige törichte Tränen vergoß, so war daran der unvermeidliche Eindruck der Feierlichkeit auf die weibliche Psyche schuld.

Aber das war doch nicht der einzige Grund. Tony sah so jung und hübsch aus, und meine Gedanken schweiften zurück zu den zahlreichen Aufregungen, die dieser guten Lösung vorangegangen waren. Wie anders wären meine Gefühle, wenn jetzt nicht Peter an ihrer Seite stünde! Deshalb waren es Tränen des Glücks: Meine Tony war gut aufgehoben; sie würde in meiner Nähe leben, und – was das Wichtigste war – sie heiratete den Mann, der sie in allen Mißlichkeiten, in die sie hineinschlittern konnte, lieben und beschützen würde. Einen Mann, der stets ein Lächeln und eine Entschuldigung für sie haben würde und doch stark genug war, um ihre besonders ausgefallenen Ideen zu zügeln. Kurzum, er würde für Tony sein, was Sam vor vierzehn Jahren für Larry gewesen war. Konnte man noch mehr wünschen?

Nach der Abreise des Brautpaars hielten wir noch kurz in Tiri, um Tantchen und Miranda zu berichten. Bei der etwas wehmütigen Heimkehr auf unsere Farm verspürte ich eine eigentümliche Leere. Paul merkte das, wie er fast immer alles versteht, was mich angeht, und sagte: »Du solltest Larry besuchen und ihr von der Hochzeit erzählen. Ich hole dir dein Pferd; du könntest zur Abwechslung einmal reiten. Du bist zu sehr gewöhnt, überall mit dem Auto hinzufahren. So ein Ritt wird dir guttun.«

Dieser empörende Vorwurf – denn ich ritt mindestens einmal in der Woche zur Schafweide hinaus! – brachte mich gleich mächtig in Harnisch, und damit war dann alles wieder in Ordnung.

Larry war noch neugieriger auf alle Einzelheiten der Trauung als Tantchen und spendete begeistert Beifall. »Gerade wie bei mir! Du weißt doch, Onkel Richard war so gegen Sam. Er wollte einen reichen Makler für mich haben. Ich habe dir doch erzählt, wie ich ihn mürbe machte durch meine Drohung, davonzulaufen und mich auch ohne Hochzeit an Sam zu hängen. Er mußte schließlich nachgeben, weil er wußte, ich meinte es ernst. Aber es war ein solcher Kampf, daß ich von so einer herkömmlichen Trauung nichts wissen wollte. Es ist auch alles anders, wenn man keine Mutter mehr hat – niemand macht sich solche Sorgen, wie du es in letzter Zeit getan hast, Susan; gib's nur zu! Jedenfalls waren nur vier Personen bei unserer Hochzeit, und das gefiel uns sehr. Natürlich waren Paul und Tim dabei als Trauzeugen für Sam. Seine Mutter freilich nicht, denn sie hatte alles versucht, die Heirat zu verhindern. Von meiner Seite war Onkel Richard anwesend; der war richtig rührselig und ließ einige Tränchen fließen. Außerdem war da noch unsere liebe alte Haushälterin als Tischdame für ihn. Es war alles ganz prima, obgleich Onkel Richard immer wieder sagte, er hätte schon immer sein kleines Mädchen so gern als Braut gesehen – nämlich als Braut des reichen Grundstücksmaklers!«

»Das kommt mir ganz unwahrscheinlich vor, denn Onkel Richard hat Sam doch so gern!«

»Na, und ob! Das einzige Problem ist Sams Mutter. Aber irgendein Kreuz gibt's schließlich in jeder Ehe. In Tonys Ehe kann ich allerdings noch keines entdecken. Bei dir war es Claudia, und die wird anläßlich der Party nächstens zu euch kommen. Aber bei Tony gibt's meiner Meinung nach nur Rosen auf dem Weg.«

»Sag doch so was nicht!« rief ich erschrocken. »Das zieht das Unheil herbei!« Doch Larry lachte über meinen Aberglauben und wollte noch einmal ganz genau wissen, wie Tony am Altar ausgesehen hatte.

Nach drei Wochen war das junge Paar zurück. Nachdem Tony Jean begrüßt hatte, holte sie das Pony, das Paul ihr vor fünf Jahren geschenkt hatte, von der Koppel und ritt damit zu mir, um mir zu berichten, wie glücklich sie sei. Dann telefonierte sie mit Tantchen und Larry, und schließlich besprachen wir gemeinsam alle Vorbereitungen für die sonderbare Hochzeitsfeier. Die sollte ja drei Tage nach ihrer Rückkehr stattfinden.

»Du, Susan, Jean ist unbezahlbar! Das Haus ist zwar noch ziemlich karg möbliert, aber es ist blitzsauber. Die Fenster glänzen richtig. Darüber brauchen wir uns also keine Sorgen zu machen. Alle werden finden, daß es richtig raffiniert von mir ist, gleich eine Party zu veranstalten.«

Wirklich gab es weder für die Braut noch für einen von uns viel zu tun; nur für die treuen Freundinnen, die darauf bestanden hatten, den Blumenschmuck anzubringen. Larry stieg auf die Leiter, und die anderen befolgten ihre Anweisungen. Die kalten Platten waren vorbereitet, und Peter hatte für genügend Getränke gesorgt, um auch den größten Durst zu stillen. Meine Aufgabe war es, Claudia und ihren zweiten Mann bei guter Laune zu erhalten. Von diesem mühsamen Geschäft hielt Tony sich lieber fern; sie behauptete, das sei mein Teil an der Arbeit für das große Fest.

Paul holte das Ehepaar vom Flugzeug ab und hielt zum Glück in Tiri, um noch etwas für mich zu besorgen. Der unmögliche Alistair hatte mich natürlich gerade zu dieser Zeit aufgesucht; er mußte irgendwie abgeschoben werden. Das tat mir leid, denn in seiner Gegenwart fühle ich mich stets sicher und vergnügt. Im Umgang mit Claudia komme ich mir dumm und minderwertig vor – eben nur wie eine Landfrau und nichts weiter. In meinen Augen ist das zwar ein großes Lob, nicht so für Claudia. Doch schließlich hatte sie mich vor vielen Jahren akzeptiert, und ich hatte mich mit ihrer Gönnerhaftigkeit abgefunden und bewunderte ihr gutes Aussehen und ihre Tüchtigkeit.

Das Problem bestand darin, daß Alistair zu unvorhergesehenen Taten neigte. Ich befürchtete, er würde gerade jetzt seiner Ehemaligen eine Versöhnung vorschlagen. Später erzählte mir Tony, daß er genau das hatte tun wollen. Eine Hochzeit sei eine prima Gelegenheit, seinen guten Willen zu zeigen; außerdem gehöre es sich doch, seine frühere Frau zu besuchen und ihren jetzigen Gemahl zu beglückwünschen. »Ich sagte, daß ihr das sehr unangenehm wäre und es außerdem keinen Zweck hätte. Er solle nur bei der Party einen großen Bogen um Mutter machen. Ich glaube nicht, daß ihn das überzeugen konnte. Zum Glück fand Peter eine andere Beschäftigung für Daddy; er zeigte ihm unsere schönen Stuten. Dadurch vergaß Daddy all seine schrecklichen Pläne . . . Susan, du kannst dir nicht vorstellen, wie mich das aufregt, daß die beiden Stuten in einem guten Monat ihre Fohlen zur Welt bringen! Es war doch schon immer mein Traum, solche Rassepferde zu besitzen und ihre goldigen Fohlen aufzuziehen!«

Sie strahlte förmlich, und die Pferde schienen sie viel mehr zu beschäftigen als alles andere. Sie hatte von Anfang an erklärt, sie würde sich doch nicht wegen so einer dämlichen Party umbringen. Bei diesem Entschluß blieb sie auch, und Jean unterstützte sie kräftig darin. Diese war sehr darauf bedacht, Tony selbst die kleinste Mühe abzunehmen. Ich konnte den Beginn eines sehr herzlichen Verhältnisses zwischen den beiden erkennen, und wenn ich selbst beim Staubsaugen war, überlegte ich, wie gut Tony dran sei, für solche Arbeiten eine willige Helferin zu haben.

Um ihre Mutter und ihren Stiefvater bald nach deren Ankunft zu begrüßen, kam sie zu uns; sie benahm sich recht liebenswürdig, was mir sehr gefiel. Sie brachte es sogar über sich, auch von anderen Dingen als den trächtigen Stuten zu reden. Im ganzen schien sie mit Claudia besser auszukommen als je zuvor. Ich stellte fest, daß ein so großes Glück wie das ihre auch gute Umgangsformen mit sich brachte.

»Ja, Daddy ist auch da – er kam gestern«, hörte ich, wie sie das in genau dem richtigen beiläufigen Ton sagte. »Bei der Party werdet ihr ihn ja sehen. Ja, es geht ihm offenbar gut. Er ist ganz der Alte.«

Das war vermutlich in Claudias Augen ein vernichtendes Urteil. Trotzdem lief – dank unserer vereinten Anstrengungen, die Peter taktvoll unterstützte – alles gut ab. Das geschiedene Paar traf sich nur zu einer flüchtigen Begrüßung in einem Zelt. Zu dieser Zeit war ich gerade mitten in einer Unterhaltung mit Alistair. Daß Claudia hereinkam, konnte ich daran erkennen, daß das liebenswürdige Lächeln aus seinem Gesicht verschwand. »Also los!« murmelte er und schritt wie selbstverständlich auf sie zu. Er begrüßte Claudia und schüttelte sogar Professor Maclean die Hand. Alles geschah sehr höflich und vollkommen unauffällig für einen, der die Vorgeschichte nicht kannte.

Es wurde ein recht gelungenes Fest, und es glich aufs Haar jeder anderen Hochzeitsfeier. Der Unterschied bestand nur darin, daß Bräutigam und Braut nicht auf die Hochzeitsreise gingen, sondern gerade erst davon zurückgekehrt waren. Die Gäste waren laut und lustig und paßten sich im allgemeinen besser an, als ich erwartet hatte. Unsere hiesigen Freunde neigten zwar dazu, sich in einer Ecke des Zeltes zusammenzuscharen, aber Larry, Anne und ich gingen gewissenhaft von einem zum anderen und machten alle miteinander bekannt. Begleitet von ihrem Peter tauchte Tony bald hier, bald dort auf und bezauberte alle. Miranda sah reizend aus; sie wich kaum von Joes Seite. Mit einem kleinen Seufzer dachte ich an Graham; er hätte diese Gesellschaft bestimmt genossen, aber nun schien er schon fast vergessen zu sein. David benahm sich zum Glück gesittet; anscheinend machte es ihm Spaß, seine Mutter und Miß Adams zu umsorgen. Mrs. Hepburn sah sehr gut aus und wurde von Claudia sofort anerkannt. Sie begrüßte auch Davids seltsame Freunde mit der gleichen Liebenswürdigkeit. Tantchen strahlte vor Wohlwollen. Unser Colonel fühlte sich gleichsam als Gastgeber; leutselig plauderte er mit jedermann und verbreitete allerorten Herzlichkeit und Wärme. Jeder tat das Seine, auch mein lieber Mann; er teilte seine Aufmerksamkeit zwischen Peters Mutter samt ihrem pensionierten Kapitän und Mrs. Hepburn, die einiges mit seiner Schwester gemein zu haben schien.

Die Party dauerte, wie das so geht, bis zwei Uhr morgens. Da schien es allen einzufallen, daß man nicht auf den Aufbruch des Brautpaars zu warten brauche. Statt dessen mußten wir selbst uns auf den Heimweg machen. Es war eine sehr ungezwungene Feier gewesen und gerade deshalb besonders nett, das erklärten alle. Sogar die Ansprachen waren kurz und amüsant gewesen. Dabei schoß Paul wohl den Vogel ab: Seine Rede dauerte nur drei Minuten und war obendrein durch zwei recht gute Witze gewürzt.

Arm in Arm sagten uns Peter und Tony und ihr Vater Lebewohl. Tony flüsterte mir noch zu: »Susan, ist das nicht fein, daß jetzt kein Blödian eine Blechbüchse oder ein paar alte Stiefel an unser Auto hängt? Das hier ist doch die beste Art, Hochzeit zu feiern!« Den Anblick, wie sie da zu dritt in der Eingangstür standen, gleichsam auf der Schwelle eines neuen Lebens, werde ich nie vergessen. Alistair hielt sich ein wenig im Hintergrund und wurde von Tony nach vorn gezogen. Der glückliche Peter stand dicht neben ihr, und sie selbst in ihrem schönen Brautkleid strahlte vor Freude. Netterweise schien Paul meinen gerührten Schluchzer nicht zu bemerken, als er den Wagen wendete und wir davonfuhren.

12

»Ich will nur, daß David das tut, was er gern will«, sagte Mrs. Hepburn.

Ich war freudig überrascht. Das war wirklich eine moderne Mutter!

»Das ist sehr großzügig von dir«, bemerkte Tantchen.

Wir saßen in dem Zimmer hinter dem Laden, in dem gemütlichen Raum, der schon so manche Aufregung meines Landlebens miterlebt hatte. Heute ging es nicht um meine Probleme; es handelte sich um David, darum begnügte ich mich mit leiser Zustimmung. Larry war auch zum Tee geladen; sie war forscher und unbekümmerter als ich. »*Alles*, was er gern will?« fragte sie. »Auch wenn es Ihnen und Dr. Hepburn merkwürdig vorkommt?«

»*Mister* Hepburn«, verbesserte ich schnell, und Larry entschuldigte sich. »Ich finde es so komisch, daß ein Arzt, wenn er sehr bekannt ist, seinen Titel wegläßt und nur noch mit ›Mister‹ angeredet wird, wie jeder beliebige Mann auf der Straße.«

Mrs. Hepburn lächelte. »Das ist so ein Brauch, der eigentlich sinnlos ist. Aber es ist einfacher, von ihm als ›der Doktor‹ zu sprechen. Ihm ist es gleich, und mir auch. Sie sagten ›alles‹, Mrs. Lee. Das muß ich mir erst überlegen.«

Wir sprachen dann von anderen Dingen. Nach der großartigen Party war Mrs. Hepburn noch für einige Tage dageblieben. David besuchte zu meiner Freude seine Mutter hin und wieder. Er hatte Tantchen nun schon recht gut kennengelernt. Schließlich war sie ja mit ihm verwandt und schien für den schwierigen und kapriziösen jungen Herrn Verständnis zu haben. Er arbeitete jetzt wieder beim Colonel, denn nach Jocks Rückkehr hatte er Peters Farm verlassen können, da ihn dieser nicht mehr brauchte.

»Ein gräßliches Weiberregiment!« hatte er zu mir gesagt. »Tony ist schon schlimm genug, und nun noch diese Jean! Auf

Ehre, ich bin froh, wenn ich wieder bei den Kumpels sein kann, die für den Colonel schaffen!« Und mit dem größten Vergnügen war er wieder zu seinen Kameraden in die Arbeiterbude zurückgekehrt. Der Colonel hatte ihn mit offenen Armen und einem neuen, ungebändigten Gaul empfangen, und alle waren anscheinend zufrieden und glücklich. Als der alte Herr Mrs. Hepburn kennengelernt hatte, meinte er ganz überrascht: »Das ist ja eine höchst charmante Dame! Wie konnte dieser Schafskopf von einem Zuhause mit einer solchen Mutter davonlaufen? Wahrhaftig, diese Jugend von heute . . .«

Nach einem Umweg über die Party kam das Gespräch wieder auf David. »Diesen Abend hat er sehr genossen«, sagte seine Mutter. »Es ist gewiß ein Segen, daß er sich nie viel aus Alkohol gemacht hat. Viele junge Leute erleben eine solche Phase, aber er hatte nie etwas dafür übrig.« Sie hielt inne und lächelte ein wenig kläglich. »Ich fürchte, es gab noch viele andere Dinge in unserem Leben, für die er nichts übrighatte.«

»Aber das ist doch jetzt vorüber, meinen Sie nicht auch?« sagte ich rasch.

Sie dachte ein wenig nach und meinte dann, schon nicht mehr so betrübt wie zuvor: »Ich weiß nicht recht. Vieles ist schon so lange her. Mit dem Ponyklub fing es an. Wir glaubten, wir machten es richtig, als wir sein Pony Tinker weggaben. Aber das war falsch; er mochte nie auf dem neuen Pferd reiten. Er behauptete, er habe keine Lust dazu. In dieser Zeit hatte er auch keine Lust zu einer anderen Beschäftigung. Er mochte nicht in die Schule gehen, die sein Vater besucht hatte, er wollte sich nicht um ein Stipendium bemühen; er nahm nicht an dem studentischen Leben teil, als wir ihn schließlich dazu brachten, eine Vorprüfung zu machen. Dabei war er so begabt! Waren wir zu ehrgeizig, als wir hofften, er werde ein gutes medizinisches Examen machen?«

»Es war nur natürlich, eigentlich unvermeidlich!« fiel Tantchen ihr ins Wort.

»Er wollte aber nicht Medizin studieren«, sagte Mrs. Hepburn niedergeschlagen. »Er erklärte sich bereit, ein paar Semester Naturwissenschaften zu studieren, und das tat er wohl nur, um seinen endgültigen Entschluß noch etwas hinauszuschieben, und vielleicht, um uns fürs erste zum Schweigen zu bringen. Aber an dem Leben an der Uni wollte er einfach keinen Anteil nehmen. Er hatte ein paar Freunde; einige davon waren, wie man es ›vornehm‹ ausdrücken würde, nicht standesgemäß. Ihre Väter gehörten nicht den gehobenen Berufen an; es waren die Söhne von Werft- und Farmarbeitern.«

»Es waren aber doch gewiß nette Jungen!« sagte Larry. »David hätte sich bestimmt nie ordinären Burschen angeschlossen, gleich, aus welchem Hause sie kamen. Sie mochten sie doch sicherlich auch gern, Mrs. Hepburn, nicht wahr?«

»Natürlich mochten wir sie. Wir wunderten uns zwar über seine Wahl. Es gab ja so viele andere, Söhne unserer eigenen Freunde. Aber wir konnten sie schon leiden und hießen sie in unserem Haus willkommen. Bestimmt hat David nie gemerkt, daß wir – nun, ein wenig enttäuscht waren.«

»Bist du dessen so sicher?« fragte Tantchen milde. »Ich glaube, David merkt vieles, besonders bei den Menschen, die er liebhat. Ich meine, er wußte, was ihr fühlt, du und dein Mann. Wahrscheinlich hat er es sehr anerkannt, daß ihr es ihm nicht gezeigt habt.«

Ich staunte, was Tantchen da alles vermutete. Wieviel hatte David ihr erzählt? Sogar er sprach sich bei ihr aus!

»Anfangs dachten wir, seine Extratouren seien nur Angeberei«, fuhr seine Mutter fort. »Jetzt aber glaube ich, daß es tief in ihm steckt, daß wir es hinnehmen und ihm helfen müssen, nach seiner Art damit fertig zu werden und nicht nach der unseren.«

»Da hast du bestimmt recht«, meinte Tantchen. »Ich glaube nicht, daß David angibt. Er redet zwar wild daher, aber das ist auch alles. Ich denke, er hat wirklich eine Vorliebe für das sogenannte ›einfache Leben‹ – warum, weiß ich auch nicht. So ein Leben außerhalb der Großstadt, fern von der intellektuellen Jugend, mit einfachen Menschen, die eine mehr instinktive, natürliche Einstellung zum Leben haben. Ich glaube, daß das auch Davids Leben ist.«

Mrs. Hepburn war betroffen und sehr ernst. Miß Adams hatte wohl nur die Erkenntnis ausgesprochen, zu der sie jetzt selbst gekommen war.

»Na, er scheint hier wirklich glücklich zu sein, soweit er sich das selbst zugesteht«, warf Larry ein. »Ich denke, er liebt das Leben auf dem Lande und die Menschen, die dort arbeiten ... Wenn er mich so reden hörte, würde er wohl grinsen!«

Es entstand wieder eine Pause, dann sagte Mrs. Hepburn: »Glauben Sie, er hätte Lust, eine Farm zu betreiben? Nicht nur für kurze Zeit, sondern als Lebensaufgabe? Daß er gern ein Stück Land hätte, um seinen Lebensunterhalt damit zu verdienen, wie es jetzt viele Menschen in der Nähe der Großstadt tun?«

Ich schwieg. David auf einer kleinen Farm, vierzig oder fünfzig Kilometer von Auckland, mit Milchkühen oder Tomatenpflanzungen – das konnte ich mir nicht vorstellen. Larry sprach das aus. »Das bedeutet Milchviehhaltung oder Gemüseanbau, denn nur so etwas macht diese kleinen Farmbetriebe in Großstadtnähe rentabel. Bei solcher Tätigkeit kann ich mir David nicht vorstellen.«

»Ich glaube nicht, daß wir eine größere Farm finanzieren könnten«, sagte seine Mutter. »Im Umkreis der Stadt ist Grund und Boden schrecklich teuer. Zu einem ansehnlichen Kapital werden wir es wohl kaum jemals bringen, was die Leute auch immer von den Einkünften eines Arztes behaupten mögen. Aber eine kleine Farm könnten wir wohl kaufen.«

Tantchen war nachdenklich. »Wie du ganz richtig sagst, kann man da nur Milchwirtschaft oder Gemüseanbau betreiben. Selbst wenn ihm das zusagen würde, glaube ich nicht, daß das der richtige Weg wäre.«

»Ich wollte, wir könnten einen besseren finden. Ich habe mit David darüber gesprochen. Doch er wies mich gleich ab und fragte nur, was denn an seinem jetzigen Leben so übel sei. Er sei völlig zufrieden, und anscheinend sei man es auch mit ihm. Es ist aber doch nur ein Ausweichen und Herumlavieren.«

»Moment mal, ich habe eine Idee!« rief Larry plötzlich.

Wir warteten ab, freilich nicht sehr hoffnungsvoll, da wir Larrys Ideen kannten. Mrs. Hepburn konnte man ansehen, daß sie über die Zukunft ihres Sohnes gänzlich im ungewissen war.

»Vielleicht läßt sich's nicht verwirklichen«, begann Larry, »vielleicht ist's auch nicht das Richtige oder zu teuer, oder überhaupt Unsinn. David ist intelligent, aber er hat nur eine einzige besondere Begabung. Es laufen genug gescheite Burschen herum, die genauso reden und aussehen wie er, aber er ist der einzige mit dieser speziellen Anlage – einer echten Begabung. Könnte er damit nicht etwas anfangen und seinen Lebensunterhalt mit Pferden verdienen?«

»Sie meinen mit der seltsamen Macht über diese Tiere? Mein Mann und ich haben auch schon darüber nachgedacht und davon gesprochen. Wir finden auch, daß das seine einzige besondere Begabung ist, die ihn von anderen unterscheidet. Diese Anlage ist ihm angeboren, sie hat mit seinem Charakter nichts zu tun. Aber wir wüßten nicht, wie er Nutzen daraus ziehen könnte. Mein Mann hat einmal vorgeschlagen, er solle sich an einem Rennstall beteiligen; er meinte, so könne ein kleiner Anfang gemacht werden. Aber der närrische Junge lehnte es grundsätzlich ab, das auch nur zu versuchen.«

»Warum nur?« fragte ich. »Er weiß doch, daß er in jedem Rennstall große Erfolge haben könnte.«

»Ja, aber ich glaube, daß er gerade solch einen Erfolg ablehnt. Er hatte von jeher für Wettkampf nichts übrig, nicht in der Schule und nicht an der Universität. Schon immer hat es uns gewundert, daß er nie etwas gewinnen wollte. Die Vorstellung, von den anderen abzustechen, schien er zu hassen. So war es nicht nur bei den schulischen Wettbewerben, sondern auch beim Sport. Er wollte gern in einer Gruppe mitspielen, aber niemals einen Einzelsieg erkämpfen. Diese Anlage ist tief in seinem Charakter verwurzelt.«

»Und du meinst, das würde auch bei der Arbeit in einem Rennstall so sein? Er würde um keinen Preis mehr als die anderen sein wollen?« Tantchen versuchte, die geplagte Mutter wieder auf das Thema »Davids Zukunft« zu bringen.

»Ganz bestimmt. Jedenfalls lehnte er schroff ab, als wir ihm den Vorschlag machten. Er sagte, mit Rennen wolle er nichts zu tun haben; es sei ein Spiel für die Blödiane, und auf denen wolle er sein Leben nicht aufbauen. Als wir ihn davon zu überzeugen suchten, daß es auch in solch schwierigen Umständen durchaus möglich sei, anständig zu bleiben, sagte er nur, Pferderennen und alles, was damit zusammenhängt, sei ihm zuwider. Die Pferde seien dafür nicht geschaffen. Er empörte sich geradezu über das Training, bei dem man nur dieses einzige Ziel im Auge habe. Ein Pferd werde dabei weit über seine Kräfte gefordert, indem man es abhetze, bis es schließlich ganz kaputt sei, und das nur, um einen Haufen Geld damit zu verdienen. Das ist natürlich Unsinn, aber er glaubt es nun einmal.«

»Er ist schon sehr schwierig«, seufzte Larry. »Man sollte doch meinen, es könnte ihm Freude machen, schöne Vollbluttiere zu züchten und später zu beobachten, wie sie sich entwickeln.«

»Ich verstehe seinen Standpunkt«, sagte Tantchen da ganz überraschend. »Er hat eine seltsame Art, die Dinge zu sehen. Aber so ausgefallen seine Einstellung auch sein mag, sie hat manches für sich. Solch ein Job in einem Rennstall, später einmal vielleicht als Besitzer, kommt also nicht in Frage?«

»Ich fürchte, nein. Wie du dir vorstellen kannst, sind wir selbst nicht auf die Idee gekommen, aber wir wären mit dieser Lösung einverstanden gewesen. Alles ist besser als das Herumfahren per Anhalter, ohne ein richtiges Ziel.« Sie seufzte wieder. Mir tat sie wirklich leid. Sie war eine ganz normale, nicht besonders gescheite Frau. Wie kam sie zu einem solchen Sohn?

Doch dann seufzte ich meinerseits. Vermutlich gab es mehr von dieser Sorte, als ich ahnte. Vielleicht würde Christopher auch so werden? Es fiel mir ein, wie glühend mein Sohn David bewunderte. Er würde sich diesen absonderlichen Jüngling womöglich zum Vorbild nehmen. Dann tröstete ich mich mit dem Gedanken, daß es Davids Überlegenheit im Umgang mit Pferden war, und besonders mit dem für Christopher bestimmten Pony, was die Kinder so an ihm bewunderten.

Dann kam zur Abwechslung *mir* eine Idee. Im allgemeinen bin ich nicht wie Larry mit Eingebungen gesegnet und deshalb etwas gehemmt. Wahrscheinlich war es eine aussichtslose Sache.

»Könnte sich David nicht mit Pferden befassen, die keine Rennpferde sind? Wie ich hörte, kann man mit der Ponyzucht viel Geld verdienen. Ich meine, nicht so großartige wie Shetlands, sondern ganz einfache Ponys für Kinder.«

Die anderen lauschten überrascht und interessiert, und so fuhr ich mutig fort: »Ich habe eine alte Freudin aus der Schulzeit, sie heißt Letty Norwood. Sie hat die Ponyzucht zu ihrem Beruf gemacht; sie lebt nördlich von Auckland, wo sie eine kleine Farm besitzt. Dort züchtet sie Ponys für Kinder. Sie hält ungefähr sechs Stuten und einen Hengst. Sie schrieb, daß laufend eine Nachfrage nach hübschen, gutartigen Ponys besteht, auf denen die Kinder in ihren Ponyklubs reiten können, die jetzt so in Mode gekommen sind. Sie züchtet die Tiere, richtet sie ab und verkauft sie, wenn sie nicht mehr so verspielt sind. Das alles macht ihr viel Freude; sie findet es eine lohnende Aufgabe, denn die Kinder haben ihre Ponys gern. Auch die Eltern achten darauf, daß die Tiere gut versorgt werden, da sie einen gehörigen Preis dafür zahlen müssen. Wäre das nicht etwas für David? Er hat für Ponys etwas übrig. Einmal sagte er zu mir, sie hätten mehr Grips als die Rennpferde, denn sie müßten auf so einen kleinen Tolpatsch auf ihrem Rücken achtgeben.«

Diese für David so typische Bemerkung brachte alle zum Lächeln. »Das ist eine großartige Idee, Mrs. Russell!« sagte Mrs. Hepburn. »Dürfte ich wohl ›Susan‹ zu Ihnen sagen wie mein vorlauter Sohn? Wenn David wirklich einen akademischen Beruf ablehnt und entschlossen ist, sein Leben bei Mutter Natur zu verbringen, wie er sich ausdrückt, dann wäre das für ihn eine schöne und beglückende Beschäftigung. Außerdem würde er da mehr in unserer Nähe leben.«

»Selbstverständlich müßte er noch eine Menge lernen«, stellte die praktische Miß Adams fest. »Susan, glauben Sie, daß diese Freundin ihn sozusagen als unbezahlte Hilfskraft anstellen würde, bis er das Wichtigste gelernt hat?«

»Ich denke schon, denn sie hat immerfort Schwierigkeiten, Angestellte zu bekommen und diese auch zu halten. Sie berichtete, daß sie schon Mädchen genommen habe, weil diese nicht so hoch bezahlt werden und liebevoller mit den Tieren umgehen. Aber da hat sie wiederum Ärger mit deren Liebesgeschichten. Letty ist nämlich unverheiratet. In gewisser Hinsicht gleicht sie mehr einem Mann, sie ist aber trotzdem nett und verständnisvoll. Ich glaube, sie und David würden gut miteinander auskommen.«

In der Tat konnte ich mir die beiderseitige Toleranz gut vorstellen. Letty würde David einen netten Kerl nennen, der schon allein fertig wird und dem man etwas überlassen kann. David würde Letty für ein braves altes Mädchen halten, die einen Blick für Ponys hat und sich nichts daraus macht, wenn einer mal ein bißchen flucht. Ich versprach, an Letty zu schreiben, ihr von dem seltsamen jungen Mann zu berichten und ein wenig auf den Busch zu klopfen.

Dabei blieb es fürs erste. »Mein Mann ist bestimmt einverstanden«, sagte Mrs. Hepburn. »Er hat sich zu der Einsicht durchgerungen, für David sei es das Wichtigste, sich einmal für eine Laufbahn zu entscheiden. Ich werde ihn sicherlich davon überzeugen können, daß die Ponyzucht eine solche Laufbahn ist. Wenn unser Sohn sich später eingearbeitet hat, kann er vielleicht selbst ein kleines Gestüt mit einigen Stuten einrichten, das ihm Beschäftigung und Lebensunterhalt bietet. Das könnten wir auch finanzieren. Susan, das war wirklich eine geniale Eingebung!«

»Wenn David mitmacht«, meinte Larry. »Er ist so ein widerspenstiger Mensch!«

»Verstehen Sie mich richtig«, bat Mrs. Hepburn. »Es wäre das beste, wenn Susan es ihm beibrächte. Sie ist die geeignete Person. Sie tun das sicherlich mit großem Einfühlungsvermögen, Susan. Ich weiß zwar, wie aufmüpfig und unfreundlich er manchmal zu

Ihnen ist, aber er hat Sie doch wirklich sehr gern, und Sie sind diejenige, die ihn am wenigsten zum Widerspruch reizt. Er wäre ja außer sich, wenn er wüßte, daß wir hier stundenlang über seine Zukunft beraten. Wahrscheinlich würde er sich umgehend auf den Weg nach Australien machen.«

Ich meinerseits hatte einige Zweifel. Ich habe nicht viel Talent dazu, andere Menschen zu gängeln, und David hatte mich von Anfang an oft genug in Verlegenheit gebracht. Aber ich schrieb einen sehr ausführlichen Brief an Letty, an dem sie lange zu lesen haben würde. Ich hörte förmlich, wie sie stöhnte: »Zum Kuckuck, was für ein langer Brief! Was Susan da wohl haben will!« Wie sie mir später gestand, hatte sie genau das gesagt. Aber sie antwortete kurz und umgehend wie immer: »Deine Schilderung dieses Burschen gefällt mir. Ich könnte ihn wohl brauchen. Wie wäre es, wenn Du ihn selbst herbrächtest, Susan? So würde gleich das Eis gebrochen. Zum Glück gibt es zwar nicht viel Eis zwischen mir und der modernen Jugend. Aber ich habe Dich lange nicht mehr gesehen. Von Auckland aus sind es nur zwei Stunden Fahrt. Mache aber Deinem Paul klar, daß Du bei mir übernachten mußt.«

Der Gedanke gefiel mir, doch wie sollte ich es David beibringen? Seine Mutter war nach Hause gefahren, ohne daß irgendwelche Beschlüsse über seine Zukunft gefaßt worden waren. Vielleicht setzte sie in meine Eingebung weniger Hoffnung, als sie erst vorgegeben hatte.

Doch es ergab sich eine Gelegenheit, wie so oft, wenn man den richtigen Moment abwartet. An einem Sonntagnachmittag hatte David sich lange mit den Ponys der Kinder abgegeben. Danach saß er gemütlich plaudernd bei mir. Auf einmal sagte er: »Susan, es kribbelt mir in den Füßen. Es ist ja ganz nett bei dem Colonel, und ich bin so zufrieden, wie es im Dienst eines Feudalherrn nur möglich ist. Aber wie soll es weitergehen? Ich neige schon dazu, meinen Eltern nachzugeben, und das will viel heißen. Mutter verhielt sich recht anständig; sie sagte nicht viel, aber ich weiß schon: Die Eltern meinen, es sei an der Zeit, für die Zukunft eine

Entscheidung zu treffen. Soll ich jetzt abhauen und einen Bummel durch die Welt machen, oder soll ich abwarten, bis ich eine aussichtsreiche Beschäftigung finde? Mit anderen Worten: Soll ich jetzt mit dem Studium beginnen?«

»*Muß* es denn ein Studium sein? Sind Sie überzeugt, daß Sie zum Akademiker geboren sind?«

»Gott behüte – aber was sonst? Auf eine Farm bin ich nicht versessen, höchstens auf den Umgang mit Pferden. Die Schafzucht finde ich langweilig, und diese angriffslustigen Kühe kann ich absolut nicht leiden. Wenn es mit der Landwirtschaft nichts ist, bleibt nur noch der Handel oder ein akademischer Beruf, aber – verdammt noch mal – ich weiß nicht, welcher. Ich weiß nur eines: Wenn ich schon büffeln muß, muß ich bald anfangen, je eher, desto besser. Es gibt viel nachzuholen, ehe ich nächstes Semester damit anfange. Das Dumme ist nur: Ich habe überhaupt keine Lust dazu.«

»Dann lassen Sie's doch. Ihre Eltern werden das verstehen.«

Schweigen. Dann sagte er zu meiner Überraschung: »Sie waren immer nett zu mir, Susan. Noch nie habe ich mich bei einer älteren Person so gut aussprechen können. Ich wollte, ich könnte Ihnen auch meinerseits mal etwas zuliebe tun. Sie haben aber leider keine Gäule, die ich zähmen könnte, und zu etwas anderem habe ich nicht viel Geschick.«

Das war meine Chance! »Sie könnten mir wohl einen Gefallen tun«, sagte ich. Und ich erzählte, daß ich gern eine alte Freundin besuchen wolle. Für einen einzigen Tag sei es eine weite Fahrt, und Paul lasse mich nicht gern allein fahren. Larry sei mit ihren Lämmern voll beschäftigt und Tony mit ihrem neuen Haus – das stimmte alles. Es wäre nett, wenn er mitkäme und mich am Steuer ablösen könnte. Womit Letty sich befaßte, verschwieg ich ihm.

David schien mit Vergnügen etwas für mich tun zu wollen. Er fragte nicht lange nach dieser Freundin. Er hielt sie vermutlich für eine weitere Mutter mit sechs Kindern. Als er dann feststellte, daß sie statt Kinder Ponys besaß, war er geradezu begeistert, so wie ich ihn noch nie gesehen hatte. Letty und er verstanden einander sofort. Mit ihren sechsunddreißig Jahren hat sie eine höchst moderne Einstellung. Weder Davids Erscheinung, seine seltsame Kleidung, noch seine unverbindliche Art konnten sie verblüffen. Sie wußte, daß sie meinen Plan nicht verraten sollte, und behandelte ihn wie einen jungen Chauffeur, der Nachsicht mit der älteren Generation übt.

»Wenn es euch nicht zu fad ist, könnt ihr euch den Hof ansehen«, forderte sie uns nach dem Lunch auf. »Ihr bleibt doch über Nacht hier, wie ich vorgeschlagen habe? Da habt ihr auch genügend Zeit. Was sind freilich so ein paar Tagwerk Land für euch Schafzüchter? Aber ich möchte doch, daß ihr euch die Ponys anschaut. Oder findet David das zu langweilig?«

Wir versicherten das Gegenteil und machten uns auf den Weg zu der ersten Koppel. Dort befanden sich die trächtigen Stuten, die binnen kurzem ihre Fohlen zur Welt bringen würden. Dann bewunderten wir den schönen lebhaften Hengst und schließlich das Gehege mit den kleinen Fohlen, die abgerichtet werden mußten. Es gab noch eine weitere Koppel mit den Jährlingen. Man konnte sich vorstellen, wieviel Arbeit es für Letty gab, trotz der täglichen Hilfe durch ein junges Mädchen aus der Nachbarschaft. Wir besuchten einen Einzelgänger, eine Stute, die Letty in der irrtümlichen Meinung gekauft hatte, daß man noch etwas aus ihr machen könnte. »Ist sie nicht bildschön? Aber ich kann nicht an sie herankommen. Sie hat am Kopf eine Verletzung, das ist deutlich zu erkennen. Und nun ist sie völlig verstört, das arme Vieh. Paßt mal auf!«

Das Pony näherte sich und umkreiste uns mißtrauisch und vorsichtig. Letty sprach ihm begütigend zu und hielt ihm ein Stück Brot aus ihrem Korb hin. Das Tier kam nicht näher, sondern warf trotzig den Kopf auf und stürmte die Koppel hinab. Dann blieb es stehen, machte kehrt und trabte wieder auf uns zu. Da ließ David seinen eigenartigen Pfiff ertönen. Ruckartig stand die Stute still. Sie hob den Kopf und verharrte unsicher und zitternd. Dann senkte sie wieder den Kopf und trottete davon, jedoch langsamer als zuvor. Wieder pfiff David, und jetzt näherte sich das Pony mit aufgestellten Ohren. Letty und ich zogen uns vorsichtig zurück. Das Pony blieb stehen und kam dann langsam auf David zu. Ruhig und scheinbar unbeteiligt stand er da, sprach aber mit sanfter Stimme einige Worte zu dem Pony. Das Tier schien ihn zu verstehen. Er blieb bewegungslos, während es um ihn herumging. Dann kam es so nahe, daß er die Hand auf seine Flanke legen konnte. Von dort glitt seine Hand zum Nacken und strich dann wie selbstverständlich über den ganzen Rücken. Weder der Mensch noch das Tier zeigten die geringste Angst.

»Das ist Zauberei«, raunte Letty mir zu. »Bei Gott, ich wollte, ich könnte das auch!«

Nach wenigen Minuten rubbelte David die kleine Stute unbefangen; vorsichtig streichelte er über die Hinterbacken. Sie zeigte keinerlei Erregung und keine Neigung zum Ausschlagen. Als David dann über die samtweichen Nüstern strich, wandte das Pferd sich um und schnupperte an seiner Schulter. Einige Minuten standen sie so, dann sagte David: »Nun ist's gut, mein Mädchen! Jetzt keine Dummheiten! Wir wollen diese netten Damen begrüßen.« Und mit einer Hand in ihrer Mähne führte er die Stute auf uns zu.

Doch das war zuviel verlangt. Von uns wollte sie nichts wissen; Lettys Brot stieß sie zornig weg. Als aber David das Brot ergriff und es ihr anbot, nahm sie es gierig; sie schüttelte den Kopf, als ob sie sagen wollte: »Von dir wohl, aber nicht von den fremden Leuten!«

Zum Schluß versetzte er ihr einen Klaps. »Jetzt fort mir dir! Und in Zukunft bitte keine Dummheiten!« Als ob nichts gewesen wäre, schloß er sich uns wieder an und meinte nur: »Sie ist schlecht behandelt worden, aber das kann man in Ordnung bringen.«

»Sie vielleicht wohl, aber ich nicht«, sagte Letty niedergeschlagen, »obwohl ich schon viele von dieser Art gezähmt habe. David, könnten Sie nicht für eine Zeit zu mir kommen – gegen Entgelt natürlich – und dieses Tier vollends zur Ruhe bringen und mir bei den anderen helfen? Dieses Mädchen aus der Nachbarschaft ist nur eine geringe Hilfe. Sie wäre froh, wenn sie nicht mehr zu kommen brauchte, denn bei ihr zu Hause sind so viele Kühe zu melken. Es wäre mir arg, wenn die kleine Stute nach mir beißen und schlagen würde. Sie könnten sie bestimmt richtig behandeln. Hat man Ihnen schon einmal gesagt, daß Sie eine magische Gewalt über Pferde haben?«

David lachte. Das sei seine einzige Empfehlung für einen Beruf. Wenn Letty der Meinung sei, daß das genüge, könnten sie's ja eine Zeitlang miteinander versuchen.

»Ich habe noch einen anderen Fall«, sagte Letty, »eine Kostgängerin. Es ist eine brave kleine Stute, die ich vor Jahren gekauft habe. Sie hat mir mehrere gute Fohlen gebracht und bekommt jetzt das Gnadenbrot.« Sie führte uns zu einem überdachten Gehege, wo eine alte Stute zufrieden graste. Ein größerer Kontrast als zu dem Tier, das wir soeben verlassen hatten, war kaum denkbar. Der Pensionistin konnte man ihr Alter ansehen. Letty meinte, sie sei mindestens achtzehn Jahre alt. Der edle kleine Kopf war noch immer schön, aber der Körper war der eines alten Pferdes, das seine Pflicht getan und sich nun von der Welt zurückgezogen hat. Sie war dunkelbraun, aber Nase und Kopf waren mit ehrwürdigen weißen Haaren gesprenkelt. Die einst schönen Augen waren ein wenig eingesunken, zeugten jedoch noch immer von Klugheit. Sie gefiel mir sehr; David aber blieb plötzlich stehen und sagte mit seltsam gepreßter Stimme: »Tinker ... mein Gott, das ist ja Tinker!« Schnell ging er auf das Tier zu. »Tinker!« rief er. »Tinker!« und ließ den besonderen Pfiff hören. Das alte Pony warf sofort den feinen Kopf hoch; es schien zu lauschen, drehte sich um und sah David an. Noch erstaunlicher war, daß in Davids Augen etwas glitzerte, was man bei einem anderen für eine Träne gehalten hätte. Immer wieder rief er: »Tinker, altes Mädchen, wo warst du denn immer? Mein Gott, daß ich dich wiederfinde!«

Es war bestimmt das merkwürdigste Erlebnis des ganzen Tages, und Davids sachlicher Kommentar war eigentlich überflüssig: »Das ist mein altes Pony, Miß Norwood. Meine Eltern hatten es verkauft. Es kennt mich noch immer, und ich freue mich blödsinnig, daß ich es wiedersehe.«

Letty ließ sich nichts anmerken. Sie sagte nur: »Ich habe die Stute vor Jahren bei einer Auktion gekauft. Sie lahmte, war also als Reittier nicht zu gebrauchen; deshalb ging sie billig weg. Sie brachte einige gute Fohlen und darf nun hier den Rest ihres Lebens verbringen. Sie ist immer noch hübsch und freundlich, nicht wahr?«

David murmelte nur etwas, aber zum erstenmal, seit ich ihn im Regen hatte stehen sehen, war er im Innersten bewegt. Seine Mutter hatte zu Recht gesagt, sie hätten damals einen großen Fehler gemacht, als sie das Pony verkauften. Sie wußten da noch nichts von der Bindung, die er zu allen Pferden, besonders aber zu diesem hatte.

Nun hatte er seinen Liebling wiedergefunden und würde ohne Zweifel alles tun, um so bald wie möglich auf Lettys Farm zu kommen.

»Ich bin sehr froh um eine Hilfe, nicht nur bei dem kleinen Biest, sondern auch bei den anderen, da die Fohlzeit so nahe bevorsteht«, meinte Letty bei Tisch. Daß das Wiedersehen mit Tinker die Angelegenheit vollends zum Abschluß brachte, erwähnte sie nicht.

Endlich einmal zeigte sich David von der liebenswürdigen Seite. »Ich komme sehr gern zu Ihnen. Die Arbeit wird mir Spaß machen. Ich wollte schon immer gern mit Pferden zu tun haben, aber ich sah keine Möglichkeit dazu. Von Rennställen halte ich nichts, und ich möchte auch keine Vollblüter züchten, die bei Rennen eingesetzt werden. Das hier aber ist etwas anderes. Ich komme gern, wenn ich mich bei Ihnen nützlich machen kann.«

»Das ist keine Frage. Meine Angestellte wird froh sein, wenn sie aufhören kann. Sie ist zwar nett mit den Pferden, im Herzen aber hat sie Angst vor ihnen. Wenn Sie kommen, möchte ich gleich noch einige Stuten hinzukaufen. Sehen Sie sich erst mal an, wie wir mit den jetzigen zurechtkommen, aber der Hof ist groß genug für mehr.«

Als David das Zimmer verlassen hatte, meinte Letty: »Dein ›Findling‹ gefällt mir, Susan. Er paßt zu mir. Er ist zurückhaltend wie die meisten dieser jungen Leute, aber gerade das sagt mir zu. Sein Umgang mit Pferden ist wie Hexerei; er gehört zu den Menschen, von denen man wohl gelesen hat, denen zu begegnen man aber nie erwartet. Wenn wir gut miteinander auskommen – und das nehme ich an –, überlege ich mir, ob ich ihn nicht als Kompagnon aufnehme. An meinen Besitz grenzt ein kleines Grundstück, das zum Verkauf steht. Mir fehlt es aber an Kapital. Vielleicht könnten seine Leute das auftreiben, wenn sich unsere Partnerschaft bewährt. Ich wollte das natürlich nicht gleich zur Sprache bringen. Diesen Burschen darf man nicht bedrängen. Aber wenn alles gutgeht, könnten wir nächstes Jahr ein neues Arrangement treffen, falls er dann noch Lust dazu hat. Ich hoffe nur, daß er sich nicht in ein Mädchen aus der Gegend verliebt, denn dann ist ihm die Arbeit Nebensache – so ist es doch überall.«

Ich lächelte über diese düstere Prophezeiung und meinte, gegenwärtig gebe es bei ihm dafür wenig Neigung. David habe in Tiri mehrere reizende Mädchen kennengelernt, jedoch keinerlei Interesse gezeigt. Das müßte schon ein ganz besonderes Mädchen sein, das ihn um den Verstand bringen könnte. Und selbst dann würden meiner Meinung nach die Pferde ihren Platz in seinem Herzen behaupten.

Letty fand, das sei jedenfalls ein Segen. Übrigens kenne sie ein Mädchen, das alle Forderungen erfüllen könne.

»Schmiede nur für David keine Pläne, Letty! Schlag dir auch dieses Mädchen aus dem Sinn. Man weiß nie, wie er reagiert, und er hat einen wahren Horror davor, daß man ihm etwas vorschreiben könnte.«

»Dann will ich ihm auch nicht in die Quere kommen, denn ich mache mir höchst ungern Gedanken über das Leben anderer Leute. Mit den Stuten, die in einem Monat fohlen werden, habe ich genug im Kopf«, sagte meine patente Freundin. Bei ihr würde David gut aufgehoben sein.

Am nächsten Morgen sprach er noch seinen Antrittstermin ab; er wolle nach Ablauf der beiden folgenden Wochen kommen. Dann fuhren wir heimwärts.

»Ich muß dem alten Herrn diese Frist geben«, sagte David, als ich bemerkte, dem Colonel würde es nichts ausmachen, wenn er nur noch eine Woche bliebe und die zweite Woche bei seiner Familie verbrächte.

»Das ist kein Urlaub für mich«, sagte er. »Ich werde ein paar Tage bei ihnen bleiben, und dann können wir liebevoll und dankbar auseinandergehen.« Zu meiner Erleichterung fügte er dann aber hinzu, da wir durch Auckland führen, würde er doch gern die Sache kurz mit seinen Eltern besprechen. »Es macht sich leichter, als das alles zu schreiben, und es ist ihnen gegenüber auch anständiger. Sie können ihre Einwände so auch lautstärker äußern als auf dem Papier.«

Ich wußte, daß es allerlei Einwände geben würde, aber ich war doch froh, daß er sie sich anhören wollte. Um zehn Uhr fuhren wir ab, nachdem David noch eine Stunde bei den Ponys verbracht hatte, die meiste Zeit vermutlich bei seiner alten Freundin. Sicherlich hatte er ihr versprochen, bald wiederzukommen, und zweifellos vertraute sie ihm. Ich hatte immer das Gefühl, daß Larry mit ihren Hunden in deren eigener Sprache spricht, die sie genau verstehen, und nun war ich überzeugt, daß David die gleiche Begabung für Pferde besaß. Sie hatten Kontakt miteinander, um einen modernen Ausdruck zu gebrauchen.

13

Der Besuch bei Davids Eltern fiel besser aus, als ich zu hoffen gewagt hatte. Ich hatte den recht unbekümmerten jungen Mann dazu veranlaßt, unser Kommen anzukündigen und eine Zeit zu verabreden, wo sein Vater nicht beschäftigt war. Wir kamen zum Lunch auf eine kurze Plauderstunde; der Arzt hatte bis zwei Uhr keinen Termin.

Er gefiel mir sofort. Er war ein großer, schlanker Mann mittleren Alters mit einem freundlichen Gesicht und forschenden grauen Augen. Er hatte wohl viele schmerzliche Enttäuschungen an seinem Sohn erlebt, aber er ließ sich das nicht anmerken. Er zeigte sich vielmehr wohlwollend und interessierte sich sehr für die Idee der Ponyzucht. »Die Sache gefällt mir, David«, sagte er dann. »Wenn dir dieses Leben zusagt, könntest du dich später selbstständig machen. Wir würden das gern finanzieren.«

»Ich möchte das lieber auf eigene Faust machen«, erwiderte der undankbare junge Mann.

»Es käme uns nicht so teuer wie ein Medizinstudium.«

»Stimmt, aber das hättet *ihr* gewollt; dieses jetzt ist *mein* Wunsch.«

»Mag sein. Es ist eine neue Idee, das gebe ich zu, ich glaube aber, sie gefällt mir. Jedenfalls ist es dein Leben und deine Wahl.«

»Und du wärest dann auch nicht so weit weg«, sagte die besorgte Mutter, nach meiner Meinung etwas wehleidig. »Wir könnten dich mal besuchen und deine Ponys anschauen.«

Endlich fand er ein Lächeln für sie. »Das ist prima«, sagte er zu meiner Erleichterung. Das ermutigte mich zu der Mitteilung, daß Letty eines Tages einen Teilhaber aufnehmen möchte. Sie könne so ihr Unternehmen vergrößern. Wenn sie und David gut miteinander auskämen, könne das ein neuer Anfang sein.

»Da könntest du mir Geld pumpen, Vater«, meinte der unmögliche Bengel jetzt plötzlich. »Aber nur als Darlehen und gegen Zinsen, wie es üblich ist.«

Der Vater lächelte nur. »Darüber können wir reden, wenn es soweit ist. Einstweilen wollten wir auf das Gelingen dieses neuen Planes einen Sherry trinken, David.«

Der Junge lächelte, doch dann besann er sich. Er zuckte die Schultern. »Es ist halt eine Glückssache«, meinte er. »Aber ich bedanke mich trotzdem.« Fast widerwillig kam das heraus. Warum nur muß die Jugend immer so undankbar sein? Doch gleich darauf fiel mir ein: Waren wir selbst denn wirklich dankbar gewesen? Ich mußte zugeben, daß es im Grunde immer das gleiche war. Nur ist die moderne Jugend in ihren Gefühlen so zurückhaltend. David war sicherlich dankbar, leider war er nur peinlich bemüht, das nicht zu zeigen.

Immerhin, für seine Verhältnisse benahm er sich doch ganz anständig, und für seine Eltern war das wohl recht tröstlich. In der Tiefe ihres Herzens mußten sie wohl ein wenig enttäuscht sein über diese Berufswahl ihres Sohnes, der sich nach ihrer Meinung vorzüglich für ein Medizinstudium geeignet hätte. Es überwog aber ein Gefühl der Dankbarkeit darüber, daß er sich nun für einen bestimmten Weg entschlossen hatte und nicht weiterhin planlos umherzog.

Den Gedanken an Reisen hatte er allerdings noch nicht aufgegeben. Beiläufig erzählte er: »Miß Norwood will mir ein Gehalt zahlen. Wenn ich genug zusammengespart habe und nicht gerade Fohlzeit ist, muß ich ganz schnell meine Weltreise machen, aber per Schiff und Flugzeug, nicht per Anhalter. Da seht ihr, welchen Einfluß Tiri auf mich hatte. Als ich dorthin kam, dachte ich nicht im entferntesten daran, irgendwo seßhaft zu werden, und jetzt lege ich mich auf Jahre hinaus fest mit der Arbeit mit einem Rudel Stuten, deren Kinder ich erziehen soll – das Wort ›Dresseur‹ hasse ich. Dressieren sollte man überhaupt nie.«

»Sie können nicht behaupten, daß wir viel getan haben, um Sie zu beeinflussen«, warf ich ein, denn ich mag überhaupt nicht für die Entschlüsse junger Leute verantwortlich gemacht werden.

»Unbewußt, das nehme ich zu Ihren Gunsten an. Aber Sie haben doch einen zwar stillen, aber gefährlichen Einfluß, Susan.«

»Wieso? Ich habe kaum jemals von Ihrer Zukunft gesprochen.«

»Stimmt. Aber gerade Ihre Zurückhaltung hat diesen Einfluß bewirkt«, erwiderte er ruhig. Ich wußte nicht recht, was er meinte, und ging darum nicht weiter auf das Thema ein.

Ich hatte bemerkt, wie sein Vater etwas stutzte, als David mich so einfach mit dem Vornamen anredete; deshalb sagte ich: »Wir nennen uns alle beim Vornamen. Wir bilden eine so enge Gemeinschaft und kennen einander so gut. Die einzige Persönlichkeit, mit der wir nicht so freimütig verkehren, ist Colonel Gerard«, und ich erzählte dem Arzt von unserem Feudalherrn. Mrs. Hepburn war ihm ja begegnet und bestätigte meinen Eindruck, daß sogar ihr Sohn sich keinerlei Vertraulichkeit diesem Gentleman gegenüber erlaubte.

Später wurde beschlossen, daß David dem Colonel per Ablauf der beiden nächsten Wochen kündigen würde – »genau wie es sich für einen anständigen Arbeitnehmer gehört«, sagte der schnoddrige junge Mann, »nicht wie so ein hergelaufener Anhalter.« Dann würde er für ein Wochenende heimkommen, ehe er zu Letty fuhr.

Ich hatte festgestellt, daß während der ganzen Unterhaltung das Wiedersehen mit Tinker nicht erwähnt worden war. Womöglich verbarg sich da noch ein gewisses Ressentiment. Das mußte ein für allemal beseitigt werden, ebenso ein Schuldgefühl der vielgeprüften Eltern.

»Übrigens gab es noch eine höchst seltsame Überraschung«, sagte ich deshalb. »David hat seinen früheren Liebling wiedergefunden: Tinker, sein erstes Pony. Es verbringt seine alten Tage auf Lettys Farm. Schon seit Jahren lebt es dort und hat Letty mehrere gute Fohlen gebracht. Nun gehört es zu den Rentnern und scheint recht zufrieden zu sein.«

»Das ist ja merkwürdig«, murmelte Mrs. Hepburn. »Aber nach der langen Zeit hat es dich wohl nicht mehr gekannt, David?«

Statt einer Antwort warf er ihr einen finsteren Blick zu, und ich sagte schnell: »Im Gegenteil, es erkannte ihn sofort, und es gab ein freudiges Wiedersehen. So wird David nun für seine alte Freundin sorgen können.«

Es entstand eine Pause, dann sagte der Vater: »Diese Geschichte habe ich stets bereut, David. Wir wußten nicht, daß dir soviel an dem Tier lag. Du hast das nie gezeigt. Wir glaubten, wir machten es richtig, als . . .« Er sprach nicht weiter.

David war errötet, aber er entgegnete sachlich: »Schon gut, Vater. Ich war wohl ziemlich rührselig in dieser Zeit und schmollte mit euch, als ihr mir den anderen Gaul schenken wolltet . . . Nun, alles ist doch gut ausgegangen; deshalb brauchen wir nicht mehr darüber zu reden.«

Ich atmete auf und war richtig froh, denn zum erstenmal hatte David seinen Eltern sein Entgegenkommen gezeigt. Obwohl er einen unbekümmerten Ton anschlug, spürte ich, daß nach seiner Meinung der alte Groll begraben und das ihm Angetane vergessen sein sollte.

»Die Menschen machen mancherlei Fehler mit ihren Kindern«, sagte Mrs. Hepburn trübe. »Man glaubt sie zu kennen, und kennt sie doch so wenig.«

Nun war ich an der Reihe; ich berichtete von meinen eigenen Kindern und unseren Problemen im letzten Jahr wegen der Schule. »Sehen Sie, wir glaubten zu wissen, was für sie das Richtige sei, und machten doch einen Fehler nach dem anderen. Wenn Tante Kate nicht gewesen wäre, hätten wir womöglich einige Jahre ihres Lebens verdorben.«

David hörte interessiert zu, sagte aber nur recht väterlich: »Ich wußte gar nicht, daß Sie so dramatisch werden können, Susan. Bei Larry ist das etwas anderes, aber Sie kamen mir stets so gelassen vor, außer – wenn Sie eine große Hochzeit vorzubereiten haben«, fügte er boshaft hinzu. Das brachte die Unterhaltung auf ein anderes Gebiet.

Am frühen Nachmittag waren wir – David saß am Steuer –

wieder unterwegs. Wir sprachen wenig, denn wir waren beide ermüdet und etwas erschöpft von unseren Bemühungen um den familiären Frieden. »Diese Fahrt ist entschieden komfortabler als meine erste Reise in diese Gegend«, meinte David plötzlich. »Damals fuhr ich immer nur per Anhalter.«

»Darüber habe ich mich oft gewundert. Besaßen Sie kein Geld, oder hatten Sie alles ausgegeben?«

»Nein, nein, ich hatte eine Menge Geld; dafür sorgte schon meine Mutter. Aber ich wollte wissen, wie es per Anhalter geht. Außerdem reizte es mich, weil meine Eltern das ablehnten.«

»Sie haben sich viel Scherereien gemacht, nur um immer in der Opposition zu sein. Hat sich das auch gelohnt?«

»Ich glaube schon. Es entsprach eben meiner Art. Im übrigen entstand so der erstaunliche Plan für einen richtigen Beruf. Und dabei habe ich so eine Ahnung, als ob Sie dahintersteckten, Susan.«

»Nicht so ganz. Ich wünschte wohl, daß Sie Letty kennenlernten, aber ich wußte ja nicht, ob Sie beide sich verstehen würden. Ich habe nicht viel Geschick, um etwas einzufädeln, David.«

»Gott sei Dank! Ich kann diese Damen in reiferem Alter nicht ausstehen, die sich immer betätigen wollen, wo sie nichts verloren haben. Laß doch jeden *sein* Leben leben oder laß ihn zugrunde gehen, wenn es ihm paßt. Das ist mein Grundsatz.«

»Das ist aber nicht so leicht, wenn man jemanden gern hat«, sagte ich und wies auf ein paar prächtige Steckrüben auf einem Feld am Straßenrand.

Er lachte. »Sie sind eine ulkige Person, wissen Sie das? Teils Farmersfrau, teils eine Mutter für jedermann, aber das nur im geheimen. Vermutlich war es die Mutter, die das arme Mädchen auflas, das da im Regen stand.«

»Je weniger man davon spricht, um so besser«, meinte ich und wechselte energisch das Thema. Aber während wir so beschaulich dahinfuhren, dachte ich doch noch ein bißchen an jenen Tag vor fast einem halben Jahr, wo mir die armselige Gestalt vor die Augen kam. Vieles war seitdem geschehen, und manches gehörte wohl ganz einfach zu meinem »Findling«. Ohne jede Absicht, unser Leben zu beeinflussen, ohne auch nur Anteil daran zu nehmen, hatte die Anwesenheit dieses seltsamen Jungen doch bei manchen von uns einen tiefen Eindruck hinterlassen. Es war merkwürdig, überlegte ich zum wiederholten Male, daß Tony und er so wenig Notiz voneinander genommen hatten. In gewisser Hinsicht waren sie von der gleichen Art. Als Zuschauer hätte man zumindest einen kleinen Flirt oder eine bleibende Freundschaft erwartet. Aber Tony interessierte David einfach nicht, und sie ihrerseits hegte für ihn keinerlei freundschaftliche Gefühle. Das brachte ich jetzt zur Sprache.

»Tony? Sie ist ein netter Kindskopf und wird sich noch gut entwickeln. Eines Tages wird sie Larry gleichen, wie sie ihre Tiere vergöttert, wird ihrem Mann in Liebe ergeben und überzeugt sein, daß sie das allerbeste Leben hat. Aber mit Susan wird sie auch etwas gemeinsam haben: nämlich mit Geduld etwas durchzusetzen. Wie einfach ist doch das Leben für solch einen Menschen!«

»Wie Sie sie da schildern, gefällt mir. Ich möchte wohl wissen, was sie von Ihnen sagt.«

»Ach, sie kennt mich ganz gut, aber ich interessiere sie nicht so, daß sie darüber redet – über den jungen Mann, der nur nach seinem eigenen Kopf handelt und es nicht verträgt, wenn jemand seinen Senf dazu gibt. Gräßlich selbstsüchtig und siebengescheit, aber mit der Zeit wird er vielleicht auch noch vernünftig. Ganz im Anfang sagte sie, solche Burschen wie mich hätte sie in Massen kennengelernt, die hätten sie immer gelangweilt. Da sei ihr Peter doch ein anderer Kerl.«

Ich lachte. Von dieser Unterhaltung hatte ich nichts erfahren. Kein Wunder, daß da keine Freundschaft entstanden war. Tony konnte also doch so grausam sein, wie die Jugend es eben ist. Aber ich war es nicht mehr. Ich hatte David liebgewonnen. Es tat mir leid, daß er uns verlassen würde, und den anderen ging es auch so.

»Na ja, das hätten wir gehabt«, sagte Larry. »Wir wußten ja, daß es nicht lange dauern würde. Zum Glück treibt es Tom noch nicht fort. Auf alle Fälle ist Rufus ein Klotz an seinem Bein. Ich hörte neulich, wie David zu ihm sagte, sobald er selbst seinen Dreh gefunden habe, erwarte er Tom samt seinem Hund. Es sollte mich nicht wundern, wenn sie bis zum Ende ihrer Tage beisammen blieben. Es ist eine merkwürdige Freundschaft zwischen diesen beiden so grundverschiedenen Menschen.«

»Aber im Augenblick ist Tom hier doch ganz zufrieden?«

»Gott sei Dank, ja. Wir haben ihn ins Herz geschlossen und seinen Rufus dazu. Mein Findling ist entschieden ausdauernder als deiner, Susan.«

»Aber auch nicht so interessant. Und meiner hat sich nun doch für einen stetigen Lebenswandel entschlossen. Er behauptet, das verdanke er seinem Aufenthalt in Tiri.«

Wir alle wollten für David eine Abschiedsfeier in der Stadthalle veranstalten. Auf dem Lande hat man eine Vorliebe für Empfangs- und Abschiedsfeiern. Paul, der solche Veranstaltungen angeblich nicht mag, meinte allerdings, man müsse gleich nach einer Sammlung für eine Einstandsfeier schon wieder für eine Abschiedsfeier sammeln.

David wollte von nichts dergleichen hören und war entsetzt, als man es ihm vorschlug. Nur mit dem üblichen Treffen unseres Kreises im Hause des Colonels war er einverstanden, und zwar unter der Bedingung, daß auch seine Arbeitskameraden aus der Baracke eingeladen würden. Es wurde ein vergnügter Abend; zum Schluß sprach der Colonel noch einige passende Worte: daß wir uns gefreut hätten, David bei uns zu haben, und daß wir seinen Weggang bedauerten. Ich war etwas besorgt; eigentlich mußte David doch darauf antworten, aber das würde er natürlich nicht wollen. Für konventionelle Bräuche hatte er nichts übrig.

Doch wie so oft in seinem Fall hatte ich mich geirrt. Statt nur zu grinsen und ein »Dankeschön« zu murmeln, hielt David eine nette kleine Rede. Sie umfaßte nur etwa sechs Sätze, enthielt aber alles von dem bekannten Anfang bis zu seiner Abreise.

»Ich weiß, daß ich hier ein paar gute Kumpels gefunden habe, die ich nun verlassen muß.«

Alle klatschten begeistert Beifall. Er sorgte doch immer wieder für neue Überraschungen – so dachte ich; und richtig folgte gleich eine weitere: Er sagte jedem einzelnen mehr oder minder feierlich Lebewohl, obgleich er erst am nächsten Nachmittag mit dem Postauto abfahren sollte.

Aber daraus wurde nichts, denn am nächsten Morgen war Davids Zimmer leer und sein Koffer verschwunden. Für den Colonel lag ein Brief da. »Ich danke Ihnen herzlich, Sir, aber ich habe mich schon auf den Weg gemacht. Per Anhalter bin ich gekommen, per Anhalter will ich gehen. Lebewohlrufe und Winkewinke sind doch albern, deshalb fahre ich nicht mit der Post. Die besten Grüße an alle! Susan soll ihren Freund im Norden mal besuchen!«

So war das also. Irgendwann in der Nacht oder am frühen Morgen war der Bursche abgereist, ebenso leichtsinnig und unbeschwert, wie er gekommen war. Ich war ein wenig enttäuscht. Wir hatten doch Abschied von ihm nehmen wollen. Aber Larry sagte: »Das wollte er nicht. Der nicht! Darauf kannst du Gift nehmen, daß David stets und für alle Zeit gerade das Unerwartete tun wird. Heimlich ist er verschwunden. Gab es ihn überhaupt, Susan? Oder haben wir das nur geträumt?«

Ich lachte, aber ich verstand, was sie meinte. Er war in unserer Mitte aufgetaucht, hatte unser Dasein während einiger Monate richtig spannend gemacht und war wieder verschwunden. Betrübt sagte ich: »Wie langweilig wird es ohne ihn sein, Larry! Wir brauchen wirklich ein bißchen Jugend. Heute fühle ich mich sehr gealtert.«

Larry sah mich besorgt an. »Schlag dir das um Himmels willen aus dem Kopf, Susan! Was du brauchst, ist eine neue interessante Aufgabe. Ich sag' dir was: Wir fahren in die Stadt und suchen uns einen neuen Anhalter!«

Verlieb dich nie in einen Tierarzt

1

Jill stieß einen schrillen Schrei aus, riß das Steuer herum und trat voll auf die Bremse.

»Gott sei Dank bin ich langsam gefahren, sonst hätte ich ihn überrollt. Großvater, das arme Ding! So ein mieser Schuft hat ihn überfahren, sich dann aus dem Staub gemacht und den Hund auf der Straße liegen lassen.« Der Hund konnte noch nicht lange in der Straßenkurve gelegen haben, sonst hätte ihn ein anderer Wagen erneut überfahren. Jill zögerte eine Sekunde lang und drückte sich die Hand vor die Augen. Es war noch nicht lange her, daß sie ihren alten geliebten Hund Jake so aufgefunden hatten: überfahren, wie dieser Hund hier auf der Straße verendet. Jill hatte sich damals sehr gegrämt, noch tiefer hatte es ihren Großvater getroffen; doch jetzt hatte Robert Henderson nicht eine Sekunde gezögert. Für einen Siebzigjährigen überraschend leichtfüßig, war er aus dem Wagen gesprungen. Jill schämte sich, doch einen Augenblick später stand sie an seiner Seite.

»Er ist sicher tot, doch wir wollen ihn wenigstens von der Straße fortschaffen. Wie ich diese Autofahrer hasse!« rief das Mädchen erregt aus. Und übersah dabei die Tatsache, daß sie selbst am Steuer eines Wagens saß.

Wenn ihn nur Großvater nicht gesehen hätte! Sie wußte, wie er bei Jakes Tod gelitten hatte. Sie war in ihrer Vorstadt häufig herumgefahren, aber Robert Henderson und der alte Hund hatten das Haus kaum verlassen.

Hilflos blickte sie in der Gegend umher: keine Farm in Sicht, kein Auto.

Der Hund lebte; er war nur bewußtlos. Robert Henderson sagte: »Unmöglich festzustellen, wie schwer er verletzt ist. Wir legen ihn am besten auf den Rücksitz.«

»Sei vorsichtig, Großvater! Wenn Hunde verletzt sind und plötzlich zu sich kommen, dann beißen sie.«

Mit zerknirschter Stimme antwortete er: »Du brauchst mir keine Ratschläge zu geben. Auf Tiere verstehe ich mich. Mag sein, daß er gar nicht so übel zugerichtet ist. Es ist keine Wunde zu erkennen, außer diesem Schnitt. In diesem Shepherd's Crossing wird doch sicher ein Tierarzt sein. Was meinst du?«

Sie hatten den Hund sachte auf den Rücksitz gelegt, und Jill setzte sich hurtig hinter das Steuer. »Ich glaube schon. Wenn der Ort groß genug ist, um eine Leihbücherei zu haben, dann muß dort auch ein Tierarzt sein. Gib die Hoffnung nicht auf, Großvater, ich werde fahren, was das Zeug hält.«

»Und ich hoffe, daß du das nicht tust!« sagte Robert Henderson, der diesmal behutsam in den Wagen kletterte. Wenn man sechs Monate zuvor den Fuß gebrochen hat, dann hüpft man nicht.

»Fahr vorsichtig! Dem letzten Wegweiser nach kann Shepherd's Crossing nur noch fünf Meilen entfernt sein. Es würde dem Hund nichts helfen, wenn wir einen Unfall haben.«

Da sie sich nun entschlossen hatten, daraufloszufahren, überholten sie ab und zu ein Auto oder fuhren an einer Farm vorbei. Es war ein blühender Landstrich, in dem die Milchwirtschaft vorrangig war. Schon im frühen Frühling grünte und blühte alles. »Hat deine Freundin, Miss Shaw, nicht zufällig erwähnt, daß ein Tierarzt am Ort ist?«

»Nein, aber sie meinte, daß es ein gut ausgebautes Dorf sei. Da muß sicher eine Tierpraxis sein. Die Farmer brauchen alle

Tierärzte, denn im Frühling werden ihre Kühe immer krank. Schau, da ist der See!«

Eine oder zwei Meilen zuvor war die Straße gegen die Küste hin abgebogen, jetzt kamen sie am Berggipfel an. Unter ihnen erstreckte sich die Landschaft: ein stiller Binnensee, in einer einige Meilen entfernten Bucht standen verstreut Wochenendhäuser. Direkt darunter lag Shepherd's Crossing. Der Ort war größer als sie erwartet hatten. Sie erkannten einen Bahnhof, eine Molkerei, eine breite Straße mit einem Dutzend Geschäften, ein neues Postamt, das von einer Bank und einer Anzahl weiterer Häuser flankiert war. Jill und ihr Großvater entdeckten auch zwei Kirchen, ein Gasthaus, mehrere Tankstellen und die üblichen Milchbars. Jill hoffte, daß dort auch die Leihbücherei sein würde.

Sie fuhren zu der Bücherei und trafen Jills Freundin Linda Shaw an, die sie bereits erwartete. Die Übergabe der Bibliothek sollte erfolgen. Das erfüllte Jill mit Stolz. »Wir sind also soweit«, sagte Jill. »Hoffentlich liegt die Bücherei nicht an der Hauptstraße. Das wäre gefährlich für die Tiere.« Sie warf einen mitleidigen Blick auf das Bündel auf dem Rücksitz.

»Scheint mir ein ersprießlicher Ort zu sein. Hat deine Freundin erwähnt, wie viele Einwohner es hier gibt?«

»Nein, sie meinte nur, daß es ein gutes Land sei. Die Abonnentenzahl hat sich in den letzten zwei Jahren, seit Linda hier ist, verdoppelt. Ich hoffe ja so, daß ich Erfolg haben werde!«

Innerlich war sie felsenfest davon überzeugt, obwohl sie keine gelernte Bibliothekarin war. Wäre sie das gewesen, dann wäre ihr das Gehalt zu dürftig erschienen. Unregelmäßig hatte sie einen Bibliothekar-Kursus besucht, den sie nach zwei Jahren, als ihr Großvater bei einem Unfall das Bein gebrochen hatte, aufgegeben hatte. Als er nach einmonatigem Krankenhausaufenthalt entlassen worden war, verhandelte er mit einer ehrbaren Frau, die ihm für zwanzig Dollar die Woche den Haushalt besorgen sollte. Da tauchte mit dramatischem Gebaren Linda unter der Türöffnung auf – um sie herum ein Wall von Gepäck.

Innerhalb fünf Minuten hatte Jill die ehrbare Frau vor die Tür gesetzt. Sie erklärte ihrem Großvater, daß sie den Kurs für Bibliothekare aufgegeben hätte und sich von nun an um ihn kümmern würde.

»Und macht jetzt bitte kein großes Aufhebens. Hast du dich nicht um mich seit meinem elften Lebensjahr gekümmert?«

Tatsächlich war sie seit diesem Alter sich selbst überlassen gewesen. Ihr Vater, John Henderson, war bei der Seeschlacht im Pazifik gefallen und hatte das nach seinem Tod geborene Kind nie gesehen. Mutter und Kind lebten in Wohngemeinschaft mit Johns Vater, bis Jills Mutter elf Jahre später an einer Lungenentzündung gestorben war. Seit diesem Tag waren der alte Mann und das Kind zusammengewesen. Das war um so einfacher, da Henderson erst vor kurzem von seinem Posten als Oberstudienrat einer Höheren Schule in den Ruhestand getreten war. Er war allgemein beliebt gewesen, doch über den Rang eines Oberstudienrates ist er nie hinausgekommen. Teils, weil ihm jeglicher persönlicher Ehrgeiz abging, teils, weil er lieber unterrichtete als administrativen Verpflichtungen nachzukommen. Als er sechzig geworden war, hielt er es für angebracht, sich zurückzuziehen, um von seiner Pension und einem kleinen Nebeneinkommen in seinem eigenen Haus in der Vorstadt zu leben. Hier war er fünfmal in der Woche seiner Zugehfrau und täglich seiner Enkelin ›ausgeliefert‹.

Das Zweigespann war einander treu ergeben, und Jill wurde wie ein Wickelkind verwöhnt. Vielleicht kamen sie um so besser miteinander aus, weil sie im Charakter so verschieden waren. Jill schlug ihrer irischen Mutter nach: Sie war impulsiv, warmherzig und albern. Ihr Großvater war pedantisch in Gebaren und Rede, reserviert, würdevoll und vernarrt in das Kind. Ihre gemeinsame leidenschaftliche Tierliebe hielt sie zusammen. Und jetzt galt ihr gemeinsamer Schmerz dem Hund, der Roberts ständiger Begleiter gewesen war seit dem Tag, an dem er in den Ruhestand getreten war. Er hatte ihn im Alter von zwei Monaten gekauft, ihn Jake getauft und sich mit seinen Büchern und einem ausgesuchten Freundeskreis zur Ruhe gesetzt.

Das alles wurde mit einem Schlag zerstört, als Jake überfahren wurde. Die elf Jahre waren glücklich verstrichen. Die beiden waren nicht arm gewesen. Jill hatte ein bescheidenes Einkommen aus einer Rente ihrer verstorbenen Mutter, und Henderson war reichlich versorgt. Sie konnten bequem auskommen, auch wenn Jill, die unbedingt ihre Ausbildung fortsetzen wollte, stellungslos sein sollte.

Aber der Gedanke zu versagen setzte dem Mädchen arg zu. ›Ich werde sicher Bibliothekarin werden. Nicht in einer dieser muffigen Stadtbüchereien, wo man ein Diplom vorweisen muß. Es gibt genügend kleinere Bibliotheken, die mit einer nur halbausgebildeten Bibliothekarin besetzt sind. So einen Posten will ich haben. Einen Platz, wo man sicher einen Hund halten kann, vielleicht auch eine Katze – und in der Nähe soll ein See sein ...‹

Sogleich wurde dieses erträumte Idyll nicht Wirklichkeit. Sechs Monate waren vergangen, und Robert war wieder vollkommen genesen. Jill wurde schon ungeduldig, bis sie eines Tages einen Brief von ihrer Freundin Linda erhielt.

›Würdest Du die Stelle bei dieser Bücherei annehmen? Da fällt zwar nicht viel dabei ab, doch dafür habt Ihr ein hübsches altes Haus zu Eurer Verfügung. Genug Raum, um einen oder zwei Hunde zu halten. Außer den üblichen Giftschlangen sind die Leute hier alle reizend. Das Grundstück ist groß genug für den Auslauf Deiner Tiere, und dann gibt es noch den Bach, der sich vor Deinem Gartentor vorbeischlängelt. Das sollte Dir doch passen! Ich gebe meine Stellung hier auf, weil ich in den Stand der Ehe treten werde – und das mit einem Farmer, ob Du es glaubst oder nicht! Aber er ist ein reizender Kerl und hat mir zugesagt, daß ich zuerst sechs Monate nach England reisen und meine Familie treffen kann. Du weißt ja, wie ich für diese Reise gespart habe und begierig bin, sie anzutreten, und wie mir meine Verwandten ständig darüber schreiben. Wenn die sechs Monate verstrichen sind, werde ich eine Farmersfrau sein. Ich wünschte, John lebte näher bei Shepherd's Crossing, doch ich befürchte, daß wir rund fünfzig Meilen entfernt wohnen werden. Wie dem auch sei, wenn Du dazu noch Lust hast wie im letzten Jahr . . . – Was hältst Du davon?‹

Den Brief in der Hand, stürmte Jill zu ihrem Großvater. Er las ihn aufmerksam, faltete ihn zusammen und gab ihn Jill zurück. »Das ist wahrscheinlich eine gute Idee«, war alles, was er sagte. Aber sie dachte: ›Seit uns Jake auf der Straße weggestorben ist, haßt er diese Wohnung noch mehr als ich. Das Land und die Ruhe würden ihm guttun.‹ Erst später wurde ihr bewußt, daß ein so reger Geist wie Robert Henderson aus seinem Leben mehr als eine ländliche Idylle gemacht hätte. Freudestrahlend rief sie aus: »Dann kommst du also mit? Du glaubst auch, daß es herrlich sein wird?«

»Das sagte ich nicht. Ich selbst würde gerne aus diesen trostlosen Vorstädten ausziehen, aber was soll ein junges Ding wie du in so einem Kaff machen?« Er meinte ›solch ein *anziehendes*, junges Ding‹ –, aber nicht um alles in der Welt hätte er es über die Lippen gebracht. Er stellte in Betracht, daß da genug junge Männer wären, um Jill eitel zu machen und zu verwöhnen.

»Aber ich will eine Leihbücherei führen!«

»Du bist doch nicht voll ausgebildet – welche Laufbahn willst du eigentlich einschlagen?«

»Keine! Es sei denn, du nennst einen Farmer zu heiraten eine Laufbahn.«

»Einen Farmer?« Er sah verstört aus und durchforschte sein Gedächtnis. Er erinnerte sich an einen jungen Architekten, einen Medizinstudenten und einen Juristen. Sicher gab es da noch manche andere Zufallsbekanntschaften, aber an einen Farmer konnte er sich beim besten Willen nicht erinnern.

»Wer war der Farmer?« fragte er geduldig.

Sie lachte. »Ich weiß nicht. Bis heute ist er mir noch nicht über den Weg gelaufen. Aber ich habe mir in den Kopf gesetzt, einen Farmer zu heiraten und mit ihm auf dem Land zu leben. Und dann will ich mindestens drei Hunde, mehrere Katzen, zwei Pferde – und drei Kinder haben«, fügte sie hinzu.

Er bohrte nicht weiter. Jill hatte schon immer überstürzt und unvorhersehbar gehandelt, aber er hatte sie sehr gern. Sie würden in dieses Dorf ziehen, vielleicht wieder einen Hund anschaffen ... Bei diesem Gedanken durchzuckte ihn ein Schmerz. Einen anderen Hund nach Jake? Jill wäre sicher darüber begeistert gewesen. Sie war ja ständig begeistert. Er selbst würde ein geruhsames Leben auf dem Land, in der Nähe eines Sees genießen. Er täuschte sich nicht selbst, sondern war sich darüber im klaren, daß er viele geliebte Gewohnheiten vermissen würde. Doch es ging darum, was Jill wünschte, und das gefiel ihm.

Also schrieb Jill ihrer Freundin. Sie erkundigte sich nicht nach weiteren Einzelheiten, sondern bewarb sich ganz einfach um die Stelle und bekam sie. Nach einigem Suchen auf der Landkarte entdeckte Robert Shepherd's Crossing. Der Ort, in dem die Landwirtschaft vorherrschend war, lag rund zweihundert Meilen südlich von Auckland an einer kleinen Seebucht. Im Westen begrenzten das Dorf Sandhügel. Auf der anderen Seite des Sees waren mehrere Wochenendsiedlungen und Ferienhäuser. Shepherd's Crossing war ein entlegener stiller Flecken, aber nicht trostlos, trotz der schwierigen Zeitläufte.

Sie verkauften das Haus, verfrachteten vorab die Möbel und brachen an einem sonnigen Frühlingsmorgen auf. Jill war wie immer in gehobener Stimmung, wenn sie neuen Abenteuern entgegenging.

»Das wird uns einen Riesenspaß machen. Ich habe noch nie auf dem Land gelebt. Und dann will ich meinem Farmer eine Chance geben, wenn nur Linda sich nicht den einzigen heiratsfähigen geschnappt hat.« Robert Henderson versuchte, mißbilligende Geräusche auszustoßen, doch bei sich dachte er, daß Miss Shaw – sie lebte in seiner Erinnerung als elegante, aber keineswegs schöne Dame – weniger als seine hübsche Jill geeignet gewesen wäre, das Herz eines heiratsfähigen Farmers zu gewinnen. Sie waren früh aufgebrochen, und ein strahlender Tag begann. Alles war reibungslos verlaufen, bis sie mitten auf der Straße den armen Hund gefunden hatten.

Jetzt fuhren sie den langgezogenen Hügel nach Shepherd's Crossing hinunter. Jill gab zuviel Gas. Schließlich protestierte Robert. »Wenn du einen Augenblick anhalten würdest, könnte ich einen Blick auf unseren Patienten werfen«, brummte er. Jill lächelte nur.

»Wir fahren völlig sicher. Aber der arme Kerl hat sich nicht gerührt. Großvater, du glaubst doch nicht etwa, daß er tot ist?«

»Ich glaube, daß er nur bewußtlos ist. Allein ein Tierarzt kann feststellen, wie schwer das Tier verletzt ist.«

»An der ersten Milchbar werde ich nach einem Tierarzt fragen.«

Sie fragte und erfuhr, daß an der Hauptstraße ein Tierarzt seine Praxis hatte.

»Hast du gefragt, wo die Bibliothek ist?«

Alles in allem, dachte Robert, waren sie ja deswegen hergekommen. Die Leihbücherei sollte ihre neue Heimat werden.

»Das habe ich bei all dem Trubel vergessen. Beim Tierarzt werden sie mir sicher Auskunft geben können.«

Ihr Großvater war nicht überrascht. Jill dachte immer einspurig, und für den Augenblick stimmte er mit ihr überein.

Die Praxis des Tierarztes war rückversetzt von der Straße, sie sah neu und modern aus. Im Vorzimmer saß ein Mädchen am Telefon und wartete auf Anrufe. Jills atemlos vorgetragene Geschichte interessierte sie nicht allzusehr. Sie meinte gelangweilt: »Das kommt jeden Tag vor. Mister Webster ist außer Haus.«

»Du mein Schreck! Wissen Sie denn, wann er wiederkommt?«

»Genau nicht. Aber er kann nicht weit sein, da er nur kurz etwas gemurmelt hat und zu Fuß weggegangen ist. Bis fünf Uhr muß er wieder hier sein, weil ich dann nach Hause gehe.«

Jill ging zum Auto zurück. Robert Henderson stand neben der Tür und blickte auf das staubige verletzte Bündel auf dem Rücksitz. Plötzlich kämpfte Jill gegen ihre Tränen an. Genauso hatte er neben Jakes totem Körper gestanden. Warum mußte das wieder geschehen?

»Es ist nur ein Mädchen da. Der Tierarzt ist außer Haus. Sie meinte, daß er nicht weit gegangen sein könnte. Ich denke, es ist das beste, wenn ich losziehe und ihn aufstöbere.«

Ein kleiner Junge, der in der Nähe stand und mit vollen Bakken einen Luftballon aufblies, sagte plötzlich: »Er ist die Straße runter. Ich habe gesehen, wie er weggegangen ist.« Dann zerknallte er mit unschuldigem Vergnügen den Ballon auf Jills Kopf und machte sich hurtig aus dem Staub. Er hatte auf eine Nebenstraße gezeigt, und Jill sagte: »Ich werde dort mal nachfragen. Es sind nur wenige Häuser. Du wartest hier, für den Fall, daß ich ihn nicht finde.« Und schon machte sie sich auf die Beine.

Beim ersten Haus blieb sie stehen, weil auf der Veranda eine kleine alte Frau verzweifelt die Hände rang und vor Kummer leise stöhnte.

»Er wird umkommen, ich bin sicher, daß er umkommen wird.«

Jill, die dem Blick der Alten folgte, sah zu ihrer Überraschung ein Paar ungewöhnlich großer Füße unter der einen Hauswand hervorragen. Offensichtlich stimmte etwas nicht mit dem Abfluß.

Lebhaft sagte sie: »Aber nein, Klempner kennen sich da aus. Er wird sich nicht so dumm anstellen und ersticken.«

Von unten herauf ertönte eine Grabesstimme: »Ich bin kein verdammter Klempner. Fehlt nicht viel, dann ersticke ich!«

Jill sprang herum. »Was in aller Welt geht hier vor?« Das Wehklagen der alten Dame erklang lauter.

»Es geht um Timothy. Er kriecht immer unter das Haus und klemmt sich jedesmal fest.«

»Dann ist er ein Idiot!« sagte Jill mit spitzer Zunge, denn sie war ungehalten über die Verzögerung. »Ich werde ihn am Fuß herausziehen.« Sie packte kräftig zu, umklammerte das Paar riesiger, staubiger Stiefel und zog aus Leibeskräften an.

Ein unterirdisches Gebrüll ertönte. »Verdammt noch mal ... Das tut weh! Hör auf! Du wirst mir den Kopf abreißen.«

Jill zuckte die Achseln und gab es auf. »Dann kommen Sie selbst heraus«, rief sie. Und zu der kleinen alten Dame gewandt: »Können Sie mir sagen, wo ...«, wollte sie fragen, doch da wurde sie durch ein Triumphgeschrei unterbrochen. »Er kommt, er kommt. Ist Timothy in Ordnung?«

Jill starrte hinab und sah, wie die beiden Füße weiter voran krabbelten, dann erschienen zwei in schmutzige Khaki-Overalls eingehüllte Beine. Stück für Stück tauchte der Klempner – oder was immer er war – an der Erdoberfläche auf.

Die Alte eilte behend die zwei Stufen hinunter. »Er hat ihn. Ich kann seinen Schwanz erkennen.«

Jill war baff erstaunt, als der Klempner schließlich vor ihr stand. Ziemlich roh hielt er mit festem Griff eine große graue Perserkatze.

»Geben Sie ihn mir«, schrie die Besitzerin, aber der Mann, der sich nun zu seiner ganzen respektablen Größe aufgerichtet hatte, sagte:

»Er ist in Ordnung. Aber ich will das kratzende Biest endlich vom Hals haben.« Und er ließ den Kater laufen, der hurtig den nächsten Baum erkletterte, sich auf einen Ast kauerte und sich das staubige Fell leckte.

Jill wandte sich an den Mann: »Es tut mir leid, aber ich dachte, Sie wären so ein Idiot, der steckengeblieben ist. Und dabei habe ich es schrecklich eilig. Ich bin gespannt, ob Sie mir sagen können, wo ich den Tierarzt finden kann. Ich brauche ihn dringend und habe gehört, daß er irgendwo in dieser Straße sein soll.«

»Ich heiße Webster«, entgegnete der junge Mann und zupfte sich einige Spinnweben aus den Haaren. »Und vermute, daß Sie es waren, die mich an den Füßen herausziehen wollte. Stimmt's? Ich schwöre ihnen, daß es mir leid tut, aber mein Kopf war unter so einem verdammten Balken eingezwängt.«

Dann brachen sie in herzhaftes Lachen aus, und Jill sagte: »Ich glaubte, Sie seien ein Klempner namens Timothy. Aber sind Sie wirklich Tierarzt?«

»Natürlich. Warum nicht?«

»Das sah nur so seltsam aus ... Kümmern Sie sich nicht mehr darum ... Bitte kommen Sie rasch und schauen Sie sich den Hund an, den ich in meinem Wagen habe. Ich habe ihn auf der Straße aufgelesen und fürchte, daß er schlimm verletzt ist. Wir konnten nur feststellen, daß er bewußtlos ist. Vielleicht liegt er im Sterben.«

Er blickte finster drein. »Diese verfluchten Autofahrer.« Dann drehte er sich auf dem Absatz um und eilte zum Gartentor hinaus. Der alten Dame, die Dankesworte murmelte, rief er munter zu: »Alles in Ordnung. Doch lassen Sie vor das Loch ein Brett nageln.« Gleichgültig erklärte er Jill. »Das ist in diesem Monat das zweite Mal, daß ich mich wegen dieser Bestie fast geköpft hätte. Und sie kratzt wie der Teufel. Als sie vorhin anrief, habe ich Handschuhe mitgenommen und bin aus dem Haus gestürzt. Nicht einmal Marilyn habe ich Bescheid gesagt.«

Marilyn war das Mädchen in seiner Praxis. Jetzt dachte Jill

wieder an sie. ›Ein hübsches Mädchen‹, ging es ihr durch den Kopf.

Jill fand den jungen Mann recht erstaunlich. Sie war bislang nur Tierärzten aus der Stadt begegnet. Und die waren in makelloses Weiß gekleidet und fluchten nicht.

»Sie sind sehr gutmütig, daß Sie wegen dieses Katers unter das Haus kriechen.«

Er wies das von sich. »Das alte Mädchen hat nur noch ihren Kater. Wo steht Ihr Wagen?«

Robert Henderson war an Ort und Stelle geblieben und beobachtete den Hund. »Es scheint ihm besser zu gehen«, stellte er fest. »Er hat eben zweimal die Augen geöffnet und versucht, mit dem Schwanz zu wedeln. Hast du den Tierarzt aufgetrieben?«

»Dieser Herr«, erklärte sie und mußte dabei ein Lachen unterdrücken, »ist der Tierarzt. Mister Webster. Sein Fuß ragte unter einem Haus hervor. Er rettete die Katze einer alten Frau und hätte sich dabei beinahe den Kopf abgerissen. Das ist mein Großvater, Mister Henderson.«

Robert hatte sich an Jills Wesen gewöhnt und schien nicht überrascht; sein Benehmen war stets untadelig. Er stellte seine Enkelin vor und öffnete die Hintertür des Wagens. »Sollen wir ihn hineintragen?«

Anstatt zu antworten, hob Matthew Webster den bewußtlosen Hund behutsam vom Rücksitz und trug ihn in seine Praxis. Als er ihn auf den Tisch gelegt hatte, stellte er fest: »Ich kenne den Burschen. Seit sein Herr fortgezogen ist, strolcht er immer auf den Straßen herum. Armer Kerl.«

»Wollen Sie damit sagen, daß er weggegangen ist und den Hund zurückgelassen hat?« Jill war entrüstet.

»Nicht genau. Die Familie konnte ihn nicht mitnehmen, weil sie ihre Farm verkauft hatte und nach Übersee gefahren ist. Sie hat das Tier einem Mann überlassen, der ein oder zwei Meilen entfernt wohnt... Ich werde Jackson anrufen. Das ist der

Mann, der ihn jetzt aufgenommen hat. Schauen wir aber zuerst, wie es mit dem armen Kerl steht.«

Jill schaute sich um und dachte: ›Er mag zwar seltsam gekleidet sein, der Haushalt aber ist in Ordnung.‹ Noch, entschied sie wenige Minuten später, während der Tierarzt mit seinem Patienten beschäftigt war. Nach wenigen Minuten stellte er die Diagnose.

»Er ist nicht schlimm verletzt. Die Wunde muß genäht werden. Dann hat er noch eine starke Gehirnerschütterung. Ein heftiger Schlag vor den Schädel hat ihn betäubt. Er kommt jetzt wieder zu sich. Am besten schläfern wir ihn ein.«

Jill starrte Matthew Webster entsetzt an. »Einschläfern? Aber Sie sagten doch, daß er nur leicht verletzt ist.«

»Richtig. Aber was soll dann mit ihm geschehen? Jackson will ihn nicht. Das hat er mir klar und deutlich gesagt. Und schließlich wird ihn wieder ein Auto überfahren, weil er das Herumstrolchen nicht aufgibt. Um ganz sicher zu gehen, werde ich Jackson anrufen.«

Daraufhin ging er zum Telefon, und sie hörten, wie er sagte: »Es ist ein Jammer, aber ich stimme zu. Das arme Tier ist elend dran. Ich würde ihn nehmen, doch wie Sie wissen, habe ich bereits zwei Hunde. Und die würden ihn vielleicht nicht willkommen heißen. Geht in Ordnung, ich erledige das.« Mit langen Schritten kam er zurück.

Jill und ihr Großvater standen schweigend da und schauten auf den Hund. Und während sie ihn beobachteten, öffnete er die Augen und machte einen zaghaften Versuch, die Hand des alten Mannes zu lecken. Da redeten sie plötzlich gleichzeitig.

Robert Henderson sagte: »Es ist ein hübscher Hund. Wir könnten ihm ein Heim geben.«

Im gleichen Augenblick sprudelte Jill hervor: »Wir behalten ihn, Großvater. Genau das brauchen wir.« Dann wandte sie sich an den schweigenden Webster und erklärte ihm: »Sehen Sie, ich bin die neue Bibliothekarin, und Linda meinte, daß genug Platz vorhanden sei, um einen Hund zu halten. Und da wir erst vor kurzem unseren verloren haben ... Aber es geht ihm doch gut? Leidet er nicht zu sehr?«

»Er ist bald wieder völlig hergestellt und wird es Ihnen vergelten, daß Sie ihm ein Heim gegeben haben. Es ist ihm übel ergangen; ich muß mich jetzt um die Wunde kümmern. Er muß örtlich betäubt werden, weil er schon fast wieder bei Bewußtsein ist.«

Als er den Hund ärztlich versorgt hatte, trug er ihn hinaus und legte ihn auf den Rücksitz von Jills Wagen. Natürlich hatte sie mittlerweile dem jungen Mann in allen Einzelheiten erklärt, warum sie aufs Land gekommen sind, daß sie die Bücherei leiten wird und daß sie von ganzem Herzen hofften, Tiere halten zu können. »Dies ist ein Anfang. Wird der Hund auch wieder richtig auf die Höhe kommen?«

»Mit Sicherheit. Aber er braucht in der ersten Zeit besondere Pflege. Haben Sie eine Leine?«

Sie gestanden, daß sie es nicht über das Herz gebracht hätten, das Halsband und die Leine von Jake wegzuwerfen. Fürs erste würde das genügen. »Kann ich jetzt bitte zahlen?«

»Für was denn? Es ist ja nicht Ihr Hund. Sie sind nur der barmherzige Samariter. Und den barmherzigen Samariter darf man nicht zur Kasse bitten.«

»Aber das hat man getan. Er hat den Wirt bezahlt.«

»Damit er sich um den Verwundeten kümmerte. Genau das machen Sie jetzt. Nein, ich bin froh, daß ich helfen konnte. Es ist erfreulich, jemanden zu treffen, der sich um überfahrene Hunde kümmert.«

»Er ist nett«, bemerkte Jill, als sie fortfuhren. »Wenn er nur nicht so große Füße hätte und so seltsam gekleidet wäre.«

»Das muß ein Tierarzt auf dem Land. Er muß sich immer in schlammigem Gelände bewegen, um sich um die Kühe und

Pferde zu kümmern. Ja, er ist ein netter Kerl. Und Tierärzte habe ich schon immer gut leiden können.«

»Ich auch. Der Umgang mit Tieren macht sie so menschlich.«

Er nickte, obwohl er in keiner Weise diese unlogische Feststellung begriff. Jill lenkte den Wagen in die Straße, die ihnen Webster genannt hatte. »Alle Himmel! Die Bücherei liegt fast am Strand!« rief Jill entzückt aus und bremste vor einem alten Haus, das mitten in einem großen, verwilderten Garten stand. Ein Schild am Gartentor kündete an, daß dies die öffentliche Leihbücherei von Shepherd's Crossing war.

2

Linda begegnete ihnen mit bezauberndem Lächeln an der Tür. Jill stürzte sich aus dem Wagen und rief aus: »Reizend, dich wiederzusehen. Du bist immer noch die alte. Das Landleben hat dich nicht verändert.«

»Warum auch? Und du bist so entzückend wie immer. Wie geht es Ihnen, Mr. Henderson? Es ist wunderbar für Jill, daß Sie zugestimmt haben, in dieser Wildnis zu leben. Aber was haben Sie da auf dem Rücksitz Ihres Wagens. Ist das nicht ein anderer Hund? Oh, Jill, ist er tot?«

»Nein, er ist nur benommen. Wir haben ihn überfahren auf der Straße gefunden. Ich werde es dir gleich erzählen. Halt! Rühr ihn nicht an. Wir lassen ihn am besten in Ruhe, bis er von selbst wieder zu sich kommt. Tragen wir zuerst das Gepäck hinein. Sind die Möbel schon gekommen?«

»Vor zwei Tagen. Ich habe das Porzellan ausgepackt, John und ein alter Bekannter haben die schweren Sachen mehr oder weniger richtig an Ort und Stelle gerückt. Auf jeden Fall werden wir über keine Schachteln oder Kästen stolpern. Später können Sie die Sachen aufstellen, wie es Ihnen paßt. Jetzt kocht das Wasser. Wir trinken Tee, bevor Sie sich das Haus ansehen.«

Als sie aus Jills Teekanne ausschenkte, bemerkte sie: »Ich hoffe, Sie werden sich hier nicht langweilen, Mr. Henderson.«

»Warum sollte ich mich langweilen?«

»Ich kann mir schwer vorstellen, wie Sie zurechtkommen, weil Sie Ihren intellektuellen Freundeskreis missen werden. Leute dieser Art finden Sie hier sehr wenige.«

Das Wort ›intellektuell‹ hatte Robert Henderson schon immer verwirrt. Mit fester Stimme beteuerte er: »Persönlich bedaure ich die Neigung sogenannter Intellektueller, auf alle, die eine andere Laufbahn eingeschlagen haben, scheel herabzublikken. Ich werde mich hier nicht langweilen. Ich liebe den Frieden, und ich liebe den See.« Er fügte nicht hinzu: »Und ich werde einen Hund haben – und Jill.«

Zum erstenmal fühlte sich Jill etwas unbehaglich in ihrer Haut. Hatte sie ihren Großvater aus selbstsüchtigen Gründen hierher verschleppt? Würde er hier einen interessanten Zeitvertreib finden? Mag er auch das Wort ›intellektuell‹ verschmähen, aber den Intellektuellen hatte seit jeher seine Sympathie und sein Interesse gegolten. Würde er hier den notwendigen Ausgleich finden?

Linda fuhr fort: »Sicher ist Jill hocherfreut, eine ›Anstandsdame‹ bei sich zu haben. Ich mußte einen Untermieter aufnehmen, eine Lehrerin aus dem Ort. Sie war eine schreckliche Heimsuchung und blieb nur drei Tage lang. Aber das waren schwere Tage – und Nächte – gewesen. Aber du wirst hier gut zurechtkommen, Jill, mit so einem würdevollen Beschützer.«

»Aber hier leben wir doch in Sicherheit?«

»Von Einbrechern habt ihr sicher nichts zu befürchten, um so mehr aber von den Klatschbasen. John und ich haben ihnen genügend Klatschstoff geliefert – Abschiedsparties, Lichter um Mitternacht – ein wahrer Sündenpfuhl ...«

»Aber du sagtest doch, die Leute hier seien reizend.«

»Das sind sie durchaus, aber auch nette Leute klatschen gern. Ich habe zu spät Vorsorge getroffen.«

»Dein Fehler. Ich jedenfalls werde äußerst diskret vorgehen.«

Robert hatte mit raschen Schlucken seinen Tee ausgetrunken und ging hinaus, um nach dem Hund zu sehen. Als er zurückkam, berichtete er: »Wir können ihn jetzt hereinbringen. Er kommt zu sich. Am besten tragen wir ihn.«

»Wo sollen wir ihn hinlegen? Ich habe noch keinen geeigneten Platz gefunden. Gibt es hier einen Waschraum, Linda?«

»Ja, aber draußen.«

»Dann werden wir ihn dort unterbringen.«

Ihr Großvater blickte plötzlich betreten drein. »Darüber brauchen wir uns keine Gedanken zu machen. Ich habe ihm bereits ein Bett in dem Zimmer bereitet, das ich zu beziehen gedenke.«

»Aber Großvater, aber wie ...?«

Als er antwortete, klang seine Stimme stolz und fest. »Du brauchst mir keine Lebensregeln zu geben. Das Zimmer hat eine Tür nach außen – beste Gelegenheit für einen kleinen Spaziergang im Garten.«

Jill machte keine weiteren Einwände, und sie trugen den im Halbschlaf liegenden Hund in einen großen Raum an einem Ende der Veranda. Dann besichtigten sie das Haus.

Es war ein eigenartiger, unregelmäßig errichteter Bau. Den Grundstock bildeten offenbar die drei Haupträume, um die herum angebaut worden war. An der Vorderseite erstreckte sich die weitläufige Veranda mit Roberts neu erworbenem Zimmer an dem einen Ende; die beiden anderen waren miteinander verbunden. Dort war die Bücherei untergebracht.

»Das ist ein Segen, weil die Leute so nicht ins Haus kommen

müssen«, bemerkte Linda. »Du klebst nicht immer mit den Bücherlesern zusammen. In der Bücherei ist eine Glocke angebracht, mit der sie sich melden können. Aber laß kein Geld in der Bibliothek. Ich habe dadurch neunzig Cents verloren, und jetzt trage ich das bißchen Kies, das ich habe, bei mir. Wenn wir das Haus besichtigt haben, schauen wir uns die Bücherei gründlich an.«

Außer den Anbauten zu beiden Seiten der Veranda gab es im Haupttrakt des Hauses noch zwei geräumige Zimmer, eine Küche und einen Aufenthaltsraum. Ein altmodisches Bad und der Waschraum an der Außenfront ergänzten Jills neue Residenz.

»Warum gehen diese Räume auf die Veranda? Warum hat man nicht versucht, ein vernünftig durchkonstruiertes Haus zu errichten?«

»Weil der Architekt es zunächst selbst bewohnte. Und jedesmal, wenn seine Frau wieder ein Baby bekam, packte ihn die Panik, und er baute einen neuen Raum an. Sie wollten ein Dutzend Kinder haben, zu sechs haben sie es immerhin gebracht.«

»Was ist aus ihm und seinen sechs Kindern geworden?«

»Er ist fortgezogen, und sein Nachfolger haßte das Haus. Er hatte nur ein Kind und wollte nicht in einem alten verkorksten Gemäuer leben. Sie zogen nach Wardston, das liegt fünfzehn Meilen von hier entfernt. Es ist eine größere Stadt, in der er einen besseren Wirkungskreis gefunden hat. Als das alte Haus leerstand, beschloß die Bezirksverwaltung, darin eine Bibliothek einzurichten. Zuvor standen die Bücher in einigen Räumen hinter den Gemeinderatszimmern. Als ich zur Bibliothekarin ernannt wurde, war es meine erste Aufgabe, die Bücher hierher zu verfrachten. Und das brauchte seine Zeit ... Dann stellte ich einen provisorischen Katalog zusammen, der jetzt ziemlich vollständig ist. Das Ganze ist gar keine so kleine miese Bibliothek. Ausgenommen die Abteilung Kinder- und Jugendbücher. Das ist erschreckend. Ich vermute, die Kinder hier sitzen nur vor dem Fernseher und lesen keine Bücher. Mit deiner Erfahrung kannst du das sicher ändern.«

»Nicht so gut wie du, fürchte ich. Großvater behauptet, ich sei zu flatterhaft. Sicher nimmt er das Wort nicht in den Mund, aber er drückt sich so ähnlich in gehobenerer Sprechweise aus.«

»Oh, die Leute hier werden dich mögen. Sie fallen immer auf großgewachsene, schlanke Mädchen mit blauen Augen und verführerisch unschuldiger Redeweise herein. Die Männer werden in Scharen kommen.«

»Was hilft mir das, wenn du zuerst zugepackt und den nettesten Mann an Land gezogen hast? Erzähl mir über ihn! Wie heißt er?«

»John Winter heißt er. Das klingt dumm, aber er ist alles andere als ein dummer Bursche. Du wirst ihn gern mögen; er ist ein Engel, weil er keinerlei Aufhebens gemacht hat, daß ich vor der Heirat meine Familie besuchen will. Als er von Heirat sprach, habe ich ihm klargemacht, daß ich seit jeher diese Reise geplant und darauf gespart habe. Als ich zögernd zu bedenken gab, daß es wohl unter den gegebenen Umständen besser wäre, auf die Reise zu verzichten, erwiderte er: › . . . Das kommt gar nicht in Frage, ich weiß, daß du zurückkommen wirst.‹ Dafür liebe ich ihn jetzt noch mehr.«

»Du Glückliche! Ich hoffe aber, daß für mich noch ein Mann übriggeblieben ist. Ich habe es satt, in der Stadt zu leben, und ich glaube, seit Jakes Tod hat auch Großvater die Nase voll davon. Er ist sicher immer mit allem einverstanden, aber ich glaube, er ist wirklich froh, daß er dort weggezogen ist. Also sei gesegnet, da du mir den Job verschafft hast.«

Sie warfen einen Blick in Roberts Zimmer. Er packte methodisch seine Koffer und Kästen aus und verstaute sein Hab und Gut in der altmodischen Truhe, die ›John und sein guter Bekannter‹ instinktiv in das richtige Zimmer geschleppt hatten. In dem für ihn zurechtgemachten Bett schlief friedlich der Hund.

»Die beiden schauen glücklich aus, aber Mr. Henderson wird Freunde seines Schlags brauchen. Ich vermute, es gibt hier einige, aber ich bin nicht mit ihnen zusammengekommen, weil ich alles andere als eine Intellektuelle bin. Sag, wie bist du zu dem Hund gekommen?«

Jill berichtete ihr von dem Unfall und wie sie den Tierarzt unter den Spinnweben von Mrs. Dorseys Haus aufgegabelt hatte. »Er gleicht in nichts den Tierärzten, denen ich bisher begegnet bin. Nichts als Dreck und riesige Latschen. Er war schrecklich nett, dabei erfolgreich und lehnte strikt jede Bezahlung ab.«

»Matthew Webster ist ein lieber Kerl. Er verletzt sich immer, wenn er unter Häuser krabbeln oder auf Bäume klettern muß, um die Katzen alter Damen in Sicherheit zu bringen. Doch mit dem Bücherzurückbringen hapert es bei ihm.«

»Warum kann seine Frau nicht die Bücher zurückgeben?«

»Er ist nicht verheiratet. Er ist viel zu beschäftigt, um sich solche Zerstreuungen wie die Ehe oder Bücherlesen zu gönnen. Aber er ist ein netter Kerl. Wie soll denn der Hund heißen?«

»Ich vergaß, danach zu fragen, aber ich vermute, der widerliche Kerl, der ihn hatte, schimpfte ihn nur ›verdammter Bastard‹. Wir werden also einen Namen für ihn finden müssen.«

Nachdem sie ausgepackt und einen Bissen gegessen hatten, sahen sich Linda und Jill die Bibliothek an. »Tut mir leid, daß du todmüde bist, aber ich habe meinen Flug für morgen gebucht, und John wird mich um zehn Uhr zum Flughafen fahren. Es ist also besser, wenn wir uns gleich an die Arbeit machen.«

Es gab keinerlei Schwierigkeiten. Linda war zwar keine gelernte Bibliothekarin, aber ein aufgewecktes, intelligentes Mädchen. Alle Bücher standen an ihrem richtigen Platz. Jill stimmte mit ihrer Freundin darin überein, daß der am dürftigsten bestückte Teil der Bücherei die Abteilung für Kinder- und Jugendbücher war. Sie glaubte, daß Großvater schockiert sein würde, wenn er sieht, welche Bücher den jugendlichen Lesern von Shepherd's Crossing angeboten werden. Einige der Bücher waren ziemlich alt, aber ausgebessert, das verwendete Karteisystem war Jill wohlbekannt. Während sie rasch an den Regalen vorbeistreiften, blieb Linda jedesmal stehen, wenn sie den Inhalt eines außerordentlichen Buches oder eines Werkes, das Ärger bereiten könnte, erläuterte. »Diese Bücherei«, erklärte sie, »ist streng persönlich ausgerichtet. Du wirst die Leute und alle ihre Probleme kennenlernen. Sie mögen es durchaus, wenn du ihnen bei der Wahl ihrer Bücher hilfst, und sie erwarten, daß du genau weißt, was sie lesen wollen.«

»Diese Hürde kann ich leicht nehmen, denn ich denke, daß man den meisten von den Augen ablesen kann, was für ein Buch sie gerne möchten.«

»Stell dir das nicht so einfach vor. Dabei kannst du schwer auf die Nase fallen. Der Schein trügt häufig. Da glaubst du, daß der Rektor der hiesigen Schule gute Lektüre bevorzugt. Aber wenn die Bücherei völlig menschenleer ist, dann nimmt er nur Thriller aus den Regalen. Wenn zufällig jemand hereinkommt, den er kennt, dann verläßt er den Raum mit einem soliden Buch, das er nie lesen wird. Dann gibt es da eine süße und nette alte Dame, Mrs. Owens. Von der nimmst du sicher an, daß sie nur simple, biedere Liebesgeschichten liest – mitnichten: Sie will nur Gewalt und literweise vergossenes Blut. Den Schock deines Lebens wirst du bekommen, wenn unsere Dorfschönheit die Bücherei betritt. Sie ist das typische dumme Blondinchen und scheint kaum Englisch zu verstehen, aber sie entleiht nur gute Lektüre. Sie liest die Bücher auch wirklich, und sie spricht darüber, und wie in einem Spiel mit festen Regeln sagt sie: ›Sehr nett von Ihnen, ich danke.‹ Du kannst nicht nach dem Aussehen der Leute gehen. Das wirst du bald merken.«

Jill schaute bestürzt drein. Sie kannte nur die städtischen Leihbüchereien, in denen die Bücher ohne großen persönlichen Kommentar ausgegeben werden. »Ich werde wohl alle möglichen Fehler machen, doch ich werde es schon langsam lernen.«

Am nächsten Morgen rief vor acht Uhr Matthew Webster an. »Wie geht es dem Patienten?« wollte er wissen.

»Ausgezeichnet. Er schläft nachts in Großvaters Zimmer, und eben macht er an der Leine einen kleinen Gartenbummel. Er ist noch ziemlich ungelenk, aber dank Ihrer Kunst schon wieder wunderbar auf den Beinen. Wissen Sie vielleicht, was er für einen Namen hat?«

»Ich habe Johnson danach gefragt, aber ›schau, daß du hier fortkommst!‹ war alles, was er herausgebracht hat.«

»Was für ein schrecklicher Mensch!«

Webster lachte und legte den Hörer auf. Er war seit fünf Uhr auf den Beinen, da er von einer Farm aus angerufen worden war. Jetzt war er auf dem Weg, um sich um eine wertvolle Stute zu kümmern, die Schwierigkeiten beim Fohlen hatte. Als Jill vom Telefon zurückkam, fiel ihr ein, daß sie ihn nicht über die noch ausgeliehenen Bücher gefragt hatte. Aber wie kann man auch mit jemandem nörgeln, der sich die Zeit nimmt, um anzurufen, um sich nach einem Bastard von Hund zu erkundigen?

Pünktlich um zehn Uhr traf John Winter ein. Als Jill das Paar abfahren sah, überkam sie ein Neidgefühl. Er war ein so anziehender junger Mann und hatte ein schönes Auto. »Ich kann nur hoffen, daß sie einen Farmer für mich übriggelassen hat«, sagte sie laut zu sich, und Robert Henderson, der herausgekommen war, um Linda einen höflichen Abschied zu entbieten, fragte sie: »Einen Farmer? Es gibt doch sicher viele Kunden. Warum willst du einen Farmer?«

»Ich will einen Farmer, um mich in ihn zu verlieben, und nicht nur, um ihm Bücher zu leihen. Ich will einen Farmer, der so gut wie John Winter aussieht und reich genug ist, um sich ein schönes Auto leisten zu können. Allzu große Hoffnung habe ich nicht.«

Der alte Mann runzelte die Stirn und warf ihr einen vorwurfsvollen Blick zu. Dann ging er zu seinem Hund zurück. Jill war unheilbar frivol, er konnte nur hoffen, daß sie hier in dieser Kleinstadt ihre Zunge im Zaum halten würde.

Hunde sind ein Trost. Als ob er die Gedanken des alten Mannes erraten hätte, sprang der Hund von der Matratze neben dem Bett. Er hatte dies trotz der komfortablen Liegestatt, die sie ihm hergerichtet hatten, als sein Lager ausgewählt. Jetzt leckte er seinem Herrn die Hand. Mit gespieltem Ernst fragte Robert: »Wenn ich dich nun auf einen Spaziergang den Bach entlang mitnehme, wirst du mir dann davonlaufen?«

Ein ergebungsvoller Blick und ein mißbilligendes Schwanzwedeln versuchten Robert Henderson zu beruhigen. Nun würde der Hund niemals mehr in der Gegend herumstrolchen. Er hatte seinen Hafen gefunden, und er verfügte über all die Intelligenz, die gewöhnlich den Bastarden, vielleicht als Ausgleich für ihr Äußeres, manchmal von der Natur gegeben ist.

Als Jill eines Morgens Webster im Lebensmittelgeschäft traf, fragte sie ihn erwartungsvoll: »Was für eine Rasse ist er eigentlich?«

Er grinste und zuckte die Schultern. »Eine richtige Promenadenmischung. Sicher ist etwas Labradorhund dabei, dann ein bißchen Spaniel oder sonst ein Jagdhund. Wenn man ihn nach den Ohren und dem Wuchs beurteilt. Genaueres kann ich auch nicht herausfinden.«

»Auf jeden Fall ist er süß und Großvater bereits treu ergeben. Ich bin froh darüber, weil er immer behauptet hat, nur der Stammbaum sei wichtig. Jetzt behauptet er, daß allein Zuneigung und Intelligenz zählen.«

»Was sagen die Kunden Ihrer Leihbücherei dazu? Sind sie gleichfalls begeistert?«

»Wir lassen ihn nicht in diesen Teil des Hauses. Damit fangen wir besser gar nicht erst an. Manche Leute sind ja so albern und regen sich gleich auf. Als ob unser Hund irgendeinen von diesen Lümmeln fressen würde.«

»Nur was ihm gut bekommt, vermute ich. Fettes Fleisch. Genau das, was Evelyn Garland bietet.«

Sie wollte ihn noch fragen, wer Evelyn Garland sei, aber er eilte davon. Keiner im Dorf war im Frühling so beschäftigt wie der junge Tierarzt. Und wieder einmal stellte sie fest, daß sie wegen der nicht zurückgegebenen Bücher keine Einwände erhoben hatte.

»Großvater, wie wollen wir ihn nennen?« fragte sie, als sich der Hund gänzlich bei ihnen eingenistet hatte und ihnen für Lebzeiten bleiben würde.

»Keine Ahnung. Du hast mehr Phantasie als ich. Blühendere Phantasie.«

»Laß ihn uns Cuthbert nennen.«

»Ein gräßlicher und anmaßender Name. Warum schlägst du ihn vor?«

»Er sieht so aus. So einnehmend, und ich bin sicher, daß das alle Cuthberts sind.«

So bekam der Hund trotz des Protestes seines Herrn den Namen Cuthbert.

Der Büchereibetrieb lief reibungslos. Alle eingeschriebenen Kunden gewöhnten sich schnell an Jill. Die Männer fanden die neue Bibliothekarin hübsch und fröhlich, und die Frauen hatten sich nach einigem Zweifel zu der Meinung entschlossen, daß sie ein nettes, anziehendes, aber nicht eben schönes Mädchen sei. Die Arbeitszeit fiel ihr leicht: fünfmal in der Woche von zwei bis fünf, und am Dienstag und Freitag zusätzlich von sieben bis neun. Da war in Shepherd's Crossing Markttag. Dienstag um die Lager zu räumen und Freitag wegen der Nachzügler.

Die Namen der Kunden bereiteten ihr Kummer. Da es die Leute nicht gerne haben, wenn man ihre Namen vergißt, machte sich Jill auf der Karteikarte des jeweiligen Kunden Notizen. Dann überkam sie fürchterliche Angst bei dem Gedanken, daß jemand seine Karte sehen wollte. Es wäre schrecklich, wenn ein Kunde da lesen würde: ›Schattierung im Auge‹, ›wichtigtuerisches Gehabe‹ oder – noch viel schlimmer – ›Schwärmer‹. Es gelang ihr jedoch, die Eintragungen geheimzuhalten, und als sie mit den verschiedenen Gesichtern vertraut geworden war, konnte sie die Bemerkungen ausradieren. Sie fühlte sich wieder sicherer.

Robert Henderson hatte sich mit seinem Leben zurechtgefunden, er hatte genügend Zerstreuung. Er entdeckte einen Mann für alles, der auch Bücherregale aufstellen konnte. Er brachte Cuthbert bei, brav vor der Schwelle der Geschäfte Platz zu nehmen, so daß er die Einkäufe für seine Enkelin erledigen konnte. Manchmal vertrat er sie in der Bücherei, wenn es im Haus etwas Wichtiges zu erledigen gab. Mit seinem distinguierten Aussehen und seinen untadeligen Sitten hinterließ er überall einen nachhaltigen Eindruck. Es sprach sich schnell herum, daß die neue Bibliothekarin in Ordnung sein mußte, da sie einen Großvater mit einem Universitätsgrad hatte, einen Professor im Ruhestand. Robert versuchte dem zu widersprechen – erfolglos ... Jill hingegen freute sich diebisch, da diese Mundpropaganda – wie sie sich ausdrückte – gewaltig ihr Prestige erhöhte.

Matthew Webster erschien nicht in der Bibliothek, und er brachte auch die lange zur Rückgabe fälligen Bücher nicht zurück; zum Glück waren dies aber völlig veraltete Schwarten.

Jill sah ihn gelegentlich im Dorf, wie er in seine Praxis hastete oder sich in seinen verstaubten und schlammverkrusteten Wagen schwang. Einmal blieb er kurz stehen, um sich bei Jill nach dem Hund zu erkundigen.

»Haben Sie je herausbekommen, wie er heißt?«

»Nein, deswegen haben wir ihn Cuthbert getauft.«

»Du lieber Gott.«

Er lachte über den Scherz und machte sich mit schnellen Schritten davon. »Der alles fröhlich machende Frühling«, rief er ihr über die Schulter zu. »Wenn es keine Brustdrüsenentzündung ist, dann das Milchfieber. Tierarzt zu sein ist ein Hundeleben – und bei weitem nicht so ein gutes Leben, wie es Cuthbert führt.«

Als sie hinter ihm herschaute, stellte sie fest, daß ein Tierarzt in der Tat emsiger war als ein Menschendoktor. Doch schließlich wird nicht jedes Baby im Frühjahr geboren.

Sie wünschte sich, daß Matthew von Zeit zu Zeit bei Großvater vorbeischauen könnte. Obwohl der alte Mann in seinem neuen Lebensbereich glücklich zu sein schien, war sich Jill durchaus bewußt, daß er auf die Dauer nicht damit zufrieden sein konnte, ohne weitere menschliche Kontakte als seine Einkäufe oder seine kurzfristige Tätigkeit in der Bücherei. Die Kunden freuten sich immer, wenn sie ihn antrafen, doch seine ernste Würde und seine Gelehrsamkeit hielten sie stets auf Distanz. Jill glaubte sicher, daß in diesem Distrikt Menschen lebten, die ihm geistig ebenbürtig waren, und sie hoffte eindringlich, daß sie eines Tages auftauchen würden. So bald wie möglich.

Da erschien unverhofft eines Morgens ein hagerer, bebrillter Mann in der Bibliothek, der schüchtern fragte, ob es stimme, daß ihr Name Henderson sei und ihr Großvater gleichfalls hier lebe. Eifrig sprudelte sie hervor: »Ja, Robert Henderson. Hat er gemeinsam mit Ihnen am College gelehrt?«

Er lächelte mit kläglich verzerrtem Gesicht. »Nein«, erklärte er, »ich bin kein Lehrer. Ich war Geschäftsmann, und ich versuche mich als Farmer. Ich befürchte, der Versuch wird kläglich schiefgehen. Sagen Sie, war Ihr Großvater Oberstudienrat an einer großen Secondary School in Auckland, bevor er sich in den Ruhestand zurückgezogen hat?«

»In der Tat«, stimmte Jill zu und erklärte ihrem Besucher Roberts akademische Laufbahn. »Sagen Sie, sind Sie vielleicht einer von Roberts alten Freunden? Ich glaubte immer schon, daß es da noch einige geben müßte, weil es so eine große Schule war.«

»Das liegt über zwanzig Jahre zurück. Ich habe ihn jedoch niemals vergessen. Keiner seiner alten Freunde könnte ihn jemals vergessen. Es wäre mir eine besondere Ehre, ihn wiederzusehen. Er wird sich allerdings sicher nicht mehr an mich erinnern.«

Doch hier unterschätzte Alan Reid Jills Großvater. Als Jill ihn durch das Haus zu dem alten Mann, der auf der hinteren Veranda saß, führte, bemerkte der Fremde: »Sie werden staunen, wer ich bin, Sir.« Robert erwiderte nach einem prüfenden Blick auf der Stelle:

»Unsinn, mein lieber Reid. Du warst einer der Besten in meiner Sexta. Doch laß mir etwas Zeit. Ich muß zweiundzwanzig Jahre zurückdenken. Wir erwarteten damals alle, daß du mit dem Stipendium auf der Universität studieren würdest. Warum hast du das nicht gemacht, und was treibt dich jetzt in diesen Landstrich?«

»Ich bin nicht auf die Universität gegangen, weil mein Vater so erpicht darauf war, daß ich sein Geschäft übernehme. Er war ein erfolgreicher Kaufmann gewesen und hatte keine Zeit für Typen verschwendet, die er ›Eierköpfe‹ nannte. Und so bin ich ins Geschäft eingetreten, obwohl mir die Sache niemals Spaß gemacht hat. Trotz allem, der alte Herr war glücklich darüber, und ich habe unverdrossen weitergemacht, bis er letztes Jahr gestorben ist. Da war es natürlich viel zu spät, um einen Universitätsgrad zu erwerben, und so habe ich mich zu meiner zweiten Liebe – einem Landkauf – entschlossen.«

»Eine eigenartige Wahl für einen Geschäftsmann, da das Leben eines Farmers ziemlich verdrießlich und langweilig ist. Doch ich gestehe, daß es ein gesundes, wenn auch hartes Leben ist.«

»Sicher. Ich bin nicht so töricht, daß ich glaube, den Laden selbst schmeißen zu können. Ich habe einen hervorragenden Verwalter.«

»Das nenne ich klug. Setz dich, alter Knabe! Ich finde es großartig, dich nach so vielen Jahren wiederzusehen. Wie hast du mich denn aufgestöbert? Henderson ist nicht eben ein seltener Name.«

»Mir kam zu Ohren, daß die neue Bibliothekarin von Shepherd's Crossing einen sehr vornehmen Großvater habe, der einst Universitätsprofessor gewesen sei.« Beide lachten.

»Ich hoffe, du hast diesem Geschwätz widersprochen«, meinte Robert Henderson scherzhaft.

»Und ich hoffe das Gegenteil!« protestierte energisch die Enkelin. »Das gäbe mir Auftrieb und wäre zudem eine gute Reklame für mich.«

»Habe ich nicht. Wenn Sie sich schon nicht entschlossen haben, Professor zu werden, so hatten Sie doch alle Eigenschaften für diesen Beruf. Also beließ ich es dabei.«

Jill lachte und ließ die beiden allein. Dem Himmel sei Dank, daß Großvater einen seiner alten Freunde gefunden hatte! Das würde den Stein ins Rollen bringen, denn in dieser Gegend mußten noch mehr ehemalige Schüler oder Lehrer von Roberts riesiger Schule wohnen. Ein Jammer, daß Alan Reid nicht beeindruckender wirkte. Mit seinem faltigen Gesicht und seinem schütteren Haar war er alles andere als der Farmer ihrer Träume. Er hatte weder das Auftreten eines selbstbewußten erfolgreichen Geschäftsmannes, noch verfügte er über die herzliche

Natürlichkeit eines Farmers. Sie hätte ihn als erfolglosen Schulmeister eingestuft, trotz seiner hervorragenden Leistungen.

Nein. Für sie würde das nicht der richtige Mann sein, aber Großvater war sehr froh, ihn wiedergetroffen zu haben. Und sicherlich würde bald auch ihr Typ von Farmer auf den Plan treten.

3

Jill interessierte sich jetzt immer lebhafter und mit persönlichem Einsatz für ihre kleine Bücherei, so wie sie es niemals in den monströsen, firmengleichen städtischen Einrichtungen, in denen sie gearbeitet hatte, an den Tag gelegt hatte. Sie war schon immer ein guter und schneller Leser gewesen, aber jetzt hatte sie es sich zur Gewohnheit gemacht, Bücher, um die sie sich nicht weiter scheren wollte, nur flüchtig zu durchblättern. Immerhin konnte sie auf diese Weise ihren Kunden wenigstens etwas über diese Werke erzählen. Zunächst hatte sie die Menschen oft falsch eingestuft, und es brachte sie aus der Fassung, wenn ihr jemand ein Buch mit der Bemerkung zurückgab: ›Zu leicht für mich. Damit hätte ich nicht belästigt werden sollen.‹ Oder: ›Das ist kein Lesestoff für mich; viel zu schwierig. Ich lese zu meinem Vergnügen und nicht, um mich zu bilden.‹ Aber allmählich lernte sie ihre Kunden kennen und ihren literarischen Geschmack richtig einzuschätzen.

Robert Henderson, dessen literarisches Gespür unfehlbar war, wurde bald von den Büchern in den Bann gezogen. Er lungerte um die Bücherregale herum und gab Jill den einen oder anderen Tip, was für ihre Arbeit sehr nützlich war. Der Mangel an Kinderbüchern schockierte ihn; er beklagte, daß die Kinder und Jugendlichen nun immer mehr vom Fernsehen abhängig würden. Jill versprach ihm, diesen Mißstand zu beheben. Und mit Schmunzeln stellte sie fest, wie beeindruckt die Kunden jedesmal waren, wenn Großvater sie hin und wieder in der Bibliothek vertrat und ihnen ein Buch empfahl. Mrs. Walker, die ›Dorfschönheit‹, die für Jill das typische dumme Blondinchen war, las nur die anspruchsvollen Bücher, wie Linda erzählt hatte, und war mit Robert sehr gesprächig. Wenn sie ein Buch zurückgab, sagte sie nur: »Sehr nett, Mr. Henderson empfahl es.«

»Dich mögen sie viel lieber als mich«, neckte ihn Jill. Anfangs hatte er über die Arbeit, eine Leihbücherei zu leiten, gespottet, aber nun bedeutete auch ihm diese Bücherei etwas.

Jill traf Matthew Webster nur gelegentlich und kurz. Eines Tages begegnete sie ihm im Metzgerladen, wo sie für Cuthbert fettes Ochsenfleisch kaufte. Zerstreut sagte der Tierarzt: »Geben Sie mir rasch irgendwas, das ich im Nu zubereiten kann. Würste oder kalten Schinken.«

Sie amüsierte sich über den Einspruch des freundlichen, grauhaarigen Metzgers. »Aber Mr. Webster, Sie müssen sich selbst tüchtig ernähren. Ein gutes Steak zuzubereiten dauert auch nicht länger als Würste zu wärmen. Und das hält länger vor!«

»Also gut. Geben Sie mir das Steak.« Dann drehte er sich um und sah Jill, die außerordentlich hübsch aussah und ihn anlächelte. »Hallo! Ist es nicht lästig, für sich selbst das Essen einkaufen zu müssen?«

»Das sollte es nicht. Wenn Sie so hart arbeiten, dann müssen Sie sich auch richtig ernähren. Ich selbst kaufe übrigens heute nur Fleisch für Cuthbert.«

»Gräßlicher Name! Und von was lebt Cuthbert? Ich vermute von saftigem Rindfleisch.«

»Warum nicht?«

Er grinste auf sie herab. »Ich sehe direkt, wie Sie sich in eine zweite Evelyn Garland verwandeln und Ihr ganzes Dasein den Tieren widmen ... Hier ist mein Steak. Danke, Mick. Ich wünschte, Sie würden es mir zubereiten ... Auf Wiedersehen, Miss Henderson.«

Jetzt oder nie, sagte sie sich entschlossen. »Hören Sie, seit einigen Wochen haben Sie einige Bücher ausgeliehen. Was halten Sie davon, sie zurückzugeben?«

»Mein Gott, das tut mir leid, vergessen Sie alles über diese traurige Angelegenheit. Ich werde sie demnächst, wenn ich vorbeikomme, zurückgeben. Verzeihen Sie ...«, stammelte er, verlor seine gewöhnliche Ruhe und machte sich schleunigst aus dem Staub.

Der väterlich wirkende Metzger lächelte, wog Cuthberts Fleisch aus und legte noch einen oder zwei Knochen dazu.

»Ist ein guter Kerl, unser Tierarzt. Aber er hat zuviel auf dem Hals. Er bräuchte einen Partner.«

»Warum sucht er sich keinen?«

»Hat er oft genug versucht, aber Tierärzte sind hier selten. Und sie mögen diese gottverlassenen ländlichen Gegenden nicht, wo sie über schlammige Pfade stapfen und auf miserablen Landwegen fahren müssen. Tut mir leid um den Jungen. Wenn er todmüde nach Haus kommt, kann er sich nicht auch noch um sein Essen kümmern.«

»Hat er denn keine Haushälterin?«

»Auch das hat er versucht. Aber das einzige, was er finden konnte, ist eine Zugehfrau, die täglich einige Stunden am Vormittag zum Putzen kommt und ihm sein Essen vorbereitet. Ein kaltes Essen – weil er niemals weiß, wann er nach Hause kommt. Der bräuchte einmal ein gutes, nahrhaftes Roastbeef.«

»Was meinte er, als er sagte, ich sei eine andere Evelyn Garland? Wer ist das?«

»Sind Sie ihr noch nicht begegnet? Sie ist nämlich eine begeisterte Leserin. Eine feine Dame. Sie muß bis vor zwei Jahren

Lehrerin an einer höheren Schule gewesen sein, bis sie sich in das Haus zurückgezogen hat, das ihr eine Tante vererbt hatte. Es liegt oben auf dem Hügel inmitten von Pferdekoppeln. Ein gutes Stück Weg dort hinaus. Aber sie ist sehr oft in der Siedlung.«

»Aber warum sollte ich wie sie sein?« Jill fühlte sich nicht sehr geschmeichelt, mit einer älteren, im Ruhestand lebenden Lehrerin verglichen zu werden, selbst wenn sie eine ›feine Dame‹ war.

»Weil sie etwas verrückt auf Tiere ist. Die hält sie dutzendweise; gleichgültig ob Hunde oder Katzen. Wenn ein Tier ausgesetzt oder zu ihr gebracht wird, so kann sie niemals nein sagen und nimmt es in ihren Zoo auf.«

»Du meine Güte, sie muß mildtätiger sein als ich. Ich habe gewiß nicht vor, hier ein Katzen- oder Hundeheim zu gründen«, und sie machte sich auf den Weg, noch immer irritiert von dem Gedanken, daß Webster sie mit dieser exzentrischen Lady verglichen hatte. Die Wahrheit war, daß sie bei den jungen Leuten aus der Nachbarschaft bemerkenswert gut ankam und ihr Matthews gelegentliche Gunstbeweise eher lästig waren.

Sie ging nach Hause und dachte über Matthew Websters schweres Leben nach. Ein wahrer Jammer, daß er nicht heiratete. Das Mädchen in seinem Büro mußte ihn ziemlich gut kennen. Sie sah anziehend aus, auch wenn sie sich wenig für ihre Arbeit interessierte. Schöne Beine hatte sie obendrein – doch, so ging es Jill durch den Kopf, Webster würde sich ja doch bloß für Beine interessieren, wenn es vier davon gab.

Am nächsten Tag kam eine Frau herein und sagte in verteidigendem Ton: »Bei mir stehen keine Bücher mehr aus. Ich habe sie bereits durch Mrs. Walker zurückbringen lassen, weil ich damals wenig Zeit zum Lesen hatte. Da ich eben etwas Luft habe, möchte ich einige Bücher mitnehmen. Mein Name ist übrigens Evelyn Garland.«

Jill blickte sie überrascht und interessiert an. Das also war diese mittelalterliche Schullehrerin im Ruhestand, mit der man sie verglichen hatte. Jill wäre froh, wenn sie selbst Ende der fünfzig noch so gut aussehen würde. Schönheit in Gestalt und Ausdruck in reifen Jahren war etwas anderes, als mit zwanzig Jahren hübsch zu sein.

Evelyn Garland war völlig anders als jede Person, der Jill bisher in Shepherd's Crossing begegnet war. Sie war keine bezaubernde Schönheit, aber außergewöhnlich ernsthaft in ihrem Ausdruck, geschmeidig in Stimme und Gesten. Ihr Gesicht war von klassischem Schnitt, und Jill dachte, ›wenn es nicht so boshaft wäre, würde ich sie die Madonna vom Land nennen‹. Ihr Haar war dunkel, von einzelnen weißen Strähnen durchzogen. Ihre vor Lebenslust schillernden Augen waren haselnußbraun. Jill dachte: ›Matthew Webster hat mir ein Kompliment gemacht, als er behauptete, ich sei eine zweite Evelyn Garland.‹

»Ich überlege mir, ob Sie mir wohl behilflich sein könnten, einige Bücher auszusuchen«, sagte die Fremde. »Wenn ich in eine Bibliothek komme, scheine ich jeglichen Autorennamen zu vergessen . . . Kein Wischiwaschi und nicht zu hochgestochen. Ein paar Romane und eine oder zwei Biographien. Keine Reisebücher – die jucken mich in den Füßen, und meine sind in Shepherd's Crossing verwurzelt.«

Jill wollte sich eben an sie wenden, als Mrs. Walker, nach Lindas Beschreibung die dumme Blondine, hereinwehte. Wie gewöhnlich verzog sich ihr Mund zu dem ausdruckslosen Lächeln und wurde fast belebt, als sie Miss Garland sah.

»Ich bin ja so froh, daß ich Sie treffe. Ich habe immer wieder versucht, Sie anzurufen, aber Sie sind ja immer draußen bei Ihren Tieren.«

»Ja, ich bin schwer zu erreichen. Weswegen wollten Sie mich denn sprechen?«

»Es handelt sich um eine Katze«, begann das Mädchen, und Evelyn unterdrückte einen leisen Seufzer.

»Also gut: Hat sie sich verlaufen oder stimmt sonst etwas nicht mit ihr?«

»Ich halte sie für völlig gesund, nur hinkt sie etwas. Sie muß in eine Kaninchenfalle geraten sein. Doch jetzt streicht sie um unser Haus herum, und Tiger, unsere eigene Katze, würde sie nicht hereinlassen. Und dabei ist sie so hungrig und verschreckt.«

»Können Sie sie einfangen?«

»Manchmal. Letzthin gelang es mir. Für eine so große Katze fühlt sie sich reichlich leicht an. Und ich weiß nicht, was ich mit ihr anfangen soll. Tiger würde eifersüchtig sein, und Jim würde niemals zulassen, daß ich Fleisch für zwei Katzen kaufe. Sie ist kohlrabenschwarz und sehr hübsch. Würden Sie sie nehmen?« Und überraschend fügte sie hinzu: »Schließlich würde Ihnen eine Katze mehr auch nichts ausmachen, oder?«

»Ich werde mich darum kümmern. Wenn ich ihr kein Plätzchen besorgen kann, dann werde ich sie behalten. Sie müssen sie aber einfangen und in einen Behälter sperren, wenn ich Sie anrufe. Dann werde ich das Tier abholen.«

Das Mädchen lächelte ihr bestrickendes Lächeln, denn sie hatte gewußt, daß Miss Garland helfen würde. Dann nahm sie den zweiten Band von Harold Nicholsons Tagebüchern und schwebte hinaus.

Jill brach in Lachen aus. »Was für eine Unverschämtheit. Da bringt sie Ihnen eine streunende Katze und behauptet, das würde keinen Unterschied mehr machen.«

Ohne ihre Stimme zu erheben und ohne ihre ernste Miene zu verziehen, sagte Miss Garland: »Das Mädchen und ihr Jim sollen verdammt sein wegen ihres Geizes. Das bißchen Katzenfutter könnten sie auch aufbringen.«

Das ›verdammt‹ versetzte Jill in Erstaunen, da dieses häßliche Wort von diesen süßen und so beherrschten Lippen kam. Vielleicht war Madonna nach allem doch nicht das richtige Wort.

»Doch wie steht es mit Ihnen? Und warum sagte sie: Eine mehr würde nichts ausmachen?«

»Die Frau hat schon recht, ich habe eine ganze Horde Viecher.«

»Wie viele?« fragte Jill und fügte sogleich hinzu: »Wie ungezogen von mir. Ich stelle Ihnen Fragen und kenne Sie kaum fünf Minuten.«

»Das macht nichts. Ich habe von Ihrem Hund gehört, und ich glaube, daß Sie das verstehen. Wie viele? Na schön, um bei der Wahrheit zu bleiben – ich tue das selten, wenn es um die genaue Zahl meiner Tiere geht –, so habe ich sechzehn Katzen, drei Hunde und eine unbestimmte Zahl von Vögeln aufgenommen.«

»Aber wie im Himmel können Sie die alle ernähren?« japste Jill atemlos.

»Oh, ich komme zurecht. Zum einen beziehe ich meine Pension, dann starb eine Tante und hinterließ mir diesen Besitz und eine Erbschaft. Ich wollte mich schon immer um Tiere kümmern und brauche das Geld (die Zinsen, nicht das Kapital!), um Tiere zu unterhalten, die ein übles Dasein fristeten.«

»Wie wunderbar von Ihnen! Aber ich wette, Mädchen wie diese Blonde nützen das zu ihrem Vorteil aus.«

»So wunderbar ist das nicht. Das ist rein selbstsüchtig, weil ich nun mal so veranlagt bin. Ich kann nicht schlafen, wenn ich weiß, daß ein Tier Hunger hat oder krank ist. Völlig blöd, ich weiß – und es ist kein Wunder, daß die Leute das ausnützen. Ich verfluche sie immer, aber ich nehme die Tiere auf, weil ich sonst unglücklich wäre.«

»Aber ist es nicht schrecklich schwierig, so viele Tiere auf einem Platz zu halten?«

»Zum Glück wohne ich nicht in der Nähe der Siedlung. Das

wäre unmöglich. Mein Haus liegt zwei Meilen außerhalb auf meinem eigenen Grund. Ich habe keine unmittelbaren Nachbarn. Die Katzen streunen in den Büschen um das Haus herum, so daß ich sie außer der Fressenszeit kaum sehe, und die Hunde binde ich an, wenn ich das Haus verlasse. In einer Gegend, in der sich Farmer niedergelassen haben, kann man da allerhand Risiken eingehen. Und die Biester wären zu allem fähig.«

»Und die Vögel? Mögen Sie wirklich Vogelkäfige?«

»Ich hatte keine Wahl. Den Galah habe ich aufgenommen, weil er so vernachlässigt war. Er lebte immer in einem Käfig. Daneben bekam ich von einer Tierhandlung einige chinesische Wachteln, die ein trauriges Dasein gefristet hatten. Zum anderen sind meine Vögel nur vorübergehende Kostgänger – die einen habe ich verletzt auf der Straße gefunden, oder sonst jemand brachte sie mir, weil sie verletzt waren. Wenn es ihnen bessergeht, entlasse ich sie wieder in die Freiheit.«

»Ich halte das für phantastisch, und es ist wunderbar von Ihnen.«

»Och, alle ältlichen Mädchen sollten ein Steckenpferd haben. Kommen Sie doch mal und schauen Sie sich meine Tiere an. Und jetzt helfen Sie mir bei der Auswahl der Bücher.«

Aber Jill gab nicht auf. »Wollen Sie wirklich diese Katze?«

»Sicher nicht, aber irgend jemand muß sich ja um sie kümmern und sie füttern.«

»Wie wäre es, wenn wir sie aufnehmen würden? Würde sie sich hier zu Hause fühlen, und würde es den Hund stören?«

»Meine Erfahrungen mit den armen strolchenden Tieren ist, daß sie sich um nichts scheren und daß sie sich überall niederlassen, wo sie ein gutes Lager und Fressen finden.«

»Dann können wir sie sicher aufnehmen.«

»Ich habe schon davon gehört, daß Sie den Hund aufgenommen haben. Doch seien Sie nicht so weichherzig wie ich! Solche Hobbys sind das Privileg älterer Damen.«

»Aber wir lieben Cuthbert. Großvater und er sind unzertrennlich.«

»Ich bin ja so froh darüber. Ich habe mir arge Sorgen um den armen Hund gemacht. Er strolchte immer auf den Straßen herum, und ich wußte, daß er eines Tages überfahren werden würde. Der verdammte Jackson hatte niemals versucht, ihm ein richtiges Heim zu geben. Ich habe ihn zurückgebracht, aber er ist wieder ausgerückt. Natürlich behagte das dem neuen Eigentümer nicht. Ein paar Tage bevor Sie ihn gefunden haben, sprach ich mit Matthew Webster über den Hund. Und dann sind Sie gekommen und haben alle unsere Probleme gelöst.«

»In Wirklichkeit hat mir Webster geholfen ... Er hat sich um das Wesentliche gekümmert.«

»Matthew mag das. Er kümmert sich häufig um meine Tiere und stellt fast nie eine Rechnung.«

»Aber warum? Tierärzte sind doch im allgemeinen keine Philanthropen.«

»Nun, Matthew ist es in gewisser Hinsicht. Er ist der Meinung, daß er den verdammten Farmern genug Geld aus der Tasche zieht und daß er verdammt sein will, wenn er sich nicht um Leute kümmern würde, die armen Tieren helfen. Entschuldigen Sie uns – Matthews Redeweise ist meist so ungehobelt wie die meine.«

»Er ist sicher ein ungewöhnlicher Mensch. Aber – wegen dieser Katze. Am besten sagen wir Großvater Bescheid. Ich möchte, daß Sie ihn kennenlernen und sehen, wie sehr sich Cuthbert schon verändert hat.«

Miss Garland zögerte. »Ich möchte beide gerne kennenlernen, aber ich bin schrecklich schmutzig. Ich habe an Mrs. Dorsets Haus Bretter genagelt. Doch die Katze ist am nächsten Tag wieder ausgerückt; zum Glück war ich da, um sie wieder einzufangen. Nicht, daß es mir Freude gemacht hätte, aber ich habe keine Angst vor geschlossenen Räumen wie Dr. Webster. Der

Arme, er muß jedesmal durch die Hölle, wenn er das Tier hervorzerrt.«

»Angst vor beengten Räumen? Und ich versuchte, ihn am Fuß herauszuziehen. Kein Wunder, daß er mich verfluchte.«

»Ich weiß. Lassen Sie mich die Hände waschen, bevor ich zu Mr. Henderson gehe.«

Großvater mochte Evelyn Garland auf den ersten Blick. Cuthbert, der sich an sie erinnerte, begrüßte sie mit begeistertem Freudengeheul. Als Jill ihrer Unterhaltung zuhörte, stellte sie fest, daß sie beide vom gleichen Schlag waren. Beide hatten sie die Universität besucht, beide hatten sie ihr Leben lang an höheren Schulen gelehrt, beide waren sie in Tiere vernarrt. Ihr Großvater hatte eine neue Freundin gefunden. Gelegentlich mochte er durch ihre Wortwahl schockiert sein, die sich mit seiner althergebrachten Vorstellung von einer ›vollkommenen Dame‹ nicht in Einklang bringen ließ. Der schlagende Kontrast zwischen ihrer Sprache und ihrem Aussehen belustigte ihn wahrscheinlich. Ein wahrer Jammer, daß Matthew Webster immer so beschäftigt war, die drei wären recht gut miteinander ausgekommen.

Robert beschäftigte sich intensiv mit der Katze, immer besorgt, daß Cuthbert zustimmte.

»Er wird damit zurechtkommen«, erklärte Evelyn. »Ich hatte ihn nur wenige Tage, und schon liebte er meine Katzen. Eines Tages wird er feststellen, daß es *seine* Katze ist. Er wird sie wahrscheinlich anhimmeln.«

»Ich hoffe auf vollen Erfolg. Sicherlich wollen Sie keine siebzehn Katzen haben«, entgegnete Jill.

Robert Henderson starrte sie erstaunt an. »Siebzehn Katzen? Was wollen Sie damit sagen?«

Evelyn lächelte verschmitzt und erklärte ›ihre beklagenswerte Schwäche‹. Diesmal stellte Jill fest, daß ihre Sprache völlig herkömmlich sei, außer, wenn sie mit süßer Stimme erklärte:

»Ich hoffe, daß in der Hölle ein spezieller Platz für Menschen reserviert ist, die ihre Tiere aussetzen.« Robert sah eher verblüfft als belustigt aus.

Sie wechselten mit Leichtigkeit das Thema, und erst nach einer langen Stunde – Jill war längst in ihrer Bibliothek verschwunden – erhob sich Evelyn zum Gehen.

»Es ist fünf Uhr, und ich habe einen Mann bestellt, der mir ein Vogelhaus bastelt. Ich muß gehen.«

»Bei Ihren vielen Vögeln haben Sie doch sicher schon ein Vogelhaus?«

»Sicher, aber es ist viel zu eng. Ich möchte ein Vogelhaus das aus verschiedenen Abteilungen besteht. Ein Raum muß so groß sein, daß der Galah fliegen kann. Dann versuche ich, ihm ein Weibchen zu finden und ihn glücklich zu machen. Ich habe auf einem Wohltätigkeitsbasar eine kleine Wahlurne gewonnen, so daß ich einen Reservekäfig habe. Kommen Sie doch vorbei und sagen Sie mir, was Sie von meinem Vogelhaus halten.« Und sie lächelte ihr mildes Lächeln. Das Lächeln einer Madonna, und dann ging sie.

»Eine berückend charmante Frau«, sagte Robert zu seiner Enkelin.

»Sie muß eine hervorragende Lehrerin gewesen sein, von der die Funken auf die Schülerinnen übersprühten. Ein Jammer, daß sie nicht bis zum Ende durchgehalten hat. Aber – sechzehn Katzen! Mir schaudert bei dem Gedanken . . .«

Aber hier täuschte er sich völlig. Drei Tage später rief Evelyn an. »Ich habe hier Ihren Kater in einem Behälter. Er ist ein bedauernswertes Geschöpf. Aber er wird sicher sehr anschmiegsam werden, wenn sich jemand um ihn kümmert.«

Jill stieß einen erleichterten Seufzer aus . . . »Er . . . Gott sei Dank. Ich dachte darüber nach, und ich will sicher nicht überall Katzen haben.«

»Oh, ich habe über diese heikle Sache mit Noeline Walker gesprochen. Sie hielt mich für barbarisch, aber schließlich konnte ich ihr entlocken, daß der Kater kastriert ist. Können Sie mich besuchen, wenn Sie die Bibliothek um fünf Uhr schließen? Und Mr. Henderson mitbringen? Wir werden zusammen ein Glas Sherry trinken, und dann können Sie meine Menagerie besichtigen.«

Jill stimmte sogleich zu, und Großvater machte ein entzücktes Gesicht, obwohl er sagte: »Mir schaudert davor, wenn ich daran denke, was sechzehn Katzen in einem Haus und seiner Umgebung alles anrichten können. Und dazu drei Hunde! Das ist einfach übertrieben, aber vielleicht ist Miss Garland keine pingelige Hausfrau.«

Hier hatte er unrecht. Denn wenn auch Evelyn nicht vom Putzfimmel befallen war – ihr Haus und ihr Garten strömten eine bezaubernde Atmosphäre aus. Die Überraschung für Robert: Alles war sauber und aufgeräumt, keine ›Schweinerei‹, wie er es befürchtet hatte. Alles sauber – keine Spur von Katzen zu sehen, nur drei beachtliche Hunde waren in ihren bequemen Hütten untergebracht. Das Haus selbst war durch einen eigenen Zugang erreichbar, umgeben von einem farbenprächtigen Garten aus Rosen und Fuchsien. Kein Anzeichen oder Geruch von Tieren. Cuthbert ließen sie im Wagen.

Jill platzte heraus: »Wie wunderbar sauber! Wie im Himmel . . .?«

»Ich habe sie streng an den Garten gewöhnt. Sie haben einen sechs Morgen großen Grund zu ihrer Verfügung. Es ist wunderbar, wie leicht Tiere voneinander lernen.«

»Aber Ihr Garten ist reizend. Die Tiere scheinen nichts zu zerstören.«

»Nein, sie toben ihre Wut auf den Wiesen aus. Doch schauen Sie sich Ihren Kater an.«

Sie guckten durch die Leisten einer Kiste, aus der ihnen ein schwarzer Kater entgegenblickte. Er sah hungrig und erschreckt aus.

»Armes Ding«, sagte Jill. »Ich frage mich, ob wir ihn jemals zähmen können.«

»Ganz leicht. Er schnurrt, wenn ich meine Hand in den Käfig stecke und ihn streichle. Er sehnt sich wie Cuthbert nach einem Heim. Aber wir werden ihn hierlassen, bis Sie gehen. Dann werden wir Cuthbert darüber berichten. Jetzt ist er zu sehr damit beschäftigt, meine Hunde anzustieren, um Freundschaft zu schließen.«

Die drei Hunde waren sehr voneinander verschieden. Eine goldschimmernde Cockerdame, die ausgesetzt worden war, weil sie als Weibchen unerwünscht war, eine Labradorhündin, ebenfalls goldfarben und wegen ihres Geschlechts verdammt. Dann war da noch ein kleiner verkrüppelter Foxterrier, den Jill abstoßend fand. »Er hätte gleich nach der Geburt getötet werden sollen. Seine Hinterbeine sind gelähmt. Aber mit der Zeit bemerkte ich, wie klug er ist, und er lernte schnell, sich auf seinen Vorderpfoten zu bewegen. Matthew sagt, daß er einen Herzfehler hat und nur noch ein Jahr leben wird. Ich wünsche, daß es für ihn ein glückliches Jahr sein wird. Ich werde ihn sehr vermissen, aber ich will nicht, daß er immer verkrüppelt herumkriecht.« Es klang, als ob sie von einem Kind gesprochen hätte.

Das Haus selbst war beengt, aber ordentlich geführt, obwohl es augenscheinlich war, daß die Interessen der Inhaberin mehr außerhalb des Gebäudes lagen. Evelyn bestand darauf: »Schauen Sie sich doch zuerst das Vogelgehege an.«

Sie betrachteten die Volière mit der gebührenden Hochachtung. Es war ein großer, umsichtig gebauter Kasten, in verschiedene Abteilungen unterteilt, so daß sich die Vögel nicht gegenseitig in den Weg kamen. In einem Kasten hockten zwei bescheidene Spatzen, ein Star und zwei Amseln. »Das sind meine Invaliden. Ich fand sie zu verschiedenen Zeiten, und Matthew half mir, dem einen das Bein zu schienen. Er ist jetzt so weit, daß man die Schiene abnehmen und ihn fliegen lassen kann. Zwei andere waren nur betäubt. Ich habe sie vergangene Woche gefunden. Ich werde sie morgen alle freilassen, doch es werden immer wieder andere ihre Stelle einnehmen. Und hier sind meine chinesischen Wachteln . . . Sind sie nicht gebrechlich und faszinierend? Eine von ihnen brütet auf Eiern, die fast so groß sind wie sie selbst. Ich warte schon sehnsüchtig darauf, daß die Jungen ausschlüpfen . . .«

Jill bemerkte beschämt: »Ich wollte, ich könnte Vögel in Käfigen lieben. Ich sehe ja ein, daß Ihre zu ihrem Schutz hier sind – aber wenn ich das Gefieder der Vögel sehe, überkommt mich ein kalter Schauder.«

Ihr Großvater stimmte ihr zu. »Ich liebe auch ihr Gefieder, und ich stimmte Miss Garland zu, daß sie so bald wie möglich freigelassen werden sollten. Sie zu retten und dann wieder zu verlieren, ist eine höchst menschliche Tat.«

Es war sechs Uhr, als sie aufbrachen. Jill fragte ihre neue Freundin: »Wann füttern Sie denn die ganze Horde?«

»Jetzt gleich. Ich vermute, sie haben nur darauf gewartet, daß Sie gehen und sie ihr Fressen bekommen.«

Sie bekamen ihr Fressen: ein erheiternder Anblick. Um Jills Wagen gruppierte sich ein Halbkreis von sechzehn Katzen jeden Wuchses und jeder Rasse. Zwei von ihnen hatten nur drei Beine. »Diese schrecklichen Kaninchenfallen«, erklärte Evelyn. »Aber sie kommen auch mit drei Beinen recht gut zurecht.«

Die beiden Invaliden unter den Katzen wirkten entschieden athletischer. Ihr ganzes Interesse galt dem Wagen und dem Hund darin. Sechzehn Augenpaare starrten auf Cuthbert, der sich auf seinem Rücksitz sehr selbstsicher benahm und sich sichtlich bemühte, die Aufmerksamkeit der sechzehn Katzen souverän zu übersehen. Als Jill den Käfig mit der Katze brachte, war Cuthbert schon so verwirrt daß er kaum darauf achtete. Sehr ernst erklärte ihm Robert Henderson, daß dies seine Katze sei und er erwarte, daß Cuthbert sich anständig zu ihr verhalte. Cuthbert winselte und starrte in den Behälter, in dem er nur eine Katze entdeckte. Er wedelte mit dem Schwanz und versuchte, seinen Herrn zu beruhigen. Die Katze miaute leise.

»Es wird schon alles gut werden«, beruhigte Evelyn. »Bis ihr zu Hause seid, wird er die Katze angenommen haben.« Dann winkte sie ihnen zum Abschied, und von einer ganzen Horde von Katzen gefolgt, ging sie in das Haus zurück.

»Eine außergewöhnliche Frau«, grübelte Robert Henderson. »So außergewöhnlich nett und ernst zugleich. Und ich bin fest überzeugt, sie versteht sich durchzusetzen.«

Jill lachte, sagte aber weiter nichts.

4

»Großvater, Colin Ford hat mich nach Wardson zum Essen und anschließend zum Tanzen eingeladen. Ist dir das recht?«

»Aber sicher. Ich bin froh, wenn du etwas Zerstreuung findest. Übrigens wollte Reid in dieser Woche einmal abends vorbeikommen. Ich werde also anrufen und ihn für heute abend einladen.«

»Gut. Ich bereite das Abendessen. Oh, es wird lustig sein, wieder einmal zu tanzen. Gott sei Dank tauchen die Farmer allmählich auf ...«

»Auftauchen? Ach ja, ich erinnere mich an deinen Entschluß, und ich vermute, das ist der Beginn des Feldzuges. Hast du es auf ein besonderes Opfer abgesehen?«

»Wie häßlich von dir, das so auszudrücken ... so kaltherzig und ränkevoll ... ich werde demütig abwarten.«

»Wenn dem so ist, dann mußt du einmalig sein. Nach meiner Erfahrung mit dem weiblichen Geschlecht suchen sich die Frauen die Männer und nicht umgekehrt. Das ist nur eine Frage der Taktik.«

Jill lachte. »Nun schön, ich habe mir in dieser Hinsicht noch keine Gedanken gemacht und ich bin sicher, Colin ebensowenig. Und genau das willst du einen Verführungsversuch nennen!«

Colin war ein dunkelhaariger, gutaussehender Mann, eine imponierende Erscheinung. Der Abend war ein voller Erfolg, und Jill freute sich. Dann lud Colin Jill und ihren Großvater ein, seine Farm zu besichtigen – »Sie werden entschuldigen, das ist ein Junggesellenhaushalt.«

Robert nahm die Einladung mit geziemendem Ernst an, aber später sagte er zu Jill: »Ich halte die Vorzeichen für günstig. Jetzt müssen wir uns die Farm genau ansehen und unsere künftigen Pläne schmieden.«

»Sei nicht immer so gemein. Ich mag Colin, und ich will seine Farm sehen.«

»Natürlich. Du willst die Katze nicht im Sack kaufen. Sehr klug. Ich vermute, du willst sehen, wie er sein Vieh behandelt und ob er deine humanitären Ansichten teilt.«

Unglücklicherweise tat Colin nichts dergleichen. Seine Schafe und Rinder waren hervorragend, seine Weiden waren üppig, das Gebäude neu und ziemlich gemütlich, obwohl es reichlich kahl war. (›Aber das läßt sich schnell ändern‹, dachte Jill.) Doch da waren in zwei ziemlich unbequemen Hütten zwei Hunde angebunden. Jill stellte fest: »Die armen Burschen schauen ziemlich kläglich aus. Warum dürfen sie nicht herumtollen?«

Zu ihrer Überraschung schüttelte Colin den Kopf. »Die sollen arbeiten. Ich hasse Hunde, wenn sie mir am Absatz herumtanzen. Ich lasse sie nur heraus, wenn ich sie brauche.«

Jill war schockiert und wandte sich mit einer freundschaftlichen Geste an seine Hunde. Sie war jedoch ziemlich erschreckt, als der eine Hund bei ihrer Annäherung zurückschreckte. Colin lachte.

»Man braucht sie nicht zu verwöhnen. Meine Arbeitshunde sind mehr an Fußtritte als an Liebkosungen gewöhnt.«

Nach diesen bösen Erfahrungen war Jill an der gedeihenden Farm zutiefst uninteressiert.

Als sie ziemlich schweigsam nach Hause fuhren, bemerkte Großvater plötzlich: »Ich vermute, daß sich deine Interessen nun in anderer Richtung bewegen.«

»Ja, ich könnte es nicht bei einem Mann aushalten, der seinen Hunden Fußtritte gibt und sich für sie nur interessiert, solange sie für ihn nützlich sind. Und hast du festgestellt, wie abgemagert sie sind?«

»Das Ende einer vielversprechenden Romanze«, kommentierte Henderson die Episode boshafterweise. Dann fügte er überraschend hinzu: »Ich habe es fast erwartet. Hast du gemerkt, daß der Cuthbert nicht eingeladen hat, heute mit uns zu kommen? Und als er mit uns redete, stieß er Kater George ziemlich grob vom Stuhl.« ›George‹ hatten sie den Kater getauft.

»Ein gräßlicher Mensch. Warum hast du mir das nicht gleich gesagt?«

»Weil ich wußte, daß du es sehr schnell selbst merken würdest. Bedeutet dies nun das Ende aller Gesellschaften und Tanzabende? Ich würde das sehr bedauern. Junge Leute brauchen ihr Vergnügen.«

»Ich habe keinesfalls vor, mich abzukapseln. Schließlich gibt es noch andere Männer.«

Als sie Evelyn Garland von ihren Erfahrungen berichtete,

lächelte die ältere Frau ihr madonnenhaftes Lächeln und sagte lediglich: »Dieser junge Mann ist ein Bastard.«

Bis jetzt hatte Jill noch nie solche Ausdrücke über diese unschuldigen Lippen kommen hören, und sie fragte nur: »Warum eigentlich?«

»Er hat kein Gefühl für Tiere. Er hatte einen alten Hund, der ihm treu und ergeben zehn Jahre lang gedient hatte. Als er etwas schwächer wurde, wollte Ford das Fressen für ihn nicht mehr ausgeben und auch kein Geld für den Tierarzt, um ihn einschläfern zu lassen. So hat er ihn für vier Dollar an einen Viehtreiber verkauft. Stellen Sie sich das vor: einen alten Hund nach so vielen Jahren treuen Dienstes zu verkaufen!«

»Was ist dann mit dem armen Kerl geschehen? Ist er eingegangen?«

»Nein, das heißt, nicht an Überanstrengung. Ich kannte den Viehtreiber, und der erzählte mir, daß der Hund auf der harten Asphaltstraße lahmte. Das brachte ihm nichts ein. Also gab ich ihm sein Geld zurück und nahm den alten Knaben mit nach Hause. Zuerst war er ziemlich verschreckt wegen der Katzen, doch dann gewöhnte er sich an seine neue Umgebung und lebte noch ein oder zwei schöne Monate. Dann hat ihn Matthew eingeschläfert und bei meinen anderen Freunden auf dem Grundstück begraben.«

Nachdem sie diese Geschichte gehört hatte, lehnte Jill Colins nächste Einladung ohne Angabe von Gründen ab. Als sie das noch einmal getan hatte, fragte er sie: »Ist das ein Korb?« Worauf sie, ohne mit der Wimper zu zucken, antwortete: »Ja.« Das war weiter kein Drama. Colin wollte eine Frau und machte sehr bald der hübschen Sprechstundenhilfe von Webster den Hof. ›Wenn sie sich um Tiere nicht schert, dann könnte sie glücklich werden‹, dachte Jill gehässig.

»Wer steht als nächster auf der Liste?« fragte Großvater sanft.

»Richard Martin fragte mich, ob ich mit ihm zu einer Sportveranstaltung nach Wardston fahren würde. Und ich habe Lust dazu.«

Diese Bekanntschaft war sogar noch kürzer, obwohl Martin ein ganz anderer Typ als sein Vorgänger war. Richard war ein Blondschopf mit Unschuldsmiene. Jill dachte: ›Der ist wenigstens gütig und umgänglich. Ihn würde ich nie dabei erwischen, daß er seinem Hund einen Fußtritt gibt.‹

Doch Richard hatte eine Mutter, und Jill und Robert Henderson waren bei ihr zum Nachmittagstee eingeladen. Sie war flink, eine tüchtige Frau, deren der Praxis zugewandter Blick Jill bereits als Farmersfrau einschätzte. Das Haus war blitzblank, der Garten ein farbiges Leuchten von Blüten und Blumen, kein noch so zaghaftes Unkraut war zu entdecken. ›Du lieber Himmel, hier könnte ich niemals leben‹, dachte Jill.

Mrs. Martin bemerkte während des Tees, daß sie nur vorübergehend bei ihrem Sohn wohnte. Das erleichterte Jill sichtlich. ›Mit einer so fähigen Person käme ich niemals zurecht‹, dachte sie. ›Aber Richard ist anders, er ist so nett.‹

Sie ließ sich das alles durch den Kopf gehen, als auf dem Heimweg ein halbes Dutzend Lämmer eilig herbeirannte, sich um ihn drängten und die Schnauzen an ihm rieben. ›Sie waren ölig und fett‹, dachte Jill. ›Er kann wunderbar mit Tieren umgehen, man muß nur sehen, wie gerne sie ihn mögen.‹

Wenn dies ihr Heim werden sollte, dann könnte sie sich jedes Haustier halten, das sie wünschte.

»Was für schöne Lämmer«, sagte sie und kraulte eines der jungen Schafe am Kopf.

Er warf ihr einen dankbaren Blick zu. Jill glaubte darin den Stolz auf seine Lieblingstiere funkeln zu sehen. »Sie sind in hervorragender Verfassung. Lämmer sind ein schrecklicher Fluch – aber sie sind es wert, daß man seine Zeit mit ihnen verschwendet. Sie setzen am schnellsten Fett an. Sie gehen morgen mit dem ersten Transport ab.«

»Sie gehen weg? Aber wohin denn?«

»Nun, in die Schlachthäuser natürlich, sie werden dort fachmännisch geschlachtet.«

Jill blieb stehen und blickte unverwandt auf die kleine glückliche Schar von Lämmern, die sich um Richard drängte. Sie blickte auch auf die schönen, sich im leichten Wind wiegenden Wiesen, sie dachte an das gemütliche Haus und die gefällige Mutter – und sie erschauderte. »Wollen Sie Ihre lieben Tiere wirklich in die Schlachthäuser transportieren?« stieß sie atemlos hervor. Sie mußte ihn sicher mißverstanden haben. Er sah so reizend aus und zwickte gefühlvoll einem der Lämmer in das Ohr.

»Da bin ich mir ziemlich sicher. Sie sind in einem erstklassigen Zustand.«

»Aber ...« wollte ihm Jill entgegnen, doch sie gab es auf. Sie blickte in sein offenes Gesicht und kam zu der Überzeugung, daß ein Mann, der seine Lieblingstiere ins Schlachthaus schickt, kein weiteres Wort wert sei. Sie warf noch einen interessierten Blick auf die prächtige Farm, wo Henderson pflichtschuldig Mrs. Martin Gesellschaft geleistet hatte, dann drehte sie sich auf dem Absatz um und eilte davon.

»Was nun?« fragte er mit belustigtem Augenzwinkern, und sie brach in hämisches Gelächter aus, als sie die Geschichte von den Lämmern erzählte. Großvaters Lächeln erstarrte. »Ich stimme da völlig mit dir überein. Ich habe bereits von diesen Dingen gehört. Man erzählte mir von Vätern, die ihre Kinder aufforderten, Lämmer zu züchten, um sie dann ins Schlachthaus zu schicken. Schlimmer noch: Manche schlachten ihre Lämmer zum Weihnachtsfest und lassen es sich auch noch munden.«

Jill stellte kläglich fest: »Ich habe kein Glück mit Farmern. Sie enttäuschen mich auf der ganzen Linie. Ich glaubte, jedes

Tier halten zu können, das ich wünschte. Jetzt sieht es so aus, als ob so mancher Farmer nur auf das Geld sehen würde. Tierliebe scheinen sie nicht zu kennen.«

»Du solltest nichts verallgemeinern. Es gibt viele Farmer, die sehr uneigennützig sind. Einige meiner alten Freunde haben sich Land gekauft und versucht, Tierliebe mit geschäftlichem Erfolg zu vereinen. So kann ich mir unmöglich vorstellen, daß Alan Reid seine geliebten Haustiere in die Schlachthäuser verfrachtet.«

Jill lachte. »Aber, Großpapa, du willst doch nicht behaupten, daß dein lieber Freund Alan ein erfolgreicher Farmer ist, oder? Zum Glück ist er reich genug, daß er als Hobbyfarmer leben kann. Im allgemeinen belächelt man hier seine Künste auf diesem Gebiet und die Fehler, die ihm unterlaufen sind. Erst kürzlich hat er sich ziemlich miserable Tiere andrehen lassen – an Stelle der guten Rinder, die sein Verwalter Turner für ihn am Viehhof gekauft hatte. Irgendein Schurke hatte die Tiere ausgetauscht. Glücklicherweise sagte Alan später zu Turner, der beim Abladen nicht dabeigewesen war, daß die jungen Stiere ihn ein wenig enttäuschten, woraufhin Turner sofort den Schwindel aufdeckte.«

»Donnerwetter, du kennst dich aber schon gut aus! Alan hat mir gar nichts davon erzählt. Und wie ging es weiter? Ist der Missetäter geschnappt worden?« wollte Robert wissen.

»Nein, das nicht. Dazu ist er zu gerissen. Er heißt Wood und soll recht berüchtigt sein – jedenfalls hat er alles auf den Spediteur geschoben und gesagt, der habe sich geirrt. Schließlich bekam Alan seine eigenen Rindviecher zurück, und Turner hätte vor Aufregung fast der Schlag getroffen.«

»Immerhin war Alan früher ein guter Geschäftsmann, und niemand kann es in so kurzer Zeit in einem ganz neuen Metier zum Meister bringen. Aber ich bin sicher, daß er es noch lernen wird.«

Im stillen dachte Jill: ›Und wenn schon! Auch falls er Erfolg haben sollte – und obwohl er sehr nett ist –, so könnte ich doch nie einen Mann heiraten, der mich durch eine dicke Hornbrille nervös anblinzelt und nach fünf Minuten Konversation mit einem weiblichen Wesen stumm wie ein Fisch ist. Obendrein ist er viel zu alt.‹

Doch einige Tage später stellte Jill fest, daß Alan Reid nicht immer Frauen gegenüber so schweigsam war. Er saß in der Bibliothek und blätterte in einem Sachbuch, als Rachel Wood, die Frau jenes berüchtigten Diebes, der im übrigen ein sehr erfolgreicher Farmer war, hereinkam. Reid blickte von seinem Buch auf, sah die neue Besucherin und ließ das Buch geräuschvoll zu Boden fallen. Das überraschte Jill, denn Alan pflegte ansonsten mit Büchern, neuen wie alten, sehr sorgsam umzugehen.

Eigentlich war an der Frau, die einen etwa dreizehnjährigen Buben mitbrachte, nichts Besonderes, dachte Jill. Gewiß, sie war attraktiv, schlank, hatte dunkle Augen, seidiges braunes Haar und magnolienblütenweiße Haut. Aber es mangelte ihr offensichtlich an Lebensfreude, sie wirkte traurig und teilnahmslos. Sie war schon des öfteren in die Bibliothek gekommen, hatte Bücher zurückgebracht und neue entliehen, und Jill hatte sich ein wenig geärgert, daß ihre freundlichen Annäherungsversuche so kühl zurückgewiesen worden waren.

Auch dieses Mal beschränkte sie sich auf einen kurzen Gruß und legte ihre Bücher auf den Tisch. Dann drehte sie sich um, sah Alan Reid und blieb wie angewurzelt stehen. Sie wurde knallrot und stammelte nach kurzem Zögern: »Aber Alan ... Wie ...? Wo ...? Ich wußte gar nicht, daß du hier in dieser Gegend ...« Dann streckte sie ihm die Hand entgegen, die er herzlich schüttelte.

»Ich lebe noch nicht lange in dieser Gegend und wußte auch

nicht, daß du dich hier niedergelassen hast. Ich bin Farmer geworden.«

»Und ich dachte, du leitest das Geschäft deines Vaters in der Stadt?«

»Das habe ich verkauft, als er starb. Ich wollte es einmal mit dem Landleben versuchen.« Reid war jetzt gar nicht mehr nervös und überhaupt nicht schüchtern. Nur seine Stimme verriet ein wenig die freudige Erregung, in die ihn diese unverhoffte Begegnung versetzt hatte.

Jills Neugierde war erwacht. Offensichtlich waren die beiden alte Freunde.

Da drehte sich Rachel Wood zu ihr um und entschuldigte sich höflich. »Verzeihen Sie, Miss Henderson, aber Alan und ich sind zusammen aufgewachsen, sozusagen Tür an Tür. Dann . . .«, sie stockte einen Moment, »dann habe ich ihn nach meiner Heirat aus den Augen verloren, und bis heute glaubte ich, daß er noch immer in der Stadt lebt . . . Alan, das ist mein Sohn Trevor.«

Der Junge, der in die Abteilung für Kinderbücher hinübergegangen war, um nach brauchbaren Büchern zu fahnden, kam nach vorne und gab höflich die Hand. Zweifellos, er war ein hübscher Junge. Am meisten aber beeindruckte Jill sein kluges Gesicht, das eine gewisse Nervosität verriet. Beim Sprechen stotterte er etwas.

Als Trevor wieder zu den Kinderbüchern ging, folgte ihm Jill, damit die beiden Erwachsenen ungestört plaudern konnten. Sie sah die Enttäuschung auf seinem Gesicht, da er offensichtlich nichts fand, was ihm gefiel.

»Komm mit in unsere Wohnung zu meinem Großvater«, schlug sie deshalb vor. »Vielleicht hat er etwas für dich.« Dann wandte sie sich an Alan und Mrs. Wood: »Die Kinderbücher in dieser Bibliothek sind entsetzlich. Ich werde mit Trevor zu Großvater gehen und fragen, ob er nicht etwas Besseres weiß.

Mr. Reid, könnten Sie mich bitte rufen, falls jemand kommt?« Die beiden verließen die Bibliothek.

Robert Henderson war an den Umgang mit Jungen gewöhnt, wenn auch an ältere Semester. Trevor hatte seine Schüchternheit bald überwunden und schien sich bei Großvater wohl zu fühlen. Als Alan Reid hereinkam, um Jill wieder in die Bibliothek zu holen, wo bereits zwei Leute auf ihre Hilfe warteten, ließ sie den alten Mann mit dem Jungen allein. Sie unterhielten sich ganz ernsthaft, und beim Hinausgehen hörte Jill Großvater sagen: »Ja, wir müssen gute Jugendbücher anschaffen. In der Zwischenzeit kannst du mal schauen, ob dir eines von meinen Büchern gefällt«, woraufhin die beiden in Großvaters Heiligtum, seinem Schlafzimmer, verschwanden. In diese Gefilde war nicht einmal sein Freund Alan eingedrungen. Großvater schien den nervösen, altmodischen Jungen zu mögen.

Als sie in die Bibliothek zurückkehrte, waren Alan Reid und Rachel Wood wieder in ihr Gespräch vertieft. Jill betrachtete die beiden neugierig. Das muß bestimmt eine sehr enge Freundschaft gewesen sein. Rachel Wood, die sonst so zurückhaltend und kontaktarm war, unterhielt sich mit Alan Reid recht lebhaft. Allerdings sah sie nicht sehr glücklich aus, wie Jill bemerkte, und sie schien sich, ebenso wie ihr Gegenüber, nur mit Mühe zu beherrschen. Anscheinend verband die zwei mehr als nur eine harmlose Kinderfreundschaft. Vielleicht war es die erste große Liebe gewesen. Vielleicht hatte man sie getrennt und das Mädchen verheiratet. Jill dachte an James Wood und versuchte sich vorzustellen, was für ein Mensch er wohl sei. Zwar hatte sie gehört, daß er ein reicher und erfolgreicher Farmer war, aber niemand schien ihn zu mögen. Seine Frau war bestimmt nicht glücklich, und der Junge war für sein Alter viel zu still und nervös. Jill war überzeugt, daß sich hier vor ihren Augen eine verhinderte Liebesromanze abspielte, und sie hoffte, daß Großvater seinem Freund Alan helfen konnte. Auf jeden

Fall war die Bibliothek ein unauffälliger Treffpunkt, und sie würde darauf achten, die beiden nicht zu stören.

Da stand Mrs. Wood auf, zögerte einen Moment und fragte dann Jill, ob sie in die Wohnung gehen dürfe, um ihren Sohn zu holen. Als sie ging, drehte sie sich noch einmal zu Alan um, der eine Zeitlang die Tür anstarrte, durch die sie gegangen war. Das Buch lag noch immer zu seinen Füßen. Als er es bemerkte, sagte er: »Es tut mir leid. Hoffentlich habe ich das Buch nicht beschädigt. Ich – ich habe nicht achtgegeben.« Er verfiel wieder in sein übliches Schweigen. Bald entzog er sich ihrem forschenden Blick und ging in die Wohnung zu Großvater hinüber.

»Das ist aber ein ungewöhnlich netter und intelligenter Junge. Trevor Wood sagtest du, glaube ich, ist sein Name«, sagte Großvater, als sie allein waren. »Seine Mutter kam ihn abholen. Sie ist eine zauberhafte Frau. Kennst du die Leute näher?«

»Den Jungen habe ich heute zum erstenmal gesehen. Seine Mutter kommt häufig in die Bibliothek, spricht aber nicht mit mir. Offensichtlich kennt sie deinen Freund Alan Reid aber sehr gut.«

»Ja, das stimmt. Die Mutter war eine Zeitlang mit Reid in der Schule, und er erzählte mir, daß sie eine hervorragende Schülerin war. Vermutlich hat der Junge seinen Grips von ihr geerbt.«

»Das weiß ich nicht. Der Vater soll ein sehr tüchtiger Farmer sein. Vielleicht ist er aber auch eher ein intellektueller Typ.«

»Das glaube ich weniger«, erwiderte Robert Henderson. Mehr wollte er in dieser Angelegenheit offensichtlich nicht sagen. Er schwieg so beharrlich, daß Jill den Eindruck gewann, ihr Großvater wisse mehr über die Nachbarschaft als sie selbst. Schließlich hatte er jetzt schon viele Freunde, und oft war er es, der die notwendigen Einkäufe erledigte. Hart würde es auf jeden Fall werden, ihm zu entlocken, was er gehört hatte. Wenn auch nicht heute, so würde sie es doch ein anderes Mal versuchen.

In der Zwischenzeit konnte sie ja Evelyn aushorchen, die sich in der Gegend bestens auskannte.

»Großvaters Freund, Alan Reid, war neulich in der Bibliothek, als Mrs. Wood hereinkam. Er benahm sich fast melodramatisch und ließ eines meiner besten Bücher fallen. Ich bin sicher, daß eine alte Liebesromanze dahintersteckt.«

»Das ist möglich. Ich habe gehört, daß Reid Junggeselle geblieben ist, weil seine erste große Liebe in die Brüche ging. Vielleicht hat er jetzt die damals Angebetete wiedergefunden.«

»Das wäre schlimm für Jim Wood, wenn es stimmen sollte.«

»An Wood würde ich meine Sympathie nicht verschwenden. Das verdient er wohl kaum. Er behandelt Frau und Kind, als wären sie ihm lästig. Vor langer Zeit soll er seine Frau einmal geliebt haben, so erzählt man sich, aber das scheint lange vorbei zu sein. Wenn ich die beiden einmal zusammen sehe, was selten genug vorkommt, dann habe ich den Eindruck, daß sie ihn nicht liebt.«

»Niemand scheint den armen Kerl zu mögen. Was ist los mit ihm?«

»Nun, er soll nicht ganz ehrlich sein.«

»Was – treibt er's mit Frauen?«

»Nein, weniger romantisch. Er klaut Schafe und Rinder. Mehrere Diebstähle hier in der Gegend dürften auf sein Konto gehen, und einmal hat er gute Tiere gegen mickrige vertauscht.«

»Das habe ich gehört. Aber er sagte doch, es wäre ein Versehen des Spediteurs gewesen.«

»Schon möglich. Nur glaubt es niemand. Ich persönlich meine, daß er ein Schuft ist.«

»Der Junge sieht nett aus, aber er stottert und scheint nicht sehr glücklich zu sein. Großvater hat sich gleich mit ihm angefreundet.«

»Ich glaube, daß er sehr klug ist. Der hiesige Rektor versuchte Wood zu bewegen, den Jungen auf eine höhere Schule zu schicken. Aber Wood lehnte ab. Man erzählt sich, daß ihn jeder Penny reut, den er für Weib und Kind ausgibt.«

»Wie scheußlich – als ob er die beiden haßt.«

»Vermutlich. Ich glaube, daß er zunächst auf den Jungen eifersüchtig war, und nun liebt er beide nicht mehr . . . Eine höchst unglückliche Familie. Das Kind tut mir leid.«

»Wenn die Frau gescheit wäre, würde sie ihn verlassen.«

»Das ist leichter gesagt als getan. Rachel Wood hat keinen Beruf. Sie hat mit achtzehn Jahren geheiratet. Außerdem könnte Wood, wenn sie ihn verließe, seine Rechte auf das Kind geltend machen. Nicht, daß er das Kind wirklich haben möchte, aber nur so, aus Trotz, um sie zu ärgern . . . Aber das ist eine Sache für sich. Und jetzt Schluß mit dem Klatsch, Jill. Nächste Woche muß ich in die Stadt fahren und meinem Spaniel das Fell stutzen lassen und noch einige Besorgungen erledigen. Du sagtest doch, daß du neue Bücher kaufen wolltest. Magst du nicht mitkommen?«

»Gerne. Das Komitee hat einen größeren Betrag bewilligt, und ich möchte einen Teil davon in Kinderbüchern anlegen. Großvater sagt, daß diese Abteilung kläglich bestückt ist. Er hat in diesem Sinne einem Freund geschrieben, der ihm eine Liste guter Jugendbücher zusammengestellt hat. Wenn du also in die Stadt fährst, so könnte ich zumindest einen Teil dort besorgen . . . Großvater macht es sicher nichts aus, sich einen Nachmittag lang um die Bibliothek zu kümmern.«

Evelyn lachte. »Die Leser werden entzückt sein. Hast du eigentlich schon bemerkt, daß du einen ernsthaften Rivalen hast? Die Leute sind begeistert von Großvater und schätzen sein Urteil. Er ist eine große Hilfe – sogar bei Liebesgeschichten, von denen er nicht das geringste versteht.«

»Und ich glaube, sie schütten alle ihr Herz bei ihm aus, aber gemein, wie er ist, sagt er mir kein Wort . . . Also, um wieviel Uhr brechen wir auf, Evelyn?«

»Sehr zeitig. Es ist ein weiter Weg.«

»Wieso? Nur siebzig Meilen, und du hast einen schnellen Wagen.«

»Nun ja«, meinte Evelyn, »unterwegs werde ich öfters aufgehalten.«

Als es dann soweit war, fand Jill bald heraus, warum Evelyn eine längere Fahrzeit ansetzen mußte. Erstens fuhren sie dreißig Meilen in der Stunde, auch auf geraden Strecken. »Man kann nie wissen, ob man sonst nicht einen Vogel oder ein Kaninchen, vielleicht sogar ein verlaufenes Huhn überfährt.« Nach den ersten fünf Meilen hielten sie bereits an. Ein Pferd war am Zaun festgemacht und graste am Straßenrand.

»Die Leine hat sich um sein Bein gewickelt. Ich kenne die Leute, sie lieben ihre Tiere. Aber eines der Kinder wird das Pferd schlecht angebunden haben. Ich springe schnell hinüber und befreie das Pferd, und dann sag' ich rasch noch den Besitzern Bescheid. Es braucht nämlich noch einen Kübel Wasser, der Tag verspricht heiß zu werden. Das Kind muß auch das vergessen haben.«

Evelyns Eingreifen war erfolgreich. Die Farmersfrau war ebenfalls entsetzt über diese Nachlässigkeit, und die beiden schleppten gemeinsam einen Kübel Wasser herbei. Dabei schwatzten sie fröhlich.

Sie waren erst wenige Meilen wieder gefahren, als Evelyn das Steuer zur Seite riß und scharf bremste.

»Um Himmels willen . . .?« stöhnte Jill, die ihren Kopf schwer angeschlagen hatte, trotz der mäßigen Geschwindigkeit. Evelyn war längst aus dem Auto gesprungen.

»Hast du das nicht gesehen? Ein Kaninchen rannte über die Straße. Ich denke nicht, daß ich es erwischt habe, aber ich mußte mich vergewissern. Verletzt hätte ich es nicht liegen lassen können.«

Weit und breit war kein Kaninchen zu sehen. Vielleicht saß eines hinter dem Zaun und machte sich über sie lustig. Also setzten sie ihren Weg fort, um bald wieder anzuhalten. Ein kleiner Vogel lag auf der Straße. Evelyn stieg aus und schimpfte über skrupellose Autofahrer, die Vögel anfuhren und liegen ließen. »Ich habe hinten eine Schachtel«, rief sie Jill zu. »Aber wenn er schlimm verletzt ist, mußt du ihn auf dem Schoß halten, um ihn vor Erschütterungen zu schützen.«

Jill schauderte bei dem Gedanken, und sie war sichtlich erleichtert, als sich herausstellte, daß der Vogel tot war. Evelyn bedauerte das arme Tier, als sie es ins tiefe Gras bettete, und kehrte dann zum Auto zurück. Nach diesem Zwischenfall fuhren sie dann tatsächlich zwanzig Meilen ohne anzuhalten. Da entdeckte Evelyn am Wiesenrand einen Ziegenbock, der in der prallen Sonne stand. »Das kann ich nicht mit ansehen«, sagte sie kurz und bog in die Auffahrt zu einem vornehmen Landsitz ab.

Jill fürchtete, daß es Ärger geben könnte, denn Evelyn hatte ihr gestanden, daß sie die Leute nicht kannte. Ihr gutmütiges Gesicht und ihre freundliche Stimme verfehlten aber auch diesmal ihre Wirkung nicht. Eine Frau erschien, und die beiden unterhielten sich freundschaftlich, als sie mit vereinten Kräften versuchten, den Ziegenbock in den Schatten einer Hecke zu ziehen und dort festzumachen. »Der Kerl macht mich nervös«, hörte Jill die Besitzerin dieses störrischen Tieres sagen, und sie nahm es ihr nicht übel. Sie selbst nämlich hätten keine zehn Ziegen von ihrem Autositz heruntergebracht. Vielmehr schaute sie zu, wie die beiden Frauen sich abplagten.

Sobald die Frauen sich nämlich dem Ziegenbock näherten, senkte der den Kopf und ging zum Angriff über. Zum Glück war seine Kette nicht übermäßig lang, und den Frauen gelang es, ihn von hinten zu packen. »Man muß nur vorsichtig an ihn herantreten«, hörte Jill ihre Freundin dozieren und betrachtete neugierig das burleske Schauspiel. Evelyn versuchte, mit Worten das Biest zu besänftigen, während die andere Frau hastig die Kette löste, um sie an einem Pflock im Schatten zu befestigen. Dabei drehte sie dem Ziegenbock für einen Moment den Rücken zu, fahrlässigerweise, denn dieser Lümmel von Bock setzte gerade zum Sprung an, um seine Herrin am Allerwertesten aufzuspießen, aber Evelyn griff mutig ein und brachte ihn von seinem bösen Vorhaben wieder ab. Die Besitzerin kettete ihn an und sprang schnell zur Seite. »Jetzt sehen Sie, was ich vorhin meinte«, keuchte sie. »Ich komme einfach nicht zurecht mit ihm. Er liebt aus irgendwelchen unerfindlichen Gründen meinen Mann, der ihn auch sonst immer versorgt. Ich werde meinen Mann bitten, ihm eine alte Hundehütte herauszustellen, damit er auch in der Nacht geschützt ist. Übrigens, vielen Dank, daß Sie mich benachrichtigt haben.«

Als sie weiterfuhren, lachte Jill noch immer. »Ich hätte mich totlachen können. Dieses verdammte Viech war ja ganz schön hinterlistig.«

»Das kann man wohl sagen. Ziegen lassen sich gerne von Hinteransichten reizen, und in diesem Fall hätte es sich sogar gelohnt.« Evelyn dachte an die stämmige Farmersfrau und kicherte jetzt ungeniert.

»Sag mal, Evelyn, hat dich eigentlich noch nie jemand hinausgeworfen? Du mußt doch zugeben, daß du deine Nase ganz schön tief in anderer Leute Angelegenheiten steckst.«

»Ich kann mich an kein einziges Mal erinnern. Natürlich hängt es davon ab, *wie* man etwas sagt.« Und daß man ein Madonnengesicht und eine sanfte Stimme hat, dachte Jill.

Sie näherten sich gerade den Vororten der Stadt, als erneut ein Hindernis auftauchte. Jill wäre es lieber gewesen, wenn Evelyn mehr auf die Straße als auf die Tiere geachtet hätte, aber was half's? Plötzlich stand das Auto wieder. »Warum denn nun schon wieder? Ich sehe nichts.«

»Aber ich. Dort drüben im Gras habe ich die Schwanzspitze eines Kätzchen gesehen. Jemand muß eine kleine Katze ausgesetzt haben.«

Jill seufzte. Nun schon zum siebzehnten Mal. Aber sie sagte nichts weiter, weil sie wußte, daß es nichts nützen würde. Sie selbst glaubte nicht an den Katzenschwanz und war überzeugt, daß es lediglich ein etwas längerer Grashalm war, der sich im Wind bewegt hatte. Sie suchten ziemlich lange am Straßenrand, ohne auch nur die geringste Spur einer Katze zu finden, und Evelyn war schon fast bereit, aufzugeben, als sie ein leises Piepsen hörten. »Da ist es wieder«, rief sie triumphierend. »Das war deutlich ein schwaches *miau*.«

»Das war eindeutig ein Vogelruf . . .«, protestierte Jill. »Ich suche nicht weiter.«

Aber Evelyn gab nicht auf, bis sie den kleinen Schreihals selbst auf einem Zaunpfahl entdeckte. Der winzige Vogel schaute keß zu ihr hinüber. Dann erst konnte die Reise weitergehen.

»Ich wollte schließlich sicher sein«, brachte sie zu ihrer Entschuldigung hervor. »Immer wieder kommt es vor, daß Leute ihre Tiere aussetzen, kaum daß sie außerhalb der Stadt sind und niemand sie sehen kann.«

Mit einer Geschwindigkeit von dreißig Meilen in der Stunde näherten sie sich dann endlich ihrem Ziel. Eigentlich ist das noch schnell genug, dachte Jill, wenn man bedenkt, wie selten die Fahrerin auf die Straße achtete.

Nach der mühevollen Anfahrt war wenigstens der Tag in der Stadt ein voller Erfolg. Jill konnte ein Dutzend der Bücher, die Roberts Freund empfohlen hatte, gleich mitnehmen, den Rest bestellte sie. Außerdem kaufte sie einige Neuerscheinungen, von denen sie gute Kritiken gelesen hatte, so daß der Betrag, den das Komitee bewilligt hatte, restlos aufgebraucht war.

»Ich hoffe, daß sie die restlichen Kinderbücher, die ich bestellt habe, auch noch bezahlen«, sagte sie zu Evelyn, als sie schließlich wieder auf dem Heimweg waren. »Das werden sie sicherlich, wenn sie erfahren, daß Großvater die Bücher empfohlen hat. Die Leute vom Komitee fressen ihm ja aus der Hand.«

Die Rückfahrt verlief ähnlich beschwerlich wie die Hinfahrt am Morgen. Mehrere Male mußte Evelyn anhalten, aber zum Glück waren die schlimmsten Gefahren schon am Morgen beseitigt. Das Pferd konnte nicht mehr über das Seil stolpern, und die Ziege warf ihnen einen bösen Blick vom Eingang ihrer ausgedienten Hundehütte zu. Evelyn war so erleichtert, daß sie es tatsächlich wagte, mit fünfunddreißig Meilen in der Stunde heimwärtszustreben.

»Ich darf die Tiere nicht warten lassen. Sie müßten längst gefüttert werden«, jammerte sie, und Jill stellte sich das Katzenkonzert vor, das sie erwartete. Die Tatsache, daß auch Robert Henderson möglicherweise ein Abendessen wollte, schien Evelyn nicht zu berühren, ungeachtet der herzlichen Freundschaft, die sie für ihn empfand.

»Menschen . . .«, versuchte sie ins Allgemeine auszuweichen, als Jill dieses Problem anschnitt. »Mr. Henderson wird zurechtkommen. Menschen können sich allein versorgen.«

Jill zitierte diesen Satz mit Vergnügen, als sie ihrem Großvater von den Abenteuern des Tages erzählte. Er nahm es gelassen auf und sagte: »Natürlich hat sie recht. Aber ich bin schon froh, daß du nicht mit weiteren Katzen und verletzten Vögeln heimgekommen bist. Alles in allem war es ein erfolgreicher Tag.«

Dann ging er sofort an die Arbeit, stempelte die neuen Bücher, versah sie mit einer Nummer und nahm sie in den Katalog auf. Alles für seine geliebte Bibliothek.

5

Eines Nachmittags, etwa eine Woche später, erhielt Jill einen Anruf aus Wardston.

»Hier ist Evelyn. Jill, ich steck' ganz scheußlich in der Klemme. Ich habe eine Autopanne. Der Wagen ist in einer Werkstatt und wird erst am späten Abend fertig sein. Glaubst du, daß du meine Viecher unterdessen versorgen kannst? Es genügt nach Bibliotheksschluß um fünf.«

»Ja, natürlich. Mach dir keine Sorgen. Die Sache mit dem Auto tut mir leid. Aber werde ich denn mit deinen Tieren zu Rande kommen? Ich weiß weder, was sie bekommen, noch wo das Futter ist.«

»Arme Jill. Es ist ein teuflischer Job für jemanden, der sich mit meinen Bestien noch nicht auskennt. Aber auf dem Radio liegt ein Zettel mit genauer Regieanweisung. Ich habe ihn letzten Monat für Miriam Waka geschrieben, als ich für eine Nacht wegfahren mußte. Es hat prima geklappt. Miriam ist leider im Krankenhaus, sonst würde ich sie bitten, es noch einmal zu tun.«

»Aber ich mache es doch gerne«, heuchelte Jill Begeisterung. »Aber wie und was gebe ich wem?«

»Steht alles auf dem Zettel. Das ändert sich nie. Das Fleisch ist draußen im Speiseschrank. Für jeden Hund drei Stücke und einen Knochen. Der kleine Knochen ist für Slippy, den Foxterrier. Und dann zwei Hundekuchen für jeden. Die Hunde sind leicht zu versorgen, und das Fleisch für die Katzen habe ich zum Glück schon geschnitten. Sechzehn Stücke.«

»Aber wie füttere ich sechzehn Katzen, ohne daß eine der anderen das Fleisch wegnimmt? Die großen Katzen werden alles bekommen.«

»Nein, das werden sie nicht. Du mußt dich auf die oberen Stufen stellen und rufen. Sie werden alle kommen.« Jill wußte das. Sie hatte schon öfter zugesehen, und die Katzen hatten keine Angst vor ihr. »Dann wirfst du jeder Katze ein Stück hin, sie werden sofort zupacken. Nur Big Jimmy kann lästig werden – das ist der langhaarige graue Kater, der nie hört. Er bringt es fertig, daß er sein Stück hastig hinunterschlingt, um noch ein zweites zu ergattern. Verjage ihn einfach mit einem Besen. Ansonsten mußt du darauf achten, daß du gut zielst. Aber das kennst du ja vom Cricketspielen. Die Katzen sind übrigens famose Fänger. Du müßtest auch noch Milchpulver auflösen. Einen halben Eimer für alle, auch für die Hunde. Das Milchpulver ist in der Garage, die Beschreibung steht auf der Packung. Der elektrische Mixer ist im Schrank unter dem Spülbecken, und dann . . .«

Als sie schließlich ihre Ausführungen beendet hatte, dachte Jill, sie bekäme einen hysterischen Anfall. Dieser Aufgabe schien kaum Herkules gewachsen zu sein. Aber Evelyn beruhigte sie. »Mach dir keine Sorgen. Es steht ja alles schwarz auf weiß auf dem Zettel. Und wenn du etwas falsch machst, so spielt das bei einer Nacht auch keine Rolle. Wenn die liebe alte Miriam es geschafft hat, so gelingt es dir erst recht.«

Was zu beweisen wäre, dachte Jill, die sich schon mit ausgehungerten Katzen kämpfen sah.

»Was ist mit den Vögeln?« stammelte sie. Ihr wurde schwindelig, wenn sie an das umfangreiche Programm dachte.

»Das ist auch alles aufgeschrieben. Den Vogelsamen findest du in dem großen Schrank. Alles, was du wissen mußt, steht auf dem Zettel. Mach dir keine Sorgen. Die Vögel sind ganz einfach zu versorgen. Schau aber nach, ob sie Wasser haben . . . Die Milch für die Katzen gieß bitte in die beiden Schüsseln, die unter der Küchenbank stehen. Sie bedienen sich selbst, wen du die Schüsseln auf den Rasen stellst. Die Schüsseln für die Hunde sind draußen im Speiseschrank.«

Mehr konnte sich Jill beim besten Willen nicht merken. »Schon gut, Evelyn. Ich werde schon zu Rande kommen. Mach dir keine Sorgen. Ich werde Großvater bitten, daß er sich um die Bibliothek kümmert, und um halb fünf aufbrechen. Dann habe ich genügend Zeit zur Vorbereitung, bevor die Katzen ihr Geschrei anfangen.«

»Noch etwas, Jill. Es macht dir doch nichts aus, die Hunde ein wenig laufen zu lassen, nicht wahr? Am besten einzeln, denn um diese Zeit sind sie sehr lebhaft. Sonst nehme ich sie jeden Tag mit dem Auto zum Golfplatz mit, da haben sie weiten Auslauf. Aber wenn sie einmal über die Wiese toben dürfen, dann reicht das auch schon für die Nacht. Aber laß sie vor der Fütterung laufen, nicht nachher ... Es ist wirklich alles so schrecklich einfach und steht obendrein noch auf dem Zettel.«

Robert Henderson war großartig in Schwung. »Natürlich kümmere ich mich um die Bibliothek. Du wirst dort drüben alle Hände voll zu tun haben. Oder willst du lieber bis fünf Uhr warten, dann könnte ich mitgehen und dir helfen?«

»Das ist lieb von dir, Großpapa, und deine moralische Unterstützung wäre mir eine Hilfe. Aber ich möchte doch lieber rechtzeitig aufbrechen, damit ich in Ruhe den klugen Zettel studieren kann. Ich war schon oft bei Evelyn, und die Tiere sind daran gewöhnt, daß ich allein komme.«

»Wie du willst«, antwortete Henderson und lächelte verschmitzt, als er seine junge hübsche Enkelin an ihre beiden Liebesgeschichten erinnerte, von denen er nicht die geringste Ahnung gehabt hätte.

»Und du achte bitte darauf, daß Cuthbert im Haus bleibt, wenn ich gehe. Er würde nur noch alles erschweren«, bat Jill ihren Großvater. Sie war ziemlich nervös, als sie das Haus verließ.

Die Hunde begrüßten sie stürmisch, wie sie befürchtet hatte. Sie redete beruhigend auf sie ein und versprach ihnen, daß der Tee bald serviert werde. Als sie sich aber gerade den Schlüssel besorgen wollte, hörte sie ein seltsames, klägliches Weinen. Sie war entsetzt. Ein Baby! Jemand hat hier ein Baby ausgesetzt – daß sich Evelyn auch seiner annehmen werde, daran dachte sie mit Schrecken.

Aber es war kein Baby. Am Verandagitter sah sie eine winzige schwarze Ziege festgebunden. »Was bist du denn für ein nettes Kerlchen«, sprach sie das Ziegenbaby an. »Aber, wie um alles auf der Welt, soll ich dich füttern?« Das Ziegenkind blickte Jill hilflos an und jammerte so herzzerreißend, wie Jill es von einem Tier noch nie gehört hatte. Hier stand sie nun vor einem Problem, das schwieriger zu bewältigen war, als Hunde, Katzen oder Vögel zu füttern.

Dann entdeckte sie einen Zettel an der Hintertür, auf dem von ungeübter Hand geschrieben stand: ›Liebe Miss Garland, habe kleine Ziege im Gebüsch gefunden. Mutter tot. Weiß, daß Sie sie gern haben werden, lieben ja alle Tiere. Tut mir leid, daß ich Sie nicht angetroffen habe. Komme in den nächsten Tagen auf einen Sprung vorbei. Herzliche Grüße, Tim Bolton.‹

Jill seufzte. Noch ein Tier für die arme Evelyn! Es war ein entzückendes kleines Geschöpf, aber die Tatsache blieb, daß sie es nicht hungrig lassen konnte. Sie mußte es füttern. Aber wie? Evelyn hätte sich sicherlich zu helfen gewußt. Da ihr nichts einfiel, wie sie mit diesem Problem hätte fertig werden können, beschloß sie, zunächst einmal die Hunde zu versorgen.

Wie Evelyn prophezeit hatte, war das wirklich nicht zu schwer. Sie ließ die Hunde einzeln laufen. Nacheinander stürmten sie blitzschnell auf die Wiese hinaus, tobten dort eine Weile herum, kamen aber sofort wieder zurück, als Jill sie rief. Dann öffnete sie die Tür zum Speiseschrank und untersuchte seinen Inhalt. Das Fleisch für die Hunde war leicht zu finden, die Fütterung problemlos. Ihr wurde jedoch angst und bange, als sie die vielen Brocken für die Katzen sah – sechzehn an der Zahl. Zuerst verteilte sie die Hunderationen, die Katzen begannen sich gerade erst zu versammeln. Auf dem Zettel, den Jill jetzt zu Rate zog, waren die Namen und speziellen Wünsche der Herrschaften verzeichnet. Sie mußte beim Lesen lachen, trotz ihres Lampenfiebers.

›Monica, potthäßliche Tigerkatze. Rickety Kate, schwarz, Roberta, cremefarben, eine Schönheit. Mitzi, flauschig, drei Beine ...‹ Zum Schluß fehlte es Evelyn offensichtlich an der rechten Eingebung, denn von Millie wußte sie nur zu berichten, daß sie ganz grau war und drei Töchter hatte. Jill erinnerte sich, daß Evelyn die halbverhungerte Katze mit ihren drei Kleinen gefunden hatte und daß, dank Matthews Hilfe, kein weiterer Kindersegen zu erwarten war. Die drei schienen aber vollauf zu genügen, denn die Beschreibung war kurz: ›Alle Farben‹.

Inzwischen hatten sich die Katzen auf dem Rasen versammelt. Sie waren von allen möglichen Plätzen herbeigeströmt. Einige waren von Bäumen heruntergeklettert, andere zwischen den Farnstauden der Pferdekoppel hindurchgeschlüpft. Eine war sogar vom Garagendach gesprungen. Jill zählte sie stirnrunzelnd. Es waren zwölf. Also mußte sie warten, bis die Schar vollzählig war. In der Zwischenzeit rührte sie die Milch an, gab den Hunden ihren Anteil und stellte die Schüsselchen für die Katzen zurecht. Dabei hörte sie besorgt das klägliche Meckern der kleinen Ziege. Irgendwann würde sie auch dieses Problem lösen müssen.

Endlich waren die Hunde versorgt und die Katzen vollzählig versammelt. Jill war es vorher niemals aufgefallen, wie viele Variationen der normalen Hauskatze möglich waren. Die Mehrzahl der hier versammelten kleinen Raubtiere konnte Jill getrost als Feld-Wald-und-Wiesenkatzen bezeichnen, ohne ihnen zu nahe zu treten. Bei einem schmucken Kater aber schien ein siamesischer Vorfahre für Charme und Temperament gesorgt zu haben. Mit penetrantem Miauen verlangte er lautstark seine Mahlzeit. Aparte Mischungen waren auch die drei anderen Katzen, die Evelyn als ›Perserkatze‹, ›flauschig‹ und ›sehr flauschig‹ beschrieben hatte. Eine besonders schöne weiße Katze fiel Jill auf, weil sie sich vornehm abseits vom Getümmel hielt. Alles in allem sechzehn hungrige Katzen, die auf die Fütterung warteten. Jill raffte sich auf, holte das Fleisch und stellte sich auf die oberste Stufe. Sie brauchte nicht lange zu rufen. Die Katzen stellten sich im Halbkreis auf, und sechzehn Augenpaare starrten lauernd auf die Fleischbrocken in ihrer Hand.

Jill war froh, daß sie beim Cricketspielen so gut zielen gelernt hatte. Schnell und präzise geworfen, flogen sechzehn Fleischbrocken durch die Luft, und sechzehn Katzen fingen sie ebenso gekonnt auf. Dann benahmen sie sich genauso, wie man es von Katzen erwartet. Die einen schleppten ihre Beute zu ihrem Lieblingsplatz, andere wieder fraßen gleich an Ort und Stelle, wobei sie mit wachsamen Augen auf Räuber achteten. Einige zogen sich ins Gebüsch zurück, um in Ruhe zu speisen. Nur Big Jimmy benahm sich wie ein Lümmel. Er verschlang hastig die eigene Portion und stürzte sich dann auf eine von Millies Töchtern, die vor einem Rosenbusch saß und beim Essen trödelte.

Jill stürzte sich auf Big Jimmy, um ihn von seinem bösen Vorhaben abzubringen, und wurde prompt gekratzt. Daraufhin scheuchte sie ihn mit dem Besen in den Geräteschuppen und sperrte die Tür zu. Als die anderen ihr Fleisch verputzt hatten, versammelten sie sich wieder alle friedlich bei ihren Milchschälchen, die Jill auf den Rasen stellte. Nun konnte sie aufatmen. Hunde und Katzen waren versorgt, und das Vogelfutter war rasch aufgefüllt. Wasser hatten die Vögel noch genügend.

Es war sechs Uhr, und Evelyns Fütterungsprogramm wäre nun erfolgreich beendet gewesen, wenn nicht das jammervolle Wehklagen des Zickleins sie an ihre Pflicht gemahnt hätte. Irgendwie mußte sie das ausgehungerte Ziegenbaby füttern und ihm ein Nachtlager bereiten.

Warme Milch könnte nicht schaden, dachte Jill und versuchte, dem Zicklein einen Löffel voll einzuflößen. Empört spuckte das derart überforderte Ziegenbaby die Milch aus. Das meiste hing an seinem Bart, der Rest tropfte aus Jills Auge. Da gab Jill auf und überlegte angestrengt, wen sie um Rat fragen könnte.

Die Antwort lag sozusagen auf der Hand. Wer war in Shepherd's Crossing außer Evelyn ebenfalls für seine grenzenlose Tierliebe bekannt? Matthew Webster, natürlich. Er wird mir sagen können, was ich zu tun habe, dachte sie und ging zum Telefon. Zuerst wählte sie die Nummer seiner Praxis. Wie sie erwartet hatte, meldete sich niemand. Also mußte sie ihn zu Hause stören, wenn er überhaupt daheim war. Viel Hoffnung hatte sie nicht. Schlimmstenfalls mußte sie die Ziege mit nach Hause nehmen und die Fütterung mit Großvaters Füllfederhalter probieren.

Aber sie hatte Glück. Nach dem zweiten Freizeichen hörte sie seine Stimme. Sie klang müde und ein wenig erschöpft, deshalb zögerte Jill einen Moment, bevor sie ihre, wie sie selbst fühlte, etwas dumme Frage an ihn richtete: »Wie füttert man ein Ziegenbaby? Bitte, Mr. Webster, sagen Sie mir, was ich tun soll.«

»Ein – was haben Sie gesagt?« hörte sie ihn nach einer kurzen Weile fragen. »Ein Ziegenbaby? Und wer ist bitte am Apparat?«

»Hier spricht Jill Henderson. Ich habe hier ein Ziegenbaby, das sehr hungrig ist«, antwortete sie schüchtern und war froh, als er zu lachen begann.

»Wo haben Sie eine Ziege? Doch nicht in der Bibliothek?«

»Nicht ganz so schlimm. Ich bin bei Evelyn. Sie hat eine Autopanne und hat mich deswegen gebeten, heute ihre Tiere zu versorgen.«

»Soweit ich weiß, hat sie aber Gott sei Dank keine Ziege.«

»Jetzt hat sie eine. Ich habe sie im Garten gefunden – mit einem Brief des reizenden Finders, der überzeugt ist, daß Evelyn sich über den Zuwachs freuen wird. Das Tier ist völlig ausgehungert. Ich habe versucht, es mit dem Löffel zu füttern, aber das undankbare Geschöpf hat mir die Milch ins Auge gespuckt.«

»Ist doch klar. Sie müssen es mit der Flasche füttern. Haben Sie einen Sauger?«

»Ich weiß nicht, kann es mir aber nicht vorstellen. Habe hier nie einen gesehen. Vielleicht sollte ich die Ziege mit nach Hause nehmen. Mal sehen, ob Großvater helfen kann.«

»Nein, tun Sie das nicht«, sagte Webster nach einer kurzen Pause. »Mr. Henderson wird auch keinen Sauger haben. Ich werde schnell hinüberkommen und eine Flasche mit Sauger mitbringen. Es wird nicht lange dauern.«

»Aber . . .« Sie wollte noch protestieren, da hatte er schon aufgelegt. Sie fühlte sich jetzt entsetzlich schuldbewußt. Seine Stimme hatte sich so müde angehört, als er sich meldete, und ziemlich ungeduldig. Welch schreckliches Ansinnen, abends einen Tierarzt zu belästigen, um eine Ziege füttern zu lassen!

Nach fünf Minuten war er da. Er wohnte nur eine halbe Meile von Evelyns Haus entfernt und brachte eine große Milchflasche mit. Jill wärmte etwas Milch. Dann fütterte er behutsam das winzige zitternde Etwas. Als Jill ihn beobachtete, fühlte sie sich plötzlich zu diesem kurz angebundenen, verwirrenden jungen Mann hingezogen. Er war liebenswürdig und hatte sich mit keiner Silbe beschwert, daß sie ihn aus dem Haus gelockt hatte, wo er vielleicht gerade sein Abendessen zubereitete.

Als das Ziegenkind gesättigt war, setzte er die Flasche ab. »Jetzt müssen wir das kleine Viech ins Bett bringen. Eine große Schachtel und etwas Heu im Geräteschuppen dürften genügen.«

»Ach du meine Güte! Da habe ich doch schon Big Jimmy eingesperrt, weil er den anderen Katzen das Fleisch abjagen wollte.«

Sie sahen einander an, und plötzlich, ohne besonderen Grund, fingen sie an zu lachen.

»Was für ein Zirkus! Wie um alles in der Welt sind Sie mit all den Katzen zu Rande gekommen, ganz zu schweigen von den Hunden und Vögeln?«

»Evelyn hatte alles bereits für eine andere Frau aufgeschrieben, die die Tiere auch schon einmal versorgt hat. Also brauchte ich nur ihre Anweisungen zu befolgen. Die Fleischverteilung war recht aufregend, aber gottlob bekam jeder seinen Brocken, und Milch haben sie auch alle gesoffen. Aber glauben Sie, daß das Zicklein die Nacht übersteht? Soll ich es nicht mit nach Hause nehmen?«

»Keineswegs. Das kleine Kerlchen ist jetzt satt und wird wie ein Murmeltier schlafen. Für Evelyn wird es eine nette Überraschung sein, wenn sie heimkommt. Wird sie morgen überhaupt zurück sein, oder müssen Sie noch einmal einspringen?«

»Nein. Sie will heute nacht heimkommen. Es war sehr lieb von Ihnen, daß Sie mir geholfen haben. Das arme Zicklein hatte mich zur Verzweiflung gebracht. Habe ich Sie etwa gerade beim Abendessen gestört?«

»Nein, soweit war ich noch nicht. Ich war gerade erst zur Tür hereingekommen.«

Kein Wort der Klage. Sie versuchte sich vorzustellen, wie so ein Mahl wohl aussehen mochte. Vielleicht Würstchen oder kalter Schinken. Einer plötzlichen Eingebung folgend, sagte sie: »Kommen Sie mit zu uns, und essen Sie mit Großvater und mir. Ich habe einen riesigen Schmortopf auf dem Herd. Großvater bewacht ihn. Kommen Sie.«

Er schien überrascht zu sein und sich zu freuen. »Sind Sie sicher, daß das Essen für drei reicht?«

»Reicht für sechs. Kommen Sie, und überzeugen Sie sich selbst.«

»Danke für die Einladung. Ich nehme sie an. Vorher muß ich mich aber noch umziehen. Und jetzt noch einen letzten Blick auf die Menagerie.«

Nachdem sie sich überzeugt hatten, daß alles in Ordnung war, brachen sie auf. Jill freute sich, daß er die Einladung angenommen hatte. Nicht, daß sie sich davon etwas Bestimmtes versprochen hätte. Für sie war es lediglich ein Akt der Dankbarkeit – so glaubte sie zumindest –, verbunden mit dem uneigennützigen Wunsch, Großvaters Bekanntenkreis zu erweitern. Was sie persönlich anging, nun, so fand sie ihn zwar nett, aber er war eben kein Farmer.

Robert Henderson freute sich, als Matthew, nachdem er sich umgezogen hatte, schließlich erschien, und zeigte viel Anteilnahme an Jills Erlebnissen, besonders an dem mit der kleinen Ziege.

»Ziegenkinder sind reizende Geschöpfe. Bei den erwachsenen Tieren zeigt das weibliche eine bemerkenswerte Intelligenz . . . Vielleicht ist das männliche auch nicht dumm, aber so ein Ziegenbock hat auch seine Nachteile. Darf ich annehmen, daß Miss Garland den kleinen Kerl behalten wird?«

Er schien sehr nachdenklich, und Jill sagte deshalb schnell: »Aber Großvater, wir könnten doch keine Ziege halten. Wo denn und wie? In kurzer Zeit ist das ein ausgewachsener Ziegenbock – der uns die Bücher in der Bibliothek anknabbert und Cuthbert und George aufarbeitet. Bei Evelyn ist er gut aufgehoben und kann ihr sogar beim Rasenmähen helfen. Es ist mir sowieso ein Rätsel, wie sie Haus und Garten in Ordnung hält – mit dem Zoo am Hals.«

»Eine bemerkenswerte Frau«, sagte Großvater wie immer, wenn sie von Evelyn sprachen, und vermutlich war das das höchste Lob, das er zu spenden fähig war.

Jill hantierte geschäftig mit dem Geschirr und deckte den Tisch. Der Schmorbraten war inzwischen fertig. Eigentlich hätte er für zwei Tage reichen sollen. Aber sie war nicht böse darum, daß sie am nächsten Tag wieder kochen mußte. Sie war vielmehr froh, daß sie Matthew aus seiner Reserve gelockt und ihn in ihr Haus geschleppt hatte. Nicht daß er kontaktarm oder ungesellig gewesen wäre, nein, er hatte nur keine Zeit für das übliche Gesellschaftsleben. Mit Robert Henderson unterhielt er sich prächtig. Dabei stellte Jill fest, daß er beileibe nicht nur in seinem Beruf aufging, sondern sich offensichtlich Zeit zum Lesen nahm und auch politisch informiert war.

Die Stimmung beim Essen war fröhlich und unbeschwert. Webster genoß es und sagte, was für eine schöne Abwechslung ein Essen wäre, bei dem andere Leute die Mühe gehabt hätten, es zuzubereiten.

»Sie werden doch sicher als Tierarzt häufig zum Essen eingeladen«, mutmaßte Jill.

»Die Farmersfrauen sind sehr beschäftigt. Sie sind zwar gastfreundlich, aber ein zusätzlicher Esser bedeutet auch mehr Arbeit für sie, deshalb nehme ich ihre Einladungen selten an. Es sei denn zum Tee, da kann ich mich nicht so leicht drücken ... Übrigens, dürfte ich vielleicht den Auftragsdienst anrufen und Ihre Telefonnummer angeben, damit ich im Notfall hier erreichbar bin? Ich hätte es eigentlich schon bei Miss Garland tun sollen.«

Jill hoffte, daß kein Anruf käme und er wenigstens einmal in Ruhe essen könnte, was ihm auch tatsächlich gelang. Nach dem Essen saß er noch lange mit Großvater zusammen. Er hatte darauf bestanden, ihr beim Geschirrspülen zu helfen, aber das hatte sie energisch zurückgewiesen.

»Davon müssen Sie doch weiß Gott genug haben«, meinte sie entrüstet.

»Nein, ganz und gar nicht, weil ich nämlich mein Geschirr

nie spüle. Ich stapele alles im Spülbecken, und Mrs. Hinds, die jeden Morgen zum Putzen kommt, darf sich damit amüsieren. Putzorgien gehören nicht zu meinen Hobbys. Es reicht schon, daß ich mich selbst verpflegen muß.«

»Wenn Sie wieder einmal in der Nähe sind, kommen Sie doch zum Essen. Meine Enkelin und ich werden uns bestimmt freuen«, versicherte Henderson.

Jill schien überrascht. Diese Art der Gastfreundschaft hatte er in seinem neuen Freundeskreis noch niemandem angeboten, im Gegenteil. Eigentlich hatte er etwas gegen die Unsitte, sich unangemeldet zum Essen einzufinden. Matthew Webster schien es Großvater besonders angetan zu haben, daß er ihn häufiger sehen wollte.

Jill konnte es nur recht sein, und so wiederholte sie Großvaters Einladung. »Kommen Sie, wann immer Sie Zeit haben. Großvater schätzt ein Gespräch unter Männern.«

»Ich nehme die Einladung dankend an«, antwortete Matthew in seiner offenen Art, »aber unter der Bedingung, daß Sie mir auch sagen, wenn ich ungelegen komme. Dann esse ich eben Brot und Käse.«

»Für gewöhnlich reicht es für drei, was ich koche, wenn es nicht gerade Koteletts sind. Die lassen sich so schwer teilen«, meinte Jill voreilig, denn schon im selben Augenblick ärgerte sie sich über diese Bemerkung, weil sie damit die Einladung teilweise zurücknahm. Deswegen fügte sie schnell hinzu: »Am besten einigen wir uns auf einen Jour fixe. Irgendein Tag, der Ihnen paßt.«

»Das ist schrecklich nett. Nur kann ich mich im voraus auf keinen Termin festlegen. Das ist bei meiner Arbeit unmöglich.«

»Aber Sie müssen doch ein, zwei freie Tage in der Woche haben. Wie ist es am Sonntag?«

»Ja, eigentlich sollten die Sonntage frei sein, abgesehen von dringenden Fällen. Ein Tierarzt ist immer im Dienst, und die

Tiere kennen keinen Feiertag. Immerhin ist am Sonntag die Wahrscheinlichkeit am größten, daß ich frei bin. Und wenn ich Ihre Nummer beim telefonischen Auftragsdienst angeben darf, dann dürfte nichts schiefgehen. Halten wir also den Sonntag fest. – Wenigstens etwas, worauf ich mich freuen kann«, fügte er mit einem spitzbübischen Lächeln hinzu.

Nachdem nun das gemeinsame allsonntägliche Mahl ausgehandelt war, wälzten die beiden Männer die üblichen lokalpolitischen Probleme. Jill hatte ihr Nähzeug herausgeholt und stichelte emsig, als das Telefon läutete und eine Stimme nach Matthew fragte. Seufzend nahm er den Hörer.

»Am Apparat ... Ja, ich komme hinaus. Versuchen Sie sie auf eine ebene Stelle zu bewegen. Halten Sie sie warm. Der Kopf muß bergaufwärts liegen ... Ja, ein ungemütlicher Platz für eine Entbindung. Ich lasse mein Auto am Haus stehen, wenn mir jemand den Weg zeigen könnte. Aber bleiben Sie bei ihr, bis ich komme.« Er legte den Hörer auf und zuckte mit den Achseln. Voller Resignation, wie es schien.

»Es tut mir leid, daß ich so plötzlich aufbrechen muß, wo ich mich bei Ihnen so wohl fühle. Aber letzten Endes erwartet man das von einem Tierarzt, und das bin ich in erster Linie ... Zum Glück habe ich meinen Overall im Auto. Es wird ein langer Weg dort raus, und die Kuh braucht vielleicht schnell eine Spritze.«

»Ist sie sehr krank?« fragte Jill, als sie ihn zur Tür begleitete.

»Sie wird Hilfe brauchen. Hat sich zum Kalben ausgerechnet an einen Hügelabhang gelegt und ist kopfüber hinuntergerollt. Was diese Viecher alles überleben. Vielleicht ist sie nach einer Spritze wieder wohlauf. Entschuldigen Sie bitte meinen überstürzten Aufbruch. Es tut mir wirklich leid. Schließlich habe ich nicht oft Gelegenheit, mit einem Mann wie Mr. Henderson mich zu unterhalten.«

»Nun, Sie können ja noch am Sonntagabend die Weltpolitik

in Ordnung bringen«, scherzte Jill zum Abschied, und nach einem weiteren Dankeschön war er fort.

Es begann zu regnen, und Jill stellte sich die lange Autofahrt vor und den anschließenden Fußmarsch über schlammige Weiden. Ein hartes Leben, aber er schien dabei glücklich zu sein. Das sagte sie auch zu Großvater, als sie ins Wohnzimmer zurückkam, wo das Kaminfeuer für gemütliche Wärme sorgte.

»Ja, ein netter junger Mann, Ich freue mich schon darauf, ihn jeden Sonntag zu sehen. Es war nett von dir, Jill, daß du ihn eingeladen hast.«

Jill wurde stolz wie ein Pfau. Selbstverständlich war das pure Freundlichkeit. Und der Wunsch, Großvaters Kreis an geeigneten Freunden zu erweitern, spielte gewiß auch eine Rolle.

6

Inzwischen waren sie schon fünf Monate in Shepherd's Crossing, und Weihnachten stand vor der Tür. Jill konnte jetzt bei dem Gedanken lächeln, daß sie sich am Anfang Sorgen gemacht hatte, Großvater würde nicht den passenden Umgang finden. Dabei war es schon fast zuviel des Guten. Die Schule, an der er so lange unterrichtet hatte, daß er schon fast zum Inventar gehörte, war eine der größten in Neuseeland, und so war es nicht weiter erstaunlich, daß auch in dieser Gegend ehemalige Schüler von ihm lebten. Von Alan Reid erfuhren sie, daß er sich in Shepherd's Crossing niedergelassen hatte, und es dauerte nicht lange, bis sie ihn aufspürten. Alle wurden sie von Jill ermutigt, wann immer sie Lust hatten, vorbeizukommen. Und Großvater, der früher nicht viel von unangemeldeten Besuchern gehalten hatte, fand diesen Brauch neuerdings nicht mehr lästig.

Alan Reid kam regelmäßig und war stets ein willkommener Gast. Seine Meinung schätzte Robert Henderson besonders hoch, wenn er auch verschiedentlich anderer Ansicht war. Reid war gemäßigter Konservativer, Robert ein ähnlich lauer Labouranhänger. Das machte ihre Freundschaft noch fruchtbarer. Von seinen Farmerkünsten sprach Reid wenig. Er hatte schließlich einen guten Verwalter, und sein eigenes Interesse an der großen Farm war mehr theoretischer Natur: Konnte ein Mann mit dem entsprechenden Kapital und einiger Erfahrung im Geschäftsleben, aber ohne die leiseste Ahnung von der Landwirtschaft, eine Farm erfolgreich bewirtschaften lernen? Konnte das überhaupt jemand in diesen Tagen? Und wenn nicht, warum kümmerte sich die Regierung nicht intensiver um die Landwirtschaft? Jill, die die Unterhaltung teilweise verfolgte, mußte über die Argumente auf beiden Seiten lachen.

Evelyn Garland ging ein und aus und brachte Stimmung ins Haus. Henderson erkundigte sich dann immer eingehend nach ihrer Menagerie, wie er ihren kleinen Tierpark zu nennen pflegte, und freute sich zu hören, daß die Chinesische Wachtel diesmal auf zehn Eiern saß, daß die Galahs in ihrem größeren Vogelhaus glücklich wären und sich die kleine Ziege, die sich als Rasenmäher bestens bewährte, gut eingelebt hätte.

Er bot ihr an, doch auch einmal ihre Hunde mitzubringen, wenn sie mit ihnen am Strand spazierenging, und sie brach mit einem ihrer geheiligten Grundsätze, nie ihre Lieblinge anderen Leuten aufzuhalsen, und brachte ihre drei Hunde zu Cuthbert mit. Bei solchen Gelegenheiten stellte Robert erleichtert fest, daß sich sein Hund wie ein würdiger Gastgeber benahm. Tatsächlich balgten die Hunde so lange herum, bis sie erschöpft, schnaufend und restlos glücklich die Pfoten von sich streckten.

Evelyns Interessen waren aber keineswegs nur auf die Tiere beschränkt. Sie unterhielt sich mit Robert genauso sachverständig über Fragen, die ihm am Herzen lagen, besonders über das Schulsystem. Gemeinsam schmiedeten sie Reformpläne, wie man das Niveau an den Schulen heben könnte, so daß Jill eines Tages zu ihr sagte: »In der Tat, wenn du nicht gerade mit Großvater über die Erziehungspolitik der Regierung schimpfst, kritisiert er mit Alan Reid die mangelnde Gesetzgebung in bezug auf die Landwirtschaft. Ihr drei solltet für die nächsten Wahlen einen eigenen Kandidaten aufstellen. Wie wär's mit dir, Evelyn? Du würdest die werten Regierungsmitglieder schon auf Trab bringen. ›So ein liebes Gesicht‹, würden sie sagen und nach deiner Pfeife tanzen.« Sie lachten.

Roberts liebster Besucher aber war wohl Trevor Wood. Der Junge kam auf seinem Heimweg von der Schule regelmäßig in die Bibliothek. Die neuen Bücher, die Jill angeschafft hatte, gefielen ihm sehr. Er las sie alle und brachte sie stets pünktlich wieder zurück. Seine Schüchternheit hatte er fast ganz abgelegt, und wenn er mit dem alten Mann sprach, stotterte er selten. Eines Tages sagte Robert zu Jill: »Der Junge ist außergewöhnlich begabt. Ich würde mich freuen, wenn er ein Stipendium für eine der städtischen Internatschulen bekäme. Es würde mir Spaß machen, ihm zu helfen.«

»Wäre das für dich nicht langweilig? Diese Altersgruppe hast du doch nie unterrichtet. Aber du wirst schon zurechtkommen – wie bislang mit allen Schülern.«

Robert dachte eine Weile nach. »Genaugenommen hast du recht. Aber auch eine alte Katze läßt das Mausen nicht, und ich bin nun einmal das Lehren gewöhnt. Außerdem hält ein junger Geist einen alten frisch. Und Trevor mit seinem scharfen Verstand kann für einen ausgedienten Pädagogen im Ruhestand ein Ansporn sein.«

»Im Ruhestand ist gut ... Welch falsche Bescheidenheit.

Nun, solange er dich nicht allzusehr plagt, solltest du es tun, sicherlich hilfst du ihm viel damit.«

»Mit dem Englischen scheint er besondere Schwierigkeiten zu haben. Ich staune nur, wie oberflächlich unsere Sprache gelehrt wird. Der Junge kann nicht einmal zwischen einem Substantiv und einem Verb unterscheiden, und erst neulich meinte er, daß der Lake Poets etwas mit dem Ungeheuer von Loch Ness zu tun habe.«

Jill lachte. »Aber was sagt seine Mutter zu diesen Plänen? Wird sie ihn denn überhaupt weglassen wollen?«

»Doch, das glaube ich schon. Sie spricht zwar wenig, aber wie ich gehört habe, ist die Familie nicht glücklich. Sein Vater könnte ja leicht das Schulgeld aufbringen, aber er weigert sich hartnäckig. Also müssen wir hoffen, daß er ein Stipendium bekommt.«

Von da an kam Trevor regelmäßig zweimal in der Woche zu Großvater. Seine Mutter holte ihn öfters ab, wobei sie den Aufbruch jedesmal länger hinauszögerte, um noch mit Robert Henderson zu sprechen.

»Eine hinreißende junge Frau. Da sieht man gleich, wo der Junge den Geist her hat.«

»Du kennst doch den Vater überhaupt noch nicht. Ich verstehe zwar nicht besonders viel von akademisch geschulten Hirnen, aber er kommt mir für die Leute in dieser Gegend ein wenig zu clever vor, wenn auch nur die Hälfte davon stimmt, was ich von ihm gehört habe.«

Robert wirkte wieder sehr verschlossen. »Darüber kann ich nichts sagen. Nur das eine: Ich verspüre keine große Lust, James Wood kennenzulernen. Sein Ruf stempelt ihn zum Widerling. Vielleicht unverdientermaßen, aber Tatsache ist jedenfalls, daß sich der Junge vor seinem Vater fürchtet. Wenn er über ihn spricht, gerät er fast in Panik. Und auch die Frau sieht nicht wie eine glückliche Ehefrau aus.«

»Allerdings scheint mit ihr etwas nicht zu stimmen. Ich kann zu ihr keinen persönlichen Kontakt finden. Sie ist so entsetzlich zurückhaltend.«

»Diese Scheu entspringt eher ihren Lebensumständen, als daß sie ihrer eigentlichen Natur entspräche. Ich kann mir vorstellen, daß sie früher ein glückliches, hübsches Mädchen war.«

Schön und glücklich? Ja, das konnte auch Jill sich vorstellen, wenn sie es recht bedachte. Aber das mußte schon lange her sein, zu einer Zeit, als sie mit Alan Reid gemeinsam aufgewachsen war. Die Phantasie ging mit Jill durch, und sie dachte an eine Liebesgeschichte. Rachel hatte dann wohl die wahre Liebe im Stich gelassen, vielleicht, weil sie ihr in der Gestalt von Alan Reid nicht attraktiv genug verkörpert war, und diesen Farmer geheiratet, den niemand leiden konnte.

Ihre Gedanken kreisten des öfteren um Wood, und als er einige Tage nach diesem Gespräch in der Bibliothek erschien, betrachtete sie ihn mit unverhohlener Neugierde. Diesen stattlichen, gutaussehenden Mann hätten die meisten jungen Mädchen einem stillen bebrillten Alan vorgezogen! Sie war stark beeindruckt von dieser blendenden Erscheinung: groß, schlank, dunkelhaarig, mit Gesichtszügen, die etwas hart und arrogant wirkten, früher aber von adonishafter Schönheit gewesen sein mußten. Auch seine Stimme empfand Jill als angenehm, als er nach seinem Sohn fragte.

»Trevor ist bei meinem Großvater«, antwortete Jill. »Könnten Sie bitte hinübergehen und ihn selbst abholen, ich bin im Moment sehr beschäftigt.« Und das stimmte tatsächlich, denn die Bibliothek war gerade gut besucht. Außerdem wollte sie, daß Robert selbst sah, daß dieser Mann mit dem schlechten Ruf überhaupt nichts Düsteres an sich hatte und obendrein noch blendend aussah.

Aber da hatte sie sich getäuscht, wenn sie angenommen hatte, daß Robert Henderson seine Meinung über Wood ändern würde. Großvater mochte Trevors Vater trotzdem nicht.

»Du mußt doch zugeben, daß er toll aussieht und eine angenehme Stimme hat«, verteidigte Jill den unbeliebten Farmer.

»Da gebe ich dir recht. Nur beeindruckt mich seine äußere Erscheinung nicht im geringsten. Seiner Ausdrucksweise nach zu urteilen, hat er sogar eine gute Schule besucht oder kommt aus einer Familie, in der man auf solche Vorzüge Wert legte. Oberflächlich betrachtet ist er ein ganz annehmbarer Bursche.«

»Also, was hast du dann gegen ihn?«

»Daß er offensichtlich ein Tyrann ist. Seine Stimme ist ganz und gar nicht sanft, wenn er mit seinem Sohn spricht, und Trevor fürchtet sich vor ihm. Der Junge ist in seiner Anwesenheit total verängstigt.«

»Vielleicht verärgert ihn die Nervosität des Kindes. Er ist gewiß nicht der Typ, der dafür Verständnis aufbringt. Und die Stotterei macht bestimmt auch andere Leute nervös.«

»Trevor reagiert aber auf ihn noch bedeutend nervöser als bei irgendeinem anderen Menschen. Und er vermeidet es auch bewußt, von seinem Vater zu sprechen. Da ich ihn dazu nie drängen würde, hatte ich bis neulich, wo ich die beiden zusammen erlebt habe, nur vage Vermutungen ... Aber ich muß zugeben, daß Wood auch seine Vorzüge hat – vor allem Frauen gegenüber«, setzte Großvater boshafter- und völlig überflüssigerweise hinzu.

»Nicht in Shepherd's Crossing. Hier ist er unbeliebt. Er tut mir richtig leid. Seine Frau liebt ihn nicht, und sein Sohn fürchtet ihn. Nicht sehr erhebend für einen Mann.«

»Und das um so weniger, als er selbst daran schuld ist. Allerdings werden wir ihn nicht oft zu Gesicht bekommen. Zum Glück hat er nichts dagegen, daß der Junge auch weiterhin zum Unterricht zu mir kommt.«

Der häufigste Gast bei den Hendersons aber war – zu Jills großer Überraschung – Matthew Webster. Mit dem Sonntagsmahl hatte es begonnen. »Oder vielmehr mit Evelyns Ziegenbaby«, wie Jill meinte. Und nun waren die beiden Männer gute Freunde geworden. Immer häufiger rief Matthew den alten Herrn an und schlug ihm vor, ihn auf seinen Fahrten zu begleiten.

»Haben Sie Lust zu einem Ausflug, Sir?« pflegte er fröhlich zu fragen. »Es ist ein schöner Tag, und ich habe zwei oder drei Visiten auf dem Lande, ziemlich weit weg von hier. Ich wäre froh über eine Begleitung.«

Robert war dann regelrecht in Ferienstimmung, wie Jill bemerkte. Meistens fuhren Matthews beide Hunde mit, auf jeden Fall aber sein großer Boxer Butler.

»Warum kutschiert er denn diesen Riesenkerl ständig in der Gegend herum?« fragte sie einmal ihren Großvater. »Ist er sein Lieblingshund?«

»Nicht unbedingt. Er liebt beide Hunde gleichermaßen. Webster liebt überhaupt alle Tiere, aber er hat etwas gegen Leute, die ihre Haustiere verhätscheln und überfüttern. Diese Verwöhnung bezeichnet er als Grausamkeit und nicht als Tierliebe.«

»Ach du liebe Güte, wir sollten auch auf Cuthberts Taille achten.«

»Cuthbert ist ganz in Ordnung. Webster mag nur nicht diese idiotische Angewohnheit, die Tiere mit kleinen Häppchen vom eigenen Essen zu füttern. Cuthbert und George haben täglich eine ordentliche Mahlzeit, wie es sich gehört.«

»Aber der Boxer ist trotzdem ein Bulle von einem Kerl. Hält Matthew ihn nicht für zu dick?«

»Nein. Du hast ihn bisher nur immer im Auto gesehen. Er ist stämmig, aber nicht fett. Außerdem ist er äußerst nützlich.«

»Nützlich? Er sieht so gutmütig aus, daß man meinen könnte,

er würde einen Dieb höchstens noch ins Haus hereinbitten und ihm eine Tasse Tee anbieten.«

»Ich meinte nicht als Wachhund. In der Beziehung ist der Labrador mehr auf Draht. Aber Webster meinte neulich, der Hund verdiente glatt ein Gehalt. Für seine Praxis ist er unentbehrlich.«

»Wie meinst du das? Wie kann er Matthew helfen?«

»Nun ja«, antwortete Großvater zögernd, um seine Enkelin noch weiter auf die Folter der Neugierde zu spannen. »Dieser Hund ist eine transportable Blutbank ... Das meine ich ernst. Wenn ein Hund verunglückt und Blut braucht, dann ist Butler zuständig. Er hat genügend Blut und gibt es liebenswürdigerweise auch noch her. Ich habe es neulich mit eigenen Augen gesehen.«

Jill staunte ungläubig. »Ist das nicht grausam, den armen Kerl so zu quälen?«

»Offensichtlich ist er daran gewöhnt, so daß es ihm nicht viel ausmacht. Webster erzählte, daß er manchmal seine Pfote freiwillig zur Blutentnahme ausstreckt, was ich allerdings für eine Übertreibung halte. Gewiß, er spendet Blut und sieht dabei blendend aus. Das kann ich bestätigen. Es schadet ihm nicht.«

»Nun, das klingt ja phantastisch. Matthew sollte sich lieber eine eigene Blutbank für Hunde zulegen und nicht ständig den armen alten Kerl plagen.«

»In seiner Praxis hat er selbstverständlich eine Blutbank, aber Butler ist für Notfälle zuständig. Wie Webster mir sagte, hat er mit Butlers Blut schon mehrere Hundeleben gerettet. Ein äußerst nützlicher Hund.«

»Der Beruf des Tierarztes ist schon was, nicht wahr? Über die Ausbildung hinaus mußt du dir ständig etwas einfallen lassen ... Eine Blutbank für Hunde ... Ja, ich glaube, das wäre richtig. Wie steht es mit den Katzen?«

»Danach habe ich Webster auch schon gefragt, und er meint,

daß das schwieriger ist. Er hat keine. Aber im Notfall springt Butler ein. Allerdings nur einmal bei jeder Katze. Eine Wiederholung ginge nicht. Falls unser George also zwei Infusionen brauchen sollte, könnten wir nur für eine Butler bemühen. Die zweite Spende müßte von einer gefälligen Katze stammen.«

»Ich kann mir nicht vorstellen, wie eine Katze gefällig sein kann . . . Aber die Idee, Butler einzuspannen, ist großartig. Kein Wunder, daß Matthew ihn überallhin mitschleppt. Der große gutmütige Hund als Lebensretter! Er müßte eine Medaille bekommen!«

Für gewöhnlich blieb Großvater im Auto, wenn Matthew die Farmen besuchte. Aber manchmal, wenn ihn der Farmer eigens dazu einlud, ging er mit hinein und sah dem Tierarzt bei der Behandlung seiner vierbeinigen Patienten zu. Unweigerlich zog dies noch eine Einladung zum Tee nach sich, und Roberts Bekanntenkreis erweiterte sich zusehends. Er war sehr beliebt, und sein Ruf als ›Professor für irgendwas‹ schüchterte seine neuen Freunde keineswegs ein. »Hirn oder kein Hirn«, sagte einmal ein Farmer, »ich kann das nicht beurteilen. Auf jeden Fall ist er ein guter alter Kerl.«

Jill sonnte sich in der Beliebtheit ihres Großvaters, und indem sie sein jetziges Leben mit seinem früheren, sehr zurückgezogenen Vorstadtdasein verglich, stellte sie fest, daß es abwechslungsreicher und menschlich reicher geworden war. Sicherlich konnten ihn jetzt seine ehemaligen Kollegen nicht mehr besuchen, es sei denn der Zufall führte den einen oder anderen mal auf der Durchreise nach Shepherd's Crossing. Fachgespräche über die Schule und Erziehungsprobleme waren seltener geworden, dafür traf er nun Menschen, die in ihrem Denken ursprünglicher und unkonventioneller waren und ihn mit ihren neuen Ideen überraschten.

Beim gemeinsamen Sonntagessen sagte Jill einmal scherzhaft:

»Und ich dachte damals, ich hätte dich nicht in dieses kleine Nest bringen und dir das Landleben aufbürden dürfen – abgeschnitten von deinem intellektuellen Bekanntenkreis.«

»Mir wäre lieber, du gingest mit dem Begriff ›intellektuell‹ nicht so fahrlässig um. Dazu ist er schon zu abgenutzt, und mein Leben in Auckland als intellektuell zu bezeichnen, hieße mit diesem Wort Schindluder treiben. Ich hatte Glück, dort einige interessante Freunde zu haben. Und jetzt habe ich wieder Glück, daß ich hier ebenso viele gefunden habe.«

»Übrigens scheint Rachel Wood auch schon dazuzugehören. Sie mag dich mehr als mich.« Und zu Matthew gewandt fuhr sie fort: »Sie, Matthew, müßten doch James Wood ziemlich gut kennen. Stimmt es wirklich, daß er unehrlich ist?«

»Das weiß ich nicht. Die Gerüchte gehen jedenfalls in diese Richtung, und es gab ein oder zwei unglückliche Affären, besonders die seltsame Verwechslung seiner Rinder mit denen von Alan Reid.«

»Reid hat mir gegenüber nie ein Wort über diese Geschichte verloren, aber das alles geschah ja, bevor wir hierher kamen.«

»Er würde auch nie darüber sprechen. Er ist ein anständiger Kerl und sieht in jedem Menschen das Gute. Aber die anderen Leute denken da natürlich anders.«

»Haben Sie mit Wood viel zu tun?« fragte Jill. »Aus irgendeinem Grund interessiert er mich. Vielleicht ärgert mich nur, daß ich zu seiner Frau keinen Kontakt finde und daß sie Großvater offensichtlich lieber mag. Sie gehört zu den wenigen Lesern der Bücherei, die ich immer noch nicht kenne. Sie bringt ihre Bücher mit ein paar unpersönlichen Bemerkungen zurück, und das ist alles. Aber natürlich nicht, wenn Alan Reid in der Bibliothek ist, da lebt sie geradezu auf. Plötzlich ist sie ein ganz anderer Mensch, und ich frage mich oft, ob die beiden mal etwas miteinander hatten.«

Jeder Zoll an Robert Henderson war unversehens der alte

Schulmeister, als er seine Enkelin streng zurechtwies: »Mein liebes Mädchen, deine Zunge geht mit dir durch. Es wäre schade, wenn die Bibliothek zum Marktplatz würde ... Mrs. Wood und Reid sind alte Freunde. Natürlich erinnern sie sich gern an jene glücklicheren Tage.«

Jill wurde rot. »Aber, Großvater, du tust ja, als wäre ich die Dorfklatschbase. Ich meinte doch nur, daß mir aufgefallen ist ...«

»Ganz egal, was du bemerkt hast. Als Bibliothekarin hast du eine Vertrauensstellung. Alles, was in der Bibliothek geschieht, darfst du nicht draußen herumtratschen.«

»Aber ich habe doch nur mit Matthew gesprochen.« Jill hatte plötzlich Tränen in den Augen, und Matthew fuhr schnell dazwischen.

»In Wirklichkeit, Sir, genießt Jill den Ruf, daß sie keinen Klatsch duldet. Das ist auch das einzige, was die Leute im Dorf an ihr auszusetzen haben. Man sagt ihr nach, daß sie nie weiß, was vor ihren Augen sich abspielt. ›Sie plaudert nie über die Nachbarn‹, beklagte sich einmal eine Frau. Und was sie vorhin gesagt hat, bleibt unter uns, auch ich kann schweigen. Gehört sozusagen zu meinem Beruf ... Also, Jill, Sie haben mich vorhin gefragt, ob ich viel mit Wood zu tun habe. Selbstverständlich muß er mich ab und zu kommen lassen, wenn er mit seinen Tieren Probleme hat. Ich bin hier in der Gegend der einzige Tierarzt. Aber er tut es nur widerwillig, denn er mag mich nicht.«

Jill wollte fragen, was Matthew denn diesem unbeliebten Zeitgenossen Schlimmes angetan hatte, aber sie war von Roberts Tadel trotz Matthews dankenswerter Verteidigung noch so eingeschüchtert, daß sie es nicht wagte. Großvater hatte sie kaum jemals so angefahren, und sie war sicher, daß hinter dieser Sache mehr steckte. Reid hatte sich ihm möglicherweise anvertraut – oder vielleicht Rachel Wood? Auf jeden Fall wußte dieser alte Heimlichtuer mehr als sie, und das war wirklich ärgerlich.

Dann lächelte sie über die eigene Erbitterung und über ihren verletzten Stolz. Warum sollten denn eigentlich die Leute bei ihr das Herz ausschütten? Möglicherweise würde sie dadurch nur noch neugieriger. Vielleicht würde sie sich dann so weit engagieren, daß sie sich in das Leben ihrer Mitmenschen hineindrängte, ihnen mit ihren Ratschlägen lästig wurde. Und das haßte sie.

Also schwieg sie und war froh, daß Robert die Frage stellte: »Was haben Sie James Wood denn getan?«

Matthew lachte. »Das ist eine alte Geschichte. Spielte sich vor acht Jahren ab, als ich hierherkam. Ich war ein frischgebackener Doktor ohne große Berufserfahrung. Sie wissen, wie einige Farmer über Tierärzte denken: reine Theoretiker, die im praktischen Leben versagen. Jetzt stirbt dieses Vorurteil langsam aus, aber wir spüren es dennoch gelegentlich. Damals zumindest spukte es in den Gemütern der Farmer herum.«

»Erzählen Sie uns darüber«, drängte ihn Jill und vergaß dabei ihren gerade gefaßten guten Vorsatz, nur ein stummer Beobachter des Lebens zu sein.

Zu ihrer großen Erleichterung hatte Großvater seinen üblichen Gleichmut wiedergefunden und unterstützte jetzt ihre Bitte.

Matthew zögerte, bevor er fast unwillig zu erzählen begann. »Ich bin nicht besonders stolz auf die Geschichte, aber ich muß hinzufügen, daß ich damals ein wenig gereizt war, nachdem mich die Farmer so kühl empfangen hatten. Dieser Bezirk ist altes Siedlungsgebiet, und vor acht Jahren waren die meisten Farmen noch nicht an die Söhne der alten Siedler übergeben. Heute ist das anders, aber natürlich kann man auch jetzt nicht erwarten, mit jedermann gut auszukommen, und Wood mag mich einfach nicht. Es muß seinen Stolz und seinen Geldbeutel kränken, wenn er nach mir schickt.«

»So erzählen Sie doch, Matthew. Reden Sie nicht um den heißen Brei herum, sondern kommen Sie zur Sache«, drängelte Jill.

»Nun, wie ich schon sagte, ich hatte hier gerade meine Praxis eröffnet, als Wood mich kommen ließ, um nach einer seiner Kühe zu sehen. Im Stall waren noch drei oder vier andere Männer, als ich ankam, und später erfuhr ich, daß Wood seine Freunde eingeladen hatte, damit sie ihren Spaß hätten, wenn er den jungen Tierarzt auf den Arm nähme. Die Kuh war nur noch Haut und Knochen, also fragte ich Wood, seit wann sie so abgemagert wäre. Stellen Sie sich meine Überraschung vor, als er sagte: ›Seit drei Tagen‹.«

»Drei Tage? Aber das ist unmöglich«, warf Robert ein.

»Natürlich war es unmöglich. Deshalb dämmerte es mir auch bald, daß er und seine eigens dafür bestellten Freunde sich über mich lustig machen wollten. Als ich dann auch noch sah, wie er seinen Freunden heimlich zublinzelte, war ich ehrlich erbost.«

»Sind Sie sehr wütend geworden?« fragte Jill voller Mitgefühl.

»Ich habe es mir nicht anmerken lassen, aber innerlich kochte ich. Also nahm ich mir eine Kiste und setzte mich hin. Dann brachte ich es fertig, mir eine Zigarette zu drehen und anzuzünden, ohne daß meine Hände zitterten, und begann zu rauchen. Wood trat zurück und sah die anderen an. Die waren aber offensichtlich genauso verdutzt wie er selbst. Schließlich sagte er ärgerlich: ›Ich habe Sie nicht geholt, daß Sie sich hersetzen und rauchen. Wollen Sie nichts unternehmen?‹ Ich antwortete so liebenswürdig ich eben konnte: ›Nein, ich werde nichts unternehmen, sondern lediglich hier sitzen und die Kuh beobachten.‹ ›Beobachten? Wie meinen Sie das?‹ Ich antwortete eiskalt: ›Ich denke, wenn sie in drei Tagen bis aufs Gerippe abgemagert ist, dann kann es sich ja nur um Minuten handeln, daß sie sich in Luft auflöst, und das möchte ich mitansehen.‹«

Jill und ihr Großvater lachten herzlich, doch Matthew setzte seine Selbstanklage fort. »Das war ein böser Scherz, aber ich war sehr wütend und damals noch nicht selbstsicher genug, um das Ganze mit Humor zu tragen.«

»Da bin ich aber gar nicht Ihrer Meinung«, entgegnete Robert entschieden. »Der Mann hat schließlich alles getan, um Sie vor seinen Freunden zu blamieren. Also konnte er sich kaum beklagen, als Sie den Spieß umdrehten.«

»Trotzdem wird er sich maßlos geärgert haben«, gab Jill zu bedenken. »Er muß sich vor seinen Freunden ganz schön dumm vorgekommen sein ... Ich kann mir denken, daß er keine große Lust hat, Sie zu rufen, wenn eines seiner Tiere krank wird. Übrigens, stimmt es, daß er ein guter Farmer ist und sehr wohlhabend?«

»Ja, das ist wahr. Er ist ein ausgezeichneter Farmer. Er versteht etwas vom Land, und sein Viehbestand ist erstklassig«, gab Matthew großzügigerweise zu. »Deshalb werde ich auch selten hingerufen. Neulich war ich seit langer Zeit wieder einmal draußen. Es war ziemlich unangenehm.«

»Warum?« fragte Jill neugierig. Den Tadel ihres Großvaters hatte sie nun vollends vergessen.

Matthew zögerte. »Wenn *ich* über meinen Beruf spreche, ist es ein schlimmerer Vertrauensbruch, als wenn Sie über die Vorkommnisse in Ihrer Bibliothek plaudern. Ein Tierarzt ist eben auch ein Arzt und muß über manche Dinge schweigen können. Allerdings war dieser Besuch bei den Woods mehr privater als beruflicher Natur. Aber nach der Verwarnung von Mr. Henderson sollten wir lieber das Thema wechseln.«

Aber Robert reagierte jetzt ganz und gar nicht mehr schulmeisterlich streng. »Mein lieber Webster«, sagte er freundlich. »*Wir* können auch Geheimnisse bewahren. Ich gebe zu, daß ich selbst an jener Familie interessiert bin, und Jill hat sich ja mit ihrer Neugierde schon reichlich unschicklich benommen. Hier im privaten Kreis können wir uns über solche Dinge unterhalten, ohne daß andere Leute etwas davon erfahren. Wenn es den Jungen betrifft, so wäre ich sogar dankbar, wenn Sie mich aufklären könnten. Der Junge liegt mir am Herzen, und ich habe bemerkt, daß seine Leistungen in der letzten Woche stark nachgelassen haben.«

»Also, dann gut. Es ging wirklich um den Jungen. Er schien ein Gatter aufgelassen zu haben, und Woods Hengst war ausgerückt. Der arme kleine Kerl versuchte den Hengst wieder einzufangen, und trieb gemeinsam mit seinem Hund das kostbare Pferd einen Abhang hinunter, wobei es sich am Bein verletzte. Wood ließ mich rufen, doch zuvor erschoß er in seiner Wut den Hund. Als ich nach diesen tragischen Ereignissen eintraf, war der Junge todunglücklich.«

»Den Hund erschossen!« rief Jill entsetzt. »Aber warum hat er das getan? War der Hund bösartig und eine Gefahr für die Rinder?«

»Im Gegenteil. Er war ein gutmütiger kleiner Bastard, der den Fehler begangen hatte, das Pferd in die falsche Richtung zu treiben, weil er vielleicht seinen kleinen Herrn vor dem Riesenhengst schützen wollte. Was wissen wir schon, was in so einer Hundeseele vor sich geht? Der Hund war jedenfalls nie zum Viehtreiben eingesetzt und kümmerte sich überhaupt nicht um die anderen Tiere auf der Farm. Er hing an Trevor, und Trevor hing an ihm. Als ich die Farm erreichte, war der Junge verzweifelt. Er hatte mitangesehen, wie sein Vater seinen besten Freund erschoß.«

Großvater war erschüttert. »Woher wissen Sie das alles?« fragte er nach einer Weile, und Jill beobachtete, wie seine Hand Cuthbert suchte, der aufgestanden war und leise winselte, als hätte er die Worte verstanden.

»Ich fand den Jungen zusammengekauert in der Garage, den toten Hund in seinen Armen. Dem Hund war nicht mehr zu helfen, also half ich dem Jungen, ihn zu begraben.«

»Und dann gingen Sie hoffentlich zu diesem abscheulichen Vater«, rief Jill empört aus.

Aber Robert, der weniger impulsiv als seine Enkelin reagierte, schüttelte den Kopf. »Dazu ist Webster zu klug«, sagte er leicht vorwurfsvoll.

Matthew nickte mit dem Kopf und sah nicht sehr glücklich aus. »Zu klug oder zu vorsichtig. Ich wünschte, ich wüßte, was mich davon abhielt. Gewiß, Trevor bat mich, nichts zu sagen, und, um bei der Wahrheit zu bleiben, ich hatte das Gefühl, daß ich mich da nicht einmischen durfte. Nach der kleinen Beerdigung sprach ich noch eine Weile mit Trevor, bis ich mich so weit gefangen hatte, daß ich diesem Rabenvater begegnen konnte. Ich behandelte das Pferd, das übrigens nur leicht verletzt war. Eine kleine Schnittwunde, die die ganze Aufregung, vor allem aber die gemeine Rache, überhaupt nicht rechtfertigte. Über Trevor und den Hund habe ich geschwiegen ... War nicht sonderlich mutig von mir, fürchte ich.«

Robert Henderson empfand jetzt Mitleid mit dem Tierarzt und tröstete ihn. »Eigentlich haben Sie sich richtig verhalten. Wenn Sie sich als Fremder in Familienangelegenheiten eingemischt hätten, wäre alles noch viel schlimmer geworden ... Ich selbst weiß, wie Trevor an dem Tier gehangen hat – wie oft erzählte er von seinem Hund! –, aber auch ich kann nichts tun, außer ihn mit einigen guten Büchern ablenken. Das ist nicht viel, aber vielleicht ein kleiner Trost. Ich bin Ihnen dankbar, daß Sie mir diese unerfreuliche Geschichte erzählt haben.«

»Aber was ist das für eine Mutter?« fragte Jill erbost. »Warum ist der Junge nicht mit seinem Kummer zu ihr gelaufen? Warum hat nicht sie das Kind getröstet? Ich halte nicht viel von einer Frau, die in einer solchen Situation nicht zu ihrem Kind steht.« Es bestand kein Zweifel, daß Jill gegenüber Rachel Wood voreingenommen und jetzt schadenfroh war, daß sie endlich einen Fehler an ihr entdeckt hatte.

»Mrs. Wood hat Angst vor ihrem Mann – mehr um des Kindes als um ihrer selbst willen. Als sie an die Tür kam, sah ich sofort, daß sie geweint hatte. Sie fragte mich, ob ich Trevor gesehen hätte, und ich berichtete ihr von unserem kleinen Begräbnis. ›Danke, vielen Dank‹, stammelte sie unter Tränen. ›Ich fürchtete mich, zu ihm zu gehen und ihm zu helfen, aber jetzt wird er zu mir kommen . . . Aber sprechen Sie um Himmels willen darüber nicht mit meinem Mann, das verschlimmert nur alles‹, fügte sie hinzu. Dann riß sie sich mit Gewalt zusammen und lud mich zum Tee ein, was ich, wie Sie sich denken können, unter jenen Umständen ablehnte.«

»Ich kann eine Mutter nicht ausstehen, die zu feige ist, ihr eigenes Kind zu verteidigen«, schimpfte Jill. »Und überhaupt ist das die übelste Geschichte, die ich jemals gehört habe. Dieser Mann muß ja ein Ekel sein. Den Hund eines Kindes zu erschießen! – Vielleicht seinen einzigen Freund.«

»O ja, seinen einzigen Freund«, stimmte Henderson traurig zu. »Sie hingen sehr aneinander.« Und dann wurde er plötzlich wütend, und Jill sah im Gesicht ihres sonst so beherrschten Großvaters zum erstenmal den Ausdruck ehrlichen Zorns. »Den Hund vor den Augen des Jungen zu erschießen . . .«

7

An einem schönen Novembernachmittag war Robert Henderson gerade mit Matthew von einer Fahrt aufs Land zurückgekehrt, als Jill die Bibliothek schloß. »Bleiben Sie zum Abendessen«, lud sie Matthew freundlich ein. »Es wird kurz nach sechs Uhr fertig sein, und Sie können doch beim Auftragsdienst unsere Nummer angeben.«

Er lächelte einigermaßen belustigt. »Sollte man das nicht allmählich als Schmarotzerei bezeichnen? Es wird schon langsam eine Gewohnheit. Ich war doch erst vor vier Tagen bei Ihnen zum Essen eingeladen.«

»Wirklich?« fragte sie scheinheilig, obwohl sie es nicht vergessen hatte. »Nun, warum auch nicht? Großvater wird erfreut sein, wenn Sie bleiben.«

›Und ich auch‹, verkniff sie sich hinzuzufügen. Schließlich war sie sich ihrer Sache überhaupt noch nicht sicher. Wenn sie erst einmal ein Auge auf ihn geworfen haben würde, wie Großvater diesen Vorgang so treffend zu beschreiben pflegte, würde sie keine Zeit verlieren und sich nicht überflüssigerweise zieren. Im Moment aber war sie sich über ihre Gefühle überhaupt noch nicht im klaren, und im übrigen hatte sie immer verkündet, sie wolle einen Farmer heiraten.

Sie hatten kaum ihren Kaffee getrunken, als die Uhr siebenmal schlug und das Telefon läutete.

»Das ist bestimmt für Sie«, sagte Jill und gab ihm den Hörer. »Gottlob haben Sie wenigstens in Ruhe essen können.«

Er hatte es plötzlich sehr eilig, nachdem er den Hörer aufgelegt hatte. »Ich muß sofort aufbrechen. Es tut mir leid, aber es ist dringend – ein Notfall.«

»Was ist passiert? Kann ich vielleicht helfen?«

»Helfen? Ja, möglicherweise. Es geht um ein Fohlen, sogar um ein sehr wertvolles ... Der Besitzer ist nicht zu Hause, und den Stall versorgt ein einziger Mann. Außerdem ist noch eine Stute trächtig und kann jeden Augenblick niederkommen, so daß Ambler voll ausgelastet ist. Er macht sich große Sorgen, und das ist kein Wunder, wo doch sein Boss in Australien ist. Das ist übrigens Owens, dessen Gestüt etwa zwanzig Meilen außerhalb der Siedlung liegt. Normalerweise hätte er ja nicht alles stehen und liegen gelassen und wäre abgereist, aber seine

Mutter in Australien ist schwer erkrankt, deshalb habe ich ihm versprochen, nach dem Rechten zu sehen.«

»Und was ist jetzt schiefgegangen?«

»Es geht um Golden Aprils Fohlen, das vor zwei Tagen geboren wurde. Es ist ein Halbbruder von dem ausgezeichneten Hengst, der in der letzten Saison das große Landesrennen gewonnen hat – der Kerl ist eine Stange Geld wert. Das kleine Fohlen muß ziemlich krank sein. Ambler ist äußerst besorgt. Er sagt, daß der Bauch des Tieres aufgebläht sei. Wir müssen uns beeilen, wie immer, wenn Pferde krank sind. Sie sind nicht wie Menschen. Wenn sie Schmerzen haben, wälzen sie sich furchtbar herum und können viel Schaden anrichten.«

»Ein geschwollener Bauch«, sagte Großvater nachdenklich. »Hoffentlich ist es nur eine Kolik. Das könnte doch sein, nicht wahr?«

»Ja, das wäre möglich. Aber mein Gefühl sagt mir etwas anderes. Ich habe mich zu früh gefreut, als vorgestern bei der Geburt alles so glatt ging . . . Auf jeden Fall, ich bin schon unterwegs, und falls noch ein anderer Anruf kommt – was Gott verhüten möge! – sagen Sie bitte, Mr. Henderson, daß ich in Owens Gestüt zu erreichen bin. Ihr Angebot mitzukommen nehme ich dankend an, Jill. Ambler wird alle Hände voll zu tun haben, und man kann nie wissen. Vielleicht können Sie wirklich helfen«, bemerkte er zum Schluß nicht übermäßig galant, schob sie ins Auto und raste davon.

Um neunzehn Uhr dreißig erreichten sie die Farm. Auf dem Weg zu den Pferdeställen sagte Matthew: »Owens legt großen Wert auf dieses Fohlen. Er hat nur so wenige Stuten, und selten sah ich ein prächtigeres Exemplar als dieses Fohlen. Hoffen wir, daß es nicht ernsthaft erkrankt ist.« Er stieß die Stalltür auf.

Der Stall war modern, gut beheizt und beleuchtet. Die Stute stand sehr ruhig, sie hatte den Kopf gesenkt und schnupperte an ihrem kranken Fohlen, das neben ihr lag. Ein Blick genügte, um die Schwellung des Bauches zu erkennen, von der Ambler gesprochen hatte.

Matthew sah besorgt aus, meinte aber trotzdem: »Wir werden den kleinen Kerl eine Weile beobachten und ihn auf eine Kolik behandeln.«

Die beiden Männer nahmen das Fohlen auf den Schoß und gaben ihm Öl und andere Mittel gegen Kolik. Dann setzte sich Matthew auf eine Kiste und ließ das Tier nicht aus den Augen. Jill hockte sich auf eine andere Kiste und kämpfte gegen die Versuchung, ihn durch Sprechen abzulenken. Die Zeit verging langsam, und sie dachte im stillen, wie versunken er doch ist! Und sie bezweifelte, ob ihm überhaupt bewußt war, daß sie neben ihm saß, ebenso allein und in Sorge um diese arme Kreatur.

Um einundzwanzig Uhr stellte Matthew endgültig fest, daß seine Mittel nicht geholfen hatten. »Es ist keine Kolik, Ambler«, sagte er ernst, und der Stallknecht, der das Tier ebenfalls beobachtet hatte, schien in panische Angst zu geraten.

»Ich hätte es eher erkennen sollen, aber ich war so mit den beiden Stuten beschäftigt . . . Das Fohlen sah doch schon wieder recht munter aus.« Ambler schien sich Vorwürfe zu machen.

»Ich weiß nicht, was ihm fehlt, aber ich fürchte, wir müssen unverzüglich operieren. Ich werde versuchen, noch einen Tierarzt aufzutreiben – Wilson aus Wardston vielleicht, wenn er nicht unterwegs ist.«

»Aber hier operieren?« Der Mann war beunruhigt.

»Nein, ich werde das Fohlen in meine Praxis mitnehmen. Dort habe ich alles Nötige für eine Operation, und wenn wir den Rücksitz herausnehmen, können wir unseren kleinen Patienten mit meinem Auto transportieren, das heißt, wenn Sie bei ihm sitzen und ihn festhalten«, wandte er sich nun an Jill, an die er sich plötzlich wieder zu erinnern schien.

»Selbstverständlich ... Soll ich versuchen, Mr. Wilson zu erreichen?« versuchte sich Jill nützlich zu machen.

»Das wäre lieb von Ihnen, obwohl ich nicht viel Hoffnung habe, daß er zu Hause ist. Wenn wir ihn nicht erreichen, dann müssen Sie eben assistieren, Jill. Ambler kann die Stuten nicht allein lassen.«

Jill nickte wortlos und ging zum Telefon. Wie Matthew vermutet hatte, war Wilson weder zu Hause noch in seiner Praxis. Sie war bedrückt, als sie mit der Hiobsbotschaft zurückkam, vermied es aber, sich ihre Angst anmerken zu lassen – die Angst vor dem, was auf sie zukommen sollte.

»Am besten machen wir es so, daß Sie zuerst einsteigen, Jill. Dann reichen wir Ihnen das Fohlen hinein«, schlug Matthew vor. Plötzlich aber schienen ihm Bedenken zu kommen. »Sie sind doch hoffentlich nicht zimperlich und schreien hysterisch, wenn Sie Blut sehen«, erkundigte er sich vorsichtig.

»Natürlich nicht«, behauptete Jill selbstsicher, hoffte aber im stillen, daß dies auch der Wahrheit entsprach. Sie stieg ein, und Matthew gab ihr vorsichtig das kleine Fohlen, wobei er ihr zeigte, wie sie es am besten hielt, um ihm Schmerzen zu ersparen. Bevor er selbst einstieg, beruhigte er noch Ambler, der sehr in Sorge war. Dann fuhr er vorsichtig an und beschleunigte allmählich auf eine Geschwindigkeit, die er den ganzen Weg durchhalten konnte, ohne das Tier durch häufiges Bremsen großen Erschütterungen auszusetzen.

Er drehte sich auf der Fahrt kein einziges Mal zu Jill und dem Fohlen um, sprach nichts, und nach einer guten halben Stunde erreichten sie die Praxis.

Jill war sehr aufgeregt und überlegte sich die ganze Zeit, ob sie einer solchen Aufgabe überhaupt gewachsen sein würde, ob sie wirklich eine Hilfe sein konnte.

»Während ich alles für die Operation vorbereite, versuchen Sie bitte noch einmal, Wilson zu erreichen«, bat Webster, nachdem sie angekommen waren. »Falls er endlich zu Hause ist, bitten Sie ihn, so schnell wie möglich herzukommen. Wenn Sie ihn nicht erreichen, rufen Sie Ihren Großvater an, und sagen Sie ihm Bescheid, daß wir hier sind. Und, Jill, sagen Sie ihm, daß es heute spät wird.«

Sie ließ Webster mit dem Fohlen allein und ging zum Telefon. Großvater nahm sofort ab und erkundigte sich gleich nach dem Fohlen. Er war über die Nachricht entsetzt und sagte von sich aus, daß er sie spät zurückerwarte. Jill freute sich über sein Verständnis und sagte noch: »Wenn ich den Tierarzt aus Wardston endlich erwische, komme ich sofort nach Hause. Sonst kann es Stunden dauern.« Dann legte sie auf.

Wie zu erwarten gewesen war, konnte sie bei Wilson wieder nichts ausrichten. Er war noch immer unterwegs, und außerdem warteten schon zwei dringende Fälle auf seine Rückkehr. Sie brachte Matthew die Nachricht. Er nickte. Offensichtlich hatte er von vornherein nicht viel Hoffnung gehabt.

»Dann müssen Sie also einspringen, Jill. Sie dürfen nicht nervös werden, ich werde Ihnen genaue Anweisungen geben. Zuerst braucht unser kleiner Patient eine Narkose.«

Das Fohlen lag auf dem Operationstisch, und Jill beobachtete Webster fasziniert – und nicht ohne Angst –, wie er die sterilisierten Instrumente zurechtlegte. Dann traf er die Vorbereitungen für eine Vollnarkose. »Ich werde ihm jetzt eine Spritze geben. Die Nadel bleibt gleich in der Vene für die Tropfeninfusion. Achten Sie auf diesen Schlauch. Es darf nicht zu schnell tropfen.«

»Wie kann ich die Geschwindigkeit regulieren?«

»Hier ist eine Klammer. Wenn die Infusionslösung zu schnell tropft, drehen Sie die Klammer ein wenig ... Im Moment ist die Geschwindigkeit in Ordnung.«

Jill stellte sich neben den Ständer, an dem die Flasche mit der Infusionslösung hing, und starrte angespannt auf den Schlauch, um im Notfall rechtzeitig die Klammer zu drehen. Sie sprach kein Wort und hoffte, daß Matthew das Pochen ihres Herzens nicht hören konnte.

Sobald die Narkose voll wirksam war, begann Matthew zu operieren. Jill drehte sich ein wenig, um Webster beim Schneiden zuzusehen, schaute aber schnell wieder weg. Es war für sie schrecklich, mitansehen zu müssen, wie er den Bauch des Tieres unterhalb der Mitte mit einem sauberen Schnitt öffnete. Kein Wort. Webster arbeitete in atemloser Stille.

Plötzlich fluchte er leise, und Jill begriff sofort, daß es schlimm um das Fohlen stand.

»Ein Blasenriß ... das habe ich befürchtet ... Hier, halten Sie mal ...«

Die folgenden Minuten verliefen für Jill so dramatisch, daß sie sich später kaum noch an Einzelheiten erinnern konnte. Sie wußte noch, daß Webster den Urin aus der Bauchhöhle absaugte und dabei murmelte: »Zu schnell ... Mein Gott, wenn ich nur mehr Zeit hätte!«

Dann schwieg er wieder. Nach einer Weile sagte er mehr zu sich selbst als zu Jill: »Es sieht nicht gut aus. Sehen Sie sich diese Eingeweide an.«

Sie wagte nicht hinzusehen, aus Furcht, sie würde vor lauter Furcht keine Eingeweide erkennen können.

»Das ist verdammt gefährlich. Das Bauchfell ist entzündet ...«

Was das bedeutete, wußte Jill, und sie war entsetzt. Eine Bauchfellentzündung konnte so ein kleines Tier unmöglich überstehen. Schweigend wachte sie über die Infusion und reichte Matthew die Instrumente, die er brauchte. Ihre Knie wurden weich, aber sie ließ sich nichts anmerken. Sie wußte, daß Webster die Bauchhöhle vom Urin gesäubert hatte und jetzt den Riß in der Blase nähte. Da bemerkte sie, daß das Fohlen immer mühsamer und unregelmäßiger atmete. Sie sah Matthew an, und ihre Blicke trafen sich.

Er war besorgt. »Sauerstoffmaske ...«, sagte er kurz, und als er Jills Angst bemerkte, fragte er sie: »Haben Sie diese Dinger schon mal gesehen? Eine großartige Erfindung.« Er sprach im Plauderton, um sie abzulenken, und stülpte unterdessen dem Fohlen eine kleine Maske über die Nase und zog eine Schnur fest.

»Wofür ist die Schnur?« fragte Jill.

»Reguliert die Sauerstoffzufuhr, zwanzig Minuten lang. Nicht nötig zu kontrollieren.«

Darüber war sie froh. Es gab genug, worauf sie achten mußte, ohne auch noch im Eiltempo eventuell eine komplizierte Regulierung der Sauerstoffzufuhr zu erlernen.

Der Atem ging immer noch mühsam, und Matthew spritzte ein Kreislaufmittel. »Das mag helfen, aber ich weiß es nicht«, sagte er, und Jill sah, daß er sehr besorgt war. Trotzdem operierte er weiter und nähte die Wunde zu. Als die Bauchdecke geschlossen war, schaute er auf die Uhr. Es war ein Viertel vor zwölf. Fast drei Stunden hatte die Operation gedauert. Aber Gott sei Dank atmete das Fohlen jetzt leichter. Matthew richtete sich auf und lächelte zum erstenmal seit Stunden.

»Jetzt können wir wieder hoffen«, sagte er, während die Spannung der letzten Stunden von ihm abfiel. »Ich werde Franklin anrufen. Er hat einen gutausgerüsteten Stall, hochmodern und vor allem nicht weit von hier. Er ist sehr hilfsbereit, und es macht ihm nichts aus, wenn ich ihn mitten in der Nacht wecke und ihn bitte, diese Nacht auf das Fohlen aufzupassen. Ich möchte es nämlich in dem Zustand nicht zu Owens zurückbringen. Erst muß sich der arme Kerl erholen, damit er den Transport übersteht. Franklin wird sich um ihn kümmern, als wär's sein eigener. Außerdem ist er versessen auf das Fohlen –

wie wir alle. Wenn er herkommt, schaffen wir das Kerlchen gemeinsam hinüber ... Müde, Jill?«

Nicht nur müde, sie war seelisch und körperlich völlig erschöpft. Trotzdem wollte sie sich nichts anmerken lassen. »Nicht ein bißchen«, log sie. »Rufen Sie Franklin an, ich passe derweil auf das Fohlen auf.«

Als er an ihr vorbeiging, hielt er sie kurz an der Schulter fest. »Liebes Mädchen. Sie waren in der Tat eine Hilfe. Gleich haben wir Feierabend.«

Sie lächelte ihn dankbar an, Tränen in den Augen. Dann beugte sie sich über das Fohlen auf dem Operationstisch. Wie rührend klein es noch war, wie hilflos und leidend! Früher war ihr nie aufgefallen, wie zart die Beine eines Fohlens sein konnten, wie weich die Nase, wie unwiderstehlich das ganze Geschöpf. Wenn sie es doch nur retten könnten. Sie glaubte daran.

Während sie Matthew im Nebenzimmer telefonieren hörte, beobachtete sie das Fohlen. Der Atem ging ruhig und gleichmäßig. Plötzlich änderte sich das aber. Einen Moment lang stockte er völlig, und während Jill sich abwandte, um Matthew zu rufen, atmete das Tier wieder, aber schwächer. »Matthew, Matthew, kommen Sie schnell ...« Doch noch während sie rief, wußte sie, daß Matthew nicht mehr helfen konnte. Das Fohlen war tot.

Über den kleinen Körper hinweg sahen sie einander schweigend an, und Matthew schluckte, bevor er sprach. »Pech gehabt. Der arme kleine Teufel ... Es tut mir so leid, Jill.«

»Für Sie ist es genauso schwer, Matthew. Sie haben alles versucht, und es war doch noch so klein.« Jill brach in Tränen aus.

Es war beruhigend, seine Arme um sich zu fühlen. Eine Geste der Freundlichkeit, nicht mehr. Sie wußte, daß seine Gedanken nicht bei ihr waren, sondern bei dem kleinen Fohlen, dessen Leben er nicht hatte retten können. Immerhin linderte es ihren Schmerz, sich an seiner Schulter ausweinen zu können. »Es tut mir ja so schrecklich leid, aber mehr konnte wirklich niemand machen«, schluckte sie und streichelte zum letztenmal den kleinen weichen Schädel.

»Ich werde jetzt Franklin anrufen und ihm sagen, daß wir seine Hilfe nicht mehr brauchen, und dann bringe ich Sie heim.«

Er schloß die Tür zur Praxis, und schweigend gingen sie zum Auto.

»Jill, Sie haben mir viel geholfen«, sagte er schlicht.

Während der Fahrt sprach er dann wieder mehr mit sich selbst als mit Jill, als er sich mit Selbstvorwürfen überschüttete.

»Wenn ich es nur früher erkannt hätte ... Vielleicht hätte ich langsamer absaugen müssen ... Wenn Ambler bemerkt hätte ... Welch eine Hölle!«

»Das nützt jetzt nichts mehr, Matthew. Sie haben sich alle Mühe gegeben. Jeder erlebt einmal eine Niederlage«, versuchte sie ihm zu helfen, aber sie spürte, daß er gar nicht zuhörte.

»Dieses Gefühl der Frustration. Nicht genug helfen zu können. Sein Bestes tun, und das Beste ist nicht gut genug. Ein Fohlen wie dieses ... Es hätte die bedeutenden Rennen des Landes gewinnen können.«

Teils um ihn abzulenken, fragte sie ganz ruhig: »Ist das ein großer Unterschied? Ich meine, daß das Fohlen einen wertvollen Stammbaum hatte? Gewiß ist der finanzielle Verlust größer ...«

Bei diesen Worten horchte er plötzlich auf und antwortete nach einem kurzen Augenblick der Besinnung: »Ein Unterschied? Jeder wäre ein Lügner, wollte er leugnen, daß die Verantwortung größer ist, wenn es sich um ein wertvolles Tier handelt. Aber die ärztliche Bemühung ist immer die gleiche, ob es sich um einen Bastard oder ein Rassetier handelt. Leben ist Leben, für den Tierarzt genauso wie für jeden anderen Arzt.«

»Ja, Leben ist Leben – und Sie haben um das eine weiß Gott gerungen.«

»Sie auch. Für Sie war es bestimmt nicht leicht. Es war sehr gut, daß Sie da waren.«

»Es hat mir sehr viel bedeutet – ich meine, daß ich zusehen durfte.«

»Zusehen, wie alles umsonst war. Nun, ich mache mir ja keine Vorwürfe. Ich tat, was ich konnte. Darauf läuft es immer hinaus ... So, jetzt sind wir da. Mr. Henderson hat noch Licht brennen. Ich fürchte, wir haben ihn lange warten lassen.«

»Das macht ihm nichts aus. Kommen Sie mit. Ich koche einen Kaffee.«

»Ich nehme die Einladung gern an, wenn Sie nicht zu müde sind. Dann muß ich zur Praxis zurückfahren. Da wartet noch viel Arbeit auf mich.«

Sie dachte an den Operationstisch und an das kleine tote Wesen, das noch immer darauf lag. Als hätte er ihre Gedanken erraten, sagte er: »Er wird ein würdiges Begräbnis bekommen. Ich werde ihn morgen früh nach Hause fahren. Die Entfernung spielt jetzt keine Rolle mehr. Außerdem muß ich mich um seine Mutter kümmern. Sie wird ohne ihr Fohlen unruhig werden.«

Robert Henderson las das Unglück in ihren Augen. »Das Kaminfeuer brennt noch. Setzt euch davor, ich stelle indessen Kaffeewasser auf den Herd.« Er ging in die Küche. Sein altes Gesicht war voll schmerzlicher Trauer.

Sie sprachen nicht viel, und eine halbe Stunde später brach Matthew auf.

»Morgen früh muß ich wieder zeitig aufstehen. Wenn ich alles geputzt habe, bleiben nur wenige Stunden zum Schlafen. Danke für den Kaffee, Mr. Henderson, und danke, Jill – für alles!«

›Lassen Sie es mich wieder tun, lassen Sie es mich immer tun‹, hätte sie am liebsten gesagt. Für sie stand fest, *den* Mann und keinen anderen wollte sie heiraten. Zum Teufel mit den Farmern! Tierärzte sind goldrichtig.

Ein kleines Problem war da allerdings noch zu lösen. Wie konnte sie ihn nur dazu bringen, ihr einen Heiratsantrag zu machen? Schließlich wußte er noch nichts von seinem Glück.

8

An einem schwülen neuseeländischen Dezemberabend saßen die drei, Großvater, Webster und Jill, in gemütlicher Runde beisammen und plauderten über Gott und die Welt, als das Telefon läutete. Matthew seufzte und nahm den Hörer ab.

»Schon gut, Brian. Hab keine Angst. Es hört sich überhaupt nicht schlimm an. Bist du allein zu Haus? ... Bring ihn ins Gehege. In einer halben Stunde bin ich da.« Er legte auf.

»Brian Donaldson ist allein zu Hause«, berichtete Matthew. »Irgend etwas muß passiert sein. Ich habe aus dem Jungen nicht viel herausbringen können. Sein Lieblingskälbchen scheint sich am Stacheldraht verletzt zu haben.«

»Da hat es sich ja eine schöne Zeit ausgesucht. Es ist schon fast dunkel.«

»Das Kind ist halb wahnsinnig vor Kummer, und ich konnte nicht feststellen, wie schlimm die Verletzung ist. Vielleicht ist es sogar das preisgekrönte Tier von der letzten Kälberschau. Brian ist dreizehn und muß bald ins Internat. Jedes Jahr läßt er ein Kalb am Wettbewerb teilnehmen, wie alle Schulkinder hier in der Gegend. Brian ist ein Einzelkind und kümmert sich besonders viel um seine Lieblinge. Die ganze Familie ist in Tiere vernarrt. Vor einigen Jahren kaufte ihm sein Vater ein rötlichbraunes Stierkälbchen aus gutem Stall. Ein hübsches Tier, mit kurzen Hörnern und sehr zahm. Dieses Prachtexemplar hat in den letzten drei Jahren mehrere Preise gewonnen, und Brian ist sehr stolz auf den jungen Stier und vergöttert ihn. Wen er bei der Kälberschau im letzten Jahr vorgeführt hat, weiß ich nicht, nur, daß er wie immer den ersten Preis gewonnen hat. Welches seiner Tiere verletzt ist, habe ich nicht verstanden. Aber ich glaube nicht, daß es sich um eine ernste Verletzung handelt. Sicherlich ist es nur eine Lappalie. Die Tiere der Donaldsons sind so ruhig, daß ihnen selten etwas zustößt. Der Junge aber ist sehr aufgeregt und obendrein noch allein zu Hause, so daß ich am besten gleich aufbreche. Seine Eltern lassen ihn sonst nicht allein, und er ist sehr sensibel und schrecklich verwöhnt. Am Telefon war er vollkommen durcheinander.«

»Was halten Sie davon, wenn ich mitkomme? Ich könnte wenigstens die Taschenlampe halten und den Jungen beruhigen.«

»Eine großartige Idee, vor allem die vom Jungen beruhigen. Und haben Sie keine Angst. Es wird nicht so schlimm wie letztesmal. Ja, es würde mich sogar sehr freuen, wenn Sie mich begleiten wollen.«

Jill wurde rot. Konnte es möglich sein, daß er sich für sie interessierte? Wollte er, daß sie mitkam, weil sie Jill war? Oder brauchte er nur jemanden zum Taschenlampe halten, Instrumente reichen und ein hysterisches Kind beruhigen? Ein Blick in seine Augen ließ ihr Herz schneller schlagen. Zumindest konnte sie nun hoffen, daß sie den Mann ihrer Wahl erobert hatte. Nicht etwa Matthew Webster, den passionierten Tierarzt, sondern Matthew Webster, den Mann, den sie liebte und heiraten würde. Diese freudige Gewißheit machte sie trunken vor Glück, und mit diesem herrlichen Gefühl stieg sie ins Auto ein.

Sie schwebte sozusagen über den Wolken, so daß sie gar nicht merkte, wie sich die schwarzen Schafe am Himmel versammelten, um ein temperamentvolles Sommergewitter zu veranstalten.

Es stürmte bereits kräftig, und plötzlich fielen die ersten schweren Tropfen. Da erst stellte sie mit Schrecken fest, daß sie keinen Regenmantel mitgenommen hatte. Im stillen hoffte sie, der Regen würde aufhören, bis sie Donaldsons Farm erreicht hätten, damit sie sich nicht als nasses Huhn vor Matthew lächerlich zu machen brauchte. Außerdem wollte sie keineswegs den Eindruck erwecken, daß sie nicht umsichtig und praktisch genug wäre. Eine oberflächliche Frau taugte nichts für einen Tierarzt.

Aber der Regen war hartnäckig und wollte nicht aufhören. Im Gegenteil. Als sie die Farm erreichten, schüttete es wie aus Kannen, und Jill mußte beichten, daß sie keinen Mantel mitgenommen hatte. Matthew nahm es nicht tragisch.

»Macht nichts«, sagte er beiläufig. »Ich habe noch einen zweiten Regenmantel im Kofferraum. So etwas habe ich immer dabei.«

Jill war beschämt über soviel Vorsorge und wagte kaum, die Leihgabe anzunehmen. Trotzdem schlüpfte sie in den Mantel und stellte fest, daß er unendlich zu groß war. Schließlich überragte der ein Meter fünfundachtzig große Matthew die viel kleinere Jill genau um zweiundzwanzig Zentimeter. Es wird schwer sein, mit diesem Monstrum von Mantel auch noch zu laufen, dachte sie zuerst, erinnerte sich dann aber, daß sie Großvaters Mantel auch schon einmal angehabt hatte und daß man am besten die Arme verschränkte und mit den Händen in den Taschen die zu lange Angelegenheit raffte. Das tat sie dann auch und stellte befriedigt fest, daß sie in dieser Verpackung dem Wetter Trotz bieten konnte.

»Es gibt einen sauberen, aber langen Weg zur Rinderweide. Wir laufen schneller quer über die Wiesen. Allerdings wird das eine feuchte Sache«, warnte Matthew sie vor seinem eigenen Vorschlag.

Darauf wäre sie vorbereitet, gab sie ihrem Begleiter kokett zu verstehen. Wenn sie schon ihren Regenmantel vergessen hätte, so könnte sie wenigstens mit festen Schuhen aufwarten.

Das Auto ließen sie am Haus stehen, das in völliger Dunkelheit dalag. Offensichtlich wich Brian seinem Kalb nicht von der Seite. Der arme Junge mußte sich dort draußen sehr einsam fühlen, aber sie würde ihn schon trösten. Großvater war schließlich nicht der einzige in der Familie, der es mit Kindern verstand.

»Für den Jungen ist es außergewöhnlich, seine Eltern nicht in Rufweite zu haben. Er ist ziemlich verwöhnt. Ich nehme an, daß sie zu irgendeinem Treffen gefahren sind und daß er sie überzeugt hat, daß er nun groß genug sei, um allein zu bleiben. Sehen Sie dort drüben das Licht? Dort müssen wir hin. Auf diesen Wiesen steht eine Menge Geld herum.« Er hielt die Taschenlampe auf den Boden gerichtet, damit Jill den Weg besser sehen konnte.

Der Pfad wurde nun schmaler, und sie mußten einzeln gehen. Matthew bot Jill die Taschenlampe an, aber sie lehnte ab: »Meine Hände sind beide vollauf beschäftigt, ich habe keine Hand frei. Außerdem finde ich den Weg auch so«, erwiderte sie forsch.

»Gut. Aber halten Sie sich an den ausgetretenen Pfad. Sie haben die Rinder hier entlanggetrieben, die Erde ist aufgewühlt und schlammig.«

»Das gehört eben zum Landleben«, meinte Jill leichtfertig, ohne die geringste Ahnung vom Land zu haben.

Unglücklicherweise stolperte Jill gerade in diesem Augenblick über eine Wurzel und fiel der Länge nach hin. Buchstäblich so lang, wie sie war, denn mit beiden Händen in den Taschen war nicht mehr viel zu retten. Mit dem Gesicht, der

Nase voran, fiel sie in den stinkenden Schlamm, von dem sie nur hoffen konnte, daß es nichts Unappetitliches war, bei so vielen Rindern in der Gegend ...

Verzweifelt versuchte sie, sich aufzurichten und ihre Hände aus den Taschen zu ziehen, da kam ihr Matthew zu Hilfe und stellte sie wieder auf die Beine. »Tut mir leid«, murmelte er dabei. »War meine Schuld, habe die Taschenlampe nicht richtig gehalten.«

Er hatte sie doch tatsächlich nur auf die Beine gestellt, ohne auch nur eine Sekunde mit einer zärtlichen Umarmung zu vertrödeln. Er richtete auch den Strahl der Taschenlampe nicht auf sie, um zu sehen, ob sie vielleicht verletzt war. Aber das empfand sie in diesem Augenblick eher als Glück. Denn über und über mit Schlamm bedeckt, sah sie nicht besonders attraktiv aus. Sie spuckte als erstes den Schlamm aus, der ihr den Mund verklebte, und versuchte dann den ärgsten Dreck am Regenmantel abzuputzen. Dann rubbelte sie ihr Gesicht mit ihrem Taschentuch ab, ohne den geringsten Erfolg. Das Taschentuch war viel zu klein, und so verschmierte sie nur alles gleichmäßig im Gesicht. Sie hätte vor Wut heulen können. An eine romantische Liebeserklärung war unter solchen Umständen gar nicht zu denken, und sie wünschte nur, daß Matthew zu sehr beschäftigt sein würde, um Zeit zu haben, sie näher zu betrachten. Vor einer halben Stunde noch hätte sie seine Arbeit verflucht, weil sie ihm keine Zeit für die Liebe ließ. Jetzt konnte sie froh sein, daß er nur seine Arbeit im Kopf hatte.

Und dieser Wunsch sollte auch in Erfüllung gehen. Als sie sich nämlich wieder einigermaßen gefangen hatte, kicherte sie vor sich hin. »Das war keine gute Idee, mit gekreuzten Armen und den Händen in den Taschen zu laufen. Man fällt doch dabei glatt aufs Gesicht«, sagte sie belustigt.

»Gott sei Dank hatten Sie Ihre Hände in den Taschen. Jetzt

sind sie wenigstens sauber, falls Sie mir helfen müssen«, erwiderte er boshaft.

Sie ärgerte sich fürchterlich und hätte ihn durchrütteln mögen. Dann begnügte sie sich aber doch damit, ihm einen finsteren Blick zuzuwerfen, und beschloß, ihm eines Tages gründlich die Meinung zu sagen, was sie von seiner Bemerkung hielt. Eines Tages, nicht heute.

Hatte der Sturz sie schon hinreichend mitgenommen und obendrein noch erniedrigt, so erwartete sie nun ein wirklicher Schock. Als sie sich dem Gehege näherten, kam Brian ihnen entgegen, den Tränen nahe. Von einem Kalb war nicht die geringste Spur. Allerdings konnte sie in der Dunkelheit die Umrisse eines riesigen Tieres erkennen und meinte, einen Elefanten vor sich zu haben. Vorsichtshalber trat sie einen Schritt zurück, aber zu ihrer großen Überraschung brach Matthew in schallendes Gelächter aus.

»Sag bloß nicht, daß das der Patient ist. Das ist doch der berühmte rotbraune Stier, den dir dein Vater vor drei Jahren geschenkt hat. Ich meinte, du sagtest am Telefon etwas von einem Kälbchen.«

»Aber Mr. Webster, ich habe doch gesagt, daß es Penny ist«, antwortete Brian, wobei er den Kosenamen nur mühsam über die Lippen brachte.

»Und wie sollte ich wissen, daß du diesem fabelhaften Burschen einen so niedlichen Kosenamen verpaßt hast? Sein richtiger Name ist fast eine Meile lang.«

»Aber wir rufen ihn doch nie mit seinem richtigen Namen. Er hat immer nur auf ›Penny‹ gehört. Ist er schlimm verletzt? Oh, es ist alles meine Schuld. Als Vater schon zu diesem gräßlichen Treffen gefahren war, brachte ein Lastwagen eine Ladung Draht, zum Teil Stacheldraht. Der Fahrer hat alles auf der Weide abgeladen, obwohl ich ihn gebeten hatte, es nicht zu tun. Aber er meinte, es würde bald dunkel und man könne heute damit nichts weiter anfangen. Penny muß geradewegs in den Stacheldraht gelaufen sein. Ich habe die Verletzung gesehen, als ich ihm seinen abendlichen Brotlaib brachte. Er bekommt doch immer einen vor dem Schlafengehen, wie Sie wissen.«

Jill überlegte, ob sie wohl übergeschnappt sei. Hatte sie richtig verstanden, daß dieser Riesenbulle mit Brotlaiben gefüttert wurde und auf den Kosenamen Penny hörte? Stiere waren schließlich keine Schoßtiere, sondern äußerst gefährliche Gesellen, vor denen man sich über den nächstbesten Zaun rettete, wann immer man so einem Burschen begegnete. »Ein – ein Stier ...«, stöhnte sie. »Aber da brauchen Sie doch ein paar kräftige Männer zum Festhalten ...«

Keine Antwort. Matthew beachtete sie gar nicht, sondern ging mit der Taschenlampe in der Hand um den Stier herum und suchte ihn ab. Dabei entdeckte er an der Schulter des Tieres einen etwa zehn Zentimeter langen Riß.

»Das ist nicht schlimm«, erklärte er dem Jungen. »Nur ein paar Stiche, das ist alles. Ich werde ihn lokal betäuben. Das macht ihm doch nichts aus, nicht wahr?«

Das war zuviel für Jill. »Und ob ihm das etwas ausmacht! Er wird vor Schmerzen durchdrehen und uns niedertrampeln. Ich verstehe überhaupt nicht, warum er noch so ruhig dasteht.«

»Er ist im Gehege, und sein Halfter ist dran, also kann ich ihn festhalten«, erwiderte der Junge ungeduldig. »Das wollten Sie doch, Mr. Webster, nicht wahr? Penny folgte mir freiwillig hier herein, als er das Brot sah. Er wird kein Theater machen. Außerdem hält er immer still, ist doch an Ausstellungen gewöhnt, wo er alles mögliche mitmachen muß.«

Jill konnte das nicht glauben. Sie hatte zwar auch schon auf Ausstellungen Stiere gesehen, aber nie über sie nachgedacht. Von einem zahmen Stier hatte sie allerdings noch nie etwas gehört, und diese besondere Züchtung kannte sie überhaupt nicht.

Deshalb jammerte sie noch immer: »Aber – ein Stier. Einem Stier kann man nie trauen.«

Da erst erkannte Matthew, daß sie wirklich Angst hatte. »Machen Sie sich seinetwegen keine Sorgen. Sie brauchen ja nur die Taschenlampe durch die Gatterstäbe zu halten. Er kann Ihnen gar nichts tun, auch wenn er wollte. Aber Penny würde es nicht einmal wollen. Er ist überall bekannt für seine Gutmütigkeit. Dutzendemal ist er vorgeführt worden, und Kinder lassen sich auf seinem Rücken sitzend fotografieren. Er gehört mit zur Familie und wird uns keinen Kummer machen. Meine einzige Sorge ist nur, wie ich die Nadel durch sein dickes Fell bringe. Du mußt ihn gut festhalten, Brian, falls er springt.« »Springt!« wiederholte Jill schwach. »Er wird wild werden.«

Brian war empört. »Penny ist niemals gereizt, nimmt auch nie etwas übel. Er ist daran gewöhnt, wie eine Person behandelt zu werden – und er *ist* eine Person.«

Jill dachte: ›Aber was für eine Person? Menschen können gewalttätig sein, zum Beispiel.‹ Sie sagte es nicht mehr, denn sie war am Ende. Die regenfeuchte Nacht, ihr erniedrigender Sturz, das Kind – besorgt um so ein Ungeheuer von Tier – und vor allem der Stier selbst, der sich von einem Kind festhalten ließ, gütig den Kopf senkte und augenscheinlich so tat, als ginge ihn die ganze Angelegenheit nichts an – das alles kam Jill wie ein Alptraum vor, und sie resignierte erschöpft, ohne noch irgendwelche Fragen zu stellen.

Statt dessen machte sie, was ihr gesagt wurde, nahm die Taschenlampe, kletterte auf die zweite Stange und hielt die Lampe so, wie Matthew das Licht brauchte. Als er die steril verpackten Instrumente herausnahm, hörte sie ihn murmeln: »Zum Glück sind Ihre Hände sauber, falls Sie etwas halten müssen.«

Sie klammerte sich fest an die Stangen und hielt die Taschenlampe gerade ruhig genug, während Matthew dem Stier die Spritze gab und dann zu nähen begann. Dabei war er so unbekümmert, als würde er einen alten Teppich flicken. Das ungewöhnliche Tier wehrte sich nicht, außer am Anfang, als Matthew mit der Injektionsnadel durch das Fell stechen mußte. Da brüllte er auf einmal so laut, daß Jill vor Schreck von den Stangen abrutschte und beinahe die Taschenlampe fallengelassen hätte.

»Halten Sie die Lampe ruhig. Dieses Fell ist daumendick«, fuhr Matthew sie an, um sie gleich wieder zu beruhigen, als er ihre Angst bemerkte. »Keine Bange, Jill. Er kann Ihnen kein Haar krümmen, wenn Sie hinter den Stangen sind – und er tut es auch nicht.«

Brian kraulte indessen den mächtigen Nacken des Stieres und flüsterte ihm zärtliche Worte zu. Der große Ausbruch aber, den Jill befürchtet hatte, blieb aus. Ab und zu verlagerte der Stier sein enormes Gewicht von einem Bein auf ein anderes, stöhnte vernehmlich und schnaubte so kräftig, daß Jill auf ihrem Gestänge beinahe wieder ins Wanken geriet. Als dann die örtliche Betäubung voll wirksam war, gab es keinerlei Probleme mehr, und die Naht war im Nu fertig. Zum Schluß bekam Penny noch Penicillin. »Damit wir ganz sicher sein können, daß die Wunde schnell heilt«, erklärte Matthew dem Jungen, der ihn ängstlich fragte: »Sind Sie sicher, daß es keine Komplikationen geben wird?«

»Ganz sicher. Und jetzt komm, führ ihn hinaus und vergiß den kleinen Unfall. Penny wird keinen Kummer haben.«

»Aber wenn er in der Nacht Wundfieber bekommt?«

»Das wird er nicht. Aber du kannst ihn ja in der Nähe des Hauses unterbringen und deinem Vater alles erzählen. Wird er spät kommen?«

»Nein. Diese Treffen dauern meistens bis kurz nach neun. Sie wollten mich eigentlich nicht allein hier lassen, aber ich sagte ihnen, daß ich nun alt genug wäre. Es ist so dumm, die ganze Zeit im Auto zu sitzen und auf das Ende des Treffens zu warten. Wenn die anderen Jungen das erfahren, lachen sie mich aus.« Brian hatte sich von dem Schrecken erholt und wurde sehr gesprächig, als er den Stier aus dem Gehege führte.

Niemand beachtete Jill. Sie hatte noch immer die Taschenlampe in der Hand. Der Sturm ließ nach, und der Mond kam blaß hinter den Wolken hervor. Gekränkt, schmutzig und alles andere als in romantischer Stimmung, war Jill das Schlußlicht dieser ungewöhnlichen Prozession, die sich langsam über das schlammige Gelände bewegte, und ging ihren eigenen Gedanken nach. War das alles Traum oder Wirklichkeit? Konnte es sein, daß sich dieses Riesenexemplar von einem Stier von einem kleinen Jungen führen ließ, flankiert von Matthew, der nebenherschlenderte, eine Hand auf dem Rücken des Tieres, als wäre es ein harmloser Sonntagsspaziergang? Stiere benehmen sich im allgemeinen nicht so gesittet, dessen war sie sicher. Der Anblick erinnerte sie an eine Tierschau, bei der jedoch Dompteure die Stiere bändigten, und diese waren dann auch nicht kurz zuvor mit einer dicken Nadel gestochen und genäht worden.

Als sie ähnliche Gedanken aussprach, drehte sich Matthew zu ihr um. »Aber Penny – was für ein alberner Name übrigens für so einen prächtigen Burschen! – also Penny ist daran gewöhnt, herumgezeigt und wie ein Star bewundert zu werden. Er ist gutmütig wie ein Spaniel und genauso klug. Seine Familie hält viel von ihm, und er hat schon alle möglichen Preise gewonnen. Sie haben doch von Brian gehört, daß er jeden Abend einen Brotlaib bekommt. Er wird tatsächlich wie ein zu groß geratenes Familienmitglied behandelt.«

Jill gab sich damit zufrieden, denn sie waren in die Nähe des Hauses gekommen, wo sie das Auto abgestellt hatten, und ihr fiel plötzlich wieder ein, wie entsetzlich schmutzig sie war. Sie mußte unbedingt ins Auto steigen, bevor Matthew Gelegenheit hatte, sie genauer zu betrachten.

Brian sagte beiläufig: »Ich glaube, ich stelle Penny am besten in den Garten. Dann können meine Eltern ihn gleich sehen, wenn sie heimkommen.«

›Dieses Monstrum könnte man weiß Gott nirgends übersehen‹, dachte Jill, und Mrs. Donaldsons Garten tat ihr leid. Nach dem flüchtigen Eindruck, den sie vorhin bei ihrer Ankunft gewonnen hatte, schien er in der Hauptsache aus einem liebevoll gepflegten Rasen und viel Beton zu bestehen. Sie hoffte, daß Penny sich wenigstens für den Beton entscheiden würde. Matthew gefiel zu ihrem Entsetzen auch noch Brians Vorschlag. »Das ist eine gute Idee. Dann können sie sich gleich selbst überzeugen, daß Penny wohlauf ist, und entscheiden, wo sie ihn für die Nacht unterbringen.«

›Vielleicht im Gästezimmer‹, dachte Jill.

Zum Glück war das Gartentor weit genug, und Jill hätte sich nicht gewundert, wenn es eigens zu Pennys Bequemlichkeit in dieser Größe angefertigt worden wäre. Mit der lässigen Grazie eines privilegierten Besuchers betrat er den Garten und ließ sich unverzüglich auf einem Rosenbeet nieder.

Brian bedankte sich in seiner altmodischen Art für die Hilfe. »Vielen Dank, Mr. Webster, und auch Ihnen, Miss Henderson. Ich fürchte, ich habe mich vorhin am Telefon sehr dumm benommen. Aber Sie wissen ja, was mir Penny bedeutet ...« Er schluckte schwer und fuhr dann fort: »Ich war eben so aufgeregt, weil ich ganz allein war. Und ich wußte, daß es meine Schuld war, daß der Lastwagenfahrer den Draht auf der Wiese abgeladen hat.«

»Nun, dagegen konntest du doch kaum etwas unternehmen, und außerdem ist jetzt wieder alles in Ordnung. Je eher der Riß genäht wurde, desto besser. Es wird auch kaum eine auffällige Narbe zurückbleiben. Uns hat es nichts ausgemacht, herzukommen. Kein Beinbruch!«

›Oh, uns hat es nichts ausgemacht‹, wiederholte Jill in Gedanken. ›Und der Schlamm im Gesicht, und meine zerrissenen Strümpfe?‹

Aber das sagte sie nicht, sondern wünschte dem Jungen liebevoll eine gute Nacht und begleitete ihn zur Haustür. Seine Einladung zum Tee nahm sie dann aber doch nicht mehr an.

»Nein, danke, Brian. Ich muß schnell in die Bibliothek zurück, dort wartet noch Arbeit auf mich.« Sie hoffte, daß es würdevoll klang und den rechten Eindruck von ihrer sonstigen Tätigkeit vermittelte: Einer angenehmen, sauberen Arbeit mit neuen Büchern und Listen! »Gute Nacht, Brian. Ich bin ja so froh, daß dein kl . . . – dein großer Liebling jetzt wieder in Ordnung ist.«

Auf dem Weg zum Auto sagte Matthew: »Ich wüßte nicht, was ich ohne Sie getan hätte. Brian war vollauf damit beschäftigt, Penny festzuhalten. Nicht, daß er wirklich Theater gemacht hätte, aber bei Stieren kann man nie wissen.«

Das erboste Jill. »So etwas habe ich gern. Schließlich habe ich das die ganze Zeit gedacht und gesagt und wurde dafür wie ein Vollidiot behandelt. Gutmütig wie ein Spaniel hieß es doch zuvor.«

Er lachte. »Schließlich mußte ich Sie beruhigen, nachdem ich Ihre panische Angst vor dem Stier bemerkt hatte, und Sie sollten doch die Taschenlampe ruhig halten.«

»Sie haben wohl Tomaten auf den Augen«, schimpfte Jill, »und nichts als Stiere im Kopf. Ich stand da, zitterte vor Furcht, über und über mit Schlamm bedeckt . . .« Da erst erinnerte sie sich wieder, wie grotesk sie doch aussehen mußte, und brach in schallendes Gelächter aus.

Matthew lachte aber nicht mit. »Natürlich habe ich an Sie gedacht«, sagte er vollkommen ernst. »Ich bin Ihnen unendlich dankbar, daß Sie mich begleitet haben, und es tut mir leid, daß es bei diesem Unwetter geschehen mußte. Aber so ist es nun einmal mit einem Tierarzt, seine Arbeit kommt immer an erster

Stelle. In diesem Fall war es der Stier, der verarztet werden mußte.«

Es klang sehr reuevoll, und Jill meinte, sie müßte ihre Vorwürfe zurücknehmen. »Ich scherze doch nur«, sagte sie schnell. »Es war für mich ein Abenteuer, das mir enorm viel Spaß gemacht hat.«

»Das ist eine edle Lüge«, erwiderte Matthew feierlich, und ohne jede Vorwarnung schloß er sie in seine Arme.

Endlich, dachte Jill und knipste die Taschenlampe aus. Diese besondere Szene spielte man am besten im Dunkeln. Seine Stimme klang gar nicht mehr selbstsicher, als er sie liebevoll fragte: »Jill, willst du meine Frau werden? Könntest du das Leben an der Seite eines vielbeschäftigten Tierarztes ertragen?«

Er hielt sie fest in seinen Armen, aber küßte sie nicht.

»Natürlich kann ich das«, antwortete sie fest. »Ich habe schon so lange darauf gewartet – seit der Nacht, in der das Fohlen starb. Ich möchte einen Tierarzt heiraten, nicht irgendeinen, sondern . . .«

Er beugte sich zu ihr hinunter, um sie zu küssen, aber sie wehrte hastig ab. »Nein, nicht jetzt. Ich sehe aus wie ein Ferkel aus dem Schlammpfuhl . . . Warte bis ich sauber bin.«

Den Gefallen tat er ihr nicht. Im Licht der Scheinwerfer sah er dann erst, wie übel Jill der Ausflug bekommen war. »Großer Gott . . . Mein armes Schätzchen«, bedauerte er sie aufrichtig.

Als er den Wagen vor der Bibliothek parkte, sagte Matthew: »Jetzt müssen wir aber gleich mit Großvater sprechen.«

Das hat Zeit, dachte Jill und sprang schnell aus dem Auto. »Komm herein. Aber ich brauche zuerst ein heißes Bad.«

Besonders romantisch hatte ihre Verlobung nicht unbedingt angefangen, stellte sie nüchtern fest, während sie das Badewasser einlaufen ließ.

9

»Großvater, bereite dich auf eine Überraschung vor. Ich werde Matthew heiraten.«

»Du mußt mich wohl für total verkalkt halten. Nein, Jill, ich bin ganz und gar nicht überrascht, sondern äußerst erfreut.«

Alle drei lachten einander an. »Ich fürchtete schon, daß du erwartet hättest, daß es ein Farmer sein würde.«

»Welcher Farmer?« fragte Matthew scharf.

»Oh, irgendeiner. Ich wollte immer einen Farmer heiraten, aber jetzt nehme ich doch lieber einen Tierarzt.«

»Ich fürchte, das Leben einer Tierarztfrau ist nicht ganz leicht. Der Mann ist ständig unterwegs, das Telefon klingelt pausenlos, unregelmäßige Mahlzeiten. Fast so schlimm wie einen Arzt zu heiraten.«

»Ich werde dieses Leben lieben, und Großvater auch, habe ich recht?«

»Mit einigen Vorbehalten. Die Bibliothek zum Beispiel wird mir fehlen.«

»Aber ich dachte mir gerade, ich werde sofort an Helen Atkins schreiben. Ich glaube schon, daß sie herkommen wird. Sie hat auch keine abgeschlossene Ausbildung, weil sie sich um ihre Mutter kümmern mußte. Aber du hast sie immer gern gehabt, und ich bin sicher, daß sie sich freuen wird, wenn du ihr so hilfst, wie du mir geholfen hast. Aber das ist Zukunftsmusik. Wir haben uns gerade erst verlobt.«

Robert Henderson hatte es aufgegeben, auf Jills widersprüchliche Bemerkungen einzugehen, und so blickte er seine Enkelin nur einigermaßen verwundert an.

»Aber ich möchte alle diese Dinge sofort besprechen, nun da wir Mr. Hendersons Zustimmung haben«, mischte sich Matthew in die Unterhaltung ein.

»Hast du mich überhaupt gefragt, und habe ich sie etwa gegeben? Du wirst altmodisch, Matthew.«

»Es freut mich, Sir, daß Sie mich so anreden.«

»Aber du mußt dasselbe tun und mich nicht stur weiter siezen.«

»Natürlich muß er das. Stell dir nur vor, Großpapa, wenn er dich am Frühstückstisch mit ›Sir‹ anredet.«

»Eine schreckenerregende Aussicht, aber eine, die bestimmt nicht eintreffen wird, weil Matthew und ich nicht zusammen frühstücken werden. Keine Widerrede, ich werde nicht mit euch zusammen wohnen. Zumindest nicht im selben Haus. Das habe ich bereits beschlossen, als ich die ersten Anzeichen gesehen habe.«

»Welche Anzeichen, Großvater? Es gab keine. Ich war äußerst vorsichtig.«

»Erinnerst du dich noch an unser Gespräch über einen gewissen Feldzug?«

Jill wurde knallrot, und Robert fuhr fort: »Das Schicksal trifft mich also nicht unvorbereitet, und ich habe auch schon gewisse Pläne geschmiedet. Dazu gehört unter anderem ein kleines Haus in der Nähe von eurem. In der Tat«, fuhr er zu Matthew gewandt in sanfterem Ton fort, »habe ich mir schon einen Platz ausgesucht, als ich das letztemal bei dir war, Matthew.«

»Großvater«, rief Jill schockiert. »Wie kannst du nur so listig sein und voreilig noch dazu.«

»Wieso denn, war ich nicht weise? Ja, ja, während Matthew im Haus drin war und irgend was sterilisierte, bin ich etwas spazierengegangen und habe ein hübsches Plätzchen entdeckt, ganz nah am Haus.«

»Aber Matthew sagte doch, daß genügend Schlafzimmer da sind. Warum willst du dann noch ein Haus bauen?«

»Das will ich gar nicht. Ich habe mir ein kleines hübsches Fertighaus angesehen, das einfach aufzubauen ist. Und wenn

Matthew eines Tages woanders eine Praxis eröffnen will, kann man das Haus mitnehmen.«

Vergeblich versuchten sie, ihm das auszureden. Er hatte bereits entschieden. Schließlich stimmte er um des lieben Friedens willen zu, mittags und abends mit ihnen gemeinsam zu essen, ansonsten aber wollte er für sich sein. »Ein alter Mann fühlt sich am wohlsten unter seinem eigenen Dach. Außerdem müssen wir an Cuthbert und George denken. Deine Hunde, Matthew, sind ja sehr umgänglich, aber wir können von ihnen nicht erwarten, daß sie Eindringlinge in ihr Gebiet auch noch willkommen heißen. Ich werde doch im wahrsten Sinne des Wortes nur einen Steinwurf von eurem Haus entfernt sein, Jill, und ich werde mir ein kleines Auto kaufen und dir unseren gemeinsamen Wagen überlassen.«

»Aber was um alles in der Welt sollen wir mit drei Autos?«

»Sind wir nicht drei Personen? Matthews Auto ist ein Dienstfahrzeug. Du wirst öfter ein eigenes Auto brauchen, und ich bin glücklicher, wenn ich unabhängig bin.«

Damit beendeten sie die Diskussion, denn Großvater beharrte stur auf seinen Entscheidungen. Möglicherweise hielt Matthew im stillen den alten Mann für weise, und Jill gab sich schließlich mit der Bemerkung geschlagen, wie sonderbar es doch wäre, daß ein Mann, den sie seit ihrem elften Lebensjahr kannte, sich urplötzlich als listiger Fuchs erwies.

Sie besichtigten den Bauplatz und waren sich einig, daß die Lage für das Vorhaben ideal war. Ein ebener Grund mit altem Baumbestand im Norden und freiem Blick auf den See im Süden. »Nahe genug, um dich rufen zu können, und weit genug im Falle eines Ehekrieges.«

Dann kicherte sie und sagte: »Aber warum zerbrechen wir uns eigentlich schon jetzt den Kopf, wir haben doch noch Monate Zeit bis zur Hochzeit.«

»Aber das wollte ich schon gestern abend zur Sprache bringen. Wir können nicht monatelang warten, wir müssen im Februar heiraten.«

Sie freute sich zwar, wollte es aber nicht zeigen. »Warum? Das ist viel zu früh.«

»Im Februar gibt es erfahrungsgemäß in der Praxis eine Flaute, so daß ich Ferien machen kann. Außerdem bekomme ich nur in dieser Zeit eine Vertretung. Wenn wir da nicht heiraten, müssen wir eine Ewigkeit warten.«

»Eine Ewigkeit warten!« rief Jill aufgebracht, aber Großvater griff vermittelnd ein, und Matthew sah leider nicht sein Augenzwinkern, als er sagte: »Ich verstehe schon, was Matthew meint. Erst die Arbeit, und dann . . . Habe ich recht?«

Er lächelte sanft, als Matthew in die Falle ging. »Ja, Großvater, du hast mich ganz richtig verstanden. Im Berufsleben muß man so denken.«

Jill verdaute nur langsam die Erkenntnis, daß selbst die Hochzeit sich nach seinem Terminkalender richten mußte, und sie war klug genug, um nicht zu protestieren. Als Matthew sie gefragt hatte, ob sie ihn heiraten wolle, hatte sie trotz seiner Warnung begeistert »ja« gesagt. Und dazu wollte sie auch stehen.

»Nun, bis Ende Februar wird die Zeit für die Vorbereitung knapp. Aber wir wollen ja auch eine Hochzeitsreise machen, und das geht nur in deiner Ferienzeit. Für eine große Garderobe reicht die Zeit natürlich nicht mehr. Das dürfte jedoch nichts ausmachen, weil wir sicherlich eine Hochzeit im kleinsten Kreis feiern werden, nicht wahr?«

Die Männer stimmten begeistert zu. Sie haßten große Hochzeitsfeiern. »Wir werden heimlich in die kleine Kirche huschen. Sie liegt völlig versteckt am Ende jener kleinen Sackgasse. Niemand wird etwas wissen. Nur Evelyn, Alan Reid, der Pfarrer und wir.«

»Eine ausgezeichnete Idee. Aber du solltest am besten sofort deiner Freundin Helen Atkins schreiben und sie fragen, ob sie frei ist und herkommen kann.«

Alan Reid war der erste, der etwas von der Verlobung erfuhr, Evelyn die zweite. Dann erzählten sie es Rachel. Alle waren entzückt, wenn nicht überrascht. Sie freuten sich, daß sie Jill in der Nachbarschaft behalten würden, und das um so mehr, weil auf diese Weise auch Robert Henderson am Ort blieb. Dann gaben sie die Verlobung öffentlich bekannt. »Weil eine überstürzte Hochzeit die Leute auf dumme Gedanken bringt«, wie Jill meinte, und Matthew gab ihr von Herzen recht.

Er lebte in diesen Tagen in einem heimlichen Glückstaumel, obwohl er genauso viel arbeitete wie immer, für jedermann zu erreichen war und tagsüber nicht eine freie Minute hatte, um Jill in der Bibliothek zu besuchen. Die Abende gehörten jetzt mehr und mehr ihnen, und der Auftragsdienst brachte auch weiterhin Jills Telefonnummer unter die Leute. So gab es viele Unterbrechungen, aber alles in allem war der Dezember kein schlechter Monat für einen verliebten Tierarzt. Die beiden verlebten einige ruhige Abende gemeinsam, während Robert Henderson dann immer etwas in der Bibliothek zu katalogisieren fand.

»Großvater ist wirklich ein besserer Bibliothekar als ich es bin«, sagte Jill eines Abends. »Überdies bedauerten die Leute mehr ihn als mich zu verlieren. Sobald sie dann erfuhren, daß er gar nicht wegziehen will, strahlten sie wieder und meinten: Dann wird er wenigstens ab und zu in die Bibliothek kommen.«

Dasselbe wünschte sich von ganzem Herzen auch Helen Atkins, die begeistert schrieb, daß sie Jills Angebot annähme. »Ich glaube, daß Mutter dort glücklich sein wird, denn sie liebt den See. Ich selbst werde es auf jeden Fall sein. Ich bin anders als du, Jill. Du weißt, daß ich die Ausbildung äußerst ungern abgebrochen habe, aber ich hatte ja keine andere Wahl. Mein Herz hängt an dieser Arbeit, obwohl ich noch nicht viel weiß.

Diese kleine eigene Bibliothek ist wie ein Traum, der Wirklichkeit wird. Ich hoffe, daß Mr. Henderson mir mit seinem Rat zur Seite stehen wird. Ich habe ihn immer sehr bewundert.«

Als Jill diese Zeilen ihrem Großvater vorlas, versuchte er, seine Freude zu verbergen. Er bemerkte dazu lediglich, daß ja nun Shepherd's Crossing wohl endlich eine ständige und ergebene Bibliothekarin bekäme, da diese junge Dame gottlob mehr an der Bibliothek als daran interessiert wäre, irgendwelche unglückseligen Farmer einzufangen. Er bemühte sich, ihr den Anfang zu erleichtern, indem er einen neuen, vollständigen Katalog zusammenstellte und sorgsam eine Liste der Bücher ausarbeitete, die noch angeschafft werden müßten.

Helen schrieb voller Dankbarkeit: »... und bitte helfen Sie mir auch weiterhin. Ich bin sehr eifrig, aber ich weiß noch nicht viel über Bücher, Ihr Rat wäre mir von unschätzbarem Wert.« Wenn Jills und Matthews Verlobung im ganzen Bekanntenkreis auch freudige Überraschung ausgelöst hatte, so gab es zumindest einen Menschen, den sie zutiefst betrübte: Trevor Wood. Er fürchtete, daß nun die glücklichen Stunden bei Robert Henderson zu Ende wären, und er konnte sich erst freuen, als Großvater ihm versicherte, daß er auch weiterhin willkommen wäre. »Ich habe dann sogar noch mehr Zeit für dich, denn ich werde in meinem eigenen kleinen Haus neben Mr. Websters Haus wohnen. Liegt das nicht sogar auf deinem Schulweg?«

»Das ist ganz große Klasse. Mit dem Fahrrad ist es ein Umweg von zehn Minuten, und es wird bestimmt noch viel schöner. Nur Sie und ich.«

Robert war glücklich. Dieser schüchterne, stotternde Junge begann mehr aus sich herauszugehen. Er fühlte sich bei Robert wohl und lernte jetzt wieder so gut, daß man durchaus hoffen konnte, daß er ein Stipendium für eine gute Schule bekommen würde.

Evelyn und Alan freuten sich mächtig auf die Hochzeit. »Wie vernünftig, daß ihr den Termin geheimhaltet. Wenn du mit irgend jemandem außer Alan Reid und mir darüber sprichst, dann ist es gleich Dorfgespräch. Die Leute lieben alle Matthew, und die Kirche wird überfüllt sein. Eine entsetzliche Vorstellung. Zum Glück liegt das Kirchlein ziemlich versteckt. Niemand wird etwas ahnen oder vermuten.«

»Eigentlich habe ich ein schlechtes Gewissen, daß ich die Bibliothek so schnell schon im Stich lasse, aber Helen wird bestimmt eine bessere Bibliothekarin werden.«

»Niemand hier ist deswegen überrascht. Du warst kaum eine Woche in Shepherd's Crossing, ich selbst hatte dich noch gar nicht gesehen, als eine Frau mir erzählte: ›*Die* bleibt nicht lange. Ist zu hübsch und hat durchaus einen Blick für die jungen Farmer.‹«

Sie lachten beide, und Jill gestand: »Ja, ich wollte tatsächlich immer einen Farmer heiraten, aber ich glaube, daß mir Matthews Art zu leben besser gefällt.«

»Du hast recht, ihr beide paßt gut zusammen. Du wirst Verständnis haben, wenn er nachts zu einer kalbenden Kuh gerufen wird, und wirst auch nicht nörgeln, wenn Mrs. Dorsets Timothy vom Dach geholt werden muß. Und er wird sich mit dir über alles unterhalten können. Ihr zwei werdet euch schon verstehen.«

Jill meinte, aus Evelyns Worten spräche die eigene Sehnsucht, deshalb sagte sie später zu Matthew: »Wenn Evelyn nur zehn Jahre älter oder zehn Jahre jünger wäre.«

»Warum denn?«

»Nur so ein dummer Einfall. Wenn sie zehn Jahre älter wäre, würde sie zu Großvater passen, und wenn sie zehn Jahre jünger wäre, könnte sie Alan Reid von seiner hoffnungslosen Liebe zu Rachel Wood kurieren. Warum diese Frau noch immer nicht ihren schrecklichen Mann verlassen hat, kann ich nicht begreifen. Evelyn jedenfalls wäre eine prima Ehefrau.«

Darin irrte allerdings Jill – wie so oft. Evelyn war vollkommen glücklich. Ihr hätte todsicher die Zeit leid getan, die es sie gekostet hätte, einen Mann zu versorgen. Und welcher Mann hätte wohl ihre Tiere geduldet? Aber Jill war so verliebt, daß sie sämtliche Freunde verheiraten wollte.

Rachel Wood war und blieb ein Rätsel für sie. »Ich bin überzeugt, daß sie ihren Mann verachtet. Warum bleibt sie dann bei ihm, wo doch der nette Alan schon sehnsüchtig wartet?«

»Wegen des Kindes, nehme ich an. Einen anderen Grund kann es gar nicht geben. Rachel hat einen starken Charakter. Sie ist bisher mit so manchem fertiggeworden, und sie wird es dank ihrer Ausdauer auch in Zukunft werden.«

»Nun, ich jedenfalls halte das für eine unnütze Zeitverschwendung.«

Jill kündigte, und das Komitee stellte gemäß ihrer Empfehlung Helen Atkins termingerecht ein. Helen Atkins sollte am ersten März die Stelle in der Bibliothek antreten, und Jill und Matthew wollten am letzten Tag im Februar in der kleinen Kirche von Shepherd's Crossing heiraten. Im kleinsten Kreis, mit Robert Henderson als Brautvater und Alan und Evelyn als Trauzeugen.

In diesem Sinne suchten sie den Pfarrer in Wardston auf und verkündeten ihm ihre Pläne, denen der geistliche Herr von Herzen gern zustimmte. Er war ein liebenswürdiger, freundlicher Mann, der einmal im Monat in Shepherd's Crossing Gottesdienst hielt.

»Ein herrlich gelegener Flecken für eine stille Hochzeit«, meinte er. »Ich persönlich habe es ja immer bedauert, daß die Kirche so abgelegen ist, aber in Ihrem ganz speziellen Fall liegt sie schlechthin ideal. Zehn Uhr? Ja, das geht ausgezeichnet.«

»In der Bibliothek wird es keinerlei Feierlichkeiten geben. Wir wollen im Anschluß an die Trauung nach Wardston fahren, auf einen Drink und einen Kaffee, und Sie sind herzlich dazu eingeladen.«

Er nahm die Einladung gern an, denn er mochte Matthew, der einmal seinem alten Terrier das Leben gerettet hatte, als dieser von einem Auto angefahren worden war. Sie würden also ihre stille Trauung bekommen und dann nach Wardston fahren. Als sie den Pfarrer verließen, sagte Matthew, der es eigentlich hätte besser wissen müssen: »Wir werden eine wunderschöne Hochzeit haben, nur wir zwei, Großvater und unsere beiden Freunde. Sonst niemand.«

»Ich werde mir auch kein Hochzeitskleid und all den Kram, den man dazu braucht, anschaffen. Ein hübsches, weißes Kleid, das ich später auch auf Partys tragen kann, tut's auch«, meinte Jill. »Es wird ja niemand da sein, der sich darum kümmert.«

Es versprach ein schöner Tag zu werden, der letzte im Februar. Die Sonne schien schon am Morgen, der Himmel war klar, und es war windstill. »Ein wunderschöner Tag für eine stille kleine Hochzeit«, sagte Jill, während sie zum letztenmal in der Bibliothek frühstückten. Ein Großteil ihrer und Großvaters Habseligkeiten war bereits in Matthews Haus, und der Rest sollte am Nachmittag hinübergeschafft werden. Alles war schon für Helen hergerichtet, und Evelyn hatte versprochen, bis zwei Uhr nachmittags aus Wardston zurück zu sein, um die Bibliothek zu öffnen. Niemand würde etwas ahnen, das Geheimnis wurde streng gewahrt. Die Organisation klappte vorzüglich.

Das dachten sie zumindest, bis um acht Uhr morgens das Telefon läutete.

»Dieser Beruf ist die Hölle«, hörte sie Matthew am anderen Ende sagen. »Diese junge Charolais-Kuh, die Wooler vor drei Monaten importiert hat, ist krank geworden. Mein Vertreter kann erst um elf Uhr hier sein, also muß ich selber hinfahren und nach ihr sehen. Sie ist für die ganze Gegend sehr wichtig, außerdem war sie sündhaft teuer.«

»Aber das sind zwanzig Meilen«, stammelte Jill und schaute auf ihre Uhr.

»Ich weiß, aber ich werde wie der Teufel fahren. Bis mein Vertreter dort hinkommt, kann es schon zu spät sein. Voraussichtlich werde ich rechtzeitig zurück sein, aber für den Fall, daß ich mich doch einige Minuten verspäten sollte, ruf bitte den Pfarrer an und sah ihm, daß er in der Bibliothek bei euch warten soll, bis ich wieder da bin. Es tut mir ja so leid, Darling. Ich habe doch ein verdammtes Pech.«

Jill antwortete mit entschlossener Ruhe. »Ist schon gut, Matthew. Fahr nicht zu schnell. Ich werde Mr. Chapmann anrufen. Was macht es schon, wenn wir uns etwas verspäten? Ich werde auch Evelyn und Alan verständigen, und sonst geht es ja niemanden etwas an.«

»Gott segne dich dafür, daß du nicht wütend bist.« Er hängte ein.

Großvater schüttete sie dann aber ihr Herz aus. »Es fängt gleich richtig an, wie es sich für einen Tierarzt am Tag der Hochzeit gehört. ›Erst die Arbeit, dann das Vergnügen!‹ Natürlich mußte ausgerechnet heute eine wertvolle Kuh krank werden. Matthew war ganz nervös . . . Und wir hatten uns eingebildet, daß wir um elf Uhr in Wardston sein würden. Nun ja, am besten rufe ich gleich den Pfarrer, Alan und Evelyn an.«

Hochwürden Mark Chapmann war das Taktgefühl in Person. Er zeigte sich keineswegs überrascht, als er zehn Minuten vor zehn in der Bibliothek eintraf und schon bei der Begrüßung erfuhr, daß Matthew offensichtlich noch nicht zurückgekehrt war. Er gab sich lesebeflissen und zog sich in den Leseraum der Bibliothek zurück, damit Jill und Robert Henderson ungestört am Telefon Wache halten konnten. Er war so taktvoll, daß er auch darauf verzichtete, ihnen von seinem kurzen Besuch in der Kirche zu berichten und was ihm dort zu seinem großen Entsetzen begegnet war. Wenn die Braut auch ruhig wirkte, so mußte sie doch wegen der Verspätung des Bräutigams schon aufgeregt genug sein. Und das ganze wegen einer kranken Kuh.

Fünf Minuten vor zehn rief Matthew an. Er war außer Puste. »Bin gerade heimgekehrt. Ich brauche noch eine Viertelstunde zum Duschen und Anziehen. Um zehn nach zehn bin ich an der Kirche. Sag dem Pfarrer, daß er sich schon auf den Weg machen kann. Tut mir schrecklich leid, Darling.«

»Halb so schlimm. Wie geht's der Kuh?«

Die Antwort verwunderte sie nicht wenig. »Zum Teufel mit der Scheißkuh«, fluchte er, um dann ein wenig beschämt hinzuzufügen: »Der geht's gut. Also, bis bald.«

Sie lachte noch, als sie Mr. Chapman die Botschaft ausrichtete. »Ich hätte niemals gedacht, daß Matthew über eine wertvolle Charolais-Kuh fluchen könnte«, sagte sie, und der Pfarrer lächelte mild und meinte, daß der Bräutigam in der Tat hinreichend Grund dazu hätte und man ihm verzeihen könne. Dann brach der Pfarrer geschwind auf, um das Brautpaar in der Kirche empfangen zu können, wie es der Ritus verlangte. Trotzdem wünschte er sich, er könnte das Gesicht der Braut sehen, wenn sie am Kirchentor eintraf, und vielleicht noch mehr das des Bräutigams.

Jill rief noch einmal Evelyn und Alan an, die beide startbereit auf ihren Anruf gewartet hatten. »Arme Jill, was für eine Aufregung!« sagte Evelyn. »Aber zum Glück wartet ja niemand dort.«

Mit einer für sie außergewöhnlichen Ruhe wartete Jill noch fünf Minuten und ging dann mit Großvater zum Auto. Diesmal war er der Chauffeur. »In diesem Kleid kann ich dich doch nicht Auto fahren lassen«, sagte er und betrachtete wohlgefällig seine geliebte Enkeltochter in ihrem einfachen, aber eleganten

Gewand. Sie fuhren durch das Dorf, das ruhiger als sonst wirkte, und bogen dann in die schmale Sackgasse ein, die zur Kirche führte. Plötzlich murmelte Großvater etwas und bremste scharf. Jill wurde dabei unsanft nach hinten geworfen. »Was um alles auf der Welt . . .?« Dann schluckte sie.

Die sonst so ruhige Straße war vollgestopft mit Autos. Nur mit Mühe konnte man sich dort hindurchschlängeln, und auf dem kleinen Kirchhof hatte sich eine fröhliche Menge versammelt. Robert Henderson saß offensichtlich sprachlos am Steuer, und als er zögerte, weiterzufahren, überholte sie halsbrecherisch ein Auto, das beinahe eines der geparkten Fahrzeuge gerammt hätte. Der Bräutigam war angekommen.

Einen Moment lang sahen sie seine Verblüffung, dann sprang er fröhlich aus dem Auto und war im Nu inmitten der herzlich grüßenden Gemeinde. »Da ist er ja.« »Junge, hast du ein Glück.« »Ist die Kuh in Ordnung?« »Du wirst es schon schaffen«, und viele andere freundschaftliche und scherzhafte Bemerkungen begleiteten ihn auf seinem Weg zum Sakristeieingang, wo Alan ihn erwartete. Einen Moment später waren sie verschwunden, und Großvater ließ das Brautauto langsam weiterfahren.

Sie waren bei Matthews Ankunft noch zu weit entfernt, und Jill war viel zu abgelenkt, als daß sie begriffen hätte, was sich abgespielt hatte. Später beschrieb ihr dann Evelyn die ganze Szene.

»Die Leute waren sehr aufgeregt, ob wegen Matthew und dir oder der Kuh kann ich nicht mit Sicherheit sagen. Als sein Auto in Sicht kam, waren alle aus dem Häuschen. Sie wußten, daß Matthew die Kuh nicht im Stich lassen würde, nicht einmal wegen seiner Hochzeit. Sie umdrängten ihn, gratulierten ihm und scherzten. Da stürzte ein Mann auf ihn zu und packte ihn am Ärmel. ›Hör zu, alter Knabe, ich muß dich etwas über mein Pferd fragen‹, begann er, und es folgte eine Unmenge von

Symptomen. Aber Matthew hatte einfach genug. Er sah den Mann böse an. ›Laß es mal ausruhen, gründlich ausruhen‹, empfahl er ihm kurz, riß seinen Arm los und eilte zur Kirche. Die Leute brüllten vor Vergnügen, und der Mann mit dem Pferd war ziemlich verdutzt.«

Aber jetzt war Jill an der Reihe. Robert Henderson beruhigte sie, als er ihr Lampenfieber bemerkte. »Wir werden bis zum Tor fahren. Die anderen können ihre Autos später wegfahren. Sei nicht nervös, liebe Jill.«

»Aber Großvater – schau diese Leute! Und ich habe nicht einmal ein richtiges Hochzeitskleid an.«

»Du siehst sehr hübsch aus, und das sind doch deine und Matthews Freunde, die euch beglückwünschen wollen. Du mußt sie alle anlächeln, und vergiß nicht, eine Hochzeit ist für sie ein großes Ereignis.«

Er stieg aus und hielt ihr die Wagentür auf. Dann bot er ihr seinen Arm an, und, mit dem altmodischen Hut in der Hand, geleitete er seine Enkelin würdevoll durch die jubelnde Menge. Jill meinte alle zu sehen, denen sie jemals im Dorf begegnet war, die Leser ihrer Bibliothek, die Leute, die sie beim Einkaufen getroffen hatte. Sogar Mrs. Dorset war gekommen. Sie schleppte schwer an einem geheimnisvollen Korb, aus dem eine krallige graue Pfote herausschaute und viele merkwürdige Geräusche zu vernehmen waren. Das war doch wohl nicht möglich, daß sogar Timothy zu ihrer Hochzeit gekommen war.

Jill war in einer Verfassung, in der sie gar nichts mehr wunderte, und so nahm sie kaum wahr, daß die Leute plötzlich alle in die Kirche rannten, um rechtzeitig auf ihren Plätzen zu sein und die Braut in die Kirche einziehen zu sehen. Nur Mrs. Dorset mit ihrem Korb und Evelyn blieben draußen. Evelyn ging auf Jill zu, um sie zu begrüßen, als sich ihre Augen trafen und beide in schallendes Gelächter ausbrachen. Unter Großvaters strengem Blick kämpften sie aber erfolgreich dagegen an, und Jill flüsterte. »O Evelyn, wie haben sie das nur alle erfahren?«

»Weiß der Himmel. Diese Gerüchte – ich habe nie verstanden, wie schnell sie sich verbreiten. Zum Glück habe ich mir ein neues Kleid gekauft. Ich wäre beinahe im Hosenanzug gekommen.«

Fast hätten sie wieder die Beherrschung verloren, aber Robert Henderson griff ein. Er faßte Jill am Arm und sagte: »Matthew wartet. Darüber könnt ihr euch später den Kopf zerbrechen.«

Evelyn hatte aber noch eine Frage und flüsterte: »Wie geht's der Kuh?« Und Jill antwortete: »Der geht's gut.« Offensichtlich war ihre Freundin noch fanatischer als Matthew, deshalb raunte sie Evelyn noch über die Schulter zu: »Matthew hat die Kuh vorhin verflucht.« Dann schritt sie, von Großvater geführt, langsam und graziös in die Kirche.

Es war eine kurze, feierliche Zeremonie, während der das Brautpaar alles vergaß – die Verspätung, den Empfang vor der Kirche, ja sogar die Kuh – und die beiden nur an einander dachten. Als sie sich zurückzogen, um die Heiratsurkunden zu unterschreiben, hörte man eine Frau flüstern: »Die beiden sind wie verzaubert. Ein schönes Paar.«

»Jetzt haben wir es geschafft«, sagte Jill, als sie aus der Sakristei kamen. »Jetzt haben wir es endlich geschafft.« Sie strahlte. Aber Evelyn, die hier und da Gesprächsfetzen aufgeschnappt hatte, sagte leise: »Da bin ich nicht ganz sicher.«

Und damit hatte sie recht. An einen schnellen Aufbruch nach Wardston war wirklich nicht zu denken. Erst mußten sie alle begrüßen und sich beglückwünschen lassen. Mrs. Dorset kam mit ihrem Korb und strahlte die beiden an, als sie Matthews Arm festhielt. »Sehen Sie, ich habe Timothy mitgebracht. Oh, er war nicht in der Kirche drin, das verbietet die Ehrfurcht. Aber ich wollte ihn zumindest von der Tür aus bei Ihrer Hochzeit zuschauen lassen. Schließlich war er derjenige, der Sie beide zusammengebracht hat, nicht wahr?«

Matthew tätschelte leutselig ihren Arm und wagte sogar, die krallige Pfote zu streicheln. »Ja, ja. Guter alter Timothy. Und Sie haben geholfen, Mrs. Dorset.« Matthew konnte wirklich der netteste Mann sein.

Aber sogar er war ziemlich verblüfft, als es sich herausstellte, daß ihnen noch ein »kurzer« Empfang im Gemeindesaal bevorstand. »Sie sind sozusagen Persönlichkeiten der Öffentlichkeit«, erklärte der Gemeinderatsvorsitzende. »Nur ein kleiner Imbiß und ein oder zwei Drinks.«

Nach alledem war Jill kaum noch überrascht, als sie plötzlich vor einem riesigen Hochzeitskuchen saß, den der Frauenverein gestiftet und der hiesige Bäcker verziert hatte.

Alkohol am Vormittag war für Jill schon immer gefährlich gewesen, deshalb meinte sie später, sie wäre wohl ziemlich beschwipst gewesen und hätte sich alles mögliche eingebildet. Oder war es denkbar, daß Matthew am Ende seiner kurzen, bezaubernden Ansprache wirklich sagte: »Und Sie sollen alle mit Freuden erfahren, daß Joes Kuh wieder gesund ist und schon jetzt zum Ansehen unseres Landkreises beiträgt.« Das konnte er nicht gesagt haben, kein Bräutigam der Welt würde in seiner Hochzeitsrede über eine Kuh sprechen.

Und dann erinnerte sie sich an ihren Abschied von Großvater.

Er war von Freunden umringt und versuchte mit sanfter Gewalt, seinen Arm aus den Händen der blonden Dorfschönheit zu befreien, um seiner Enkeltochter und ihrem Mann auf Wiedersehen zu sagen. Als er die hartnäckige Hand einen Augenblick lang in seiner Hand hielt, meinte Jill gehört zu haben, wie die Blondine ihren Großvater anschwärmte »Wenn ich Sie doch nur zwanzig Jahre früher kennengelernt hätte.« Das konnte doch keine Einbildung sein. Oder sollte der Sekt am Vormittag ihre Phantasie so beflügelt haben? Robert Henderson jedenfalls schien vollkommen ungerührt nach diesem Kompliment. Er stand auf den Stufen des Gemeindesaals, auf der einen Seite Mrs. Dorset, auf der anderen Alan, und Evelyn war dicht hinter ihm, als sie alle zum Abschied winkten.

Das letzte Ereignis aber war das merkwürdigste von allen. Als Matthew ins Auto stieg, fiel ihm plötzlich noch etwas ein. »Übrigens, wo ist Bill? Er hat Kummer mit seinem Pferd. Ich war vorhin ein bißchen nervös. Aber ich wollte ihm noch etwas sagen.« Also waren die letzten Worte des Bräutigams vor der Abreise: »Und heißen Kleiebrei, Bill, aber vergiß nicht, daß es Ruhe braucht.«

Ja, dachte Jill, sie hatte tatsächlich einen Tierarzt geheiratet.

10

Matthew und Jill kamen nach drei glücklichen Flitterwochen auf der Südinsel nach Hause zurück. Es war Matthews letzter Urlaubstag, und sein Vertreter wollte noch am selben Nachmittag abreisen. Bei ihrer Ankunft waren sie ehrlich überrascht, als sie auf dem von Großvater ausgesuchten Platz ein kleines, grüngestrichenes Haus begrüßte. Es schien bereits Teil der Landschaft zu sein. Großvater hatte die Zeit ihrer Abwesenheit wohl genutzt.

Jill sprang aus dem Auto und umarmte ihn unter Vorwürfen. »Du hinterlistiger alter Fuchs. Ich dachte, wir hätten ausgemacht, daß wir das Haus gemeinsam nach unserer Rückkehr aufbauen. Erzähl bloß nicht, daß du auch schon eingezogen bist.«

»Gewiß. Ich habe schon zwei Nächte unter meinem eigenen

Dach geschlafen, die Tage habe ich allerdings mit Rex und Butler verbracht, um sie während eurer Abwesenheit zu trösten«, berichtete er selbstgefällig.

Jill war neugierig und besichtigte auf der Stelle Großvaters neues Heim. Cuthbert, gastfreundlich wie er nun einmal war, begrüßte sie schon an der Tür, George schlief in seinem Lieblingsstuhl. »Aber wie hast du das bloß alles geschafft?« fragte sie ungläubig, denn das Häuschen war tatsächlich schon eingerichtet, seine Sachen eingeräumt, und seine Bücher waren in neue Regale eingeordnet. Sogar die Fußböden waren schon mit Teppichböden ausgelegt. Kurz gesagt, es sah schon sehr gemütlich aus in Großvaters neuem Heim.

Großvater gestand. »Am Tag nach eurer Verlobung habe ich das Haus tatsächlich bestellt. Geliefert wurde es, kurz nachdem ihr zu eurer Hochzeitsreise aufgebrochen seid, während wir uns noch von eurer Hochzeitsparty erholten ... Du liebe Güte, was Alkohol am Morgen doch alles anrichten kann! Für den Rest jedoch sind Evelyn und Alan verantwortlich. In den letzten drei Wochen waren sie fast täglich hier und haben alles in Ordnung gebracht.«

»Oh, wie gemein von dir! Ich hätte das so gern getan.«

»Das wäre kein guter Start für dein neues Leben geworden, und meine Helfer erklärten beide, daß sie im Moment nicht viel Arbeit hätten. Deine Nachfolgerin in der Bibliothek hat sich übrigens auch schon gut eingelebt. Als sie anfing, habe ich ihr öfter geholfen, weil sie sich um ihre kranke Mutter kümmern mußte. Alle beide sind sehr nett. Ich glaube, daß sie sich in der Bibliothek wohl fühlen werden, und ich freue mich, daß ich auch weiterhin dort willkommen bin.«

Jill untersuchte alle Ecken in dem kleinen Haus, konnte aber keinen Fehler finden. Unter Großvaters Anleitung hatten Evelyn und Alan gute Arbeit geleistet. Bevor Jill wieder ging, schärfte sie ihrem Großvater ein, daß er versprochen habe, zwei Mahlzeiten täglich bei ihnen einzunehmen.

Dann lief sie hinüber zu ihrem eigenen Haus, das ziemlich kahl und ungemütlich wirkte und dem man sofort anmerkte, daß hier bislang ein Junggeselle gelebt hatte. Die beiden Hunde begrüßten sie stürmisch und zeigten ihr damit, daß sie sie von nun an als ihre Herrin akzeptierten und nicht als Eindringling betrachteten.

Matthew telefonierte lange mit seinem Vertreter in der Praxis und ließ sich über alles, was in seiner Abwesenheit vorgefallen war, berichten. Jill packte unterdessen die Koffer aus. Dabei schmiedete sie Pläne, wie sie ihr langweiliges Haus genauso hübsch herrichten könnte wie Großvaters Hütte. Dazu bedurfte es nur zweier geschickter Frauenhände.

Großvater kam zwar zum festlichen Mahl an diesem ihrem ersten Abend zu Hause, verabschiedete sich aber schnell und ließ das jungverheiratete Paar allein. Sie sahen sich an und Matthew sagte: »Jetzt beginnt unser neues Leben erst richtig.«

Prophetische Worte, denn fünf Minuten später kam er vom Telefon zurück und sagte: »Pech für unsere erste Nacht zu Hause. Ich muß zu Owens Gestüt. Du erinnerst dich noch an das Fohlen, das ich nicht mehr retten konnte, jetzt ist die Stute krank, vielleicht eine Kolik. Ich hoffe ja, daß es falscher Alarm ist, aber ich muß mir die Stute auf jeden Fall ansehen. Es war schon schlimm genug, das Fohlen zu verlieren.«

Sie schwiegen und dachten einen Moment lang an die Nacht in Matthews Praxis, wo sie beide neben dem winzigen toten Körper gestanden und die Bitterkeit der Niederlage erfahren hatten. »Genau in diesem Augenblick beschloß ich, dich zu heiraten, ob du wolltest oder nicht«, sagte Jill.

Als er sie küßte, versicherte er ihr, daß er es sogar sehr gern wollte.

Die »zwei geschickten Frauenhände« waren erstaunlich fleißig in den ersten Wochen nach ihrer Rückkehr aus den Flitterwochen. Mrs. Hinds hatte zwar immer für Ordnung und Sauberkeit gesorgt, ansonsten aber war das Haus kahl und phantasielos. Mit Farbe und Tapete ging Jill an die Arbeit, wobei ihr Mrs. Hinds tatkräftig zur Seite stand, und binnen einem Monat war das Haus kaum wiederzuerkennen, obwohl noch das eine oder andere zu tun blieb.

Die Übereinkunft, die sie mit Robert Henderson getroffen hatten, stellte sich als glückliche Lösung für alle Beteiligten heraus. Wenn Jill anfangs befürchtet hatte, daß er sich in seinem eigenen kleinen Reich völlig abkapseln würde, so erkannte sie bald, wie sehr sie sich geirrt hatte. Matthew schätzte den alten Herrn ganz richtig ein, als er Jill versicherte, daß sie wegen ihres Großvaters kein schlechtes Gewissen zu haben brauche. Robert Henderson war eine starke Persönlichkeit und hatte ein Recht auf sein eigenes Leben, er war von allen unabhängig, sogar von seiner geliebten Enkelin. Bei seinen Freunden war er sehr gefragt, und einen Großteil seiner Zeit verbrachte er in der Bibliothek bei Helen Atkins, mit der er sehr bald Freundschaft geschlossen hatte.

»Er hilft mir so viel, und die Besucher der Bibliothek lieben ihn. Wenn er ein Buch für sie aussucht, strahlen sie vor Dankbarkeit. Sogar die blonde Schönheit hängt an seinen Lippen.«

Jill lächelte, als sie daran dachte, wie die blonde Sexbombe an Großvaters Arm gehangen und ihn angeschwärmt hatte. »Wenn ich nur zwanzig Jahre früher . . .« Aber das war nach einem kräftigen Schluck am Vormittag, und so sagte Jill nur: »Ich bin froh, daß ihr euch so gut versteht. Ich weiß schließlich, wie sehr er die Bibliothek liebt und wie sehr er die Arbeit braucht.«

»Für mich ist er eine große Hilfe. Neulich hat er mir angeboten, wie du weißt, daß er einen Nachmittag in der Woche die

Ausleihe allein übernimmt, so daß ich mit meiner Mutter in die Stadt fahren kann. Das Komitee hat zugestimmt, und auf diese Weise haben wir beide unsere Abwechslung.«

In der Zwischenzeit war das Haus der Websters zu einem Schmuckkästchen herausgeputzt, und für Jill begann eine faule Zeit. Mrs. Hinds versorgte noch immer den Haushalt, wobei Jill aber ein schlechtes Gewissen hatte. Vielleicht sollte sie wenigstens die unerfreulichen Pflichten der Hausfrau wahrnehmen und auf Mrs. Hinds verzichten? Sie hatte sich gerade dazu durchgerungen, als Matthew eines Abends in finsterster Laune heimkam.

»Colin hat sich nun doch zum Heiraten entschlossen, und Marilyn hat gekündigt. In vierzehn Tagen hört sie auf. Natürlich habe ich das kommen sehen, aber wo finde ich so schnell einen Ersatz? Nicht daß sie eine Perle von Sprechstundenhilfe gewesen wäre ... Trotzdem, für diesen Job finde ich so leicht niemanden, die jungen Leute arbeiten viel lieber in der Stadt, wo sie mehr verdienen.«

Jill verschluckte sich fast vor Aufregung und strahlte Matthew an. »Matthew, ich habe eine Idee. Warum nimmst du mich nicht einfach?«

»Wie stellst du dir das vor? Du hast doch mit dem Haus so viel Arbeit.«

»Ich weiß. Aber wirklich ausgelastet bin ich nicht. Mrs. Hinds ist ein Geschenk des Himmels, und gerade habe ich gedacht, sie zu bitten, nicht mehr zu kommen. Matthew, laß mich in der Praxis mitarbeiten. Ich bin zwar nicht übermäßig intelligent, aber so gut wie Marilyn Brooks allemal, wenn ich erst einmal eingearbeitet bin. Ich werde zeitiger aufstehen und ein wenig aufräumen, den Rest kann Mrs. Hinds erledigen. Wenn sie das Mittagessen vorbereitet, können wir in der Mittagspause essen und rechtzeitig wieder in der Praxis sein. Kurz nach fünf bin ich dann wieder zu Hause. Am Wochenende ist die Praxis geschlossen, da kann ich mich mehr um meine häuslichen Pflichten kümmern.«

»Das ist zuviel für dich, Jill. Ich möchte kein Nervenbündel zur Frau haben.«

»Bestimmt nicht, Matthew. Ich möchte dein Leben teilen, möglichst viel mit dir zusammensein und dich dadurch besser verstehen lernen. Selbstverständlich kann ich nur so lange mitarbeiten, bis wir ein Baby haben, dann möchte ich lieber zu Hause bleiben. Bis dahin aber hätte ich wenigstens eine Aufgabe . . .«

Das überzeugte Matthew. Er stimmte zu, und Jill trat ihren neuen Dienst an. Marilyn freute sich, daß sie ihren Beruf leichten Herzens an den Nagel hängen konnte und widmete sich ihrer Aussteuer und den zahlreichen Partys, die der Verlobung folgten.

Jill hingegen machte der neue Beruf sehr viel Spaß. Sie war glücklich, daß sie die lästige Hausarbeit guten Gewissens Mrs. Hinds überlassen konnte, und dankbar, daß sie Gelegenheit hatte, die Arbeit des Tierarztes besser kennen und schätzen zu lernen. Matthew Webster, den Ehemann, kannte sie nun schon recht gut, der war nicht weiter kompliziert: ein freundliches Wesen, verständnisvoll, Sinn für Humor und in jeder Hinsicht großzügig. Aber Matthew Webster, den Tierarzt, hatte sie nur als seine Assistentin kennenlernen können.

Allerdings hatte sie wenig Glück damit, sich über theoretischen Erwägungen mit ihrem um diese Jahreszeit vielbeschäftigten Mann zu unterhalten. Matthew fiel abends todmüde ins Bett, und frühmorgens um sieben schaffte es nur ein lauter Wekker, ihn wieder aus den Federn herauszubringen.

Eines Abends aber, als sie nach einem hektischen Tag gemütlich zusammensaßen, nahm Jill die Gelegenheit wahr, um ihre Gedanken an den Ehemann zu bringen.

»Man sagt doch, daß Ärzte zwei Gesichter haben, stimmt's?

Nun, ich würde sagen, daß es Tierärzte mindestens auf ein halbes Dutzend bringen.«

»Was meinst du damit?«

»Nimm die Ereignisse des heutigen Tages – viermal ein anderes Gesicht.«

Es begann mit Mrs. Dorset, die um halb zehn Uhr anrief, als sie kaum die Praxis betreten hatten. Achselzuckend gab Jill den Hörer an Matthew weiter. »Wenn es dringend ist, kommen wir sofort. Ich bringe meine Frau mit, denn sie ist kleiner und leidet auch nicht an Klaustrophobie«, hörte sie ihn sagen.

»Sag bloß nicht, daß dieser verflixte Kater schon wieder unter dem Haus ist«, murrte Jill, als sie die Praxis abschlossen und einen »Komme-gleich-wieder«-Zettel an der Tür anbrachten. »Ein lustiges Gefühl, dorthin zu gehen, wo ich dich zum erstenmal gesehen habe.«

»Meine Füße hast du gesehen und mir fast den Kopf abgerissen.«

Mrs. Dorset erwartete sie schon aufgeregt, und Matthew erkundigte sich leutselig nach Kater Timothy. »Nun, Mrs. Dorset, wo steckt denn der Kerl diesmal? Hoffentlich auf einem Baum, ich klettere lieber.«

»Oh, Mr. Webster, wie gut, daß Sie und Mrs. Webster gekommen sind. Ich mache mir große Sorgen wegen Timothy. Er ist nicht auf dem Baum und nicht unter dem Haus, deshalb habe ich Sie angerufen.«

»Ja, wo steckt er dann?«

»Das weiß ich eben nicht. Ich kann ihn nicht finden. Bitte, helfen Sie mir.«

Das war so unerhört, daß Jill nach Luft schnappte, Matthew aber nur grinste. »Wie kann ich Ihnen helfen? Vielleicht ist er nur etwas spazierengegangen und kommt gleich wieder zurück.«

»Nein, das macht mein Timothy nie. Er muß irgendwo festsitzen. Die ganze Nacht ist er ausgeblieben, wo er doch sonst immer auf meinem Bett schläft. Oh, Mr. Webster, was soll ich nur tun? Die halbe Nacht bin ich die Straße auf und ab gelaufen und habe ›Pussy, Pussy‹ gerufen.«

»Das ist nicht gut für Sie, bei Ihrer Erkältung.«

Sie wirkte noch kleiner als gewöhnlich, leidend und sehr, sehr alt. »Er wird schon wieder auftauchen«, beruhigte sie Jill. »Sie wissen doch, wie Katzen sind, vor allem Kater. Tagelang strolchen sie in der Umgebung herum, und plötzlich sind sie wieder da.«

»Nun, da wir schon einmal hier sind, können wir genausogut das Haus auf den Kopf stellen und den alten Teufel suchen«, sagte Matthew zu Jills großer Überraschung und begann auch gleich, geduldig und systematisch alle Ecken zu durchstöbern, in denen der vermaledeite Kater stecken konnte. Schließlich fand ihn Matthew auf einem Brett über dem Heißwasserboiler, wo er tief und fest schlief. Als Matthew ihn herunterangelte, schien er verärgert.

»So, da haben wir ihn, den kleinen Ausreißer.« Er drückte ihn seiner glücklichen Besitzerin in den Arm, und dann verabschiedeten sich Jill und Matthew kurz, aber sehr freundlich.

Kein vorwurfsvolles Wort, keinerlei Bemerkung, daß er sich über diese Verzögerung ärgerte.

»Mrs. Dorset ist wirklich eine alte dumme Schachtel. Ich kann nicht verstehen, daß du soviel Geduld mit ihr hast.«

»Das alte Mädchen ist halb verrückt! Ich kenne sie und ihren lausigen Kater schon solange ich hier bin. Sie hat sonst niemanden, der sich um sie kümmert.«

»Das leuchtet mir ein«, antwortete Jill, als sie die Praxistür aufschloß und sofort zum Telefon rannte, das gerade unsanft schrillte. »Du hast fast eine halbe Stunde verloren, die wird dir jetzt fehlen. Und keine Rechnung, nehme ich an.«

»Natürlich nicht. Sie lebt von ihrer kleinen Rente. Übrigens, hast du vergessen, daß Timothy uns zwei zusammengebracht hat? Ja, Webster hier ... Sagten Sie eine Schwellung?«

Um zwölf Uhr war er kaum zurück, um mit Jill nach Hause zum Mittagessen zu fahren, als das Telefon wieder läutete. Jill seufzte, als sie den Hörer abnahm, und war entsetzt, als eine laute, hysterische Frauenstimme ihr ins Ohr schrie.

»Mr. Webster, sind Sie das? Ich will mit Mr. Webster sprechen, sofort ...«

Jill schnitt eine Grimasse, als sie Matthew den Hörer reichte. Das schrille Gezeter war so durchdringend, daß sie es trotzdem mitanhören mußte. »Kommen Sie schnell, Sie müssen sofort kommen.«

Matthew versuchte, den Redeschwall der aufgeregten Dame zu bremsen. »Wer spricht bitte?« fragte er betont ruhig, woraufhin wieder nur das hysterische »Kommen Sie sofort!« als Antwort kam. Da platzte Matthew der Kragen und er polterte sie an.

»Jetzt halten Sie endlich Ihren Mund, Madam!«

Damit hatte er Erfolg. Am anderen Ende der Leitung war Ruhe. »Wenn Sie mir Name und Adresse sagen, komme ich sofort.« Er seufzte bei dem Gedanken an sein verpaßtes Mittagessen.

Außer Namen und Adresse gab jene Dame noch vieles von sich, was Matthew nicht zu hören benötigte. Deswegen hängte er ein. »Die Frau scheint verrückt zu sein. Ich gehe gleich hin, und am besten kommst du mit. Die Leute sind neu hier im Ort, und du kannst mir helfen, die Frau zu beruhigen.«

Beim Mittagessen erzählte dann Jill ihrem Großvater, wie dankbar sie war, daß Matthew sie mitgenommen hatte. Die Szene mußte man selbst miterlebt haben. Hätte Matthew sie ihr nur erzählt, sie würde es nicht geglaubt haben.

Sie hatten also die Praxis abgeschlossen und waren mit dem Auto wenige Minuten später bei der angegebenen Adresse.

Es war ein großes, geräumiges Haus mit einer reich verzierten Fassade, und die Frau, die auf ihr Klingeln hin zur Tür gestürzt kam, war ebenso üppig dekoriert. Als sie die Tür aufriß, deklamierte sie in Tönen höchster Dramatik: »Sie sind gekommen ... Dem Himmel sei Dank, daß Sie gekommen sind.« Mehr erfuhren sie nicht.

Als sie das große Wohnzimmer betraten, fiel Jill das Getöse des Staubsaugers auf, dessen Saugdüse am Boden lag, und dann sah sie die offene Tür des Vogelkäfigs. Weit und breit war kein kranker Hund oder eine kranke Katze zu sehen. Warum waren sie nur hergekommen?

Matthew war im Moment verblüfft, dann bückte er sich und stellte den Staubsauger ab, um ihn zu öffnen. Aus dem Staubbeutel angelte er einen völlig eingestaubten und verschreckten, ansonsten aber wohlbehaltenen Kanarienvogel heraus.

»Wie sind Sie nur darauf gekommen? Wie konnte meine kleine Fifi in den Staubsauger fliegen? Plötzlich war sie verschwunden ... Ist sie verletzt? O Gott, mein Herz, ich bekomme einen Herzanfall.«

Dafür war Matthew nicht zuständig, und er antwortete eiskalt: »Ihr Vogel ist unversehrt, Madam.« Dabei sah er die seltsame Vogelfreundin so wütend an, daß Jill sich kaum das Lachen verkneifen konnte.

»Oh, danke, vielen Dank. Was diese Fifi ...«

Bevor die überspannte Person ihn mit weiteren Fragen quälen konnte, warf Matthew noch einen Blick auf den Kanarienvogel und wandte sich zum Gehen.

»Danke, vielen Dank ... Ein Wunder ... Lassen Sie mich gleich für Ihre Bemühung zahlen. Fifi ist mir jeden Preis wert. Alles, was ich habe.«

Matthew drehte sich an der Tür noch einmal um und sagte kurzangebunden: »Sie bekommen die Rechnung zugeschickt.«

Dann stolzierte er erhobenen Hauptes hinaus, und Jill folgte ihm amüsiert.

Er selbst brauchte erst ein gutes Mittagessen, um wieder lachen zu können.

Sie genossen das exquisite Mahl, das dank Mrs. Hinds Umsicht im Herd warm geblieben war, und erzählten dann Großvater die Geschichte.

»Ganz schön verrückt, die dumme Henne. Anstatt zu jammern, hätte sie doch nur den Staubsauger abstellen und den Vogel herausnehmen können«, sagte er mit einem grimmigen Lächeln.

»Ich vermute, sie fürchtete sich vor dem, was sie vorfinden würde«, meinte Großvater verständnisvoll.

»Ja, das glaube ich auch«, stimmte Jill zu. »Sie liebt doch den kleinen dummen Vogel abgöttisch und sagte, daß er ihr mehr als alles Geld wert wäre.«

»Das ist gut. Dann wird es ihr auch nichts ausmachen, meine Rechnung zu bezahlen.«

»Aber, Matthew, du hast doch nur den Staubsauger geöffnet und den Vogel in den Käfig zurückgebracht. Das war alles. Dafür kannst du doch keine Rechnung schreiben.«

»Kann ich nicht? Schließlich war das ein Hausbesuch, und den muß sie bezahlen.«

Um vom strittigen Thema abzulenken, sagte Großvater schnell: »Ich finde es überhaupt merkwürdig, wie so ein Vogel in einen Staubsauger hineinfliegen kann.«

»Das kommt gar nicht so selten vor. Das dumme Frauenzimmer hat ihren Vogel frei herumfliegen lassen, während sie staubsaugte. Dabei wurde er durch den Luftstrom angesaugt. Die Frau hätte sofort den Staubsauger abstellen und den Vogel befreien müssen. Ein Wunder, daß er nicht erstickt ist. Viel hat nicht mehr gefehlt.«

»Offensichtlich leert sie ihren Staubbeutel öfter aus als ich den meinen«, trug Jill zur Ehrenrettung der von Matthew so geschmähten Vogelnärrin bei. »Aber jetzt siehst du selbst, Großvater, was ich damit meine, wenn ich behaupte, daß Matthew mehrere Gesichter hat. Er ist immer ein Engel, wenn es darum geht, Mrs. Dorsets Kater zu suchen. Dieser anderen Frau gegenüber aber hat er sich sehr ungezogen benommen. Man sollte dieses sein Kanarienvogelgesicht nennen.«

»Bloß nicht. Ich gebe zu, daß ich etwas kurz angebunden war, weil mir die Art, wie sie mich anrief, nicht gefiel. Mehrere Gesichter? Unsinn. Du mußt die Leute verschieden behandeln, weil sie verschieden sind.«

»Nun, da wirst du heute nachmittag viel Gelegenheit dazu haben, heute ist Kleintiertag. Da kommen außergewöhnliche Leute mit außergewöhnlichen Tieren.«

Jill liebte die Kleintiersprechstunde am Donnerstagnachmittag. Da kamen die Leute aus der ganzen Umgebung mit den weniger ernsten Sorgen ihrer kleinen Lieblinge. Notfälle behandelte Matthew jederzeit.

Wie immer, hatten sich auch heute wieder recht eigenartige Leute eingefunden, als Jill um drei Uhr die Wartezimmertür öffnete. Es waren nicht viele. Jill zählte sechs Personen mit ihren Tieren: eine Frau mit einer Siamkatze, die in ihrem teuren Körbchen ängstlich miaute; ein kleines Mädchen mit einem in eine Wolljacke gewickelten Zwerghuhn; eine rüstige alte Dame mit einem seltsam zurechtgestutzten Pudel, der sofort böse knurrte, wenn jemand in seine Nähe kam; ein Junge mit einem in Flanell verpackten Kätzchen; eine melancholische Dame mit einem augenkranken Spaniel, der eindrucksvoll wimmerte und Jills Hand zu lecken versuchte; eine fremde weißhaarige Dame mit einer lustigen Bastardhündin, mit der verglichen Cuthbert ein Aristokrat war. Jill überlegte sich eine mögliche Ahnenreihe jener helläugigen, klugen Hündin und kam zu dem Schluß, daß einer ihrer Vorfahren ein forscher Labradorhund gewesen sein muß, der vielleicht mit ihrer leichtsinnigen Spanielgroßmutter angebandelt hatte. Jill war von der Hündin begeistert, und noch mehr von ihrer Herrin, die die liebenswürdige Promenadenmischung sichtlich gern mochte und der es nichts auszumachen schien, daß ihre Hündin weniger aristokratisch als sie selbst aussah.

Die Atmosphäre war freundlich. Die Frau mit der Siamkatze plauderte mit der Pudelbesitzerin über irgendwelche Symptome, beide lächelten die lustige Promenadenmischung an, deren Besitzerin sich ebenfalls am Gespräch beteiligte. Der kleine Junge mit dem Kätzchen erzählte seinen Kummer der Frau mit dem traurigen Spaniel. Alle verstanden sich prächtig.

Plötzlich öffnete sich die Tür, und eine gutaussehende, elegant gekleidete junge Dame betrat das Wartezimmer. Sie wirkte arrogant, und Jill fiel besonders ihre lange, spitze Nase auf. An einer teuren Hundeleine führte sie einen reinrassigen Collie mit schmalem Kopf und wunderschönem Fell, das offensichtlich sorgfältig gepflegt wurde. Als Jill die Neuankömmlinge betrachtete, fiel ihr die Ähnlichkeit auf, die der Hund mit seiner Herrin hatte. Beide waren sehr lang- und hochnäsig. Dennoch bat Jill die Dame freundlich, Platz zu nehmen, denn der Tierarzt wäre noch nicht da.

»O nein, Paladin und ich werden uns draußen hinsetzen. Wir können nicht inmitten dieser scheußlichen Kreaturen warten«, sagte sie mit gedämpfter Stimme, doch durchaus für jedermann hörbar. Dabei musterte sie geringschätzig die liebenswürdige Promenadenmischung.

Jill lächelte noch immer freundlich. »Wie Sie wünschen. Dennoch glaube ich, daß Sie es hier bequemer haben, und es kann lange dauern.«

»Der Mann wird mich doch wohl sofort hereinbitten, wenn er kommt? Ich bin gerade durch die Ortschaft gefahren, als Paladin schrecklich keuchte. Da entdeckte ich die Praxis. Ich bin sehr besorgt um Paladin, morgen ist er auf einer Ausstellung in der Stadt.«

»Es tut mir leid, ›der Mann‹ untersucht die Tiere der Reihe nach, und Sie sind mit Ihrem Hund zuletzt gekommen.«

»Das ist ja unerhört. Alle diese Bastarde – und Paladin ist ein Star.«

»Davon bin ich überzeugt, aber das ist nun mal die Regel. Also, wenn ich Sie wäre, würde ich mich gemütlich hinsetzen und warten.«

Widerwillig setzte sich die Dame auf einen Stuhl und zog ihren Hund ganz dicht zu sich heran, als hätten die anderen Tiere die Tollwut. Die vor kurzem noch heitere Stimmung unter den Wartenden war einer gespannten Nervosität gewichen, so daß Jill erleichtert war, als sie Matthews Auto hörte.

An diesem Nachmittag würde ihr Mann sein liebenswürdiges, geduldiges Gesicht herzeigen, dachte Jill, während sie ins Sprechzimmer hinüberging. Nicht, daß er diese Kleintiernachmittage besonders liebte. Wie jeder Tierarzt hatte auch Matthew seine besonderen Lieblinge, und das waren Hunde und Pferde. Dennoch behandelte er seine anderen Patienten mit der gleichen Liebe und Sorgfalt, und die Donnerstagnachmittagspatienten, so eigenartig die Tiere und ihre Besitzer auch sein mochten, fanden sein freundliches Wohlwollen.

»Wer ist der erste?« fragte Jill, als sie wieder ins Wartezimmer kam.

Einmütig entschieden sich die anderen fünf Wartenden für die weißhaarige Dame mit dem lustigen Hund. Diese zögerte aber. »Sind Sie sicher? Drei von uns sind doch fast gleichzeitig angekommen. Ich kann gerne warten.«

»Nein, Sie waren zuerst da, gehen Sie hinein«, drängten sie die anderen freundlich, und Jill lächelte. Nur das Mädchen mit dem Collie war noch immer wütend und drängte sich jetzt vor: »Nun, wenn es niemand eilig hat, ich habe es eilig . . .« Aber Jill beachtete sie nicht und schob die weißhaarige Dame ins Sprechzimmer.

Die Diagnose war schnell gestellt, und Matthew lieferte im folgenden ein weiteres Beispiel für seine verschiedenen »Gesichter«.

Matthew pflegte zu den einzelnen Tieren auf den Karteikarten drollige Randbemerkungen zu verfassen, und heute wurde er dabei ertappt.

Nachdem er den Namen der Tierhalterin ausgefüllt hatte, fragte er nach dem Namen der Hündin. Die weißhaarige Dame zögerte, bevor sie antwortete. »Wir nennen sie ›Maggie‹, eine Kurzform von ›Magnolie‹.«

Matthew zuckte weder mit Wimper noch Mundwinkel, aber Jill vermied es, ihm in die Augen zu sehen. Sein Ausdruck mußte ihn verraten haben, denn die Hundebesitzerin warf einen Blick auf seine Notiz. »Magnolie, mein Gott!« las sie vor, und Matthew sah einen Augenblick lang schuldbewußt wie ein bei einem Streich ertappter Schuljunge aus. Dann lachten alle drei Tränen. Als sie sich etwas beruhigt hatten, erklärte die Frau, wie »Magnolie« zu ihrem Namen gekommen war. »Als wir das kleine Häufchen Elend auf unserer Türschwelle fanden, dachten wir, wir müßten ihm einen schönen Namen geben, damit sie schön würde. Den Gefallen hat sie uns aber nicht getan.« Sie lachten fröhlich, und die Frau sagte: »Ich wohne in Wardston und habe dort von Ihnen gehört, Mr. Webster. Von nun an werde ich Magnolie immer zu Ihnen bringen.«

Zu Matthew mit dem »Schuljungengesicht«, dachte Jill, denn das hatte er zweifellos, wenn er heimlich kleine Unverschämtheiten auf seine Karteikarten schrieb.

Die Nachmittagssprechstunde ging weiter, und die meisten Sorgen konnten glücklich behoben werden. Jill betrachtete die Besitzer der behandelten Tiere und stellte befriedigt fest, wie erleichtert sie waren, als sie weggingen.

›Der Beruf des Tierarztes kommt wirklich gleich nach dem des praktischen Arztes, und Matthew ist so freundlich zu all diesen kuriosen Leuten.‹

Doch kaum hatte sie das gedacht, zeigte Matthew ein weniger freundliches Gesicht. Zwar erlebte sie nicht alles mit, was sich zwischen Matthew und der Collie-Besitzerin abspielte, aber der Anfang hatte ihr schon gereicht.

»Ich habe jetzt fast eine Stunde gewartet, während Sie die ganze Zeit diese widerlichen Bastarde behandelt haben. Das Mädchen, das Sie da haben, ließ mich nicht als erste vor«, beklagte sich die arrogante Pute bei Matthew.

Seine Antwort war kurz und trocken. »Jenes Mädchen, das zufällig meine Frau ist, kennt die Regel. Jeder wartet hier, bis er an der Reihe ist.«

Das war kein glücklicher Anfang, und Jill wunderte sich auch nicht, als die junge Dame murrend aus dem Sprechzimmer kam. »Ein schrecklicher Mann. Hier komme ich nie wieder her.«

Bestimmt hatte er ihr sein »Kanarienvogelgesicht« gezeigt, wie Jill es seit jener Nacht, da sie über Matthews Gesichter sprach, zu nennen pflegte.

11

Eines Morgens rief Evelyn in der Praxis an und fragte in entschuldigendem Tonfall: »Ich weiß, daß ich Matthew immer störe. Ist er da?«

»Nein, Evelyn, bedaure. Ich befürchte, daß er erst am späten Nachmittag zurückkommt. Er hat eine Menge Anrufe bekommen und muß zu verschiedenen Leuten fahren, die alle weit auseinander wohnen. Soll ich versuchen, ihn zu erreichen?«

»Nein, auf keinen Fall. Aber ich sitze in der Klemme. Ich brauche unbedingt noch ein Paar Hände.«

»Ich könnte Großvater anrufen, daß er herkommt, um die Anrufe anzunehmen. Ich komme dann schnell. Es wird doch sicher nicht lange dauern?«

»Ich glaube nicht. Aber es handelt sich um einen Vogel, Jill, und ich weiß, daß du es verabscheust, Gefieder anzufassen.«

»Was meinst du? Stimmt etwas mit einem deiner Vögel nicht?«

»Es handelt sich nicht um meine Vögel. Aber während ich außer Haus war, hat jemand eine Kiste mit einer riesigen Man telmöwe auf meiner Veranda abgestellt. Daran angeheftet war ein Zettel, auf dem gekritzelt stand, daß der Vogel mit gebrochenem Flügel an einem Bach, den viele Touristen aufsuchen, gefunden worden ist. Und als einer der Touristen bei einem der zahlreichen Kioske fragte, was sie denn mit dem verletzten Vogel tun sollten, erhielten sie die Antwort, ihn zu mir zu bringen. Offensichtlich hat jemand auf den Vogel geschossen und ihm dabei den Flügel zerschmettert.«

»Aber die Vögel stehen doch in diesem Gebiet unter Naturschutz?«

»Das schert doch diese verdammten Vandalen einen Dreck. Aber ich muß einfach etwas unternehmen. Als der Vogel auf die Erde fiel, hat sich die untere Hälfte des Flügels um dessen obere Hälfte geschlungen. Das Tier muß schreckliche Schmerzen leiden. Aber mein Problem ist, daß ich es einfach nicht zu fassen bekomme.«

»Ich zittere schon am ganzen Leib, aber ich werde mich überwinden und auch Großvater überreden, derweil die Anrufe entgegenzunehmen. Ich bin gleich bei dir.«

Jill war außer sich vor Angst; diese Geschichte war ja wirklich schrecklich. Würde Evelyn wirklich erwarten, daß sie mit einem großen, wilden Vogel fertig wird? Aber sowie sie das Problem näher betrachtete, verdrängte sie diesen Gedanken.

Um mit der Sache zu Rande zu kommen, mußten sie schon beide zulangen. Der Vogel hockte noch in seinem Kasten und pickte wütend nach jedem, der in die Reichweite seines Schnabels kam.

Bestürzt fragte Jill: »Was hast du jetzt vor? Wie sollen wir die Sache anpacken?«

»Ich weiß nicht. Aber ich muß diesen Flügel wieder an die richtige Stelle bringen. Sonst geht das Tier ein.«

»Willst du das nicht lieber Matthew überlassen? Er kommt ja im Laufe des Nachmittags zurück.«

»Nein! Ich kann den Vogel nicht leiden lassen. Wir kommen damit schon zu Rande. Wenn wir ihm etwas Whisky einflößen, wird er benommen sein, und wir können mit ihm machen, was wir wollen.«

»Whisky oder keinen Whisky ... Ich werde mich auf keinen Fall in die Reichweite seines Schnabels begeben.«

»Das will ich dir auch nicht zumuten. Mein Vorschlag: Wir könnten ihm ein Gummiband um den Schnabel wickeln. Wenn uns das gelingt, dann kann er uns nicht mehr picken, aber wir könnten den Schnabel weit genug öffnen, um Whisky hineinzuträufeln. Zum Glück steht noch eine halbvolle Flasche in meiner Küche.«

»Ja, ich glaube auch, daß es so gehen könnte. Du mußt es nur fertigbringen, ihm den Gummi um den Schnabel zu wickeln. Versuch gar nicht erst, mich zu überreden, ihm den Kopf zu halten.«

»Nein, keine Sorge. Du mußt nur versuchen, ihn abzulenken, dann wickele ich ihm hurtig das Gummiband um den Schnabel.«

Und so machten sie sich ans Werk. Fünf Minuten lang mühten sie sich nach Kräften, aber es gelang ihnen nicht, die Aufmerksamkeit des Vogels abzulenken. Die Mantelmöwe reagierte einfach zu schnell. Wollte sie eben noch nach Jill – die wohlweislich ausreichenden Sicherheitsabstand hielt – picken, so drehte sie sich im nächsten Moment blitzschnell nach Evelyn um, als sich diese mit dem Gummiband näherte. Da gaben die beiden Frauen ihr hoffnungsloses Unterfangen auf und lachten hilflos. In diesem Augenblick kam Rachel Wood mit ihrem Kleinwagen den Weg heraufgefahren.

»Was ist denn hier los?« rief sie. »Das arme Ding! Wie kann man nur so herzlos sein und auf einen dieser großen Vögel in freier Wildbahn schießen. Kann ich helfen, Evelyn?«

Als Rachel erfahren hatte, worum es ging, machte sie sich überraschend flink und geschickt ans Werk.

Sie erklärte: »Am besten tragen wir den Vogel zunächst in die Küche. Dann versuchen wir, ihn aus seinem Kasten herauszulocken. Laß nur, Jill, ich mache das schon. Ich erinnere mich, daß du mir einmal erzählt hast, welchen Widerwillen du bei der Berührung von Vögeln empfindest. Ich werde Evelyn helfen. Du kannst dich inzwischen um den Whisky kümmern.«

Jetzt ergriff die ruhige und bescheidene Rachel energisch die Initiative. Evelyn, die sie offenbar gut kannte, schien dies nicht weiter zu überraschen. Sie trugen also den Kasten mit dem Vogel in die Küche und holten die Whiskyflasche aus dem Schrank. Evelyn stellte fest: »Jill kann uns zwar nicht behilflich sein, wenn wir den Vogel anfassen müssen, aber sie kann ihm dann den Whisky in die Gurgel träufeln. Bringst du das fertig, Jill, wenn wir das Biest festhalten?«

»Ich glaube schon, aber ich habe das dumpfe Gefühl, als ob *ich* zunächst einen Whisky bräuchte.«

»Du wirst jetzt keinen Schluck trinken, du brauchst eine sichere Hand. Hier ist die Flasche und hier die Pipette. Du gehst am besten hinaus, bis wir den Vogel in der richtigen Lage haben.«

Das mußte Jill nicht zweimal gesagt werden. Als sie zurückkam, war die Möwe aus ihrem Holzverschlag heraus, und

Rachel drückte den Vogel sachte auf den Boden. Die Frau machte einen völlig ruhigen Eindruck und ließ keinerlei Angst erkennen. Mit einer Hand hielt sie den Körper des Vogels fest, mit der anderen seinen Hals, so daß er nicht nach Evelyn hakken konnte, als diese ihm das Gummiband um den furchterregenden Schnabel wickelte. Jill schaute mit weitaufgerissenen Augen zu und bebte am ganzen Körper. Jetzt konnte der gebändigte Vogel seinen bedrohlichen Schnabel nur noch wenige Zentimeter öffnen – weit genug, damit Jill ihm gefahrlos den Whisky einflößen konnte.

Obwohl die Möwe derartig behindert war, machte sie unvermindert wütende Angriffsversuche. Sie schlug mit dem Kopf auf dem Boden auf und versuchte verzweifelt, ihre Retter mit Schnabelhieben zu treffen.

»Jetzt, Jill! Den Whisky! Laß die Pipette vollaufen und gib es ihm tropfenweise in den Schnabel. Stell dich doch nicht so dumm an!«

Jill, die Rachels Mut bewunderte, brachte es tatsächlich fertig, dem Vogel den Whisky einzuflößen. Sie ließen dem Vogel zehn Minuten Pause, dann wiederholten sie die Prozedur. Mit der Zeit tat der Alkohol seine Wirkung. Der große Kopf des Vogels sank allmählich zur Seite, der Körper des Tieres erschlaffte. »Der ist ruhiger als ich«, gab Jill ihren Kommentar. »Noch nie in meinem Leben war ich so entsetzt, wie in dem Augenblick, als ich in die Reichweite dieses schrecklichen Schnabels kam.«

»Der Schnabel ist fast zu, und der Vogel wird immer ruhiger. Gib ihm jetzt mehr Whisky, Jill!«

Die dritte Dosis verfehlte ihre Wirkung nicht, und die Möwe war – wie Evelyn sich ausdrückte – »selig besoffen«. Unverzüglich schritten Evelyn und Rachel zur Tat. Evelyn stieß einen bangen Schrei aus. »Ich kann den Flügel nicht schienen oder sonst was unternehmen. Ich kann ihn nur auf die richtige Seite binden. Den Rest muß Matthew besorgen. Soweit hätten wir's, du armes Ding. Die Binde wird halten, und wir können den Vogel zunächst wieder in seinen Kasten legen.«

»Du weißt sicher, Evelyn, daß mindestens der halbe Flügel amputiert werden muß«, stellte Rachel fest. Sie sagte es mit einer solchen Ruhe, daß Jill die Augen hervortraten.

»Ja, das befürchte ich auch. Doch warten wir ab, was Matthew dazu meint. Zunächst können wir uns ja einen Kaffee kochen. Du hast ihn dir redlich verdient, Rachel. Ich weiß zwar nicht, ob sich Jill auch eine Tasse verdient hat, aber wir werden ihr trotzdem eine geben.«

»Nein, ich trinke jetzt keinen Kaffee. Ich muß nach Hause, für den Fall, daß Großvater mich braucht.«

Wie unter einer plötzlichen Eingebung drehte sie sich unverhofft um und forderte Rachel auf: »Komm doch mit. Großvater wird sich freuen, dich zu sehen.« Sie war angenehm überrascht, als Rachel ihre Einladung annahm. Evelyn ging mit Jill hinaus zu ihrem Wagen, während Rachel die Küche säuberte. Jill sagte mit einem bewundernden Unterton in der Stimme: »Ich hätte nie gedacht, daß Rachel so tapfer ist. Sie machte immer einen so bescheidenen und lammfrommen Eindruck.«

Evelyn lachte: »Frag mal den Bastard Jim Wood, wie bescheiden und lammfromm seine Frau ist!« Das war alles, was sie dazu sagte. Sie winkte Rachel herzlich zum Abschied zu, als diese ihren Wagen anließ.

Irgend etwas an Evelyns Worten verwirrte Jill. Und später sagte sie zu ihrem Großvater: »Ich würde Rachel gerne näher kennenlernen. Sie hat so viele verschiedene Seiten.«

»Das stimmt in der Tat, und ich freue mich, mein Kind, daß du das bemerkt hast.«

Und so begann eine Freundschaft, die Jill schon lange ersehnt hatte. Nach und nach kam Rachel aus ihrer Muschel heraus. Wenn sie in die Siedlung fuhr, dann schaute sie immer auf einen

Sprung in die Praxis hinein. Jill meinte nachdenklich zu Matthew: »So hat mir dieser grauenhafte Vogel doch etwas Positives gegeben. Erst durch dieses widerliche Abenteuer habe ich die wahre Rachel kennengelernt.«

Am späten Nachmittag machte sich Matthew auf, um nach der unglücklichen Möwe zu sehen. Als er zurückkehrte, berichtete er Jill, daß Rachel mit ihrer Vermutung ins Schwarze getroffen hatte: Der Flügel des Vogels mußte über dem Gelenk amputiert werden.

»Somit haben wir eigentlich wenig Gutes getan«, sinnierte Jill. »Der arme Kerl wird nie wieder fliegen können.«

»Fliegen wird er nicht mehr können. Dafür wird er gehörig Evelyns Katzen zerzausen und die übrige Zeit am Bach verbringen, um sich von den Ausflüglern während ihres Picknicks Lekkerbissen zustecken zu lassen, und als Dank versuchen, sie anständig zu picken. Nein, der Flügel war nicht mehr zu retten. Aber wenigstens hat der Whisky den Vogel betäubt, so daß er keinerlei Schmerzen gelitten hat.«

Was Matthew prophezeit hatte, traf ein. Der Vogel war nicht zu zähmen und offenbarte zudem einen höchst bösartigen Charakter. Doch schien die Mantelmöwe ziemlich glücklich ihr Invalidendasein zu fristen und amüsierte die Ausflügler mit ihrem ulkigen Gehopse. Evelyns Katzen hingegen schätzten die Möwe weniger, gewöhnten sich aber allmählich an sie. Stürzte sich der Vogel kreischend auf die Katzenschar, so foppten ihn die flinken Tiere, indem sie den nächsten Baum erkletterten und von sicherer Höhe herab den lädierten Vogel ausmiauten.

Neben Rachel zählte jetzt auch ihr Sohn zu den regelmäßigen Besuchern der Tierpraxis. Trevor hatte an den Tieren seine helle Freude, und eines Tages erklärte er wehmütig: »Ich würde gerne ein Haustier halten, aber das ist auf einer Farm wohl unmöglich.«

Jill dachte bei sich, daß gerade eine Farm der ideale Platz für die Haltung eines Haustieres sei. Doch da sie sich an den abscheulichen Vorfall mit Trevors Hund erinnerte, behielt sie ihre Meinung für sich.

»Wood steht das Wasser so ziemlich bis zum Hals«, meinte Matthew eines Abends zu Jill. »Die Leute hier scheinen davon überzeugt zu sein, daß das Verschwinden von Tieren auf sein Konto geht . . . Sie lauern ihm jetzt auf, zumal gestern mehrere Widder von Raines Weiden verschwunden sind.«

»Aber man hat doch keine Spur entdeckt? Ich will damit sagen, wenn er sie wirklich gestohlen hätte, dann wäre er doch kaum so dumm, sie auf seiner eigenen Farm unterzubringen.«

»Woods Farm umfaßt rund zweitausend Morgen Land und grenzt direkt an den Busch. Du wirst doch nicht glauben, daß er die Tiere für alle sichtbar in den vordersten Gehegen ausstellt.«

»Kann Raine denn nichts Genaues nachweisen?«

»Es ist gesetzlich untersagt, fremdes Land zu betreten. Die einzige Möglichkeit wäre, Anzeige zu erstatten und die Polizei das gesamte Gelände durchsuchen zu lassen. Aber bis dies in die Wege geleitet wäre, hätte er die Widder längst in Sicherheit gebracht.«

»Die Sache scheint ja ziemlich hoffnungslos zu sein. Wie kann man unter diesen Umständen jemals einen Schafdieb erwischen?«

»Stimmt. Das ist recht schwierig. Du mußt ihn entweder erwischen, wenn er versucht, die Tiere zu verkaufen, oder du mußt ihn *in flagranti* ertappen, wenn er sie von der Weide stiehlt. Wenn man den Dieb nicht auf frischer Tat erwischt, so kann dieser steif und fest behaupten, daß sich die Tiere auf sein Farmgrundstück verirrt hätten. Wenn du nicht mit eigenen Augen gesehen hast, daß er sie selbst auf seine Weide geschafft hat, dann ist ihm nichts nachzuweisen. Und so ein gemeiner Job wird üblicherweise bei Nacht und Nebel verrichtet.«

»Es überrascht mich, daß die Farmer sein Anwesen nicht scharf bewachen.«

»Die Farmer sind im Frühjahr durch die viele Arbeit zu erschöpft, um sich noch nachts sieben Stunden lang auf Wache zu legen. Außerdem haben sie zur Zeit eine andere Sorge, die ihnen noch mehr zu schaffen macht als der Viehdiebstahl. Im Distrikt wüten einige streunende Hunde, die verdammte Kerle bei einer Wildschweinjagd zurückgelassen haben. Die Hunde haben schon eine Menge Schafe gerissen, und die Männer müssen ausschwärmen, um die Köter unschädlich zu machen. Sie können nicht gleichzeitig nach streunenden Hunden und nach Schafdieben Ausschau halten. Wood ist viel zu gerissen – dem kommen sie so schnell nicht auf die Schliche.«

Aber schließlich wurde er doch noch erwischt – und zwar von Matthew höchstpersönlich. Er hatte einen freien Abend in der Gesellschaft von Jill und Evelyn verbracht. Anschließend entschloß sich Matthew plötzlich, mit Jill in der linden und mondlosen Nacht noch einen Ausflug zu machen. Sie wollten es genießen, allein und ungestört zu sein.

Sie fuhren eine entlegene Landstraße entlang, als Matthew plötzlich eine Hand vom Steuerrad nahm und in eine bestimmte Richtung zeigte. Er flüsterte: »Verhalte dich völlig still!« Jill machte in der Finsternis einen Lastwagen aus, der nahe an einer Hecke parkte. Als sie mit dem Blick Matthews ausgestrecktem Zeigefinger folgte, entdeckte sie eine Schar Schafe, die friedlich über das nachtdunkle Gras trabte. Ihnen folgten ein Mann und ein Hund, der die Tiere lautlos umkreiste. Matthew flüsterte: »Ich glaube, wir sind der Sache auf der Spur.« Er fuhr den Wagen rasch und so geräuschlos wie möglich um die Kurve, so daß er von der Weide aus nicht mehr gesehen werden konnte. Dann machte er die Scheinwerfer aus.

Leise glitt er aus dem Wagen und murmelte: »Rühr dich

nicht, bis ich rufe; dann komm schnell nach!« Und schon war er im Dunkel der Nacht verschwunden.

Jill wartete angespannt. Sollte dies die winzige Chance sein, von der Matthew gesprochen hatte? Sollte in dieser mondlosen Nacht der Schafdieb auf frischer Tat ertappt werden? Und was sollte sie tun, wenn sie auf Matthews Ruf losgerannt war? Fragen über Fragen. Sie hielt den Atem an und lauschte angespannt. Kein Laut war zu hören. Jills Hoffnung stieg. Sie wußte, daß ihr Mann lautlos wie ein Indianer schleichen konnte. Er würde unbemerkt so weit vordringen, bis er mit eigenen Augen sehen würde, wie der Mann die Schafe in seinen Laster treibt. Wood war sicher völlig ahnungslos.

Und da geschah das Unerwartete. Sie hörte das gedämpfte Geräusch von Schritten, das Murmeln leiser Stimmen. Um die Ecke bogen vier Männer, alle mit Gewehren bewaffnet. Jill glitt hurtig aus dem Auto, und die Männer blieben überrascht stehen. Dann fragte sie einer mit ruhiger Stimme: »Frau Webster? Ist Matthew in der Nähe? Wir sind hinter den verdammten streunenden Hunden her. Vom Hügel aus sahen wir, daß sich etwas auf der Wiese bewegte. Da tut sich sicher was. Sie bleiben besser hier.« Und noch bevor sie die Männer warnen konnte, waren diese lautlos im Dunkel untergetaucht.

Jill fühlte sich elend. Wenn Jim Wood tatsächlich Schafe gestohlen hatte, dann würde sein Hund erschossen werden. Und das hätte dieser nicht verdient. Der Hund hatte ja keine Ahnung, daß er einem Verbrecher behilflich war, er folgte nur dessen Befehlen. Woods Hund machte niemandem Ärger; Matthew behauptete, daß er einer der besten Hunde sei, der ihm je unter die Augen gekommen war. Das konnte sie auf keinen Fall zulassen. Und so rannte sie leichtfüßig über den Rasen hinter den zornigen Männern her.

Sie kam gerade noch zur rechten Zeit. Einer der Männer

brummte: »Seht! Da ist ein Hund. Ich werde ihn erledigen.« Jill sah, wie er das Gewehr in Anschlag brachte.

Doch bevor er einen Schuß abgeben konnte, war Jill auf ihn zugesprungen und ihm in den Arm gefallen. »Nicht schießen!« flüsterte sie verzweifelt, atemlos. »Tun Sie das Gewehr runter, und verhalten Sie sich mucksmäuschenstill! Sie haben es nicht mit einem streunenden Hund zu tun, sondern mit Jim Wood, der Schafe stiehlt. Matthew versucht, ihm das Handwerk zu legen.«

Aber Jill hatte den Mann zu sehr erschreckt. Unfreiwillig stieß er einen Fluch aus, als er das Gewehr senkte. In Blitzesschnelle veränderte sich die Szenerie auf der Wiese. Der Mann blieb stehen, die Schafe zogen ab, und der Hund verhielt zu Füßen seines Herrn. Dann ging Jim Wood mit Unschuldsmiene auf die Männer zu. Da prallte er auf Matthew, der wütend aus dem Schutz einer Hecke auftauchte. »Ihr verdammten Narren!« zischte er den vier Männern zu. Dann wandte er sich an Wood: »Was haben Sie auf der Weide zu suchen? Machen Sie einen Ihrer mitternächtlichen Ausflüge?«

Der Mann befand sich in der Defensive. Aber er suchte Händel und fühlte sich zudem sicher. »Was ich mache? Was glauben Sie denn? Ich fuhr hier vorbei und entdeckte eines von Willis' Schafen. Ich ging auf die Wiese und fing es ein. Jetzt ist es wieder bei seiner Herde.«

»Warum haben Sie Ihren Wagen so geschickt im Schutz der Hecke geparkt?«

»Verdammt noch mal! Ich kann parken, wo ich will!«

Es war hoffnungslos, und sie alle wußten es. Die vier Männer, die Matthews Plan vereitelt hatten, kochten vor Wut. Ihre Wut galt sowohl sich selbst wie Wood. Ärgerlich zischten sie: »Du verfluchter Dieb. Jetzt haben wir dich geschnappt!« Es war nur ein Bluff: Sie hatten ihn nicht auf frischer Tat ertappt, das wußten sie genau. Dennoch standen sie kurz vor einer Gewalttat, und Matthew mußte energisch eingreifen, um sie davon abzuhalten. Einer der Männer schritt bedrohlich mit geballten Fäusten auf Wood zu. Seine Stimme klang abgrundtief, als er ihm die Worte ins Gesicht schleuderte: »Ich werde dich lehren, um Mitternacht anderer Leute Schafe zu stehlen!« Aber Matthew drückte ihn zur Seite.

»Sei kein Narr, Ben.«

»Aber wir wissen, daß er Teds Schafe gestohlen hat und in seinen Laster verladen wollte.«

»Was wir wissen und was wir beweisen können, das sind zwei Paar Stiefel. Wären Sie nicht unverhofft durch die Gegend gestolpert und hätten Sie nicht so einen Lärm gemacht, der jeden noch ungehenkten Dieb gewarnt hätte, dann ... Hätte ich ihn in dem Augenblick überrascht, wo er die Schafe in den Wagen verladen hätte, und wäre meine Frau Zeugin gewesen ...«

Jills Atem ging stoßweise. Diese Rolle also hätte ihr zufallen sollen! Nun gut, sie hätte willig den Zeugen gespielt.

In der milden Nachtluft knisterte es vor Spannung, aber Matthews gelassene Ruhe gewann die Oberhand. Schließlich zogen die Männer ab. Doch bevor sie endgültig in der Nacht verschwanden, rief einer mit bedrohlicher Stimme: »Scheint so, daß wir dir in dieser Sache nicht an den Kragen können, Wood. Aber wir werden dir die Hölle heiß machen. Weiß Gott, das werden wir. An diesem Morgen schon wird diese Geschichte überall bekannt sein.« Auch ein anderer der vier blieb stehen und knirschte: »Hüte dich vor Unfällen, Wood. Da kann schnell was passieren. An deiner Stelle würde ich mich vorsehen.«

Wood murmelte etwas von übler Verleumdung, und die Männer grinsten hämisch. »Such dir doch Zeugen und laß sie vor Gericht aussagen. Nein, Wood, für dich wäre es besser, schnellstens Leine zu ziehen, solange es noch geht. Früher oder später bist du dran!«

Jill stand etwas abseits und hörte erschrocken die wütend ausgestoßenen Drohungen. Würde jetzt die Gewalt siegen? Aber die Farmer – alle hatten sie irgendwie durch Wood gelitten – wußten, daß sie im Augenblick nichts zu bestellen hatten, und trollten sich.

Als Matthew und Jill wieder im Wagen saßen, fluchte der Tierarzt vor sich hin: »Verdammtes Pech! Beinahe hätte ich ihn am Kragen gehabt. Jetzt besteht wenig Hoffnung mehr ... Trotzdem ...«

»Trotzdem?«

»Ich bin trotzdem froh, daß du den Mann gehindert hast, den Hund zu erschießen. Wood mag ja ein widerlicher Zeitgenosse sein, aber sein Hund ist ein Prachtexemplar.«

Jill lachte. »Du bist eben doch ein besserer Tierarzt als ein Detektiv. Auch ich hätte es nicht ertragen, wenn der Hund geopfert worden wäre. Was haßt du eigentlich mehr, Matthew, Schafdiebe oder streunende Hunde?«

Er überlegte kurz: »Das kommt darauf an. Bei streunenden Hunden ist man allerdings im Vorteil: Man kann ohne das Gesetz zu verletzen sein Gewehr gebrauchen.«

Wenn sie schon Wood nicht des Schafdiebstahls hatten überführen können, so standen sie fest zu ihrem Wort und vertrieben ihn schließlich aus dem Distrikt. Am nächsten Morgen bereits ging die Geschichte von Mund zu Mund. Haß und verbitterter Ärger nisteten sich in der Gemeinde ein. Solche Gefühle können nur Menschen empfinden, die seit langem die Opfer eines gerissenen Verbrechers sind und ihn nicht fassen können. Zwar war Wood seit jeher auf allgemeine Abneigung gestoßen, aber die Bewohner von Shepherd's Crossing waren ihm stets mit ihrer gewohnten Höflichkeit begegnet. Jetzt war offene Feindschaft ausgebrochen: Drohungen wurden ihm ins Gesicht geschleudert, wenn er ein Geschäft betrat, üble Verwünschungen begleiteten ihn, wenn er sich in seinen Wagen setzte. Und auch Unfälle ereigneten sich: So bemerkte Wood eines Nachts, daß seine Reifen durchstochen waren; bei anderer Gelegenheit wurde das Tor einer Farm unvermittelt geöffnet, aus dem ein schwergewichtiger Bulle herausstürmte.

Kein Mensch kann das auf die Dauer aushalten, und so war es keine Überraschung, als im Dorf die Nachricht durchsickerte, daß Wood seine Farm verkauft habe und selbst kurz vor der Abreise stehe.

Überall im Distrikt war ein Gefühl der Erleichterung zu spüren, gepaart mit offener Sympathie für Woods Frau, die jeder trotz ihrer Zurückhaltung gut leiden mochte. Wegen ihrer unglücklichen Heirat, und weil sie wußte, wie unbeliebt ihr Mann überall war, konnte sie nur wenige Freundschaften schließen. Matthew und Jill, Robert Henderson, Evelyn und Alan Reid waren ihre einzigen Vertrauten. Trotzdem respektierten sie die Farmer von Shepherd's Crossing und hatten tiefempfundenes Mitleid mit ihr. Laut beklagte Jill, daß der Verkauf von Woods Farm ihnen nun Rachel entziehen würde.

Sie mußte mit diesem schrecklichen Mann fortziehen. Hier zumindest hatte sie Freunde, die sie und ihren Sohn Trevor vor allen Unbillen beschützen würden. Wohin würde er sie jetzt mitnehmen, und wer würde sich um sie kümmern? Trevor war Großvater ergeben und auf seinen Nachhilfeunterricht angewiesen. »All das ist jetzt ruiniert. Ich wünschte nur, Matthew, das alles wäre nicht geschehen.«

»Schließlich haben wir das Problem der Gemeinde gelöst. Und ich bin mir nicht sicher, ob das für Rachel das Ende ihres Lebens in Shepherd's Crossing bedeutet.«

Er sollte recht behalten. Wenige Tage, nachdem der Verkauf der Farm publik geworden war, fuhr Rachel mit ihrem Kleinwagen vor Großvaters Landhaus vor. Nach gut einer Stunde kam sie zu Jill. Ihr Gesicht war sehr bleich, aber es waren keine

Spuren von Tränen zu sehen, auch ließ sie kein Zeichen von Schwäche erkennen. Sobald sie im Haus waren, sagte sie ruhig zu Jill: »Weißt du, ich werde nicht mit ihm gehen. Er kann hinziehen, wohin immer er will, und er kann leben, wo immer er will. Aber ohne mich.«

»Das ist gut so«, murmelte Jill. Und ziemlich unpassend fuhr sie fort: »Laßt uns Kaffee machen.«

Während sie den heißen Kaffee schlürften, wirkte Rachel weiterhin sehr gefaßt. »Warum sollte ich weggehen? Jim kann sich eine Haushälterin nehmen. Damit ist er gut bedient. Ich werde euch auf keinen Fall verlassen.«

Die letzten Worte sagte sie mit einer Offenheit, ja Ungezwungenheit, die Jill überraschte. Während sie überlegte, was sie antworten sollte, redete Rachel weiter: »Ein Segen, daß du modern genug eingestellt bist, um nicht davon schockiert zu sein. Ich blieb nur wegen Trevor so lange. Ich hatte Angst, daß Jim ihn mitnehmen könnte. Nachdem ich kürzlich mit einem Anwalt gesprochen habe, bestehen keine Bedenken mehr. Er würde es nicht einmal versuchen. Er kümmert sich nicht um ihn – manchmal glaubte ich sogar, daß er ihn regelrecht haßt. Er würde nur versucht haben, Trevor mitzunehmen, um mich dadurch zu kränken. Auf jeden Fall wäre es für ihn schwierig, denn mein Anwalt sagte mir, daß das Sorgerecht im allgemeinen der Mutter zugesprochen wird. Besonders wenn die Frau einen einwandfreien Leumund hat, wie ich. Aber Jim wird nichts unternehmen, weil ich ihn sonst erpressen würde.«

»Ihn erpressen?«

»Schau mich nicht so entsetzt an. Das würde völlig normal vor sich gehen. Fangen wir mit den Nachbarn an: Sie stehen alle auf meiner Seite, und einige haben die schrecklichen Streitereien zwischen meinem Mann und mir mitbekommen. Sie würden jederzeit in den Zeugenstand treten und aussagen. Dann die Szene in jener Nacht, die du, Matthew und die anderen gesehen haben. All diesem würde Jim sich nicht stellen. Unvorstellbar, daß er vor Gericht geht, um das Sorgerecht für ein Kind zu erreichen, das er nicht leiden kann. Den Skandal würde er nicht riskieren. Mein Anwalt sagte mir, daß er bereit sei, Trevor freizugeben und einen monatlichen Unterhalt zu bezahlen. Reichlich wenig zwar, aber was kannst du mehr von ihm erwarten?«

»Rachel, wie hast du das so lange ausgehalten?«

»Nur wegen Trevor. Zunächst war Jim liebevoll zu mir, aber er sorgte nur für mich, weil ich sein Eigentum war. Dann kam das Kind, und er wurde eifersüchtig. Es wurde immer unerträglicher, bis er diese andere Frau fand.«

»Kannst du dich wegen ihr von ihm scheiden lassen?«

»Das habe ich nicht vor. Das würde für Trevor noch mehr Ärger bringen. Nein, wir werden uns auf eine zweijährige Trennung einigen und in aller Form auseinandergehen.«

»Willst du damit sagen, daß du zwei Jahre auf die Scheidung warten mußt?«

»Ja, es wird zwei Jahre dauern, bis Alan und ich heiraten können. Aber wir können warten. Ich bin erst zweiunddreißig, und wir haben noch genügend Zeit vor uns. Alan und ich werden uns treffen, sooft wir wollen – in aller Öffentlichkeit ... Ich kann mir vorstellen, was du jetzt denkst, aber ich werde nicht mit Alan zusammenleben, obwohl wir beide reichlich darüber nachgedacht und auch mit Mr. Henderson darüber gesprochen haben.«

Jill schnappte nach Luft. Eine rechtswidrige Alliance mit Großvater besprochen! Sie fragte mit matter Stimme: »Und was hat er gesagt?«

»Er riet uns zu warten. Seine Meinung ist, daß Jim schon bald auf Scheidung drängt, aus dem einfachen Grund, weil er keine Haushälterin bezahlen will, die er umsonst haben kann. Wenn er keine Scheidung will, so können wir es nach zwei Jahren erreichen. Ich werde eine Arbeit annehmen und habe noch die monatliche Zahlung für Trevor. Ich komme schon zurecht.«

»Es scheint eine schwarze Zeit zu werden ...«

»Ja. Aber man muß für seine Narreteien bezahlen. Alan und ich waren uns fast einig, als Jim unser Glück sprengte. Er sah gut aus, war damals edelmütig und schien über beide Ohren verliebt gewesen zu sein. Ich war achtzehn Jahre alt, Alan schien mir im Vergleich zu Jim ein dummer Junge zu sein. Ich wußte wenig über die Menschen, und Jim war vernarrt in mich. Dann wurde die Kluft zwischen uns immer breiter – und ich erinnerte mich wieder an Alan –, doch wir trafen uns niemals, bis wir uns in deiner Bibliothek begegneten. Erinnerst du dich daran?«

Jill erinnerte sich sehr gut an diese Begebenheit und sagte lächelnd: »Da ist wirklich etwas Gutes während meiner sechsmonatigen Tätigkeit herausgekommen. Ich freue mich ja so, daß ihr zueinander gefunden habt.«

»Ja. Ich war nahe daran, an jenem Tag reinen Tisch zu machen und mit Trevor zu Alan zu ziehen. Doch ich hätte riskiert, mein Kind zu verlieren.«

»Und fühlst du dich ganz sicher?«

»Ganz sicher. Die Anwälte beider Parteien haben verhandelt.«

»Warum ziehst du dann nicht einfach zu Alan?«

»Weil ich nichts unternehmen will, weswegen sich Trevor für seine Mutter schämen könnte. Ich konnte nicht verhindern, daß er sich wegen seines Vaters schämte – seine Klassenkameraden waren über alles unterrichtet, und sie waren nicht nett zu ihm. Ich will ihn die Schule wechseln lassen, auch wenn er kein Stipendium bekommt. Alan würde das Schulgeld bezahlen. Von Menschen, die du liebst, kannst du Geld nehmen, nicht aber von Menschen, die du haßt. Aber wenn ich jetzt mit Alan zusammenleben würde, auch wenn wir von hier fortziehen und einen neuen Anfang machen würden – Trevor würde es doch erfahren und sich für mich schämen. Das will ich nicht. Ich hatte es bereits erwogen, aber Mr. Henderson machte mich auf die Folgen und Auswirkungen, die das auf Trevor haben könnte, aufmerksam. Und das gab schließlich den Ausschlag. Die Wartezeit stört mich nicht. Ich werde Arbeit finden, ein Haus im Ort mieten, und die Zeit wird wie im Flug vergehen.«

»Ich glaube nicht, daß sich Trevor für dich schämen würde. Er wird älter werden und die Vergangenheit vergessen. Außerdem ist so eine Scheidung heutzutage an der Tagesordnung.«

»Ich weiß. Das sagte ich auch Mr. Henderson. Aber er beharrte darauf, daß es schlecht für Trevor wäre. Und ich glaube, er kennt den Jungen besser als jeder andere.«

»Aber Großvater ist ein alter Mann. Er ist reizend, aber er hat wenig Ahnung von der heutigen Zeit.«

»Aber er ist keineswegs altmodisch. Und ich glaube nicht, daß er die moralische Seite des Problems bedenkt. Ihm geht es um Trevor. Und der hat ein Anrecht auf seine Mutter, auf die er stolz sein kann.«

»Das wird sicher der Fall sein. Aber es wird ihn hart ankommen, wenn er sieht, wie du und Alan so glücklich seid.«

»Wir werden glücklich sein – jetzt schon. Und der Klatsch soll den Teufel scheren. Wir werden Trevor auf eine gute Schule schicken, und ich werde mich um einen Job bemühen. Alan wird bei mir ein und aus gehen, aber er wird nicht über Nacht bleiben. Wir werden uns gesetzlich nichts zuschulden kommen lassen. Was bedeuten mir schließlich schon zwei Jahre? Mit Jim habe ich vierzehn Jahre lang zusammengelebt.«

»Aber was willst du zunächst machen? Wo willst du wohnen? Du könntest bei uns bleiben.«

»Ich danke dir, Jill. Du bist reizend, aber ich wohne schon seit vierzehn Tagen bei Evelyn. Denn der neue Eigentümer wird bald in die Farm einziehen, und Jim wird das Weite suchen müssen. Ich werde in dem Häuschen wohnen, das ich in der Siedlung gefunden habe, und irgendeine Arbeit annehmen. Trevor kann sich dann in Ruhe auf seine Stipendiumprüfung vorbereiten. Unser Leben wird friedlich werden.«

»Aber wie bist du freigekommen? Hat es nicht einen entsetzlichen Krach gegeben?«

»Ja. Es war entsetzlich. Zum Glück war Trevor in der Schule. Jim kam in mein Zimmer und sagte mir, daß er die Farm verkauft habe und von Shepherd's Crossing fortziehen würde. Ich sagte nur: ›Ist schon recht. Aber ohne mich!‹ Dann ging ein Höllenspektakel los. Ich machte mich aus dem Staub und stieg in meinen Kleinwagen; zum Glück gehört er mir. Jim hat ihn mir in einem Anfall von Großzügigkeit geschenkt, als ich herausfand, daß er ein Verhältnis mit einer anderen Frau hatte. Ich fuhr zu Evelyn und erzählte ihr alles. Dann holten wir Trevor von der Schule ab und überließen ihn der Obhut Mr. Hendersons. Anschließend fuhren wir zurück und holten mit Evelyns Auto meine eigenen Sachen. Jim konnte Evelyn nicht viel anhaben. Sie wollte sich ja so gerne mit Jim anlegen. Sie ist eine außergewöhnliche Persönlichkeit. Sie sieht so liebenswürdig und süß aus, aber ich glaube nicht, daß sie sich vor irgend etwas oder vor irgend jemand fürchtet. Als Jim einen üblen Fluch ausstieß, schüchterte sie ihn gehörig ein. So wie sie jeden fertigmacht, der ein Tier mißhandelt.«

»Aber was soll mit deinen Möbeln und den anderen Sachen geschehen?«

»Darum wird sich mein Anwalt kümmern. Ich habe genug Möbel, um mein neues Häuschen einzurichten. Ich will nichts von Jims Eigentum haben. Ich werde wie im siebten Himmel leben, wenn er erst einmal fort sein wird.«

»Und wirst du Alan diskret von dir abhalten, bis ihr geschieden seid?«

»Natürlich nicht. Ich werde zwar nicht mit ihm schlafen,

aber ich werde ihn so oft sehen wie ich will – und das wird recht häufig sein. Ich werde aus einem Füllhorn von Glück schöpfen. Alan und Evelyn, du und der liebenswürdige Mr. Henderson. Endlich werde ich doch mein Glück finden.«

Jill sah ihren entschlossenen Mund und ihre klarblickenden Augen. Ja, Rachel wird ihr Glück finden – aber auf ihre Weise und nach ihrem Zeitplan.

»Was für eine Arbeit willst du annehmen?« fragte Jill.

»Irgend etwas. Ich denke, Verkäuferin in einem Geschäft. Ich habe zwar nichts gelernt, aber Verkäuferin kann ich wohl doch werden. Es macht im Grunde nichts aus, Alan würde mir ausreichend Geld geben.«

Rachel ist wirklich eine außergewöhnliche Persönlichkeit, dachte Jill. Sie ist so entwaffnend offen. Wie viele Frauen würden ihr Schicksal ertragen? Sie erinnerte sich an die schüchterne einsame Frau, die eines Tages in ihre Leihbücherei gekommen war. Es hat lange gedauert, bis sie die wahre Rachel entdeckt hatte. Es war demütigend für Jill, daß Evelyn und ihr Großvater Rachel von Anfang an weit besser verstanden hatten. Jill dachte bei sich, daß sie sich für Rachel um eine Arbeit umsehen würde, die für sie besser geeignet wäre als die Stellung einer Verkäuferin. Aber sie sagte ihrer neuen Freundin noch nichts. Das war alles noch Zukunftsmusik.

12

Nach den dramatischen Ereignissen der letzten ein, zwei Wochen regelte sich alles, wenn schon nicht von selbst, so doch mit Hilfe zweier vernünftiger Anwälte, die auf eine Trennung in beiderseitigem Einverständnis hinarbeiteten. Rachels Anwalt hatte versucht, eine angemessene Unterhaltszahlung für sie und den Jungen zu erwirken. Da Jim Wood aber im guten nicht bereit war, mehr als die gesetzlich vorgeschriebene Mindestzahlung zu leisten, verzichtete Rachel. Schließlich konnte sie etwas dazuverdienen, um ihren und Trevors Lebensunterhalt zu bestreiten. Für Trevors Schulgeld, falls der Junge kein Stipendium bekommen sollte, wollte Alan Reid aufkommen.

»Warum auch nicht? In zwei Jahren wird er mein Sohn sein. Wood hat ihm lediglich den Namen gegeben, ein Vater war er nie.«

Rachel stimmte ohne Widerrede zu und wiederholte nur neckisch »Warum auch nicht?« Die Lösung war zumindest praktisch.

Jim Wood war mit der friedlichen Trennung einverstanden. Offensichtlich hatte er vor, seine Geliebte zu heiraten. Gewiß hatte er auch genug von seiner Frau, die ihn verachtete. Seine Liebe für das einst hübsche Mädchen, das er vor langer Zeit geheiratet, aber nie wirklich besessen hatte, war schon lange abgekühlt. Und auch der Junge kümmerte ihn wenig. Er war für ihn nur immer ein Rivale gewesen, der ihm seine Frau noch mehr entfremdete.

Er verließ den Ort ebenso diskret, wie er hier gelebt hatte. Ohne die üblichen Abschiedspartys.

Sobald er fort war, zog Rachel in ihr kleines Häuschen, und der Junge war noch häufiger als früher bei Robert Henderson. Er arbeitete fleißig für das Stipendium, das ihm die Türen zu einer guten Höheren Schule öffnen sollte, und er war sehr begabt. Mehr noch als seine Begabung schätzte Robert Henderson seinen unermüdlichen Arbeitseifer. Nun, da sein Vater ihn nicht mehr einschüchterte, verlor Trevor völlig seine Nervosität und stotterte auch nicht mehr. Hatte er sich vorher nur bei Robert Henderson ganz natürlich geben können, so war er jetzt auch bei anderen nicht mehr gehemmt.

Besonders gern besuchte er Jill in der Praxis und freute sich, wenn er manchmal bei der Behandlung der Tiere zusehen durfte.

Auch zu Evelyn ging er öfter und spielte dort mit den Tieren. Er war der einzige, der vor der aggressiven Mantelmöwe nicht weglief, wenngleich sie auch fetter, arroganter und noch unfreundlicher geworden war. Die Katzen, die für Besucher nur zur Fütterungszeit sichtbar wurden, kamen auf sein Rufen aus ihren Verstecken hervor, und oft durfte er sie selbst füttern. Jill beobachtete ihn einmal bei dieser Zeremonie und erzählte es begeistert ihrem Großvater.

»Vom Mangel zum Überfluß«, bemerkte Henderson lakonisch. »Nun, da das Eis gebrochen ist, wird das Schmelzwasser die unglückseligen Erinnerungen wegspülen.«

»Es ist beinahe schade, daß er und Rachel nicht immer bei Evelyn wohnen können. Evelyn hat es ihnen angeboten, aber Rachel wollte ihr eigenes Heim.«

»Es würde ihr zweifellos so manchen bösen Klatsch ersparen«, bemerkte dazu ihr Großvater. »Aber ich glaube nicht, daß Rachel viele Feinde hat, und auf jeden Fall ist sie nicht die Frau, der der Klatsch etwas ausmacht.«

Eines Tages sprach Rachel mit Jill ganz offen darüber. »Ich nehme an, daß die Leute ziemlich viel über mich reden. Einige gaffen heimlich durch die Jalousien, um sich zu vergewissern, daß Alan zu einer ›anständigen‹ Zeit das Haus verläßt – und er tut es, zum Kuckuck noch mal!«

Wie das Glück den Menschen verändern kann, dachte Jill.

Rachel konnte über sich und ihre Sorgen lachen, sich über Alans hartnäckige Wohlanständigkeit lustig machen, allen Nachbarn ins Gesicht sehen – ohne die geringste Verlegenheit. Vierzehn unglückliche Jahre haben sie nicht verbittert, sondern ihren Charakter gestärkt.

Ihre Arbeit im Lebensmittelgeschäft führte sie aus ihrer Isolierung heraus. Plötzlich hatte sie Freunde im ganzen Dorf. »Solange ich Jims Frau war, sind mir die Leute aus dem Weg gegangen«, erzählte sie Evelyn. »Jetzt finden sie es aufregend, sich den Kopf zu zerbrechen, ob ich wohl Alans Geliebte bin.«

Auch Alan Reid hatte sich verändert. Sogar Matthew fiel es auf. »Ich hatte immer gedacht, daß Alan sich nicht die Bohne um seine Farm kümmert. Er überließ immer alles Turner. Jetzt scheint er einen unglaublichen Eifer entwickelt zu haben und verrichtet auch lästige Arbeiten zum Teil selbst, im Moment sogar eine ganz besonders verdrießliche.«

»Und die wäre?« fragte Jill ohne besonderes Interesse. Die Arbeit eines Farmers erschien ihr neuerdings als eine Anhäufung lästiger Tätigkeiten.

»Nun ja, auf einer der hinteren Weiden steht eine Kuh. Sie hatte ein überdurchschnittlich großes Kalb, und seitdem sind ihre Hinterhaxen gelähmt. Ich riet ihm, sie ins Schlachthaus zu schicken, aber Alan wollte davon nichts hören, weil eines von Turners Kindern sie großgezogen und mit ihr bei der Kälberschau einen Preis gewonnen hatte. Der Junge ist zwar jetzt im Internat, aber wenn er in den Ferien heimkommt, kümmert er sich rührend um die Kuh. Und du weißt, wie die privilegierten Viecher sind. Diese Kuh nun liegt den lieben langen Tag auf der Weide und unternimmt nicht die geringste Anstrengung, sich zu erheben und selbst für ihren Unterhalt zu sorgen. Reid bringt ihr jeden Tag zweimal Heu und Wasser. Sie frißt es liebenswürdigerweise selbst – gefüttert muß sie nicht werden –, aber das ist schon alles.«

»Alan ist ein Schatz. Ich hoffe, daß sich die Kuh erholt.«

»Das ist nicht wahrscheinlich. Wenn sich die Kühe so fest niederlassen, kommen sie im allgemeinen nicht mehr aus eigener Kraft auf die Beine.«

Noch am selben Tage aber konnte Jill ihren sonst so gescheiten Ehemann eines Besseren belehren. Alan Reid war in die Praxis gekommen und hatte ziemlich verwirrt nach Matthew gefragt.

»Eigentlich bin ich froh, daß er nicht da ist. Ich komme mir vor wie das dümmste Langohr. Du kennst doch sicherlich unsere gelähmte Kuh und weißt, wie oft ich sie von Matthew habe behandeln lassen.«

»Zweimal täglich hast du ihr Futter und Wasser gebracht.«

»Genau um dieses Miststück geht es. Sie hat uns alle hereingelegt.«

»Ist sie tot? Oh, wie schade.«

»Im Gegenteil. Sie ist ganz munter und grast auf der Weide.«

»Das ist doch großartig. Wie hast du es geschafft, sie wieder auf die Beine zu bringen?«

»Das brauchte ich gar nicht. Darum geht es ja. Wenn Turner hinausgegangen wäre, dann hätte er den Schwindel sofort aufgedeckt – ihm wären die verräterischen Spuren aufgefallen, die so ein gut gefüttertes Vieh unweigerlich hinterläßt. So war es nämlich neulich, als er draußen war und sich über die allenthalben herumliegenden Kuhfladen wunderte. Er sprach einen Nachbarn an, der ihn dann sofort über die angeblich hilflose Patientin aufklärte. ›Ich verstehe nicht, was Reid mit diesem faulen Rindvieh für einen Kult treibt. Kaum ist er außer Sicht, erhebt sie sich mühelos und grast die Weide ab. Dann legt sie sich wieder an dieselbe Stelle und wartet, bis ihr die nächste

Vorspeise serviert wird.‹ Meinst du, daß ich Matthew noch mal unter die Auge treten kann?«

»Er wird ganz hingerissen sein von dieser pfiffigen Kuh! Schließlich behauptet er doch immer, daß Tiere Humor haben.«

»Wenn man das noch Humor nennen kann. Ich wette, diese teuflische Bestie hat in sich hineingekichert, wenn sie mich mit meiner Ladung Heu kommen sah.«

Matthew amüsierte sich köstlich, wie Jill vermutet hatte. »Je mehr ich mit Tieren zu tun habe, desto sicherer bin ich, daß sie uns auslachen. Schau dir diesen Terrier in der Box an.«

»Aber das ist doch etwas ganz anderes. Ich kann diese Quälerei nicht mit ansehen. Du solltest ihn einschläfern.«

»Nicht, solange noch Hoffnung besteht, daß er wieder gesund werden kann. Sein Knurren beweist, daß eine geringe Chance besteht«, sagte Matthew und zeigte ein anderes seiner zahlreichen Gesichter – das grimmige, das er immer dann aufsetzte, wenn er um das Leben eines Tieres kämpfte.

Dieses Mal wünschte Jill, er würde aufgeben. Sie war sicher, daß es für diesen Hund keine Hilfe mehr gab, und der Anblick des armen Tieres erschreckte sie. Es war ein Drahthaarterrier, den vor einer Woche ein kleines Mädchen in panischer Angst in die Praxis gebracht hatte. Matthew sah auf den ersten Blick die Tetanussymptome – der Hund lag steif in den Armen des Mädchens und dann auf dem Operationstisch ...

Als Matthew das Todesurteil sprach, brach das Mädchen in Tränen aus. »Aber er ist noch so jung. Gibt es kein Medikament, das ihm helfen könnte? Bitte, Mr. Webster, versuchen Sie es doch.«

»Ich werde es versuchen, aber ich möchte dir keine falschen Hoffnungen machen. Wir werden unser Bestes tun. Laß ihn hier. Er wird auf seiner eigenen Decke liegen, außerdem sind unsere Boxen elektrisch beheizt. Und ich werde ihm Medikamente geben.«

Auf diese Weise hatte der Hund die erste Woche überlebt. Die Ernährung war besonders problematisch, weil sein Maul sich nur einen winzigen Spalt öffnen ließ. Durch diesen führten sie einen Schlauch ein und flößten dem kranken Tier flüssige Nahrung ein. Zusätzlich ernährten sie den Hund noch künstlich. Das Ganze war zeitraubend und mühsam, und Jill fürchtete, daß es umsonst war.

Der Hund erkannte niemanden und gab nur ein einziges Lebenszeichen von sich. Nach der Fütterung zeigte er sich etwas belebter und knurrte schwach. Als Matthew das hörte, beschloß er, den Kampf um eine weitere Woche zu verlängern.

Jill protestierte. Es war furchtbar, den armen kleinen Kerl vollkommen steif auf der Seite liegen zu sehen, und, wenn sie ihn hinstellten, stand er reglos wie eine Statue. »Warum bist du so hartnäckig, Matthew, warum gibst du nicht auf?«

Aber seine Ausdauer sollte belohnt werden. Am Ende der zweiten Woche erkannte er schon das kleine Mädchen, das ihn besuchen kam, und nach einer weiteren Woche konnte sie ihn vollkommen genesen mit nach Hause nehmen. Als sie mit ihrem Hund gegangen war, küßte Jill ihren Mann. »Du hast gewonnen, und ich ziehe den Hut vor dir. Übrigens, ich muß dir etwas sagen . . .« Das Telefon schrillte unerbittlich, und sie sprach nicht weiter.

Im Frühjahr haben Tierärzte Hochsaison, und Matthew schien den ganzen Tag von einer Farm zur nächsten zu hetzen. In einem Gebiet mit stark meliorisiertem Boden blieb es nicht aus, daß sich Seuchen verbreiteten, auch wenn die Farmer noch so wachsam waren. Viele verbrachten die halbe Nacht mit der Taschenlampe in der Hand bei ihrer kalbenden Kuh und waren bei Tagesanbruch wieder im Stall, um nach dem Rechten zu sehen.

Jill war später immer dankbar für die Zeit, die sie mit Matthew zusammen in der Praxis gearbeitet hatte. Dadurch hatte sie seine Arbeit besser kennen und verstehen gelernt, und das half ihr in ihrer Ehe mit diesem passionierten Tierarzt. Trotzdem bedauerte sie es manchmal, daß sie so wenig Zeit hatten, sich über allgemeinere Themen zu unterhalten – oder über Dinge, die sie beide betrafen.

»Wenn wir nicht unsere Hunde hätten, so würde ich jetzt langsam glauben, daß alle Tiere krank sind«, sagte sie einmal nach einer Donnerstagsnachmittags-Sprechstunde. »Cuthbert erfreut sich bester Gesundheit, und unsere zwei werden auch nie krank, obwohl der arme Butler ständig Blut spendet. Warum haben denn die anderen Leute soviel Kummer mit ihren Tieren?«

»Zum Teil ist es Pech, daß sich die Tiere mit irgendwelchen Viren infizieren. Zum größten Teil liegt es an einer falschen Ernährungsweise. Du kennst doch die Keks-und-Kuchen-Hunde! Ich versuche den Leuten immer wieder klarzumachen, was sie mit der Häppchenfütterei anrichten. Sie wollen es einfach nicht glauben und halten uns Tierärzte für hartherzig und grausam.«

Jill wußte, daß dieser Vorwurf auf Matthew bestimmt nicht zutraf. Im Gegenteil. Er unternahm alles, um Tiere nicht unnötigerweise leiden zu lassen, und zeigte ehrliches Mitgefühl, wenn einem Tier nicht mehr zu helfen war. Aber er war nicht sentimental. »Ein Tierarzt kann sich das nicht leisten«, hörte sie ihn oft dozieren. »Behandelt eure Tiere so gut ihr könnt, liebt sie soviel ihr möchtet, aber schließt nicht die Augen vor der Tatsache, daß ihr euch eines Tages von ihnen trennen müßt. Alle Lebewesen haben eine begrenzte Lebensdauer, und die der meisten Tiere ist verhältnismäßig kurz. Seid euch dessen bewußt, daß ihr eines Tages Abschied nehmen müßt, und verlängert das Leben nicht, wenn es für das Tier nur Leiden und Qual bedeutet. Und ich kann euch nur raten, findet so schnell wie möglich einen neuen Freund, der die schmerzliche Lücke ausfüllt, wenn das Unvermeidliche eingetreten ist.«

Das war keine Hartherzigkeit, sondern gesunder Menschenverstand und Realismus. Je intensiver sie sich mit seiner Arbeit beschäftigte, desto mehr liebte und bewunderte sie ihn. Aber wie in jeder Ehe gab es auch in der ihren weniger glückliche Momente, Zeiten, wenn Matthew in seinen Sorgen aufging und nicht bemerkte, daß seine Frau sich aus unerklärlichen Gründen kreuzelend fühlte. Unerklärlich? Nein. Sie war nicht dumm und konnte eins und eins zusammenzählen. In ihrem Fall würde das Ergebnis in wenigen Monaten drei sein. Sie erwartete ein Baby. Der Praktische Arzt in Wardston bestätigte ihre Diagnose.

Anfangs war sie nicht sicher, ob sie wirklich glücklich darüber war. Sie hätte noch gern ein weiteres Jahr in der Praxis mitgearbeitet, Matthew bei seinen Besuchen auf die Farmen begleitet, wo sie bei den Farmersfrauen immer herzlich willkommen war. Sie wollte ihr Haus noch weiter verschönern, mit Evelyn herzlich über die Menagerie lachen und Rachel in ihrem Leid beistehen. Auf keinen Fall wollte sie sich abkapseln und mit ihren eigenen Sorgen beschäftigt sein, und am wenigsten paßte es ihr, daß sie sich morgens so elend fühlte und blaß aussah.

Dann begann sie plötzlich über sich selbst zu lachen. Wie dumm sie doch sein konnte. Warum sollte sich in ihrem Verhältnis zu ihrem Mann und zu den Freunden überhaupt viel ändern? Sie konnte ein Baby haben und trotzdem Matthews Gefährtin, Evelyns Freundin und Rachels Vertraute sein. Kein Grund zur Aufregung. »Ein ganz natürlicher Zustand«, wie die Ärzte immer zu behaupten pflegten. Das Leben würde mit einem Kind noch lustiger werden, und Matthew wäre entzückt.

Wäre er das wirklich? Es bedeutete, daß sie früher oder später ihre Arbeit in der Praxis aufgeben müßte, ein Heim, dessen Ruhe außer vom Telefon nun bald auch noch vom Babygeschrei gestört wurde. Außerdem bedeutete es für ihn, daß er mit seinen Wünschen und Anliegen bei seiner Frau nicht mehr an erster Stelle käme. Es bedeutete ... oh, wie dumm sie doch war. Sicherlich würde Matthew vor Freude an die Decke hüpfen, und je eher sie es ihm erzählte, desto besser.

Doch das war leichter gesagt als getan. Sie hatte schon viele solcher süßen Geständnisse in Romanen gelesen, nur hatten die Heldinnen das Glück, mit weniger beschäftigten Ehemännern gesegnet zu sein. Jedesmal, wenn sie eine jener romantischen Szenen vorbereitete, kam etwas dazwischen: Irgend jemand stand mit irgendeinem Anliegen vor der Tür, das Telefon schrillte, und Matthew mußte einen Notfall verarzten, oder Großvater kam auf ein Plauderstündchen herüber. Sie hatte es Matthew im Bett zuflüstern wollen, aber da schlief er schon, kaum daß er sich hingelegt hatte, tief und fest.

Sie hatte einfach kein Glück, und die Worte »Wir werden im Februar ein Baby haben« blieben unausgesprochen. Das bedrückte sie. Andererseits beruhigte sie dann wieder ihr Gewissen und redete sich ein, daß sich der Arzt geirrt haben könnte. Sie wollte deshalb noch einmal nach Wardston fahren, um ganz sicher zu sein. Dann würde sie es Matthew sofort sagen.

Jill fuhr also zum Arzt, der einigermaßen erstaunt war, sie so schnell wiederzusehen. »Wie ich bereits neulich festgestellt habe, bekommen Sie im Februar ein Baby.«

Auf dem Heimweg war Jill fest entschlossen, Matthew unverzüglich einzuweihen, selbst wenn diesmal ein Pferd an einer Kolik sterben oder eine wertvolle Kuh eine gefährliche Schwellung bekommen sollte. Dann ärgerte sie sich plötzlich darüber, daß Matthew es ihr so schwer machte. Für Tiere hatte er offensichtlich einen schärferen Blick. Ja, wenn sie ein Pferd wäre, hätte er ihren Zustand längst erkannt! Wie gut, daß das Baby im Februar kommen würde – mitten im Sauregurkenmonat –, dann würde er vielleicht sogar einen Blick auf das Kind werfen können.

Sie merkte mit einemmal, wie ungerecht sie war und schämte sich ihrer bitteren Gedanken. Schließlich hatte sie sich ja alle Mühe gegeben, ihren Zustand zu verheimlichen, dann konnte sie aber Matthew nicht gut böse sein, wenn er nichts von ihrer Schwangerschaft ahnte.

In dieser versöhnlichen Stimmung beschloß sie, ihre Nerven nicht weiter zu strapazieren, und noch am selben Abend Matthew alles zu erzählen.

Aber als sie um fünf Uhr die Praxis abschließen wollten, klopfte es, und ein Mann mit schmerzlich verzogenem Gesicht und einem Hund auf den Armen stand vor der Tür. Es war Tom Wilde, der fünfzehn Meilen vom Ort entfernt mit seinem Hund allein in einem einsamen Haus wohnte. Dark war die einzige Freude des einsamen Mannes. Jetzt lag er verletzt in den Armen seines Herrn und versuchte Toms Gesicht zu lecken.

»Hallo, Tom. Kummer mit Dark? Komm doch rein.«

Wilde trug den Hund herein und legte ihn vorsichtig auf den Tisch. »Ein verdammter Ochse hat ihn getreten. Normalerweise erwischen die Kerle ihn ja nicht, aber heute haben wir den ganzen Tag Rinder zusammengetrieben, und da war er schon müde. Sein Bein ist gebrochen, stimmt's?«

»Ja, aber sei unbesorgt, Tom. Wir werden ihn wieder so zusammenflicken, daß er später nicht hinken wird. Das Bein wird geschient und bekommt einen Gipsverband, aber du mußt ihn mir ein Weilchen hierlassen.«

»Hier? Warum kann ich ihn denn nicht wieder nach Hause mitnehmen?«

»Vielleicht hat er etwas gegen den Gipsverband, das müssen wir erst sehen. Heute nacht wird er seine Umgebung noch gar nicht wahrnehmen. Um neun schaue ich noch mal vorbei, dann wird der Dackel abgeholt.«

Der kleine fette Dackel gehörte einer Tiernärrin, die darauf bestanden hatte, ihren Hund abholen zu dürfen, sobald er sich von der Narkose erholt hätte, und Matthew hatte es ihr für neun Uhr versprochen. »Bei der Gelegenheit schaue ich mir Dark noch einmal an«, tröstete er Wilde, der sich schweren Herzens zum Gehen anschickte, nachdem der Hund versorgt war und schlief.

Jill und Matthew waren beide müde, als sie zu ihrem verspäteten Abendessen nach Hause fuhren. Trotzdem, dachte Jill, muß ich es ihm sagen. »Ich versuche schon seit einiger Zeit, dir ...« Da unterbrach sie Matthew. »Wilde tut mir leid. Der Hund ist sein ein und alles. Es gibt kein stärkeres Band als das zwischen einem einsamen Mann und einem klugen Hund. Ich denke oft ...« Er schilderte Toms Verhältnis zu seinem Hund in aller Ausführlichkeit, bis sie vor der Haustür ankamen. Jill mußte sich sofort um das Abendessen kümmern, das Großvater schon vorbereitet hatte. Nein, das war nicht der richtige Augenblick ...

Auch als Matthew um zehn Uhr nach Hause kam, fehlte Jill die rechte Gelegenheit. Ein Farmer hatte in der Praxis Licht gesehen und Matthew überredet, zu seinem Stall hinauszufahren, weil eine seiner Kühe Milchfieber zu haben schien. Jetzt war er für Geständnisse nicht mehr aufgelegt. »Die Frau hat ihren Hund, Dark schläft ruhig, die Kuh hat ihre Medizin, und ich bin todmüde. Ein Himmelreich für ein Bett.«

Jill aber konnte nicht einschlafen. Wie dumm von ihr, daß sie seine Müdigkeit nicht einfach ignoriert hatte. Sie mußte es ihm also beim Frühstück sagen.

Leider gab es am nächsten Morgen kein gemütliches Frühstück. Matthew fuhr in aller Herrgottsfrühe zur Praxis, um nach Dark zu sehen. »Tom hängt sehr an dem Tier«, erklärte er kurz.

Gegen neun Uhr, als Jill sich zum Gehen vorbereitete, kam er zurück. Etwas Unglaubliches war geschehen. Dark war in den frühen Morgenstunden wachgeworden, hatte die Tür seiner Box aufgebissen und humpelte gerade zum äußeren Tor, als Matthew ihn fand.

»Ich habe den Ausreißer jetzt in eine besser gesicherte Box gesperrt. Später werde ich Tom anrufen und ihn bitten, Dark zu beruhigen. Der Hund ist zwar ein mutiger kleiner Teufel, aber wie er das angestellt hat, ist mir ein Rätsel.«

Jill wünschte, Dark hätte weniger Mut bewiesen, als Matthew sagte: »Ein Ei und einen Kaffee, Jill, dann muß ich weiter. Es ist schon spät.«

Wie konnte sie ihn da noch mit ihren Neuigkeiten aufhalten? Achselzuckend stellte sie fest: ›Nun ja, ich habe ihn geheiratet, obwohl ich wußte, wie zeitfüllend sein Job ist. Das Murren nutzt auch nichts.‹

Es war einfach lächerlich, daß sie so lange gewartet hatte und daß jetzt ein widriges Schicksal all ihre Versuche vereitelte. Alles in allem hatte sich Matthew kaum zehn Minuten zu Hause aufgehalten, und er hatte einen anstrengenden Tag vor sich. In seinem Terminkalender standen zwei Ställe und drei Milchfarmen. Das Mittagessen mußte ausfallen. Jill hatte in die Praxis ein paar Sandwiches mitgenommen, die Matthew hastig verschlang. »Mein Gott, ist das ein Jahr! Die Weiden sind zu fett für die Tiere. So viel Arbeit hatte ich in den zehn Jahren, die ich hier bin, noch in keinem Frühjahr. Eine schwere Zeit für dich, mein Schatz.«

Endlich schien der Moment gekommen zu sein. Jill wollte zumindest darauf zusteuern, als sie sagte: »Oh, aber es macht mir doch Spaß. Damit meine ich nicht, daß du soviel Arbeit hast, sondern daß ich daran teilhaben darf, und manchmal wünsche ich mir . . .«

Matthew unterbrach sie. »Ich könnte mir gar nicht vorstellen, wie ich ohne dich auskäme. Du bist eine riesige Hilfe, und ich habe dich noch nie klagen hören. Mit Marilyn war das anders – von neun bis fünf, mit dem Gongschlag, und wenn sie im Notfall einmal zehn Minuten länger bleiben sollte, war sie sofort beleidigt. Auf dich kann ich mich wenigstens verlassen.«

Während er sprach, schlang er seine Arme um sie. Jill zögerte. Auf diesen romantischen Augenblick hatte sie gewartet. Doch Matthew redete weiter. »Während der Grippewelle habe ich Ängste ausgestanden, daß du dich anstecken könntest. Nicht nur aus Egoismus, gewiß – ich würde mir große Sorgen machen, wenn du krank wärst –, aber ich muß auch gestehen, daß ich ohne deine Hilfe in der Praxis nicht mehr auskommen würde.«

Jill lächelte sanft. Nein, das war gewiß nicht der Moment, um zu sagen: ›Aber ich bin schwanger. Oft fühle ich mich morgens speiübel und muß mich zum Aufstehen zwingen. Aber ich will trotzdem weiterarbeiten.‹ Wenn sie ihm das sagte, würde er sich Sorgen machen und denken: ›Ich muß Jill schonen. Sie darf mir keine Flaschen mehr vom Regal herunterholen oder schwere Hunde heben.‹ Matthew hatte im Augenblick genügend Sorgen am Hals, und Jill wollte diesen nicht noch ein Baby hinzufügen.

Am nächsten Morgen war die Hölle los, und Jill war froh, daß sie Matthew nicht über ihren Zustand aufgeklärt hatte.

In aller Frühe war Matthew in die Praxis gefahren, um zu sehen, wie es dem Freund mit dem Gipsbein ginge.

Nach zehn Minuten rief er aufgeregt an. »Jill, der kleine Teufel ist wieder fort. Diesmal ist es nicht meine Schuld. Irgendwelche Rowdys sind heute nacht in unsere Praxis eingebrochen und haben die Tür von Darks Box herausgerissen. Bevor die Kerle auf ihren Motorrädern wieder verschwunden sind, sollen sie noch zwei Schaufensterscheiben eingeschlagen haben, wie mir ein Nachbar erzählte. Bitte, Jill, kannst du Tom benachrichtigen? Ich rufe inzwischen die Polizei an und begebe mich auf die Suche. Weit kann der arme Teufel mit seinem Gipsbein wohl nicht gekommen sein.

Er konnte. Genau vierzehn Meilen hatte er auf seinen drei Beinen zurückgelegt, als Tom Wilde ihn fand – eine Meile von seinem Haus entfernt. Tom hob den erschöpften Hund auf und legte ihn behutsam auf den Rücksitz seines Wagens. Dann fuhr er ihn nach Hause und bereitete ihm ein gemütliches Lager vor dem Kaminfeuer.

Matthew war erleichtert, als er erfuhr, daß Dark gefunden war. »Du hast gewonnen, alter Knabe. Behalt ihn zu Hause und paß auf, daß er den Gips nicht frißt.«

Beim wohlverdienten Frühstück erzählte dann Matthew, wie weit der struppige Patient mit dem Gipsbein zu seinem Herrn nach Hause gehoppelt war, und schloß: »Wie ich immer gesagt habe, es gibt kein stärkeres Band als das zwischen einem einsamen Mann und einem klugen Hund.«

»Wenn diese Freundschaft bloß nicht immer so schnell enden würde«, bedauerte Jill.

Matthew streichelte ihre Schulter und meinte, ein Tierarzt könnte sich keine Sentimentalität leisten. Auf diese Gelegenheit hatte Jill gelauert. Sie drehte sich um und lächelte ihn an. »Nie, Matthew?«

Er lachte, spielte mit ihren Haaren und begriff gar nichts. »Keine Zeit, am hellichten Tag mit meiner attraktiven Frau zu flirten. Auf dieses Thema kommen wir heute abend zurück. Jetzt muß ich fort.« Und bevor ihn Jill umarmen und ihm etwas ins Ohr flüstern konnte, saß er schon in seinem Auto und fuhr los.

›Macht nichts – dann eben heute abend‹, dachte Jill und versuchte zu lächeln, als Robert Henderson hereinkam und fragte, ob Matthew schon wieder in Eile sei.

»Ja, so ist es immer. Dieser Frühling ist fürchterlich. Ich

würde so gerne einmal mit ihm sprechen, aber ich habe überhaupt keine Gelegenheit, nicht einmal im Bett.«

Aber heute nacht werde ich Gelegenheit haben, dachte sie.

Robert Henderson sah sie einen Moment ganz ruhig an, dann sagte er: »Wenn er auch viel Arbeit hat, so würde er sich doch immer Zeit für dich nehmen. Es wäre schade, wenn du Heimlichkeiten vor ihm hättest. Matthew dürfte als Ehemann erwarten, daß er alles erfährt, was für dich wichtig ist.«

Er sah seine Enkelin nachdenklich an und ging dann zurück zu seinem Häuschen.

13

Als Jill allein war, überkam sie panische Angst. Sollten seine Worte bedeuten, daß er ihr Geheimnis erraten hatte und sie warnen wollte, etwas so Wichtiges ihrem Mann zu verheimlichen? ›Der Himmel weiß‹, dachte Jill verzweifelt, ›wie oft ich es versucht habe. Vielleicht hätte ich einfach den Wecker eine halbe Stunde vorstellen sollen.‹

Der Gedanke, ihr Geheimnis zu so unromantischer Stunde preiszugeben, amüsierte sie, und ihre Sorge wich fröhlicher Heiterkeit. ›Ganz egal, bei so vielen kranken Kühen und Hunden mit gebrochenen Beinen ist Matthew ausgelastet und braucht keine anderen Probleme.‹

Nicht, daß sie wirklich Probleme gehabt hätte, das einzige war das verflixte Geheimnis. Der Arzt hatte ihr versichert, daß sie sich bester Gesundheit erfreute, und die lästigen Begleiterscheinungen der ersten Zeit waren einem allgemeinen Wohlbefinden gewichen. Sie betrachtete sich kritisch in ihrem großen Spiegel und stellte fest, daß ihre Taille auch scharfsinnigeren Blicken als Matthews standhielt. Großvater war mit seiner Intuition wieder allen voraus, auch ihrem Ehemann, und das durfte nicht sein. Sie mußte Matthew sofort einweihen.

Sie tat es schließlich doch unvermittelt, am selben Abend noch, vor dem Abendessen, als sie einträchtig die abendliche Stille genossen. Sie wollte jetzt keine Zeit mehr verlieren, denn jeden Augenblick konnte das Telefon läuten, und Matthew würde, wenn auch fluchend, zu irgendwelchen Ställen entschwinden. Sie saß am offenen Fenster, freute sich über den Frühlingsabend und sagte liebevoll: »Darling, wir werden ein Baby haben.«

Matthew sprang auf und ließ seine Pfeife fallen. Dann benahm er sich wie jeder freudig überraschte werdende Vater und sagte all die lieben Worte, nach denen sie sich schon lange gesehnt hatte. Das Glück war vollkommen, bis Jill ihn neckte. »Und ist es nicht ein Segen, daß unser Baby ausgerechnet im Februar kommt? Dann wirst du sogar Zeit haben, es anzusehen.«

Er ließ sie los, trat zurück und starrte sie überrascht an. »Februar? Soll das heißen, daß du das schon so lange weißt und mir nichts gesagt hast?«

Unklugerweise lachte Jill. »Warum nicht?« fragte sie belustigt.

»Weil ich verdammt noch mal ein Recht habe, es zu wissen.«

Sein Zorn erschreckte Jill. »Oh, Matthew, ich habe oft versucht, es dir zu sagen, aber immer, wenn ich beginnen wollte, läutete das Telefon oder jemand stand mit einem kranken Tier vor der Tür. Es ist weiß Gott nicht meine Schuld.«

»Es hätte nicht einmal eine Minute gedauert.«

»Das stimmt, nur gab es, wie mir schien, nie eine geeignete Minute.«

Er dachte darüber nach und schwieg gekränkt. »Warst du schon in Wardston beim Arzt?« fragte er dann.

»Selbstverständlich. Zweimal. Er sagt, daß bei mir alles ganz normal verläuft. Kein Grund zur Besorgnis.«

Anstatt sich über diese Information zu freuen, funkelte Matthew seine Frau zornig an. »Zweimal beim Arzt – und deinem Mann hast du nichts von alledem gesagt.«

»Nun, erst war ich lange Zeit nicht sicher, ob es wirklich stimmt, und dann warst du so mit deinen Pferden, Kühen und Hunden beschäftigt. Ich wüßte wirklich nicht, wann ich es dir hätte sagen sollen, es sei denn ...« Sie lachte wieder und erzählte von ihrem Einfall, den Wecker vorzustellen, was Matthew aber gar nicht lustig fand.

Als hätte sie nicht schon genügend Porzellan zerschlagen, sagte Jill: »Nun, Darling, das ist doch deine Devise – ›Erst die Arbeit, dann ...‹«

Und dann kam die Explosion. »Wenn du denkst, daß irgend etwas vor meiner Frau kommt ... Zum Teufel mit der verdammten Arbeit ... Nur weil ich ein Vollidiot war und dieses Klischee gebraucht habe, drehst du den Spieß um und entschuldigst damit deine Heimlichtuerei, wenn es um das Wichtigste im Leben geht«, schleuderte er ihr wütend entgegen.

Jill tat das einzig Richtige. Sie ging zu ihm hin und legte ihre Arme um seinen Hals. »Darling, in so einem Augenblick zanken wir uns, wo wir doch vor Freude hüpfen sollten. Ich war dumm. Gern hätte ich es dir gesagt, aber ich wollte auf den richtigen Moment, die richtige Stimmung warten. Und dann warst du immer so beschäftigt und hattest andere Sorgen. Sei nicht mehr gekränkt. Ich bin so glücklich, und du solltest es auch sein.«

Da konnte sogar Matthew nicht widerstehen. »Wo ist der Champagner, den mir der eine Kerl neulich schenkte, als seine Stute gesund wurde? Das ist eine Gelegenheit zum Feiern. Aber wir müssen Großvater holen.« Einen Moment lang tat er nochmals gekränkt. »Ich nehme an, daß er es schon weiß und ihr alles bereits besprochen habt.«

»Sei doch nicht so dumm. Als ob ich es irgend jemandem vor dir sagen würde!«

Immerhin, redete sie sich ein, hatte sie Großvater nichts gesagt, und wenn er es erraten hatte, so war es nicht ihr Fehler.

»Natürlich mußt du sofort in der Praxis aufhören. Ich hätte es nie zugelassen, wenn ich etwas gewußt hätte.«

»Wie gut, daß du es nicht gewußt hast, denn es hat mir Spaß gemacht und es war gar nicht schwer.«

»Blödsinn! Und wie anstrengend es war! Ich weiß, wie sehr du mir fehlen wirst. Aber von nun an ist Schluß! Du wirst nicht mehr den ganzen Tag herumlaufen, keine fetten Hunde auf den Tisch heben, keine . . .«

»Oh, Matthew, hör auf! Du mußt mich nicht gleich zu Grabe tragen. Ich werde noch einige Zeit in die Praxis kommen. Was sollte ich sonst tun? Babywäsche häkeln und frommen Gedanken nachgehen? Nein danke, dabei werde ich verrückt. Öffne die Flasche und sei friedlich.«

»Sag mir die Wahrheit. Hast du dich nicht oft hundeelend gefühlt?«

»Manchmal schon, ein oder zwei Stunden lang, aber das ist jetzt vorbei. Mir geht es blendend. Ich werde bis zum Jahresende bleiben, und ich dachte, daß Rachel dann vielleicht meine Nachfolge antreten könnte. Sie wäre sicherlich ganz gut, und für sie würde es bestimmt interessanter sein als ihre Arbeit im Lebensmittelgeschäft. Was meinst du dazu?«

Zögernd stimmte er zu. Wenn es schon nicht seine Frau sein konnte, so war Rachel zumindest besser als irgend jemand. Dann stand er auf, um Robert Henderson zu rufen.

Nachdem seine verletzten Gefühle besänftigt waren, benahm er sich wie ein aufgeregter kleiner Junge und platzte mit der

Neuigkeit heraus: »Wir feiern, Großvater. Jill bekommt ein Baby!«

»Welch eine Überraschung«, erwiderte der alte Mann gelassen, wobei er vermied, Jill in die Augen zu sehen. »Meine Liebe, ich gratuliere. Das ist eine beglückende Neuigkeit, wenngleich die Aussicht, Urgroßvater zu werden, mich an mein Alter erinnert.« Er hob sein Glas und trank munter auf ihr Wohl, und er sah wirklich sehr überrascht aus.

Ein reizender Schwindler, dieser alte Herr, dachte Jill.

Nach einigen Monaten konnte nicht einmal Jill mehr verheimlichen, daß sie ein Baby erwartete, und sie sprach mit Rachel über die Praxis. Der Vorschlag, Jills Nachfolge anzutreten, löste die erwartete Begeisterung aus. »Das würde mich mehr ausfüllen, als Butter und Kartoffeln zu verkaufen, und Alans Besuche würden weniger auffallen. Es ist gräßlich, sobald Alan den Laden betritt, verstummen die Leute, damit ihnen nicht entgeht, worüber wir sprechen. Außerdem wird mir der neue Aufgabenkreis den Abschied von Trevor erleichtern. Alan und ich wollen den Jungen auf jeden Fall in eine gute Internatsschule schicken, auch wenn er das Stipendium nicht bekommt.«

Nachdem sie Rachels Zusage erhalten hatte, blieb Jill erst recht bei ihrem Entschluß, trotz Matthews Protest bis zum Jahresende weiterhin in der Praxis zu bleiben, um dann ihren Job an Rachel weiterzugeben.

»Sie wird großartig sein«, schwärmte Jill. »Zwar wird es mir schwerfallen, aufzuhören, aber irgendwann muß es doch sein.«

»Das hätte schon vor zwei Monaten sein sollen«, murrte Matthew.

Jill beließ es dabei, denn sie hatte inzwischen eine neue Seite an ihrem Mann entdeckt. Hatte sie vorher gedacht, der Tierarzt Matthew Webster hätte einen komplizierten Charakter, der Ehemann aber wäre äußerst simpel, so mußte sie jetzt das Gegenteil feststellen. Matthew war bei den schwierigsten Operationen völlig ruhig, und in bezug auf seine Frau reagierte er ängstlich und aufgeregt.

»Ich finde es komisch, daß Matthew, für den Entbindungen etwas Alltägliches sind, über ein kleines Baby derart aufgeregt sein kann«, sagte sie einmal zu Großvater.

»Sag ihm das aber bloß nicht.«

»Gewiß nicht. Ich weiß inzwischen, daß er auf diesem Gebiet keinen Spaß versteht.«

»Daran bist du nicht unschuldig. Schließlich hast du ihm ja die Tatsache lange genug verschwiegen.«

»Es war ein Fehler, das sehe ich ein. Du brauchst es mir aber nicht ständig unter die Nase zu reiben.«

Matthew erwies sich in der Tat als übertrieben fürsorglich, so daß Robert Henderson eines Tages, als die beiden Männer allein waren, die Gelegenheit wahrnahm, Jills Arbeitseifer zu verteidigen. »Jill fühlt sich prächtig und ist stolz darauf. Sie will gar nicht wie eine Treibhauspflanze behandelt werden.«

Einige Tage später ging Evelyn mit Matthew noch schärfer ins Gericht. »Jill wird also ein Baby bekommen. Und es geht ihr gut. Den einzigen Kummer bereitet ihr die Tatsache, daß sie ihre Arbeit in der Praxis aufgeben muß. Warum sollte sie es eigentlich schon jetzt? Es besteht kein Grund, sie wie einen Krüppel zu behandeln, Matthew.«

Robert Henderson quälte die werdende Mutter bestimmt nicht mit ängstlicher Besorgnis, wenn er auch unauffällig half, wo er konnte. Die meiste Zeit verbrachte er mit Trevor Wood, dessen Prüfung für das Stipendium bevorstand. Henderson war überzeugt, daß Trevor gute Aussichten hatte, die Prüfung zu bestehen. Für den Jungen würde es zweifellos das beste sein, wenn er möglichst bald diese Gegend verlassen könnte, wo sein

Vater für Skandale gesorgt hatte und seine Mutter in ziemlich eigenartigen Verhältnissen lebte, wie Robert im stillen dachte. Jeden Nachmittag erschien der Junge mit den Büchern. Trotzdem vergaß Großvater nie, den Fleischtopf rechtzeitig auf den Herd zu stellen oder das Gemüse zu putzen, wenn Mrs. Hinds es nicht mehr geschafft hatte.

Rachel besuchte die Websters öfters an den Wochenenden. »Ich fürchte, Jill, ich werde ein ziemlich dürftiger Ersatz für dich sein. Natürlich habe ich jahrelang auf einer Farm gelebt, aber ich verstehe nicht viel von Tieren. Hoffentlich komme ich zurecht.«

»Das lernst du schnell«, beruhigte sie Matthew. »Denke immer daran: Wenn es um ein Pferd geht, sage den Leuten ›Gönnen Sie ihm Ruhe‹, und wenn es eine Kuh ist ›Halten Sie sie warm, bis der Tierarzt kommt‹. Vor allem mußt du Ruhe ausstrahlen. Mehr brauchst du nicht.«

Rachel nahm einen Tag Urlaub und fuhr mit ihrem Sohn zur Prüfung in die Stadt. Sie war froher Stimmung, als sie mit Trevor zurückkam. »Ich weiß letztlich nicht, wie er abgeschnitten hat, aber zumindest hatte er keine Angst. Das verdanken wir nur Ihnen, Mr. Henderson. Er unterhielt sich mit den anderen Jungen ohne zu stottern und sah ganz glücklich aus.«

Ein oder zwei Wochen später erfuhren sie, daß der Junge als Drittbester abgeschnitten hatte. Der erste und der zweite Studienplatz ging an Jungen von Stadtschulen, der dritte Platz bedeutete weniger Geld, war aber für einen Dorfschüler ein großer Erfolg.

So war es eine sehr glückliche Gesellschaft, die sich bei den Websters zu Weihnachten einfand – Rachel und ihr Sohn, Evelyn und Alan wurden erwartet. Jill sollte nicht soviel Arbeit haben, deshalb hatten sie sich für ein kaltes Büfett im Garten entschieden. Jill war froh, daß sie nichts tun mußte und von allen bedient wurde. Die heißen Tage in der Praxis hatten sie etwas mitgenommen, und wenn sie es auch nicht zugeben wollte, so war sie doch froh, daß Rachel nach den Feiertagen ihren Dienst übernehmen würde.

Matthew hatte darauf bestanden, daß Mrs. Hinds auch weiterhin im Haushalt half. Auf Jill wartete sozusagen das Paradies. Die letzten Wochen vor der Geburt wollte sie in stiller Muße genießen und vor allem viele lustige Bücher lesen.

»Dir wird Trevor fehlen«, sagte Jill an diesem Abend zu Robert, der dann wie ein ertappter Schuljunge gestand: »Ich habe hier im Dorf noch einen anderen Jungen kennengelernt, der zwar nicht so begabt wie Trevor ist, aber intelligent genug, daß er eine Höhere Schule besuchen könnte. Außerdem gibt es in der Umgebung einige Schüler der Wardston High School, die offensichtlich Schwierigkeiten mit der englischen Sprache haben.« Dann fügte er rasch hinzu: »Aber ich werde trotzdem noch genügend Zeit für die Bibliothek und zum Babysitten haben.«

Jill lächelte. Wie hatte sie jemals denken können, daß Großvater sich auf dem Land langweilen würde?

Auch sie selbst hatte keine Schwierigkeiten, sich auf angenehme Weise zu beschäftigen, als sie im Januar in der Praxis aufhörte. Sie genoß die Ruhe und war glücklich, daß ihre Schwangerschaft ohne die geringste Komplikation verlief. Matthew war fast enttäuscht, daß er so wenig Grund fand, sie übermäßig zu verwöhnen. Nach der Hektik der letzten Monate war die Praxis jetzt ruhiger, und die beiden verbrachten einige gemütliche Abende miteinander. Alles war in bester Ordnung. Rachel hatte sich in der Praxis gut eingearbeitet. Wenn sie auch nicht den Enthusiasmus mitbrachte, mit dem Jill ihrem Mann zur Seite gestanden hatte, so waren die Farmer von Rachels ruhiger und freundlicher Art nicht weniger begeistert.

Trevor war noch nicht lange in der neuen Schule, als Robert Henderson bei seiner Anwaltskanzlei in Auckland wegen irgendeiner Investmentangelegenheit vorsprechen sollte. Außerdem waren einige Fragen zur Einkommenssteuer zu klären. »Ich werde in der Schule um die Erlaubnis bitten, Trevor zum Mittagessen entführen zu dürfen«, bemerkte Großvater beiläufig, und Jill sagte später zu Rachel, daß sie sicher sein könne, daß dieses Treffen wohl zustande kommen würde.

Bald nachdem Robert Henderson nach Auckland aufgebrochen war, schlug das Wetter um. Ein gewaltiger Sturm kam auf, und kräftige Gewitterschauer gingen nieder. Matthew war besorgt. Wenn auch das Baby erst in drei Wochen fällig war, wer garantierte denn, daß dieser unvermittelte Wetterumbruch die Geburt nicht vorzeitig einleitete? Bis zum Krankenhaus von Wardston, wo Jill für Ende Februar angemeldet war, waren es vierzehn Meilen.

»Ich wünschte, Großvater wäre wenigstens hier«, sagte Matthew und blickte besorgt zum schwarzverhangenen Himmel empor.

»In einer Woche wird er wieder zurück sein, da ist noch genügend Zeit. Und wenn es ein eiliges Baby ist, mußt du eben einspringen, schließlich hast du es mit unzähligen Fohlen und Kälbern bereits geübt. Weshalb bist du so ängstlich? Die Straße ist geteert, in einer halben Stunde können wir bequem die Klinik in Wardston erreichen.«

Es regnete noch immer, als um acht Uhr abends ein dringender Anruf ihre Unterhaltung abrupt beendete. Prince Collingwood, ein kostbarer Hengst aus einem fünfzehn Meilen entfernten Gestüt, wurde plötzlich krank. Ob Matthew sofort kommen könnte?

»Selbstverständlich muß ich hinfahren. Diese verdammte

Schindmähre muß doch ausgerechnet bei diesem Wetter krank werden. Ich kann dich nicht allein lassen, du mußt mitkommen, sonst habe ich keine ruhige Minute.«

Jill lachte über soviel Fürsorge. »Darling, ich habe keine Lust, im dunklen Auto zu hocken. Zu Hause ist es gemütlicher. Ich werde hierbleiben und auf dich warten. Außerdem fühle ich mich bestens, und das hoffentlich auch noch die nächsten vierzehn Tage. Nimm dein Ölzeug. Was für eine scheußliche Nacht. Ich bin froh, daß ich zu Hause bleiben kann.«

Sie begleitete ihn an die Haustür und winkte ihm zu, bis das Auto in der Dunkelheit verschwand. Als sie ins hellerleuchtete Wohnzimmer zurückkam, fühlte sie plötzlich einen heftigen Schmerz. Einen Moment lang erstarrte sie vor Angst . . . Dann riß sie sich zusammen und redete sich ein, daß es beim ersten Kind eine Ewigkeit dauert. Vielleicht waren es auch nur die Nerven, die ihr einen Streich spielten, nachdem Matthew die werdende Mutter durch seine übertriebene Ängstlichkeit hinreichend verunsichert hatte.

Nach einer Stunde war der gleiche Schmerz wieder da, und sie erkannte, wie berechtigt ihre Furcht gewesen war. In blinder Angst rief sie Evelyn an. Keine Antwort. Evelyn war sicher bei Rachel, und Rachel hatte noch kein Telefon. Also versuchte sie ihr Glück in der Bibliothek. Vergeblich. Helen, so erinnerte sie sich, wollte mit ihrer Mutter nach Wardston ins Kino fahren. Das mußte ausgerechnet heute abend sein. Vielleicht sollte sie versuchen, Matthew zu erreichen?

Kaum daß sie es gedacht hatte, ließ sie den Gedanken wieder fallen. Sie hatte ihre übliche Selbstsicherheit wiedergewonnen und beschloß, das Problem allein zu lösen. Zunächst rief sie das Krankenhaus in Wardston an und kündigte ihr baldiges Eintreffen an. Sie lächelte in sich hinein, als sie sich die verdutzten Gesichter vorstellte, wenn sie mit ihrem Köfferchen allein eintreffen würde, und war sehr stolz auf ihren Mut.

Der Koffer war gepackt, und sie setzte sich an den Tisch, um für Matthew ein paar Zeilen zu schreiben.

»Lieber Matthew, unser Baby ist doch nicht so rücksichtsvoll, wie ich gehofft hatte. Ich fahre jetzt langsam in die Klinik, das schaffe ich bequem, denn die Wehen kommen erst alle halben Stunden. Sei nicht böse, daß ich dich nicht angerufen habe, aber du bist mit dem wertvollen Hengst für heute schon genug geschlagen. Ansonsten habe ich niemanden erreichen können. Trinke in Ruhe eine Tasse Tee, denn es eilt nicht. Dann kannst du langsam nachkommen.«

Jill befestigte den Zettel an der Lampe, wo Matthew ihn sofort bemerken würde. Dann nahm sie ihren Koffer und warf noch einen letzten Blick auf ihr gemütliches warmes Wohnzimmer. Ergeben zuckte Jill die Achseln und verließ das Haus.

Der Himmel hatte sich aufgeklärt, und zwischen den ziehenden Wolken glänzten blaß die Sterne hervor.

Jill zwängte ihren verdoppelten Umfang in ihr kleines Auto und sprach sich den nötigen Mut zu. Sie startete den Motor, schaltete die Beleuchtung ein und fuhr in die dunkle Nacht hinaus.

»Erst die Arbeit . . .«, sagte sie keck und gab Gas.

Oh, diese Verwandtschaft!

I

Sie saßen um den Tisch im Eßzimmer und hörten zu, wie Mr. Brady Großmutters Testament vorlas: Onkel Joseph und die vier Enkelkinder. Lauras Augen waren verschwollen; sie konnte es immer noch nicht fassen, daß Großmutter, die sie so geliebt und so lange umsorgt hatte, nun tot war.

Mrs. Stapletons Bruder, Onkel Joseph Spencer, trug es mit stoischer Ruhe. Aber dann fiel Laura ein, daß ihn Dinge, die ihn nicht selbst betrafen, selten zu rühren pflegten. Die Vettern und Cousinen sahen traurig und niedergeschlagen aus. Sie waren die Kinder von Großmutters einzigem Sohn, der mit seiner Frau bei einem Verkehrsunfall vor fünfzehn Jahren ums Leben gekommen war. Seit damals war dieses Haus ihre Heimat gewesen, sooft sie danach verlangten. Großmutter hatte sie aufgezogen und schrecklich verwöhnt, und ihnen allen ging ihr Tod nahe. Aber sie waren gespannt auf das Testament; denn Mrs. Stapleton war eine sehr reiche Frau gewesen, und sie alle waren auf sie angewiesen.

Mr. Brady begann: »Meiner Enkelin Laura Jane Howard vermache ich . . .«

Laura seufzte; was für langweilige Namen! So ganz anders als die Namen der Stapletons: Lester, Eva, Christine und Hugh. Ihre Eltern mußten schrecklich wenig Phantasie gehabt haben.

Aber was sagte der Rechtsanwalt?

». . . vermache ich das Haus und die zweihundert Morgen Land, auf dem es steht, genannt die Brookside-Farm. Ich vermache die Farm Laura Jane Howard in der festen Hoffnung, daß sich die anderen Mitglieder der Familie dort stets zu Hause fühlen dürfen, wenn sie es möchten.«

Laura atmete schwer. Brookside und die Farm. Das Haus war groß und sehr alt; es stand leider an einer gefährlichen Kurve der Straße und würde niedergerissen werden, wenn einmal die Autobahn gebaut werden würde. Aber das Land war sehr wertvoll. Hier hatte Großmutter gelebt. Hier hatte sie den Enkelkindern eine Heimat geschaffen. Hier hatte Laura bis zu ihrer Heirat mit Derek Howard vor sechs Monaten gelebt. Die anderen waren gekommen und gegangen, wie es ihnen gepaßt hatte. Laura hatte das Gefühl, das sollte nun unverändert weitergehen.

Sie seufzte. Aber gleich dachte sie reumütig: Aber es ist doch gut, daß sie es mir vermacht hat. Es wird viel Mühe kosten, das Haus zu erhalten; aber für Derek ist es schön, wenn er eigenes Land besitzt, anstatt es zu pachten. Was die Familie angeht, ist es das mindeste, was ich tun kann. Wie oft hat Großmutter gesagt: »Sie sind ein bißchen verrückt, natürlich; aber wir müssen auf sie aufpassen, Laura. Sag selbst: Wenn ich's nicht tue, wer tut's dann?«

Es war nicht leicht, auf sie aufzupassen. Mrs. Stapleton hatte sie geliebt und verwöhnt, abwechselnd getadelt und verzogen; aber sie hatte sie immer wieder liebevoll aufgenommen, trotz all der Dummheiten, die sie machten. »Es ist doch ihre Heimat. Ich weiß, ich bin eine alte Närrin, Laura, aber sie und du, ihr seid alles, was ich habe. Joseph zählt nicht. Ich hätte sie besser erzogen, wenn sie nicht so niedlich und hübsch gewesen wären. Schönheit habe ich nie widerstehen können.«

Sie sahen wirklich fabelhaft aus. Lester, der Älteste, war Journalist geworden, um eines Tages ein, wie er glaubte, hervorragender Schriftsteller zu werden. Er war groß und dunkelhaarig; allerdings wurden seine ebenmäßigen Züge durch einen leichten Anflug von Arroganz getrübt. Auch Eva war groß; mit ihren zweiundzwanzig Jahren war sie ein erfolgreiches Photomodell, und sie setzte lieber ihre blonde Schönheit und ihren untadeligen Körper ein als ihren Verstand, der eigentlich genauso wohlgeraten war. Sie glich das durch den Umgang mit einer Gruppe von Quasi-Intellektuellen aus, die sie in ihrer kleinen Stadtwohnung sehr oft besuchten. Sie wohnte nicht mit Lester zusammen, denn mit ihm lag sie sich unaufhörlich in den Haaren.

Christine, das dritte Stapletonsche Enkelkind, war zwanzig und besaß, wie ihre Brüder behaupteten, überhaupt kein Hirn. Aber sie hatte ein besonders hübsches, sanftes Gesicht, war Großmutters Liebling gewesen und von ihr dementsprechend verwöhnt worden. Sie war die Kleinste in der Familie und die Schwierigste. Zur Überraschung aller und zu Großmutters Ärger hatte sie sich mit neunzehn Jahren mit Guy Appleton verlobt, einem erfolgreichen Rechtsanwalt, der zehn Jahre älter war als sie. Sie wohnten zehn Meilen von Brookside entfernt, und wenn Christine mit ihrem Mann irgendeinen Ärger hatte, sauste sie heim zu Großmutter, die ihr sanft den Kopf zurechtsetzte. Bisher hatte Guy gute Miene zu diesem Spiel gemacht; aber Laura konnte sich denken, daß ihm nicht wohl dabei war.

Hugh war der Jüngste und, wie Großmutter sagte, »der einzige, der niemandem Kummer machte«. Er verbrachte sein letztes Schuljahr in einem zwanzig Meilen entfernten Internat. Alle hatten immer Freude an ihm gehabt. Er war klug und sah gut aus. Er war so groß wie sein Bruder, aber so feingliedrig wie Eva und hatte die Schule mit gleichbleibendem Erfolg durchlaufen. Und was noch wichtiger war: er war uneigennützig und hatte ein Herz für seine Mitmenschen. »Er nimmt wirklich Rücksicht auf andere Leute«, hatte Mrs. Stapleton ungläubig festgestellt. Laura liebte ihn, und er erwiderte ihre Zuneigung.

Mr. Brady las noch immer weiter, und Laura stellte erleichtert fest, daß Großmutter die Vettern und Kusinen nicht leer hatte ausgehen lassen.

Beträchtliche Gelder waren so angelegt, daß die Geschwister nicht vor ihrem dreißigsten Lebensjahr darüber verfügen konnten, daß sie aber jedem achthundert Dollar jährlich an Zinsen einbrachten. Wenn Eva zum Beispiel ihren Beruf aufgeben und einen ihrer mittellosen Intellektuellen heiraten würde; wenn Lester seine Zeitung an den Nagel hängen und sich ganz seiner Schriftstellerei widmen sollte; wenn Guy feststellen würde, daß die Höhepunkte mit Christine den Verdruß mit ihr nicht wettmachten; oder wenn Hugh kein gutes Stipendium bekäme und sein Studium selbst bezahlen müßte. Wenn all das eintraf, brauchten sie wenigstens nicht zu verhungern. Und natürlich würde immer noch Brookside da sein – sicher nicht zu Dereks reiner Freude.

Plötzlich bemerkte sie, daß Onkel Joseph beleidigt war. Mr. Brady hatte gerade vorgelesen: »Und meinem Bruder Joseph Spencer vermache ich das Haus, in dem er lebt, und eine jährliche Rente von vierhundert Dollar, die ihm zusammen mit seiner Pension ein behagliches Leben sichert ...« Hier machte der Notar eine Pause; er hüstelte verlegen und fuhr dann fort: »... ohne die anderen allzu sehr zu belästigen.«

Onkel Joseph, um die sechzig, sah außerordentlich gut aus; er war ein ziemlicher Egoist und entsetzlich faul. Jetzt schnaufte er beängstigend, und Mr. Brady las schnell weiter. Laura war offensichtlich die Haupterbin, und das würde es ihr erlauben, nach der Bezahlung des Begräbnisses Brookside ohne allzu große Kosten für ihren Mann zu erhalten. Eine Zeitlang wird es wenig abwerfen, bis einmal alles bezahlt ist. Aber es ist schließlich Großmutters Letzter Wille, und sie hat sich viel Kopfzerbrechen darüber gemacht.

Mr. Spencer schnaufte abermals, und Brady setzte eilig hinzu: »Jeder hat genug bekommen, und zweifellos wird Mrs. Howard dafür sorgen, daß es Mr. Spencer gut geht. Er wohnt ja ganz in ihrer Nähe.«

Laura murmelte Zustimmung und versuchte, ein begeistertes Gesicht aufzusetzen. Natürlich war Onkel Joseph schwierig; aber schon wieder fuhr ihr Großmutters Spruch durch den Kopf: »Wenn ich's nicht tue, wer tut's dann?« Sie selbst konnte zufrieden sein; sie bekam das Haus und ein ansehnliches Einkommen, und sie hatte den besten Mann von der ganzen Welt.

Es war ihr noch immer ein Wunder, daß sich Derek in sie verliebt hatte und nicht in eine ihrer strahlend schönen Kusinen. Ihr fehlten doch, so schien es ihr, alle deren so ins Auge fallenden Reize. Sie hielt weder ihre grauen, schwarzbewimperten Augen noch ihre klare, weiße Stirn noch das Lächeln, das stets ihre Mundwinkel umspielte, für besonders attraktiv. Alle Männer hatten nur immer Augen für Eva und Christine gehabt, bis eines Tages Derek mit seinem guten Herzen, seinem liebenswürdigen Temperament und seinem ausgeprägten Humor dahergekommen war.

Er hatte die Nachbarfarm gekauft und Großmutters Ländereien gepachtet. Nach und nach, aber um so unrettbarer hatte er sich in die Enkelin verliebt, die es zufrieden war, daheim sein und für Mrs. Stapleton sorgen sowie ihr in allen Schwierigkeiten beistehen zu dürfen. Sie hatten ein halbes Jahr zuvor geheiratet, ehe Großmutter die ersten Anzeichen jener Krankheit entdeckte, die dann so schnell zu ihrem Tode führen sollte. Die Hälfte der Zeit hatten sie sehr glücklich miteinander in ihrem eigenen Haus gelebt; dann aber waren sie nach Brookside gezogen, um in den letzten Monaten bei Mrs. Stapleton sein zu können.

Schließlich ging Mr. Brady. Er schlug Laura vor, sie solle sich an ihn wenden, wenn sie Hilfe brauche. »Obwohl Sie keinen besseren Ratgeber haben könnten als Mr. Howard. Er ist ein hervorragender Landwirt und ein sehr tüchtiger Geschäftsmann. Mrs. Stapleton schätzte ihn sehr.«

Alle waren erleichtert, als er fort war, bis Lester herausfordernd sagte: »Na, jetzt wird gleich die Hölle los sein!«

Aber nichts dergleichen geschah. Die Geschwister waren zwar auf ihren Vorteil bedacht, aber nicht habgierig, und sie mochten Laura gern. Nur Onkel Joseph kochte vor Empörung. Eva sagte: »Es ist ganz richtig, daß du Brookside bekommst. Du hast dein eigenes Zuhause aufgegeben, um für sie zu sorgen, und du bist stets ihr ein und alles gewesen.« Und Christine fügte hinzu: »Klar, so ein Engel, wie du warst! Es war mühsam genug – aber jetzt bist du erlöst.«

Nur Lester, der sich keine Illusionen machte, lachte. »Erlöst und verdammt. Ich meine, sie ist ganz schön angebunden. Onkel Joseph hat sie im Garten, und wir vier sitzen ihr außerdem auf der Pelle. Und Laura fühlt sich für immer verpflichtet, sich um uns zu kümmern, weil es nun einmal Großmutters Letzter Wille war. Sicher, sie hat die Farm geerbt. Aber ich finde, sie fährt nicht gut dabei.«

Hugh entgegnete mit der ganzen Würde eines ersten Schulpräfekten: »Was redest du für einen Quatsch! Als ob wir lauter Babys wären! Wir sind alt genug, um für uns selbst zu sorgen.«

»Du, ein siebzehnjähriger Schüler?« fragte sein Bruder boshaft.

Hugh antwortete hitzig: »Letztes Jahr hab ich die Zulassung zur Uni bekommen, und ich kriege auch ein Stipendium. Ich kann an der Uni mit achthundert Dollar im Jahr auskommen – wenn ich noch halbtags arbeite natürlich«, fügte er hinzu, weil er an die Kosten für Wohnung und Bücher dachte.

Eva fuhr dazwischen: »Sei doch nicht so ein Ekel, Lester! Natürlich wollen wir Laura nicht zur Last fallen. Christine ist verheiratet. Ich habe einen guten Job, und wir haben alle unsere Zinsen, obwohl es mir lieber wäre, wenn Großmutter uns gleich das Kapital vermacht hätte. Dann hätte ich sofort eine Schule für Charme und Schönheit aufmachen können.«

Onkel Joseph unterbrach sie wütend. »Ihr junges Volk habt allerdings genug! Achthundert Dollar! Und der eigene Bruder kriegt nur die Hälfte! Es ist nicht zu glauben!«

»Aber sie wußte, daß du eine schöne Pension hast«, begann Laura, dann stand sie schnell auf. Sie haßte solche Auseinandersetzungen. Sie vermißte Großmutter schrecklich. Und sie sehnte sich nach Derek, um ihm von der Farm zu berichten.

Er war nicht so außer sich vor Freude, wie sie gehofft hatte. Er war ein großer, kräftiger Mann mit offenen blauen Augen und einem Mund, den bei aller Strenge gern ein vergnügtes Lächeln umspielte. Er meinte: »Das war sehr lieb gedacht von Mrs. Stapleton. Aber einfach wird es nicht werden. All diese entzückenden Verwandten!«

»Sie hat doch immer gesagt, einer müßte auf sie aufpassen. Und Brookside war von klein auf ihre Heimat. Außerdem sind sie doch ›Waisenkinder‹!« Sie lachten beide, denn das war gleichsam ihr Privatwitz. Sie pflegten ihre jungen Verwandten als »die Waisenkinder« zu bezeichnen. Das klang nach einem schweren Schicksal. Aber das Unglück war schon vor so langer Zeit passiert, daß die vier Geschwister sich kaum an ihre Eltern erinnerten. Sie alle waren bei Großmutter geborgen gewesen und hatten bei ihr eine wunderschöne Jugend verbracht.

In Wirklichkeit war Laura genauso ein Waisenkind wie die anderen; denn wenige Jahre nach dem Tod ihres Vaters hatte ihre Mutter, Mrs. Stapletons einzige Tochter, wieder geheiratet und war nach London zurückgekehrt, das sie so liebte. Sie hatte sich ohne großes Bedauern von ihrer achtjährigen Tochter getrennt. »Du wirst sie viel besser erziehen, als ich es könnte«, hatte sie vertrauensvoll zu ihrer Mutter gesagt.

Im stillen war Derek ziemlich erschrocken. Er kannte das weiche Herz seiner Frau, ihr schier übergroßes Pflichtgefühl. Stets hatte sie sich für die »Waisenkinder« mitverantwortlich gefühlt. Aber solange Großmutter lebte, hatten sie zusammen darüber lachen können. Würde ihr Humor auch weiterhin die Oberhand behalten? Das Verrückte an der Sache war, dachte er gereizt, daß sie erst zweiundzwanzig war, genauso alt wie Eva und zwei Jahre jünger als Lester. Obgleich immer sehr gewissenhaft und pflichtbewußt, war sie doch heiter und von einer echten Herzensfröhlichkeit gewesen, als er sie geheiratet hatte. Die schlimmen Monate während Großmutters Krankheit hatten sie niedergedrückt; würde sie jetzt wieder so vergnügt wie früher werden?

Und wenn ihr ihre Verwandtschaft immer länger zur Last fiel, würde sie dann jemals Zeit für eigene Kinder finden?

»Na gut«, sagte er obenhin, »wir werden das schon schaukeln. Chris ist die Schwierigste, und die ist verheiratet. Eva wird bald einen von ihren Jünglingen an Land ziehen. Lester ist okay, obwohl er manchmal seinen Beruf gründlich satt hat. Und Hugh hat noch nie Ärger gemacht. Wir werden sie bald los sein, Laura, und dann nehmen wir einen Verwalter und machen ganz heimlich eine Reise. Danach führen wir endlich ein normales Leben, wie andere verheiratete Leute auch.«

»Das wird herrlich«, sagte sie und lachte, zum erstenmal seit Großmutters Tod. »War es nicht lieb von ihr, daß sie uns den gesamten Grundbesitz vermacht hat? Es wird eine herrliche Farm werden.« Er stimmte zwar zu, aber im stillen dachte er:

Wenn die Geschichte nicht nur diesen verdammten Haken hätte!

Fast gegen seinen Willen meinte er: »Wahrscheinlich werden sie sehr oft hier sein – samt ihrem elenden Viehzeug.«

Die »Waisenkinder« waren wie wild auf Haustiere. Chris trieb es am ärgsten; sie hatte einen ganzen Zoo von Brookside mitgenommen, als sie geheiratet hatte. Die andern ließen ihre Tiere gleich auf Großmutters Gut, oder sie brachten sie mit, wenn sie zu Besuch kamen. Tim, Hughs schöner Neufundländer, blieb natürlich da, wenn sein Herr im Internat war. Und wenn der Junge in den Ferien heimkam, gab es ein glückseliges Wiedersehen. Aber an Tim hatten alle ihre Freude, genau wie an seinem Herrn; er machte keinen Ärger. Eva nahm ihren alten Spaniel Troy überall mit hin, selbstverständlich auch nach Brookside. Lester, ein leidenschaftlicher Jäger, ließ sein Jagdpferd auf Großmutters Wiesen grasen, wo es Dereks Schafe vertrieb und die Ackergäule schikanierte.

Das war, wie Laura meinte, ein Zeichen, daß die »Waisenkinder« viel Liebe brauchten; deshalb hingen sie so an ihren Tieren. Sie selbst hätte auch gern ein paar Tiere gehabt; aber sie hatte sich auf einen großen, freundlichen Boxer beschränkt. Er vertrug sich mit Tim, wahrscheinlich, weil die beiden miteinander aufgewachsen waren; aber alle fremden Hunde fiel er an. Auch eine alte gelbe Katze gehörte Laura, die nicht besonders schön, aber dafür erstaunlich intelligent war.

»Warum haben Sie kein eigenes Pferd? Sie reiten doch so gern?« hatte Derek gefragt, als er Laura kennenlernte und Brookside pachtete.

»Ach, wir haben ja Lesters Jagdpferd, und es reicht, wenn ein Pferd auf den Wiesen von anderen Leuten grast«, hatte sie geantwortet. »Außerdem reite ich Star, wenn nicht gejagt wird.«

Als sie sich verlobten, hatte er ihr außer einem schmalen Ring ein kluges, kleines Arbeitspferd geschenkt, das sie Benjamin nannte und zärtlich liebte. Sie machte nicht viel Aufhebens davon, aber im Grunde ritt sie ebenso gut wie Lester. Sie hatte dem wertvollen Jagdpferd sogar über ein schwieriges Hindernis helfen können.

Alles in allem, was für ein Tierpark! überlegte Laura. Schrecklich, wenn sie alle zugleich in Brookside sein würden. Jetzt, wo Derek hier der Herr war. Wie die meisten Farmer beurteilte er Tiere nur danach, ob sie nützlich waren oder nicht. Massa, den Boxer, duldete er aus Liebe zu Laura. Er mochte auch Tim. Aber wenn er um Massa und Troy herumgehen mußte, die zusammen mit Tim den Torweg blockierten, wo sie immer am liebsten schliefen, dann störte ihn das erheblich.

Onkel Joseph konnte Tiere nicht leiden und besaß auch keine. Immer noch ärgerlich und voller Groll, kam er herein und sagte grob: »Na, am besten gehe ich jetzt in meine elende Behausung!« Die »elende Behausung« war ein sehr hübsches, bequemes Haus mit fünf Zimmern. Großmutter hatte es gebaut, als Joseph seinen Dienst bei der Armee quittiert hatte. Den letzten Krieg hatte Joseph sehr tapfer von einem Nachschublager aus mit angesehen; danach hatte er sich, ermüdet von den Anstrengungen, endgültig und unwiderruflich nach Brookside zurückgezogen.

Die alte Dame hatte gesagt: »Ich will ihm ein eigenes Haus bauen. Wir können ihn nicht ständig bei uns haben. Allerdings werden wir ihn wohl ernähren müssen, obgleich es viel besser für ihn wäre, er kochte für sich selbst, statt diese lächerlichen Memoiren zu schreiben von Schlachten, die er nie gesehen hat, und von bedeutenden Männern, denen er nie begegnet ist.«

Joseph hatte sich bitter beklagt, die »endlose Kocherei« hielt ihn von seiner Arbeit ab, und so nahm er wenigstens eine Mahlzeit am Tag hier im Hause ein. Laura hatte keinen Zweifel, daß das so weitergehen würde.

»Wo sind die anderen?« fragte sie ihn. Er lächelte boshaft. »Die streiten um den Schmuck meiner Schwester. Es wäre besser, du gingest hinein, um Frieden zu stiften und um dafür zu sorgen, daß du nicht leer ausgehst. Zum Dinner bin ich wieder da.«

Zu Großmutters Zeiten hatte er wenigstens um Erlaubnis gefragt. Jetzt aber würde er ganz einfach kommen. Selbstverständlich würde es ihm nicht leichtfallen, zu bitten. Sich damit abzufinden, daß sie aus Großmutters rechter Hand nun zur Herrin des Hauses geworden war, würde für alle schwierig sein. Laura seufzte, als sie an das himmlische Vierteljahr dachte, wo sie mit Derek in ihrem eigenen Haus gewohnt hatte. Sie war nur einmal am Tag zu Mrs. Stapleton hinübergegangen. Sie hatte immer gedacht, Großmutter würde achtzig werden; aber als sie krank wurde, verließ Laura sofort ihr neues Domizil und kehrte nach Brookside zurück. Bald danach verschwand die Haushaltshilfe, die sie bei ihrer Verheiratung eingestellt hatten, und Laura hatte nun gehörig zu tun, um das große, weitläufige Haus in Ordnung zu halten, um Großmutter zu versorgen und sich später auch noch um die Krankenschwester zu kümmern, die sie engagiert hatten. Es war ihr klar, daß das für Derek eine schlimme Zeit gewesen war. Aber sie hatte sich mit dem Gedanken beruhigt, daß sie das alles wiedergutmachen würde, sobald sie beide erst wieder in ihrem eigenen Heim beisammen wären.

Aber das war nicht zu machen. Das kleinere Haus würde der Verwalter bewohnen, den Derek nun einstellen konnte, und Laura würde das große Haus regieren, das sie zwar liebte, das aber allmählich auch baufällig wurde. Sie sollte es ja auch zu einer Heimat für die »Waisenkinder« machen. Und schließlich war da noch Onkel Joseph, von dem sie sich nicht unterkriegen lassen durfte. Keine erfreulichen Aussichten! Laura hatte es eigentlich jetzt schon satt. Auf einmal war all ihre gute Laune verflogen.

Derek merkte das und verfluchte die Last, die man ihr aufgebürdet hatte. Sie sah, wie sich sein Gesicht umwölkte, und drückte seinen Arm. »Denk nicht an mich. Morgen bin ich wieder fit. Komm mit rein und sag ihnen, wie du dich über den Besitz freust.«

Dazu hatte er gar keine Lust. Er konnte sich nicht darüber freuen, weil an der Farm ja auch noch die »Waisenkinder« hingen. Aber er konnte dem drängenden Blick von Lauras grauen Augen nicht widerstehen, und so folgte er ihr unwillig in das

Speisezimmer, wo sich die Familie um den Mahagonitisch drängte, der Großmutter so lieb gewesen war. Auf dem Tisch lagen eine Menge Schmuckstücke, und die Geschwister redeten hitzig durcheinander. Sie bemerkten Derek und Laura nicht einmal. Gerade protestierte Hugh laut: »Ihr könnt doch nicht einfach nehmen, was ihr wollt. Laura muß das entscheiden. Großmutter hat sie am allermeisten geliebt und würde haben wollen, daß sie all den Kram erbt.« Lester, wie stets amüsiert, fügte sarkastisch hinzu: »Ganz klar, das alles gehört Laura. Es heißt: das Haus und alles, was darin ist.«

Christine schmollte: »Aber ›was darin ist‹ bedeutet die Möbel und nicht den Schmuck.« Sie blickte verlangend auf einen Diamant-Anhänger, eines der wertvollsten Schmuckstücke von Mrs. Stapleton.

»Und was um Himmels willen soll Laura mit all dem Zeug anfangen?« fragte Eva verdrossen.

»Aber sie muß wenigstens entscheiden«, meinte Lester. Derek drehte sich um und ging hinaus.

Das war nicht der richtige Augenblick, um seine Freude über die Zukunft zu äußern. Er hätte lieber etwas ganz anderes gesagt. Es gibt kaum einen Anblick, der unerfreulicher ist, dachte er, als ein paar Frauen, die sich um Schmuck streiten.

Aber er hatte sie falsch eingeschätzt. Als sie Laura entdeckten, war aller Streit vergessen. Sie hatten sie alle gern, und sie hatten sie bestimmt nicht betrügen wollen. Sie wußten ja, daß sie niemals auf ihrem Recht bestehen würde. Das tat sie auch jetzt nicht. Freundlich erklärte sie: »Ihr müßt euch beide das raussuchen, was ihr gern haben wollt. Ich mache mir nicht viel aus Schmuck, und zu euch paßt er besser als zu mir.«

Hugh murrte unzufrieden, und Lester sagte: »Quatsch! Gerade diese Perlen sind das Richtige für dich mit deinem dunklen Haar und deinen grauen Augen. Vertrau auf Onkel Lesters guten Geschmack!«

Schließlich löste sich alles in Wohlgefallen auf. Laura nahm die Perlen, die die beiden anderen nicht unbedingt haben wollten, und Christine bekam ihren Anhänger und eine Brosche, die dazu paßte. Eva war selig mit einer Smaragdbrosche und einem Paar Ohrringen. Und Laura hatte auch darauf bestanden, daß einige Stücke für die Jungen aufgehoben wurden.

»Wenn ihr einmal verliebt seid, freut ihr euch über einen schönen Ring, den ihr euren glücklichen Mädchen geben könnt«, hatte sie lächelnd gemeint. Aber als die anderen sie überreden wollten, auch einen Ring für sich selbst zu behalten, lehnte sie rundweg ab.

»Ich trage Ringe nicht gern«, sagte sie. Aber die Wahrheit war: jeder dieser Ringe würde ihren schlichten Verlobungsring in den Schatten stellen. Und Derek hatte ihr versprochen, wenn er einmal mehr Geld hätte, würde er ihr einen schöneren Ring schenken. Darauf wollte sie warten.

Sie ging und ließ die Mädchen »ihre Beute einsammeln«, wie Lester das nannte. Sie wollte sich um das Mittagessen kümmern. Hugh folgte ihr. Er sah traurig aus, und als sie allein waren, platzte er heraus: »Laura, was wird aus Tim?«

»Tim?« Plötzlich wurde ihr klar, was ihn bedrückte. Er liebte seinen Hund mehr als irgendein anderes Wesen, und jetzt sorgte er sich um dessen Zukunft. Sie legte beruhigend ihre Hand auf seinen Arm und sagte: »Natürlich kann Tim hier bleiben, wie immer, bis du mal deine eigene Wohnung hast. Wenn du auf der Uni bist, wirst du vielleicht mit anderen Jungen zusammen ein Haus bewohnen und ihn dann bei dir haben wollen. Ich werde ihn schrecklich vermissen, wenn er fort ist; aber im Augenblick bleibt er natürlich hier.«

Er seufzte erleichtert auf und sah sie voll stummer Dankbarkeit an. Sie war gerührt und sagte schnell: »Jetzt geh doch mit den beiden Hunden ein Stück spazieren. Das wäre nett von dir. Sie langweilen sich so, und ich muß nach dem Essen schauen.«

Als ihr Mann eine halbe Stunde später in die Küche kam, steckte sie in einer großen Schürze und schälte Kartoffeln. Er grinste. »Du siehst nicht gerade wie eine reiche Erbin aus. Du siehst eher verdammt müde aus. Wie wär's, wenn wir das Essen einfach ausfallen ließen? Jeder soll sich selber was suchen, und dann können sie alle in unser eigenes Haus kommen und überlegen, was wir hierherbringen müssen.«

Seine Stimme klang gar nicht froh, und Laura wußte, daß ihm dieser Umzug zuwider war. In das Haus seiner Frau einzuziehen, statt sie in sein eigenes zu holen!

»Derek, ich kann nicht! Es sind zu viele. Guy kommt hierher, um Chris abzuholen, und natürlich hat sich Onkel Joseph selbst eingeladen. Da sind wir zu acht, und keiner wird etwas machen, wenn ich die Sache nicht in die Hand nehme.«

Er runzelte die Stirn. Wie oft würden sie wohl allein zu Mittag essen und wann?

In diesem Augenblick kam Eva herein; sie trug die Smaragdbrosche und sah wunderschön aus. In einer Aufwallung von warmer Zuneigung legte sie die Hand auf Lauras Arm und sagte: »Liebes Herz, mußt du so viel arbeiten?«

Derek murmelte etwas nicht sehr Höfliches und ging. Eva erschrak und sagte rasch: »Wir sollten dir helfen. Wo ist Chris, dieser Faulpelz? Gib mir einen Kartoffelschäler. Nur, ich brauche Handschuhe. Wo sind denn deine?«

Laura hatte ihre Gummihandschuhe vor einigen Tagen verloren und noch keine Zeit gefunden, sich neue zu kaufen.

»Mach du doch lieber den Auflauf«, meinte sie. »Du machst ihn immer so lecker.«

Fünf Minuten später kam Christine. Ihr hübsches, katzenhaftes Gesicht strahlte. »Siehst du die Brillantbrosche und den Anhänger? Das wird Guy einen Schock versetzen. Er hat mir nie ein Schmuckstück geschenkt außer dem Ehering. Ach, bist du fleißig! Kann ich was helfen? Wir sind heute eine große Gesellschaft, nicht wahr?«

Alle drei lachten und schwatzten vergnügt bei ihrer Arbeit durcheinander. Und weil Eva gerade neben Laura stand, nahm sie sie ganz schnell in den Arm. »Wie herrlich, daß du Brookside bekommen hast! Stell dir vor, irgendein Fremder hätte es gekriegt!«

Chris sah ganz erschrocken aus. »Ein Fremder? Aber das

ginge doch nicht. Das wäre furchtbar. Brookside ist doch unsere Heimat!«

Laura stimmte ihr mit halbem Herzen zu, während sie die Herdklappe öffnete, um nach dem Braten zu sehen.

2

Das Dinner gestaltete sich kompliziert. Problematisch war gleich zuerst die Sitzordnung. Während Großmutters Krankheit waren sie zu den verschiedensten Zeiten zusammengekommen, hatten sich irgendwo niedergelassen und eilig etwas hinuntergeschlungen. Jetzt wurde plötzlich die Frage der Rangordnung akut, weil Onkel Joseph darauf bestand, den Platz an der Spitze des Tisches einzunehmen. »Als der Familienälteste«, erklärte er halblaut.

Natürlich mußte Lester widersprechen. Der junge Mann lag in Dauerfehde mit seinem Onkel, die von seiner Seite mit Belustigung und Sarkasmus, von Onkel Josephs Seite hingegen mit bitterem Ernst und manchmal recht geräuschvoll geführt wurde. »Komm hierher, Derek«, rief Lester und kam der Absicht des alten Herrn geschickt zuvor. »Du bist der Herr im Haus, und wir alle müssen dementsprechend unsern Platz als deine Gäste einnehmen!«

Unter grimmigem Knurren verzichtete Joseph auf den Stuhl, auf den er sich gerade hatte niederlassen wollen. Derek und Laura tauschten einen halb amüsierten und halb zweifelnden Blick. Die andern »Waisenkinder« jedoch, die sich in ihrer Abneigung gegen den alten Herrn einig waren, schoben ihn zur Seite, und Hugh erklärte lebhaft: »Das ist jetzt dein Haus, Derek. Komm her und nimm den dir zustehenden Platz ein.«

»Aber«, begann der unglückliche Derek, doch Joseph schnitt ihm das Wort ab und sagte heftig: »Oh, nimm nur den Platz, nimm ihn, nimm alles! Ich bin hier ja bloß noch geduldet!« Das war hart für Laura und völlig ungerecht.

Derek ärgerte sich. Mit Bedacht zog er Großmutters Stuhl an das Kopfende des Tisches und sagte zu seiner Frau, die mit einem höchst unpassenden Lachanfall kämpfte: »Komm her, mein Schatz! Wenn wir jetzt ganz förmlich sein wollen, dann ist das dein Platz.«

Sie zögerte, zuckte die Achseln und dann mußte sie lachen. »Was für ein Getue! Als ob das wichtig wäre! Kommt alle her und laßt das Essen nicht kalt werden!«

Alle lachten erheitert. Nur Onkel Joseph blieb ernst. Er lehnte den Platz zur Rechten von Laura, den sie ihm anbot, ab und setzte sich möglichst weit von ihr entfernt mit einem lauten Plumpser hin. Derek und seine Frau sahen sich seufzend an; sie hofften, das gute Essen würde dem Streit ein Ende machen.

Aber Christine bekam einen ihrer Anfälle. Es begann damit, daß Guy ohne ihren geliebten Hund eintraf, einen mißlaunigen, alten Schäferhund, der durch sein Dasein als Schoßhund so frustriert war, daß er jeden anderen Hund anfiel, der ihm über den Weg lief.

»Wie konntest du nur den armen lieben Toss daheim lassen? Die anderen haben alle ihre Lieblinge dabei!«

Guy antwortete so geduldig, wie er es sich seit seiner Heirat angewöhnt hatte: »Ich konnte doch keinen Hund zu einer Trauerfeier mitbringen, Liebling! Außerdem weißt du selbst, daß er die beiden anderen beißt.«

Christine murrte, daß Toss genausoviel Recht hätte, hier zu sein wie Tim. Das brachte natürlich Hugh in Zorn. Wütend schrie er: »Dein widerlicher Hund hat jetzt sein eigenes Zuhause!« Dieser Streit beherrschte den Rest der Mahlzeit.

Guy hatte sich von der Brillantbrosche und dem Anhänger nicht so beeindrucken lassen, wie seine Frau erwartet hatte. Der arme Kerl, dachte Derek. Er ist so in sie verschossen und möchte lieber, daß sie nur den Schmuck trägt, den er ihr geschenkt hat. Natürlich hatte Guy gesagt: »Sehr hübsch. Schöne Steine.« Aber er hatte leider hinzugefügt: »Sehr nobel von Laura, sie dir zu schenken.«

Laura warf ein: »Mit mir hat das nichts zu tun. Großmutter

wollte, daß sich jeder heraussucht, was er gern haben möchte.« Aber die beiden Mädchen waren verlegen, und Lester lächelte peinlich berührt. Laura mied den Blick ihres Mannes; die »Waisenkinder« sind manchmal wirklich schwierig, ging es ihr durch den Kopf.

Gottlob wurde die Mahlzeit nicht in die Länge gezogen. Sobald er den letzten Bissen hinuntergeschluckt hatte, sagte Joseph Spencer in barschem Ton gute Nacht. Er machte keine Anstalten, auch nur seinen Teller in die Küche zu tragen, wie Eva bemerkte. Und noch weniger hielt er es für nötig, der Frau des Hauses für das vorzügliche Mahl zu danken.

»Ehrlich, Laura, wie hältst du es nur mit ihm aus?« rief Christine. Anscheinend war ihr völlig unklar, daß man ihr selbst mitunter eine ganze Menge nachsehen mußte.

Lester schien entschlossen, seine Schwestern zu ärgern. Er lachte und sagte: »Wie hält sie es nur mit uns allen aus! Na, ich befreie euch bald von meiner Gegenwart. Und die andern sollten es auch so machen. Laura ist ziemlich erschöpft.«

Hugh war ganz seiner Meinung. »Natürlich ist sie das. Wir wollen schnell den Aufwasch machen und dann verschwinden. Leider kann ich das erst morgen früh, wenn ich in die Schule fahre, aber ihr andern könnt gleich gehen.«

Eva schien etwas überrascht zu sein, und Laura merkte, daß sie eigentlich noch hatte bleiben wollen. Doch Eva sagte kühl: »Wohl gesprochen, Brüderchen! Also, wenn Lester mich in die Stadt mitnimmt, packe ich meine Siebensachen und verschwinde nach dem Aufwaschen.«

Christine meinte freundlich: »Jetzt bleib nur mal ruhig sitzen, Laura, und spiele die große Dame! Eva, Lester und ich waschen ganz schnell auf. Du bist müde.«

Sie ging, gefolgt von den bewundernden Blicken ihres Mannes, der sie sichtlich für die selbstloseste aller Frauen hielt. Derek musterte ihn amüsiert. Bildete er sich das ein, oder sah der tüchtige Rechtsanwalt wirklich schon wie Evas Spaniel Troy aus?

Als Christine zurückkam, sagte ihr Mann entschuldigend:

»Ich fürchte, wir müssen jetzt gehen. Ich muß um neun Uhr in meinem Büro sein.«

Christine maulte. »Heute abend im Büro? Das wird ja immer schöner!«

Guy war betreten. »Es tut mir leid. Aber ich hatte mich für heute nachmittag mit einem Klienten verabredet, vor vierzehn Tagen schon. Er fliegt morgen mit der ersten Maschine nach Australien. Da nun die Trauerfeier dazwischenkam, habe ich ihm versprochen, heute abend zurück zu sein und mit ihm zu sprechen. Es tut mir leid, daß ich aufbrechen muß.«

Derek unterdrückte ein Lächeln und sah lieber nicht zu seiner Frau hinüber.

Bald gingen sie alle, und Hugh rief die Hunde zu einem letzten Abendgang.

Derek meinte: »Wir wollen noch ein bißchen frische Luft schöpfen. Ich habe es nötig. Wie wär's mit einem Spaziergang durch den Garten?«

Sie gingen Arm in Arm und schwiegen kurze Zeit. Dann sagte Laura: »War das nicht schrecklich beim Essen? Das Gesicht von Onkel Joseph, als sie dich oben an den Tisch setzten! Und wie sich Chris und Hugh angebläfft haben! Ich mußte beinahe lachen, aber das wäre gemein gewesen. Sie sind doch alle müde und überanstrengt.«

»Sie sind wirklich eine verrückte Gesellschaft. Glaubst du, daß sie von Natur so sind, oder kommt es daher, daß Großmutter sie so verwöhnt hat?«

»Ich glaube, beides. Ihre Mutter war wunderschön, hat Großmutter erzählt, aber außerordentlich temperamentvoll. Und dann hat Großmutter sie natürlich schrecklich verzogen. Ich bin gespannt, wie lange Guy Christines Launen aushält.«

»Bis eines Tages dieser jugendliche Charme vergeht. Hast du gesehen, wie ergeben er sie angesehen hat? Beinahe wie Troy. Aber wir wollen nicht mehr von ihnen reden. Wie das heute abend im Garten duftet! Es ist entsetzlich schwül. Ein Gewitter braut sich zusammen.«

»Das Haus und der Garten sehen so schön aus im Mondschein!«

»*Dein* Haus! *Dein* Garten!«

Sie unterbrach ihn gleich. »*Unser* Haus! *Unser* Garten!« Dann lachte sie und fügte mutwillig hinzu: »Und unsere ›Waisenkinder‹!«

»Zum Kuckuck mit ihnen! Aber wird es nicht zuviel für dich? Ich fürchte, sie werden dich völlig fertigmachen und dir ein für allemal deinen Frohsinn rauben.«

Sie drückte seinen Arm. »Solange du fröhlich bleibst, ist alles gut.«

»Aber du wirst viel Arbeit haben. Du weißt, daß ich jetzt eine Hilfe für dich bezahlen könnte.«

»Ich weiß, du könntest und möchtest das. Aber wo sollten wir jemanden herbekommen? Bis zur Stadt sind es zwanzig Meilen, und ringsum wohnen lauter reiche Bauern. Wer will da im Haushalt arbeiten?«

Er seufzte. »Vermutlich hast du recht. Aber warte nur, wenn wir erst unsere Reise machen! Das wird ein Spaß werden, und wir werden das Geld mit vollen Händen ausgeben!«

Die Reise! Schon der Gedanke daran berauschte Laura. Sie war nie aus Neuseeland hinausgekommen. Eva hatte es verstanden, sich einen Studienaufenthalt in Australien zu ergattern, und Mrs. Stapletons Hochzeitsgeschenk an Guy und Christine war eine Hochzeitsreise in die Südsee gewesen. Aber sooft Großmutter ihr Ähnliches vorgeschlagen hatte, hatte Laura »Ja, bald« gesagt. Als Derek und sie im letzten Winter geheiratet hatten, hatte die alte Dame ihr Angebot erneuert: »Du sollst genauso eine Hochzeitsreise machen wie Christine, dieses unruhige Äffchen! Oder sogar eine noch schönere!« Aber Laura hatte eingewandt: »Nicht gleich jetzt. Am liebsten führen wir im Herbst, wenn Derek besser von der Farm weg kann.«

Es war ein Glück, daß sie die Reise aufgeschoben hatten. Sonst wären sie wohl kaum da gewesen, als Dr. Ellis feststellte: »Es wird nicht mehr lange dauern. Vielleicht drei Monate. Wahrscheinlich ahnt sie es selbst.« So hatte Laura den Gedanken an eine Reise weit von sich geschoben und war wieder in das alte Haus gezogen, um es nun, wie es schien, nie wieder zu verlassen.

Aber sie würde mit Derek darin leben, und sie würden auch oft allein sein, wie gerade jetzt beim Spaziergang durch ihren stillen Garten. Es war herrlich.

In diesem Augenblick erschien Hugh mit den Hunden. »Laura«, begann er zögernd; offensichtlich bedrückte ihn etwas.

Laura fragte: »Ja, was ist? Ich habe Zeit.«

»Es ist nur – na ja, morgen früh muß ich fort, und ich überlege immerzu . . . Wird nun alles beim alten bleiben? Ich meine, in den Ferien und so?«

Sie war betroffen. Daß sie daran nicht gedacht hatte! Hughs Schule lag zwanzig Meilen entfernt, und einer von ihnen, Derek oder sie selbst, hatten ihn an den freien Wochenenden einmal im Monat geholt, bis Großmutter krank wurde.

Eifrig sagte sie: »Aber natürlich, Hugh. Einer von uns wird dich immer holen. Das weißt du doch. Jetzt, wo niemand krank ist, wird alles wieder wie früher sein, während der Ferien und auch an den Wochenenden. Du bist hier zu Hause.«

Er sah erleichtert aus. Aber dann fragte er: »Und mit Tim? Bleibt da auch alles beim alten?«

»Natürlich. Wir haben Tim ja gern! Ich würde ihn nicht fortlassen, ehe du ihn nicht selbst behalten kannst, und dann werde ich mir recht einsam vorkommen. Jedenfalls sind es jetzt nur noch sechs Wochen bis zu den Ferien, und dann ist für dich ohnehin Schluß mit der Schule!«

Er ging, froh und glücklich, ein großer blonder Junge. Er glich Eva, aber sein Gesicht war ein bißchen zu weich. Derek sagte: »Dem ist ein Stein vom Herzen gefallen! Du hast ihn sehr gern, nicht wahr?«

»Ja. Wie konnte ich nur vergessen, daß ihm die Wochenenden Kopfschmerzen machen würden!«

»Du kannst doch nicht an alles denken. Wir wollen noch

etwas draußen bleiben. Es ist ekelhaft schwül. Ich wollte, das Gewitter käme bald.«

Es war so schön, miteinander über den Rasen zu gehen und das alte Haus in dem weichen Mondlicht zu betrachten. Sie dachte: So möchte ich's immer haben; so soll es immer sein. Dann rief sie das Läuten des Telefons in die Gegenwart zurück.

Hugh rief: »Ich gehe an den Apparat!« und sie atmete dankbar auf. Aber gleich darauf sagte er: »Tut mir leid, aber es ist Chris. Sie muß dich sprechen, ganz dringend, wie immer.«

Derek begehrte ungeduldig auf, und Laura sagte: »Ich bin gleich wieder da. Wahrscheinlich hat sie was liegen lassen. Das tut sie immer.«

Die »Waisenkinder« waren ziemlich liederlich. Laura mußte ihnen immer irgend etwas nachschicken.

Aber jetzt hatte Chris nicht nur etwas Dringendes zu sagen; sie war den Tränen nahe. »Ach, Laura«, begann sie, und ihrer Kusine fiel das Herz in die Schuhe, denn wenn Chris so zärtliche Töne anschlug, hatte die Sache meist einen Haken. »Laura, es ist schrecklich! Ein kleines verirrtes Kätzchen! Irgendein Unmensch muß es ausgesetzt haben. Es saß am Straßenrand. Ich ließ Guy anhalten, aber er reagiert doch so langsam, und inzwischen war es verschwunden. Wir haben gesucht und gesucht und konnten hören, wie es miaute, aber es hatte zuviel Angst. Ich wollte warten, bis es zum Vorschein käme, aber Guy hatte doch diese blödsinnige Verabredung. Tatsächlich hielt er die für wichtiger als das arme kleine Kätzchen. Manchmal überlege ich mir, ob er Tiere wirklich mag.«

»Welch ein Unsinn! Bedenke doch, wie er sich mit all deinen Tieren abfindet! Er muß sie einfach gern haben. Aber die Verabredung mußte er selbstverständlich einhalten.«

»Ach, du hältst immer zu ihm. Denk doch mal an das arme Kätzchen! Wir fuhren einfach davon und ließen das hilflose Geschöpf zurück. Ich darf gar nicht daran denken, wie verlassen es jetzt ist und wie hungrig. Manche Leute sind doch teuflisch! Laura, meinst du nicht, daß du es finden könntest? Es steckt nur etwa fünf Meilen von euch in dem Gebüsch an der

Straßenkreuzung. Zu dir würde es bestimmt gleich kommen. Du verstehst so gut mit Tieren umzugehen. Dir vertrauen sie. Natürlich hätte ich das Kätzchen noch finden können, aber Guy ist so ungeschickt. Er machte gräßlichen Lärm, brach Zweige ab und fluchte laut, als er hinfiel. Wir können es doch nicht einfach dort lassen. Ich könnte vor Aufregung kein Auge zutun. Ich würde ja selbst hinfahren, aber Guy hat das Auto, und mein Wagen steht in der Garage. Die Zündkerzen sind nicht in Ordnung.«

Laura sagte unwillig: »Schön, wir wollen es versuchen.« Sie wußte, daß ihr selbst nicht wohlsein würde bei dem Gedanken an eine kleine hungrige Katze, die bei dem Gewitter allein im Freien war. Aber sie fragte mit Nachdruck: »Wenn ich es finde, was dann? Du weißt, hierher kann ich die Katze nicht mitnehmen, Ahab würde sie umbringen.«

Ahab war ihre alte gelbe Katze, die keinen Eindringling duldete.

»Laura, das würde ich nie von dir verlangen. Ich möchte sie bei mir aufnehmen.«

»Aber du hast doch schon drei Katzen.«

»Na, und? Ich kann doch ein Haustier haben oder auch zwei, wenn ich es möchte? Bring das Kätzchen nur hierher. Ich würde dich ja nicht damit behelligen, wenn Guy nicht so egoistisch wäre und das Auto mitgenommen hätte. Aber ich weiß, was das für eine Nacht für mich würde.«

Sie malte noch einmal ihre Leiden aus, wenn das Kätzchen nicht gerettet würde.

»Schon recht. Aber mach gleich auf, wenn du uns siehst. Es kann länger dauern.«

Derek würde wütend sein; dessen war sie sicher. Und sie hatte recht.

»Das nenne ich wahre Tierliebe! Immer alles den andern aufhalsen. Chris ist der Gipfel. Was? Natürlich komme ich mit. Du bist viel zu müde, um allein zu fahren, aber ich muß sagen . . .« Er sagte es ihr immer von neuem während der Fahrt.

Laura hatte recht. Es brauchte seine Zeit. Sie hörten das klägliche Miauen, aber das Kätzchen wußte sich vor seinen Rettern zu verstecken. Sie suchten mit ihren Taschenlampen systematisch den Straßenrand ab, bis das Gewitter losbrach. Derek rannte zurück zum Wagen, um die Mäntel zu holen, die er zum Glück mitgenommen hatte. Er strauchelte, fiel hin und schlug sich den Arm an der Motorhaube auf. Er holte die Mäntel aus dem Wagen und hing sich den seinen um die Schultern. Dann machte er sich auf die Suche nach seiner Frau, denn inzwischen goß es wie aus Kübeln. Aber es schien ein Graben zwischen ihnen zu sein, und der war voller Brombeerranken. Als er schließlich herausgeklettert war, waren seine Hosen zerrissen und sein Gesicht zerkratzt. Seine Stimmung war auf dem Nullpunkt. Sie wurde auch nicht besser, als Laura zischte: »Mach doch nicht solchen Lärm!« Er hörte nicht auf sie, stürmte vorwärts, stolperte erneut und fiel der Länge nach hin. Da ertönte ein klägliches Miauen und Laura rief: »Vorsicht! Du zerdrückst es!«

Er fauchte zurück: »Dem kleinen Biest ist nichts passiert. Aber wenn ich mich bewege, haut es ab, und ich liege mit dem Gesicht in den Dornen. Kannst du deine Hand unter mich schieben und es rausholen? Es ist nur so groß wie ein Kücken. Du kannst es leicht rausziehen. Aber sei vorsichtig, es ist ganz wild.«

Laura mußte sich das Lachen verbeißen. Sie sagte: »Gib mir meinen Mantel, ich muß es einwickeln.« Er erwiderte mit erstickter Stimme: »Dein Mantel liegt irgendwo im Graben. Er ist mir runtergefallen, als ich stürzte, und ich konnte ihn nicht mehr finden.«

Sie angelte den Mantel von einem Brombeerbusch und wikkelte ihn um ihre Hand, um das Kätzchen zu fassen. Sie zog es unter Derek hervor; es biß und kratzte nach allen Seiten und war wie von Sinnen vor Angst. Aber sie hielt es fest, obwohl ihr Handgelenk blutete, und wickelte es in ihren Mantel. Derek stand verdrossen auf und sagte: »Den Mantel brauchst du selbst.«

Da mußte sie laut lachen. »Dafür ist es zu spät. Ich bin naß bis auf die Haut. Wir wollen so schnell wie möglich zu Chris fahren. Das Tierchen könnte sterben, obwohl es jetzt noch quicklebendig ist.«

Er stellte erbittert fest, daß seine Hosen zerrissen waren, daß sein Arm blutete und daß er lauter Kratzer im Gesicht hatte. Trotzdem wollte er wetten, daß Chris ihnen nicht einmal einen Stärkungsschluck anbieten würde.

Dann sah er, daß sie ebenfalls am Arm blutete, und fluchte.

Laura beschwichtigte ihn. »Ach, nicht der Rede wert. Wir wollen uns beeilen und die Katze zu Chris bringen. Das Tier führt sich wie wahnsinnig auf, und ich mag es weder loslassen noch ersticken.«

Sie fuhren, so schnell es ging. Chris kam ihnen schon entgegen, denn sie hatte ihr Auto gehört. Sie sah sehr hübsch aus in ihrem reizenden weichen Morgenmantel. »Ach, Laura, du bist ein Engel!« begrüßte sie sie. »Aber warum hast du das arme kleine Ding so fest eingewickelt? Es kann ja kaum atmen!«

Und während sie Lauras und Dereks Wunden und ihren schmutzstarrenden Zustand keines Blickes würdigte, nahm sie das Kätzchen und sagte beiläufig: »Es macht dir doch nichts aus, wenn ich den Mantel dabehalte? Ich bringe ihn dir morgen zurück.«

Laura dachte an Derek und erwiderte rasch: »Es braucht ja nicht morgen zu sein. Bring ihn, wenn du mal vorbeikommst.«

»Dann werde ich das Tierchen erst zu Hause auspacken. Komm nur, mein Kleines. Du kriegst jetzt schöne warme Milch und für heute nacht ein weiches Körbchen. Ach, das arme Wurm ist klitschnaß. Ich danke dir, Laura. Ich wußte, daß ich mich auf dich verlassen kann.«

Genauso ist es, dachte Derek. Das wissen alle.

Laura lachte, als sie heimfuhren. »Sie hat mir nicht mal ein Pflaster für mein Handgelenk angeboten, und bestimmt hat sie gar nicht gemerkt, daß wir noch viel mehr durchweicht sind als die Katze. Na ja . . .«

Es war ihr nicht bewußt; aber so reagierte sie stets auf die »Waisenkinder« und ihr Betragen.

Es war zehn Uhr, als sie ins Bett sanken. Laura schlief sofort ein. Aber sie hatte kaum die Grenze zum Land der Träume überschritten, als es an der Haustür läutete. Sie blickte zu Derek hinüber. Er schlief felsenfest. Sie dachte daran, daß er morgen einen schweren Tag haben würde, weil er während der letzten Zeit mit all den Aufregungen nicht viel auf der Farm hatte tun können. Sie schlüpfte aus dem Bett und überlegte, wer um diese Zeit wohl noch zu ihnen kommen könnte. Sie hoffte, daß es nicht wieder ein Verkehrsunfall war. In letzter Zeit hatte es an der gefährlichen Kurve zwei Unfälle gegeben; die Leute begannen schon über die unmögliche Straße zu meutern.

An der Tür stand ein verlegener junger Mann. Er versuchte, ihr zerzaustes Haar und ihren Schlafrock zu übersehen, und erklärte hastig: »Es tut mir schrecklich leid, daß ich Sie um diese Zeit stören muß. Aber könnte ich vielleicht Eva sprechen?«

»Eva?« Laura starrte ihn ungläubig an, und er fuhr schnell fort: »Ich nehme an, daß sie es vergessen hat. Ist sie schon im Bett? Sie bat mich nämlich, sie um neun Uhr unten an der Straße zu erwarten und sie in die Stadt zu fahren. Sie meinte, wegen der Trauerfeier sollte ich lieber nicht ins Haus kommen. Ich habe nun fast zwei Stunden gewartet. Deshalb dachte ich, ich sollte lieber hierherkommen und fragen. Könnten Sie sie wohl wecken?«

Schuldbewußt erinnerte sich Laura, daß Eva der frühe Aufbruch gar nicht gepaßt hatte, und sie warf sich ihre Ungastlichkeit vor. Sie erklärte dem jungen Mann, daß Eva mit ihrem Bruder in die Stadt gefahren sei. Zuerst blickte er völlig verständnislos drein und dann höchst empört. »Und ich habe die ganze Zeit auf sie gewartet!«

»Es tut mir schrecklich leid! Es war ein sehr aufregender Tag«, stammelte sie. Ihr fiel ein, daß Großmutters Beerdigung Eva gar nicht so übermäßig zugesetzt hatte; sie hatte sich auch nicht weiter Mühe gegeben, ihren nicht besonders ansehnlichen Verehrer zu benachrichtigen.

Er nahm sich zusammen, entschuldigte sich nochmals wegen der späten Störung und ging. Laura hatte das Gefühl, sie hätte ihn zu einer Tasse Kaffee oder einem Schnaps einladen sollen, aber es war nicht die richtige Zeit für eine Unterhaltung; sie war auch nicht danach angezogen. Sie schloß die Tür und ging schnell wieder in ihr Schlafzimmer.

Aber Derek war aufgewacht und saß aufrecht im Bett. »Was, zum Teufel, war das nun wieder?«

»Es war nur einer von Evas Verehrern, den sie vergessen hat. Er hat seit Stunden an der Straße auf sie gewartet, um sie nach Haus zu fahren. Ich nehme an, sie hat mit keiner Silbe an ihn gedacht.«

»Was für ein Kamel, die ganze Zeit zu warten! Das paßt zu Eva.«

»Ich glaube, er wird es kein zweitesmal tun. Er war fuchsteufelswild.«

»Das ist recht. Wir brauchen keine weiteren Spaniels.« Und ehe sie ihn fragen konnte, was er damit meinte, war er schon wieder eingeschlafen.

Am nächsten Morgen stand sie früh auf. Um neun Uhr mußte sie Hugh zur Schule bringen. Wegen des Todesfalles hatte er zwei Tage Urlaub gehabt; aber seine Pflichten als Erster Schulpräfekt erlaubten ihm nicht, länger fortzubleiben. Wie immer, wenn er in die Schule zurückkehrte, war er ziemlich still. Der Abschied von Tim und seinem Zuhause ging ihm nahe. Wahrscheinlich dachte er auch daran, daß nun das Ende der Schulzeit kam. Schließlich brach er das Schweigen und sagte: »Das alles ist verdammt schwer für dich.«

Sie verstand ihn absichtlich falsch und erwiderte: »Was soll daran schwer sein? Ich wollte sowieso zum Einkaufen fahren, und du weißt ja, daß ich immer früh aufstehe.«

»Du behauptest immer, du tust gern, was du tust. Ist das nicht ein Fehler?«

»Warum?«

»Weil wir das alle ausnutzen. Immer heißt es: Laura tut es doch gern. Du bist zu selbstlos. Dadurch machst du uns noch egoistischer.«

Sie neigte nicht dazu, über sich nachzugrübeln, aber sie überlegte einen Augenblick. »Aber es stimmt. Im allgemeinen tue ich gern, was ich tue. Ich bin keine so aufregende Person wie Eva oder Chris. Mein Leben paßt gut zu mir.«

»Auch jetzt noch, wo Großmutter nicht mehr da ist, um dich zu beschützen? Laura, sei nicht dumm und gib nicht in allem nach, was sie von dir wollen.«

»Sie?«

»Nein. Wir. Wir sind ein verdammt selbstsüchtiges Pack. Für Großmutter war das richtig. Sie genoß es, eine Art Matriarchin zu sein, uns manchmal zu verwünschen und zu gleicher Zeit auf uns aufzupassen. Außerdem hatte sie immer eine Hilfe, und später kamst du. Für sie war es so genau richtig. Sie war alt, und sie hatte nichts, was sie sonst interessiert hätte. Aber du bist noch jung. Du hast Derek.«

Das war für Hughs Verhältnisse eine lange Rede. Sie machte einen tiefen Eindruck auf Laura. Was Großmutter betraf, so hatte er recht. Sie hatte es genossen, zu herrschen und zu schenken; das waren ihre Lieblingsbeschäftigungen gewesen. Sie hatte sich selbst und ihr Vermögen verschenkt. Laura würde nicht soviel Geld haben, um es zu verschenken; das wäre töricht und würde bedeuten, auch Derek zu verschenken.

Sie sagte nachdenklich: »Ich verstehe, was du meinst, Hugh. Ich will nicht so dumm sein.«

Ärgerlich redete er weiter: »Denk nur an gestern abend. Erst die Streitereien bei Tisch und dann diese verfluchte Katze. Wie rührend von Chris, besonders weil du die ganze Plackerei hattest. Und dann kam noch dieser Kerl, als du schon schliefst. O ja, ich habe alles gehört.«

»Aber was sollte ich machen? Der Mann hätte noch länger geläutet. Und was die Katze angeht, so hätte Chris ihre Laune an Guy ausgelassen.«

»Guy ist ein noch größerer Dummkopf. Ein so gescheiter Mensch, und hat von nichts eine Ahnung!«

»Christine ist sehr attraktiv.«

»Wirklich? Für mich nicht. Wie in aller Welt erträgt Derek uns nur?«

Sie lachte. Sie waren schon dicht an der Schule, und sie

wollte ihn gern besänftigen. »Bis jetzt noch ganz gut. Dich hat er jedenfalls sehr gern, ehrlich! Also mach dir keine Sorgen. Natürlich war es anders, als Großmutter noch lebte, und jetzt ...«

»Jetzt bist du, verdammt noch mal, ganz schön angebunden. Entschuldige, Laura, aber für die nächsten sechs Wochen war das meine letzte Chance, noch einmal kräftig zu fluchen. Ich war richtig wütend über diese Stelle im Testament. Das hat alles verdorben.«

»Nicht doch. Sei so gut: es ist schließlich ihre Heimat.«

Sie blickte ihm nach, als er, schlank und hübsch, vom Auto zur Schule ging. Sie wußte, daß er stets auf ihrer Seite sein würde. Auch Lester würde das sein, aber vor allem, weil er sie gut leiden konnte, mehr als seine Schwestern. Hugh war sachlich und gerecht. Als sie den Wagen eben startete, kam ein Junge angelaufen. Ob Mrs. Howard wohl fünf Minuten Zeit für den Herrn Direktor hätte, ehe sie abführe? Das war nichts Ungewöhnliches; denn James Gilbert und Laura hatten sich miteinander angefreundet, weil Laura Gilberts Frau seit langem sehr gut kannte. Diese war sehr viel jünger als ihr Mann. In der Schule war sie Lauras »Senior« gewesen, und Laura hatte sie geradezu verehrt, wie die meisten anderen auch. Anne Gilbert war nicht nur schön, sondern auch liebenswürdig und intelligent. Laura war immer sehr aufgeregt gewesen, wenn sie sie hin und wieder übers Wochenende hatte mit nach Hause nehmen dürfen. Annes Ehe hatte ihre Freundschaft nicht beeinträchtigt.

Sie fragte nach ihr, und Gilbert meinte, sie würde gleich kommen, um Laura zu begrüßen. Mrs. Stapletons Tod habe sie tief getroffen. Auch er drückte Laura sein Beileid aus.

Dann fuhr er fort: »Nun zu Hugh. Er war ein vorzüglicher Schüler und bekommt sicherlich ein gutes Stipendium. Wir hätten ihn gern für ein weiteres Jahr hier behalten, aber er will sein eigenes Leben beginnen, und vielleicht ist das auch gut so. Ist seine Zukunft gesichert?«

»Was das Geld betrifft? Aber ja. Er verfügt über ein eigenes

Einkommen, und wir können auch immer noch etwas zuschießen.«

»Ich glaube, er will unbedingt auf eigenen Füßen stehen. Er ist ein anständiger Kerl, aber ein bißchen zu sensibel. Hinter seiner Zurückhaltung verbirgt sich eine große Verletzlichkeit.«

»Verletzlich? Wie meinen Sie das?«

Gilbert wollte ausweichen. Er sagte nur: »Menschen wie er neigen zum Leiden, und . . .«

Die Tür öffnete sich, und Anne Gilbert kam leise herein. Die Morgensonne umfing sie, und Laura dachte: Du bist ebenso schön wie gut!

Anne trat zu ihr und nahm ihre Hand. »Du tust mir so leid! Und doch: wie schön für dich, daß du so eine Großmutter hattest! Ich werde sie nie vergessen. Man kann sie nicht vergessen!«

In ihren sanften Augen standen Tränen, und Laura spürte, wie auch ihr die Tränen kamen. Aber zugleich verspürte sie auch ihre alte Liebe und Bewunderung für diese Frau. Mit ihren sechsundzwanzig Jahren befand sich Anne auf dem Gipfel ihrer Schönheit und Anmut. Wie glücklich mußte dieser ruhige Gelehrte, der so vornehm aussah und mit einem so glänzenden Verstand begabt war, sein, daß er sie für sich gewonnen hatte. Und wie schön für die Jungen, eine so jugendliche, hübsche und kluge Frau an der Seite ihres Direktors zu haben!

Anne ging mit ihr zum Wagen. »Hugh wird sehr niedergeschlagen sein«, meinte sie. »Er nimmt sich alles so zu Herzen. Viel zu sehr. Er braucht viel Liebe – aber er hat ja dich, Laura. Er ist glücklich dran.«

Laura war etwas beunruhigt, als sie abfuhr. Aber Hugh war doch in Ordnung! Verwirrt stellte sie fest, daß sie nicht einmal Lust hatte, auf Hugh aufzupassen, den sie doch so liebhatte. Sie hatte es einfach satt, auf die anderen aufzupassen.

3

Schon seit einigen Jahren hatte Großmutter kein Geld mehr für das Haus aufwenden wollen, obwohl sie doch eine großzügige und außerordentlich praktische Person gewesen war. »Für den Augenblick ist es noch gut genug«, pflegte sie zu sagen. »Es wäre dumm, Geld in ein so weitläufiges, altmodisches Haus zu stecken. Eines Tages bauen wir uns ein neues; kleiner, moderner und leichter zu bewirtschaften.« Und als es immer klarer wurde, daß die Straße begradigt werden würde, meinte sie triumphierend: »Wir lassen es einfach stehen. Sie werden es abreißen müssen, wenn sie die Straße bauen.«

Das Problem wurde jetzt akut. Wie viele Landstraßen war auch die an ihrem Haus voller Kurven und voller gefährlicher Biegungen. Das hätte nichts ausgemacht, wenn der Verkehr nicht so dicht gewesen wäre. Aber das Land war im Wert gestiegen, und immer mehr Leute waren hergezogen, die es eilig hatten und die eben nicht nur vierzig Meilen in der Stunde fuhren, um einen Verkehrsunfall zu vermeiden.

Einige Unfälle hatte es in der Nähe von Brookside bereits gegeben. Da war eine besonders unübersichtliche Kurve, mit einem steilen Hang auf der einen Seite und einer stark in den »Brook«, den Bach, abfallenden Böschung auf der anderen Seite. Der »Bach« war in Wirklichkeit ein Fluß mittlerer Größe. Zwei Unfälle, ein Zusammenstoß und ein Absturz in den Fluß bei Nacht und dichtem Nebel, hatten tödliche Folgen gehabt. Es hatte eine Welle der Empörung gegeben, und man hatte mit einem Bulldozer einen Teil des Hanges abgetragen. Aber die Steuerzahler behaupteten, das sei noch nicht genug. Die Landstraße wäre jetzt eine Hauptverkehrsstraße und müßte begradigt und befestigt werden. Wenn das geschehen sollte, gab es nur eine Möglichkeit: das alte Brookside-Haus mußte abgebrochen werden.

Das hatte Großmutter als ausgezeichneter Vorwand gedient, bei allen Reparaturen und notwendigen Instandhaltungsarbeiten zu sparen. »Für den Abbruch müssen sie uns etwas bezahlen.

Dann wollen wir ein neues Haus bauen, Laura. Wir müssen auf dem laufenden bleiben, wie weit die Pläne gediehen sind. Es kann nicht mehr lange dauern.«

Aber zu ihren Lebzeiten war es nicht so weit gekommen, und obgleich die Klagen über die Straße immer lauter wurden, wurde nichts über eine neue Straßenführung bekannt. Das bedeutete, daß Laura in Kürze mit beträchtlichen Ausgaben rechnen mußte. Denn wenn das alte Haus Derek und ihr und nicht zuletzt auch den »Waisenkindern« als Heim erhalten bleiben sollte, mußte dringend etwas dafür getan werden.

Und dann kam eines Morgens grollend Joseph Spencer herüber. »Da sind ein paar Kerle am Tor, Feldvermesser wahrscheinlich. Sie vermessen irgend etwas und machen ein Mordsgetue. Mir scheint, sie unternehmen jetzt doch etwas mit der Straße. Wenn das stimmt, was wird dann aus mir?«

Derek versuchte, ihn zu beruhigen. »Dein Bungalow ist sicher. Da brauchen sie nichts zu machen. Unser Haus steht ihnen im Wege. Über dein Haus brauchst du dir keine Sorgen zu machen.«

Joseph starrte ihn an. »Dieses Haus hier soll weg? Und wie soll ich da fertigwerden?«

Derek unterdrückte mit Mühe ein Lächeln. Offensichtlich sah Joseph all seine Mahlzeiten und den übrigen Komfort mit dem alten Haus verschwinden. Er sah nur das, nichts anderes. Derek indessen ließ sich nicht erschüttern.

»Fertigwerden? Du wirst hier bleiben und ganz ungestört sein. Und was uns betrifft, so werden wir wieder in unser eigenes Haus ziehen. Von einem Neubau kann keine Rede sein.«

»Aber dein Haus liegt eine halbe Meile entfernt«, jammerte Joseph. Derek zuckte die Achseln.

Später sagte er zu Laura: »Dem alten Knaben ist der Weg zu seinen Mahlzeiten zu lang, nehme ich an.«

Sie stimmte ihm zu, und sie lachten beide. Aber dann fügte sie hinzu: »Du weißt doch, Derek, daß wir unser Haus vergrößern müssen. Es hat nur ein einziges Fremdenzimmer.«

»Ist das nicht genug?«

»Was wird dann mit den ›Waisenkindern‹?« Bei dieser Frage mußte sie selbst lächeln.

Aber Derek lächelte nicht, sondern verzog das Gesicht.

»Hör doch nur auf mit den ›Waisenkindern‹! Und überhaupt: warum sollen wir uns Gedanken machen, ehe es soweit ist? Solche Sachen brauchen ihre Zeit. Bis dahin werden die ›Waisenkinder‹ vermutlich ihren Dreh gefunden haben – das hoffe ich jedenfalls.«

Joseph hatte eine schwierige Zeit. Nicht nur die Straße machte ihm Kummer. Vor einiger Zeit hatte er sein fertiges Manuskript, in dem er über die Ereignisse und Persönlichkeiten des letzten Krieges berichtete, an einen Verlag geschickt, und nun erwartete er eine begeisterte Antwort.

Woche um Woche verging, und mit großer Ausdauer wartete er auf den Briefträger. Dabei konnte er die Feldvermesser nicht übersehen, die kräftig am Wirken waren, und der Gedanke an den Abbruch des alten Hauses regte ihn sehr auf. Das Ende dieses Hauses bedeutete das Ende seiner Gratis-Mahlzeiten und seiner zahlreichen Besuche. Er würde sich dann mit dem widerlichen Geschäft befassen müssen, sein eigenes Mittagessen zu kochen. Statt das Telefon in Brookside benutzen zu können und sich durch Laura alle Anrufe ausrichten zu lassen, würde er sich einen eigenen Apparat anschaffen müssen; das dürfte mit beträchtlichen Kosten verbunden sein. Mehr noch: er würde sich einen eigenen Postkasten kaufen und dafür die jährlichen Gebühren zahlen müssen. Mürrisch musterte er die jungen Männer und ihre Tätigkeit und dachte gereizt an die vielen Extras, die ihn eine Menge Geld kosten würden.

Dann fiel ihm zu seiner Erleichterung ein, daß das Buch bald erscheinen und er ein hohes Honorar dafür einstreichen würde. Die Tantiemen würden alle Ausgaben ausgleichen, die ihm entstanden, weil Laura sich so schmählich über seine Bedürfnisse hinwegsetzte. Nicht daß er wirklich arm gewesen wäre. Er bezog eine ansehnliche Pension, und rechnete man das Vermächtnis seiner Schwester und das mietfreie Haus hinzu, dann lebte er in recht guten Verhältnissen. Wenn erst einmal die Honorare flossen, wollte er eine Sekretärin einstellen, die das nächste Buch tippen sollte; denn darauf würden die Verleger bestimmt bestehen. Und die Sekretärin konnte auch gleich sein Mittagessen kochen! Auf diese Weise konnte er der selbstsüchtigen Laura ein Schnippchen schlagen!

Es war ein schwerer Schlag für ihn, als er eine Woche später ein dickes Paket im Briefkasten fand. Sein Manuskript war zurückgekommen, und man hatte die Ablehnung noch nicht einmal aufrichtig bedauert. Man hatte ihm nur geschrieben, daß man das Manuskript leider nicht veröffentlichen könne; Kriegserinnerungen seien nicht gefragt, es sei denn, sie wären sehr originell. Fertig! Grob und ungehobelt! So bezeichnete Joseph den Verlag, und er fand noch andere Worte der Verachtung. So saß er brütend an seinem Schreibtisch, während die Vorhut der Landvermesser eine neue, noch bedrohlichere Stellung bezogen. Laut brummte er vor sich hin: »Nicht gefragt! Was wollen sie denn noch haben? Immer nur Krimis und Sex-Romane! Was soll bloß aus dieser Welt werden?«

Die Vorstellung einer hilfreichen und hübschen Sekretärin, die sein nächstes Buch tippen und zwischendurch Kartoffeln schälen würde, schwand dahin. Es kam allzuviel zusammen: der Abbruch des alten Hauses, das ungerechte Testament seiner Schwester mit der kränkenden Randbemerkung. Er beschloß, sich nicht wohl genug zu fühlen, um selbst für sein Mittagessen zu sorgen, und ging hungrig nach Brookside hinüber. Hier wurde er von Christines unfreundlichem Schäferhund begrüßt, der ihn von der Veranda aus anknurrte. Reizend, wie man hier an der Tür seiner Schwester von dem wilden Hund einer jungen Frau begrüßt wurde, die eigentlich daheim nach ihrem eigenen Haus und Garten sehen sollte! Ärgerlich brummend ging Joseph um das Haus herum zur Hintertür.

Christine kam soeben von einem Einkaufsbummel, und da ihr Weg sie zufällig an Brookside vorbeiführte, hatte sie keine Lust, selbst für ihren Lunch zu sorgen. Sie zeigte Laura gerade ihr neues Strandkleid, als Joseph eintrat. Auf einem Stuhl lag ein Stoß Bücher aus der Bibliothek, die sie sich an diesem Morgen herausgesucht hatte. Sie hielt das Kleid an sich; es stand ihr ganz entzückend, und ihr schmales Gesicht strahlte. »Was sagst du dazu, Onkel Joseph?«

»Nicht viel«, brummte er. »Aber es ist auch nicht viel dran, um einen Gedanken daran zu verschwenden.« Er warf die Bücher auf den Fußboden und setzte sich. »Lauter dummes Zeug«, knurrte er geringschätzig.

»Schon möglich, daß es dummes Zeug ist«, erwiderte seine Nichte fröhlich. »Aber es bringt Geld ein. Schau dieses Buch hier – eine halbe Million Auflage. Die Frau muß ein Vermögen verdient haben. Sie hat eigentlich nur ein Thema, aber wie sie es variiert!«

»Vermutlich Sex.« Er schob das Buch mit dem Fuß zur Seite.

»So ungefähr. Auf jeder Seite springen die Mädchen in ein anderes Bett. Das ist ganz amüsant, wenn man den ganzen Tag allein ist.« Sie sah wirklich rührend aus.

Nach dem Lunch ging Joseph langsam heim. Ihm war ein Gedanke gekommen. So was bringt Geld ein! Eine halbe Million Exemplare! Bettgeschichten! Warum eigentlich nicht? Es kostete nicht viel, die Mädchen durch die Betten springen zu lassen. Die Tage in Kairo fielen ihm ein, und er dachte, daß er auch die eine oder andere Geschichte erzählen könnte. Natürlich keine hübschen Geschichten; die waren aus der Mode.

Während Laura in der Küche einen Auflauf buk, statt sich ein weiches Ei zu kochen, wie sie es für ihr einsames Mahl vorgehabt hatte, hatte er flüchtig die Seiten des schwarzgelb gestreiften Buches überflogen. Was er da las, erschreckte ihn; denn die Lektüre, die er bevorzugte, nämlich rechtschaffene Western und anständige Krimis, war demgegenüber ziemlich altmodisch. Er fühlte sich abgestoßen, trotzdem dachte er ganz praktisch. Wenn es so ein Buch auf eine halbe Million Exemplare brachte, warum sollte man so etwas nicht auch schreiben? Schließlich ... Ein alter Soldat ... Onkel Joseph fuhr mit der Hand über sein dichtes weißes Haar, dachte an seine immer noch schlanke Taille und lächelte. Zwecks weiterer heimlicher Lektüre ließ er das Buch in seiner Tasche verschwinden.

Er klagte zwar, daß der viele Curry ihm den Appetit verdürbe, tauchte aber dennoch zum Dinner wieder auf und redete wie von ungefähr über sein Buch.

»Mir scheint, daß ein guter, solider Stoff nicht leicht an den Mann zu bringen ist. Die Leute wollen lieber Romane lesen. Jetzt lege ich meine Memoiren zur Seite und schreibe, was man lesen möchte.«

Laura war überrascht und fragte: »Was für einen Roman willst du denn schreiben?«

Joseph antwortete heiter: »Natürlich werde ich meine Lebenserinnerungen nur so lange zurückstellen, bis ich einen Sex-Roman geschrieben habe. Wenn ein albernes Weib das kann, warum nicht auch ein Mann?« Und mit schlauem Lächeln fügte er hinzu: »Mit männlicher Erfahrung selbstverständlich.«

Einen Augenblick lang nahm sich Laura zusammen, aber als Derek in lautes Gelächter ausbrach, lachte sie fröhlich mit. Man konnte sich Onkel Joseph, altmodisch wie er war, unmöglich im Banne wilder Leidenschaften vorstellen. Aber später sagte sie zu Derek: »Natürlich weiß man nicht, was im Krieg passiert ist.«

»Leider war ich zu jung, um das zu wissen. Aber schließlich ist es egal, was der alte Herr schreibt, wenn es ihn nur glücklich macht – und von hier fernhält.«

»Da hoffst du sicher vergebens. Die Beschäftigung mit Sex, und sei es auch nur auf dem Papier, wird ihn nicht weniger hungrig machen. Er braucht seine zwei Mahlzeiten pro Tag. Es macht mir auch nichts aus, wenn ich rechtzeitig etwas für ihn vorbereiten kann. Gestern war er sehr ärgerlich, als ich ihm zwei Würstchen zum Lunch vorsetzte. Er merkte gar nicht, daß ich selbst keine hatte. So ist das nun mal: Er betrachtet uns als eine Art Restaurant und geht seiner Wege, wenn er gegessen hat.«

Derek war zornig. Er haßte es, wenn seine Frau ausgenützt wurde, sah aber im Augenblick keine Möglichkeit, das zu ändern. Inzwischen beobachtete er andächtig die Tätigkeit der Geometer. Wie lange würde das noch dauern? Zum Glück hatte er einige gute Freunde in der Kreisverwaltung. Diese Freundschaften mußte er pflegen.

Einige Wochen nach Mrs. Stapletons Tod rief Lester an.

»Hallo, Laura, wie geht's?«

»Danke, gut. Ich habe eine Neuigkeit für dich. Onkel Joseph schreibt einen Sex-Roman.«

Nachdem er ausgiebig gelacht hatte, sagte Lester: »Auf diese Bombenneuigkeit hin ist, was ich zu erzählen habe, natürlich nur eine Bagatelle. Ich habe auch was geschrieben, einen Roman. Nicht direkt über Sex, wenn ich dieses lukrative Thema auch gestreift habe. Aber was viel wichtiger ist: Ein englischer Verleger hat mein Buch angenommen.«

Laura war überwältigt. Was für ein erhebendes Gefühl, zu einer Familie von Literaten zu gehören!

»Lester, das ist toll! Wie stolz wäre Großmutter auf dich! Ich wollte, sie wüßte es.«

»Lieber nicht. Das Buch würde nicht zu ihr passen. Aber es ist ein Anfang. Ich dachte, ich könnte übers Wochenende zu euch kommen, um einiges mit dir und Derek zu besprechen. Vielleicht ist es jetzt an der Zeit, einen neuen Anfang zu machen.«

Als sie Derek davon erzählte, meinte der verdrießlich: »Mit anderen Worten: er will seinen Job aufgeben, nur weil sein Roman angenommen ist.«

»Aber wenn es ein Bestseller ist!«

»Ja, wenn!! Im Klub unterhielt ich mich neulich mit so einem Burschen aus der Verlagsbranche. Autoren sind glücklich, wenn sie sechshundert Dollar für ihr Erstlingswerk kriegen. Mit so einer Summe kommt Lester nicht weit.«

»Aber er hat doch die achthundert Dollar von Großmutter. Das könnte schon ein Weilchen reichen.«

»Das könnte reichen, wenn er hier wohnte. Gratis. Das wäre ein Spaß, was?«

»Das würde er nicht tun. Er wollte immer unabhängig sein.«

»Er kam immer her, wenn er eine Verschnaufpause brauchte oder wenn er seinen Job los war. Von alten Gewohnheiten läßt man ungern.«

Laura seufzte. »Jedenfalls müssen wir daran denken, was Großmutter sagte: Sie sollen hier ein Zuhause haben, wann immer sie es brauchen.«

»Ich vergesse es wahrhaftig nicht – und ich nehme an, Lester ist der erste von dieser Gesellschaft.«

Sie gab ihm einen kleinen Stoß. »Sei doch nicht so pessimistisch! Vielleicht wird das Buch wirklich ein Bestseller. Dann macht Lester eine Reise nach England; das war schon immer sein Traum. Und wenn's auch kein Bestseller wird, vielleicht hat er mit dem nächsten Buch Erfolg.«

»Das er wahrscheinlich hier schreiben wird. Donnerwetter, gleich zwei Autoren unter einem Dach!«

»Ja, wahrhaftig. Es ist zu ulkig, wie Onkel Joseph in alle Bücher guckt, in der Hoffnung, zu irgendwelchen Liebesszenen inspiriert zu werden. Wenn Lester kommt, wird er den ganzen Tag auf der Schreibmaschine klappern und schauerlichen Trübsinn verbreiten, wenn ihm nichts einfällt. Ich glaube, ich laufe am liebsten davon.«

»Wenn du's doch tätest! Dann liefen wir zusammen weg.«

»Führe mich nicht in Versuchung. Ich muß dran denken, daß hier ihr Zuhause ist.«

Sie mußte sich sehr zwingen, daran zu denken, als Lester am nächsten Tag eintraf. Er war nicht allein, und Laura erschrak, als sie seine Mitfahrer aussteigen sah. Sie glaubte, an den Anblick hübscher Frauen gewöhnt zu sein. Christine war sehr attraktiv, und Eva galt als ausgesprochene Schönheit. Aber dieses Mädchen war göttlich. Hochgewachsen und dunkel, eine Diana. Schön wie ein Traum, fuhr es Laura durch den Kopf, und sie mußte selber lächeln bei diesen Worten. Zu schön, um wirklich zu sein, und bestimmt zu schön, um einen mittellosen Journalisten zu heiraten. Warum also war sie gekommen?

Nach zehn Minuten hatte sie die Antwort gefunden. Janice Osborne war wunderschön, aber sie besaß keinen Funken Verstand. Und sofort stellte sich die nächste Frage ein: Warum war Lester, der kritische, der ostentativ skeptische Lester so blind? Keine Spur von seinem sonstigen Zynismus; sogar sein ausgeprägter Sinn für Komik schien verschwunden. Er starrte seine Göttin an, als fürchtete er, sie könnte seinen Blicken entschwinden. Laura mußte sich in die Küche zurückziehen, um dort ihrer Heiterkeit Luft zu machen. Er schien ihr hörig, er verehrte sie mit geradezu hündischer Ergebung. Hündisch? Nicht wie Massa! Beim besten Willen konnte man Lester nicht mit dem Boxer vergleichen. Auch nicht mit Tim; ein Neufundländer bewahrte trotz aller Ergebenheit stets seine Würde. Höchstens mit Troy war er zu vergleichen. Nur Spaniels hatten diesen Blick; und sie begriff, weshalb Guy Derek immer an Troy erinnerte. Sollte sie mit zwei Männern umgehen müssen, die wie verrückte Spaniels aussahen?

Janice war nicht nur schön anzusehen, sie war auch schön in ihren Bewegungen. Aber das war auch alles. Als sie geziert sagte: »Wie geht es Ihnen?« erlitt Laura ihre erste Enttäuschung. Das war nicht die Stimme einer Göttin; sie sprach mit einem affektierten Akzent, der das Ohr beleidigte. Wie konnte Lester, der eigentlich einen guten Geschmack hatte, nur eine solche Stimme ertragen? Zum Glück wußte das Mädchen wenig zu sagen. Sie lächelte lieb, wenn sie angeredet wurde, und ihre Antworten verrieten die Intelligenz eines Kindes. Ihr Lieblingsausdruck war »O Gott!« aber in ihrem Munde klang das wie »Ooh Gooott!« Und meistens lächelte sie nur reizend als Antwort auf Bemerkungen, die sie nicht verstand. Wie Laura feststellte, war das sehr häufig der Fall.

Erschöpft von ihren Anstrengungen, eine Unterhaltung in Gang zu bringen und ein sie interessierendes Thema zu finden, zog sich Laura in ihre Küche zurück; dort traf sie ihren Mann, der sich versteckt hatte. Über sein Gesicht mußte sie lachen.

»Na, du hast es nicht lange ausgehalten. Ein mühsames Geschäft, wie? Ich habe aber trotzdem gesehen, wie du durch die Tür nach ihr geschaut hast. Ist sie nicht umwerfend?«

Er sah sie zweifelnd an.

»Ich habe so etwas noch nie gesehen.«

»Wie eine schöne Blume!« meinte sie. »Zauberhaft.«

»Du gerätst richtig ins Schwärmen. Aber ich habe nicht sie gemeint. Sie ist genauso, wie du sagst. Ich habe Lester gemeint.«

»Ich weiß. Er hat vollkommen den Verstand verloren. Er sitzt nur da und starrt sie an.«

»Lester! Mit seinem kühlen Intellekt. Und sie hat überhaupt keinen.«

»Man soll nicht vorschnell urteilen. Aber ihren Verstand scheint sie, wenn sie einen hat, gut zu verstecken. Und diese Stimme! Wie hält er die bloß aus! Er verzieht keine Miene, nicht einmal, wenn sie sagt: ›Ooh Gooott‹!«

Sie lachten, doch Derek wurde gleich wieder ernst. »Aber was soll das nur? Wie lange soll das dauern?«

Sie lächelte. »Das wird dein neuester Schlachtruf. Sobald eines der ›Waisenkinder‹ erscheint, brichst du in Wehklagen aus: ›Wie lange noch?‹«

»Nun, du mußt zugeben ...«

»Ach, ich gebe alles zu; aber wir können doch nichts ändern. Ich wollte, ich wüßte, wie Lesters Pläne aussehen.«

Sie waren erleichtert, als sie diese Pläne erfuhren. Das Paar konnte nur übers Wochenende bleiben. Lesters Zeitung beanspruchte ihn am Montag, und Janice war an ihre Boutique gebunden, wie sie sich ausdrückte.

Lester folgte seiner Kusine in die Küche, wo sie schleunigst einen passenden Lunch vorbereitete. Janice ging nach oben, um auszupacken und die kaum wahrnehmbaren Spuren der Fahrt zu beseitigen. »Ich wollte so gern, daß du sie kennenlernst«, sagte Lester, und er, der sich sonst so sarkastisch und überlegen zu geben pflegte, sah auf einmal ganz jung und erwartungsvoll aus.

Laura war sofort besänftigt.

»Kein Wunder, daß du sie uns zeigen wolltest. Ich habe noch nie ein so schönes Gesicht gesehen. Hast du – kennst du sie schon lange, Lester?«

Er redete eifrig wie ein kleiner Junge. »Erst seit einem Monat. Ich lernte sie auf einer Party kennen. Sie ist – sie ist ganz anders als alle Mädchen, die ich kenne.«

»Bestimmt. Ist sie noch sehr jung?«

Er wich aus, und Laura schloß, daß sie älter war als er. Unmöglich zu schätzen bei diesem schönen, ausdruckslosen Gesicht. Sie dachte: Sie ist nicht ganz unerfahren; aber die Männer werden sie schnell satt haben trotz ihres Aussehens. Deshalb hängt sie sich an Lester.

Eifrig redete er weiter. Nein, ihre Familie kannte er nicht. »Heutzutage belastet man sich nicht mit solchen Dingen.« Aber Janice hatte Großmutter gekannt: sie war Kundin in ihrem Geschäft gewesen. Und sie rechnet damit, daß Lester einen Haufen Geld geerbt hat, dachte Laura unfreundlich, aber zutreffend. Nein, sie wären nicht verlobt; so was sei doch gräßlich altmodisch.

»Natürlich, jetzt könntet ihr sowieso noch nicht heiraten«, meinte Laura. Er verzog das Gesicht, und sie fügte eilig hinzu: »Aber was ist mit deinem Buch, Lester? Hast du eine Kopie mitgebracht?«

Sofort kehrte seine alte Überheblichkeit zurück. »Mein liebes Kind, wie sollte ich? Es ist gerade erst in England unter Vertrag genommen worden, und es dauert neun Monate, bis ein Buch erscheint.«

Das bedeutet immerhin einen Aufschub. Sogar Lester konnte seinen Job nicht aufgeben, ehe er nicht die enormen Honorare einstrich, die ihm sicher zufallen würden. Und Janice würde ihn in der Stadt mindestens so lange festhalten, wie diese Verzauberung andauerte. Derek würde froh darüber sein und sich hoffentlich ein wenig anstrengen, um mit dem Mädchen Konversation zu machen.

Aber das gelang nicht, und als sie am Abend zu Bett gingen, fühlte sie sich bemüßigt, Janice zu verteidigen. »Wahrscheinlich hat sie einen sehr guten Charakter. Bei solch einem Gesicht kann es fast nicht anders sein.«

»Schon möglich. Aber wie kann man sich bloß mit einer so dummen Person unterhalten? Jedenfalls ist sie nicht die Richtige für Lester.«

»Sie sind noch nicht richtig verlobt. Junge Leute machen das heutzutage nicht mehr.«

»Hoffen wir, daß es nie so weit kommt. Er würde sie umbringen, wenn er sie einmal satt hat.«

»Kaum. Sei nicht so dramatisch. Er wird sie einfach verlassen und sie so loswerden.«

»Und dann käme sie hierher. Das wäre erst entzückend.« Mit diesem Gedanken schlief er ein.

Es wurde ein langes Wochenende. Alles war gut, solange Lester damit zufrieden war, zu Füßen seiner Angebeteten zu sitzen und ihr von Dingen zu erzählen, von denen sie nicht das mindeste verstand. Erst als er mit ihr einen Spaziergang machen wollte, gab es eine kleine Auseinandersetzung. Bei seinem Vorschlag riß sie weit ihre schönen Augen auf.

»Einen Spaziergang? Aber wohin? Hier gibt es doch weit und breit keine Geschäfte!«

Das klang überzeugend. Trotzdem versuchte er es noch einmal. »Wie wär's mit einem Ritt? Laura würde dir ihr Pony leihen.«

Janice erschauerte. »Reiten? Ich hasse Pferde. Ich hätte gräßliche Angst. Außerdem möchte ich mich unter diesen Baum legen.«

»Ich möchte dir so gern mein Pferd zeigen. Wir wollen hinausgehen und es holen, wenn du auch nicht reiten magst.«

»Warum? Es würde mich nur treten. Das versuchen die Pferde immer. Wir wollen lieber hier bleiben.«

Sie blieben also da; aber er ließ den erzwungenen Müßiggang den Rest der Familie entgelten. Er erklärte Laura, wie ein Buch verlegt wird, und malte ihr seine Zukunftspläne aus, ohne sie auch nur im mindesten um ihre Meinung zu fragen. Er stand neben ihr, während sie das Rosenbeet jätete, und sagte: »Wenn dieses Buch einschlägt, kommt es darauf an, ihm so schnell wie möglich ein zweites folgen zu lassen. Sonst vergißt einen das Publikum. Das geht natürlich nicht, solange ich bei der Zeitung arbeite. Ich müßte mich ausschließlich mit Schreiben befassen.

Ich sollte mich dann ganz der neuen Arbeit widmen und alle Ablenkung vermeiden.«

»Und nur zu den Mahlzeiten auftauchen?« fragte Laura ironisch. Zu ihrer Überraschung nahm er das ernst und stimmte eifrig zu.

»Ja, und das könnte ich nur hier, zu Hause.«

Hätte er nicht »zu Hause« gesagt, wäre sie standhafter gewesen. Aber dieses Wort ließ sie an Großmutter denken. Sie hörte sie förmlich sagen: »Du mußt für sie sorgen, Laura. Wenn wir's nicht tun, wer soll's denn dann machen?« Deshalb erwiderte sie: »Nun, wenn du – wie nennt man das? – eine schöpferische Eingebung fühlst, dann kommst du am besten hierher und schreibst hier dein neues Buch. Hier hast du genug Zeit und Ruhe.«

Da fiel ihr Derek ein, wenn er sie so hören würde, und sie fügte schnell hinzu: »Wenigstens bis es fertig ist.«

Krampfhaft überlegte sie, wie lange es wohl dauerte, bis ein Buch fertig war. Sie erinnerte sich mit Schrecken an Autoren, die ein Jahr oder noch mehr für die Produktion eines Meisterwerkes gebraucht hatten. Aber nein, Janice würde bestimmt nicht zwei oder gar drei Jahre warten – falls diese verrückte Liebe überhaupt so lange andauerte.

Am Sonntag erschien unerwartet Christine. Janice lag, wie schon die ganze Zeit, unter dem Baum. Sie unterhielten sich drei Minuten lang, dann sauste Christine ins Haus und japste: »Himmel, Laura, was ist das für ein komisches Wesen? Sie sieht wunderbar aus, bestimmt, aber diese Stimme! Entsetzlich! Und sie ist ganz gewiß kein heuriger Hase mehr!«

In diesem Augenblick trat Lester ein, und sie stürzte sich auf ihn: »Sag nicht, du hättest sie hierhergebracht! Ich wette, sie hat nicht für fünf Pfennig Verstand.«

»Du natürlich bist eine Autorität in Sachen Verstand«, entgegnete er eisig und setzte wütend hinzu: »Gott, wie gehässig und neidisch Frauen doch sein können!«

»Na, ich bin vielleicht nicht so schön wie sie, und ich habe nie behauptet, daß ich gescheit wäre; aber ich spreche wenigstens nicht so affektiert.« Sie zeigte durch das Fenster. Sie sahen die unglückselige Janice, wie sie versuchte, mit Christines Toss fertigzuwerden. Toss war mit dem für ihn charakteristischen Eigensinn davon überzeugt, daß das Mädchen ihn liebte. Obwohl er sonst so unfreundlich war, leckte er mit Hingebung ihre nackten Füße ab.

»Oooh ... Dieser schreckliche Hund! Hol ihn doch weg! Ich mag keine Hunde, und er hat bestimmt eine Menge Flöhe!«

Das genügte. Mit einem wohlgezielten Tritt nach dem Hund verdarb sie es für alle Zeiten mit Christine. Deren Feindschaft äußerte sich in scharfen kleinen Nadelstichen. Lester, der innerlich kochte, mußte schweigend zusehen, wie seine Schwester Janice geschickt bloßstellte und sie zu törichten und gezierten Aussprüchen verleitete. Noch nie hatte er seine Angebetete so oft »Oooh Gooott!« und »wüürklich« sagen hören. Laura hatte vergeblich versucht zu intervenieren und sich dann vom Schauplatz zurückgezogen.

Um das Maß vollzumachen, lud sich Christine selbst zum Dinner ein. Lester war ebenso wütend über ihre Bosheit wie über Onkel Josephs wollüstige Blicke, mit denen er das schöne Gesicht seines Gegenübers musterte. Seine Miene zeigte, daß hier endlich jemand war, der ihm den Stoff für einen Sex-Roman liefern konnte. Für Laura war es eine peinliche Situation, und sie wagte nicht, den spöttischen Blicken ihres Mannes zu begegnen. Wenn sie das alles nur nicht so zum Lachen gereizt hätte!

»Was für eine entsetzliche Ziege«, meinte Christine, als sie mit Laura den Aufwasch besorgte. »Lester muß vollkommen verrückt sein. Wahrscheinlich wird er sie heiraten, ehe er wieder zu Verstand kommt, und sie dann erwürgen, wenn sie beim Frühstück fünfzehnmal: ›Oooh Gooott!‹ sagt.«

Laura lachte, versuchte aber, sie zu besänftigen. »Laß gut sein. Wenigstens scheint sie ein friedliches Gemüt zu haben. Du bist ein richtiges kleines Biest! Fahr jetzt in Gottes Namen heim und bring sie nicht alle durcheinander.«

»War es nicht herrlich, wie der alte Joseph sie anglotzte? Und ich wette, sie ist zu dumm, um ihm auch nur einige Pointen für sein albernes Buch zu liefern.«

»Na ja, sie hat eben das gewisse Etwas.«

Laura nahm ihre Kusine bei den Schultern und schob sie zur Tür.

»Jetzt geh, ärgere deinen armen Mann und laß uns in Ruhe.«

Christine lachte. Es gehörte zu ihren liebenswürdigsten Seiten, daß sie nie beleidigt war, wenn Laura ihr die Wahrheit sagte. Als sie ging, wurde sie plötzlich ganz ernst. »Laura, die Geschichte ist doch nur ein Witz?«

»Ich glaube nicht. Freilich, jetzt gerade ist er völlig von Sinnen. Aber er kann noch lange nicht heiraten, wenn er seinen Job aufgibt und hierherkommt, um Bücher zu schreiben.«

»Er will hier wohnen? Meine arme, gute Laura! Wie soll das weitergehen?«

Das war eine Frage, die sich auch Derek soeben stellte.

4

Für Laura gab es viel Arbeit an diesem Wochenende. Janice zeigte keine Neigung, ihre zarten Finger mit einem Wischlappen zu beschmutzen; sie deckte höchstens einmal ganz langsam den Tisch, wobei sie das meiste vergaß; die Blumen arrangierte sie so ungeschickt wie möglich. Aber Laura meinte großzügig zu Derek, daß sie in ihrem Geschäft die Woche über wohl hart arbeiten müßte.

»Um Gottes willen, entwickle dich nur nicht zu einem geduldigen Lamm«, sagte er ungehalten. »Diese Art Märtyrer-Typen habe ich noch nie ausstehen können.«

»Schade, daß du nicht Chris geheiratet hast; die hat nichts von einem Märtyrer«, erwiderte sie bissig.

Trotz dieser schlagfertigen Antwort war ihr das Herz schwer. War Dereks Geduld am Ende? Dann würde ihn ihre erzwungene Standhaftigkeit bald zum äußersten treiben. Sie konnte ihn deshalb nicht tadeln, aber sie wußte auch nicht, wie sie es anders machen sollte.

Mit großer Erleichterung sah sie das seltsame Paar am Montag morgen abfahren. Ob Janice wohl wiederkommen würde? Oder war es bis in ihren schönen, aber leeren Kopf gedrungen, daß in Brookside nicht viel Geld zu holen war und daß Lester davon auch nur sehr wenig bekommen würde? Laura glaubte, gelegentlich einen nachdenklichen Ausdruck in ihren großen Augen gesehen zu haben. Aber war Janice überhaupt fähig, über etwas nachzudenken, was nicht ihre äußere Erscheinung betraf?

Laura war froh, sich fürs erste nicht weiter um die beiden kümmern zu brauchen. Lester konnte für sich selbst sorgen; schließlich war er vierundzwanzig, zwei Jahre älter als Laura selbst. Das »Waisenkind«, das sie im Augenblick am meisten beschäftigte, war Hugh, der ihrem Herzen auch am nächsten stand. Sein Abschluß war in zwei Tagen fällig, und sie machte sich Sorgen, wie er diese neue Phase seines Lebens meistern würde. Vier Jahre lang war die Schule seine Welt gewesen; der Abschied von ihr bedeutete einen tiefen Einschnitt. Seit ihrer Unterhaltung mit seinem Direktor und dessen Frau war Laura um seinetwillen etwas in Unruhe.

Aber er ist dann hier bei uns zu Hause, sagte sie sich. Würde er hier wohl auch glücklich sein? Er war sensibel, das einzige der »Waisenkinder«, das sich in ihre oder Dereks Lage versetzen konnte. Auf alle Fälle sollte er niemals das Gefühl haben, er wäre ihnen im Wege oder fiele ihnen zur Last. Sie wußte, daß weder sie noch Derek je so empfinden würden. Es war ein Segen, daß Derek wenigstens ihm aufrichtig zugetan war.

Für Laura war Hugh wie ein jüngerer Bruder. Sie hatte ihn geliebt und behütet, seit er im Alter von fünf Jahren ins Haus gekommen war. Da hatte er so einsam und verloren ausgesehen. Zu jener Zeit war sie selbst schon längst in Brookside daheim gewesen und hatte ihn unter ihre Fittiche genommen. Aus diesem Grund, gestand sie sich mit einem flüchtigen Lächeln, wünschte sie sich eigentlich, daß er für immer dabliebe . . . Aber das war natürlich Unsinn. Sie wies den Gedanken weit von sich.

Im allgemeinen war es ziemlich mühsam, Derek einmal von

seiner Farm wegzubringen. Aber Hughs Abschlußfeier war etwas Besonderes. »Die meisten Jungen haben ihren Vater dabei«, sagte er nur. Er dachte daran, daß Hugh nie etwas von ihm verlangt hatte, außer daß er Tim gut behandelte. Da kam ihm plötzlich ein Einfall. »Wir wollen seinen Hund mitnehmen«, erklärte er. Und obwohl Laura protestierte, weil der Wagen auf dem Heimweg mit Hugh und all seinen Koffern übervoll sein würde, wiederholte Derek nur: »Doch! Wir nehmen ihn mit.«

Als er am Morgen ins Auto einstieg, sagte er froh: »Dieses eine Mal kann ich für den Jungen endlich etwas tun. An der Universität braucht man keine Väter mehr. Da kommt man ohne sie aus.«

Es war wie immer bei Abschlußfeiern: Der Direktor hielt eine kurze, gedankenschwere Ansprache, und der Bischof ließ eine etwas längere folgen, in der er alles, was Mr. Gilbert gesagt hatte, auf salbungsvolle Weise wiederholte. Die Preisverteilung war schnell vorbei, denn es gab nicht viele Preise. Hugh erhielt zwei Auszeichnungen, je eine für Latein und Geschichte, und außerdem bekam er den Preis, der dem Ersten Schulpräfekten zustand. Er erhielt einen ehrenvollen Applaus, als er die Tribüne verließ; aber es war nicht die wilde Klatsch-Orgie, die einem Helden der Schule zuteil wurde. Laura dachte: Er ist nicht so besonders beliebt. Aber er sieht sehr nett aus.

Nett sah er in der Tat aus; aber seine Züge zeigten eine Anspannung, für die es eigentlich keinen Grund gab. Er hatte fleißig gearbeitet, mehr als es für die Preise nötig gewesen wäre, und er würde bestimmt ein gutes Studienstipendium bekommen. Aber es drängte ihn, die Schule hinter sich zu lassen, um endlich sein eigenes Leben zu leben. Das gab seinem Gesichtsausdruck eine gewisse Schärfe; sein Mund hatte einen fast leidenden Zug.

»Es wird ihm sauer«, flüsterte Derek. »Gut, daß ich den Hund dabei habe.«

Das war so Dereks Art, wenn er sich um jemanden sorgte, ging es Laura durch den Kopf.

Hugh kam zu ihnen, als die Feier kaum zu Ende war; er begrüßte sie herzlich und fragte nach Tim. Derek hielt es für möglich, daß sich gerade jetzt der weiche schwarze Kopf des Hundes durch den Fensterspalt zwängte, den man um seinetwillen offen gelassen hatte. Trotzdem sagte er: »Ich nehme an, daß du dich noch von vielen Leuten verabschieden mußt. Unsertwegen brauchst du nichts zu überstürzen.«

Aber Hugh erwiderte, alles sei gepackt und fertig, und sie könnten gleich nach dem Tee fahren. Beim Tee sollte er wohl noch ein bißchen helfen.

Er verschwand für kurze Zeit. Laura kannte eine Menge Leute: Eltern, die ihr danken wollten für die Gastfreundschaft, die sie ihren Söhnen bezeigt hatte; und dann ihre eigenen und Anne Gilberts alte Schulfreunde. Einer ihrer ehemaligen Kameraden, dessen Sohn jünger als Hugh war, sagte gleich zu ihr: »Ist Anne nicht eine wundervolle Frau? So anmutig und liebenswürdig und – na, genau, wie eine Frau auf ihrem Posten sein soll. Bestimmt ist die Hälfte der Jungen in sie verschossen. Schau nur diesen Adonis an, der ihr gerade ein Sandwich anbietet! Ich wette, er möchte am liebsten vor ihr auf die Knie fallen.«

Laura blickte auf und sah, daß es Hugh war. Blitzartig wurde ihr klar, was der Direktor mit seinen Andeutungen gemeint hatte. Offensichtlich fühlte er sich unbeobachtet, während er sich über Anne beugte. Aber sie sagte leichthin: »Ach, bei einer Frau wie Anne schadet ihnen das nichts.«

Im Inneren zutiefst beunruhigt, wandte sie sich einem anderen Bekannten zu.

Gewaltsam nahm sie sich zusammen. Hugh war äußerst empfindlich; doch eines Tages würde er über seine Gefühle vielleicht lachen müssen. Aber bis dahin würde viel Zeit vergehen. Anne würde niemals solch einen jugendlichen Anbeter ermutigen. Sie war sehr klug und liebte ihren Mann. Solche Geschichten waren nicht zu vermeiden und würden bald vorübergehen. Aber sie fühlte sich richtig elend, als sie sich Gilberts Worte erinnerte, daß der Junge zum Leiden wie geboren sei, und als sie an Annes Bemerkung dachte, daß er zum Glück sie, Laura, als Beistand hätte. Aber sie war doch eigentlich viel zu jung und unerfahren, um ihm wirklich helfen zu können. Sogar Großmutter hätte gesagt, daß jeder allein mit seinen Schmerzen fertigwerden müßte.

Sie verabschiedeten sich, sobald es möglich war. Auch Hugh drängte; er hatte es offensichtlich eilig. Nicht alle schienen seine Freunde zu sein; aber er hatte doch viele Anhänger, und eine kleine Gruppe von älteren Schülern umringte ihn, um ihm Lebewohl zu sagen. Hugh war freundlich, aber in Eile. Er versprach dem einen ein Wiedersehen in der Stadt, dem anderen ein Treffen an der Universität und ging, so schnell es sich machen ließ. Der Abschied vom Direktor und von seiner Frau dauerte kaum länger: ein kurzer Händedruck, einige förmliche Dankesworte von der einen Seite und gute Wünsche von der anderen; dann wandte er sich um, um sich von Anne zu verabschieden. Laura gab es einen Stich, als sie sah, wie er Annes Hand ergriff, sie allzu schnell wieder losließ und sich abwandte. Er murmelte, daß er das Auto holen müsse. Lauras Augen trafen die ihrer Freundin, und beide blickten rasch zur Seite. Anne hatte also verstanden, und auch sie war traurig.

Der Wagen fuhr vor. Voller Dankbarkeit dachte Laura, daß Derek, obwohl er nicht darüber sprach, in Wahrheit der einzige war, der die Gefühle des Jungen verstand. Er hatte darauf beharrt, Tim mitzubringen, und das war sehr klug gewesen. Sie fuhren los, und der Hund lag auf dem Schoß seines Herrn und versuchte immer aufs neue, seine Hand zu lecken. Zum erstenmal sah Hugh glücklich aus. Ja, diesen Einfall hatte Derek gehabt. Nie würde sie erfahren, was er von Hughs jugendlicher Liebe wußte, denn nicht einmal mit ihr würde er darüber reden. Wie schon so oft, dachte Laura, daß Männer doch viel diskreter seien als Frauen.

Die Heimfahrt verlief ziemlich schweigsam. Tim bestand entschlossen darauf, sich auf den Preisen seines jungen Herrn auszuruhen. Und am Ziel gab es eine aufregende Ablenkung. Ein wohlbekannter kleiner Wagen war an ihnen vorbeigefahren und hielt direkt vor ihnen. Am Steuer saß Christine, und neben ihr thronte ihr greulicher Toss. Auf dem Rücksitz standen zwei

Katzenkörbe, einige Vogelkäfige, und außerdem – auch das noch! dachte Laura – ragten zwei kleine Hörner aus dem Durcheinander.

»Mein Gott!« rief Hugh. »Sehe ich Gespenster, oder ist das wirklich eine Ziege?«

»Noahs Arche«, bemerkte Derek giftig. »Ergänzt durch die vom Schicksal geschlagene Frau Noah.«

»Lieber Himmel«, murmelte Laura unpassenderweise, »dieses Mal muß sie sich mit Guy wirklich ganz und gar zerstritten haben.«

Weitere Kommentare waren überflüssig, denn als sie die Wagentüren öffneten, sprang der große, zottige Toss aus dem anderen Auto und versuchte unter wildem Gebell, in ihren Wagen einzudringen und sich auf den armen Tim zu stürzen.

»Dieser verdammte Toss«, schimpfte Hugh wütend. »Der will nur raufen, wie gewöhnlich.«

Tim, im allgemeinen liebenswürdig und verträglich, war ohnehin sehr erregt über die Rückkehr seines Herrn und fand nun keinerlei Gefallen an diesem Willkommen vor seinem eigenen Haus. Er entzog sich Hughs Griff und sprang aus dem Wagen auf seinen Gegner. Im nächsten Augenblick bildeten sie ein Knäuel und veranstalteten einen ohrenbetäubenden Lärm. Aus dem anderen Auto hörte man lautes Miauen und das aufgeregte Geflatter der Vögel, die in ihrer Angst an die Käfigstäbe stießen. Hugh sprang aus dem Auto und packte seinen Hund. Auch Derek sprang hinaus und versetzte Toss einen gezielten Tritt, während Christine schrille Protestschreie ausstieß. Laura zog sich feige tiefer in ihr Auto zurück.

Gerade war es Hugh gelungen, die Kämpfenden zu trennen, als ein wahres Gebrüll zu hören war: Massa stürmte hinter dem Haus hervor, um seinen Freund zu retten. Wie die meisten Boxer war Massa sonst ein ruhiges, friedfertiges Geschöpf; er neigte eher dazu, Provokationen zu übersehen und Auseinandersetzungen aus dem Wege zu gehen. Aber mit Tim war er zusammen aufgewachsen, und die beiden waren sich einig in ihrem Widerwillen gegen alles Fremde. Er stürzte sich also ins Gewühl, und Laura verließ schleunigst ihren sicheren Platz. Massa hatte leider keinen Schwanz, an dem man ihn festhalten konnte. Sein Auftreten war wirklich furchterregend: er glich einem wütenden Löwen.

Derek rettete die Situation. Er packte einen großen Stock und stürzte damit auf die Gegner los. Für kurze Zeit wurde das Durcheinander noch größer und der Spektakel noch lauter; dann hatte Toss einen kräftigen Hieb auf die Schnauze abgekriegt. Knurrend und den Kopf schüttelnd, schwankte er von dannen. Auch Massa fand zu seiner gewohnten Ruhe zurück und verschwand laut bellend hinter einer Hecke.

Sofort eilte Christine herbei, um ihren Toss zu trösten. Mit lauter Stimme erklärte sie ihm, was sie von den anderen Hunden und besonders von Derek hielte. »Mein armer alter Liebling, mein guter Alter! Wie konnten sie dir das nur antun, diese Memmen! Sie haben dich fertiggemacht! Derek, du bist ein Ekel! Du hast ihn verletzt! Beinah hättest du ihn umgebracht!«

»Das wäre nur zu schön gewesen«, knurrte Derek. Er war äußerst erbost über diesen Empfang in ihrem eigenen Haus, wo doch Friede herrschen sollte. Laura versuchte, Christine zu besänftigen. »Er mußte ihm wehtun, Chris. Er mußte sie auseinanderbringen. Wenn Massa Toss zu packen gekriegt hätte . . .«

»Wie kannst du dir bloß ein Vieh halten, das andere Hunde anfällt? Und du selbst bist so gefühllos und versteckst dich einfach im Auto. Ich komme hierher zu dir, um Trost und Schutz zu finden, und ihr attackiert meinen Hund. Natürlich, ich weiß schon, keiner ist gut zu meinen Tieren, und sie sind doch alles, was ich noch habe!«

Ein klägliches Miauen erklang aus den Katzenkörben, dann vernahm man lautes Flügelschlagen, und aus einer Ecke des Wagens tauchte ein großer, grau-rosa Papagei auf. Er kreiste gefährlich über den Köpfen der andern und ließ sich dann mit sanftem Geplapper auf Christines Schulter nieder. Diese seltsame Erscheinung verschlug allen die Sprache; nur Christine sah zufrieden aus. Sie hob die Hand, um den Vogel zu kraulen, und mit dem ihr eigenen schnellen Stimmungswechsel strahlte sie die andern an.

»Ist er nicht wunderbar? Er ist meine neueste Errungenschaft. Ich habe ihn von einem Mann an der Haustür gekauft. Guy war allerdings sehr ärgerlich. Er redete lauter dummes Zeug von Schmuggel und so. Ich glaube, das tut er, weil Cuthbert ihn nicht mag und ihm ziemliche Grobheiten an den Kopf wirft. Das tut er immer, wenn er jemanden nicht leiden kann. Aber mich liebt er. Gleich am ersten Tag hat er sich an mich gekuschelt, und ich habe ihn nie einzuschließen brauchen. Er darf frei im Haus herumfliegen.«

»Ich kann mir vorstellen, daß Guy das vertreibt«, warf Hugh bissig ein. Laura überlegte bestürzt, daß Cuthbert sicherlich auch in ihrem Haus frei umherfliegen würde, wenigstens so lange, wie Christine hier blieb. Sie selbst haßte Papageien. Als Kind war sie von einem gebissen worden und hatte das nie ganz verwinden können. Sie würde sich wirklich große Mühe geben müssen, um Cuthbert freundlich zu behandeln.

»Was hat das alles zu bedeuten, Chris?« fragte Derek unvermittelt. »Was soll dieser Zoo?«

Sofort verwandelte sie sich in ein schuldbewußtes Kind. »Ach, es ist schrecklich. Guy und ich haben uns gestritten. Ich halte es nicht länger aus.«

»Was hast du denn schon auszuhalten?« fragte Hugh grob. »Einen verdammt guten Mann. Er hält es sogar mit deinen ekelhaften Viechern aus.«

Christine weinte selten; sie besaß aber die Begabung, so auszusehen, als ob sie jeden Augenblick in Tränen ausbrechen würde. Laura hatte jahrelang unter diesem Talent gelitten, und immer noch rührte es ihr Herz, selbst gegen ihren Willen.

»Na, wir wollen jetzt keinen neuen Streit anfangen«, sagte sie weich. »Chris, wozu in aller Welt bringst du die Ziege mit?«

Der kleine, boshafte Kopf einer schwarzen Ziege guckte aus dem hinteren Fenster; er war Laura durchaus bekannt. Dora, wie Christine sie blödsinnigerweise nannte, gehörte schon lange zu ihrem Haushalt. Ein Sportsfreund, der, wie Guy zornig erklärte, überhaupt keine Grundsätze hatte, schenkte Christine die Ziege kurz nach ihren Flitterwochen. Er hatte das kleine mutterlose Tier bei einer Wanderung im Wald gefunden. Von allen Haustieren ihrer Kusine hatte Laura Dora stets für das schwierigste gehalten; wenigstens bis sie Cuthbert kennenlernte.

Christine riß weit ihre Kinderaugen auf. »Laura, du glaubst doch nicht etwa, ich könnte die arme kleine Dora allein lassen?«

Obwohl ihr nicht danach zumute war, mußte Laura lachen. Das war eben der Haken: Chris hatte sie immer zum Lachen gebracht. Derek reagierte freilich anders. Er sagte kurz: »Wenn du deine Ziege heute abend – aber nur heute abend! – hier behalten willst, mußt du sie irgendwo anbinden. Auf dem Hof ist ein alter Hundezwinger. Hugh, sei doch so gut und lege den kleinen Teufel dort an die Kette. Ich möchte nicht, daß sie Lauras Garten zerwühlt und mir das Haus dreckig macht. Inzwischen trage ich deine Koffer hinein, und Christine soll ihren übrigen Tierpark versorgen.«

Hugh verschwand; trotz Christines Protest zog er Dora am Halsband hinter sich her. Ohne sie und ihre Tiere weiter zu beachten, ergriff Derek Hughs Gepäck und ging ins Haus.

Widerstrebend nahm Laura den Käfig mit den Vögeln in die eine und einen Katzenkorb in die andere Hand und folgte ihm. Den Schluß bildete Christine. Der Papagei saß auf ihrer Schulter; sie trug ebenfalls einen Korb und den zweiten Käfig, der zum Glück leer war. »Für den Fall, daß Cuthbert sich in einem fremden Haus nicht wohlfühlt«, plapperte sie.

»Siehst du«, erklärte sie Laura, »es ist einfach unmöglich für mich, noch länger mit Guy zusammenzuleben. Er versteht mich nicht. Er erwartet von mir, daß ich alle möglichen langweiligen Dinge tue, daß ich mich zum Beispiel mit den blödesten Leuten unterhalte. Gestern abend hat er einen Richter zum Dinner eingeladen, und er hat wahrhaftig von mir verlangt, daß ich alle Tiere aus dem Eßzimmer jage und Cuthbert in seinen Käfig sperre. Trotzdem«, kicherte sie lustig, »hat Cuthbert gesiegt. Er hat den Richter wüst beschimpft. Ich fürchte, irgend jemand hat ihm eine Menge häßliche Wörter beigebracht, ehe er zu mir kam.«

»Wie angenehm für Guy und den Richter!«

»Ja, es schien Guy entsetzlich zu ärgern. Als der alberne alte Richter fort war, wurde Guy richtig ausfallend. Wir hatten den schlimmsten Streit seit unserer Hochzeit. Ich schloß mich im Fremdenzimmer ein, natürlich mit Cuthbert. Er gab Guy alle möglichen Namen, als er an die Tür klopfte, und heute morgen ging Guy aus dem Hause, ohne sich zu verabschieden. Jetzt ist alles vorbei.«

Laura seufzte. Chris war genauso intelligent wie Dora – vielleicht sogar noch ein bißchen weniger, nach allem, was sie von dem schlauen kleinen Tier gesehen hatte.

»Deshalb bin ich nach Hause gefahren«, erzählte Chris weiter und umarmte Laura auf die entwaffnende Art, mit der sie auch schon bei Großmutter stets ihren Willen durchgesetzt hatte. »Es tut mir so wohl, dich zu sehen, Laura, und zu wissen, daß ich bei dir so gut aufgehoben bin.«

Darauf war schwer zu antworten. Christine sah recht selbstzufrieden aus, als ihr Bruder eintrat. Leider hatte sie ihre beiden Kätzchen aus dem Korb gelassen, und Hugh stolperte über das eine. Dabei trat er auf Toss' Schwanz, was dieser mit einem scharfen Zuschnappen vergalt. Zum Glück verfehlte er das Schienbein und riß nur ein Loch in die Hose des Jungen. Hughs Gefühle waren an diesem Tag arg strapaziert worden. Die friedliche Heimfahrt hatte ihn etwas beruhigt; die Gegenwart seiner Schwester und die Rauferei der Hunde hatten ihn wieder ziemlich aufgeregt; jetzt aber verlor er völlig die Fassung.

»Was, zum Teufel, willst du bloß hier mit all deinem verfluchten Viehzeug?« brüllte er los. »Wer hat dich gerufen? Kannst du keinen Schritt tun ohne deine schrecklichen Biester? Du hast wahrhaftig genug Platz für sie in deinem eigenen Haus und deinem Garten.«

Zwischen Heiterkeit und Teilnahme für Hugh hin- und hergerissen, versuchte Laura freundlich zu vermitteln; aber Chris kam ihr zuvor. »Das ist eben der Jammer«, sagte sie traurig,

»daß ich kein anderes Zuhause mehr habe! Du wirst doch nicht verlangen, daß ich meine Tiere im Stich lasse.«

Derek kam gerade die Treppe herunter und hörte ihre letzten Worte. Heftig fuhr er sie an: »Hör doch auf, Mädchen! Du hast ein wunderschönes Heim und einen sehr guten Mann.«

Christine lächelte tapfer. »Lieber Derek, du scheinst mir kein besonders guter Menschenkenner zu sein!«

Diese Bemerkung ließ Laura in helles Gelächter ausbrechen. Christine sah sie vorwurfsvoll an und meinte: »Ich will euch nichts vormachen. Dazu bin ich weiß Gott zu anständig. Die Wahrheit ist – ich habe Guy verlassen, für immer.«

Wenn sie eine Sensation erwartet hatte, wurde sie enttäuscht. Hugh murmelte nur etwas, das leider so klang wie: »Alberne Ziege«, und ging hinauf in sein Zimmer.

Derek zuckte die Achseln und ging hinaus, um noch einige Sachen aus dem Auto zu holen, die sie vergessen hatten. Laura schlug vor: »Wie wär's mit einer Tasse Tee?«

Christine besaß eine gute Eigenschaft: gelegentlich erfaßte sie spontan die Komik einer Situation. Sie lachte und sagte: »Kurios, so etwas zu einer Person zu sagen, die gerade ihren Mann verlassen hat!«

Derek kam eben vom Auto zurück und herrschte sie wütend an: »Du hast ihn nicht verlassen, jedenfalls nicht, um hierherzukommen.« Hugh kam von oben und stimmte ihm zu: »Klar, morgen haust du wieder ab, zurück zu deinem Guy. Und inzwischen haben wir hier den Trödel mit deinen Tieren, stolpern über Katzen und müssen aufpassen, daß sich die Hunde nicht totbeißen. Mein Gott, was ist das?«

»Das« war Dora, die geschickt aus ihrem Halsband geschlüpft war und nun, ungeheuer neugierig auf ihre neue Umgebung, leise hereintrippelte und mit großen Augen auf die Treppe starrte.

Das war zuviel für Tim, der einen aufregenden Tag hinter sich hatte: die Rückkehr seines Herrn, die lange Wartezeit vor der Schule, der wilde Kampf bei der Heimkehr. Ziegen hatte er noch nie leiden können. Aus vollem Halse bellend, raste er die

Treppe hinunter. Aber Dora war gelenkig. Sie sprang über seinen Kopf hinweg, rannte bis zur Treppe und stieg vorsichtig hinauf. Ehe es ein neues Chaos gab, rief Laura schnell: »Hugh, ruf Tim zurück, fang die freche Ziege und sieh zu, daß du sie jetzt richtig anbindest!«

Hugh hielt Dora fest in seinen Armen, und Derek flüsterte ihm zu: »Es wäre kein Schaden, wenn du das kleine Biest stranguliersт.«

Hugh grinste. Aber die »Waisenkinder« pflegten alle Tiere rücksichtsvoll zu behandeln. Hugh band die Ziege an, jedoch nicht zu fest. Dora verbrachte den Rest des Tages auf dem Dach der Hundehütte und meckerte wie ein verlassenes Baby. Christine protestierte von Zeit zu Zeit und brachte zahllose Leckerbissen hinaus, um ihren Liebling zu trösten. Aber Laura machte ihr klar, daß die Hunde Dora in Stücke reißen oder vertreiben würden, wenn sie sie frei laufen ließe.

In der Küche erklärte Chris zwar dramatisch, daß Tee sie aufrege, trank dann aber drei große Tassen und aß ein dickes Stück Kuchen dazu. Unterdessen gab sie ihrer Kusine eine ausführliche Schilderung von dem Streit, der sie von daheim vertrieben hatte. Laura hörte nicht sehr genau zu. Sie hatte sich an diese Querelen während der ersten sechs Monate von Christines Ehe gewöhnt, obwohl diese noch nie so wie heute davongelaufen war. Außerdem beunruhigte sie der Gedanke an Dereks Reaktion. Auch Cuthbert machte sie nervös und lenkte sie zu sehr ab, um richtig bei der Sache zu sein. Der Papagei war auf der Schulter seiner Herrin sitzen geblieben; er bearbeitete ihre Wange in sehr aufregender Weise, wie Laura fand. Sie hatte Angst, daß er im nächsten Augenblick auffliegen und sich auf ihrem Kopf oder ihrer Schulter niederlassen würde. Christine bemerkte, daß Laura zerstreut war, und sagte verdrießlich: »Natürlich hast du kein Verständnis für mich. Du bist immer auf der Seite der Männer. Ich weiß noch, wie wir ganz klein waren und du immer Hugh zu Hilfe kamst, wenn wir Streit hatten.«

»Freilich. Er war ja so viel jünger, und ihr habt ihn damals so drangsaliert, wie du es jetzt mit Guy tust.«

Sie mußten beide lachen. Die Vorstellung von Guy, dem sechs Fuß großen, stämmigen Mannsbild, der von seiner zarten kleinen Frau drangsaliert wurde, war überwältigend. Auf einmal waren sie wieder ganz vergnügt. Christine sagte: »Ach, Laura, du bist so gut zu mir! Immer warst du so gut. So gut zu uns allen. Ich weiß, alles wird in Ordnung kommen, wenn ich für immer hier bleibe. Ich tauge nicht zur Ehefrau.«

»Schade, daß du dir das nicht überlegt hast, als du Großmutter so um ihre Einwilligung bedrängtest; sie sollte dich Guy unbedingt heiraten lassen, obwohl du noch so jung warst«, versetzte Laura schlagfertig. Sofort verwandelte sich Chris in das hübsche, hilflose Kind, dem zu widerstehen Laura so schwerfiel.

»Hack doch nicht auch noch auf mir herum! Du bist der einzige Mensch, der mir helfen kann. Als ich gestern abend so einsam und elend war in unserm Gästezimmer, dachte ich: Ich gehe zu Laura. Sie wird für mich sorgen. Sie hat noch nie jemanden im Stich gelassen.«

In diesem Augenblick beschloß Cuthbert, sein neues Terrain zu erkunden, und unternahm einen Rundflug durch das Zimmer. Laura kauerte sich in ihrem Stuhl zusammen, als Derek eintrat. Streng sagte er: »Hol deinen verdammten Vogel und steck ihn in den Käfig, Chris. Laura mag Papageien nicht. Sie sind auch wirklich unangenehm.«

Christine riß die Augen weit auf und sah richtig rührend aus. Dann wurde ihr klar, daß es sinnlos war, ihre Künste an diesem dickfelligen Mann zu versuchen. Also holte sie Cuthbert von Lauras Vorratsschrank herunter. Er war gerade dabei, mit äußerster Sorgfalt ein Pfund Butter auszupacken. Sie trug ihn nach oben und murmelte, es sei doch seltsam, daß sie ihre Lieblinge nicht einmal daheim um sich haben dürfe.

»Daheim!« explodierte Derek. »Wann wird die Gesellschaft endlich lernen, daß das hier jetzt dein Heim ist?«

»Ach, was macht das schon! Es wird nicht ewig dauern. Heute abend wird Guy sie sicher holen und ihre Tiere dazu. Er hält es doch ohne sie nicht aus. Sie haben wirklich einen richtigen Krach miteinander gehabt. Chris hat heute nacht im Gästezimmer geschlafen, mit Cuthbert natürlich.«

Zum Unglück trat gerade Onkel Joseph ein. »Mit Cuthbert geschlafen?« Er zog die Luft ein wie ein Schlachtroß, das den Kampf wittert. »Was ist denn los? Sex-Probleme nehme ich an. Die gibt's überall. Wo ist Christine?«

»Oben; sie wird dir alles erzählen, wenn sie runterkommt«, erwiderte Derek boshaft. Der alte Herr war entzückt. Eheprobleme bei verheirateten Leuten! Gerade so etwas brauchte er für sein Buch. Er ging, um die Ausreißerin zu suchen, die mit dem unbekannten Cuthbert geschlafen hatte. Derek und Laura lachten.

»Der alte Knabe hat allerhand Schwierigkeiten mit seinen Liebesgeschichten, und er meint, Chris könnte ihm helfen«, stellte Derek fest. »Pech, wenn er dahinterkommt, daß Cuthbert ein Papagei ist.«

Den ganzen Abend wich Onkel Joseph nicht von Christines Seite. Er konnte nicht genug über ihren Ehestreit hören und zeigte ein krankhaftes Interesse an ihren nächtlichen Erlebnissen.

Als sie einen Augenblick allein waren, meinte Laura lachend: »Dieser Sex-Roman macht aus Onkel Joseph einen richtigen Lüstling.«

»Wir wollen ihm dieses Vergnügen gönnen. Und es war ein Segen, daß wenigstens einer an unserm Tisch geredet hat. Das heißt, wenn es noch unser Tisch ist!«

Sie konnte ihm seine Erbitterung nicht verübeln. Das Abendessen war nicht sehr gemütlich gewesen. Hugh war still und bedrückt. Er äußerte seine Gefühle zwar nicht, aber seine Hand war häufig unter den Tisch geglitten, um Tims sich anschmiegenden Kopf zu streicheln. Er regte sich nur auf, als Christine sich beklagte, daß er seinen Hund bei sich hätte, während ihre armen Lieblinge eingesperrt wären.

»Das ist auch richtig so. Noch nie habe ich so eine Herde gesehen. Ein Hund, drei Vögel, vier Katzen, dieser ekelhafte Papagei und auch noch die Ziege!«

»Du mußt doch ein Findelkind sein. Du bist ganz anders als wir anderen. Wir sind alle große Tierfreunde, Guy übrigens auch.«

»Das muß er wohl sein, sonst hätte er euch alle längst rausgeschmissen«, bemerkte Hugh.

Laura stand hastig auf. »Komm und hilf mir beim Abdecken, Hugh. Ich weiß, Chris möchte mit Onkel Joseph über alles reden.«

Mit dieser abschließenden Bemerkung zog sie sich eilig in die Küche zurück, bevor ihre Kusine ihr widersprechen konnte.

Hugh half ihr ruhig und freundlich wie immer, fütterte seinen Hund und sagte dann: »Ich glaube, ich gehe ins Bett, Laura. Ich bin müde.« Dann zögerte er, sah sie wie ein kleiner Junge an und fragte: »Ist es wohl schlimm, wenn ich Tim mit nach oben nehme? Er ist so selig, daß er mich wieder hier hat, und« – plötzlich kam ihm ein Gedanke – »er könnte mit Toss raufen, wenn ich ihn hier unten lasse.«

»Natürlich. Jetzt, wo du wieder daheim bist, kannst du ihn stets mit in dein Zimmer nehmen. Er ist sauber und hat noch nie einen Floh gehabt – das ist mehr, als ich von Toss behaupten kann, der bestimmt in Christines Zimmer schläft. Derek stört Tim überhaupt nicht. Er hat ihn gern, und ich auch. Er kann neben deinem Bett schlafen.« Dabei dachte sie: Wenn man jung und unglücklich ist, gibt es keinen besseren Trost, als den Kopf eines Hundes zu fühlen, wenn man nicht schlafen kann.

Hugh ging, und später stellte Laura fest, daß er sein wertvolles Transistor-Gerät unten vergessen hatte. Es war noch ziemlich früh, und da sie Licht unter seiner Tür sah, klopfte sie an und trat ein. Hugh lag auf seinem Bett. Er war noch angezogen; er las nicht, sondern starrte vollkommen reglos zur Decke. Lauras Herz zog sich zusammen, als sie ihn so traurig sah. Sie blickte zur Seite und sagte schnell: »Hier ist dein Radio. Du brauchst es vielleicht morgen früh.« Dann bemerkte sie Tim; er saß da und winselte leise, um ihre Aufmerksamkeit auf sich zu lenken. Sie meinte: »Der ist schrecklich aufgeregt, weil du wieder da bist«, und legte ihre Hand liebevoll auf den Kopf des Hundes.

Tims Kopf war feucht, und Laura sah im Geist, wie der Junge, ehe sie ins Zimmer kam, seinen Schmerz mit seinem Freund geteilt hatte. Mit dem besten Freund, der nie etwas weitererzählen würde. Sie sagte nochmals gute Nacht, schloß leise die Tür und entfernte sich; dabei spürte sie, wie ihr selbst die Tränen kamen. Sie sah das junge Gesicht vor sich, wie es sich über Annes geliebtes Haupt beugte. Dann schweiften ihre Gedanken zu Christine, die soviel redete und erfüllt war von ihren eingebildeten Kümmernissen. Ärgerlich überlegte sie, daß sich die junge Frau mit keinem Wort nach Hughs Erlebnissen erkundigt hatte. Dabei war es ein so entscheidender Tag für ihn gewesen!

Wahrhaftig, dachte sie zornig, die »Waisenkinder« sind doch grundverschiedene Charaktere!

5

Laura gähnte zum viertenmal und sagte: »Zeit zum Schlafen, Chris. Wir wollen die Tiere versorgen. Das braucht noch eine Weile.«

So war es auch; aber schließlich waren sie alle in dem großen Gastzimmer gut aufgehoben: die Katzen in ihren Körben, die Vögel in ihren Käfigen. Toss hatte die unangenehme Eigenschaft, die ganze Nacht durch das Haus zu wandern; man durfte ihn nicht einschließen, denn »dann bekommt der arme Kerl Claustrophobie und bellt unaufhörlich«. Also lag er auf dem Bettvorleger und schielte mißtrauisch zu Cuthbert hinüber, der es sich auf der Querstange des Bettes bequem gemacht hatte.

Inzwischen war es elf Uhr geworden. Den ganzen Abend hatte Laura auf einen Anruf von Guy gewartet, und sie war überzeugt, daß auch Christine ihn erwartet hatte. Aber der Anruf war nicht gekommen, und sie geriet in Unruhe. Seine sklavische Ergebenheit war doch nicht etwa im Schwinden? Sorge und Müdigkeit verdarben ihr die Laune. Schließlich tauchte Derek aus seinem Büro auf, wo er den Abend verbracht hatte. »Eine ganze Stunde bin ich den elenden Viechern nachgerannt«, sagte sie ärgerlich. »Und Guy hat nicht angerufen.«

»Das zeugt von seinem Stolz. Ich hoffe, Chris ist dir wenigstens dankbar.«

»Kein ›Waisenkind‹ ist jemals dankbar, außer Hugh, und der zählt nicht. Sie sagte nur, es sei schön, wieder daheim zu sein.«

Laura ging nach oben. Der Ausbruch hatte sie erleichtert. Entspannt lag sie in der Badewanne, als das Telefon klingelte. Sie wartete, in der Hoffnung, daß jemand an den Apparat ginge; aber vergebens. Hugh war wohl eingeschlafen, und Chris war es bestimmt zu mühsam. Wenigstens Derek könnte doch ans Telefon gehen! Es war schon großartig, wie er es fertigbrachte, sich von den »Waisenkindern« zu distanzieren, dachte sie, als sie schließlich aus der Wanne stieg, ein Badetuch umnahm und hinunterging.

Natürlich war es Guy. Er war sehr aufgeregt. Ob Chris da wäre? »Gott sei Dank«, sagte er überflüssigerweise.

Laura zog das Badetuch fester um sich und fragte verdrießlich: »Wo soll sie denn sonst sein? Sie ist im Bett, und die anderen auch. Wo bist du denn?«

»Zu Hause. Ich bin gerade heimgekommen. Ich hatte noch eine wichtige Sitzung, rief aber von der Stadt aus ein paarmal an, allerdings ohne Anschluß zu bekommen. Ich war richtig in Sorge. Ich komme gleich rüber.«

»Nein, nein, bitte nicht! Es ist schon so spät, und wir sind alle im Bett. Es langt, wenn du morgen früh kommst.«

So ein Idiot!

Er protestierte, aber sie blieb fest. »Endlich haben sich alle beruhigt, die Katzen und die Vögel und der Hund und der Papagei und sogar die Ziege.«

Sie konnte ein Kichern nicht unterdrücken, aber er schien es nicht für spaßig zu halten. Ebensowenig dankte er Laura, daß sie so für Chris und ihre Tiere sorgte. Abrupt legte sie den Hörer auf und ging zurück ins Badezimmer. So konnte es auf keinen Fall weitergehen, sagte sie sich. Leider fiel ihr in diesem Zusammenhang Großmutter ein. Die hatte immer gesagt: »Dieses Mal rühre ich aber keinen Finger!« – und hatte sich dann doch stets ganz anders verhalten. Resigniert hatte sie jedesmal festgestellt: »Ich weiß nicht, was mit ihnen los ist; aber irgend jemand muß sich doch um sie kümmern. Und wenn ich's nicht tue, wer tut es dann?«

Und jetzt war eben Laura an der Reihe.

Der Anblick ihres friedlich schlafenden Mannes verdroß sie noch mehr. Sie konnte sich kaum zurückhalten, ihn aufzuwekken und zu sagen: »Guy hat angerufen!« Dann kehrte ihr Humor zurück, und sie dachte: Ein Segen, daß sich wenigstens einer von uns nicht von den »Waisenkindern« tyrannisieren läßt! Damit sank sie ins Bett und schlief sofort ein.

Es wurde eine kurze Nacht. Lautes Miauen und eine wahre Gebell-Salve vor ihrer Zimmertür weckten Laura bald nach dem Morgengrauen. Etwas besänftigt wurde sie durch ihren Mann; er brachte ihr eine Tasse Tee, der in die Untertasse überschwappte. In den frühen Morgenstunden war er stets bester Stimmung. Er sagte: »Chris ist tatsächlich schon auf und bei der Arbeit. Aber ich habe mir gedacht, ich wollte dir deinen Tee selbst bringen. Hat Guy angerufen?«

»Ja, während ich im Bad war. Natürlich ging niemand ans Telefon, deshalb mußte ich aus der Wanne raus und mit diesem Idioten reden.« Sie war gereizt, denn sie teilte nicht ihres Mannes Vorliebe für die morgendliche Frühe.

Er sah aus, als ob es ihm leid täte, aber das konnte sie auch nicht umstimmen. Deshalb sagte er rasch: »Wie gut! Jetzt wird bald alles vorbei sein. Er wird bestimmt sofort kommen, und dann werden sie bald abfahren. Chris wird mächtig triumphieren. Du siehst müde aus. Diese verdammten ›Waisenkinder‹!«

Er ging, um Chris mitzuteilen, daß sie Guy jeden Augenblick erwarten könne.

Guy traf um sieben Uhr ein; seine Augen glichen mehr denn

je denen eines Spaniels. Es folgte eine Szene so recht nach Christines Geschmack, mit einer Lautstärke, daß es Hugh und Laura aus ihren Zimmern trieb.

»Du siehst todmüde aus«, begrüßte Hugh sie. »Warum machen sie die Tür nicht zu, wenn sie sich streiten?«

Derek hielt sich diskret zurück, aber in der Küche sagte er zu seiner Frau: »Man sollte es nicht für möglich halten, daß er einer der fähigsten Rechtsanwälte in der ganzen Stadt ist. Da sieht man, was eine Frau aus einem Mann machen kann.« Worauf Laura gereizt antwortete: »Wenn er gern vor ihr auf dem Bauch kriecht, ist es seine eigene Schuld.«

»Das Dumme ist nur, daß alles so gut geklappt hat. Da werden wir das gleiche Theater bald wieder haben«, meinte Hugh, der den Papagei in eine Ecke trieb und ihn gerade noch packte, ehe er sich auf seinem Kopf niederließ. »Was Chris im Grunde braucht, ist ein Herr und Meister aus dem Viktorianischen Zeitalter.«

»Ach, seid doch still, ihr beiden! Seid nicht so selbstgefällig! Helft mir lieber, die Tiere zusammenzutreiben.«

Ihre Worte hatten die gewünschte Wirkung. Sie war selten so schlechter Laune, und Derek war richtig froh, daß nun endlich doch einmal ein »Waisenkind« ihren Zorn erregte. Christine und Guy waren inzwischen im Garten verschwunden. Als Hugh bei der Verfolgung eines Kätzchens unter den Tisch kriechen mußte, sagte er bissig: »Wo sind diese Idioten eigentlich?«

»Ich nehme an, sie spielen Versöhnung im Rosengarten«, meinte Laura, die um so heiterer wurde, je mißmutiger die Männer dreinblickten, als sie den Katzen nachrannten.

»Eine haben wir wenigstens schon«, sagte Derek. »Eine schöne Beschäftigung für einen Farmer, der sich eigentlich mit seinen Schafen befassen sollte!«

»Berufliche Zwischenfälle des Lebens auf Brookside«, lachte Laura und steckte die Katze in ihren Korb, während Hugh nach der zweiten unter dem Fernseh-Tisch suchte.

Schließlich waren alle Katzen wohlverwahrt im Auto. Der Papagei war Christine und Guy gefolgt und lauschte nun sicherlich ihrem Liebesgeflüster, während sich Toss knurrend in der Einfahrt herumtrieb. Laura, die sich besser auf ihn verstand als die Männer, lockte ihn auf den Vordersitz und blickte erleichtert um sich. »Jetzt fehlen nur noch Chris, der Papagei und Dora. Aber wo ist Dora eigentlich?«

Plötzlich entdeckte sie, daß die Ziege, die ihnen höhnisch vom Dach der Hundehütte aus zugesehen hatte, verschwunden war. An der Hütte baumelte ein durchgebissener Strick; aber von Dora selbst war nichts zu sehen.

»Laß das Biest doch laufen«, meinte Hugh. »So sind wir es endlich los.« Aber Laura fühlte sich verantwortlich.

»Das können wir doch nicht tun. Vielleicht rennt sie auf die Straße und wird überfahren. Außerdem wird Chris wahnsinnig, wenn sie weg ist.«

Das war nur allzu wahr. Als Christine aus dem Garten kam, beschimpfte sie Hugh, weil er nicht eine Kette benutzt hatte. Sie bestand darauf, daß alle den Garten und die nahen Pferdekoppeln absuchten. Nach zehn Minuten und etlichen weiteren Vorwürfen seiner Schwester bekam Hugh es satt und ging verstimmt ins Haus. Er murmelte, Chris solle doch ihre verdammte Geis selbst suchen; er wünsche, sie läge tot auf der Straße. Darüber war Laura entsetzt, denn so etwas paßte gar nicht zu dem Jungen. Aber sie sagte nichts; denn die allgemeine Stimmung war wieder mal am Siedepunkt angelangt. In diesem kritischen Moment hörte man Hugh schreien. »Hier ist sie, im Eßzimmer, und hat einen Mordsspaß!«

Alle kamen gelaufen, als Dora gerade von dem Mahagonitisch heruntersprang. Laura hatte dort eine Schale mit Orangen hingestellt, die sie am Tag zuvor recht teuer eingekauft hatte. Einige klägliche Reste lagen auf der polierten Tischplatte, und Dora leckte sich wohlgefällig ihren Bart, von dem der Orangensaft auf den Boden tropfte. Guy war dieser Zwischenfall sichtlich peinlich, Derek fluchte leise, und Hugh unterdrückte grimmig seine Randbemerkungen; nur Christine war tief bekümmert: »Ach, Laura, wie leichtsinnig von dir, das Fenster offen zu lassen! Weiß einer von euch, ob Ziegen von Orangen Magenschmerzen kriegen?«

Laura wußte es nicht. Aber wieder einmal konnte sie Christine nicht böse sein, die so töricht und so lästig war. Als schließlich die beiden Autos verschwunden waren, sagte sie zu Hugh: »Man kann nicht anders, man muß sie doch gern haben, findest du nicht auch?«

»Ich kann schon anders«, erwiderte der Junge kurz angebunden, und Dereks Lachen bewies, daß er mit ihm einer Meinung war.

Als Hugh zum Haus zurückging, sprach er laut mit sich selbst. »Zu welch einem Narren wird ein Mann, wenn er eine Frau heiratet, der er restlos verfallen ist. Der Himmel bewahre mich davor.« Aber im stillen fügte er wohl hinzu: Leider wird er mich nicht davor bewahren.

Doch wenn der Junge unglücklich war, so zeigte er es nicht. Er stürzte sich in die Landarbeit und ritt jeden Tag mit dem Pferd seines Bruders aus. Er wollte sich später einen Job suchen, um seine Finanzen aufzubessern, bis das Semester begann. Leider machte ihn sein Großonkel so nervös, daß er manchmal die Beherrschung verlor. Es gab ständig Reibereien mit dem alten Herrn

Onkel Joseph war allerdings schwierig. Trotz seiner Kairoer Erinnerungen fiel es ihm sauer, einen pikanten Roman zu schreiben. Die Sätze kamen ihm nur langsam und hatten leider einen viktorianischen Beigeschmack. »Keine echte Leidenschaft«, murrte er, wenn er sich an das mühselige Geschäft des Tippens machte. Er arbeitete elegant mit zwei Fingern; dabei erfüllte ihn ein tiefes Mißtrauen gegen die Technik der Maschine. In seiner Unruhe suchte er immer wieder das alte Haus auf, nicht nur zu den Mahlzeiten, sondern auch zu den ungewöhnlichsten Tageszeiten. Hugh stolperte dauernd über ihn, und Joseph stolperte dauernd über Tim, und das hob bei keinem die Stimmung.

Laura war natürlich auf Hughs Seite, aber der alte Mann tat ihr leid. Er hatte sich eine Aufgabe gestellt, die für ihn zu schwer war. Sie war deshalb immer freundlich und teilnahmsvoll, und so gestand er ihr eines Tages, daß sein Manuskript zurückgekommen sei.

Freundlich meinte sie: »Aber das ist doch nicht so schlimm! Man hört doch immer wieder von Bestsellern, die zuerst abgelehnt wurden. Schick es doch an einen anderen Verlag!«

Doch Josephs Stolz war zu tief verletzt; er haßte die ganze Verlegerbande. »Heutzutage erkennt eben niemand eine ehrliche Arbeit an. Das Manuskript mag ich nicht mehr anrühren.« Das klang sehr eindrucksvoll.

Derek ging dem vergrämten Autor möglichst aus dem Wege; aber eines Tages platzte er heraus: »Können wir denn nie allein sein? Jetzt sind wir fast ein Jahr verheiratet. Ehepaare haben doch auch ein Privatleben.«

»Ja, aber dann langweilen sie sich auf einmal, und einer von ihnen nimmt sich beim Frühstück die Zeitung vor. Dazu haben wir wenigstens noch keine Gelegenheit gehabt.«

Zum erstenmal machte sie ihn nervös. »Sei doch nicht gar so selbstlos! Ich hasse ergebene Dulderinnen. Es ist besser, mal jemandem den Kopf abzureißen.«

Sie war betroffen. Daß er sie tadelte, war neu. Doch sie entgegnete nur: »Ja, die ergebenen Dulderinnen sind langweilig. Demnächst werde ich um mich schlagen, vor allem, wenn ihr, du und Hugh, weiter mit Onkel Joseph streitet. Beim Lunch habt ihr mich fast wahnsinnig gemacht.«

Er lachte und küßte sie auf die Stirn. »Der alte Kerl geht einem auf die Nerven, und ich fürchte, er wird uns noch zwanzig Jahre zur Last fallen.«

»Nicht, wenn erst die Straße verlegt wird. Für eine Tasse Tee wird er keine halbe Meile weit laufen wollen.«

»Das stimmt. Und ich tue, was ich kann, damit sie sich beeilen. Halt uns den Daumen!«

Besänftigt ging er fort. Jedenfalls blieb Laura trotz ihres Anhangs guten Mutes, und im Augenblick schienen sie alle einigermaßen friedlich zu sein. Seit einem Monat hatte es bei Christine keine Aufregung gegeben; Eva war mit ihrem Job und ihren jungen Männern in der Stadt beschäftigt; und Lester hatte mit seinem Buch und seiner angebeteten Janice zu tun. Die weiteren Aussichten schienen günstig.

Weihnachten stand vor der Tür, und Derek dachte: Wenn wir doch nur unser erstes Weihnachtsfest für uns sein könnten! Laura hatte denselben Wunsch. Aber natürlich wurde nichts daraus.

»Zu Weihnachten kommen wir alle heim, wie immer«, erklärte Eva fröhlich, als sie eines Abends anrief. »Wir bringen alle was mit. Ich bringe das Obst für den Salat.«

Die meisten Mitbringsel, zum Beispiel Christines Schinken, mußten erst noch zubereitet werden, so daß Laura mehrere heiße und ermüdende Stunden mit der Vorbereitung für das Festmahl verbrachte. Sie erwachte sehr früh, und es ging ihr durch den Kopf, daß so ein Familien-Weihnachtsfest eigentlich überschätzt würde. Nichts als Strapazen! Sie würde Großmutters Ratschläge und ihre kritischen Anmerkungen vermissen. Sie seufzte so tief, daß Derek sich umdrehte und gleichfalls aufwachte.

»Kein guter Anfang für einen Feiertag«, sagte er. Dann gab er ihr einen Kuß und wünschte ihr fröhliche Weihnachten. Ein wenig schüchtern holte er eine kleine Schachtel unter seinem Kopfkissen hervor. »Es hat ziemlich lange gedauert«, meinte er. »Das ist jetzt endlich dein richtiger Verlobungsring.«

Er war sehr schön, und Laura war überwältigt. »Trotzdem werde ich den anderen auch immer tragen«, sagte sie, als sie ihn über den Finger streifte. »Ach, Derek, ich wünschte ...«

»Ich weiß. Ich auch ... Wir wären allein, in unserem eigenen Haus.«

Da lachte sie. »Aber denk doch an die armen ›Waisen‹!« Und sie fügte hinzu: »Bitte, sei lieb heute, Derek, und hilf mir über die Runden.«

Sie sah so jung und entzückend aus, daß er ihr nicht widerstehen konnte. Deshalb half er ihr, wo er nur konnte: er führte das Gespräch bei Tisch in die richtigen Bahnen; er hielt die verschiedenen Tiere auseinander; er goß einen Drink ein, sobald ein

Streit heraufzuziehen drohte; er war einfach ein unübertrefflicher Gastgeber. Laura sagte ihm das, als sie schließlich ins Bett krochen. Das Haus war vollbesetzt mit den »Waisenkindern«, die, bis auf Christine, sämtlich entschlossen waren, für einen oder zwei Tage dazubleiben. Derek stellte fest: »Es ist alles ganz gut gegangen, aber jetzt reicht's allmählich. Du kannst nicht für den Rest deines Lebens ein Hotel führen.«

»Das will ich auch nicht. Denk an die Straße! Bald werden wir allein sein.«

Er wollte es ihr nur zu gern glauben.

So gab es ihnen einen Schock, als Laura eine Woche später bei Durchsicht ihrer Post ausrief: »Marie Elder kommt zu Besuch! Himmel, das muß Marie Barton sein! Die hatte ich fast vergessen! Sie kann jeden Tag eintreffen!«

Derek fragte mit beunruhigender Sanftmut: »Und wer ist Marie Barton?«

Laura antwortete nicht und las weiter. »Ach Gott, ihr letzter Mann ist auch tot. Nach diesem Brief muß es Norman Elder gewesen sein. Nun hat sie sich entschlossen, nach Neuseeland zurückzukehren und hier zu leben. Sie kommt mit dem Flugzeug und muß schon bald da sein.«

Betont zurückhaltend fragte Derek abermals: »Ich wiederhole: wer ist diese Marie Elder oder Marie Soundso, und warum kommt sie zu uns zu Besuch?«

Laura ließ den Brief sinken und strich sich verwirrt das Haar aus der Stirn. »Ich kann mich ehrlich gesagt kaum mehr an sie erinnern. Aber sie ist eine Kusine von mir.«

»Zum Teufel, schon wieder eine?«

Sie lachte. »Nicht aus dem Zweig der Familie, zu dem die ›Waisenkinder‹ gehören. Ich glaube, sie war eine Nichte von Großvater. Großmutter hatte sie sehr gern. Sie lebte hier, als ich noch klein war, und ehe sie ihre verschiedenen Männer heiratete.«

»Welche verschiedenen Männer?«

»Sie hat hier einen geheiratet – Barton hieß er, glaub ich. Ungefähr ein Jahr später kam er bei einem Jagdunfall ums Leben, und sie kehrte zu Großmutter zurück. Dann heiratete sie einen Engländer, einen sehr vermögenden Mann, und der nahm sie mit nach England. Seinen Namen habe ich vergessen. Er bekam Leukämie und starb nach vier oder fünf Jahren. Danach heiratete sie jemanden namens Norman Elder. Ich erinnere mich, Großmutter sagte, als sie den Brief erhielt: ›Hoffentlich hat sie beim dritten Mal Glück.‹ Und dann sagte sie, daß jeder, der Marie zur Frau bekäme, glücklich sein müßte – aber anscheinend war das bei ihm nicht der Fall; denn vor drei Monaten ist er an einer Lungenentzündung gestorben. Nun hat sie in England alles verkauft und will hierherkommen, um sich umzusehen.«

»Das kommt mir alles verdammt merkwürdig vor. Drei Ehemänner, und alle sind vorzeitig gestorben, und was das schlimmste ist: uns wird noch jemand aufgehalst.«

Betrübt dachte sie: Es ist ihm nicht zum Lachen zumute. Er hat alles gründlich satt. Bald wird er mich auch satt haben. Aber laut sagte sie: »Die wird uns nicht aufgehalst. Ich weiß nicht viel mehr von Marie; aber Großmutter hatte sie sehr gern, und sie schien nicht von der Sorte, die einem zur Last fällt. Sie wird nicht lange bleiben wollen. Sie kann nicht mittellos sein, denn ihr zweiter Mann hinterließ ihr eine Menge Geld. Sie sucht einen Ort, wo sie leben möchte.«

»Wenn es nur nicht zu nahe bei uns ist. Wie sieht sie denn aus? Sie muß doch ziemlich alt sein.«

»Um die fünfzig, nehme ich an. Vor etwa fünfzehn Jahren übersiedelte sie mit ihrem zweiten Mann nach England. Ich weiß, ich ging damals noch zur Schule. Zu der Zeit waren immer so viele Leute hier, daß ich mich nicht mehr sehr gut an sie erinnern kann.«

»Ja, Mrs. Stapleton hat sie alle um sich versammelt und hat uns eine Menge von ihnen vererbt. Wann kommt sie an?«

»Sie schreibt, sie wolle uns von Auckland aus anrufen. Wenn ich mich nur besser auf sie besinnen könnte! Sie war, glaube ich, groß und ein bißchen steif und ziemlich ernst.«

Wie man sich doch so irren kann! dachte sie, als sie einige Tage später Mrs. Elder begrüßte.

Mrs. Elder war eine kleine hübsche Frau, die schnell und gewandt aus dem Auto sprang; sie hatte blaue Augen und silberweißes Haar, eine blendende Figur und war sehr elegant gekleidet. Sie machte kein Hehl aus ihrem Alter und war doch stolz, daß man es ihr nicht ansah. »Obgleich mir in diesem halben Jahrhundert eine ganze Menge aufgeladen wurde«, wie sie am Abend Laura erzählte. Ihre Gastgeberin stellte erleichtert fest, daß Marie eine höchst verständige und praktische Person mit viel Humor war.

»Ich kann mich gut an dich als kleines Kind erinnern, als ich bei Kusine Ada lebte. Aber du wirst kaum mehr eine Erinnerung an mich haben. Eigentlich ist es ein bißchen aufdringlich, daß ich so einfach zu dir komme. Aber ich wollte dich so gern sehen und auch das alte Haus wiedersehen. Ich war hier sehr glücklich; hier habe ich meinen ersten Mann kennengelernt.« Ruhig fuhr sie fort: »Diese Ehe war die glücklichste von meinen drei Ehen. Wir liebten uns sehr, weißt du. Es dauerte nur ein Jahr, und wir hatten nur ganz wenig Geld; aber es war eine sehr glückliche Zeit.«

Laura schloß sie gleich ins Herz und fand sie unterhaltend und sympathisch. Zu ihrer Erleichterung stellte sie fest, daß auch die Männer sie gut leiden konnten. Derek und Hugh freundeten sich schnell mit ihr an, und Joseph begann plötzlich, Wert auf sein Äußeres zu legen.

Es dauerte nicht lange, bis Marie sich ein Urteil über die Situation bildete, und sie hielt mit ihrer Meinung nicht hinterm Berg.

»Du lieber Himmel, du hast hier ja das reinste Hotel! Derek hat mir erzählt, daß die ganze Familie zu euch kommt, wenn es ihr paßt, und daß du anscheinend einen Schuld-Komplex hast, weil du ihr Zuhause geerbt hast. Mit dieser Idee mußt du aufräumen. Ada hat bestimmt nie gewollt, daß du diese Bemerkung in ihrem Testament so ernst nimmst. Sie würde sagen, es ist ein Unfug, daß du dich verpflichtet fühlst, für die ganze Bande zu sorgen. Du mußt ja schön gestöhnt haben, als ich mich auch noch bei euch ansagte! Ich wette, Derek war nicht gerade entzückt davon. Arme Laura und armer Derek!«

»Ach, so schlimm ist es gar nicht. Es wird sich schon von selbst einrenken. Ich freue mich jedenfalls, daß du gekommen bist. Du hast sogar Onkel Joseph aufgemuntert.«

Christine kam, um den neuen Gast zu begutachten. Sie fand Marie »hübsch und sehr schick. Außerdem ist sie witzig, und sie hat Tiere gern. Bleibt sie länger?«

»Wir möchten es gern, aber sie will nicht. Sie möchte sich eine Wohnung in der Stadt suchen und meint, daß wir uns dann sicher öfter sehen. Die Männer finden sie reizend.«

»Sogar der alte Joseph hat sich aufgerappelt. Großartig, wie gut sie mit ihren fünfzig Jahren noch aussieht! Und das nach drei Männern! Ich finde einen schon anstrengend genug.«

Laura hatte wenig Lust, sich mit Christine über deren Schwierigkeiten zu unterhalten, und sagte: »Die beiden letzten Ehen scheinen ihr nicht sehr nahegegangen zu sein. Ich möchte wohl wissen, warum sie noch zweimal geheiratet hat.«

Marie war sehr offen, und nachdem sie einige Tage in Brookside war, stellte sie fest: »Es ist wie eine Rückkehr in die Vergangenheit. Fast könnte ich die beiden Ehen, die dazwischen liegen, vergessen. Aber Jim vermisse ich immer noch sehr. Nicht weit von hier kam er bei der Jagd ums Leben. Das Pferd blieb in einem Draht hängen und stürzte auf ihn. Wir waren gerade ein Jahr verheiratet und dachten daran, eine richtige Familie zu gründen. Es war ein Glück, daß es nicht dazu kam; denn der arme Jim hinterließ mir nur ganz wenig Geld, und ich war froh, daß ich hierher zurückkommen und deiner Großmutter helfen konnte. Dann begegnete ich Jack Martin. Er lebte in guten Verhältnissen, und es schien eine glänzende Idee, ihn zu heiraten und etwas von der Welt zu sehen.«

Laura war überrascht. Marie fuhr fort: »Das klingt ziemlich herzlos, nicht wahr? Aber ich habe niemals jemandem etwas vorgemacht, am wenigsten Jack. Immerhin war ich doch froh, daß ich ihn geheiratet hatte; denn nach einem Jahr erkrankte er plötzlich an Leukämie, und er brauchte jemanden, der ihn versorgte. Wie schrecklich, wenn er diese lange Zeit in einem Krankenhaus hätte zubringen müssen! Wir waren fünf Jahre verheiratet, und vier Jahre lang war er krank. Ich war so froh, daß ich ihn pflegen und ihn so glücklich machen konnte, wie es ging. Aber ich glaube, in gewisser Weise war es doch eine Erlösung, als es zu Ende war. Es war eine lange Zeit gewesen, und ich habe nie das gleiche für ihn empfunden wie für Jim. Aber er war gut zu mir und hinterließ mir eine Menge Geld.«

»Das hast du aber auch verdient!«

»Nun ja, man tut gern, was man kann, für einen Mann. Das ist meine schwache Seite, weißt du. Ich helfe einfach gern.«

»Ich wundere mich, daß du nach dieser langen Pflegezeit noch einmal geheiratet hast. Du warst doch schon ...« Laura zögerte, und Marie lachte hell auf.

»Ich war schon fünfundvierzig, also alt genug, um es besser zu wissen. Aber der arme Norman Elder war so rührend. Er war sehr charmant und sah glänzend aus; doch er war einer jener erfolglosen Autoren, die mit aller Welt hadern. Deshalb fing er an zu trinken. Als ich ihn kennenlernte, befand er sich in einer tiefen Depression, und da habe ich ihn geheiratet. Schließlich hatte ich Geld genug für uns beide, und ich habe einfach gern einen Mann in meiner Umgebung.«

»Und deshalb hast du ihn geheiratet? Wirklich, Marie ...«

»Genauso war's. Ich lernte Maschine schreiben, denn das erleichterte die Sache. Weißt du, Norman war so ungeschickt, er konnte nicht einmal ein Farbband auswechseln und geriet schon in Wut, wenn er es nur versuchte. Er hatte sozusagen zwei linke Hände. Seine Sachen waren nicht besonders gut. Aber ab und zu hat er etwas veröffentlicht, und dann war er richtig glücklich. Schade war, daß er soviel trank; aber im ganzen habe ich nie bedauert, daß ich ihn geheiratet habe, genausowenig, wie ich meine Ehe mit dem armen Jack bedauerte.«

»Du bist so praktisch und denkst so nüchtern.«

»Die Ehe ist eine Sache der Praxis, was die Dichter auch darüber sagen mögen. Siehst du, ich hatte meine Romanze mit Jim, und von den andern habe ich mir nichts weiter erwartet. Aber ich glaube, ich habe sie glücklich gemacht.«

»Und du? Bist du glücklich gewesen?«

Marie dachte nach, ruhig und sachlich. »Glücklich? O ja, im ganzen gewiß. Es liegt in der Natur mancher Frauen, daß sie einen Mann umsorgen wollen, und so ist es bei mir. Es ist meine einzige Begabung. Mit Norman war es schwierig; er war eben ein Künstler. Er wollte nicht wahrhaben, daß er älter wurde. Er war fünfzig, als ich ihn heiratete, sah aber immer noch sehr gut aus. Ich konnte ihn nicht dazu bringen, in dem Londoner Nebel einen warmen Mantel und einen Schal zu tragen. Er wollte immer besonders schick aussehen, und dabei störte ein Schal, wie er meinte. Er war immer etwas schwach auf der Brust, und als er sich erkältete, wurde eine Lungenentzündung daraus. Der Arzt und die Krankenschwestern taten ihr möglichstes, aber nun rächte sich seine Trinkerei.«

»Hast du es nicht gehaßt, wenn er trank?«

»Ich mochte es nicht, aber es hat mich auch nicht weiter aufgeregt. Er brauchte eben irgend etwas, und seine Schriftstellerei war kein Erfolg. Man muß nicht zuviel von einem Mann erwarten. Man muß sie nehmen, wie sie sind; Norman war nie unfreundlich, auch nicht, wenn er betrunken war. Er fing dann nur an, ein wenig zu prahlen und aufzuschneiden.«

Natürlich mußte Laura Derek davon erzählen, als sie im Bett lagen. Er war begeistert.

»Sie nimmt sie, wie sie gerade kommen! Das nenne ich eine Philosophie! Ich bin neugierig, ob sie noch mal heiratet!«

»Unsinn! Lach doch nicht so laut! Sie kann dich hören. Marie ist fünfzig und hat drei Männer gehabt. Das langt für eine Frau.«

»Darauf möchte ich nicht schwören. Sie ist das Alleinsein nicht gewöhnt, und sie sieht viel jünger aus, als sie ist. Die Männer finden sie reizend, und sie hat eine Menge Geld. Sie scheint nicht sehr wählerisch gewesen zu sein. Sie könnte auch noch Nummer vier aufgabeln.«

Auch Hugh fand Marie sehr unterhaltsam. »Sie ist eine hübsche kleine Person, und trotzdem so realistisch. Und sie hat viel Humor. Ich möchte wissen, ob sie noch einmal heiratet.«

»Sie sagt, darauf versteht sie sich am besten, und deshalb hat sie es immer wieder getan.«

»Sie ist ausgesprochen attraktiv für ihre Jahre. Wahrscheinlich wird sie noch irgendeinen Kerl angeln. Hast du nicht bemerkt, daß Joseph schon ein Auge auf sie geworfen hat? Vielleicht probiert sie es mit ihm.«

Marie war wirklich eine Errungenschaft für Lauras schwierigen Haushalt. Die »Waisenkinder« kamen, um sie zu inspizieren, und sogar Eva fand sie nett. »Und so elegant!« Lester wollte sich ausschütten vor Lachen, als Laura ihm unter vier Augen erzählte, wie es zu Maries drei Ehen gekommen war.

»Das ist eine echte Lebensaufgabe, einen Mann oder auch drei Männer glücklich zu machen! Eine Frau wie aus dem Bilderbuch! Ich würde sie allerdings nicht haben wollen, außer wenn sie dreißig Jahre jünger wäre.«

Das war ein erstes Anzeichen, daß seine Leidenschaft für seine strohköpfige Göttin abzukühlen begann.

Christine sah den Gast natürlich am häufigsten und war von den Berichten aus ihrem Leben fasziniert.

»Stell dir vor, daß man das alles ohne Schwierigkeiten bewältigt und schließlich doch noch vollkommen zufrieden ist!« Auf einmal wurde sie ernst. »Du, Laura, sie ist ein Geschenk des Himmels! Marie kann uns von unserm Kreuz erlösen.«

»Was im Himmel meinst du?«

»Natürlich Onkel Joseph, der überall herumschnüffelt und stets hungrig und streitsüchtig ist. Wäre das nicht wunderbar, wenn sie uns von ihm erlöste?«

»Daß du soviel unter ihm zu leiden hast, kann man nicht behaupten. Aber welch ein Unsinn! Marie ist nicht dumm, und sie hat nicht den geringsten Anlaß, sich für Onkel Joseph zu interessieren.«

»Aber er ist noch immer ganz stattlich, und er schwänzelt dauernd um sie herum. Und Marie mag zwar einmal sehr schön gewesen sein, aber jetzt ist sie schließlich fünfzig, und da kann man doch nicht mehr soviel erwarten.«

»Gerade da liegst du falsch. Marie hat durchaus noch Chancen. Sie hat ihr Leben damit zugebracht, für ihre drei Männer zu sorgen; sie wird nun keinen vierten betreuen wollen.«

»Ich bin da nicht so sicher. Sie gefällt den Männern. Es gibt solche Frauen. Sogar Derek fragt nicht dauernd, wie lange sie noch bleibt, wie er es tut, wenn wir kommen. Hughs Herz hat sie ohnehin gewonnen. Und dann, denk doch an all das schöne Geld! Sogar Maschine schreiben kann sie. Es paßt alles haargenau.«

»Marie ist viel zu klug.« Laura lachte. »Natürlich interessiert sich Joseph für jede Frau, die drei Männer hatte. Er sagte einmal schwärmerisch, sie müsse ungeheuer viel Erfahrung haben; wenn sie bloß mehr darüber erzählen wollte. Aber sie wird ihn enttäuschen. Sie ist nicht so. Sie ist viel zu normal.«

Christine meinte allerdings, daß keine Frau, die drei Männer gehabt und keinen von ihnen umgebracht habe, normal genannt werden könne.

6

Etwa zehn Tage nach Maries Ankunft kam Joseph zum Lunch. Seine gepflegten Hände, die sonst makellos rein waren, zeigten Spuren von Kohlepapier. Laura lächelte im stillen; am Tag zuvor hatte sie die Augen des alten Mannes aufleuchten sehen, als Marie erwähnte, sie könne gut Maschine schreiben. Sie war deshalb nicht überrascht, als er brummend sagte: »Diese verdammte Schreibmaschine! Ich bin leider nicht geschickt genug und muß das Ding in die Stadt bringen. Das Farbband hat sich verwickelt. Warum kann man so etwas nicht einfacher konstruieren?«

Marie meinte freundlich: »Norman hatte immer viel Ärger mit dem Farbband. Wenn du willst, helfe ich dir.«

Er nahm ihr Angebot begeistert an. Laura warf ihrer Kusine einen langen Blick zu. Sie gingen miteinander zu seinem Haus, und es dauerte einige Zeit, bis Marie zurückkam. Sie sagte: »Männer sind doch rührende Geschöpfe. Das Farbband war total verklemmt. Ich kann mir nicht vorstellen, wie er das fertiggebracht hat.«

»Und du hast es für ihn gerichtet?«

»Natürlich. Er war überglücklich und bat mich, ihn Joseph zu nennen.«

Sie lachte. Aber Laura war beunruhigt.

»Marie, du wirst doch nicht ... Ich meine, er sieht noch ganz manierlich aus, aber du kannst doch nicht ...?«

»Nur keine Aufregung. Joseph ist überhaupt nicht mein Typ. Eine Ehe mit ihm wäre das letzte, schlimmer noch als mit Norman; er ist so egoistisch.«

»Wahrscheinlich will er dir einen Heiratsantrag machen!«

»Vermutlich. Aber damit werde ich leicht fertig. Ich bin auch mit seinem Haus fertiggeworden. Noch nie habe ich solch einen Rummel gesehen.«

»Ich weiß. Aber das ist seine Sache; darin waren sich Großmutter und Derek vollkommen einig. Sie sagten, ich solle ja nicht damit anfangen, bei ihm aufzuräumen. Er hätte hier seine Mahlzeiten, und sonst hätte er nichts weiter zu tun, als sein Haus in Ordnung zu halten. Aber wahrscheinlich tut er das nicht.«

»Bei Gott, nein! Aber halte du dich da raus, Laura, Derek würde platzen. Ein paar Eimer Wasser und genügend Putzmittel haben gereicht. Jetzt sieht's wieder manierlich aus. Er geriet förmlich ins Schwärmen, welch einen Segen eine Frau ins Haus bringt.«

Laura war beruhigt. Marie war viel zu vernünftig, um ein Auge auf Onkel Joseph zu werfen. Das sagte sie zu Christine. Als sie jedoch mit Derek darüber sprach, lachte der.

»Pech für Joseph. Er hat neulich schon so sehnsüchtig geschaut. Aber du hast recht. Es wäre schade um Marie, obwohl es für uns eine gute Lösung wäre.«

Eine Lösung fand Marie selbst, überraschend und vernünftig zugleich. Nach einer Woche, in der die »edle Freundschaft«, wie Hugh das nannte, wuchs und gedieh, kam Marie aus dem Gartenhaus zurück. Sie hatte ein Kapitel von Onkel Josephs Buch abgeschrieben und meinte beiläufig: »So, das hätten wir geschafft.«

»Was habt ihr geschafft? Doch nicht eure Freundschaft?«

»Natürlich nicht. Die ist enger denn je. Joseph ist viel zu praktisch, um auf meine Tipperei und meine Putzerei zu verzichten, nur weil ich ihn nicht heiraten will.«

»Hat er dir wirklich einen Antrag gemacht?«

»Freilich. Ich sah es schon kommen. Ich kenne ja schließlich die Symptome. Deshalb habe ich ihm in aller Freundschaft erklärt, daß ich ihn nicht heiraten würde; er könnte aber mit mir zusammenleben.«

»Was?«

Marie brach in Gelächter aus. »Laura, ausgerechnet du kommst auf anrüchige Gedanken! Natürlich in allen Ehren! Aber wenn ich ein passendes Haus finde und einen Pensionär haben möchte und wenn er auf dem Trocknen sitzt, weil dieses Haus abgerissen wird, dann kann er bei mir unterkriechen. Für einen Augenblick war er beleidigt. Ich glaube, er bildet sich ein, er wäre noch im gefährlichen Alter.«

»Hast du ihm diese Illusion genommen?«

»Schleunigst. Ich sagte ihm in aller Liebe: ›Du und ich, Joseph, wir sind doch viel zu gereift‹ – das ist ein gutes Wort; es klingt besser als alt –, ›um ins Gerede zu kommen. Schließlich bist du in gewisser Weise mein Vetter; es weiß ja niemand, daß wir aus verschiedenen Familien stammen.‹ Er sah wieder ganz normal aus und sagte in seiner netten, altmodischen Art: ›Natürlich. Niemand soll schlecht über uns reden.‹ Und dabei ließen wir's bewenden.«

»Und du hast ihm wirklich Kost und Logis angeboten? Marie, wie konntest du . . .?«

»Reg dich doch nicht auf! Er wird ein guter Pensionsgast sein. Er wird sich nichts herausnehmen, weil er zuviel Angst hat, seine Annehmlichkeiten einzubüßen und in die kalte Welt hinausgestoßen zu werden. Er wird ein angenehmer Mieter sein. Als Ehemann hingegen wäre er bestimmt unausstehlich.«

»Nun, du mußt wissen, was du tust. Ich meinerseits möchte Joseph weder zum Kostgänger noch zum Ehemann haben.«

»Weil er dich ausnützt. Bei mir wird er sich benehmen, wie sich's gehört. Ich kann ziemlich unangenehm werden, weißt du. Im Grunde ist er ganz ordentlich und hält auf sich, was viele alte Männer nicht tun. Er wird wieder ganz normal werden, wenn er sich erst wieder an seine Memoiren setzt. Natürlich muß er diesen albernen modernen Roman aufgeben. In meinem ganzen Leben habe ich nichts so Dürftiges gelesen.«

»Kannst du ihn denn dazu überreden, seine Sex-Geschichten aufzugeben?«

»O ja, er soll nur seine Memoiren weiterschreiben. In Wirklichkeit sind sie gar nicht so schlecht. Sie müssen nur ein bißchen spritziger werden. Nachdem ich Norman soviel geholfen habe, sollte ich ihm das beibringen können.«

»Nun, das hat noch Zeit. Aber es tut mir leid, daß du dir Joseph aufbürdest.«

»Das tu ich ja gar nicht. Er wird sich fügen, denn ich bin eine gute Köchin, und ich werde es ihm schon gemütlich machen. Er wird sich tadellos aufführen, und ein Mann im Haus ist schließlich ganz nützlich.«

»Warum nicht ein junger Mann?«

»Die sind auf die Dauer nicht geeignet. Sie nützen einen aus und meinen, man müsse ihnen dankbar sein, weil man keinen eigenen Sohn hat. Hugh würde ich natürlich sofort nehmen, aber nicht für längere Zeit. Ich würde ihn zu liebgewinnen, was mir mit Joseph nicht passieren kann.«

Dem konnte Laura nur beistimmen, und sie fügte hinzu: »Ich hoffe nur, daß du weißt, was du tust.«

»Glaub mir, ich weiß es. Es ist angenehmer, einen Mann im Haus zu haben, wenn man in der Stadt lebt, und ein Pensionär ist eine Hilfe. Ich werde mir Joseph schon richtig ziehen, obwohl man ihm an der Nasenspitze ansieht, daß er vorhat, mich übers Ohr zu hauen. Nein, ich werde für ihn sorgen, und er wird gelegentlich kleine Arbeiten übernehmen, zum Beispiel Holzhacken und Geschirr abtrocknen. Du wirst ihn nicht mehr wiedererkennen, wenn ich ihn in meiner Schule gehabt habe. Und schließlich bist du ihn dann los.«

»Es klingt zu schön, um wahr zu sein; aber es wird noch einige Zeit dauern.«

»Ja. Es ist auch besser für ihn, wenn er noch ein Weilchen zappeln muß; dann wird er mir wirklich dankbar sein. Oh, ich bin nicht so schwach, wie du denkst, Laura. Ich kenne die Männer.«

Damit war für sie diese Geschichte erledigt. Sie fragte heiter: »Wann kannst du mit mir auf Wohnungssuche gehen?«

»Aber das eilt doch nicht! Wir freuen uns, daß wir dich hier haben.«

Doch Marie blieb fest; sie hatte die alten Bande wieder angeknüpft und suchte nun neue. Sie wollte Laura nicht ausnützen.

»Ich könnte mich sonst zu sehr an euch gewöhnen«, sagte sie.

Die Wohnungssuche war ein Vergnügen; denn Marie wußte, was sie wollte, und suchte, bis sie fand, was ihr gefiel. Das Geld spielte keine Rolle. Ihr zweiter Mann hatte ihr ein schönes Paket guter Neuseeländischer Aktien hinterlassen. »Norman wußte nichts davon, sonst hätte er darauf bestanden, daß ich sie verkaufe, und dann wäre das Geld zum Teufel gewesen.«

Laura nahm an, daß sie trotzdem eine ganze Menge eingebüßt hatte; aber es war noch genug übrig. Marie mochte zwar dazu neigen, manche Männer zu bemitleiden und zu heiraten; aber sie besaß auch einen gesunden Geschäftssinn. Wie sie erzählte, hatte sie es früher schwer gehabt und hatte keineswegs die Absicht, wieder in eine solche Lage zu kommen. So hatte sie Norman, der ziemlich unberechenbar war, liebevoll versorgt, ihm jedoch nie die Verfügungsgewalt über ihr Scheckbuch eingeräumt. Sie hatte ihm noch nicht einmal erzählt, wieviel ihr früherer Mann ihr hinterlassen hatte. »Das wäre dem armen Jack gegenüber nicht anständig gewesen. Er hat oft gesagt, wie glücklich er sei, mich wenigstens gut versorgt zu wissen. Ich solle um Gottes willen die Neuseeland-Aktien nicht verkaufen, mahnte er mich. ›Wahrscheinlich wirst du wieder heiraten‹, meinte er. ›Du gehörst zu den Frauen, die auf Männer wirken. Sicher wird es einer sein, der deine Fürsorge braucht; denn das ist nun einmal deine Schwäche. Aber verschwende nicht mein Geld an ihn.‹ Aus diesem Grund habe ich nie von meinen Geldern erzählt. Ich ließ ihn in dem Glauben, daß nicht allzuviel da sei. Das war vielleicht nicht ganz aufrichtig; aber es ist besser, man ist etwas vorsichtig mit dem, was man einem Mann erzählt.«

»Ein Segen, daß du genug hast, um ein Haus zu kaufen und bequem leben zu können.«

»Ich lebe nicht gerade im Überfluß, aber ich habe, was ich brauche, und Josephs Miete wird mir eine Hilfe sein. Aber soweit sind wir noch nicht. Auch Hugh kann zu mir kommen, wen er mag, bis er etwas auf die Dauer gefunden hat. Nicht zu lange, denn ich würde mich in ihn verlieben, und nichts ist so lächerlich, wie wenn eine ältere Frau für einen jungen Burschen schwärmt. Er hat mir erzählt, daß er mit einigen anderen Studenten zusammen ein Haus mieten wolle, aber erst ab dem zweiten Semester. Wenn ich bei Beginn seines Studiums eine Wohnung habe, kann er so lange zu mir kommen.«

Laura war von Dankbarkeit überwältigt. Wie herrlich, jemanden zu finden, der bereit und willens war, die Verantwortung für die »Waisenkinder« mit ihr zu teilen! Und sicherlich würde Marie mit Hugh besser dran sein als mit Onkel Joseph.

Bargeld erleichtert die Wohnungssuche und weckt die Aufmerksamkeit der Makler. So fand Marie bald ein nettes Haus; es lag nicht allzu nah an der Stadt, hatte aber eine gute Busverbindung.

»Hugh wird einverstanden sein und Joseph auch; denn ich habe nicht die Absicht, den alten Herrn meinen Wagen fahren zu lassen.«

Nur die Möbel mußten noch gekauft werden, und Marie meinte, sie würde schon bald einziehen können. So hätte Hugh Zeit, einen Job zu übernehmen, ehe die Vorlesungen begannen.

Laura war froh, daß Marie noch da war, als es eine neue

Aufregung mit den »Waisenkindern« gab. Seit Maries Ankunft hatten sie sich so friedlich betragen, daß es den Anschein hatte, Laura müsse nicht allzu schwer an ihrer Verantwortung tragen. Nun konnte Marie sich selbst ein Urteil bilden. Und es war jemand da, mit dem man lachen konnte wie mit Derek, jemand, der sich amüsierte und doch Anteil nahm.

Eines Abends rief Eva an. »Ich wollte dir nur sagen, daß ich nächstes Wochenende jemanden mitbringe.« Das war eine Feststellung, keine Anfrage.

»Ich erwarte dich. Und der Jemand ...? Männlein oder Weiblein? Ich meine, wegen der Betten ...«

»Ein Mann. Brian Service. Er ist beim Rundfunk. Du kennst ihn nicht.«

»Ein Neuer«, sagte Laura zu Marie, als sie den Hörer auflegte. »Aber er wird interessant sein und muß Grips haben. Du weißt ja, Eva ist gescheit, und sie hat eine Vorliebe für Intellektuelle. Großmutter wollte, daß sie studiert, aber sie ist nicht so fürs Arbeiten.«

»Aber sie umgibt sich gern mit geistreichen Leuten?«

»Ja. Ich bin froh, daß du da bist. Mit solchen Menschen habe ich nicht viel Glück.«

Am nächsten Morgen kam ein Telegramm von Lester. »Komme übers Wochenende mit Janice.« Marie war ans Telefon gegangen und hatte das Telegramm entgegengenommen. Trocken stellte sie fest: »Vorher anzufragen scheint hier nicht üblich zu sein.«

»Das tun sie nie. Natürlich, hier ist ja ihr Zuhause.« Laura war etwas ärgerlich, weil Marie lachte.

»So kannst du nicht weitermachen. Der Mensch kann allerhand ertragen, aber nur bis einer gewissen Grenze.«

»Ach, es macht mir nicht soviel aus, und es dauert ja auch nicht ewig.«

»Ich meine nicht dich. Ich meine Derek.«

Laura erschrak. »Ich weiß. Für ihn ist es schlimm, aber was soll ich machen?«

»Laß dir nicht alles gefallen. Ich weiß schon, du meinst, seit

Adas Tod ist noch nicht genügend Zeit verstrichen; aber ich möchte wetten, daß ihr diese Anmaßungen wirklich auf die Nerven gingen.«

Laura hatte Marie von Janice erzählt. Sie sagte: »Wahrscheinlich werden sich die beiden inzwischen verlobt haben. Es wird ziemlich schwierig werden. Eva kennt Janice nicht, aber sie wird sie entsetzlich aufziehen. Janice hat zwar überhaupt keinen Verstand, aber sie ist schöner als Eva. Und nun bringt Eva ihren hochgestochenen Liebhaber mit ...«

»Es wird ein Spaß, solange Derek nicht in die Luft geht.«

Derek ging nicht in die Luft, aber er nahm die Mitteilung von der drohenden Invasion mit so viel bemerkenswerter Geduld auf, daß Laura ganz nervös wurde. Marie hatte recht: sie konnte nicht so weitermachen, ohne ihre Ehe zu gefährden. Aber was sollte sie tun? Sie dachte schon daran, Brookside samt dem Grundbesitz aufzugeben und alles den »Waisenkindern« zu vermachen. Sie und Derek könnten sich dann in ihr eigenes Haus in Frieden zurückziehen. Aber diese Idee ließ sie gleich wieder fallen. Das würde alles über den Haufen werfen, was Großmutter geplant hatte; es wäre eine Mißachtung ihres Testaments. Vielleicht würde es einmal dazu kommen, aber noch war es nicht soweit.

Eva kam am Freitagabend, einen sehr hübschen Jungen im Schlepptau. Zu Lauras Überraschung sah er gar nicht wie ein Intellektueller aus: sein Haar war normal lang, und er trug keinen Bart. Er war konservativ und ordentlich angezogen, und er sprach auch nicht wie ein Rundfunksprecher. Unter vier Augen sagte sie zu Derek: »Er ist ganz anders, als ich erwartet hatte. Er ist wie andere Männer auch und sieht nur besser aus. Ich möchte wissen, was er beim Rundfunk macht. Ich finde, seine Stimme ist nicht sehr geeignet.«

»Wahrscheinlich ist er Beleuchter oder dreht an irgendwelchen Knöpfen. Für etwas anderes scheint er nicht genügend Grips zu haben. Das ist jedenfalls mein Eindruck, nachdem ich mich mit ihm unterhalten habe. Wie lange bleiben sie da?«

»Das mußte ja kommen.« Sie war müde und ärgerlich. »Bis Montagmorgen.«

»Du lieber Gott! Drei Tage!«

»Mußt du eigentlich so ungastlich sein? Schließlich ...«

»Schließlich hatte Großmutter gesagt: ›Es ist ihre Heimat. Und wenn ich's nicht tue, wer macht es dann?‹ Den Spruch kenne ich.«

»Eine große Hilfe bist du nicht.«

Er sah sie an und sagte entschieden: »Schau, Laura, ich tue mein Bestes. Ich bin doch höflich, nicht wahr? Aber schließlich sind es nicht meine Verwandten. Es sind deine Verwandten. Leider!«

Sie entgegnete nichts mehr. Erschrocken merkte sie, daß sie anfingen, sich zu streiten. Marie hatte recht. Die menschliche Geduld hatte ihre Grenzen. Sie konnte nur hoffen, daß die Grenze an diesem Wochenende nicht überschritten wurde.

Lester und Janice kamen am Samstagmorgen an. Laura sagte zu Marie: »Es wird furchtbar werden. Sie werden sich nie vertragen. Brian und Eva werden über Janice herziehen, und Lester wird toben.«

»Das bezweifle ich. Kann Brian eine solche Schönheit mißachten? Ist er wirklich so intelligent? Bis jetzt war nichts davon zu merken. Wenn er etwas sagt, redet er nur in Gemeinplätzen. Eva kennt ihn noch nicht lange genug, um festzustellen, daß er nur ein schönes Bild ist.«

»Das ist Janice auch.«

Marie lachte und sagte: »Das wäre ein Witz, wenn die beiden schönen Bilder verschwänden und die großen Geister in ihrem Jammer zurückließen!«

Und so geschah es, obwohl es Laura in diesem Augenblick gar nicht so witzig vorkam. Marie war beeindruckt von Janices Schönheit, entsetzt über ihre Sprache und amüsiert von ihrer Torheit. In der Küche sagte sie zu Laura: »Hab keine Sorge, daß Brian sie verachten könnte. Er starrt sie schon ganz entzückt an, was mich nicht wundert. Es ist unglaublich – dieses Haar, dieser Teint, und in dieser Hülle ein solcher Geist.«

Sie hatte recht. Es begann damit, daß Brian seine Blicke nicht von Janice wenden konnte und Evas Schönheit daneben völlig verblich. Der einzige, den ihre Konversation zu langweilen schien, war drolligerweise Lester. Er kam in die Küche, wo Laura sich mit dem Essen für all die Gäste abmühte, und lachte schallend, als sie ihn fragte: »Na, muß ich dir schon gratulieren?«

»Wozu? Du denkst doch nicht etwa an eine Hochzeit? Meine liebe Laura, manchmal bist du wirklich altmodisch. Nichts davon. Manchmal denke ich . . .« Er hielt inne.

»Du denkst, es könnte dich langweilen«, wagte sich Laura vor.

»Sind nicht die meisten Ehen langweilig?« fragte er ausweichend. »Ich selbst bin nicht davon überzeugt, aber wenn man still dasitzt und Janice anschaut . . .«

Aber gerade das war jetzt nicht möglich. Die Anwesenheit des schönen Brian beflügelte Janice offensichtlich, und seine Verehrung gab ihr Auftrieb. Die Konversation war nur so gespickt mit ihrem »würklich« und »ooh Gooott!« Laura und Marie wurden schon ganz verlegen, und Lester wurde ungeduldig. Aber Brian hing in freudiger Erwartung dieser Kommentare an ihren Lippen. Er schien Eva kaum zu beachten, die ihrerseits zunächst gelangweilt und dann entschieden belustigt dreinsah.

Nach dem Mittagessen ging die Familie in den Garten. Nachdem sie einen Augenblick vergebens auf Brian gewartet hatte, zuckte Eva die Schultern und ging mit Laura voraus. Der hübsche junge Mann blieb zurück und plauderte eifrig mit Marie. Worüber? Laura war sehr neugierig darauf. Alle plauderten gern mit Marie, aber Brian hatte seit seiner Ankunft kaum den Mund aufgemacht, außer um Janices nichtssagenden Kommentaren zuzustimmen.

Später kam Marie in Lauras Schlafzimmer und setzte sich, erschöpft von unterdrücktem Lachen, aufs Bett. Laura sah sie ärgerlich an. »Es freut mich, daß du soviel Spaß hast. Mir ist das alles höchst fatal. Worüber hatte Brian denn mit dir zu schwatzen?«

»Der arme Junge hat mir sein Herz ausgeschüttet.«

»Wie jeder, der dich sieht. Ein teilnehmendes Herz ist doch viel wert!«

»Jedem sein Vergnügen. Meines besteht darin, daß ich den Männern gut zuhören mag. Laura, der junge Mann ist, seit sie hier sind, von Eva schrecklich enttäuscht.«

»Was hat sie ihm denn getan?«

»Sie ist so gescheit, und er haßt gescheite Frauen. Er sagte ganz naiv, er hätte erst, als sie sich mit Lester unterhielt, festgestellt, wie intelligent Eva sei. Und das hat ihm einen Schock versetzt.«

»Weil viele Leute nicht glauben, daß ein hübsches Modell auch intelligent sein kann?«

»Ja. Und Brian hat etwas gegen intelligente Leute. Er hat immer unter ihnen gelitten. Er ist nicht besonders gescheit, fast so dumm wie Janice, aber viel empfindlicher als sie.«

»Aber ich habe gedacht, er wäre beim Rundfunk, obwohl ich mich darüber schon gewundert habe?«

»Er ist Techniker und geniert sich deshalb gewaltig. Er geniert sich wegen allem, nur nicht wegen seines Aussehens. Das ist alles, was er besitzt, außer seinem furchtbaren Minderwertigkeitskomplex. Das schlimme ist, daß er aus einer hochbegabten Familie stammt. Sie haben alle mit Erfolg studiert und sind trotzdem ganz normal, wie er mir erzählte. Ich nehme an, daß er auch studieren wollte und überall durchgefallen ist. Er war froh, als er diesen Job bekam, wo er mit Schaltern und Röhren und solchem Zeug zu tun hat. Aber das hat er Eva nicht erzählt, weil er sich schämte. Er hielt sie für ebenso dumm. Nun hat ihm seine Entdeckung einen Schlag versetzt.«

»Aber wenn er ein einfaches Gemüt ist, muß sie das doch wissen?«

»Nein, denn sie kennen sich erst seit vierzehn Tagen, und er war so schlau, meist den Mund zu halten. Er sagt, er hätte nicht geahnt, daß Eva ›eine von den Gescheiten‹ ist, und das bedrückt ihn jetzt sehr.«

Sie lachten; dann meinte Laura: »Ich hoffe, Eva verliebt sich nicht in ihm. Sie würde es nicht lange mit ihm aushalten, und das würde ihn tief verletzen.«

»Sie wird es gar nicht mit ihm aushalten müssen. Es wird an diesem Wochenende von selbst aus sein. Bestimmt!«

»Du hast einen scharfen Blick für Menschen, Marie.«

»Ich bin fünfzig, und ich kenne das Leben. Ich kenne solche Männer wie Brian. Es belastet ihn schrecklich, daß er in seiner Familie so aus dem Rahmen fällt. Er braucht ein Mädchen, das ihn vergöttert und keine geistigen Ansprüche an ihn stellt. Ich glaube übrigens, er hat es schon gefunden.«

»Wenn nur diese Entdeckung nicht gerade hier stattgefunden hätte!«

»Sei froh! Denk daran, wie sehr Derek sich freuen wird.«

Alles gut und schön, aber sie, Laura, hatte den Sturm auszuhalten. Derek konnte dringende Arbeiten auf der Farm vorschützen, wenn das auch nicht immer der Wahrheit entsprach. Sie mußte dableiben und die Gemüter beruhigen. Ein Segen, daß Marie da war! Diese kluge Frau sah alles, hörte alles und sagte wenig, und im stillen amüsierte sie sich. Sogar als die Affäre am Sonntagnachmittag ihren Höhepunkt erreichte.

Sie unterhielten sich über ein neues Buch, das gerade großes Aufsehen erregte. Janice hatte offensichtlich nie davon gehört und schwieg wohlweislich still. Brian hatte es sicher auch nicht gelesen und äußerte unbedacht eine Ansicht, die unmöglich von ihm stammen konnte. Seine Bemerkung machte einzig auf Janice Eindruck. Sie hob ihre schönen Augen zu ihm und sagte: »Wie klug Sie sind! Ooh Goooott! wer kommt bloß auf solche Gedanken! Sie sind wirklich fabelhaft!«

Die Wirkung dieser Worte war gewaltig. Brian sah sie an mit dem Stolz und der Dankbarkeit eines Menschen, der nie zuvor für klug gehalten worden ist. Sogar Laura merkte, daß sich hier zwei verwandte Seelen getroffen hatten. Auch Lester sah es; er lächelte mühsam und sagte: »Deine Zustimmung freut mich, Janice, besonders da Brian meine Buchbesprechung zitiert hat.«

Eva wurde rot, und dann lachte sie. Laura und Marie blickten sich hilflos an. Es war eine peinliche Situation. Eva würde doch sicherlich ihren unglückseligen Jüngling verteidigen wollen? Aber sie sagte nur sanft: »Ja, ich habe das Zitat erkannt. Brian, du solltest vorsichtiger sein, wenn du anderer Leute Gedanken ausleihst.«

Tiefes Schweigen folgte auf diese unfreundliche Bemerkung. Dann erhob, zu Lauras Überraschung, Janice ihre Stimme. Sie klang noch unangenehmer als sonst. Dennoch freute sich Laura beinah, daß sie den Kampf aufnahm.

»Ich hasse Menschen, die andere lächerlich machen und nur zeigen wollen, wie klug sie selbst sind. *Würklich*, was ist schon dabei, daß Lester das in seiner albernen Besprechung geschrieben hat? Er ist nicht der einzige, der was Gescheites sagt. Er bildet sich nur ein, daß er der einzige ist!«

Ein Riesenkrach bahnte sich an. Lester begehrte auf. »Was weißt du überhaupt von meinen Kritiken? Du liest ja nur die Modetips!« Und Eva erklärte eisig: »Und ich verachte Menschen, die gescheit sein wollen und nicht zugeben, daß sie andere zitieren.«

Alle redeten jetzt durcheinander und bildeten zwei feindliche Lager. Vielleicht zum erstenmal in ihrem Leben fanden sich Bruder und Schwester, die beide so angegriffen wurden, auf der gleichen Seite. Brian ging zum Gegner über und setzte sich auf die Armlehne von Janices Stuhl, und zwischen den beiden kämpfenden Truppen versuchten Laura und Marie mit schwachen Kräften Frieden zu stiften. Eine historische Auseinandersetzung bahnte sich an, gegen die die vielen Streitigkeiten der »Waisenkinder« unbedeutend schienen.

Schließlich rettete Marie die Situation. Sie stellte sachlich fest: »Ich finde eine Diskussion höchst anregend, vorausgesetzt, daß jeder die Ruhe behält. Das war das Elend mit Normans Freunden; die meisten waren Schriftsteller wie Lester, und sie ereiferten sich immer so, wenn sie sich stritten. Das ist doch albern; denn eigentlich lohnt es sich doch gar nicht.«

Diese ketzerische Bemerkung von Marie, deren Intelligenz sie alle anerkannten, überraschte Eva und Lester und entzückte Laura. Laura beendete die Auseinandersetzung schließlich und sagte energisch: »Es gibt bestimmt eine Menge andere Probleme, über die sich zu unterhalten viel lohnender wäre.«

Lester und Eva sahen sie wütend an, aber Janice sagte mit ihrem süßesten Lächeln: »Gerade das meine ich auch immer. Ooh Gooott! was für ein albernes Getue, wo doch andere Sachen viel wichtiger sind, zum Beispiel gute Manieren.«

Marie und Laura waren sich später einig, daß im ganzen die Armen im Geiste den Ruhm davongetragen hatten. Beglückt unternahmen die zwei einen weiten Spaziergang.

Das war das Ende für die beiden Paare, die nicht zueinander paßten. Lester unternahm aus Wut einen wilden Ritt. Eva dagegen ertrug ihre Enttäuschung mit mehr Gleichmut; sie meinte, es sei sehr töricht, jemanden, den man erst seit vierzehn Tagen kenne, mit zu sich nach Hause zu nehmen. Es folgte ein ungemütlicher Abend, an dem sich fünf Personen an ein armseliges Fernseh-Programm klammerten, um so eine Unterhaltung zu vermeiden. Dann wünschte man sich gute Nacht.

Am nächsten Morgen fuhren Bruder und Schwester ausnahmsweise zusammen in die Stadt. Ein wenig später verabschiedete sich Brian Service sehr herzlich von Mrs. Elder und ein wenig kühler von der Gastgeberin, die ihm sehr eng mit ihren Verwandten verbunden schien.

Janice erschien so lieblich wie immer im Lichte des Morgens; sie küßte Laura herzlich und sagte: »Vielen Dank für ihre Güte, aber *würklich,* irgendwie . . .« Und dabei ließ sie es.

Das war, wie Marie feststellte, eine treffende Zusammenfassung all dessen, was sich zugetragen hatte, und zugleich Janices scharfsinnigste Bemerkung.

7

Anfang Februar übernahm Hugh in der Stadt einen Job als Lastwagenfahrer, bis zum Beginn der Vorlesungen. Marie verließ Brookside höchst ungern.

»Ich werde euch sehr vermissen. Ihr wart rührend zu mir, und ich fühle mich richtig zu Hause bei euch. Aber ich möchte doch, daß sich Hugh gut eingewöhnt hat, wenn das Semester beginnt. Im nächsten Semester wird er mit den andern Studenten zusammenziehen, aber seine jetzige Bude ist scheußlich.«

»Es eilt ja nicht so. Ich wollte, du bliebst noch ein bißchen hier.«

»Eigentlich täte ich das auch gern, Laura, aber um es ehrlich zu sagen: Ehemänner möchten ihre Frauen für sich haben. Meine drei waren in dieser Hinsicht alle sehr empfindlich.«

»Aber wegen der ›Waisenkinder‹ kann ich nichts machen. Schließlich habe ich ja ihren Grund und Boden geerbt.«

»Quatsch. Er gehörte nicht ihnen. Er gehörte Ada, und sie hatte das Recht, ihr Eigentum zu vererben, wem sie wollte. Ganz bestimmt lag es nicht in ihrer Absicht, daß du soviel Trödel damit hast. Es geht einfach nicht, daß sie hier nach Belieben hereinbrechen, wie neulich Christine.«

Das bezog sich auf einen neuen Zwischenfall. Christine war wütend hergekommen, weil Guy sich entschieden gegen eine weitere Vermehrung ihres Tierbestandes durch einen Wolfshund zur Wehr gesetzt hatte. Es folgten ein paar schwierige Stunden, bis Derek sie energisch in ihr Auto setzte (zum Glück hatte sie dieses Mal nur Toss bei sich); er sagte, sie solle gefälligst verschwinden und versuchen, endlich vernünftig zu werden.

Er hatte verhindert, daß Laura ihren Tränen und Temperamentsausbrüchen allzuviel Aufmerksamkeit schenkte. Zum Schluß aber kam der Knalleffekt: »Großmutter hätte mich hier behalten. Aber jetzt hat Laura mir alles genommen, sogar meine letzte Zuflucht.«

Da wurde Derek grob. »Mrs. Stapleton hätte dich ohne viel Federlesens nach Haus geschickt und hätte dir noch dazu gründlich ihre Meinung gesagt. Laura soll dir alles genommen haben? Das zeigt gerade, was für ein undankbares Biest du bist. Deine Großmutter hat ihren Besitz nach ihren eigenen Wünschen vererbt. Seither hat Laura sich geplagt, euch für etwas zu entschädigen, worauf ihr überhaupt keinen Anspruch habt.«

Es war eine sehr unangenehme Szene gewesen, doch am nächsten Tag kam Christine wieder, dieses Mal voller Liebe und Reue. Mit Guy hatte sie sich ausgesöhnt. Natürlich hatte Laura gesagt: »Es ist schon gut. Ich weiß schon, daß du es nicht böse gemeint hast.« Und sie war froh gewesen, daß der noch immer wütende Derek nicht daheim gewesen war.

Jetzt sagte sie zu Marie: »Aber es muß doch einer für sie sorgen. Sie sind doch Waisen.«

»Was für ein Unsinn! Niemand muß für sie sorgen. Sie sind alt genug, um für sich selbst zu sorgen, außer Hugh, und der macht niemandem Kummer. Aber mit dir kann man nicht streiten. Du hast ein überdimensionales Gewissen. Ich wünschte . . .«

»Was wünschst du?«

»Ich wünschte, du wärst fünfzig und wärst dreimal verheiratet gewesen.«

Da mußten sie beide lachen.

Dann wurde Marie ernst. »Dann wäre dir klar, daß man die Langmut eines Mannes überfordern kann. Die Männer sind so ungerecht, daß sie keine Wohltäterin zur Frau haben wollen – außer, wenn sie selbst diese Wohltaten empfangen.«

Laura wurde abermals schwer ums Herz, denn Marie wußte zweifellos, wovon sie sprach. War sie im Begriff, Derek zu überfordern?

Marie machte die schönsten Pläne, wie sie für Hugh während der drei oder vier Monate sorgen würde, bis er in das Studentenheim ziehen konnte. Er hatte viel Freude an seinem Ferienjob und sparte sein Geld für das Semester auf. Laura hatte ihm zwar erklärt, daß das nicht nötig wäre. Dank Großmutters Testament brauchte er nicht so sparsam zu sein. Aber Mr. Gilbert hatte recht gehabt: Hugh wollte unabhängig sein von allen Zuwendungen, die die ihm zugedachten achthundert Dollar jährlich überstiegen. Er war auch sehr ehrgeizig. Er wollte nicht durchs Examen fallen. Er wollte sein Studium in möglichst kurzer Zeit hinter sich bringen, um dann, wie sein Direktor gesagt hatte, ›sein eigenes Leben zu leben‹.

Laura war froh über das Abkommen mit Marie. Sie würde ihm ein richtiges Heim schaffen, das völlig verschieden war von dem in einer trostlosen Pension. Einstweilen sollte Tim in Brookside bleiben. Vielleicht würden die jungen Leute ihn später als Wachhund in ihrem Haus haben wollen; aber fürs erste blieb er in seiner gewohnten Umgebung.

Marie würde Hugh bei der Arbeit unterstützen. Sie sagte: »Ich bin daran gewöhnt, daß ein Mann ruhig und ungestört arbeiten will. Norman war sehr reizbar, wenn er schrieb, und konnte keinen Lärm vertragen. Er mochte es nicht einmal, daß ich sein Zimmer sauber machte.«

»Das muß ziemlich schwierig gewesen sein.«

»Das war es auch. Anfangs war mir nicht klar, daß er in seinem Zimmer einen Flaschenschrank hatte. Deshalb fand ich ihn so oft schlafend, wenn er angeblich arbeitete. Aber es hatte keinen Sinn, etwas zu sagen. Ich wußte ja, daß er nicht allzuviel Geld für Alkohol hatte; denn er verdiente ja nicht genug. Wenn manchmal etwas von ihm gedruckt wurde, war das ein Glücksfall, und es wurde natürlich gebührend gefeiert. Aber schließlich hat jeder seine Schwächen. Man muß eben tolerant sein.«

Laura bezweifelte, daß sie selbst so tolerant sein könnte; aber schließlich gehörte Marie zu jenen Ausnahmewesen, die von anderen sehr wenig erwarten. Derek sagte, als ihr Gast sie verlassen hatte: »Mir scheint, sie möchte nur eins: einen Mann verwöhnen und ihm helfen. Hoffentlich setzt sich nicht ein Dauergast in ihr zweites Fremdenzimmer.«

»Das glaube ich kaum. Hugh wird ihr genügen, und sie wird für ihn sorgen. Er ist ein Glückspilz. Und wenn er sich seine eigene Behausung einrichtet, wird Joseph kommen.«

»Und dann werden wir zwei endlich unsern Frieden haben. Ich freue mich für Hugh. Er verdient es. Er ist der einzige der ›Waisenkinder‹, der mal an andere denkt. Ich hoffe nur, er bleibt auch während seines Studiums der alte. Die Studenten sind so ein leichtfertiges Volk.«

Wie alle Außenseiter, hielt Derek nicht allzuviel von Studenten. Er ließ sich von den Zeitungsberichten über ihre Eskapaden beeinflussen.

»Ach, Hugh ist in Ordnung. Er wird so eifrig studieren, daß er für Dummheiten keine Zeit hat. Außerdem ist er viel zu vernünftig.«

Derek grinste. »Vielleicht möchte er mehr vom Leben haben, statt von Anfang an zu büffeln. Ich weiß allerdings, daß er gerade jetzt sehr hohen Idealen nachhängt.« Damit meinte er Hughs Verehrung für Anne Gilbert.

Zuversichtlich fuhr er fort: »Die großen Stürme scheinen sich gelegt zu haben. Ich glaube, wir können an unsere Reise denken. Neulich hörte ich von einem Mann, Carter, der hier vielleicht die Verwaltung übernehmen könnte, wenn wir fort sind. Er ist in einigen Monaten frei.«

Ihre Augen leuchteten; dennoch hatte sie Bedenken. »Können wir denn jetzt verreisen? Weißt du, seit Großmutters Tod ist noch kein halbes Jahr vergangen, und sie haben ihren Dreh noch nicht gefunden.«

Er brauste auf, daß sie es mit der Angst bekam. »Sie haben ihren Dreh gefunden, soweit sie ihn überhaupt finden können, wenigstens die beiden Ältesten. Chris scheint jetzt auch vernünftig zu sein. Um Hugh mache ich mir keine Sorgen. Es wird Zeit, daß wir an uns selbst denken.«

»Natürlich, das wollen wir auch. Aber wenn wir ans Ende der Welt fahren und das Haus zuschließen, könnte doch einem von ihnen etwas zustoßen.«

»So? Was denn? Um Himmels willen, Laura, hör doch damit auf! Sie sind erwachsen. Lester ist zwei Jahre älter als du, und Eva ist genauso alt wie du. Was wird denn aus uns? Was wird, bitte schön, aus mir? Seit fast einem Jahr sind wir verheiratet, und wir haben noch keinen Tag ein normales Leben geführt. Ich habe dich nicht geheiratet, um zuzuschauen, wie du dich in eine Art Kindertante für eine Schar von unzurechnungsfähigen jungen Idioten verwandelst. Ich habe dich geheiratet, weil ich eine Frau haben wollte – und Kinder.«

Bei den letzten Worten zitterte seine Stimme, und Laura erschrak im Innersten. So hatte Derek noch nie zu ihr gesprochen. Daß er sich Kinder wünschte, hatte er stets nur flüchtig und mehr nebenbei erwähnt. Sie mußte zugeben, es war ein ganz natürlicher Wunsch, und sie wollte das gleiche. Aber seit Großmutters Tod und auch die drei Monate zuvor hatte es soviel Aufregungen gegeben, daß für solche Gedanken gar keine Gelegenheit gewesen war. Marie hatte recht. Sie war töricht gewesen. Sie hatte nicht erkannt, was wirklich wichtig war. Das sagte sie ihm jetzt, und dabei schaute sie ihn so bittend an, daß er sie auf der Stelle in seine Arme nahm. Sein Ärger war verflogen.

Liebevoll sagte er: »Es war schlimm, ich weiß. All diese Aufregungen! Wir haben in einem fürchterlichen Durcheinander gelebt, in einem richtigen Strudel. Aber jetzt sind die Dinge anscheinend ins Lot gekommen. Chris und Guy haben seit vierzehn Tagen keinen Streit gehabt, Lester ist glücklich mit seinem Buch und scheint Janice vergessen zu haben, und Eva kann selbst auf sich aufpassen. Also können wir jetzt Pläne schmieden.«

»Ja, das wollen wir. Und ich will beten, daß sie in Erfüllung gehen.«

»Das tu nur. Aber zuerst machen wir ein Programm. Wenn wir das nicht haben, könnte etwas schiefgehen. Der Mann von der Bezirksverwaltung sagt, daß die Straße bestimmt weitergebaut wird. Ich schlage also vor, daß wir eine Reise ins Auge fassen und daß ich an Carter herantrete, damit er hier die Verwaltung übernimmt. Er kann so lange in unserm Haus wohnen, bis wir für ihn ein eigenes kleines Haus bauen.«

»Wann können wir in unser eigenes Haus ziehen?«

»Das hängt von der Bezirksverwaltung ab. Diese Dinge brauchen Zeit; aber wir müssen uns darauf einrichten. Vielleicht geht es ganz schnell. Eines ist sicher: dieses Haus hier wird abgerissen. Und wenn es soweit ist, packen wir unsere Sachen und ziehen in das andere.«

»Das bedeutet, daß Onkel Joseph in Kürze hier auf dem Trockenen sitzt.«

»Zum Teufel mit Onkel Joseph. Wie Marie ganz richtig sagt, wird es ihm ganz guttun, wenn er einmal für sich selbst sorgen muß. Dann wird er sehr kleinlaut sein, wenn er zu ihr kommt, und sie hat keinen Ärger mit ihm. Er wird alles tun, was sie will, aus Angst, er wird rausgeschmissen.«

»Hoffentlich wird er ihr nicht allzu lästig.«

»Marie weiß, woran sie ist. Sie ist stets obenauf. Das war sie immer und wird es immer bleiben. Sie unternimmt die verrücktesten Dinge; sie heiratet zum Beispiel diesen Elder, und alle denken, sie hat einen großen Fehler gemacht. In Wirklichkeit hatte sie es ganz gut getroffen. Hör endlich auf, von Pflichten zu reden, oder denke zur Abwechslung mal an deine Pflichten gegenüber deinem Mann.«

»Ach, das tu ich ja. Ich wollte ja gar nicht so sein; aber es war Großmutters Wunsch . . .«

»Ich weiß schon. ›Wenn ich's nicht tue, wer tut es dann?‹ Die alte Leier. Das ist dein idiotisches Gewissen. Man könnte meinen, es ist entzündet wie ein Blinddarm. Schade, daß man's nicht herausnehmen kann.«

Beide lachten, dann sagte sie nachdenklich: »Meinst du, ich wäre dann eine bessere Ehefrau?«

»Nicht besser, aber vielleicht lustiger.«

Mit einem Ruck machte sie sich von ihm los. Das war's, was Marie gesagt hatte: Männer wollen keine Wohltäterin zur Frau haben. Sie sagte schroff: »Morgen muß ich in die Stadt. Hugh braucht ganz dringend ein paar Bücher. Er hat deshalb angerufen.«

»Und ich brauche jemand, der mir beim Aussondern der Schafe hilft.«

Sie machte ein unglückliches Gesicht. Es war schon schrecklich lange her, seit sie ihm auf der Farm geholfen hatte. Nach Großmutters Tod war es ihm gelungen, eine Aushilfe zu engagieren. Aber jetzt hatte ihn der Mann im Stich gelassen und eine Stellung in der Mühle im Ort angenommen. Rasch sagte sie: »Das machen wir zusammen. Das ist wichtig. Wir stehen ganz früh auf, treiben die Schafe zusammen und sortieren sie. Ich kann auch später in die Stadt fahren.«

Als sie am frühen Morgen über die Schafweiden ritten, dachte sie: So sollte es immer sein. Derek hat recht. Ich verliere den Sinn für das, was wichtig ist. Als ich ihn heiratete, wollte ich eine Farmer-Frau sein und keine Waisenmutter. Als sie die Weidezäune öffnete und die alten Mutterschafe aussortierte, war sie richtig glücklich. Allerdings mußte sie dann in zügigem Tempo in die Stadt fahren, um rechtzeitig für Hughs Abendvorlesungen dort zu sein. Sie traf Marie glücklich beim Einrichten ihrer neuen Wohnung. Hugh war zur Arbeit.

»Es ist herrlich. Ich kann alles nach meinem Geschmack einrichten und brauche auf niemanden Rücksicht zu nehmen. Höchstens auf Hugh. Ich glaube, er ist glücklich. Allmählich hat er seinen Kummer überwunden. In diesem Alter haben die meisten jungen Kerle Liebesaffären.«

Laura war überrascht. »Hat er dir davon erzählt? Zu mir hat er nie ein Wort darüber verloren.«

»Zu mir auch nicht. Das würde er nie tun. Aber ich merkte, daß da jemand sein mußte. Neulich sah ich, wie er eine Fotografie in einer Zeitung betrachtete. Es war seine bezaubernde Schule, und die ebenso bezaubernde Frau des Direktors stand auf der Treppe. Armer Hugh! Es war nicht schwer zu erraten, was ihn bewegte. Ich ließ also die Zeitung liegen, und die Seite verschwand. Ich fand sie im Papierkorb; das Foto war herausgeschnitten. Typisch für sein Alter und völlig harmlos.«

»Sicherlich. Anne hätte dieser Sache auch nie Vorschub geleistet. Sie ist genauso gut, wie sie schön ist.«

»Es ist gut, daß die erste Leidenschaft des Jungen ihr galt. Es hätte genausogut irgendein hübsches Mädchen sein können, das er auf einer Party kennengelernt hätte. Eine von denen, die meinen, Drinks und Sex seien die einzigen Dinge, auf die es ankommt. Hugh ist zwar nicht der Mensch, der leicht auf so etwas hereinfällt. Er ist wählerisch. Aber jetzt hat er ein Ideal, an dem er die anderen Mädchen messen wird, wenigstens für eine Weile.«

Laura genoß diese Stunde. Sie tranken einen vorzüglichen Kaffee. Marie war reich an Erfahrungen; trotzdem war sie nicht zynisch. Ihr Erscheinen bedeutete ein Geschenk des Himmels für die schwierige Brookside-Familie.

Auch Onkel Joseph hatte sich mit seinem Schicksal abgefunden. Über die Straße brauchte er nun nicht mehr zu jammern. Zufrieden erklärte er Laura, er werde es genießen, der Zivilisation näher zu rücken. Diese Äußerung ärgerte freilich Derek, der, wie alle Farmer, das Landleben für das einzig mögliche hielt. Der alte Herr rechnete schon die Miete aus, die er für sein Landhäuschen bekommen würde. Eines Tages kam er geschäftig an und berichtete: ein Wagen sei vorgefahren, und ein Mann habe ihn gefragt, ob man etwas Ähnliches in der Nähe mieten könne.

»Ein Farmer, der sich zur Ruhe gesetzt hat und nicht in der Stadt leben mag. Du weißt ja, wie engstirnig diese Kerle sind«, sagte er zu Derek.

»Natürlich glaubt er, aus so einem armen Schlucker genug herausschlagen zu können, um Marie zu bezahlen«, sagte Derek später gereizt zu Laura.

»Das wird er wohl kaum deichseln können. Marie wird sich von ihm nicht übertölpeln lassen. Sie sagte, sie würde von ihm fast doppelt soviel verlangen wie von Hugh.«

»So ist's recht. Er kann sich's leisten.«

»Natürlich kann er das. Und wie sie sagt, gehört er zu den Menschen, die nur das schätzen, wofür sie ordentlich bezahlen müssen. Von Hugh verlangt sie natürlich viel zu wenig.«

»Sie ist eine merkwürdige Mischung. Großzügig und sparsam zugleich. Wenn Joseph verschwindet, wird es richtig friedlich sein. Allmählich kommt alles in die Reihe.«

Einige Tage später dachte Laura, sie hätte doch noch länger die Daumen drücken sollen; denn da war der Friede schon wieder gestört.

Diesmal war Eva schuld. Unangemeldet fuhr sie eines Abends in ihrem kleinen Auto vor. Wie üblich war ihr Auftritt hochdramatisch. So waren alle »Waisenkinder«, was Großmutter stets bedauert und im geheimen zugleich genossen hatte. Eva sah abgespannt aus und hatte dunkle Schatten unter den Augen. Sie antwortete nur kurz auf Lauras Fragen nach ihrem Befinden und ihrem Beruf.

»Mit dem Beruf ist alles in Ordnung. Da brauche ich keine Sorge zu haben, solange ich meine Figur und mein Aussehen behalte.«

Also was sonst? Weshalb dieser unheilschwangere Ton? Plante Eva etwas Neues? Es überraschte Laura nicht, daß ihre Kusine ihr in die Küche folgte. »Laura, ich muß mit dir reden«, begann sie. »Mach dir keine Arbeit mit dem Essen. Ich habe unterwegs eine Tasse Kaffee getrunken und ein Sandwich gegessen. Ich bin weiß Gott nicht hungrig.«

Das klang wenig vielversprechend. Eva folgte ihr entschlossen ins Schlafzimmer. Derek machte ein spöttisches Gesicht; er wußte schon, daß Laura ein unwillkommenes Geständnis bevorstand. Sein Mienenspiel sagte: Hier gibt's einen neuen Verdruß, und wie üblich läßt Laura sich hineinziehen. Das war nicht nett von ihm; denn im Grunde wollte ja auch sie nur ihre Ruhe und ihren Frieden.

Es gab wirklich Ärger. Eva warf sich aufs Bett und sagte: »Laura, ich habe mich entschlossen, mein Schicksal mit dem von Kenneth Everton zu vereinen.«

»Kenneth Everton?« Laura überlegte. Sie konnte sich nicht erinnern, diesen Namen je gehört zu haben.

Eva fuhr ungeduldig fort: »Ach, du kennst ihn nicht. Ich habe ihn natürlich nicht mit hierhergebracht.«

Wieso natürlich? Für Eva war es weit natürlicher, ihre Anbeter mit nach Brookside zu bringen.

»Du hast dich also entschlossen . . .« Aber etwas an dem Ausdruck »Schicksal vereinen« beunruhigte Laura.

»Ich kenne ihn seit zwei Jahren, und seit einiger Zeit lieben wir uns.«

Seit einiger Zeit? Es war noch nicht sehr lange her, seit sie den hübschen jungen Dummkopf mit nach Brookside gebracht hatte. Das war ein rascher Verschleiß, obgleich sie das wohl nicht wahrhaben wollte.

Eva fuhr fort: »Das dumme ist nur, daß er sich nicht entschließen kann, seine Frau zu verlassen.«

»Seine Frau?« Das war allerdings eine Überraschung. Eva runzelte die Stirn, als sie Lauras Gesichtsausdruck sah.

»Ja, seine Frau. Ach, Laura, sei doch nicht so streng und altmodisch. Alle Tage verlassen Männer ihre Frauen oder umgekehrt. Du weißt doch, heutzutage ist das nichts Besonderes. Niemand macht mehr viel Aufhebens wegen einer Ehe. Warum auch, wenn sie einander lieben?«

»Und du, liebst du ihn?«

»Ja. Er paßt zu mir. Er besitzt alles, auch Verstand. Nicht wie der Trottel, den ich neulich mitbrachte. Übrigens, hast du schon gehört, daß er sich mit dieser dämlichen Janice verlobt hat? Die passen gut zueinander. Sie werden die schönsten Kinder von der Welt haben, und sie werden nie merken, wic schwachsinnig jedes ist.«

Bei dieser boshaften Bemerkung konnte Laura ein Lächeln nicht unterdrücken. Aber sie wurde gleich wieder ernst und sagte zögernd: »Bist du deiner Sache auch sicher, Eva? Wirklich sicher, denn . . .«

»Denn was?«

»Also, ich weiß schon, daß eine Scheidung heute nichts Besonderes ist. Trotzdem ist es ein entscheidender Schritt. Und du bist nicht so erzogen, so etwas auf die leichte Schulter zu nehmen.«

»Ach, hör doch auf! Was bedeuten heute noch Erziehung oder Kinderstube oder Lebensart oder Religion? Das haben wir überwunden. Jeder lebt, wie er es für richtig hält.«

»Ja, ich weiß, manche tun das. Aber bist du auch überzeugt, daß es für dich das Richtige ist?«

»Warum, in aller Welt, nicht?«

Großmutter fiel ihr ein, wie sie nach einer besonders heiklen

Affäre von Eva gesagt hatte: »Eva ist unverdorben. Von Grund auf unverdorben. Sie ist eitel und frivol, aber nur an der Oberfläche. Ich gebe zu, daß ich sie verwöhnt habe. Ich liebe hübsche Menschen, und sie war immer schön, schon als kleines Kind. Um sie habe ich eigentlich keine Angst. Sie wird immer ihre Anfälle haben, aber das geht vorüber. Sie hat doch ihre Grundsätze und einen gesunden Menschenverstand.«

Das alles rief sich Laura ins Gedächtnis und hoffte, Eva würde sich beruhigen. Aber das junge Mädchen sagte ungeduldig: »Ich wußte schon, daß du Großmutter zitieren würdest. All dieses veraltete Zeug. Wie schön für sie, daß sie so dachte. Aber ich bin froh, daß sie tot ist; so brauche ich sie nicht zu enttäuschen. Sei doch einmal sachlich, Laura. Großmutter war eine wunderbare Frau; aber wie gesagt, sie ist tot. Es hat doch keinen Zweck, so wie du in ihrem Sinn weiterzuleben. Solange sie lebte, haben wir uns nach ihr gerichtet. Jetzt ist sie tot, und ich lebe und du auch. Nur bist du dir nicht klar darüber. Und Ken bedeutet mein Leben.«

»Ach, Eva, bist du davon wirklich überzeugt? Überlege es dir genau.«

»Das will ich auch. Deshalb habe ich vierzehn Tage Urlaub genommen, um hier in Ruhe über diese Dinge nachzudenken. Den Urlaub habe ich noch gut, und ich kann ihn geradesogut jetzt nehmen; denn wenn ich mit Ken fortgehe, bedeutet das sowieso das Ende meiner Karriere.«

»Fortgehen? Willst du denn fort von hier?«

»Ja. Ken ist in Australien eine sehr gute Stellung angeboten worden. Wenn alles gut geht, sind wir in drei Wochen über alle Berge. In Australien ist alles viel einfacher. Da ist keiner, der mich schief ansehen kann. Eine große Stadt und ein neues Leben.«

»Das kann ich mir vorstellen. Und was wird aus seiner Frau?«

Eva zuckte zusammen. Sie lag lang ausgestreckt auf dem Bett, ihr schöner Körper war entspannt, und sie war ganz gelöst. Man hätte meinen können, sie spräche von wildfremden

Menschen. Aber jetzt setzte sie sich auf. »Seine Frau? Ja, ich kenne sie. Sie ist freundlich, aber so still. Nicht wie Ken. Nicht geistig oder musisch begabt.«

»Ist sie hübsch?«

»Nicht besonders. Ich glaube, sie war es einmal, aber sie macht nichts aus sich. Du kennst diese Art. Kein Typ für Männer.«

Ja, Laura kannte diese Art. Eine Frau wie sie selbst. Weder so energisch noch so blendend wie die »Waisenkinder«. Ruhig sagte sie: »Hat sie ihn lieb?«

»Ich nehme an. Sie zeigt es nicht sehr, und sie interessiert sich nicht für die Dinge, die Ken Spaß machen.«

»Welche Dinge? Was macht er?«

»Er ist Dozent an der Uni, und seine Leidenschaft ist das Theater. Dadurch habe ich ihn auch kennengelernt. Ich hatte eine kleine Rolle in einem Stück, das er inszeniert hat.«

»Und seine Frau nimmt keinen Anteil an seinem Leben?«

»Kaum. Ich weiß nicht viel von ihr. Er spricht nicht über sie, und wenn ich ihn nach ihr frage, gibt er keine Antwort. Er möchte ihr nicht wehtun. Aus diesem Grunde zögert er immer noch, und deshalb bin ich meiner Sache auch noch nicht ganz so sicher. Ich weiß, dir gegenüber war ich immer eine Egoistin, Laura, aber du hast das geradezu herausgefordert. Doch im Grunde bin ich nicht scharf darauf, andere Leute zu verletzen. Und dann sind ja auch noch die Kinder da.«

»Kinder?« Laura erschrak so heftig, daß sie unwillkürlich lauter redete. »Sie haben Kinder?«

»Das ist doch nichts Ungewöhnliches.« Evas Stimme klang gereizt, als wollte sie sich verteidigen. »Zwei. Und auch noch in einem schwierigen Alter. Einen Jungen und ein Mädchen.«

»Ich meine, daß jedes Alter schwierig ist, wenn einen der Vater verlassen will. Wie alt sind sie denn?«

»Der Junge ist elf und das Mädchen sieben.«

»Dann muß ihr Vater ziemlich viel älter sein als du.«

Eva erwiderte kühl: »Ken ist siebenunddreißig. Knapp vor

dem Greisenalter. Außerdem habe ich immer ältere Männer vorgezogen.«

Laura unterdrückte den Wunsch, Eva an ihre letzten vier Verehrer zu erinnern, die alle noch sehr jung gewesen waren. Gedehnt sagte sie: »Da muß er dich wohl sehr liebhaben, Eva, wenn er seiner Frau wehtun will, die ihn gern hat und die er wahrscheinlich auch noch gern hat, und zwei Kindern, die alt genug sind, um alles zu verstehen. Ja, er muß dich wirklich lieben oder wenigstens glauben, daß er dich liebt.«

»Glauben? Was meinst du damit?« Evas Stimme klang schrill, doch Laura ließ sich nicht einschüchtern.

»Ich glaube, daß solche Sachen selten von Dauer sind. Ein Mann, auch ein anständiger Mann, kann bezaubert sein von einer jungen, schönen Frau. Aber nach einiger Zeit wird die Erinnerung übermächtig, und dann wird der Zauber vergehen.«

»Und dann?«

»Und dann wird es für alle Beteiligten schlimm sein.«

Damit stand Laura auf. Sie schob ihren Stuhl zurück. Sie hatte das Gefühl, genug gesagt zu haben. Freundlich schloß sie: »Es hat keinen Sinn, heute abend noch weiter darüber zu reden. Du bist ja eine ganze Zeit hier, lang genug, um alles zu überdenken. Wir können ein andermal weitersprechen.«

Aber ihr liebevolles Herz gewann die Oberhand. »Du mußt nicht glauben, daß ich dich verurteile, Eva«, sagte sie weich. »Ich weiß, daß so etwas passieren kann. Nur – ich möchte, daß du deiner Sache ganz sicher bist und daß du wirklich glücklich wirst.«

»Danke, Laura. Das ist mehr, als ich von dir erwartet habe.«

»Von mir, die ich unter Großmutters Einfluß gelebt habe? Ich bin schließlich zweiundzwanzig und besitze etwas Einfühlungsvermögen.« Sie öffnete die Tür.

»Jetzt muß ich gehen. Derek wird sich alles mögliche denken, wenn ich noch länger bleibe.«

Eva setzte sich auf und sagte nachdrücklich: »Derek?«

Es war, als wäre ihr gerade erst eingefallen, daß da einer der Herr im Hause war.

»Erzähl Derek nichts davon, Laura. Sag ihm nur, ich wäre hier, um Urlaub zu machen. Derek würde mich sicherlich tadeln, und ich habe keine Lust, mir seine Predigten anzuhören.«

Laura nickte. Tadeln war ein viel zu mildes Wort. Im Augenblick war sie froh, ihrem Mann nichts über die neueste Krise erzählen zu müssen.

8

Laura verbrachte eine unruhige Nacht. Beim Frühstück war sie still und geistesabwesend. Eva war nicht erschienen, und zum erstenmal fand Laura es schwierig, mit ihrem Mann allein zu sein.

»Kopf hoch, Liebes! Genieße das Frühstück zu zweien. Es sieht so aus, als müßten wir die übrigen Mahlzeiten unweigerlich zu viert einnehmen. Nein, du brauchst dich nicht zu verteidigen. Ich will dich nicht fragen, wie lange Eva hierbleibt, und warum du heute nacht so unruhig warst. Es liegt irgend etwas in der Luft, aber ich will nicht wissen was. Und das ist auch gut so, denn offensichtlich hast du nicht die Absicht, es mir zu erzählen.«

»Du tust so, als ob ich es nicht wollte. Aber wenn Eva sagt ...«

»›... erzähl Derek nichts davon‹, und wenn sie es mit besonderem Nachdruck sagt, da seufzt du erleichtert auf. Jedenfalls hätte sie ihre Tür zumachen sollen. Es ist schon recht. Mir ist klar, daß bei dir das unglückliche ›Waisenkind‹ an erster Stelle steht. Ich kann's ertragen, wenn ich in diese albernen Geschichten nicht hineingezogen werde.«

Sie konnte ihm seine Erbitterung nicht verübeln. Sie vermochte nur zu sagen: »Hast du nicht irgendeine Arbeit für mich auf der Farm? Ich möchte so gern heute morgen mit dir zusammen fortgehen.«

Sofort war er besänftigt.

»Ich hole dein Pony, und dann können wir zusammen das Vieh auf die hinteren Weiden treiben. Eva soll den Haushalt machen. Sie wird schon gelegentlich aufstehen.«

»Ach ja. Ich will nur abräumen und ihr sagen, daß ich fortgehe.«

Eva machte ein leidendes Gesicht, erklärte sich aber mit der Hausarbeit einverstanden.

»Es eilt doch nicht? Ich habe eine furchtbare Nacht hinter mir.«

»Es tut auch nicht gut, so dazuliegen und zu grübeln. Es wäre besser, du ziehst dich an und gehst in den Garten. Es ist nicht viel zu tun. Aber du kannst es auch sein lassen, wenn du keine Lust hast.«

Laura verlebte einen glücklichen Vormittag. Es war herrlich, mit Derek über die Farm zu reiten und Eva samt ihren Problemen zu vergessen. Derek kam mit keinem Wort auf die Sache zurück, sondern plauderte vergnügt über seine landwirtschaftlichen Pläne und über den Umzug in ihr eigenes Haus. Er verlor auch nicht die Geduld, als seine Frau ängstlich fragte: »Sollten wir das Haus nicht vergrößern? Es hat nur ein einziges Gästezimmer.«

»Ein für allemal: nein! Die ›Waisen‹ müssen es sich abgewöhnen, alle auf einmal daherzukommen. Sonst müssen sie Zelte mitbringen. Oder noch besser, sie können bei Chris übernachten. Die hat genug Zimmer. Wenn wir anbauen, dann nur ein Kinderzimmer.«

Das war ein herrliches Thema. Die ›Waisenkinder‹ und ihr Familiensinn waren vergessen. Statt dessen überlegten sie, wann wohl das alte Haus abgerissen werden würde.

»Es ist an sich ziemlich herzlos, sich darauf zu freuen. Aber schließlich wissen wir es ja schon lange, und auch Großmutter hat immer damit gerechnet. Seit ihrem Tod macht uns das Haus immer größeres Kopfzerbrechen. Es wären eine Menge Reparaturen fällig.«

»Nur nichts überstürzen! Noch hält das Dach den Regen ab,

und die Wände fallen auch noch nicht zusammen. Wir können es getrost abwarten, bis mit dem Abbruch begonnen wird.«

Voller Glück lag die Zukunft vor ihnen. An diesem strahlend sonnigen Morgen schmiedeten sie Pläne über Pläne. Laura fühlte sich beruhigt und getröstet. Diese Stimmung dauerte an, bis sie vom Pferd stieg und zum Haus ging. Von der Veranda her hörte sie laute Stimmen – unverkennbar lagen sich zwei »Waisen« in den Haaren. Sie seufzte tief auf. Konnten sie denn nie beisammen sein, ohne sich zu streiten? Im Innern war sie überzeugt, daß sie einander wirklich liebhatten, daß sie einem gemeinsamen Feind gegenüber zusammenhalten würden. Leider gab es keinen solchen Gegner, und so mußten sie ihre Aggressionen untereinander abreagieren.

»Du bist die Richtige, um über die Unantastbarkeit der Ehe zu reden! Dauernd streitest du dich mit Guy und läufst ihm davon. Da wäre ich lieber gar nicht verheiratet, statt wie Hund und Katze mit einem Mann zusammenzuleben.«

Christine schrie zurück: »Was verstehst du denn schon davon? Das jedenfalls brächte ich nie fertig: einer andern Frau den Mann wegzunehmen und den Kindern den Vater.«

Hier mußte man vermitteln, und Laura betrat das Wohnzimmer. Eva hatte den Staubsauger mitten im Zimmer stehen lassen, um besser mit ihrer Schwester streiten zu können. Freundlich sagte Laura: »Hallo, Chris! Ist das nicht eine Überraschung, daß Eva hier ist? Jetzt können wir zusammen Kaffee trinken.«

Es war ein göttlicher Anblick, wie entrüstet die beiden Streithähne sie anstarrten.

»Laura, ich glaube wirklich, du würdest den Leuten noch eine Tasse Kaffee anbieten, wenn eine Atombombe fällt«, sagte Chris giftig. Laura zuckte die Achseln.

»Da würde man wohl auch nichts anderes machen können. Ich bin weit geritten und möchte jetzt einen Kaffee. Hilfst du mir beim Kaffeekochen, Chris?«

Sie ging, mitsamt dem Staubsauger, der heute wohl kaum mehr gebraucht wurde.

Christine folgte ihr nicht. Der Anreiz, sich weiter mit ihrer Schwester zu streiten, war zu groß. Als Laura die Tür schloß, hörte sie noch, wie ihre jüngere Kusine sagte: »Wie kannst du so ruhig dasitzen und sagen . . .«

Was Eva ruhig sagte, wollte Laura gar nicht wissen. Sie sah in diesem Augenblick keineswegs ruhig aus, und Laura kannte diese Szenen zur Genüge. Als sie mit dem Kaffee hereinkam, sagte Eva gerade: »Du bist bestimmt kein Vorbild. Kaum ein Beispiel für eine glückliche Ehe. Ich meine, du solltest . . .«

Aber Laura hatte genug. Sie dachte an ihre Arbeit, an den schönen Morgen mit Derek und sagte: »Es hat doch keinen Zweck, euch zu beschimpfen. Chris, augenscheinlich hat dir Eva erzählt, daß sie vorhat, mit jenem Mann nach Sidney zu gehen. Ich kenne ihn nicht, deshalb kann ich auch nichts dazu sagen. Sie ist alt genug, um zu wissen, was sie tut. Kein Grund zur Aufregung.«

Christine sah sie überrascht an. »Aber Laura, ich dachte, du würdest die erste sein, die für die Unverletzlichkeit der Ehe eintritt, für die Rechte der Kinder und das alles! Du hast doch immer auf Großmutters Grundsätzen bestanden. Was meinst du, was sie von Evas jetzigem Seitensprung gehalten hätte?«

»Zieh Großmutter nicht hinein«, antwortete Laura scharf. »Eva hat es gestern abend schon gesagt: Sie ist nicht mehr bei uns.«

Ihre Stimme zitterte ein wenig.

»Das ist ja eine famose Einstellung«, erwiderte Christine selbstgefällig. »Ich kann mir vorstellen . . .«

»Wenn du mit dem Spruch kommen möchtest, sie würde sich im Grabe umdrehen«, schnitt Eva ihr das Wort ab, »dann halt den Mund. Wenn jemand ihre Ruhe stört, dann höchstens du. Dauernd hast du Streit mit deinem Mann, dauernd rennst du hierher wie ein verlassenes Kind, dauernd . . .«

Christines Gesicht verfärbte sich, und plötzlich redete Laura sehr laut: »Ich wünsche, daß ihr alle beide den Mund haltet und euern Kaffee trinkt. Hört endlich damit auf, euch zu beschimpfen und Großmutter mit hineinzuziehen. Ich weiß ganz genau, was sie gesagt hätte, und Eva weiß es auch. Sie hätte nicht gewollt, daß man mit ihr gedroht hätte, und ich will das auch nicht haben.«

»Du willst das nicht?«

Auf einmal sprachen beide Schwestern gleichzeitig.

»Nein. Und noch etwas: ich erinnere euch zwar nicht gern daran, aber das hier ist mein Haus. Und wenn ihr euch nicht anständig benehmen könnt, dann ist es besser, ihr geht und tragt eure Auseinandersetzung woanders aus.«

Sie waren so überrascht, daß im ersten Augenblick keine etwas sagte. Laura warf sie hinaus! Laura erinnerte sie daran, daß Brookside nicht mehr ihre Heimat war! Das war so unglaublich, daß ihnen die Worte fehlten. Laura war selbst überrascht. Sie hatte tatsächlich den »Waisenkindern« die Meinung gesagt! Mehr noch, sie hatte sie daran erinnert, daß das alte Haus nicht mehr ihr Zuhause war. Es war *ihr* Haus, und sie hatten sich darin anständig aufzuführen! Eigentlich bedauerte sie nichts. Es war höchste Zeit, daß ihnen das einmal klargemacht wurde. Sie bedauerte nur, daß Derek nicht dabei war.

Beide Schwestern waren wie vor den Kopf geschlagen. Gehorsam nahmen sie ihren Kaffee entgegen. Sie betrachteten Laura befremdet und mit neuem Respekt. Sie hatten nicht gedacht, daß Laura so energisch werden konnte, und sie litten unter diesem Schock. Daß sie das fertigbrachte: einfach zu sagen, das sei *ihr* Haus! Brookside, ihr Zuhause!

Sie ließen sich sogar herbei, von anderen Dingen zu reden. Sie fragten, ob die Farmarbeit Fortschritte mache, wie es Hugh auf der Universität gefalle und was Marie für ein Mensch sei.

»Ich kann sie nicht verstehen. Dreimal verheiratet! Und dabei scheint sie so sensibel zu sein.«

Laura lächelte. »Sie ist äußerst sensibel und gleichzeitig sehr klug, sogar was ihre Ehen betrifft. Sie mag Männer gern, und die Männer mögen sie; und sie ist altmodisch genug, um zu glauben, daß man in der Ehe glücklich sein kann.«

Diesen kleinen Seitenhieb konnte sie sich nicht verkneifen. »Lester würde sagen: Auf diese Art findet sie ihre Selbstbestätigung. Deshalb heiratet sie immer wieder. Und aus jeder ihrer Ehen macht sie etwas. Das zeigt doch zur Genüge, daß sie etwas davon versteht.«

Sie lachten höflich, und für kurze Zeit entspannte sich die Atmosphäre. Aber Christine konnte es nicht dabei lassen. Sie fragte Eva, wie lang sie in Brookside zu bleiben gedenke. Wie gewöhnlich fragte Eva ihre Gastgeberin nicht um ihr Einverständnis; sie erklärte, sie habe jetzt vierzehn Tage Urlaub, und dann . . . Sie vollendete den Satz nicht. Laura kam einer scharfen Bemerkung von Christine zuvor und sagte lebhaft: »Inzwischen bitte keine weiteren Diskussionen! Wenigstens nicht in diesem Haus.«

Da hatte sie ihnen wahrhaftig ihr Eigentumsrecht schon wieder unter die Nase gerieben! Sie genierte sich ein wenig, aber es wirkte. Christine sagte: »So, jetzt muß ich heim. Ich habe heute nachmittag Gäste und habe noch nichts vorbereitet. Laura, du hast wohl nicht zufällig einen Kuchen in der Gefriertruhe übrig?«

Der Alltag hatte sie wieder. Christine entschwand mit einer Sandtorte, die eigentlich für Lauras Nachmittagstee bestimmt war. Als sie schon an der Haustür war, meinte Eva kopfschüttelnd: »Das paßt zu ihr! Ob sie wohl jemals etwas selbst kocht?«

Sofort wandte sich Christine um und sagte zuckersüß: »Vielen Dank, liebste Laura! Morgen backe ich ein paar Kuchen und bringe dir eine Bananentorte. Es ist schlimm genug, daß du immer jemanden da hast, der dir die Haare vom Kopf frißt.«

Mit diesen Worten stieg sie in ihren Wagen, winkte triumphierend, und fort war sie.

Als sie allein waren, begann Eva: »Versuche doch bitte, mich in dieser Sache zu verstehen, Laura!« Aber von neuem Mut erfüllt, erwiderte ihre Kusine schnell: »Ich meine, was ich sage, Eva. Wir wollen nicht endlos darüber reden. Ich kann dir nicht helfen. Du bist genauso alt wie ich und hast wahrscheinlich viel mehr Erfahrung. Ich habe immer nur hier bei Großmutter gelebt; dann habe ich mich in Derek verliebt und ihn geheiratet, und nun lebe ich weiter hier. Du hast viel mehr von der Welt gesehen. Wie kann ich dir einen Rat geben? Wie kann das im übrigen überhaupt jemand tun? Du mußt das selbst entscheiden.«

»Aber du meinst, wir tun etwas Unrechtes?«

»Ja. Aber ich kenne diesen Mann nicht. Und seine Frau auch nicht. Ich weiß nicht, was sie empfinden.«

»Aber du weißt, was ich empfinde.«

»Was du in diesem Augenblick zu empfinden glaubst. Sei nicht böse, Eva, aber das genügt nicht. Es handelt sich um drei Menschen, sogar um fünf, wenn du die Kinder mitzählst. Ich müßte viel genauer Bescheid wissen, ehe ich wirklich etwas sagen könnte.«

»Aber du *kannst* mir helfen, trotzdem, wenn du nur willst!«

In Evas Stimme schwang ein Unterton mit, der Laura zur Zurückhaltung mahnte. Sie wollte sich nicht einfach in diese Sache hineinziehen lassen.

»Wir wollen das alles in Ruhe überdenken«, meinte sie deshalb. »Das ist besser für uns beide. Und noch etwas: da ich Derek nichts erzählen soll, ist es gescheiter, so wenig wie möglich darüber zu reden. Ich war überrascht, daß du Chris davon erzählt hast. Ich glaubte, du wolltest die Geschichte geheimhalten.«

»Ich habe ihr nichts erzählt. Sie hat mich gefragt. Sie hat etwas läuten hören.«

Laura seufzte. Man redete also schon darüber. Und was dachte die Frau, der Mensch, den es am meisten anging, über das alles? Sie mochte nicht fragen und sagte nur: »Also, Derek soll nichts davon erfahren; das wollen wir beide nicht. Wenigstens du nicht, und ich bin auch nicht scharf darauf, ihn mit deinen Problemen zu behelligen. Aber wenn wir uns weiter wie bisher benehmen, wenn wir sofort verstummen, sobald er das Haus betritt, wird er todsicher etwas merken. Wir wollen deshalb jetzt die ganze Angelegenheit ruhen lassen. Trotzdem, zum wiederholten Male: die Entscheidung liegt ausschließlich bei dir.«

Sie ging aus dem Zimmer und ließ ihre enttäuschte Kusine mit ihren Gedanken allein.

Aber die Atmosphäre im Hause war bedrückend. Beim Lunch war nichts mehr von der fröhlichen Stimmung des Vormittags zu spüren. Derek merkte, daß sich wieder einmal eine ernste Krise anbahnte. Und diesmal konnte Laura ihm nichts anvertrauen. Das war kein angenehmer Gedanke. Die Mahlzeit verlief in völligem Schweigen; nur Onkel Joseph klagte über seine Schwierigkeiten bei der Arbeit und über die Mühsal des Tippens. Eva raffte sich zu einer Frage auf. »Und wie geht's mit deinem Roman, Onkel?«

Er wich aus. »Langsam, langsam. Man braucht eben Hilfe. Man braucht jemanden, der Anteil nimmt. Es ist schlimm für einen alten Mann, so allein zu sein.«

Da er regelmäßig zu zwei Mahlzeiten im Hause war und auch sonst zu jeder beliebigen Tageszeit aufkreuzte, mußten diese Worte Laura verletzen; aber sie sagte nichts. Sie hatte nicht die Absicht, ihm bei seinem Roman zu helfen. Natürlich vermißte er Marie, die ihm zuhörte und auch für ihn tippte. Brummend zog er von dannen.

Derek sagte gereizt: »Weshalb hast du soviel Geduld mit dem alten Ekel? Ich hätte gute Lust, ihm die Meinung zu sagen.«

»Ach, das lohnt sich nicht. Ich höre gar nicht hin. Ich habe mir angewöhnt, ja oder nein zu sagen, ohne ihm zuzuhören. Das ist die beste Methode, besonders, da es nicht mehr lange dauert ...«

Dann berichtete sie Eva, daß Joseph bei Marie wohnen sollte, wenn Brookside nicht mehr existierte. Aber Eva interessierte sich nicht dafür. Sie dachte nur an ihre eigene Affäre. Laura hatte das unangenehme Gefühl, Eva warte nur auf eine Möglichkeit, sie um die geheimnisvolle Hilfe zu bitten. Sie hatte aber nicht die geringste Absicht, ihr unter die Arme zu greifen.

Inzwischen schien sie dauernd auf das Telefon zu horchen. Zuletzt wurde Laura ungeduldig und fragte unverblümt, ob sie einen Anruf von Ken erwarte. Eva verneinte. Sie hätten verabredet, eine Woche lang keine Verbindung aufzunehmen.

»Auf diese Weise hat Ken die Möglichkeit mit seiner Frau zu sprechen und dann zu sehen, was sie tun will.«

»Das wird ziemlich schwierig sein«, meinte Laura trocken. Eva erwiderte vorwurfsvoll, manche Menschen hätten eben kein Gefühl und keine Phantasie. Sie lebten ordentlich und selbstgefällig dahin und versuchten gar nicht, sich vorzustellen, was andere Leute fühlten im ... im ... Sie zögerte. Laura ergänzte gereizt: »Im Kampf mit einer großen Leidenschaft? Nein, ich verstehe es nicht und will es auch nicht verstehen. Mir scheint, das macht die Menschen vollkommen blind und selbstsüchtig. Aber ...«

In diesem Augenblick läutete zum Glück das Telefon. Eine Männerstimme fragte nach Eva.

»Hier ist deine große Leidenschaft«, sagte Laura boshaft und reichte ihrer Kusine den Hörer. Dann ging sie und machte die Tür fest zu.

Als sie zurückkam, war Eva aufgeregt und feuerrot. »Er kommt hierher!« rief sie und vergaß dabei völlig Lauras gefühllose Bemerkungen. »Er kommt hierher! Er sagte, er muß mich sehen! Seine Stimme klang furchtbar erregt. Irgend etwas muß passiert sein. Er sagte, er könne es nicht erwarten, mich wiederzusehen.«

»Sehr erfreulich. Hoffentlich läßt ihn seine Passion nicht allzu sehr auf den Gashebel treten«, meinte Laura ärgerlich. Aber am Ende wäre das sogar ein Segen, dachte sie boshaft. Doch rasch verdrängte sie diesen Gedanken wieder. Sie wurde ja richtig schlecht! Einem andern den Tod zu wünschen! Wo geriet sie hin?

Aber praktisch gesehen: Wie sollten sie diesen Besuch vor Derek verheimlichen und wie ihm verschweigen, daß der Mann verheiratet war und zwei Kinder hatte? Nun, das war Evas Angelegenheit. Laura wollte ihren Mann nicht hintergehen.

Binnen einer Stunde war Kenneth da. Als Laura den Wagen in der Einfahrt erblickte, verließ sie fluchtartig das Haus. Im Fortgehen rief sie Eva zu: »Bringt in Gottes Namen die Sache hinter euch, und schick ihn fort, bevor Derek heimkommt. Oder noch besser, ihr geht auswärts essen und bleibt ganz lange fort. Ich mag nicht lügen, und ich darf nichts sagen; also verzieht euch irgendwohin.«

Als sie zurückkam, waren sie verschwunden. Das Auto war weg, und Eva auch. Für einen Augenblick wurde Laura von Unruhe gepackt: Hatte sie das Mädchen zu einem Schritt veranlaßt, der sich nicht wiedergutmachen ließ? Hatte sie ihr den Schutz ihres Hauses verweigert und sie zum Äußersten getrieben?

Mit gemischten Gefühlen sah sie kurz nach zehn Uhr die Lichter des Wagens auftauchen. Sie hatte gehofft, daß Derek zeitig ins Bett gehen würde. Er hatte das aber nicht getan. Sie hatten friedlich am offenen Fenster gesessen, als sie das Auto hörten. Da stand Derek schnell auf und sagte grinsend: »Eva und ihr geheimnisvoller Verehrer. Reg dich nicht auf. Ich habe nicht die Absicht, ihm zu begegnen. Ich habe schon zu viele ihrer verflossenen jungen Männer kennengelernt, und sie haben mich alle gelangweilt. Sag ihm, die Farmer wären wie die Hühner und gingen bald zu Bett. Da er sicher ein Stadtfrack ist, wird er dir wahrscheinlich glauben.«

Wider ihre bessere Einsicht sagte Laura: »Bitte, geh nicht weg! Laß mich nicht allein. Es ist so – so schwierig. Bleib da und hilf mir!«

»Auf keinen Fall. Wenn du dich mit anderer Leute Angelegenheiten befassen willst, mußt du's auf deine eigene Kappe nehmen.« Und mit entwaffnender Liebenswürdigkeit verließ er sie.

Selbstverständlich ahnte er etwas; ganz sicher war er nicht einverstanden. Sie hatten einen so friedlichen Abend verbracht. Zum Teufel mit Eva und ihrem erbärmlichen Verehrer! Einen Augenblick lang wünschte sie, die beiden wären durchgebrannt und ließen sie in Ruhe. Sie haßte Derek, weil er glaubte, sie steckte ihre Nase in Sachen, die sie nichts angingen.

Sie kamen herein, und Eva legte gleich los: »Laura, Gott sei Dank ist Derek im Bett und du noch nicht! Das ist Kenneth.

Wir sind in einer schrecklichen Situation. Du mußt uns einfach helfen.«

Kenneth Everton war ungefähr so, wie Laura ihn sich vorgestellt hatte; er sah sogar noch besser aus. Er war groß und hatte ein sympathisches, feingeschnittenes Gesicht. Das Haar war nach Lauras Meinung etwas zu lang – aber zum Glück hat er keinen Bart, dachte sie schnell. Obwohl er gut aussah, waren seine Züge etwas zu weich; für seine Jahre war er zu unsicher, und sein Mund war zu sensibel; und seine Augen blickten traurig. Er war genau der Mann, fuhr es Laura durch den Kopf, um sich in Eva zu verlieben, mit ihr davonzulaufen, eine gute Frau im Stich zu lassen und dann für den Rest seines Lebens jammervoll zu klagen. Eva schien seine Weichheit nicht zu bemerken; sie war seinem Charme restlos verfallen. Ihre schnippische Art, die Hugh »typisch Fotomodell« nannte, hatte sie abgelegt; sie war von Kopf bis Fuß verliebt und schien Ken beschützen zu wollen.

Mr. Everton nahm Lauras Hand und sagte: »Verzeihen Sie, daß ich hier so hereinbreche.« Seine Stimme war, wie Laura erwartet hatte, tief, musikalisch und voller Charme.

»Das macht nichts«, antwortete sie. »Darf ich Ihnen eine Tasse Kaffee anbieten, oder haben Sie schon welchen getrunken?«

Lächelnd fügte sie hinzu: »Chris behauptet, ich würde den Leuten noch Kaffee anbieten, wenn Atombomben fallen.«

Auch er lächelte. »Das scheint mir höchst vernünftig zu sein. Nein danke, wir haben schon Kaffee getrunken. Ich fürchte, diese ganze Sache kommt Ihnen auch wie eine Atomexplosion vor.«

»Nun«, sagte Laura stockend, »das kommt darauf an . . .«

»Es kommt auf die Menschen an, die davon betroffen sind. Das meinen Sie doch?«

Er war wenigstens ehrlich, und sein Gesicht war zwar weich, aber freundlich. Sie antwortete genauso ehrlich: »Ja . . . Weiß Ihre Frau von Eva?«

»Das ist ja das Problem«, fuhr Eva dazwischen. »Sie weiß

nichts. Wir sind überzeugt, daß sie keine Ahnung hat. Deshalb ist es so unverständlich, daß sie einfach verschwunden ist. Sie hat die Kinder zu ihrer Mutter geschickt und ist auf und davon. Das paßt nicht im geringsten zu dem, was Ken mir von ihr erzählt hat.«

»Wieso paßt es nicht?« fragte Laura. Im selben Augenblick war ihr klar, daß sie keine Fragen hätte stellen dürfen. Sie hätte es strikt ablehnen müssen, sich mit der Sache zu befassen, und mit einem würdevollen gute Nacht das Zimmer verlassen sollen. Statt dessen hatte sie die Schleusen der Geständnisse geöffnet.

Eva ergriff das Wort. »Es ist wahnsinnig komisch, wie sie sich aufführt. Sie hat alles arrangiert, aber zu Ken hat sie kein Wort gesagt. Sie hat ihm nur ausrichten lassen, daß er eine Zeitlang allein auskommen müßte, weil sie nicht da sei.«

»Vielleicht hat sie auch einen anderen Partner gefunden«, meinte Laura ironisch.

Eva war pickiert. »Das würde sie niemals tun. Sie hängt an Ken und den Kindern. Sie würde nie ihre eigenen Wege gehen.«

Evas Selbstsicherheit ärgerte Laura, und sie wurde richtig spitz. »Warum nicht? Das passiert oft genug. Euch beiden brauche ich das doch nicht zu erzählen.«

Everton war überrascht. Das war nicht die sanftmütige, kleine Kusine, die er erwartet hatte. Er sagte: »Nein, sie ist allein fortgefahren. Sie hat nur zu ihrer Mutter gesagt, sie habe ein Problem, das sie überdenken müsse, und sie wolle mich nicht sehen. Mrs. Wells hat mir das erzählt. Ohne weitere Erklärung. Sie sei sehr ruhig und bestimmt gewesen. Ihre Mutter hat sie wenigstens überredet, für den Notfall ihre Adresse zu hinterlassen. Sie hat es nur unter der Bedingung getan, daß ich keinen Versuch machen würde, sie zu sehen. Das mußte ich Mrs. Wells versprechen.«

Eva unterbrach ihn. »Es ist einfach verrückt. Ken wollte ihr an diesem Wochenende alles erzählen. Dann hätten wir gewußt, woran wir sind, und hätten uns darauf eingestellt.«

Die Gefühllosigkeit dieser Bemerkung widerte Laura an. Die Empfindungen der Frau spielten überhaupt keine Rolle. Eva dachte nur an sich und ihre eigene Zukunft. Gott sei Dank versuchte Ken zu vermitteln.

»Das alles klingt sehr kaltschnäuzig, Mrs. Howard. Doch Sie können mir glauben: ich habe meine Frau sehr gern.«

Am liebsten hätte Laura ihm eine Ohrfeige gegeben. Statt dessen sagte sie nur: »Es sieht nicht gerade so aus.«

»Vielleicht nicht, aber es ist doch so. Wir sind seit zwölf Jahren verheiratet, und es waren glückliche Jahre.«

Eva rutschte unruhig hin und her. Er sah zu ihr hin.

»Es war natürlich eine andere Liebe wie die zu Eva. Trotzdem war es eine gute Ehe.«

»Und sie hat zwölf Jahre gedauert. Das ist das Schlimme daran«, sagte Laura bitter.

Er erwiderte: »Ich sehe das ein. Ich sehe alles ein, was Sie sagen. Es muß Ihnen so vorkommen, aber – ich weiß auch nicht, was geschehen ist. Plötzlich scheint alles schal und langweilig. Ich kann an nichts anderes mehr denken als an Eva.«

Laura dachte: Eva hat dich eingefangen, und jetzt hast du den Verstand verloren. Du bist nett, aber schrecklich schlapp. Wie konnte Eva das nur tun?

Laut sagte sie: »Was man so gewöhnlich als Langeweile bezeichnet, passiert häufig, wenn Männer in das sogenannte gefährliche Alter kommen.«

Eva wollte ärgerlich protestieren, aber er hielt sie zurück.

»Deine Kusine muß so denken. Und vielleicht hat sie recht. Ich war sehr glücklich mit Anna. Was ist nun verkehrt?«

»Wie ich schon sagte – die zwölf Ehejahre. Man behauptet, da langweilten sich die Männer.« Sie dachte an Marie und ihre heimliche Warnung.

»Das klingt richtig gemein!«

»Nicht wahr? Aber es ist Ihre und Evas Angelegenheit. Niemand kann Ihnen helfen.«

Sie wandte sich zum Gehen; aber Eva hielt sie zurück.

»Aber *du* kannst uns helfen, Laura. Du bist der einzige Mensch, dem ich vertraue. Wir haben beide eine Menge

Freunde, aber Freunde taugen in solchen Zeiten nichts. Da kann man nur auf die Familie bauen.«

Laura befiel eine düstere Ahnung. »Das ist Unsinn. Was kann ich schon tun?«

»Wir müssen wissen, ob sie es auf eine Scheidung anlegt«, sagte Eva unverblümt. Kenneth zuckte zusammen.

Laura dachte: Wie brutal sie ist! In einem halben Jahr wird er sie hassen!

Eva sah ihn unsicher an und sagte eine Spur freundlicher: »Wir müssen doch irgend etwas unternehmen. In drei Wochen geht Ken nach Australien.«

»Nicht nur das«, warf er ein. »Ich muß ihr das doch auch erklären. Ich kann sie doch nicht so kränken.«

Im Grunde ist er anständig, dachte Laura, viel anständiger als Eva, was immer auch Großmutter von ihr halten mochte. Wenn die Frau geschickt ist, wird nichts passieren. Das ermutigte sie zu der Frage: »Aber was habe ich damit zu schaffen? Ich kann nichts tun.«

Everton sagte: »Mrs. Howard, würden Sie mit meiner Frau reden? Ich habe ihre Adresse, aber ich habe versprochen, sie nicht aufzusuchen. Ich glaube, wenn sie Sie kennt, könnten Sie sie dazu bewegen, mit mir zu sprechen. Stellen Sie fest, was sie weiß, und warum sie fort ist. Bringen Sie sie zur Vernunft.«

Jetzt wurde Laura sehr böse. »Vernunft? Nennen Sie das, was Sie und Eva vorhaben, vernünftig? Ich will Ihnen nicht behilflich sein, wenn Sie Ihre Frau kränken. Außerdem mag ich mich nicht hinauswerfen lassen, was sie sicherlich tun wird. Und sie hätte vollkommen recht damit.«

Er entgegnete ruhig: »Anna würde nie jemanden hinauswerfen. Sie beide würden einander verstehen.«

»Ihre Frau könnte ich bestimmt verstehen. Wen ich nicht verstehe, das sind Sie und Eva. Wenn ihr das angenommen habt, habt ihr euch gründlich geirrt.«

9

Später mußte Laura feststellen, daß Irrtümer ansteckend sind und daß sie außerdem ein hoffnungsloser Schwächling war. Wie konnte sie sich nur zu so einem Wahnsinnsunternehmen beschwatzen lassen? Was auch immer der Grund sein mochte, um zwei Uhr früh stand sie müde von ihrem Stuhl auf und sagte: »Gut. Hört auf mit eurem Gerede. Ich fahre, aber ich kann nicht versprechen, daß ich mit ihr rede. Sicherlich tue ich nichts Gutes damit, aber gebt mir die Adresse und laßt mich ins Bett.«

Am nächsten Nachmittag um drei Uhr parkte sie ihren Wagen in der Straße des verschlafenen Küstendorfes und wünschte, sie wäre tot. Es war ein trübseliges Nest; die meisten der kleinen Häuser waren jetzt, nach der Saison, geschlossen; aber das Meer war blau und schön. Plötzlich faßte sie einen Entschluß. Sie wollte ein wenig umhergehen, sich am Strand hinsetzen und dann heimfahren. Sie konnte unmöglich Anna Everton aufsuchen.

Sie ließ sich am Ufer nieder. Es war ganz einsam dort; nur eine andere Frau saß da, ein Stück entfernt, und blickte still auf die See hinaus, ohne sie zu bemerken. Auf einmal wurde Laura unruhig; sie beschloß, einen Spaziergang zu machen, ehe sie sich wieder ans Steuer setzte. Sie band ihren Schal um den Kopf, denn der Wind hatte sich plötzlich erhoben und wirbelte den Sand auf. Es war schön, dagegen anzugehen; aber da wehte ihr eine kleine Sandwolke ins Gesicht. Sie taumelte, stolperte über einen Stein und saß auf einmal beinah auf den Knien der einsamen Träumerin. Sie stand schnell wieder auf, lachte und entschuldigte sich. Die Fremde sagte in freundlichem, angenehmem Ton: »Das macht doch nichts. Das sind die lustigen kleinen Böen. Der Sand blendet einen beinahe; aber ich mag es.«

Laura setzte sich neben sie und seufzte tief auf.

»Das ist ein seltsames Nest. Ich war noch nie hier. Es scheint ein gottverlassenes Dorf zu sein.«

»Ja, jetzt schon. Aber es ist der richtige Ort, um sich zurückzuziehen und nachzudenken.«

Ohne äußeren Anlaß war Laura plötzlich davon überzeugt, daß sie mit Anna Everton redete. Sie musterte die Frau noch einmal. Sie war nicht mehr jung, aber keineswegs die farblose Hausfrau, wie Eva sie geschildert hatte. Anna Everton sah jünger aus als ihr Mann. Sie war nicht ausgesprochen hübsch, aber schlank und anmutig; sie hatte dunkle Augen und dunkles Haar und eine freundliche, ruhige Art. Plötzlich packte Laura die Angst, und sie wollte schon aufstehen. Die andere sagte: »Wohnen Sie hier? Ich glaube, ich habe Sie noch nie gesehen.«

Laura hatte einen tollen Einfall. Sie sagte: »Nein. Ich kam hierher, um jemanden zu suchen. Jetzt aber kriege ich's mit der Angst und möchte lieber nach Hause.«

Anna lächelte. »Warum haben Sie Angst? Ich glaube nicht, daß Ihnen irgend jemand etwas tun würde.«

»Diese Frau vielleicht doch – denn ich habe kein Recht, hier zu sein.«

Dann faßte sie einen Entschluß. Schließlich konnte Mrs. Everton höchstens aufstehen und sie hier sitzen lassen. Sie sah nicht so aus, als ob sie handgreiflich werden würde. Mit leicht zitternder Stimme sagte sie: »Ich suche eine gewisse Mrs. Everton.«

Die andere sah sie groß an. »Das ist ein seltsamer Zufall. Ich bin Anna Everton. Was wollten Sie von mir, und weshalb haben Sie Angst?«

»Es ist eine solche Unverfrorenheit. Ich verstehe es selbst nicht mehr, wie Eva mich dazu bringen konnte, hierherzufahren.«

Bei der Erwähnung des Namens Eva erstarrte Anna. Sie fragte sehr kühl: »Eva? Wie heißt sie weiter?«

»Eva Stapleton, meine Kusine. Bitte, Mrs. Everton, verzeihen Sie mir! Aber sie haben geredet und geredet, Eva und Ihr Mann. Sie haben mich überredet, hierherzufahren und Sie zu bitten, Sie möchten ihn empfangen. Er ist – er ist sehr unglücklich Ihretwegen.«

Mrs. Everton machte eine leichte Bewegung, und Laura dachte schon, sie würde aufstehen und fortgehen. Aber sie wandte sich Laura zu und lächelte gequält. »Armes Ding! Kein Wunder, daß Ihnen das peinlich ist. Es war halt Pech, daß Sie mir gerade in die Arme gelaufen sind. Aber da das nun einmal geschehen ist, wäre es besser, Sie erzählen mir, warum Sie hergekommen sind.«

»Ich soll Sie bitten, mit ihm zu sprechen. Er ist schrecklich aufgeregt.«

Anna sagte nichts, und Laura dachte, daß Menschen, die die Ruhe bewahren, weit im Vorteil sind. Sie ihrerseits redete viel zuviel, wenn sie verlegen war. Manchmal hörte sie sich selbst immer weiterplappern. Während der nächsten Minuten blieb Mrs. Everton ganz still und in sich gekehrt. Dann sagte sie: »Ihre Kusine ist sehr hübsch. Wahrscheinlich haben Sie sie sehr gern.«

»O nein!« rief Laura. »Sie ist zwar meine Kusine und ein Waisenkind. Das sind sie freilich alle, und ich fühle mich für sie verantwortlich. Himmel, ich rede lauter Unsinn, verzeihen Sie bitte! Ich werde Ihnen alles erklären und dann gehen.«

Voller Eifer gab sie eine leidenschaftliche, wenn auch verworrene Darstellung der Situation in Brookside. Zum Schluß sagte sie: »Mit Eva habe ich am wenigsten von ihnen allen gemein.« Gleich danach dachte sie, sie wäre feige und ließe ihre Kusine im Stich.

Mrs. Everton sprach noch immer mit seltsamer Gelassenheit: »Und jetzt will sie mit meinem Mann davonlaufen. Wird sie das erreichen?«

»Ich weiß es nicht. Ich weiß nur, daß er sehr unglücklich ist, und ich bin überzeugt, er wäre elend dran, wenn Sie sich von ihm scheiden ließen und er Eva heiraten müßte.«

»Warum denn?«

»Ich weiß nicht. Ich glaube, so etwas tun die Männer manchmal. Es heißt, so etwas passiert nach einigen Jahren, sogar in einer glücklichen Ehe wie der Ihren.«

»Eine glückliche Ehe und zwei Kinder. Hat Kenneth Ihnen erzählt, daß wir Kinder haben?«

»O ja. Mrs. Everton, wie lange wußten Sie schon davon?«

»Vor einiger Zeit habe ich gemerkt, daß ihn irgend etwas zu fesseln schien. Es heißt, die Ehefrau ist die letzte, die etwas erfährt; aber das ist Unsinn. Ich wußte nur nicht, wer es war. Ich hatte auch nicht den Eindruck, daß es so ernst wäre, bis eine liebe Freundin kam, um mir alles zu erzählen.«

»Schrecklich. Die sogenannten pflichtbewußten Frauen. Den Typ kenne ich.«

»Ja. Ich weiß nicht, woher sie es erfahren hat. Aber ihre Tochter ist auch ein Fotomodell und arbeitet manchmal mit Ihrer Kusine zusammen. Sie hörte, daß Eva fort wollte, mit einem Mann. Der Rest war leicht zu erraten.«

»Deshalb sind Sie fort?«

»Ja. Wenigstens für eine Zeitlang. Ziemlich feige, gewiß. Aber ich spürte, daß ich Kenneth nicht ruhig in die Augen sehen oder mit jemandem darüber reden konnte. Ich brauchte erst einmal Zeit, um mich an den Gedanken zu gewöhnen. Kein angenehmer Vorgang!«

»Und nun bin ich da hineingeplatzt! Ich muß Ihnen richtig unverschämt vorkommen. Es tut mir furchtbar leid! Ich wußte wohl, daß es verrückt von mir war, da mitzumachen, und daß mein Mann wütend sein würde. Aber Eva bohrte und bohrte, und leider bin ich wohl ziemlich leicht zu beeinflussen. Derek findet das jedenfalls auch. Jetzt will ich gehen. Ich danke Ihnen sehr, daß Sie nicht böse auf mich sind.«

»Gehen Sie noch nicht fort. Sie haben einen weiten Weg gemacht. Was hat Ihre Kusine von Ihnen erwartet?«

»Ich habe nicht getan, was Eva wollte. Ich habe mich dagegen gesträubt, denn ich bin wütend auf sie. Aber Ihr Mann ist so verzweifelt. Er möchte Sie unbedingt sehen, um zu erklären . . .«

»Sicherlich. Das weiß ich. Kenneth beredet gern alles. Wahrscheinlich, weil er ein Verstandesmensch ist. Diese Leute nennen das ›rationalisieren‹, und sie tun es mit Vorliebe. Aber ich bin nicht so geistreich, und ich rede nicht gern darüber, obwohl ich das gerade mit Ihnen tue.« Mrs. Everton lächelte leise.

Das gab Laura Mut.

»Mrs. Everton, lassen Sie es nicht zu! Sie können es verhindern. Jetzt hat er Evas wegen den Kopf verloren. Sie ist hübsch und jung, und sie bildet sich ein, zu den Intellektuellen zu gehören. Sie hat sich immer ein wenig geniert, daß sie Fotomodell geworden ist, statt zu studieren. Nun unternimmt sie verzweifelte Anstrengungen, ihre Intelligenz zu beweisen. In gewisser Hinsicht mag sie gescheit sein; aber trotzdem ist sie töricht und könnte Ihren Mann niemals glücklich machen. Er würde ihrer bald überdrüssig sein und sich Ihret- und der Kinder wegen stets die bittersten Vorwürfe machen.«

Anna seufzte. »Ja, Kenneth neigt zu Selbstvorwürfen. Ich weiß auch nicht, ob er glücklich wird, wenn er uns verläßt. Aber gerade jetzt weiß ich auch nicht, was ich tun könnte.«

Laura hatte all ihre Hemmungen abgelegt und sagte kühn: »Lassen Sie es auf einen Kampf ankommen. Er mag weich und unklug sein; aber er ist es wert, daß man um ihn kämpft.«

Mrs. Everton seufzte. »Ich weiß, daß das richtig wäre; aber ich bin keine kämpferische Natur. Gerade jetzt habe ich einen besonderen Grund, still zu halten. Ich hätte genügend wirksame Mittel, aber die will ich nicht einsetzen.«

»Aber sicher wäre jetzt jedes Mittel . . .«

»Nicht, wenn es ein Kind ist.«

Laura war so überrascht, daß sie nach Luft schnappte. »Ein Kind? Wie meinen Sie das?«

»Ich bekomme noch ein Kind.«

»Ach, wie schön für Sie!« Laura sagte es ganz rasch und ein wenig neidisch.

»Schön? In der gegenwärtigen Situation? Wir hatten uns wohl noch ein drittes Kind gewünscht; aber nicht gerade jetzt. Ich bin dreiunddreißig; das ist zwar nicht zu alt, um noch ein Kind zu bekommen. Es kommt nur höchst ungelegen.«

Laura sagte kleinlaut: »Es klingt albern, aber mein Mann und ich möchten so gern Kinder haben.«

»Und warum nicht? Sie sind glücklich verheiratet und im richtigen Alter.«

»Wir haben einfach keine Zeit. Zuerst war Großmutter

krank, und ich brauchte all meine Zeit, um sie zu pflegen. Nach ihrem Tod gab es immer neue Unruhe mit den ›Waisenkindern‹. Es ist so schwierig: Sie kommen und gehen, bringen immer neue Probleme mit, und ich lasse mich dummerweise überall hineinziehen und versuche auszugleichen. Derek hängt das alles zum Hals heraus.«

Laura war den Tränen nahe.

Anna legte die Hand auf ihren Arm. »Das ist schlimm. Aber darf man sich mit den Schwierigkeiten der anderen so sehr belasten? Lassen Sie das nicht so weitergehen. Sie müssen an sich selbst denken – und an Ihren Mann, ehe es zu spät ist.

Ich war genauso dumm«, fuhr sie fort. »Immer kamen für mich Kenneth und die Kinder an erster Stelle. Wie Sie sehen, zahlt sich das nicht aus. Eine Portion gesunder Selbstsucht ist viel besser.«

Sie verstummte und blickte still auf das Meer hinaus.

»Sie sind zwanzigmal soviel wert wie Eva!« platzte Laura heraus. »Ich dachte, Sie wären ganz anders, sehr unglücklich und beleidigt. Es war mir nicht klar, daß Sie die Stärkere sind. Wie konnte er bloß auf Eva hereinfallen, da er doch Sie hatte?«

Anna lächelte. »Sie wollen mich trösten. Aber Sie erkennen doch meine Schwierigkeit. Ich kann dieses Kind nicht als Waffe einsetzen. Ich kann Kenneth nicht einmal davon erzählen.«

»Er weiß es nicht?«

Natürlich konnte er es nicht wissen. So gemein war er denn doch nicht.

»Nein. Und er soll es auch nicht wissen, ehe wir miteinander im klaren sind. Das ist der Grund, weshalb ich von daheim fort bin. Ein prosaischer Grund; denn tatsächlich fühle ich mich nicht recht wohl und hatte Angst, er würde etwas merken.«

»Aber – würde er sich denn nicht freuen?«

»Doch. Bevor ihn diese – diese Leidenschaft packte, wünschten wir uns noch ein Kind. Ich habe mir immer ausgemalt, wie sehr er sich freuen würde. Vielleicht nicht gleich, denn wir sind nicht mehr die Jüngsten. Aber es hätte ihm bestimmt neuen

Auftrieb gegeben; es wäre wie ein neuer Anfang gewesen. Wie man eben immer wieder neu anfängt.«

Zum erstenmal wurde ihr Ton bitter.

»Aber natürlich können Sie das!« Laura rief es ganz laut. »Natürlich werden Sie das. Sie müssen es ihm erzählen. Das wird ihn sofort zur Besinnung bringen!«

Anna schüttelte entschlossen den Kopf. »Das ist gerade das, was ich nicht will. Das Kind soll nicht den Ausschlag geben. Ich bin beinahe überzeugt, diese Tatsache würde Kenneth umstimmen. Aber später könnte er mir das vorwerfen; er könnte sogar glauben, ich hätte es absichtlich getan. Nein, er muß aus freien Stücken entscheiden, wohin er geht, ohne daß ihm jemand die Verantwortung abnimmt. Das habe ich nur zu oft getan. Jetzt ist er an der Reihe.«

Verwirrt, aber fest entschlossen fuhr Laura nach Brookside zurück. Dieser Wahnsinn mußte ein Ende haben. Wie konnte Eva nur eine so falsche Vorstellung von ihrer Rivalin haben? Da war wohl der Wunsch der Vater des Gedankens, nahm Laura an. Oder ließ sie sich von der äußeren Ruhe dieser Frau so täuschen? Anna Everton war ein großartiger Mensch. Charakterlich konnte ihr Eva nicht das Wasser reichen. Sie besaß jene natürliche Ausgeglichenheit, die Eva so mühsam anstrebte. Wenn Anna sich zu einem Kampf entschließen würde, gäbe es keinen Zweifel, wer Sieger bliebe.

Aber gerade das lehnte sie ja ab. Nach ihrem Treffen war es Laura klar, daß Anna immer die Stärkere gewesen war; die stille Kraft im Hintergrund; und das wollte sie bleiben. Möglicherweise hatte Everton unbewußt gegen diese ruhige Stärke rebelliert. Laura hatte zu Anna – mit schlechtem Gewissen – geäußert, Eva sei ein »Leichtgewicht«. Diese Leichtigkeit hatte Everton fasziniert. Eva mochte Everton wohl faszinieren, aber sie konnte ihn nicht halten.

Was sollte Laura jetzt tun? Mrs. Everton war nicht der Mensch, anderen ein Versprechen abzuzwingen; sie hatte es Laura selbst überlassen, was sie tun oder sagen wollte. Aber natürlich konnte sie unmöglich Annas Geheimnis verraten, so stark die Versuchung auch sein mochte. Wenn sie ihm verraten würde: Ihre Frau ist sehr unglücklich; sie erwartet noch ein Kind, würde er sofort zu ihr eilen. Er würde Buße tun und jeden Gedanken an Eva für alle Zeiten verbannen wollen. Aber stets würde seine Frau das Gefühl haben, ihre Schwangerschaft sei der Grund, daß er zu ihr zurückgekehrt sei. So gern sie auch sein Gesicht bei dieser Überraschung gesehen hätte, konnte sie das doch keinesfalls tun.

Was hatte sie nun durch ihren peinlichen Besuch erreicht? Ehrlich gesagt: gar nichts. Allerdings hatten sie Annas Worte beim Abschied etwas getröstet: »Armes Ding! Wie sehr müssen die Sie beschwatzt haben! Wie ungern sind Sie hierhergefahren! Aber es braucht Ihnen doch nicht leid zu tun. Vielleicht war es gut für mich, einmal mit jemandem darüber zu sprechen. Stets die Ruhe zu behalten kann auch sehr anstrengend sein.«

Sie war trotz der unpassenden Zudringlichkeit sehr freundlich zu Laura gewesen. Aber was war nun der Erfolg? Laura hatte nur ein Gefühl der Erschöpfung und inneren Leere. Auf Eva und Kenneth war sie so wütend wie nie zuvor, und sie hatte Angst vor dem Zusammentreffen mit Derek. Sie wollte ihm ihren Ausflug erklären – oder, noch schlimmer, nicht erklären, wenn er darauf beharrte, die ganze Angelegenheit zu ignorieren. »Wenn du darauf bestehst, deine Nase in anderer Leute Sachen zu stecken, dann laß mich aus dem Spiel.«

Das war seine Einstellung in der vorhergehenden Nacht gewesen. Sie war überzeugt, daß er nur so getan hatte, als ob er schliefe, als sie schließlich ins Bett gekrochen war. Er hatte sich nicht gerührt. Sonst hätte sie bestimmt Evas Wunsch nach Stillschweigen ignoriert. Sie wäre mit der ganzen erbärmlichen Geschichte herausgeplatzt und hätte von ihrem albernen Versprechen erzählt, Mrs. Everton besuchen zu wollen. Er aber hatte nur gegrunzt, sich vom Licht weggedreht und war scheinbar gleich wieder fest eingeschlafen.

So verhielt er sich auch, als sie jetzt ziemlich spät heimkam. Zu ihrer Erleichterung stellte sie fest, daß Eva wenigstens das Essen vorbereitet hatte. Joseph lungerte herum, und Derek wartete betont geduldig auf ihr Erscheinen. Sie übersah die bange Frage in Evas Gesicht und sagte kurz: »Die Seeluft macht hungrig! Fein, daß es etwas zu essen gibt! Vielen Dank, Eva!«

Dann wurde ihr bewußt, daß sie, nach allem, was sie mitgemacht hatte, gar nichts essen konnte. Statt dessen redete sie zuviel und zu lebhaft; sie bemerkte die spöttischen Blicke ihres Mannes und seine gewollt höfliche Aufmerksamkeit, während sie immer weiterplapperte. Sie wünschte, sie hätte Anna Evertons Haltung und besäße ihre Fähigkeit, Gefühle hinter einer Fassade aus Würde und guter Haltung zu verbergen.

Endlich erwischte Eva ihre Kusine allein. Sie packte sie am Arm und flüsterte: »Wie war's? Ich hätte dich schon vorher sprechen wollen, Laura. Nun erzähl schnell. Hat sie schon was gewußt? Was hat sie gesagt? Wird sie sich von Kenneth scheiden lassen?«

Laura nahm sich gewaltig zusammen und sprach ganz ruhig. Sie wollte Eva gehörig Bescheid sagen, ihr ihre eigensüchtige Dummheit vorwerfen; sie wollte ihr den Unterschied zwischen ihr und Anna klarmachen. Aber sie brachte nur kraftlos heraus: »Ja, ich habe sie gesehen. Sie weiß alles.«

»Und? Sie hat doch hoffentlich genügend Stolz, um ihn gehen zu lassen?«

In eiskaltem Ton erwiderte Laura: »Sie besitzt sehr viel Stolz. Viel zuviel, als daß sie einen Mann festhielte, der frei sein möchte.«

»Dann ist ja alles gut.«

»Meinst du? Ich sagte, der frei sein *möchte*.«

Ihre Kusine blickte sie wütend an, aber Laura fuhr ruhig fort: »Das muß erst noch festgestellt werden, nicht wahr?«

»Blödsinn! Du verstehst überhaupt nichts. Sag doch, hat sie zugestimmt?«

»Mir scheint, du hast deine fünf Sinne nicht beisammen. Glaubst du wirklich, Mrs. Everton würde mir, einer Fremden, ein Versprechen geben? Kennst du sie überhaupt? Wie konntest du dir nur ein so falsches Bild von ihr machen?«

»Ach, ich habe sie ein- oder zweimal gesehen. Die kann jeder beurteilen. Sie ist jener ruhige, langweilige Typ, der sich an einen Mann hängt. Es ist nichts an ihr dran; sie ist nur Hausfrau und Mutter.«

Laura war müde und verlor die Beherrschung. »Nichts an ihr dran! An ihr ist viel mehr dran als an dir, und Kenneth weiß das ganz genau. Nach ihr kannst du ihm niemals genügen. Du hast ihm den Kopf verdreht, denn du bist jung und hübsch. Nach drei Monaten hat er dich satt und sehnt sich nach der Frau, die ihn immer verstanden und die ihm in den letzten zwölf Jahren Halt gegeben hat. Du bist verrückt, Eva! Schlimmer, du stiehlst und betrügst. Du hängst mir zum Hals heraus mitsamt deiner albernen Romanze! Es ist mir egal, was du tust, wenn du mich nur von jetzt ab in Ruhe läßt. Aber das muß ich dir sagen: Du wirst die Hölle auf Erden haben, wenn du so weitermachst. Der Mann ist geistreich und charmant, aber er hat einen zu weichen Charakter. Seine Frau hat ihm die ganze Zeit den Rücken gestärkt. Ohne sie ist er nichts.«

Laura verlor den letzten Rest ihrer Selbstbeherrschung und fügte hinzu: »Ich war blöde, daß ich dort hingefahren bin, um sie zu sehen. Sie war wie ein Engel. Und euch beide hasse ich, weil ihr mich in diese Situation gebracht habt!«

Sie ging nach oben in ihr Zimmer.

Aus diesem Zufluchtsort wurde sie eine halbe Stunde später durch Eva aufgestört; Eva war sichtlich nervös. Sie stand mit ängstlich flehendem Gesicht in der Tür.

»Laura, entschuldige bitte, aber Ken ist hier. Er will dich unbedingt sprechen. Könntest du – könntest du vielleicht für zehn Minuten runterkommen?«

Das klang demütig und rührend; aber Laura antwortete nicht. Sie stieß einen sehr wenig damenhaften Fluch aus und ging widerwillig hinunter. Als sie an der geschlossenen Tür des Arbeitszimmers vorbeiging, dachte sie: Derek versteht es wirklich meisterhaft, es so einzurichten, daß er an solchen Abenden wie heute immer etwas ganz Dringendes erledigen muß. Die Männer waren doch fein dran. Ihre große Wut war vergangen, aber die Vorsicht blieb. Sie mußte sehr auf der Hut sein, um Anna Evertons Geständnis nicht zu verraten.

Kenneth stand am Fenster und blickte in den dunklen Garten hinaus. Als sich die Tür öffnete, wandte er sich um; Laura war überrascht und angenehm berührt, als sie sah, wie unglücklich und verhärmt er aussah. Er war unruhig, und Laura schloß daraus, daß Eva ihm ihren Ausbruch geschildert hatte.

»Mrs. Howard, ich weiß, Sie verwünschen mich, und Sie haben alles Recht dazu. Aber könnten Sie mir nicht noch mehr von meiner Frau berichten? Wie geht es ihr? Eva sagte, daß sie von unserer Geschichte gehört hat. Wie hat sie es aufgenommen?«

Laura fühlte eine tiefe Entrüstung in sich aufsteigen. Sie ärgerte sich nicht über diesen Mann, wie sie sich über Eva geärgert hatte. Sie war nur ungeduldig und zornig und hatte plötzlich die ganze Sache satt. Sie antwortete ihm trocken: »Wenn Sie sie wirklich kennen, müßten Sie das wissen. Ich kannte sie vorher nicht. Für mich war unsere Begegnung höchst überraschend.«

»Wie meinen Sie das?«

»Nun, ich habe selten so einen Menschen getroffen, so sympathisch, so gefaßt und gelassen. Sie ist die Liebenswürdigkeit in Person, sonst wäre sie aufgestanden und davongegangen, als ich es wagte, das Gespräch auf Ihre Angelegenheit zu bringen. Ich glaube, sie war sehr aufgebracht, aber sie würde sich das nie anmerken lassen. Sie hat einen tiefen Eindruck auf mich gemacht. Ich denke, jeder, der sie kennenlernt, muß von ihr angetan sein.«

Eva starrte sie bestürzt an. Angetan? Man konnte ihr vom Gesicht ablesen: Aber sie hat doch überhaupt nichts, womit sie Eindruck machen könnte!

Laura beobachtete Kenneth Everton mit kühl abwägendem Blick und merkte, wie er zurückwich.

Langsam sagte er: »Ja, ich weiß, was Sie meinen. So ist Anna. Sie würde nie etwas von sich preisgeben.«

»Und sicherlich auch niemals irgend jemanden anders preisgeben.«

Das war deutlich genug; aber er faßte sich und sagte: »Hat sie Ihnen eine Andeutung über ihre Pläne gemacht? Hat sie zugestimmt, daß ich mit ihr sprechen darf?«

»Sie hat nichts davon gesagt.«

Eva fuhr dazwischen. »Und du hast sie nicht gefragt? Wozu war dann deine Fahrt gut?«

Laura blickte sie verächtlich an. »Zu gar nichts. Ich fuhr hin, weil ich eine dumme Gans bin. Aber sie ließ es mich nicht merken, daß sie das ebenfalls fand.«

Everton konnte anscheinend nicht aufhören zu fragen. »Wie sah sie aus? Ist sie gesund?«

Laura zögerte und sagte dann: »Niemand kann unter diesen Umständen mit seiner Gesundheit protzen.«

»Sie meinen, sie macht sich Sorgen?«

Lauras Selbstbeherrschung ging zu Ende. »Sorgen? Wo haben Sie eigentlich Ihren Verstand? Was erwarten Sie von ihr? Daß sie vergnügt wäre? Oder erleichtert? Ich, an ihrer Stelle, wäre bestimmt beides! Oh, das war hart, verzeihen Sie. Wir wollen nicht mehr darüber reden. Wir sprechen wohl verschiedene Sprachen. Sie sind offenbar tatsächlich überrascht, daß dieser alberne Blödsinn, den Sie da treiben, Ihrer Frau Kummer macht.«

Nun wurde Eva wild. »Blödsinn! Wie kannst du das Blödsinn nennen! Das ist es nicht! Vielleicht ist es verkehrt, aber es ist echt und es ist ernst.«

Damit war der Krieg erklärt. Laura wandte sich zu ihrer Kusine. »Ich rede, wie es mir paßt. Ich wiederhole, dieses ist mein Haus. Wenn du darauf bestehst, deine albernen kleinen Affären hierherzubringen, mußt du hinnehmen, was ich sage. Und das ist folgendes: Ich glaube, ihr beide versündigt euch, wenn ihr daran denkt, eine Familie zu zerstören, nur weil ihr euch einbildet, in größter Liebe entbrannt zu sein. Ihr versündigt euch nicht nur, ihr seid dumm. Binnen eines halben Jahres oder noch eher wird dein Kenneth feststellen, wie töricht er war, eine Frau wie Anna Everton um deinetwillen im Stich gelassen zu haben. Dann wird er auf dem Bauch zu ihr zurückkriechen. Natürlich wird sie Ihnen verzeihen, Kenneth. Ich täte es nicht, aber sie ist ein viel besserer Mensch, als ich es je sein werde. Das beste für Sie wäre, wenn Sie gleich zu ihr zurückgingen. Ignorieren Sie ihren Wunsch nach Alleinsein. Gehen Sie zu ihr, und fallen Sie vor ihr auf die Knie – und bleiben Sie dort!«

»Wie kannst du so etwas sagen?« Eva schrie es beinah. »Hast du den Verstand verloren, Laura? Wie kannst du dich unterstehen, Ken Vorschriften zu machen? Was geht dich das alles an?«

Laura war nahe daran, zu explodieren, und ihre Stimme war leider fast ebenso laut wie die Evas. »Ihr habt euch in meinem Hause breitgemacht und alles mit eurer ekelhaften Geschichte durcheinandergebracht; ihr habt mich so lange beschwatzt, bis ich mich lächerlich gemacht habe und zu einer Frau hingegangen bin, die zu gut und zu vornehm war, um mich rauszuwerfen. Und deshalb darf ich sagen, was mir paßt. Und wenn ihr das nicht hören wollt, dann packt eure Sachen und macht eure Liebeshändel woanders aus. Gute Nacht. Ich gehe ins Bett.«

Zum Schlafengehen war es aber noch zu früh. Sie spürte, wie sie nach dieser schrecklichen Szene am ganzen Leibe zitterte. Sie wußte nicht, was geschah, nachdem sie aus dem Zimmer gelaufen war; aber wenig später hörte sie, wie ein Auto startete, und dann war es ganz still im Haus. Sie stahl sich hinunter und fand dort Derek; der war aus seiner Höhle hervorgekommen, saß friedlich rauchend da und las die Zeitung. »Bist du noch nicht müde?« fragte er. »Es läuft gerade ein netter Film im Fernsehen; wollen wir ihn anschauen?«

Seine Ruhe irritierte sie; sie überhörte seine Frage und sagte: »Wo ist Eva?«

»Sie ist weg mit dem jungen Mann – übrigens ist er gar nicht so jung. Sie hat dir einen Brief dagelassen.«

Sie riß ihn auf und las:

»Da ich hier nicht erwünscht bin, gehe ich heute abend weg. Ich bedaure, daß ich hierher gekommen bin; aber schließlich war ich ja hier zu Hause.«

Betroffen gab sie den Brief ihrem Mann; der las ihn, lachte laut und warf ihn in den Papierkorb. »Dumme kleine Gans. Hoffentlich hat sich's damit.«

»Aber ich habe sie vertrieben.«

»Eine Zeitlang schon. So ein Haus voller Tragödien widert mich an, und wie Eva sagen würde: ich bin hier gleichfalls zu Hause.«

»Aber Großmutter gegenüber habe ich meine Pflichten versäumt. Du weißt ja, was sie sagte.«

»Liebes Kind, wie könnte ich das vergessen, auch nur einen Tag? Ich wünsche mir oft, die alte Dame könnte dich hören. Wie böse wäre sie auf dich!«

»Auf mich?«

»Ja, weil du auch nicht das kleinste bißchen gesunden Menschenverstand hast, nicht ein bißchen. Weil du diesen unmöglichen ›Waisen‹ nicht wirklich hilfst.«

»Aber ich habe doch nur versucht, Eva zu helfen – und hatte einen furchtbaren Tag.«

»Dein eigener Fehler. Siehst du denn nicht ein: die einzige Art, ihr, und ihnen allen, zu helfen, ist, daß man sie zwingt, endlich auf eigenen Füßen zu stehen? Du solltest nicht so viel Aufhebens um sie machen und dich nicht so weit tyrannisieren lassen, daß du dich in ihre Angelegenheiten einmischst. Das war doch der Grund deiner Abwesenheit, wie ich vermute?«

»Sei doch nicht so ekelhaft. Jede Minute dieses Tages war entsetzlich.«

»Und das Ergebnis: ein prima Streit, den man durch das ganze Haus hörte. Oh, Laura, wann wirst du endlich vernünftig?«

Für einen kurzen Augenblick stieg Ärger in ihr auf, dann lag sie plötzlich an seiner Schulter und weinte sich alle Kränkungen von der Seele. Zuerst ließ er sie sich ausweinen, dann sagte er: »Na, jetzt reicht's. Das ist der Zeitpunkt für Entschlüsse und nicht für Tränen.«

»Und für Geständnisse.«

»Wenn du unbedingt willst. Ich meinerseits bin überhaupt

nicht neugierig auf die Affären der ›Waisen‹. Aber ich möchte doch gern wissen, was meine Frau vorhin veranlaßt hat, sich wie ein Marktweib zu benehmen.«

»Ein Marktweib? Das ist gemein von dir. Aber du hättest dich auch so benommen, wenn ...« Und dann kam alles heraus, zum Schluß noch ihr törichter Besuch bei Anna Everton.

»Du kleiner Dummkopf. Du solltest dich schämen. Ein Wunder, daß sie dich nicht hinausgeworfen hat.«

Laura hatte sich im geheimen zwar für dumm, aber doch auch für edel gehalten und sagte nun kläglich: »Aber sie haben gebohrt und gebohrt. Ich war so müde, und es war schon zwei Uhr nachts.«

»Warum hast du sie da nicht zum Teufel gewünscht und bist ins Bett gegangen?«

»Ich kann so schlecht streiten – wenigstens bis heute nacht konnte ich's nicht. Und jetzt hab ich alles falsch gemacht. Sie ist mit dem Mann auf und davon gegangen, und es ist zu spät.«

»Sei doch nicht so dramatisch. Das hast du von den ›Waisen‹ gelernt!«

Er lachte.

»Du bist gefühllos. Ich werde mir immer Vorwürfe machen.«

»Und Großmutters Spruch zitieren. Jetzt wollen wir erst einmal abwarten. Von der Frau hängt alles ab. Nach dem, was du von ihr erzählt hast, wird sie gewinnen. Ich möchte wetten, daß er schleunigst zu ihr gefahren ist.«

»Glaubst du wirklich? Wenn er das tut, wird ihm klarwerden, was für ein Narr er war. Sie ist eine wirklich großartige Frau. Er hatte sich nur zu sehr an sie gewöhnt.«

»Er ist glücklicher dran als ich. Niemand kann behaupten, daß ich mich an meine Frau zu sehr gewöhnen könnte.«

Laura fand diese geheimnisvolle Bemerkung ermutigend; in letzter Zeit hatte sie nämlich den Eindruck, daß Derek nicht mehr danach fragte oder überhaupt merkte, was sie tat. Doch sie sagte reumütig: »Großmutter hätte das alles in Ordnung gebracht. Ich habe alles verpatzt – habe die Beherrschung verloren und Eva fortgeschickt.«

»Um weiterhin mit dem Kerl zusammenzuleben? Keine Spur! Dazu ist sie viel zu schlau. Dem Himmel sei Dank, daß du deine Beherrschung verloren hast. Das solltest du öfter tun. Einstweilen wollen wir, wie ich schon sagte, abwarten.«

10

Es folgten einige unruhige Tage. Laura erwartete täglich einen Brief ihrer Kusine oder, schlimmer noch, deren Besuch. Aber nichts dergleichen geschah, und ihre anfängliche Angst schlug in Reue um.

»Mir ist ganz elend zumute, weil ich sie so angeschrien habe«, klagte sie dem gereizten Derek. »Wo verbringt sie jetzt ihre Ferien? Es ist doch schrecklich, daß ich sie von ihrem Zuhause vertrieben habe.«

»Schrecklich! Eine heimatlose ›Waise‹ mit einem Gehalt, einer Wohnung und achthundert Dollar im Jahr. Jetzt wollen wir hören, was Großmutter gesagt hätte.«

»Ich glaube nicht, daß dich das im geringsten interessiert.«

»Stimmt. Ich bin immer noch so froh, daß du ihr endlich die Meinung gesagt hast – und zwar eine vernünftige Meinung. Mit Eva habe ich kein Mitleid, aber ich möchte wohl wissen, wie es Kens Frau geht.«

»Ich nehme an, daß sie in die Scheidung gewilligt hat. Und dann sind die beiden fort nach Sidney.«

»Hoffentlich bekommst du einen Abschiedsbrief vom Flughafen aus. Jetzt denk mal an was anderes und komm mit zum Reiten.«

Wie gewöhnlich brachte ihr das Erleichterung. Niedergeschlagen stellte Laura fest, daß sie zu den oberflächlichen Menschen gehörte, die sich nie lange über etwas Sorgen machen. Es tat ihr gut, einmal frei zu sein und mit Derek zu reiten und zu wissen, daß sie bei ihrer Rückkehr nur den brummigen alten Joseph vorfinden würde. Seine Klagelieder nahm sie kaum noch wahr, und an seine Gegenwart bei den beiden Mahlzeiten hatte sie sich nun gewöhnt.

»Na, ich habe mich noch nicht daran gewöhnt«, antwortete ihr Mann. »Die Sache mit der Straße geht vorwärts. Ein Segen, daß ich mit den beiden Burschen aus der Kreisverwaltung in die Schule gegangen bin.«

Er genierte sich gar nicht, der Drahtzieher zu sein; er wünschte offen das Ende von Brookside herbei und war fest entschlossen, auch nicht einen Raum an sein eigenes Haus anzubauen, »wenigstens nicht gleich«.

Am Ende der Woche steckte sein Optimismus Laura an; sie dachte nicht mehr an Eva und versuchte sogar, Anna Everton zu vergessen. Es versetzte ihr deshalb einen Schlag, als ein Brief mit einer unbekannten Handschrift und dem Absender Kenneth Everton ankam. Sie hielt ihn nervös auf Armeslänge von sich ab.

»Oh, Derek, das ist der Abschiedsbrief!«

»Dann lies ihn. Es hat keinen Sinn, ihn weit wegzuhalten, als ob er dich beißen könnte. Hier, gib her, wenn du nicht den Mut dazu hast.«

Er überflog ihn und lachte. »Hör zu und freu dich:

Liebe Mrs. Howard,
ich schulde Ihnen meinen Dank und die Bitte um Verzeihung. Obwohl Sie wenig sagten, machten Sie mich doch unsicher, und ehrlich gestanden, Sie beschämten mich. Ich fuhr umgehend zu meiner Frau, und Sie werden verstehen, daß ich nun nicht mehr im Zweifel darüber bin, wo ich hingehöre. Ich werde niemals begreifen, was mich überfiel – ich glaube, ein vorübergehender Wahnsinn. Eva werde ich stets eine tiefe Zuneigung bewahren, aber wir werden einander nicht mehr sehen. In einer Woche reisen wir nach Australien. Meine Frau legt einen Brief bei. Ich verbleibe

Ihr ergebener Kenneth E. Everton.

Na, ich will jetzt nicht behaupten: Das habe ich doch gleich gesagt!«

»Bitte nicht! Und den anderen Brief lies nicht. Gib ihn mir. Ach, Derek, wie gut!«

Der Brief war kurz:

Sie waren treu und verschwiegen, und Kenneth hat die wahre Sachlage noch nicht entdeckt. Er faßte seinen Entschluß, ohne davon zu wissen, und er scheint davon überzeugt, daß wir glücklich sein werden. Ich glaube, daß diese Verirrung nur vorübergehend war. Und ich? Was ist Glück? Vielleicht liegt es in der Zukunft; und wenn das so ist, habe ich einen Großteil Ihnen zu verdanken. Sie waren so lieb und so einsichtig – und wie unangenehm war es Ihnen doch!

Anna Everton

Laura vergoß einige Tränen, als sie den Brief zusammenfaltete. Dann aber sagte sie herausfordernd: »Sie schreibt, ich wäre lieb und einsichtig. Nicht jeder hält mich für dumm. Du warst im Unrecht, als du mir vorwarfst, ich hätte falsch gehandelt.«

»Ich hatte recht. Du bist sicherlich lieb – aber einsichtig? Jetzt schau nicht so selbstgefällig drein und laß dir dieses Lob nicht zu sehr zu Kopfe steigen. Überlaß die ›Waisen‹ ihrem Schicksal, wie immer es auch sein mag.«

»Du bist schrecklich. Du magst keinen von ihnen außer Hugh.«

»Hugh ist eben anders. Der macht einem keinen Kummer.«

»Du bist so selbstherrlich. Von Eva werde ich wohl nie wieder etwas hören.«

»Sei doch nicht albern. Aus einem Sturm im Wasserglas machst du eine Tragödie. Und was das Nimmer-Wiedersehen betrifft – sie wird auftauchen, sowie sie etwas braucht.«

»Du kannst sie nicht ausstehen.«

»Das ist übertrieben, aber ich halte sie für selbstsüchtig und hartherzig, und sie besitzt keinen Funken Humor. Wenn sie dir schreibt, tut sie das sicher mit gebrochenem Herzen, und alsbald wird sie einen anderen erwischen, der diesmal nicht verheiratet ist. Dann wirst du als nächstes einen großen Wirbel um ihre

Hochzeit machen und sagen, was Großmutter immer sagte: ›Wenn ich's nicht tue, wer tut's dann?‹«

Mit dem Brief hatte er recht. Er war kurz und deutlich.

Liebe Laura!

Du hast gesiegt. Hoffentlich bist Du froh, daß Du zwei Menschen das Herz gebrochen hast. Wahrscheinlich platzt Du vor Stolz, weil Du eine Ehe gerettet hast. Ich verreise bis zum Ende meines Urlaubs und werde für längere Zeit nicht nach Brookside kommen. Ich nehme an, daß Dich das sehr erleichtert.

Das klang so übertrieben, daß Laura zu ihrer eigenen Überraschung lachen mußte. Sie gab Derek den Brief und sagte: »Ich gönne es ihr, daß sie so überzeugt ist, Kenneth' Herz sei gebrochen. Eines weiß ich bestimmt: er ist froh, daß er wieder bei seiner verständigen Frau ist, und bildet sich mächtig viel auf das Baby ein.«

»Gut. Wir wollen nicht mehr daran denken. Zur Zeit scheint es mit den ›Waisen‹ eine Schnaufpause zu geben. Das wollen wir genießen.«

Die Schnaufpause wurde von der Person unterbrochen, von der sie es nie erwartet hätten. Eines späten Abends rief Marie Elder bei Laura an und sagte entschuldigend: »Verzeih den Anruf mitten in der Nacht, aber es ist etwas Unangenehmes passiert.«

»Doch nicht etwas mit Hugh? Hat er einen Unfall gehabt?«

»Nicht gerade das. Aber er hat sich wohl ziemlich dumm benommen.«

Sie stockte, und Laura schaute sich verzweifelt nach einem Stuhl um. Hoffentlich hatte sich Hugh nicht nach Art der »Waisen« in die falsche Person verliebt! Aber was wirklich passiert war, darauf wäre sie nie gekommen: »Die Wahrheit ist, Hugh sitzt im Loch!«

»Waaas?«

»Ich fürchtete schon, du würdest dich aufregen. Aber ich meinte, ich sollte es dich doch gleich wissen lassen.«

»Um Himmels willen, erzähl doch! Was hat er denn getan? Es ist doch sicher ein Irrtum.«

»Leider nicht. Er hat gestanden, daß er einem Polizisten den Helm vom Kopf geworfen hat. Oh, sicher ist er provoziert worden. Ohne einen triftigen Grund würde Hugh niemals ausfallend werden.«

»Aber warum? Gab es eine Schlägerei?«

»Es endete in einer Schlägerei, aber angefangen hat es mit einer Protestkundgebung, wie sie die Studenten jetzt häufig veranstalten.«

»Ist das alles?«

Laura seufzte erleichtert auf. Sie hatte ihren jungen Vetter schon in einen Straßenkampf verwickelt gesehen. Protestkundgebungen gehörten zum täglichen Brot des Universitätslebens. »Aber es paßt gar nicht zu Hugh«, sagte sie nachdenklich.

»Wirklich nicht, aber er interessierte sich wohl für diese Demonstration und meinte, er könnte auch einmal mitmarschieren. Es gab ein großes Durcheinander, und einige von den Polizisten müssen wohl ziemlich handgreiflich geworden sein. Ein paar Mädchen setzten sich auf die Straße – du weißt ja, wie sie das machen – und wollten nicht weitergehen. Ein Polizist zerrte das eine Mädchen beiseite. Hugh wollte ihn aufhalten und stieß ihm den Helm vom Kopf. Bestimmt hat der Mann das verdient. Es ist nur ziemlich fatal, denn an der Universität wird man es nicht gern sehen, daß Hugh im Kittchen sitzt.«

In ihrer Erleichterung mußte Laura beinah lachen. Zu solch einer ritterlichen Tat war Hugh fähig; aber das war doch kein Verbrechen! Sie war ihrer Sache nicht sicher. Polizisten sind manchmal eigen. Sie konnte jetzt nichts unternehmen; sie sagte nur: »Nun, heute nacht muß er schon dort bleiben. Ich komme morgen in aller Frühe und werde sehen, was ich machen kann. Derek? Ich glaube nicht, daß er kommen kann. Er will morgen die schlachtreifen Lämmer aussuchen; und du weißt ja, wie schwierig es ist, in den Tiefkühlhäusern einen Platz zu kriegen. Aber ich komme ganz früh. Reg dich nicht auf. Heute nacht wird ihm schon nichts passieren.«

»Hoffentlich hat er ein richtiges Bett. Er hat keinen sehr guten Schlaf. Ich gebe ihm immer meine beste Matratze.«

»Ich fürchte, einmal wird er auch ohne die auskommen müssen. Das wird ihm nichts schaden. Er hat sich ja wirklich sehr dumm benommen. Es tut mir leid, Marie, daß du soviel Aufregung hast. Ich hätte das nicht gedacht. Derek sagt immer, er ist der einzige von den ›Waisen‹, auf den man bauen kann. Aber diesmal hat er falsch gedacht. Das werde ich ihm unter die Nase reiben.«

»Ich fürchte, morgen wirst du für ihn einstehen müssen, Laura«, sagte Marie. Lauras Ruhe hatte sie angesteckt, und sie hatte ihre gute Laune wiedergefunden. »Er wird wohl eine saftige Geldstrafe bekommen.«

»Da kann man nichts machen. Es macht mir auch nichts aus, für Hugh Geld auszugeben, obwohl ich's lieber für einen besseren Zweck gäbe. Wichtig ist nur, daß sein Name nicht in die Zeitung kommt und daß man an der Universität die Sache nicht allzu tragisch nimmt. Gute Nacht, Marie, ich muß jetzt aufhören und mit Derek sprechen. Ich muß ihm zeigen, daß er sich auch mal irren kann.«

Derek lag im Bett und war schon am Einschlafen. Laura seufzte, als sie nach oben ging. Er würde überrascht und zornig sein. Er hatte immer das allerbeste von Hugh gehalten; wie alle Nicht-Akademiker hatte er nicht das geringste Verständnis für Studentenstreiche. Am besten war es, gleich mit der Tür ins Haus zu fallen.

»Na, jetzt hast du auch mal Unrecht. Diesmal ist Hugh dran. Er sitzt im Kittchen.«

»Guter Gott, was hat er denn ausgefressen?« Und ehe sie etwas erklären konnte, sagte dieser schreckliche Mensch: »Das war sicher so eine Studentengeschichte. Ich möchte wetten, es war eine Demonstration, und unser Hugh ist mit einem Polizisten handgreiflich geworden.«

»Genauso war's. Und das ist natürlich Widerstand gegen die Staatsgewalt.«

Zu ihrem Erstaunen lachte Derek laut. »Das ist gesund! Ach, Laura, reg dich nicht auf! Daraus kannst nicht einmal du ein Drama machen. Überall in der ganzen Welt führen sich Studenten so auf. Da kommt er schon durch. Morgen früh sausen wir los, bezahlen seine Geldstrafe und laden ihn dann zum Lunch ein.« Nach diesen Worten schien er tatsächlich einschlafen zu wollen.

Laura schnappte nach Luft. »Aber du kannst morgen früh nicht fort. Du mußt doch die Lämmer aussuchen.«

»Ach, pfeif drauf. Ich rufe morgen den Agenten an und sag ihm ab.«

»Aber du warst doch so scharf auf einen Platz im Gefrierhaus. Den verlierst du vielleicht.«

»Na, das bringt uns auch nicht um. Das ist ein Sonderfall. Hugh ist das erste ›Waisenkind‹, das im Kittchen sitzt. Das müssen wir feiern.«

Laura war ärgerlich. Er hatte nicht das Recht, mit Eva so streng ins Gericht zu gehen und dann diese Angelegenheit so leichtzunehmen. Leicht? Das wohl kaum, da er sein Arbeitsprogramm umstieß und die Chance preisgab, seine Lämmer unterzubringen. Nein, das hätte sie nie für möglich gehalten. Die Männer waren doch seltsam. Es schien ihn nicht zu kümmern, daß Hugh das Gesetz verletzt hatte und im Gefängnis saß. Als sie ihn am Arm packte und ihm das sagte, lachte er und meinte: »Na, ich glaube, die Zellen dort sind ganz bequem. Ich verstehe nicht, warum du dich aufregst. Daß du dich bei mir über Evas Seitensprung ausgeweint hast, hat mir nichts ausgemacht. Aber daß du dich so aufregst, weil Hugh einen Bobby verprügelt hat, begreife ich nicht.«

Ehe er endgültig einschlief, sagte er noch: »Bin neugierig, ob sie die Protestkundgebung morgen im Fernsehen bringen. Ich möchte doch unsern Hugh und den Polizisten sehen.« Und zum Mißfallen seiner Frau bewiesen seine ruhigen Atemzüge, daß er binnen drei Minuten eingeschlafen war.

Sie lag noch lange wach und dachte an ihren geliebten Hugh in der Gefängniszelle. Was hätte Großmutter gesagt? Widerwillig gab sie sich selbst die Antwort: die alte Dame hätte wahrscheinlich gelacht und gemeint: »Das schadet ihm nichts.«

Aber sie hoffte doch, daß er nicht mit einem betrunkenen Kerl zusammengesperrt war, der sich vielleicht rüpelhaft aufführte, so daß die Nacht für ihn noch scheußlicher wurde, woraus hervorgeht, daß Laura über die Zustände in einem Gefängnis völlig im dunkeln tappte. Bei dem Gedanken, wie peinlich ihm die Geschichte sein mußte, wurde sie ganz niedergeschlagen. Sie malte sich aus, wie er am nächsten Morgen vor Gericht erscheinen würde, mit seinem hübschen Gesicht unter lauter verkommenen Ganoven. Er würde so anders aussehen, eben ein junger Mann aus gutem Hause. Der Richter würde seinen Fall bestimmt mit Nachsicht behandeln. Dann sah sie zu ihrem Mann hinüber. Wie heiter der das aufgenommen hatte! Unfaßbar! Er wollte tatsächlich die Lämmerauswahl absagen! Sie bedachte nachdenklich, daß sie ihn eigentlich doch nicht richtig kannte. Aber das Bewußtsein, ihn morgen dabeizuhaben, war tröstlich, und auf einmal schlief sie ein.

Sonst konnte Derek es kaum ertragen, auch nur einen Tag von der Farm abwesend zu sein (»vertrödeln« nannte er das). Aber heute war er früh auf und schien sich entschieden auf die Expedition zu freuen. Als sie ihn noch einmal an die Lämmer erinnerte, sagte er obenhin: »Ach, ich habe Watson schon angerufen. Er war ein wenig ärgerlich, aber ich sagte, ich müßte in die Stadt und für einen deiner Verwandten bürgen, der im Kittschen säße. Das schien ihn zu erheitern.«

Laura lachte und sagte: »Es wäre mir lieber, du nähmest das nicht so leicht. Und dann hättest du ihm sagen sollen, daß Hugh wegen einer Demonstration ins Gefängnis kam und nicht wegen eines Raubüberfalls oder dergleichen.«

Zuerst fuhren sie zu Marie, um sie zu beruhigen. Ihr größter Kummer schien zu sein, daß sie Hugh nicht sein Rasierzeug hatte schicken können. »Er haßt es so, unrasiert herumzulaufen. Ich fragte gestern abend den Schutzmann, ob ich es ihm bringen dürfte, und der lachte nur ganz freundlich. Nein, ich komme nicht mit. Ich warte lieber hier, um den Jungen recht nett willkommen zu heißen.«

Wirklich, dachte Laura, sie alle beurteilen die Sache falsch: Derek mit seiner »Feier« und Marie mit ihrem »Willkommen«. Sie taten so, als wäre er ein Held. Sie nahm an, es würde ihr überlassen bleiben, Hugh den Standpunkt klarzumachen.

Das war aber nicht so. Denn als sie zu dem Gerichtsgebäude kamen, sahen sie gleich die hohe Gestalt von James Gilbert zwischen einigen Studenten, die sich vor den geschlossenen Türen drängten. Sein Charakterkopf und seine gute Erscheinung stachen vorteilhaft von den jungen Leuten ab, die auf den Einlaß warteten. Im gleichen Augenblick entdeckte Gilbert sie und kam durch die Menge auf sie zu. Sie begrüßten einander herzlich.

»Sie, Mr. Gilbert? Daß ausgerechnet Sie hier sind! Ist Anne auch da?«

»Nein. Wir fanden, daß das keine Frauensache sei. Das betrifft natürlich nicht die Kusinen.«

»Sie kommen also wegen Hugh? Woher wußten Sie es?«

»Ich habe einen Freund bei der Polizei. Nicht den unglückseligen jungen Mann, den Hugh attackiert hat, sondern einen höheren Offizier. Er hatte zufällig einen Sohn zur gleichen Zeit wie Hugh an unserer Schule. Der hat mich netterweise angerufen.«

»Und Sie haben alles stehen und liegen lassen und sind hierhergekommen?«

»Selbstverständlich. Es könnte unter Umständen Ärger mit den Behörden geben. Man spricht davon, ein Exempel statuieren zu wollen. Ich kann es ihnen nicht verübeln, wenn sie diese ewigen Demonstrationen leid sind. Natürlich wird Hugh eine saftige Geldstrafe bekommen, und ohne lange Ermahnungen wird es auch nicht abgehen. Wir möchten aber, daß sein Name nicht in der Zeitung erscheint. Es sind eine ganze Menge angeklagt; vermutlich werden sie sie nicht alle namentlich aufführen. Der Chefreporter der Abendzeitung ist außerdem einer unserer Kolleg-Väter. Ich dachte mir, ich könnte zudem mit den Universitätsbehörden sprechen. Ich nehme zwar nicht an, daß sie die Studenten relegieren werden; aber wenn sie sich zu strengen Maßnahmen entschließen, will ich mein Bestes tun.«

»Ein Segen, daß Sie da sind! Es war mir nicht klar, daß es so ernst sein könnte. Derek schien das Ganze eher für einen Scherz zu halten.« Sie wandte sich vorwurfsvoll zu ihrem unschuldig dreinblickenden Mann. »Du weißt doch, du hast gelacht, Derek, und jetzt wollen sie ihn vielleicht von der Uni verweisen.«

Über Lauras Kopf hinweg tauschten Derek und James Gilbert ein Lächeln.

»Ich hielt es nicht wirklich für einen Scherz, aber es ist doch wenigstens etwas Normales, nichts Ehrenrühriges und besser als . . . Ich meine, man soll die Sache nicht hochspielen.«

»Das nicht. Aber es ist schade, und Hugh soll es sich nur zu Herzen nehmen. Das wird er wohl auch. Der Haken ist nur, daß einige ganz Wilde versuchen könnten, ihn zum Helden zu machen. Zum Glück liegt das Hugh nicht. Trotzdem müssen wir auf ihn aufpassen.«

»Und Sie wollen wirklich die Leute von der Universität aufsuchen? Sie glauben doch nicht, daß sie ihm eine drastische Strafe verpassen?«

»Ich bin dessen nicht so sicher, denn man hat diese Dinge allmählich satt. Aber es gibt keinen Grund dafür, ausgerechnet an Hugh ein Exempel zu statuieren. Es sind noch genug andere betroffen. Was ich möchte, ist, sie davon zu überzeugen, daß der Junge ein ordentlicher Kerl ist und nur einmal danebengehauen hat. Er wird dieses Theater nicht noch einmal veranstalten, darauf können wir uns verlassen. Ich kenne verschiedene Professoren ganz gut. Ich denke, sie werden mir vertrauen.«

In diesem Augenblick wurden die Türen geöffnet, und die Menge drängte hinein. Laura war noch nie in einem Gerichtssaal gewesen, und plötzlich lief es ihr kalt über den Rücken. Hier waltete die Macht des Gesetzes, das Hugh verletzt hatte. Was würde geschehen, wenn nicht nur die Universität, sondern auch die Richter beschlossen, einen zum Sündenbock zu machen, und wenn dieser eine Hugh wäre? Wenn sie ihn ins Gefängnis steckten? Sie hatte gerade Zeit, das alles aufgeregt Derek zuzuflüstern, als schon die Richter erschienen und es still wurde.

Ein Dutzend junger Männer und Frauen waren angeklagt. Ihre äußere Erscheinung machte auf Laura keinen günstigen Eindruck. Wie sie erwartet hatte, hielt sich Hugh etwas abseits. Wie er so in der Anklagebank stand, blickte sie mit aus Stolz und Ärger gemischten Gefühlen zu ihm hin. Er mußte doch bestimmt einen guten Eindruck auf das Gericht machen! Sie mußten doch einfach sehen, daß er ganz anders war als die anderen! Zu ihrer Enttäuschung blickte der Vorsitzende keineswegs wohlwollend auf Hugh. Vielmehr sah er ihn gereizt an und hielt ihm eine ernste Strafpredigt über das Vergehen, die Polizei an der Ausübung ihrer Pflichten zu hindern. Dann entließ er ihn mit einer hohen Geldstrafe. Allerdings ordnete er an, sein Name solle, wie der vieler anderer auch, in der Öffentlichkeit nicht genannt werden, um nicht ihre Zukunftsaussichten zu beeinträchtigen.

Der junge Mann sah keineswegs selbstzufrieden aus, als er die Stufen hinabstieg; das befriedigte sowohl James Gilbert wie Laura. Anscheinend hatte er sie zwischen den Zuschauern entdeckt, und wenig später trafen sie sich draußen. Seine ersten Worte waren charakteristisch.

»Es tut mir leid, Laura, daß du hierherkommen mußtest, weil ich mich so verrückt aufgeführt habe.«

Als er sich seinem früheren Direktor zuwandte, wurde er dunkelrot. »Wie nett von Ihnen hierherzukommen, Sir! Ich fürchte, ich habe Sie ziemlich enttäuscht.«

Gilbert sprach offen und sachlich mit ihm. »Es ist schade, daß das passiert ist, aber jeder rutscht mal aus. Das ist der Nachteil solcher Demonstrationen. Ich finde sie gut, solange sie sich im Rahmen des Gesetzes bewegen. Leider ist das nicht immer so. Es gibt viele Menschen, mit denen das Temperament durchgeht; so ist es ganz gut möglich, daß dein Polizist zu grob war. Aber man kann es ihnen nicht übelnehmen, wenn sie die Studenten nicht leiden können. Im ganzen ist es besser, sich von diesen

Dingen fernzuhalten. Es war doch eine dumme Sache, Hugh. Ich war überrascht.«

Hugh sah ihn dankbar, wenn auch kleinlaut an. »Ich werde mich bestimmt von ihnen absetzen. Eine weitere Kraftprobe könnte gefährlich werden, nicht wahr?«

»Ganz bestimmt«, erwiderte Gilbert kurz. »Das hieße Entlassung, nehme ich an. Ja es wäre klüger, die andern protestieren zu lassen, wenn sie das wollen, und selbst bei der Arbeit zu bleiben, deretwegen du hier bist.«

Aber das war schon die ganze Standpauke, die er seinem früheren Primus hielt. Er erwähnte auch nicht die Unannehmlichkeiten, die ihm Hughs Abenteuer verschafft hatte. Statt dessen fuhr er ganz sachlich fort: »Die Frage ist, was das Rektorat zu tun gedenkt. Bisher hat man solche Demonstrationen mehr oder weniger geduldet, weil man der Jugend freien Lauf lassen will. Aber so ein Streit mit einem Polizisten ist doch eine ernstere Sache. Es ist wohl am besten, wenn ich ein paar Worte mit dem Mann spreche, der vermutlich über diese Angelegenheit entscheidet.«

Laura fühlte sich als Gastgeberin; sie sagte: »Aber zuerst müssen Sie mit uns kommen und eine Tasse Kaffee trinken. Wir sind alle so weit gefahren. Dann kann Hugh heim zu Marie gehen und ein Bad nehmen, wonach ihn bestimmt verlangt.«

Derek hatte noch kaum etwas gesagt; er meinte: »Eine gute Idee. Der Kaffee wird den Beigeschmack dieses Ortes vertreiben. Aber, Hugh, sag doch, warum staffieren sich manche Studenten so komisch aus?«

Hugh war noch immer viel zu deprimiert, um über diese naive Frage lächeln zu können. Er sagte: »Ich weiß nicht. Wahrscheinlich, um aufzufallen. Ich selbst bin nicht scharf auf so einen Aufzug, aber manchen steht es ganz gut.«

James Gilbert bemerkte großzügig: »Da werden sie schon noch rauswachsen. Ich bin aber froh, daß du diese Mode nicht mitmachst, Hugh. Es ist schon besser, sich ein wenig konventionell zu geben, wenigstens eine Zeitlang, bis diese Sache vergessen ist. Ich will nicht noch weiterpredigen, aber dir ist doch klar, daß du jetzt aufpassen mußt. Dazu mußt du dich durchringen.«

Hugh sah ein wenig traurig aus, aber er nickte und sagte: »Das werde ich bestimmt tun.«

Jetzt konnte Derek nicht mehr an sich halten. »Was machte denn der Bobby, daß du so in Fahrt kamst, Hugh?« fragte er.

»Er war verdammt grob; er zog das Mädchen über das Pflaster und verdrehte ihr den Arm.«

»Und du hast seinen Helm runtergeschmissen?«

»Ich war ungeschickt. Aber er ließ das Mädchen doch los, um mich festzuhalten, und das war schon etwas.«

Wie nett und ritterlich er doch war, dachte Laura liebevoll. Sie war neugierig auf das Mädchen. War es wohl eine, die er besonders gern mochte? Sie schwankte: ihr romantisches Gemüt hätte es schön gefunden, wenn dieser Parzival in Liebe entbrannt wäre; andererseits sagte sie sich mit gereizter Voreingenommenheit, ein Mädchen, das sich über die Straße zerren ließ, könne nicht sehr nett sein. Betont gleichgültig fragte sie: »Wer war denn das Mädchen? Wie ist sie?«

Seine Antwort war beruhigend. »Das Mädchen? Hab sie vorher nie gesehen. Sie sah nicht sehr hübsch aus: verschmutztes Gesicht und zerzauste Haare.«

Laura seufzte erleichtert auf; sie mied Dereks spöttische Blicke. Sie beschlossen, in ihrem Wagen zu warten, bis Gilbert von seiner Aussprache mit den Professoren zurückkam, die er gut zu kennen schien. Zu ihrer Überraschung fragte er Laura, ob sie ihn begleiten wolle. Sie lehnte sofort ab und stellte dabei ärgerlich fest, daß Hugh erleichtert aussah. Er wollte absolut nicht, daß sie sich seinetwegen aufregte.

Das Gespräch dauerte nicht lange. Gilbert redete kurz und sachlich.

»Er ist ein anständiger Kerl. Tadelloser Charakter. Mein bester Primus seit Jahren. Es war nur eine Dummheit, daß er sich an der Demonstration beteiligt hat.«

»Wir haben nichts gegen Kundgebungen. Die gibt's überall. Schließlich waren es immer die Protestierenden, die in der Welt etwas zuwege gebracht haben. Aber wir verurteilen jede Behinderung der Polizei.«

»Da muß ich Ihnen zustimmen. Ich könnte mir aber vorstellen, daß der Polizist seine Befugnisse überschritt ... Ich kann es ihm nicht verdenken. So eine dumme Gans, die sich auf die Straße setzt und nicht weitergehen will, kann einen in Wut bringen. Aber er muß doch ziemlich grob gewesen sein, und Hugh ist ein ritterlicher Mensch. Er gibt offen zu, daß er die Fassung verlor. Aber er verspricht, sich in Zukunft aus solchen Veranstaltungen herauszuhalten. Wenn ich meine Meinung äußern darf: ein strenger Verweis würde den Fall erledigen.«

Als er sich erhob, fügte Gilbert lächelnd hinzu: »Erinnern Sie sich noch an den Abend nach dem Ruderwettkampf, als Sie den Helm eines Polizisten in die Themse warfen?«

Sie lachten beide.

Daraufhin mußte Gilbert selbstverständlich noch einmal Platz nehmen; sie mußten Erinnerungen austauschen. Eine halbe Stunde später traf er die Familie wieder, die unruhig auf seine Rückkehr gewartet hatte.

»Für dieses Mal ist alles in Ordnung«, sagte er fröhlich. »Du sollst dich sobald wie möglich melden, Hugh. Du wirst einen gehörigen Krach kriegen und damit ist die Sache erledigt. Aber sei von jetzt an vorsichtig.«

Die Familie verabschiedete sich mit dem Ausdruck großer Dankbarkeit und vielen Grüßen von Laura an Anne. Hugh stotterte ein wenig, als er sich nochmals bedankte. »Ich werde mir Mühe geben, daß es nicht nochmal passiert, Sir«, brachte er heraus.

Als er heimkam, gab James Gilbert seiner Frau einen lebendigen Bericht von den Ereignissen dieses Morgens. Zum Schluß sagte er: »Dein Schützling beginnt, sich einen Namen in der Welt zu machen, meine Liebe, sogar wenn er über ein paar Bobbies am Wege purzelt. Beim Abschied fragte er nach dir. Ziemlich schüchtern und leicht errötend. Aber du hast ihm gottlob ein Ideal fürs Leben gegeben.«

Während der ziemlich schweigsamen Fahrt zu Maries Haus

bemerkte Hugh: »Die Sache mit der Geldstrafe ist Pech, Laura. Natürlich bezahle ich sie selbst. Ich habe ein wenig gespart, und in den Ferien suche ich mir einen neuen Job.«

Laura hätte eigentlich lieber gesagt, das sei doch nicht nötig. Aber ihr Verstand gebot ihr zu schweigen; für ihn war es besser, das Geld selber aufzubringen. Er hätte ja auch keinesfalls zugegeben, daß sie es täte. Hugh war eben anders als seine Geschwister.

Marie begrüßte sie mit größter Erleichterung. »Mein lieber Hugh, ich hatte solche Angst, sie würden dich ins Gefängnis stecken, wo du es bestimmt nicht sonderlich bequem hättest«, sagte sie mit der für sie charakteristischen Untertreibung. »Ich habe heißes Wasser für dein Bad hergerichtet. Und dann müssen wir alle recht gemütlich miteinander essen und die dumme Angelegenheit vergessen.«

Aber Derek waren plötzlich seine Pflichten wieder eingefallen: »Danke vielmals, Marie, aber wir müssen heim. Ich muß den Agenten anrufen und mit ihm einen Termin wegen der Lämmer vereinbaren, die eigentlich heute morgen hätten fortkommen sollen.«

Hugh fragte schnell: »Lämmer? Du schriebst doch in deinem Brief, Laura, daß Derek heute schlachtreife Lämmer wegbringen wollte. Ist – ist das wegen meiner Sache unterblieben?«

Sie nickte, und der junge Mann sah noch unglücklicher aus als im Gerichtssaal.

Aber Derek wurde für sein Opfer belohnt. Beim Aufwaschen am Abend hörte Laura einen lauten Ruf aus dem Wohnzimmer. »Laura, komm schnell! Sie bringen jetzt die Aufzeichnung von der Demonstration. Komm her, vielleicht können wir Hugh erkennen!«

Und als sie nicht nur Hugh sahen, sondern sogar, wie er dem Polizisten den Helm vom Kopf schlug, vergaß Derek, daß seine Lämmer in den nächsten vierzehn Tagen nicht verschickt werden konnten.

11

Das Haus, das Hugh mit drei anderen Studenten beziehen sollte, wurde eher frei, als sie erwartet hatten. Es fiel ihm beinahe schwer, sein so gemütliches Quartier bei Marie aufzugeben. »Ich werde Hugh vermissen«, erklärte Marie Laura. »Ich bin aber doch froh, daß er ein hübsches Haus gefunden hat und mit seinesgleichen zusammen ist. Junge Leute gehören zusammen.«

»Hoffentlich sind es ordentliche Kerle«, meinte Laura. Sie hatte die Gerichtsverhandlung noch immer nicht verwunden, mochte Hugh jedoch nicht danach fragen.

»Ich dachte mir schon, daß du das wissen möchtest. Mich interessierte es auch. Deshalb habe ich sie vorige Woche zu einem kleinen Essen eingeladen. Sie werden dir gefallen. Sie gehören zu den ernsthaften Studenten, sind aber nicht eingebildet. Nette, ruhige junge Leute, ganz anders als die, die man manchmal im Fernsehen sieht. Aber die sind im Grunde die Ausnahme, und es ist eigentlich nicht fair, alle Studenten nach ihnen zu beurteilen.«

»Ich bin sehr froh, daß du sie dir angesehen hast, Marie! Du bist doch wirklich eine raffinierte Person!«

»Keine schöne Bezeichnung! Aber ich denke mir halt, man muß ein bißchen vorsichtig zu Werke gehen, um die jungen Leute nicht zu verschrecken. Sie fürchten immer, man wolle ihnen Vorschriften machen.«

»Und jetzt will wohl Onkel Joseph in dein Fremdenzimmer einziehen?«

»Ich möchte eigentlich lieber noch ein wenig warten. Schließlich habe ich gesagt, er könne zu mir kommen, wenn das alte Haus abgerissen wird, und so weit ist es noch nicht.«

»Ach, er wird danach lechzen, gleich zu dir zu kommen. Ich bin nicht sehr glücklich darüber, Marie. Er ist so egoistisch und eigensinnig. Wenn du schon einen Pensionär haben willst, warum nimmst du dann nicht einen jungen Lehrer oder eine Sekretärin?«

Marie genierte sich ein bißchen. »Frauen liegen mir nicht so. Ich möchte lieber einen Mann. Ich bin es gewohnt, ein männliches Wesen um mich zu haben. Einen Mann umsorge ich gern.«

»Das ist deine schwache Seite. Also warum dann nicht wenigstens einen jungen Mann? Die brauchen deine Fürsorge genauso wie Joseph, und sie sind viel dankbarer. Es muß doch eine Unmenge junger Männer mit Auto geben, denen dein Haus nicht zu abgelegen ist und die gern einziehen würden.«

»Nein, das ist nichts für mich. Ich begann schon mütterliche Gefühle für Hugh zu entwickeln. Deshalb ist es ganz gut, wenn er auszieht; und so ginge es mir mit jedem netten jungen Mann. Ich verstehe schon, was du fürchtest, Laura. Du hast Angst, ich könnte schwach werden und Joseph heiraten, statt ihn als Pensionär zu behalten. Mach dir keine Sorgen! Das kommt nicht in Frage. Obwohl ich zugeben muß, daß ich das Witwen-Dasein nicht besonders schätze.«

»Selbst nach drei Ehemännern hast du noch nicht genug!«

»Es ist eine Frage der Gewohnheit, und für mich sind die Ehemänner eben zur Gewohnheit geworden.«

Da mußten sie beide lachen.

Aber Laura dachte noch länger über die Vorliebe ihrer Kusine für den Ehestand nach. Sosehr sie Derek liebte, hatte sie doch im Augenblick das Gefühl, daß in ihrer Ehe irgend etwas nicht stimmte. Sie wußte, daß das nicht nur die Schuld der »Waisenkinder« war. Derek hatte recht, wenn er sagte, sie hätte ein überempfindliches Gewissen. Gegen ihren eigenen Willen machte sie sich Sorgen um Eva. Seit einiger Zeit hatten sie nichts von ihr gehört; da sagte sie sich völlig unerwartet eines Tages telefonisch fürs Wochenende an.

Laura erwartete sie voller Unruhe; sie fürchtete bittere Vorwürfe. Ob sie sich wohl von dem Schlag erholt hatte? Später stellte sie fest, daß sie Eva eigentlich gar nicht richtig kannte. Das Mädchen schien entschlossen zu sein, die Episode mit Kenneth Everton zu vergessen oder wenigstens mit diskretem Stillschweigen zu übergehen. Sie sah bei ihrer Ankunft hübsch und vergnügt aus, machte es sich gleich gemütlich und gestattete

Laura wie immer, sie zu bedienen. Derek grinste, als seine Frau von oben kam, wo sie am ersten Morgen Eva das Frühstück ans Bett gebracht hatte. Er sagte: »Anscheinend wurde dir vergeben. Hab ich dir das nicht gleich gesagt?«

»Mußt du immer so selbstgefällig sein? Du hast nur zwei Refrains: ›Das habe ich gleich gesagt!‹ und ›Wie lang bleiben sie da?‹«

Ihre Gereiztheit überraschte ihn, und er fragte: »Ist dir das nicht lieber, als wenn ich die schönen ›Waisen‹ anschmachten würde? Bin neugierig, was Eva will. Möchte wetten, daß sie einen neuen Mann im Auge hat.«

»Dieses Mal hoffentlich einen Unverheirateten.«

»Sicher. Sie ist viel zu schlau, um zweimal den gleichen Fehler zu begehen. Er wird ledig sein und zu ihr passen. Nun, wir werden sehen.«

Am letzten Abend vor ihrer Abfahrt rückte Eva endlich mit der Wahrheit heraus. Laura ärgerte sich ein wenig, daß Derek abermals recht hatte. Er war schon schlafen gegangen, und die beiden jungen Frauen saßen allein im Wohnzimmer. Eva stand auf, streckte sich und gähnte aus Herzensgrund. »Ja, es war nett, das alte Haus mal wiederzusehen. Das vorige Mal war es ungemütlich, aber ich habe mich entschlossen, das zu vergessen. Ich bin froh, daß du deine schlechte Laune überwunden hast, Laura.«

Laura öffnete den Mund zum Protest, aber Eva fuhr fort: »Na ja, es ist keinem etwas passiert. Du hättest also nicht so aus den Pantinen zu kippen brauchen. Später bin ich zu der Erkenntnis gekommen, daß du doch recht hattest. Ken paßte eigentlich nicht zu mir – er war nett, aber ziemlich weich. Und dann ist es doch lästig, wenn ein Mann verheiratet ist.«

»Ziemlich, besonders für die Ehefrau.«

»Fang nicht wieder von vorn an, Laura. Die Frau hatte es dir angetan, nicht wahr? Na, jetzt hat sie ihren Mann zurück; sie können in Sidney girren und kosen, und alle dürfen zufrieden sein. Wirklich, ich glaube, daß so ein Stups einer Ehe manchmal richtig gut tut.«

»Willst du dich als ein Stups verstehen?«

Eva zeigte selten Humor; aber jetzt mußte sie doch lachen, und Laura stimmte ein.

»Weißt du eigentlich, daß du langsam eine spitze Zunge kriegst? Das ist wohl ein Erbe von Großmutter, wie bei uns auch. Noch vor kurzem hat mir das ein paarmal leid getan. Aber tröste dich, bald bist du mich ganz los.«

»Ein neuer Mann, Eva? Das ging schnell!«

»Man könnte es für eine Trotzreaktion halten. Aber das wäre nicht fair. Owen ist ein prächtiger Kerl.«

»Owen – und weiter? Wie heißt er und was macht er? Meinst du es diesmal ernst? Los, Eva! Tu nicht so geheimnisvoll!«

»Er heißt Owen Farnell. Er hat irgend etwas mit Geldgeschäften zu tun. Auf alle Fälle scheint er eine recht gute Stellung zu haben, denn er ist ziemlich reich und zudem sehr intelligent. Er ist zwar kein Intellektueller wie der arme Ken. Aber das habe ich ja nun schon gehabt. Owen ist gerade das Gegenteil von Ken. Er ist ein Hans Dampf, ein Quirl, sieht gut aus, ist zweiunddreißig und mächtig verliebt. Genügt das, bis du ihn kennenlernst?«

»Vollkommen. Ich bin so froh, Eva! Das klingt alles so gut!«

Und obgleich sie Dereks spöttisches Gesicht förmlich vor sich sah, konnte sie die Frage nicht hinunterschlucken: »Wann wirst du ihn uns hier vorstellen?«

»Wann du willst. Ich wollte nur warten, bis ich sicher wußte, daß du mir nicht mehr böse bist.«

Laura überging diese Bemerkung und sie verabredeten sich für das nächste Wochenende. Dieses Mal fand Evas Wahl nicht nur bei Laura Zustimmung, sondern auch bei ihrem Mann. »Schließlich ist es der dritte seit dem Tod eurer Großmutter«, bemerkte er. »Und aller guten Dinge sind bekanntlich drei.«

Owen Farnell war genau, wie Eva ihn geschildert hatte: ein Geschäftsmann mit gesundem Menschenverstand. Ein größerer Gegensatz zu Kenneth Evertons künstlerischer Hilflosigkeit war kaum denkbar.

»Ich glaube, jetzt wird es klappen«, sagte Laura nach dem

Abschied von den beiden am Montagmorgen. »Er ist wohl verliebt, aber er ist nicht blind. Er wünscht sich eine attraktive, charmante Frau, aber er hat genügend Verstand, um zu erkennen, daß Eva ziemlich schwierig ist.«

»Ich könnte mir vorstellen, daß da häufig die Fetzen fliegen. Aber wenn nötig, zeigt er sicher, wer der Herr im Hause ist.«

»Ich glaube dennoch, daß sie glücklich werden.«

»Schon recht, wenn er sie nur von hier wegholt.«

Laura wollte Derek eigentlich seine Gefühllosigkeit vorwerfen, aber sie sagte nur freundlich: »Ach, Eva will, daß ihre Ehe gut wird. Sie sagte, sie würde niemals so verrückt wie Chris von zu Hause wegrennen, wenn sie mit Owen Streit hätte. Ich sagte, es sei nicht anständig gegen Chris, denn die sei schon lange nicht mehr durchgebrannt.«

Als sie sich umwandte, um hineinzugehen, betrachtete Laura die Wetterseite des Hauses und sagte: »Noch in dieser Woche wollen sie sich verloben und in drei Monaten heiraten. Eigentlich müßte das Haus gestrichen werden, aber das wäre Unsinn. Aber ein wenig putzen muß ich doch, und auf alle Fälle muß der Garten in Ordnung sein.«

»Warum denn das, zum Teufel?«

Schroff zog er seinen Arm aus dem ihren.

»Warum? Natürlich wird sie hier ihre Hochzeit feiern. Hier ist sie zu Hause. Was hast du denn erwartet?«

»Zum Abschluß noch ein wenig Frieden. Du hast doch getan, was du nur konntest. Du hast sie dieses Wochenende hier gehabt, und wie ich Eva kenne, werden sie noch oft genug kommen, ehe sie heiraten. Sie sollen ihre Hochzeit in der Stadt feiern. Ich komme auch, obwohl ich dann wahrscheinlich einen neuen Anzug brauche.«

»Das ist aber nett von dir, das muß ich sagen! Aber welch ein Unsinn! Natürlich heiraten sie hier. Ich habe hier geheiratet, und Chris auch, und es würde mir im Traum nicht einfallen, daß es bei Eva anders sein sollte. Sie hat schon überlegt, wie wir zweihundert Leute unterbringen können. Weniger kann sie unmöglich einladen. Ich nehme an, daß wir alle Zimmer im Parterre brauchen.«

Derek protestierte wütend, aber erfolglos. »Das ist das letzte, was wir für Eva tun können«, war Lauras ganze Antwort, »und Großmutter ...«

»Bitte, erspare mir das. Großmutter hätte es getan. Ich weiß. Aber du bist noch keine Großmutter, obwohl du eine sein könntest, wenn du manchmal so sorgenvoll dreinschaust.«

Sie drehte sich um und ging wortlos weg. Sie lief zum nächsten Spiegel und prüfte angstvoll ihr Gesicht. Unsinn! Eine einzige kleine Falte war zu sehen, und dagegen würde sie gleich etwas tun. Aber es war doch schrecklich, daß Derek so etwas sagte! Sie grübelte immer noch darüber nach, als sie von Marie heimfuhr. Sie hatte Hugh bei seinem Umzug in sein neues Quartier geholfen. Wieder einmal kam sie zu dem Schluß, daß die Ehe nicht all das hielt, was man sich von ihr versprach. Sie wunderte sich, daß Marie so versessen darauf war.

»So, Hugh ist weg, nicht wahr?« bemerkte Onkel Joseph beim Abendessen. »Marie sollte nicht so allein sein in der Stadt, wo alles mögliche passiert und sich all diese rohen Rüpel rumtreiben. Ich werde sie schleunigst aufsuchen.«

»Nicht nötig. Sie kommt morgen zum Lunch.«

Als er die Rede auf seinen Umzug brachte, hatte Marie nur wenig einzuwenden.

»Eigentlich habe ich ja gesagt, erst wenn das Haus hier abgerissen wird. Und ich bin überhaupt nicht ängstlich. Aber gut, wenn du so gern möchtest ...«

So war es, und Joseph kehrte Brookside mit wenig schmeichelhafter Eile den Rücken.

Marie beunruhigte sich nicht im mindesten.

»Es wird schon gehen. Ich lasse ihn an seinen Memoiren arbeiten; dann kann er Holz hacken und ins Haus tragen; dann muß er mir beim Abwaschen helfen – du wirst ihn nicht mehr wiedererkennen.«

»Bist du nicht allzu optimistisch? Ich kann mir Joseph nicht bei der Hausarbeit vorstellen.«

»Ich schon. Joseph wird sich so behaglich fühlen, daß er Todesängste aussteht, hinausgeworfen zu werden. Binnen drei Monaten wird er ein perfekter Kostgänger sein. Aber er würde einen gräßlichen Ehemann abgeben.«

»Ich bin froh, daß du soviel Verstand hast, um das klar zu erkennen. Für uns wird es ein Segen sein, wenn er fort ist. Er nimmt uns Evas Hochzeitsfeier schrecklich übel.«

»Es ist albern von ihm, sich darüber zu ärgern. Vielleicht kommt es gar nicht dazu, und möglicherweise wird das alte Haus noch vorher abgerissen.«

»Es tut mir so leid, wenn es verschwindet; aber das ist immer noch besser, als wenn meine Ehe kaputt ginge. Ich möchte wohl wissen, ob sich Großmutter über die Folgen im klaren war, als sie ihr Testament machte.«

»Es war schon richtig, daß sie dir die Farm überschrieb. Der Fehler war nur, daß sie dir auch die ›Waisenkinder‹ anvertraute. Aber du hast das alles immer viel zu ernst genommen. Ich habe meine Kusine Ada sehr gut gekannt, und sie kann sich doch nicht von Grund auf verändert haben. Sie hatte bestimmt niemals die Absicht, dir eine solche Last aufzubürden. Das war eher eine beiläufige Bemerkung. Sie hat dich sicher für verständig genug gehalten und gemeint, du würdest dir diese Bemerkung nicht allzusehr zu Herzen nehmen. Und den erbärmlichen ›Waisen‹ hat sie zuviel Anstand zugetraut, als daß sie die Sachlage ausnützten. Auf alle Fälle wird das Haus in Kürze verschwinden, das steht fest; und dann wirst du einmal tief Luft holen, Laura, und sie sich selbst überlassen.«

»Das werde ich wohl tun müssen. Derek lehnt es eisern ab, an unserem Haus anzubauen. Ich glaube, sie haben jetzt ihren Dreh gefunden. Die einzige Schwierigkeit ist nur noch diese Hochzeitsfeier. Bei den anderen scheint alles in Ordnung zu sein. Hugh ist vernünftig; er hat seine Lehre aus dieser albernen Protestkundgebung gezogen. Lester hat zuviel Arbeit mit seinem neuen Buch, um sich im Augenblick um ein anderes Mädchen zu bemühen; und Eva ist ganz von ihrem Owen in Anspruch genommen. Sogar Chris hat sich beruhigt.«

Eine Woche später wünschte Laura, sie hätte doch lieber auf Holz geklopft, als sie das sagte. Seit einigen Tagen hatte sie Christine nicht gesehen. Sie hatte viel Arbeit mit Onkel Josephs Umzug und seinen zahlreichen Habseligkeiten gehabt. Es war ein Alptraum gewesen, den Kram zu sortieren, manches aufzuheben, anderes wegzugeben oder zu verbrennen; hinzu kamen noch diese endlosen Diskussionen. Erst war er so schnell verschwunden, um sich seinen Platz bei Marie zu sichern, daß Laura hoffte, er würde ihr die Erledigung seines Kleinkrams überlassen. Aber nein: er war zurückgekommen und bestand darauf, alles selbst zu entscheiden. Zum Glück war Marie mitgekommen, und sie blieb zwar freundlich, aber fest.

»Dafür haben wir keinen Platz«, sagte sie zum Beispiel. »Und das kannst du verbrennen. Das da brauchst du nicht, das habe ich schon.«

Es war anstrengend. Obwohl Laura dankbar war, den alten Herrn nun endgültig loszuwerden, war sie doch ein wenig gekränkt, daß er sie so überstürzt verließ.

Er wartete nicht einmal so lange, bis man einen Mieter für sein Häuschen gefunden hatte, was nicht so einfach war. Er interessierte sich nur für die Miete und war sehr darauf bedacht, daß sie nur ihm und keinem anderen zustand, obgleich Laura ihn über diesen Punkt wiederholt beruhigt hatte.

»Soweit du es verstehst, ist es in Ordnung.« Das war sein Dank. »Aber gib acht, daß der Mieter sorgfältig ausgesucht wird und daß ich die Miete pünktlich bekomme.«

Das waren seine Abschiedsworte.

Laura hatte Derek überredet, sich bei der Abreise zu zeigen, als Joseph und ein Teil seiner Habseligkeiten endlich in Maries Auto verstaut waren. Zum erstenmal nahm er die Sache nicht von der heiteren Seite. Er hörte zufällig Josephs letzte Worte und fluchte leise, aber kräftig. Dafür war Laura um so fröhlicher. Sie lachte und schob ihren Arm in den seinen.

»Er ist ein undankbares altes Ekel, aber was tut's? Wir brauchen ihn nun nicht mehr zweimal am Tag bei den Mahlzeiten zu sehen und sein Gebrumm anzuhören. Damit wird er Marie nicht belästigen. Mit ihr wird er sehr liebevoll umgehen, damit sie ihn nicht rauswirft.«

»Ihr wird er aus der Hand fressen – und nicht hineinbeißen wie bei dir.«

»Ach, laß uns das alles vergessen! Hauptsache: er ist fort. Darüber bin ich glücklich genug.«

»Ich auch, besonders wenn ich dich so höre. Du fängst an, realistisch zu denken und dich nicht mehr von den Erinnerungen an Großmutter quälen zu lassen. Ist es zu glauben, daß wir jetzt doch endlich einmal allein sind?«

Es schien unfaßbar, das fand sie auch.

Am Tage nach Josephs Abzug kam es zu einem neuen Unfall an der Straße. Um zwei Uhr nachts wurden sie durch ein aufgeregtes Pochen an der Haustür geweckt. Draußen stand ein siebzehnjähriger Junge; er triefte vor Nässe und bebte vor Angst und Aufregung. Das Auto, in dem er als Beifahrer gesessen hatte, war in der schlechten Kurve von der Straße abgekommen und in den Fluß gestürzt. Sein Freund war gefahren; er war unter dem Wagen begraben und sicherlich tot.

Für den Rest der Nacht gab es für Laura und ihren Mann keinen Schlaf mehr. Derek eilte zum Unfallort; aber ein Blick auf den Wagen, von dem nur noch das Dach aus dem Wasser ragte, überzeugte ihn, daß für den Fahrer jede Hilfe zu spät kam. Laura setzte inzwischen dem Jungen, der sich hatte retten können, Kaffee und Schnaps vor; sie suchte einige Kleidungsstücke von Hugh für ihn zusammen und überredete ihn, hier neben der Heizung sitzen zu bleiben. Die notwendigen Telefongespräche würde Derek führen.

Es war eine schreckliche Nacht. Am nächsten Tag brachten die Zeitungen die Nachricht in Schlagzeilen, mit vielen Vorwürfen gegen die Straßenbauverwaltung. Die Folgen des tragischen Unfalls mußten beseitigt, die Leiche mußte gefunden und der Wagen geborgen werden. Bei allem half Derek der Polizei. Am nächsten Abend kam er erschöpft und niedergeschlagen heim. Unvorsichtigem Fahren und der schlechten Straße war wieder ein junges Menschenleben zum Opfer gefallen. Das war entsetzlich.

»Sie müssen viel zu schnell gefahren sein«, sagte er. »Vor Mitternacht hatte es tüchtig geregnet, und die Straße war naß. Nach den Reifenspuren zu urteilen, haben sie zu spät gebremst. Trotzdem wäre nichts passiert, wenn die Straße in Ordnung wäre.«

Die öffentliche Meinung forderte, daß es keinen weiteren Unfall mehr geben dürfe. Die Begradigung der Straße sei dringend. Die neue Straße sei schon vermessen. Die Anlieger müßten zur Räumung aufgefordert werden, und mit den Arbeiten müßte unverzüglich begonnen werden. Inzwischen sollten Warnschilder aufgestellt und ein starkes Geländer längs des Flusses errichtet werden. Trotz seines Mitleids mit dem Toten und seinen Eltern war Derek im Grunde froh: Endlich war es so weit! Und zu allem Glück noch vor dieser elenden Hochzeitsfeier. Nun konnte er weiter planen. Davon erzählte er Laura nichts; sie war nach seiner Meinung äußerst empfindlich geworden, was die »Waisenkinder« betraf.

Nicht ohne Grund, wie sich herausstellte; denn gerade als sich der Himmel aufklärte, brach ein neuer Sturm los. Mit Christine hatte es eine so himmlisch lange Ruhepause gegeben. So erlitt Laura einen richtigen Schock, als ihre Kusine eines Morgens mit ungewöhnlich ernstem Gesicht ankam. Noch schlimmer: sie sah krank und deprimiert aus. Ein Blick auf das Auto beruhigte Laura ein wenig. Keine Tiere schauten heraus, nicht einmal Toss. Das bedeutete zum mindesten, daß sie nicht entschlossen war, Guy wieder einmal zu verlassen.

Christine schien verändert und teilnahmslos. Sie folgte Laura in die Küche, wo diese Marmelade kochen wollte. Plötzlich platzte sie heraus: »Laura, es ist schrecklich! Ganz schrecklich!«

»Was ist schrecklich?«

»Mit Guy und mir. Ich meine, als Ehepaar. Völlig hoffnungslos.«

Sie sprach so unzusammenhängend und in so tiefem Ernst,

daß Laura aufhorchte. Sie fragte in scharfem Ton: »Was willst du damit sagen?«

»Genau das, was ich sage. So geht es nicht weiter. Wir können nicht mehr so weitermachen. Ich habe es versucht. Ganz ernsthaft. Ich habe dir nichts davon erzählt und bin auch nicht hierhergekommen; ich weiß, daß das kindisch ist und ich selber mit meinen Angelegenheiten fertigwerden muß. Außerdem brachte Guy das immer in Wut. Ich habe ja auch nur selten hier angerufen. Du hast das doch bemerkt? Ich habe mich von meinem eigenen Zuhause ferngehalten.«

»Ich dachte, dir wäre klar, daß du nun dort dein Zuhause hast.«

Sie machte eine Pause, und Christine brach wie ein Wirbelsturm los.

»Wir passen nicht zueinander. Ich war zu jung, um das zu erkennen. Es ist doch wirklich seltsam, daß Großmutter mich nicht zurückhielt. Sie hätte uns niemals heiraten lassen sollen. Sie hätte verlangen müssen, daß wir noch warteten, bis ich älter war und verständiger.«

Laura erinnerte sich der wilden Szenen, als Großmutter zu einer längeren Verlobungszeit geraten und gemeint hatte, sie sollten warten, bis Christine einundzwanzig sei. Mit lauter Stimme hatte das Mädchen erklärt, ein Aufschub sei Wahnsinn, und Großmutter sei einfach albern. Sie wüßten schon, was sie täten. Schließlich hatte Mrs. Stapleton geseufzt und zu Laura gesagt: »Christine ist eine Närrin. Das wird sie immer bleiben. Natürlich habe ich sie sehr lieb. Bei all ihrer Verrücktheit ist sie doch sehr anziehend. Augenscheinlich findet Guy das auch. Er ist älter, und er hat Verstand. Er muß selber wissen, was er tut. Ich bin nicht verpflichtet, ihn zu beschützen. Ich bin alt und müde, Laura; ich kann nur noch versuchen, sie ein wenig zu bremsen.«

Das war ihr aber nicht gelungen. Schließlich hatte sie es aufgegeben, und die jungen Leute hatten geheiratet. Später erinnerte sich Laura ihrer Worte: »Ich bin alt und müde.« Sie dachte, das sei wohl das erste Zeichen gewesen, daß ihre Kraft nachließ. Die Auseinandersetzungen mit den »Waisen«, die sie früher so genossen hatte, begannen sie zu erschöpfen. Sie hatte müde die Schultern gehoben und zu Guy gesagt: »Ich habe mein möglichstes getan. Ich nehme an, Sie wissen, was Ihnen blüht.«

Er hatte ruhig geantwortet: »Ich weiß es. Aber das ist es mir wert.«

Großmutter hatte sich beruhigt. »Ja, wenn Sie es richtig anfangen. Aber lassen Sie sich nicht unterkriegen. Das zahlt sich nicht aus mit dem Mädchen. Nehmen Sie ruhig ein paar Kräche in Kauf, aber bleiben Sie fest und setzen Sie Ihren Kopf durch. Dann wird alles gut gehen. Ich kann dann wenigstens das Gefühl haben, daß einer für sie sorgt, wenn ich nicht mehr da bin.«

Zum erstenmal hatte Laura von ihr eine Andeutung gehört, daß sie damit rechnete, nicht wieder auf die Beine zu kommen, und eine unbestimmte Angst war in ihr aufgestiegen.

Später hatte Mrs. Stapleton zu ihr gesagt: »Zum Glück wohnen sie nicht so weit. Das Kind könnte Hilfe brauchen. Aber dann bist du ja da, Laura.«

Jetzt schien der Augenblick gekommen, wo Laura einspringen mußte. Plötzlich stellte sie fest, daß sie absolut kein Verlangen danach hatte und die ganze Sache eigentlich gründlich leid war. Obwohl doch Großmutter gesagt hatte: »Wenn wir's nicht tun, wer macht es dann?«

Warum mußte sie nur immer an diese Worte denken?

12

»Aber, Derek, sei doch vernünftig! Es hat keinen Zweck, so zu fluchen. Natürlich können wir sie nicht nach Hause schicken. Sie ist kein Kind mehr.«

»Aber sie benimmt sich so – wie ein Kind von zehn Jahren.«

»Nein. Dieses Mal ist sie älter und ernster. Sie ist ganz anders als sonst. Und sie scheint überzeugt, daß sie und Guy das Ende ihres gemeinsamen Weges erreicht haben.«

»Quatsch! Christine hat immer alles dramatisiert. Wahrscheinlich gab es einen Krach, weil Guy gegen eines ihrer lieben Tierchen protestiert hat.«

»Das war es nicht. Seltsam genug, Guy stört sich nicht an den Tieren; er scheint sie sogar gern zu haben. Anscheinend ist alles verquer. Allerdings habe ich das Gefühl, daß es etwas gibt, was sie mir nicht erzählt hat. Irgend etwas Ernstes.«

»Das glaub ich nicht. Aber wie auch immer: was will diese dumme kleine Gans denn machen? Etwa hier wohnen und uns ihre Szenen vorspielen?«

»Nein, sie denkt anscheinend, daß Eva ihr einen Job verschaffen könnte, wenn sie nicht mehr verheiratet ist. Aber ich habe nicht den Eindruck. Eva hat eine richtige Ausbildung genossen. Christine ist zwar sehr attraktiv, aber sie hat nicht das Gesicht und die Figur, die ein Fotomodell braucht.«

»An deiner Stelle würde ich ihr das austreiben.«

»Du vielleicht, aber ich nicht; und wenn ich's versuchte, würde sie mir nicht glauben.«

»Aber irgend etwas muß geschehen.«

»Und dafür soll ich sorgen. Du könntest mir auch einmal helfen. Ich habe das alles so satt. Du bist so unvernünftig wie alle anderen. Was soll ich bloß noch machen? Ich kann Chris nicht wegschicken. Denk doch an Großmutter.«

Derek brummte etwas wenig Nettes über die alte Dame, der er sehr zugetan gewesen war. Jetzt aber war er richtig aufgebracht. Gerade als alles ins Lot zu kommen schien, tauchten diese neuen Schwierigkeiten auf. Das Haus würde vermutlich bald geräumt werden müssen. Das hatte er ihr erzählt, als er kürzlich seine Freunde beim Straßenbauamt besucht hatte. Er hatte gedacht, sie würden nun endlich von den »Waisenkindern« befreit werden, die unmöglich alle in sein kleines Haus ziehen konnten. Wenn aber Christine jetzt wirklich ihren Mann verließ, wollte sie sich wahrscheinlich in dem einzigen Gästezimmer niederlassen – und für wie lange? Damit würde sie seine heimlichen Pläne durchkreuzen. Bei dieser Vorstellung holte er tief Luft und sagte: »Also, mich geht das nichts an. Dieses verdammte Testament deiner Großmutter ...«

»Es hat dir zu Grund und Boden verholfen. So verdammt war es für dich nicht!«

Jetzt war es heraus. Niemals hatte sie das sagen wollen. Sie hatte es nicht einmal gedacht. Dieser Situation waren sie beide nicht gewachsen. Binnen einer Minute war ein richtig gemeiner Streit zwischen ihnen entbrannt, und sie warfen sich gegenseitig Ausdrücke an den Kopf, deren sie sich später bitterlich schämen sollten. Zum Schluß verlor Laura die Nerven; sie wollte mit einer bitterbösen Bemerkung das Zimmer verlassen. »Denke nur nicht, daß ich mich danach sehne! Das Haus wird voll sein von Christines Viehzeug, die Ziege wird in meinem Garten sein, die Katzen werden durch das ganze Haus streunen und auf jeden Schrank springen, und der gräßliche Hund wird mit Massa raufen. Von dem widerlichen Papagei gar nicht zu reden.«

Zu ihrer Überraschung machte er zwei große Schritte zur Tür und hielt sie so fest, daß es weh tat. »Dieses Viehzeug kommt mir nicht hierher. Ich will das nicht haben. Das ist mein letztes Wort, hörst du?«

»Ja, man kann es im ganzen Haus hören«, erwiderte sie heftig. Er konnte es ihr ansehen, daß sie beinah *»mein* Haus« gesagt hätte, und erbittert sprach er es an ihrer Stelle aus.

»Natürlich habe ich nichts zu sagen. Rede nur weiter und stell das klar!« Und ehe sie etwas einwenden konnte, sagte er ruhig: »Du hast recht. Was hier in diesem Hause vorgeht, geht mich nichts an. Aber ich habe noch mein eigenes Haus, und wenn deine Kusine ihre verfluchten Biester hierherbringt, werde ich mich dorthin zurückziehen, wohin ich wirklich gehöre.«

Mit diesen Worten wandte er sich um und verließ das Haus.

Laura sah ihm nach, als er über die Koppel schritt, um sein Pferd zu holen. So weit war es also gekommen! Ein ganz ordinärer Streit, der ihre Ehe bedrohte. Früher hatte Derek immer lachen können, auch wenn er gereizt war. Jetzt hatte er ihr klargemacht, daß sie wählen mußte zwischen dem Egoismus der

»Waisenkinder« und ihrem eigenen Glück. Sie blickte aus dem Fenster, aber er war schon verschwunden. Es war zu spät, um ihm nachzulaufen; zu spät, um ihm zu versichern, daß er für sie doch immer der erste sei; zu spät, um seine Hilfe zu erbitten und diesen ersten ernsthaften Streit zu beenden.

Aber es war nicht zu spät, um sich mit Christine zu befassen. Sie ging ins Wohnzimmer, wo Christine malerisch auf dem Sofa lag, und sagte: »Ich weiß nicht, was du alles gehört hast. Ich fürchte, ziemlich viel. Derek ist wütend, da kann ich nichts machen. Du kannst deine Tiere nicht hierherbringen.«

»Was soll ich denn tun?«

»Laß sie, wo sie sind. Guy hat sie gern, und er ist gut zu allen Tieren. Er wird sie nicht vernachlässigen.«

»Aber er bleibt nicht dort. Er nimmt sich eine Wohnung in der Stadt.«

»Woher weißt du das? Ihr seid doch nicht so weit gegangen, daß ihr euch darüber unterhalten habt?«

»Freilich haben wir das – immer, wenn wir gestritten haben. Guy hat einmal gesagt: ›Wenn du unser Haus verläßt, kannst du nicht wieder zurück. Ich verkaufe das Haus und ziehe näher zu meinem Büro und meiner Arbeit.‹«

Laura war zutiefst erschrocken. Die Dinge waren schon weit gediehen, und Guy begann zum Schluß noch Charakter zu zeigen. Gerade wie Derek. Mit einem kläglichen Lächeln dachte sie, daß die Männer ihre Frauen nicht in ihre Pläne einschlössen. Was in aller Welt hätte wohl Großmutter gesagt?

Sie selbst sagte nur: »Was ist denn nur geschehen, daß es so weit gekommen ist?«

Einen Augenblick zögerte Christine, dann sagte sie: »Eines hab ich dir noch nicht erzählt. Das hat mir den Rest gegeben. Guy liebt eine andere Frau.«

»Unsinn! Das ist unmöglich.«

»Es hat keinen Zweck, so zu reden. Ich weiß es genau.«

Sie sagte das tief bekümmert.

»Was weißt du denn? Ich glaube es einfach nicht.«

»Dann sieh dir das an.« Christine zog ein Foto hervor. Es

war das Bild eines sehr schönen Mädchens. Chris schwenkte es traurig hin und her.

Ihre Kusine schnappte nach Luft. »Herrjeh, was ist das denn?« Im stillen dachte sie: Man kann es ihm nicht verdenken. Dieses Mädchen ist nicht nur schön; es hat auch Charakter und Verstand.

»Er hat es gehütet wie einen Schatz. Ich habe es gestern entdeckt, und das gab mir den Rest.«

»Wo hast du es entdeckt?«

»In seiner Jackentasche, als ich seinen Anzug in die Reinigung geben wollte.«

»Dann hat er es doch nicht wie einen Schatz gehütet. Jeder hätte es finden können.«

»Laura, es steckte in seiner Brusttasche!« Christines Stimme klang so tragisch, daß Laura plötzlich in ein höchst unpassendes Lachen ausbrach.

»Sei doch keine Gans! Dafür gibt's sicher eine ganz normale Erklärung. Guy ist nicht so, obwohl du ihn oft genug provoziert hast. Aber das ist nicht seine Art. Was sagte er, als du es ihm zeigtest?«

»Was er sagte? Ich habe ihn nicht gefragt! Ich habe viel zuviel Stolz, um ihm zu zeigen, was ich weiß.«

Jetzt lachte Laura hell auf. Dieser Ton und das unglückselige Wort »Stolz« waren zuviel des Guten. Christine war tief beleidigt.

»Ich hätte mir denken können, daß du dich so verhältst. Das ist so lästig an dir, Laura, daß du so wenig Verständnis aufbringst. Du bist so herzlos.«

»Das nehme ich an«, erwiderte Laura freundlich. »Aber darüber wollen wir uns jetzt nicht unterhalten. Fahre du jetzt geradewegs heim und frage Guy nach dem Foto. Sei doch kein Idiot.«

»Lieber will ich sterben.«

Und dabei blieb Christine zu Lauras Überraschung. Nach einem langen, vergeblichen Hin und Her kamen sie nochmals auf die Tiere zurück. Fest entschlossen erklärte Laura ihrer

Kusine, da Derek nun einmal diesen Standpunkt vertrete, denke sie nicht im entferntesten daran, ihm zu widersprechen.

»Du könntest ihn doch vielleicht überreden!«

»Das ist aussichtslos. Er ist nicht wie Guy. Es würde auf ihn nicht den mindesten Eindruck machen, und ich will es auch gar nicht erst versuchen. Du mußt dich mit der Tatsache abfinden, daß, wenn du deinen Mann verläßt, du auch deine Tiere im Stich lassen mußt.«

»Würdest du denn mit einem Mann weiterleben wollen, der das Foto einer anderen Frau heimlich bei sich trägt? Sie mag ja ganz hübsch sein, aber sie sieht schrecklich aus. Es ist ein widerliches Gesicht.«

»Sie hat ein wunderschönes Gesicht, und Guy hat das Bild nicht heimlich bei sich getragen. Ich weiß nicht, wo er es her hat; aber das wäre der letzte Platz, wo ein vernünftiger Mann etwas verstecken würde.«

Aber das alles war zwecklos, und so kamen sie erneut auf die Tiere zu sprechen. Laura blieb fest: der Zoo kam ihr nicht ins Haus.

»Ich verstehe nicht, wie du so grausam sein kannst. Es ist alles, was ich habe . . . Das bedeutet also, daß ich ein anderes Zuhause für sie finden muß.«

Laura war nicht sehr optimistisch. »Janet Grant würde vielleicht die Siamkatze nehmen; sie sucht eine. Für den Papagei könntest du auch jemanden finden, weil manche Leute diese ekelhaften Biester mögen. Aber ich kann mir nicht vorstellen, wer die Ziege oder die kleinen Kätzchen haben möchte. Du kannst es natürlich versuchen, aber es hat doch keinen Sinn, alle Leute zu fragen, ob sie die ganze Sippschaft haben wollen. Du wirst sie trennen müssen.«

»Das könnte ich nicht. Sie würden sich zu sehr grämen.«

»Daran hättest du vorher denken müssen.«

»Du bist so hart! Derek ist doch nicht so roh, als daß ihn eine oder zwei Katzen in diesem großen Haus stören könnten!«

»Doch. Und wenn nicht ihn, so doch meine alte Katze. Die bringt jede fremde Katze um.«

»Wie grausam ihr alle seid – du und Derek und deine Katze. Ich war überzeugt, ich könnte mich auf dich verlassen. Schließlich hat Großmutter gesagt, hier sei unser Zuhause.«

»Aber nicht das deiner Tiere.«

Laura staunte über ihre eigene Standfestigkeit; Derek würde mit ihr zufrieden sein. In einem Punkt gab sie, wenn auch ungern, nach. Toss war zu alt, um ihn zu fremden Leuten zu geben. Bis Christine weitere Pläne gemacht hatte, würde sie Derek überreden, den alten Hund dazubehalten. »Aber beklage dich nicht, wenn Massa ihn inzwischen umbringt!« fügte sie düster hinzu.

Nach einem unglücklichen Vormittag, an dem ihn zum ersten Male auch seine Farm nicht hatte trösten können, kam Derek nach Haus. Laura erzählte ihm ruhig und sachlich die ganze Geschichte. Auch er blieb ruhig und hatte Mitleid mit ihr, weil sie versuchen mußte, »dieses verteufelte Viehzeug jemandem anders aufzuhängen«. Er war damit einverstanden, daß Toss für den Augenblick hier bleiben sollte. Sie sprachen nicht von ihrem Streit, was Laura unheimlich vorkam, sondern benahmen sich, als ob nichts gewesen wäre. Es war nicht befriedigend, aber das beste, was man unter diesen schwierigen Umständen tun konnte. Allmählich begann sie kummervoll zu glauben, daß es Christine ernst war. Augenscheinlich war die junge Frau schon seit einiger Zeit unglücklich gewesen, und ein ganzer Berg von kleinen Kümmernissen hatte sich angesammelt. »Weil sie nicht genug zu tun hat!« So hatte Derek das ziemlich hartherzig erklärt. Es hatte nur noch der Entdeckung der Fotografie bedurft, um sie in einen hysterischen Zustand zu versetzen.

Laura konnte sich vorstellen, daß nun auch Guy genug hatte. Kein Mann konnte es mit Christine aushalten, wenn einmal der erste Rausch vorbei war. Es schien wirklich wenig zu geben, was diese beiden noch zusammenhielt, abgesehen von dieser seltsamen Tiersammlung, an der Guy erstaunlicherweise zu hängen schien. Traurig dachte Laura an diese glühende Liebe, die sogar Großmutters Widerstand gegen die frühe Heirat überwunden hatte. Wie konnte sie so zugrunde gehen?

Aber dann fiel ihr das Gesicht ihres Mannes ein, als er sagte: »Natürlich, es ist nicht *mein* Haus.« Sie dachte: Liebe kann sterben. Sie ist wie eine Pflanze. Man muß sie pflegen.

Nun, sie hatte ihre Lektion hinter sich. Großmutter hin oder her – sie wollte nichts mehr riskieren.

Das sagte sie ihm, als dieser nicht endenwollende Abend vorbei war und sie in ihrem Zimmer allein waren.

Da war er wieder voller Verständnis und Anteilnahme; denn er hatte während dieses ganzen unglückseligen Tages über ihre Probleme nachgedacht. Wie unfreundlich war er doch gewesen, und das alles war doch nicht ihre Schuld; sie hatte sich Brookside nicht gewünscht. Sie war in seinem bescheidenen Haus restlos glücklich gewesen; sie hatte die »Waisenkinder« nicht haben wollen; aber statt ihrer sollte sie nun ihre eigene Familie haben. Sie war überall die Unterlegene gewesen, nicht er. Als er zu dieser Erkenntnis gekommen war, beschloß er, dem allen ein Ende zu machen. Und zwar sofort. Darauf konzentrierte er sich jetzt.

Als Laura ihm von dem Foto erzählte, wollte er sich vor Lachen ausschütten.

»Was für ein Blödsinn! Wahrscheinlich gibt es eine höchst einfache Erklärung. Wenn sie nicht will, muß das jemand anders feststellen.«

»Jemand muß – da heißt es schon wieder: ›Wenn ich's nicht tue, wer macht's dann?‹ Und du sagst immer, ich mische mich in alles hinein.«

Sie mußten beide lachen, wenn auch nicht aus vollem Herzen.

Am nächsten Tag war Christine wie verwandelt. Sie verkündete, sie wolle nach Hause fahren und Guy ihren Entschluß mitteilen. Von Guy hatte man inzwischen nichts gehört, und das war beunruhigend.

»Ich fahre erst heute abend, wenn er daheim ist. Zum Schlafen komme ich wieder her. Aber inzwischen müssen wir beide ein paar Leute aufsuchen, um die Tiere unterzubringen«, erklärte sie.

Das war nicht leicht, und sie trafen häufig auf Verständnislosigkeit und Ablehnung. Sie hätten überhaupt keinen Erfolg gehabt, wenn Chris nicht beteuert hätte, ihre Tiere seien wahre Engel und es sei auch nur für kurze Zeit, »bis wir in unser neues Haus gezogen sind«.

Unter vier Augen meinte Laura zu ihr, daß die armen Freunde, die sie da breitgeschlagen hatten, sich wohl alsbald über diesen Umzug wundern würden. Heimlich aber weckte die Tatsache, daß Christine einen Bruch mit ihrem Mann mit keinem Wort erwähnt hatte, neue Hoffnung in ihr. Es zeugte von Verstand und Diskretion und war vielleicht als eine Ausflucht für die Zukunft gedacht. Wenn doch Guy etwas von sich hören ließe! Um sich zu trösten, rief sie Marie an, von der sie Verständnis und Teilnahme erwarten konnte. »Möchtest du vielleicht drei Katzen, eine Ziege, einen Papagei und einige Vögel im Käfig bei dir aufnehmen?«

Mrs. Elder lachte. »Es handelt sich wohl wieder mal um Chris? Das ist doch ein Elend! Es ist aber ein ziemlich schlechtes Zeichen, wenn sie die Tiere überall verteilen will.«

»Diesmal scheint sie fest entschlossen zu sein. Ach, Marie, ich habe das alles so satt, und Derek noch viel mehr. Es ist nur eine Frage der Zeit, bis er mich auch satt hat. Du hattest schon recht, als du mich gewarnt hast! Aber was soll ich bloß tun?«

»Was du tun sollst? Keine Frage: Nimm dein Herz in beide Hände! Du hast schon zuviel getan. Hör auf damit, ehe es zu spät ist.« Und etwas ruhiger fügte sie hinzu: »Ich wollte, ich könnte die ganze Menagerie aufnehmen; aber die paar Quadratmeter Garten haben halt ihre Grenzen. Was macht ihr denn nun?«

»Wir sind stundenlang herumgefahren und haben versucht, die Leute zu überreden. Wir wurden nicht besonders begeistert aufgenommen. Wie geht es denn Joseph und dir?«

»Ausgezeichnet! Du würdest ihn nicht wiedererkennen, so sanftmütig und hilfsbereit ist er jetzt.«

»Hoffentlich hält das an!«

»Keine Angst! Da passe ich schon auf. Ich bin zäher als du, das weißt du ja.«

Laura lachte, und dann seufzte sie. Marie war kein Dummkopf. Sie konnte sich Joseph, der sich jetzt so anders benahm, lebhaft vorstellen. Er würde so sein wie damals, als Großmutter ihn unter ihrer Fuchtel hatte. Nun kam noch die Befriedigung seiner Eitelkeit hinzu, daß ihn eine jüngere und so anziehende Frau umsorgte. Ja, dachte sie, den wenigstens bin ich los.

Überraschenderweise blieb Christine bei ihrem Plan, am Abend nach Hause zu fahren, um mit Guy alles zu regeln. Laura hoffte aus tiefstem Herzen, daß die Sache gut ausgehen würde, wenn es zu einer Aussprache kam. Sonst würde die junge Frau wieder bei ihr herumhocken, schmollen und von der Arbeit reden, die sie vermutlich nicht bekam. Keine angenehme Aussicht.

Das wurde auch durch einen Anruf von Eva nicht besser, die ihr fröhlich ihren und Owens Besuch ankündigte. Sie wollten so bald wie möglich über die Hochzeit sprechen. Die Zahl der Gäste sei auf dreihundertfünfzig angestiegen. Gerade hatte Laura Derek das schonend mitgeteilt, als ein Auto durch die Einfahrt brauste. Lester erschien. Er war in bester Stimmung und ohne Begleitung.

»Nein, danke, ich habe schon gegessen. Nett, euch beide mal allein anzutreffen. Onkel Joseph wohnt jetzt bei Marie?«

Laura berichtete ihm von ihrer Unterhaltung mit Mrs. Elder, und Lester lachte beifällig. »Sie hat ihn dahin gebracht, wo sie ihn haben wollte. Wissen möchte ich nur, warum sie ihn überhaupt haben wollte. Das ist eine gute Lösung. Eva kommt auch? Himmel, das bedeutet, daß sie ihren Kerl mitbringt. Ich habe ihn neulich in der Stadt kennengelernt. Ich glaube, dieses Mal hat sie das große Los gezogen. Die wirst du nun auch los sein, Laura. Und unser Hugh macht sich gut an der Uni? Anscheinend hat sich sogar Chris beruhigt. Allmählich hast du uns alle vom Hals.«

»Noch nicht ganz. Chris scheint sich mit Guy endgültig entzweit zu haben.« Sie erzählte ihm von ihren vergeblichen Versuchen, Christines Tiere unterzubringen. Er war entsetzt. »Du meinst doch nicht etwa, daß sie hierherkommt?«

Das klang so empört, daß Laura den Eindruck hatte, er

fühlte sich persönlich betroffen. Derek rutschte unbehaglich auf seinem Stuhl hin und her. Diese Entrüstung betraf doch nicht etwa Laura? Lester gab jedoch keinen weiteren Kommentar, sondern sagte nur: »Das ist ein Elend! Komisch! Kürzlich traf ich Guy beim Lunch, und er machte keinerlei Andeutung. Aber vielleicht wollte er das nicht. Wir haben vor allem über meine Angelegenheiten gesprochen.«

»Was hast du für Neuigkeiten?« fragte Laura besorgt.

»Recht gute. Sie haben die Übersetzung meines Romans in verschiedene europäische Länder verkauft; auch die Amerikaner haben ihn genommen. Nun soll ich mich mit einem zweiten Buch dranhalten. Da war ich momentan in einer verzwickten Lage, denn ich möchte die Zeitung doch nicht aufgeben.«

»Das wäre auch ziemlich übereilt«, sagte Derek schnell.

»Bestimmt. Aber mein Chef hatte ein Einsehen. Er hat mir drei Monate unbezahlten Urlaub gegeben, und dann kann ich meinen Posten wiederhaben. Darüber bin ich recht froh, denn ich habe dort ein gutes Gehalt, und aus verschiedenen Gründen möchte ich auch sichergehen.«

Diese Überlegung war an Lester so neu, daß Laura geradezu entzückt war.

»Das ist wirklich klug. Du würdest nicht leicht einen Job finden, der dir so zusagt.«

»Nein, und jetzt ist mir das besonders wichtig.«

Das klang bedeutungsvoll. Laura sagte deshalb: »Tu doch nicht so geheimnisvoll! Warum gerade jetzt?« Ihr Herz klopfte ein wenig. Tauchte da eine neue Janice am Horizont auf?

»Na ja, ich habe so meine Pläne. Dieses Mal haben sie sehr viel mit dem Heiraten zu tun. Ich habe ein Mädchen kennengelernt.«

»Dieser Spruch sollte mir nicht neu sein.«

»Natürlich. Warum auch nicht? Diesmal ist es aber etwas ganz anderes. Jane ist keine Reklameschönheit. Sie ist eine sehr fähige Journalistin; sie kann besser schreiben als ich. Wir wollen beide weiter im Beruf bleiben, wenn wir verheiratet sind.«

»Und wann wird das sein?« fragte Laura. Jane würde doch

sicherlich ein eigenes Zuhause haben und nicht in Brookside heiraten wollen!

»In einem Vierteljahr, sobald mein Buch fertig ist. Jane wird euch beiden gefallen. Wenn ich nur das Foto von ihr da hätte, um es euch zu zeigen!«

»Ja, das wäre nett, aber voraussichtlich werden wir sie ja bald kennenlernen.«

»Sehr bald, denn ich habe die Absicht, für ein Weilchen nach Hause zu kommen.«

»Hierher?«

Laura wagte nicht, Derek anzusehen.

»Um das neue Buch zu schreiben. Das geht doch, nicht wahr?«

Laura sagte langsam: »Wenn du meinst, Lester, mußt du halt kommen.«

»Ja, natürlich. Da Joseph fort ist, ist's doch recht friedlich hier. Unangenehm wäre allerdings, wenn Chris auch da wäre. Aber ich falle dir doch nicht zur Last?«

»Ich bin überzeugt, daß du dir Mühe geben wirst«, sagte Laura liebevoll. Derek erhob sich und ging ans Fenster. Laura verfolgte ihn ängstlich mit den Blicken. Aus irgendeinem Grunde hatte sie den Eindruck, daß er keinen Ärger, sondern seine Heiterkeit verbarg; das kam ihr recht unnatürlich vor. Aber wie auch immer, Lester nahm keine Notiz davon; wie alle »Waisenkinder« hatte er für die Gefühle anderer keinen Nerv. Er sprach schon wieder weiter.

»Ich will mir Mühe geben und das Meine tun, manchmal im Garten helfen und so weiter. Wenn ich nur mein eigenes Zimmer habe und acht Stunden täglich ohne Unterbrechung arbeiten kann. Euch beiden macht das doch nichts aus, oder?«

Derek gab einen schwachen Gurgelton von sich, den Lester zum Glück als Zustimmung deutete.

»Habt vielen Dank, alle beide! Jane kann dann an den Wochenenden kommen und die Kost sparen. Ich weiß, ihr werdet euch von Anfang an gut verstehen. Sie ist auch schön. Das mit dem Foto ist doch zu ärgerlich! Ich kann mir nicht vorstellen, wo ich es hingesteckt habe. Ich weiß, ich hatte es an dem Tag, an dem ich mit Guy zusammen beim Lunch war, denn ich habe es ihm gezeigt. Womöglich habe ich es auf dem Tisch liegen lassen. Ich muß ihn anrufen und ihn fragen.«

Laura ging zu dem Tischchen, auf das Christine so wütend ihre Fotografie geworfen hatte. »Ist das vielleicht Jane?«

»Wirklich, ja! Fein, daß ich das Bild wiederhabe. Aber wie in aller Welt kommt es hierher?«

Laura mußte einen Lachanfall unterdrücken und erzählte die Geschichte von Christine und dem Foto in Guys Brusttasche. Lester brüllte vor Vergnügen.

»Hat man jemals so einen Blödsinn gehört? Aber ich sollte sie gleich anrufen. Du sagtest doch, sie sei nach Haus gefahren, nicht wahr? Ich muß das sofort klarstellen. Das könnte eine segensreiche Wirkung haben und sie in Guys Arme zurückbringen.«

Laura sah zu ihrem Mann hinüber und dachte verzweifelt: Eine Stunde lang müssen wir mal allein sein.

»Ruf nicht an, Lester«, sagte sie mit Nachdruck. »Solche Sachen lassen sich am Telefon zu schlecht erklären. Setz dich in dein Auto, fahr hin und erzähl ihr die Geschichte. Das dauert höchstens eine Stunde und ist wichtig für uns alle.«

»Meinst du wirklich, daß das nötig ist?«

»Bestimmt. Du könntest erreichen, daß Chris Verstand annimmt, und dann hast du ein friedliches Vierteljahr, um dein Buch zu schreiben.«

Diese Art von Begründung hatte bei jedem »Waisenkind« Erfolg. Er eilte von dannen, als ein typisches Mitglied seiner Familie fest entschlossen, vor allem seine eigene Bequemlichkeit zu sichern.

13

Endlich allein, sahen Laura und Derek einander schweigend an. Zu ihrer Überraschung sah er nicht übermäßig deprimiert aus. Müde sagte sie: »So, jetzt haben wir Lester auch noch auf dem Hals. Und ohne Zweifel wird Eva hier ihre Aussteuer zusammenstellen wollen; denn das ist billiger als in ihrer Stadtwohnung. Wenn Christine nicht zur Vernunft kommt, schlägt sie womöglich ebenfalls bei uns ihre Zelte auf, samt ihren Tieren, mit denen es ihre Freunde nicht aushalten. Ach, Derek, wann wird das jemals enden?«

Ehe er antworten konnte, klingelte das Telefon, und Derek eilte an den Apparat, als ob er diesen Anruf schon erwartet hätte. Zu ihrer Überraschung lächelte er, als er zurückkam. Er schien die jüngste Entwicklung völlig gelassen hinzunehmen. Statt in ihre Klagen einzustimmen, sagte er liebevoll: »Na, das wird schon wieder aufhören. Eva wird bald verheiratet sein. Ihre Hochzeitsfeier wird natürlich eine gräßlich langweilige Angelegenheit sein, wenn sie hier stattfindet. Aber wenn wir die hinter uns haben, sind wir auch Eva los. Sie wird nicht wie Christine dauernd streiten und davonlaufen. Sie hat mehr Verstand, und sie wird auch ihre Ehe klug führen.«

Laura war erstaunt, daß er sich so mit den Tatsachen abfand. Das ermutigte sie zu der Bemerkung: »Ja, schließlich dauert das mit Lester ja nur ein Vierteljahr. Dann muß er zurück in seinen Beruf. Er muß doch ganz tüchtig sein, daß sie ihn für diese Zeit freigegeben haben.«

»Ein unbezahlter Urlaub. Das bedeutet, daß er dir auf der Tasche liegt.«

»Ach, das macht nichts. Dank Großmutters Hinterlassenschaft haben wir genug Geld, und außerdem sind wir Onkel Joseph los. Nach diesen drei Monaten wird Lester seinen eigenen Hausstand gründen und seine Jane heiraten, die außerordentlich nett und hübsch aussieht. Ich muß nur noch eine Zeitlang gute Miene machen, und du mußt mir helfen. Es ist ja noch einmal eine Strapaze, diese Hochzeitsfeier und Lester und vielleicht auch noch Chris. Aber wenn du mir beistehst, stehen wir auch das durch.«

»Ende gut – alles gut«, murmelte Derek; als sie ihn aber fragte, was er meinte, tat er so, als hätte er laut gedacht, und wechselte das Thema. »Ich möchte wissen, wie Lester mit seiner dummen Schwester fertigwird. Soviel Aufregung um ein Foto! Ich meine, die Männer, die in diese Familie einheiraten, gehen schweren Zeiten entgegen.«

Er sagte es ganz nachdenklich. Laura lachte, aber sie ging nicht darauf ein, sondern sagte nur: »Ich muß jetzt die Betten herrichten. Mal überlegen – wir haben Lester und Owen und Eva, und wenn wir Pech haben, auch noch Chris. Zum Glück haben wir eine Menge Fremdenzimmer.«

»Zum Glück hat unser eigenes Haus nur ein einziges.«

Sie lächelte und mußte dann seufzen. Er war so erstaunlich liebevoll, aber ihr eigenes Haus schien im Augenblick in weite Ferne gerückt. Vor ihr lagen jetzt erst einmal die Hochzeitsfeier, drei Arbeitsmonate für Lester, wo sie für Ruhe im Hause sorgen mußte; ferner einige Wochenenden mit Jane, die ja nun auch zur Familie gehörte; dann kamen Hughs Universitätsferien, auf die sie sich schon freute. »Vier Paar Laken«, murmelte sie zerstreut, als sie aus dem Zimmer ging, »und acht Kissenbezüge. Lieber Himmel, ich wünschte, wir hätten eine Wäscherei in der Nähe.«

Derek hörte sie und runzelte ärgerlich die Stirn. Das klang so müde. Doch dann erhellte sich sein Gesicht, und er zog einige Papiere hervor, die in seiner Tasche steckten.

Es wurden aber nur drei Betten benötigt. Von Christine waren sie erlöst – wie sie hofften, für alle Zeit. Laura war in der Küche mit der Zubereitung eines verspäteten Abendessens beschäftigt. Sie erwarteten Eva mit ihrem Verlobten (die »Waisenkinder« planten ihre Ankunft meistens zu den Mahlzeiten). Da erschien eine geläuterte Christine in der Tür. Zum ersten Male machte sie keine Ausflüchte; sie schämte sich ganz einfach.

»Laura, es tut mir wirklich leid. Ich war schrecklich blöde. Es soll nicht noch einmal passieren. Guy hat gewünscht, daß ich selbst komme und dir alles sage. Er hat sich irgendwie verändert. Er ist nicht grob oder ekelhaft, aber irgendwie nicht zu erweichen. Das war eine ziemliche Überraschung. So habe ich mich entschlossen, einen neuen Anfang zu machen.«

»Da bin ich aber froh! Was sagte denn Guy, als du ihn nach dem Foto fragtest?«

»Ach, ich habe ihn gar nicht gefragt. Ich konnte mich einfach nicht überwinden. Wahrscheinlich besitze ich doch sehr viel Stolz.«

Laura lächelte bei dieser komischen Bemerkung und wandte sich wieder dem Abwasch zu. In sanftem Ton fuhr Christine fort: »Es war ein Glück, daß ich nicht gefragt habe; denn während wir noch redeten, erschien Lester. Aber wir waren schon vorher zu unserem Entschluß gekommen.«

»Wie kam das?«

»Durch die Tiere. Wir sprachen über alles – in voller Ruhe, denn diesmal war Guy wirklich ganz anders. Erschreckend anders, möchte ich sagen. Er sagte, ich könnte mir eine Stadtwohnung nehmen, und wir würden uns trennen. Ich erzählte ihm, was ich mit den Tieren vorhätte, und er sagte kein Wort dagegen. Da sprang eines der kleinen Kätzchen auf seinen Schoß, und Toss kam und legte seinen Kopf auf mein Knie, und das – das gab mir einen Stich. Wie sehr würde ich sie doch vermissen, und sie würden sich ganz verlassen fühlen! Guy sagte: ›Hoffentlich geht es ihnen gut, und der alte Hund wird nicht von dem Boxer zerfleischt. Ehrlich gesagt, mir tun sie alle leid!‹ Das war zuviel! Ich war ein Idiot und brach in Tränen aus und kam zu der Erkenntnis, daß ich das nicht ertragen könnte. Es wäre zu schrecklich.«

»Meinst du damit den Verlust der Tiere oder den Verlust von Guy?«

Einen Augenblick überlegte Christine.

»Ich glaube, beides. Denn schließlich gewinnt man seinen Mann doch lieb, wenn man es recht besieht, und ich dachte: Ich werde ihn doch nicht jener schrecklichen Person überlassen!

Aber die Vorstellung, daß die armen Tiere ihr warmes Nest verlassen müßten, war für uns beide zuviel. Guy sagte dasselbe – daß er sich immer schuldig fühlen würde, wenn er an sie dächte.«

Laura beglückwünschte Guy im stillen und sagte: »So habt ihr also Frieden geschlossen?«

»Ja. Aber diesmal war es ganz anders. Guy blieb eisern dabei, daß es im ganzen doch mein Fehler gewesen sei. Er sagte, ich hätte nicht genug zu tun. Es genüge nicht, sein Leben mit der Liebe zu Tieren zu verbringen. Es sei besser, Frieden zu schließen und ein Kind zu haben.«

Laura wunderte sich nicht über diese überraschende Vorstellung, aber sie fühlte einen eifersüchtigen Stich. Fröhlich fuhr Christine fort: »Ich glaube, daß das eine gute Idee ist, besonders weil du so nahe wohnst; du könntest es immer versorgen. Meinst du nicht auch? Und ich wäre dann nicht so gebunden. Wir haben also die Absicht, das zu versuchen.«

Laura betrachtete das selbstgefällige Gesichtchen ihrer Kusine und kam zu dem Schluß, daß dieser Plan wohl bald Wirklichkeit werden würde. Sie sagte: »Was war nun mit dem Foto? Hat Lester das aufgeklärt?«

»Er sagte kein Wort. Endlich einmal war er taktvoll. Er kam gerade, als wir alles besprochen hatten, und wartete, bis Guy ans Telefon gehen mußte. Dann zeigte er mir das Foto und erklärte mir, daß er es auf dem Tisch hätte liegen lassen, und daß Guy es in die Tasche gesteckt und dann vergessen hätte. Wie froh war ich, daß ich nichts davon erwähnt hatte! Jetzt braucht Guy niemals zu erfahren, daß ich so dumm war zu glauben, er könnte mir ein solches Mädchen vorziehen. So ist nun alles in Ordnung, Laura, und ich muß die Leute anrufen und ihnen sagen, daß sie meine Tiere doch nicht haben können.«

»Die werden bestimmt sehr traurig sein.«

»Das fürchte ich auch; denn die Tiere sind so süß, und die Leute hätten sie sicher gern bei sich gehabt. Nur eines noch: ich habe mich entschlossen, nicht mehr so oft hierher nach Hause zu kommen. Ich weiß, du wirst mich vermissen, aber darüber darfst du dich nicht grämen. Du weißt, daß ich meine Pflicht tue, und das ist doch wichtiger als das Vergnügen, nicht wahr?«

Mit dieser tiefsinnigen Bemerkung entschwand sie. Höchst selbstgefällig sah sie aus, und Laura konnte nur hilflos lachen. Chris war unmöglich; aber sie hatte sie trotzdem sehr gern. Außerdem würde ein Kind sie wohl verändern. Wieder mußte Laura seufzen. Dann dachte sie: Aber ich muß fest bleiben und darf nicht zulassen, daß sie das Kind zu oft bei mir absetzt. Allerdings glaube ich nicht, daß sie das tut, wenn sie es erst einmal hat. Glückliche Christine! Warum bin ich heute solch eine Jammerliese? Drei Monate, dann ist die Feier vorbei, und Lester ist wieder fort, und alles hat sein Ende. Aber trübsinnig überlegte sie weiter: Wird es überhaupt jemals ein Ende haben? Wird Großmutters Vermächtnis mein ganzes Leben lang auf mir lasten? Werde ich sie immer sagen hören: »Wenn ich's nicht tue, wer macht's dann?«

Sie schüttelte ihre Depression ab und machte sich wieder ans Kochen. Eva samt ihrem Owen und Lester würden zum Essen dasein. Lester würde wohl bald von seiner Mission mit dem Foto zurückkehren. Von Derek war nichts zu sehen; er schien schon wieder am Telefon zu hängen. Wegen Chris würde er sicher froh sein, und sie konnte ihm sagen, daß wenigstens eines der »Waisenkinder« seinen Platz im Leben gefunden hatte. Es blieben freilich noch drei, und zwei von ihnen würden ihnen im nächsten Vierteljahr sehr zur Last fallen.

Es erschien eine strahlende Eva; zum ersten Male war sie sichtlich bis über beide Ohren verliebt und fähig, auch einmal an andere zu denken. Anscheinend hatte sie ihren Entschluß gefaßt, und das mit mehr Klugheit, als man ihr zugetraut hätte. Owen war ein netter Mann und besaß genügend Charakter, um es mit dem Egoismus und der Kühle seiner Frau aufzunehmen. Vielleicht, so hoffte Laura im stillen, würde sie ihn das gar nicht merken lassen. Gleich darauf kam ihr die Erkenntnis, daß sie selbst zu den stets Unterlegenen gehörte, an denen die andern ihre schlechte Laune nur zu leicht auslassen konnten.

Am Abend zeigte sich Eva besonders herzlich und liebevoll,

wie sie seit ihrer Geschichte mit Kenneth Everton nicht gewesen war. Laura überlegte ironisch, das sei wohl der riesigen Hochzeitsfeier zuzuschreiben und Evas Wunsch, daß sie, Laura, all die Rechnungen bezahlen möchte. Aber beschämt wies sie diesen Gedanken von sich und war sehr erleichtert, als Lester erschien. Er begrüßte freundlich den Verlobten seiner Schwester; auch zu Eva benahm er sich ausnahmsweise herzlich. Laura stellte dankbar fest, daß er nicht die Absicht hatte, etwas über Guy und Christine auszuplaudern. Als er aber Eva voller Stolz das wiedergefundene Foto zeigte, blinzelte er Laura bedeutungsvoll zu. Seine Schwester bezeigte die gebührende Anerkennung und Bewunderung für Jane, und dann unterhielten sie sich in ungewohnt liebenswürdiger Stimmung über ihre Zukunftspläne.

»Wie nett für dich, daß du hierherkommst, um dein Buch zu schreiben«, sagte Eva freundlich. »Hier kannst du dich ganz deiner Arbeit widmen, und nichts lenkt dich ab.«

»Oh, ich werde Laura im Garten helfen. Den Rasen mähen und so.«

Er erzählte von Jane, die Engländerin war und in Neuseeland keine Verwandten hatte.

»Aber das macht nichts, denn wir werden unsere Hochzeit hier feiern, gerade wie ihr. Jane wird es herrlich finden, in diesem alten Haus zu heiraten.«

Jetzt hätte Laura eigentlich sagen sollen, daß dieses Haus nach drei Monaten vielleicht gar nicht mehr da war. Statt dessen dachte sie schadenfroh an Dereks Gesicht bei dieser Ankündigung. Zum Glück war er nicht im Zimmer. Er schien den ganzen Abend am Telefon verbringen zu wollen, dachte sie gereizt. Für das Dinner hätte sie so gern etwas Hilfe gehabt. Ergeben ging sie in die Küche und bekam bei dem Gedanken an die »Waisenkinder« und ihre Hochzeitsfeiern plötzlich einen Lachanfall. Du mußt dich zusammennehmen und alles tapfer bis zum Ende durchstehen! sagte sie zu sich selbst. Endlich gewann sie ihre Fassung zurück und war nun bereit, weiteren Zukunftsplänen zu lauschen.

»Es werden immer noch mehr Gäste«, teilte ihr Eva in aller

Gemütsruhe mit. »Da sind noch Owens Verwandte und seine und meine Freunde. Warum mußt du auch gar so viele Vettern haben, Owen?«

Er zuckte die Schultern und sagte entschuldigend zu Laura: »Das bedeutet eine Unmenge Arbeit für Sie, Laura. Eva muß vorher hierherkommen und kräftig Hand mit anlegen.«

Laura kannte diese schönen Hände nur allzu genau und sagte rasch: »Ach nein, das ist nicht nötig. Eva soll lieber in der Stadt bleiben und dort ihre Aussteuer zusammenstellen. Ich habe für alles meine Lieferanten und brauche nicht viel selbst zu tun.«

Allerdings mußte der Garten in tadellose Ordnung gebracht werden; sämtliche Zimmer mußten so aufgeräumt sein, daß man sich ihrer jederzeit bedienen konnte; die Geschenke mußten ausgepackt und in eine Liste eingetragen werden; man mußte die Leute beraten, die einen Tip für ein Geschenk haben wollten; und während der ganzen Zeit mußte sie Derek besänftigen und verhindern, daß er explodierte. Das waren schlimme Aussichten, und das Bewußtsein, daß sich das alles drei Monate später Lester zuliebe wiederholen würde, machte sie völlig mutlos. Was hatte sie heute nur? Sie mußte entweder über alles lachen, ob es nun komisch war oder nicht, oder heulen. Sie unterdrückte ihre Gefühle und sagte freundlich: »Es könnte eine Art Praktikum sein für Jane und Lester.« Dann war sie schon wieder nahe am Zusammenbrechen.

Owen betrachtete sie nachdenklich. Er besaß viel Einfühlungsvermögen, denn er sagte ernst: »Ich finde, Sie sehen ein wenig müde aus. In diesem großen alten Haus muß es viel Arbeit geben, auch ohne daß die Familie, die keinerlei Notiz davon nimmt, bei Ihnen absteigt. Ich kann mir nicht vorstellen, wie Sie damit fertigwerden.«

Das war völlig neu, daß ein anderer außer Derek die Dinge von ihrem Standpunkt aus ansah! Sie mußte wirklich sehr müde sein, denn nur mit Mühe unterdrückte sie die bittere Bemerkung: Leider hat Großmutter sie mir testamentarisch hinterlassen. Statt dessen sagte sie: »Ach, ich bin schon daran gewöhnt. So sind wir eben aufgewachsen, nicht wahr, Eva?«

Ihre Kusine hatte sich bei der Feststellung ihres Verlobten etwas unbehaglich gefühlt; sie verteidigte sich: »Natürlich *ist* es unser Zuhause. Laura hat es zwar geerbt, aber für uns bleibt es unsere Heimat. Ist es wirklich wahr, Laura, daß das liebe alte Stück bald abgerissen wird?«

»Ja, ich glaube schon. Derek hat in letzter Zeit allerdings nichts mehr davon gesagt.«

»Na, Gott sei Dank nicht vor meiner Hochzeit!« Und fast gleichzeitig rief Lester: »Und zum Glück nicht, ehe mein Buch geschrieben ist. Ich kann mir nicht vorstellen, daß ich es woanders schreiben könnte, ohne die treue Laura als Wächter, die die Eindringlinge abwehrt.«

Im Geiste sah Laura sich selbst, wie sie an einer Kette hing und immerfort bellte, ein getreues Abbild ihres Boxers Massa.

Bald danach trat Derek ein. Er war so vergnügt, daß ihn nicht einmal die Gesellschaft im Eßzimmer erschreckte. Laura wurde ganz nervös, als Eva immer weiter von ihren Hochzeitsplänen redete. Aber Derek schien das nicht zu stören, auch nicht, als sie die immer weiter steigende Anzahl der Gäste erwähnte.

War es ein Irrtum, oder hatte er Laura wirklich zugeflüstert: »Keine Angst! Soweit kommt's nicht!«

Eifrig wandte sich Eva ihm zu und fragte: »Derek, es besteht doch wohl keine Gefahr, daß das Haus noch vor meiner Hochzeit abgerissen wird? Wir müssen das wissen, denn davon hängen unsere Vorbereitungen ab.«

Ausweichend sagte er: »Es gibt nichts, was einen so fit hält, wie immer neue Pläne zu schmieden.«

Als sie ihn noch weiter mit Fragen bedrängte, versprach er: »Das erkläre ich euch später. Das Essen ist fertig. Es hat keinen Sinn, ein gutes Essen durch zuviel Gerede zu verderben.«

Dann brachte er seine Frau in noch größere Verwirrung: er sagte, es sei jetzt der rechte Augenblick für eine kleine Feier, und stellte eine Flasche Wein auf den Tisch.

Was war nur mit ihm los? Er war völlig verändert. Er war weder so abweisend wie sonst, wenn sich die »Waisenkinder«

hier versammelten, noch flüsterte er ihr »Wie lange?« ins Ohr. Tatsächlich schien sich Derek zu amüsieren. Er wollte unbedingt mit jedem anstoßen: »Wir trinken auf uns alle und unser aller Zukunft.« Dabei suchten seine Augen die seiner Frau mit einem so warmen und liebevollen Ausdruck, daß sie ganz übermütig wurde vor Glück und alles andere vergaß, sogar die Zahl der Hochzeitsgäste.

Nach dem Essen bat er um Ruhe und sagte: »Liebe Eva und lieber Lester! Was ich euch jetzt sagen muß, wird eure Pläne leider umstoßen. Ihr wußtet ja schon seit langem, daß dieses Haus eines Tages verschwinden würde. Heute wurde mir mitgeteilt, daß dieser Zeitpunkt unmittelbar bevorsteht. Der letzte Unfall war der Anlaß dazu, und mit den Arbeiten wird in aller Kürze begonnen.«

Einen Augenblick lang herrschte eisige Stille, dann fragte Eva scharf: »Doch bestimmt nicht vor meiner Hochzeit?«

Er antwortete überaus freundlich: »Ich fürchte, doch. Aber eure Hochzeit kann ja in der Stadt gefeiert werden. Das wäre zwar nicht so romantisch, aber vielleicht einfacher für die Gäste – und für alle anderen.«

»Aber mein ganzes Herz hängt an dieser Hochzeitsfeier hier im Garten, so wie es bei Laura und Chris auch war!«

»Du kannst ja hier feiern, wenn dir der Bauschutt und die Arbeiter als Zaungäste nichts ausmachen. Es ist zwar eine furchtbare Schweinerei, wenn ein Haus abgerissen wird, aber du hättest ein begeistertes Publikum.«

Sie war wütend. »Du bist roh und gefühllos! Das bedeutet das Ende unserer Pläne. Großmutters Haus verschwindet!«

»Das war seit Jahren zu erwarten; es ist nicht meine Schuld, daß es jetzt geschieht.«

Laura wurde rot. Sicher hatte der Verkehrsunfall den Termin beschleunigt, aber was war denn mit all den Telefongesprächen und den Besuchen bei den Freunden im Straßenbauamt gewesen? Und weshalb unterdrückte er jetzt ein Grinsen? Aber sie sagte kein Wort, was auch nicht möglich gewesen wäre, denn Bruder und Schwester waren in einem klagenden Duett vereint.

»Was soll ich nun den Leuten sagen? Daß es eine ganz gewöhnliche Hochzeit in der Stadt sein wird mit einem Empfang in so einem langweiligen Restaurant?«

»Es ist ganz unmöglich, in der Stadt die Ruhe zu finden, die man für konzentrierte Arbeit braucht.«

»Ein Glück, daß die Einladungen noch nicht gedruckt sind! Aber es ist doch ein Schlag!«

Und dann in geschwisterlicher Übereinstimmung: »Laura, macht es dir denn gar nichts aus? Kannst du nicht etwas tun?« Eva fragte es weinerlich.

Derek lachte. »Nein, ausnahmsweise kann nicht einmal Laura etwas tun. Keiner von uns. Es hängt nicht von uns ab.« In verändertem Ton und mit eiserner Ruhe fuhr er fort: »Selbst wenn ich es könnte, würde ich keinen Finger rühren für einen Aufschub.«

Alle wandten sich ihm zu. Sie waren höchst überrascht, daß der Mann, der im allgemeinen ihren Angelegenheiten so gleichgültig gegenüberstand, plötzlich so grob wurde. »Derek, willst du damit tatsächlich sagen, daß du froh darüber bist?«

»Es macht mir verdammte Scherereien, das mußt du doch einsehen! Ich habe fest damit gerechnet, mein Buch in Ruhe in diesem Haus zu schreiben.«

»Und ich habe fest damit gerechnet, meine Hochzeit im Hause meiner Großmutter, in meiner Heimat zu feiern.«

»Da war doch noch der Zusatz in ihrem Testament. Sie wollte, daß das hier unsere Heimat bleiben soll, auch nach ihrem Tod.«

Derek legte sich ins Mittel. »Selbst wenn Mrs. Stapleton noch am Leben wäre, könnte sie doch nicht den Abbruch dieses Hauses verhindern. In Wirklichkeit hat sie es immer gewünscht.«

»Was in aller Welt willst du damit sagen.«

»Mit welchem Recht kannst du behaupten, was sie getan oder gewünscht hat?«

Laura wollte etwas sagen, aber ihr Mann kam ihr zuvor.

»Ganz einfach: sie hätte nie gewollt, daß Laura für ewig das Opfer wäre.«

»Das Opfer? Aber sie hat doch das Haus und das Land und eine Menge Geld geerbt!«

Das kam von Eva, und Owen, der recht bestürzt dreinsah, sagte schnell: »Aber Liebling, du hast doch immer gesagt, daß du Laura nicht beneidest.«

Eva nahm sich sichtlich zusammen. »Natürlich bin ich nicht neidisch auf sie. Laura bedeutete unendlich viel für Großmutter, und sie tat alles für sie. Sie hat verdient, was sie erhielt. Aber Großmutter hat immer gesagt, das hier sei unsere Heimat.«

»Solange sie hier lebte«, ergänzte Derek. »Eure Großmutter war eine vernünftige Person. Ihre Absicht war, bis ihr euer eigenes Heim hättet, solltet ihr das hier als euer Zuhause betrachten – und das habt ihr ja auch getan, weiß Gott!«

Laura bemerkte, wie der Zorn in ihm aufstieg, und sagte: »Ich nehme an, Derek hat in gewisser Hinsicht recht, aber . . .«

Plötzlich redete Lester mit großem Nachdruck: »Natürlich hat er recht. Die alte Dame wollte Laura nicht für alle Zeit zum Packesel machen. Ich wollte ja auch gar keinen Anspruch auf sie oder auf dieses Haus erheben. Ich wollte hier nur mein Buch schreiben und dann . . .«

Freundlich meinte Derek: »Leider wirst du dir nun einen anderen Platz suchen müssen.«

»Und ich dachte, daß ich wenigstens noch meine Hochzeit hier feiern könnte! Wie soll ich denn die Mittel für eine Hochzeit in der Stadt aufbringen? Dort ist ja alles so teuer.«

Das hieß natürlich, daß Laura alles hätte bezahlen müssen, wenn die Feier in Brookside stattgefunden hätte. Das war ihr klar, und sie sagte schnell: »Mach dir darüber keine Sorgen, Eva. Ich werde das bezahlen, oder besser gesagt: Großmutter wird das tun. Im Testament ist es so bestimmt: jetzt bekommen wir das Geld für das Haus, und für solche Zwecke sollte es verwendet werden. Es hätte ihr leid getan, daß das Haus gerade jetzt abgerissen wird. Aber sie hätte auch nichts daran ändern können. Keiner von uns kann das.«

Sie mied die Blicke ihres Mannes; sicherlich hatte er die Sache vorangetrieben.

Eva war beschämt. »Laura, das ist wirklich rührend von dir! Meinst du im Ernst, daß genug Geld dafür da ist?«

»Natürlich! Genug Geld für die Hochzeitsfeier, aber auch für eine nette ruhige Pension auf dem Lande, wo Lester sein Buch schreiben kann. Großmutter hätte das getan, und ich will es auch tun.«

Jetzt war Laura ganz ruhig und zuversichtlich.

»Das ist verflixt nobel von dir!« Der Gedanke an einen ruhigen Ort, wo er nicht einmal den Rasen würde mähen müssen, rührte Lesters Herz, und er fragte beinahe gefühlvoll: »Bist du auch sicher, daß du nicht zu kurz kommst?«

»Ganz sicher. Wozu sollte ich denn Geld brauchen?«

Ruhig sagte Derek: »Ich muß alledem zustimmen. Laura möchte euch dieses letzte Geschenk machen, und sie soll es tun. Aber du darfst dir jetzt auch ein Vergnügen leisten, mein Schatz. Eine Reise zum Beispiel; und du nimmst eine Menge Geld mit, das du in den Häfen ausgeben kannst. Und für später legst du Geld für einen Anbau an unser eigenes Haus zurück, wenn wir den einmal brauchen.«

Alle starrten ihn an, als ob er wahnsinnig geworden sei.

»Eine Reise?«

»Was für eine Reise?«

»Derek, wovon redest du eigentlich?«

Derek legte den Arm um seine Frau.

»*Unsere* Reise! Wir werden jetzt unsere Hochzeitsreise nachholen, wie ich es Großmutter versprochen habe. Als wir damals nicht fahren konnten, gab sie mir das Geld dafür und sagte: ›Derek, das ist unser Geheimnis. Du darfst nicht einmal Laura etwas davon erzählen. Aber wenn dieses mühsame Geschäft des Sterbens vorüber ist, sollst du mit ihr eine schöne Reise machen. Laß Laura nicht zu einem Aschenbrödel in diesem alten Haus werden. Sie soll glücklich sein!‹ Und nun wirst du glücklich sein, Laura!«

»Du hast nie davon erzählt!« erwiderte Laura vorwurfsvoll.

»Die ganze Zeit hast du dieses Geld versteckt!« stellte Eva neidisch fest.

»Du bist ein stilles Wasser!« bemerkte Lester. »Alle Pläne sind schon fertig, wie?«

»Genau. Alles steht fest. Heute habe ich die Tickets bestellt, da ich nun über den Abbruch Bescheid weiß. In der Nachsaison eine Reise zu buchen macht keine Schwierigkeiten, und es ist die beste Zeit, um die Farm allein zu lassen. Es kommt ein vertrauenswürdiger Mann hierher. Leider werden wir deine Hochzeit nicht mitfeiern können, Eva. Und für Lester wird Laura hier leider keinen Zufluchtsort bereithalten, wo er sein Buch schreiben kann.«

Plötzlich sah er so ernst und streng aus wie vorher, als der Streit entbrannte.

»Na, ich meine doch, du hättest uns davon erzählen können!«

»Einfach hingehen und Tickets kaufen, ohne etwas zu sagen!«

Er antwortete ihnen beiden, dieses Mal ohne die strickte Zurückhaltung, die er sich um Lauras willen auferlegt hatte und die ihm so schwer gefallen war.

»Ja, ich habe es in aller Stille und Heimlichkeit getan; aber das war nötig, um Laura zu befreien.«

»Zu befreien wovon?«

»Von euern Forderungen, von eurer selbstverständlichen Inanspruchnahme. Wann habt ihr jemals an sie gedacht? Wann habt ihr auch nur gefragt, was sie dachte, wenn ihr dieses Haus und sie selbst mit Beschlag belegt habt? Nicht ein einziges Mal, soviel ich weiß. Nun, das ist vorbei. Dank Lauras empfindlichem Gewissen und Großmutters Bemerkung in ihrem Testament habt ihr einen schönen Batzen Geld bekommen. Jetzt hat das ein Ende, für immer. Wir machen jetzt unsere Hochzeitsreise, und dann kehren wir in unser eigenes Haus und zu einem normalen Eheleben zurück. Der eine oder andere von euch kann uns dort gelegentlich besuchen, und wir werden uns freuen, euch zu sehen. Aber euer Zuhause wird dort sein, wo ihr euch einrichtet. Das hier wird es nicht mehr geben.«

Tiefe Stille folgte seinen Worten. Dann nahm Owen das Wort: »Ihr wart sehr fair. Allerdings muß den Menschen gelegentlich etwas genommen werden. Eva wird das nichts ausmachen, wenn sie Freude an ihrem eigenen Haus und ihrem eigenen Garten hat.«

Lester aber war plötzlich ein großes Licht aufgegangen. Langsam sagte er: »Du hast recht, Derek. Bei Gott, du hast recht! Seit unserer Kindheit haben wir Brookside als etwas Selbstverständliches hingenommen, und dabei blieb es auch, als Brookside Laura gehörte. Ja, es war schön, aber jetzt sind wir erwachsen. Die Kindheit ist vorüber. Wir werden unser eigenes Heim gründen wie andere Leute auch. Dann und wann werden wir Laura besuchen, und alles wird gut sein.«

So ging alles freundlich und ohne Böswilligkeit aus. Laura dachte: Männer sind doch wirklich ein Segen! Owen und Lester hatten sich so patent und anständig verhalten, daß Eva gezwungen war, ihnen zuzustimmen. Aber Laura war noch ein wenig außer Atem und konnte sich nicht so schnell erholen. Derek ist mir doch immer noch ein Rätsel, überlegte sie. Sie hatte ihn für so anpassungsfähig gehalten; sie hatte gemeint, daß die »Waisenkinder« ihn zwar irritierten, daß er sie aber als ein unvermeidliches Übel akzeptierte. Und die ganze Zeit hatte er über Großmutters geheimen Auftrag geschwiegen, und erst im rechten Augenblick hatte er ihn bedächtig und endgültig erfüllt.

Spät in der Nacht, als sie erschöpft von den dramatischen Ereignissen des Tages schlafen gingen, sagte sie zu ihm: »Ich habe das Gefühl, als hätte ich dich nie völlig verstanden. Du hast mich wirklich beinah erschreckt, als du so gegen die ›Waisenkinder‹ losgingst.«

»Du mußt zugeben, daß ich lange Zeit nur eine Null gewesen bin. Das mußte endlich aufhören.«

»Ja, das war nicht richtig. Aber wie du uns jetzt dirigiert hast – und mich am meisten!«

Selbstbewußt erwiderte er: »Na, wenn ich's nicht tue, wer macht's dann?«

Caroline Courtney

international gerühmt als „die neue Georgette Heyer“

BASTEI-LÜBBE TASCHENBÜCHER

■ **BEATRICE**
Sieg des Herzens
10159/DM 4,80

außerdem:

■ **ISABELL**
Braut wider Willen
10114/DM 4,80

■ **ANGELINA**
Entführung bei Nacht
10121/DM 4,80

■ **MARILYN**
Die schöne Lady und der Lord
10127/DM 4,80

■ **DIANA**
Flucht ins Glück
10139/DM 4,80

■ **JESSICA**
Die widerspenstige Erbin
10148/DM 4,80

■ **MADELEINE**
Rettung aus höchster Not
10168/DM 4,80

■ **SELINA**
Flammen der Leidenschaft
10318/DM 4,80

GOLDMANN TASCHENBÜCHER

■ **VANESSA**
Doppelspiel des Glücks
6596/DM 5,80

außerdem:

■ **LUCINDA**
Geheimnisvolle Liebe
3965/DM 5,80

■ **DAVINIA**
Königsweg der Liebe
3994/DM 5,80

■ **OLIVIA**
Triumph der Liebe
6361/DM 5,80

■ **CARINA**
Die Liebeswette
6401/DM 5,80

■ **MIRANDA**
Auf verbotenen Wegen
6406/DM 5,80

■ **STELLA**
Sehnsucht des Herzens
6373/DM 4,80

■ **ARABELLA**
Ein Herz fängt Feuer
6485/DM 5,80

HEYNE TASCHENBÜCHER

■ **AMANDA**
Die russische Affäre
01/DM 5995/DM 5,80

außerdem:

■ **CLARINDA**
Die Herzogin in der Maske
01/5789/DM 5,80

■ **CLARISSA**
Liebe im Schatten der Angst
01/5829/DM 5,80

■ **VERENA**
Die Königin der Ballnacht
01/5878/DM 5,80

■ **ANTOINETTE**
Der Ruf des Herzens
01/5962/DM 4,80

■ **CAMILLA**
Das Geheimnis des Blutes
01/6047/DM 5,80

■ **FRANCESCA**
Die zwei Gesichter einer Frau
01/6085/DM 5,80

■ **JEANNETTE**
Die Liebe einer Nacht
01/6247/DM 5,80

■ **MARIELLA**
Die Macht der Leidenschaft
01/6305/DM 5,80

■ Deutsche Erstveröffentlichung

GOLDMANN VERLAG

Heinz G. Konsalik

Im Zeichen des großen Bären
Roman. (6892)
Ein Kreuz in Sibirien
Roman. (6863)
Die Liebenden von Sotschi
Roman. (6766)
Wie ein Hauch von Zauberblüten
Roman. (6696)
Das Herz aus Eis / Die grünen Augen von Finchley
Zwei Kriminalromane in einem Band. (6664)
Unternehmen Delphin
Roman. (6616)
Eine angesehene Familie
Roman. (6538)
Der Heiratsspezialist
Roman. (6458)
Sie waren zehn
Roman. (6423)
Wilder Wein / Sommerliebe
Zwei Romane in einem Band. (6370)
Das Haus der verlorenen Herzen
Roman. (6315)
Das Geheimnis der sieben Palmen
Roman. (3981)
Eine glückliche Ehe
Roman. (3935)
Verliebte Abenteuer
Heiterer Liebesroman. (3925)
Auch das Paradies wirft Schatten / Die Masken der Liebe
Zwei Romane in einem Band. (3873)
Der Fluch der grünen Steine
Roman. (3721)
Schicksal aus zweiter Hand
Roman. (3714)
Die tödliche Heirat
Roman. (3665)
Manöver im Herbst
Roman. (3653)
Ich gestehe
Roman. (3536)
Morgen ist ein neuer Tag
Roman. (3517)
Das Schloß der blauen Vögel
Roman. (3511)
Die schöne Ärztin
Roman. (3503)
Das Lied der schwarzen Berge
Roman. (2889)
Ein Mensch wie du
Roman. (2688)
Die schweigenden Kanäle
Roman. (2579)
Stalingrad
Bilder vom Untergang der 6. Armee. (3698)

GOLDMANN VERLAG

Cartoon

6968

6964

6962

6965

6966

6953/

6954

6952